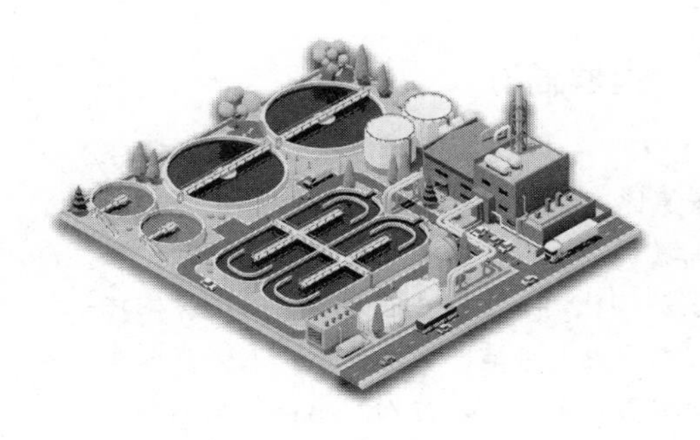

# 废水生物处理新技术

## 以城市生活污水、水产养殖废水为例

张 蕾 王 栋 车 鉴 等著

化学工业出版社
·北京·

# 内容简介

《废水生物处理新技术——以城市生活污水、水产养殖废水为例》主要针对低碳氮比废水，如城市生活污水和水产养殖废水，提出了包括厌氧氨氧化技术、内源反硝化技术、同步硝化反硝化技术、厌氧水解酸化-同时半硝化厌氧氨氧化反硝化技术和微生物固定化技术等更为合适的处理技术，为污水废水处理技术的发展提供新思路。全书一共分为六章，分别是第一章概论、第二章厌氧氨氧化工艺的应用、第三章内源反硝化工艺、第四章同步硝化反硝化处理水产养殖废水、第五章厌氧水解酸化-同时半硝化厌氧氨氧化反硝化工艺以及第六章微生物固定化技术在水产养殖废水中的应用。本专著可以为污水废水处理领域提供更加专业细致的、具有针对性的处理方法介绍，也可以作为相关专业学生、教师以及从业人员的参考书。

**图书在版编目（CIP）数据**

废水生物处理新技术：以城市生活污水、水产养殖废水为例/张蕾等著. —北京：化学工业出版社，2024.2

ISBN 978-7-122-44643-5

Ⅰ.①废… Ⅱ.①张… Ⅲ.①废水处理-生物处理-新技术应用 Ⅳ.①X703.1

中国国家版本馆CIP数据核字（2024）第044029号

责任编辑：李建丽　　文字编辑：刘洋洋
责任校对：宋　玮　　装帧设计：张　辉

出版发行：化学工业出版社
（北京市东城区青年湖南街13号　邮政编码100011）
印　　装：大厂聚鑫印刷有限责任公司
710mm×1000mm　1/16　印张24　字数460千字
2024年5月北京第1版第1次印刷

购书咨询：010-64518888　　售后服务：010-64518899
网　　址：http://www.cip.com.cn
凡购买本书，如有缺损质量问题，本社销售中心负责调换。

定　　价：129.00元

《废水生物处理新技术——以城市生活污水、水产养殖废水为例》

# 著者名单页

张　蕾

王　栋

车　鉴

陈启俊

王莘淇

# 前言

随着工农业生产的不断发展、城镇化进程的不断推进、世界人口的不断增加和人们生活水平的不断提高，越来越多的污染物持续排放到自然环境中。其中，大量含氮污染物排入自然水体中，引起了水环境中的氮素污染。我国人民生活习惯和一些农业、工业行业的生产特点使得排放的污水废水常常呈现出低碳氮比（C/N）的特性，这一类污水通常包括城市生活污水、水产养殖废水及部分工业废水等。这一类污水如果采用传统的废水处理技术进行处理，常常需要消耗大量的资源和能源，使得污水处理厂或工业生产行业在污水废水处理方面的成本不断增加，对其而言负担沉重。因此，本专著主要以低C/N废水的处理为出发点，以城市生活污水和水产养殖废水为例，提出更为适合的处理方法，以期为污水废水处理技术的发展贡献一份力量。

本专著的出版，可以为废水处理领域提供更加专业细致的、具有针对性的处理方法介绍，也可以作为学生用书、教师用书或者相关行业从业人员的参考书等。

本专著中，张蕾负责第一章（1.1、1.2、1.4）、第二章、第三章和第四章的编写，王栋负责第五章的编写，车鉴、陈启俊负责第六章的编写，王莘淇负责第一章1.3的编写，研究生李振亚、王秀文、牟英东、孙宏佶、陈文达和刘浩负责全书的文字、公式的修改。本专著受到大连海洋大学海洋科技与环境学院海洋科学学科、资源与环境学科的资助。在编写的过程中，本专著还得到了辽宁省大连生态环境监测中心和大连鑫玉龙海洋生物种业科技股份有限公司的支持和配合，在此表示感谢。同时，还要感谢化学工业出版社的大力支持。本专著在编写的过程中还参考了部分相关领域的著作、论文、文献和教材等，在此也向相关作者致以谢忱。

因时间和编者水平有限，书中难免有不足之处，欢迎广大读者批评指正。

著者

2024年3月于大连

# 目录

## 第4章　同步硝化反硝化处理水产养殖废水　189



## 第5章　厌氧水解酸化-同时半硝化厌氧氨氧化反硝化工艺　214

# 第1章 概论

## 1.1 水体营养物污染及危害

水体营养物是指含有碳、氮、磷、氧这些水生生物体必需元素的物质。这些元素通过光合作用被摄入水生植物和藻类的体内，从而引发水生植物快速生长和藻类暴发，进而引发生态环境问题（左玉辉，2010）。

碳素是构成生物体骨架的主要物质，碳素在自然界中以无机物和有机物两种形态存在。有机态碳素是水体污染的主要“贡献者”。它们在水体中可被好氧分解，从而降低水体的溶解氧（dissolved oxygen，DO），导致水体含氧量下降，同时释放温室气体$CO_2$。它们也可被厌氧分解，产生以甲烷为主的沼气，沼气可以被作为能源利用，而厌氧分解的副产物又可导致水体发黑变臭（郑平，2010）。

氮素是构成蛋白质、核酸等细胞物质的基本元素，在自然界中主要以$NH_3$（–3）、$N_2$（0）、$N_2O$（+1）、NO（+2）、$NO_2^-$（+3）、$NO_3^-$（+5）等价态存在。在生物作用下，不同价态的氮素物质的相互转化过程被称为氮素循环（郑平等，2004）。一般地，自然生态系统的氮素循环处于平衡状态，然而人类活动破坏这种平衡，引发了多种局域性甚至全球性环境问题。进入水体的氮素污染物以氨氮、亚硝态氮和硝态氮对人类和环境的危害最大。主要表现为：①刺激地表水中植物和藻类的过度生长，造成水体“富营养化”，从而导致水中DO含量下降、鱼类大量死亡以及水质变差；②氨作为硝化细菌的能源，在氧化过程中消耗DO，造成水体缺氧，严重时使水体变黑发臭；③氨作为毒物，影响血液对氧的结合，导致鱼类死亡；④与氯气作用生成氯胺，影响氯化消毒处理效果；⑤氨转化成硝酸盐后，尽管消耗水体DO的能力不再存在，但仍然能引起“富营养化”，污染饮用水的硝酸盐还可能导致婴儿的高铁血红蛋白症；⑥硝酸盐进一步转化为亚硝胺，则具有“三致”（致癌、致畸、致突变）作用，直接威胁人类健康（郑平等，2004）。

随着我国环保事业的发展，近年来我国水体营养物污染状况得到明显改善，水体有机物排放得到有效控制，而氮素污染较为严重。《2019年中国生态环境统计年报》显示，2019年共排放化学需氧量（chemical oxygen demand，COD）567.1万吨、总氮（TN）117.6万吨、总磷（TP）5.9万吨，城市污水处理中氮、磷污染物的比重较大。《2016中国环境状况公报》、《2017中国生态环境状况公报》、《2018中国生态环境状况公报》和《2019中国生态环境状况公报》同样显示全国地级市及以上城市集中式饮用水水源以及地下水中主要超标指标包括无机氮（中华人民共和国环境保护部，2017；中华人民共和国生态环境部，2017—2020）。《2020中国生态环境状况公报》显示，在所监测的902个地级及以上城市的集中式生活饮用水水源断面（点位）中有94.4%（852个）全年均达标。其中598个地表水水源监测断面（点位）中有97.7%全年均达标，主要超标指标中包含总磷；304个地下水水源监测点位，全年均达标的有268个，除天然背景值较高的锰和铁外，主要超标指标为氨氮（中华人民共和国生态环境部，2021）。由此可见，氮素对我国部分水体的影响尤为突出，氮素污染逐渐成为公众关注的焦点。

## 1.2 传统废水脱氮技术

### 1.2.1 物理化学法

目前，常用的脱氮技术可以分为物化法和生物法。前者包括空气吹脱法、磷酸铵镁沉淀法、离子交换法和折点加氯法。空气吹脱法是利用氨在水溶液中的解离平衡和氨的气液平衡，在碱性条件下用空气吹脱，使废水中的氨氮不断地由液相转移至气相，然后以酸溶液回收，达到废水脱氮的目的。磷酸铵镁沉淀法是指向废水中投加磷酸盐和氧化镁，使氨形成$MgNH_4PO_4$（鸟粪石）沉淀而被去除的废水脱氮技术。离子交换法是在离子交换柱内借助离子交换剂上的离子和废水中的铵离子进行交换的工艺，常见的离子交换剂包括斜发沸石、丝光沸石和离子交换树脂。折点加氯法去除氨氮，是将足够量的氯气或次氯酸钠投入废水中，当投入量达到某一点时，废水中的氯含量较低，而氨氮含量趋向于零；当氯气通入量超过此点时水中的游离氯含量上升，此点称为折点，在此状态下的氯化称为折点氯化，废水中的氨氮被氧化成氮气。在折点加氯法中，最佳理论投氯量（以$Cl_2$计）与氨氮的质量之比为7.6 ∶ 1，但为了保证反应完成，实际投氯量通常为

(8 ∶ 1) ~ (10 ∶ 1)(郑平等，2004)。相对于上述物化脱氮技术，生物脱氮技术以其成本低、能耗小、处理效果好、不产生二次污染的优点而受到人们青睐。然而由于生物所能承受的氨氮浓度较低，常常需要将物化法和生物法相结合来实现废水脱氮。

### 1.2.2 传统生物脱氮技术

传统生物脱氮法是以硝化、反硝化为基础的污水脱氮方法，常称为传统硝化-反硝化（CND）工艺。其基本原理是通过氨化反应将有机氮转化为氨氮，通过硝化反应将氨氮转化为亚硝态氮和硝态氮，再通过反硝化反应将硝态氮转化为氮气，氮气从水中逸出。

参与这种脱氮的微生物可以分为三大类群：氨氧化细菌（AOB）、亚硝酸盐氧化细菌（NOB）和反硝化细菌（DNB）。AOB能将氨氧化成亚硝酸，包括亚硝化单胞菌属（*Nitrosomonas*）、亚硝化球菌属（*Nitrosococcus*）和亚硝化螺菌属（*Nitrosospira*）三个属。NOB能将亚硝酸盐继续氧化成硝酸，包括硝化杆菌属（*Nitrobacter*）、硝化球菌属（*Nitrococcus*）、硝化螺菌属（*Nitrospira*）和硝化刺菌属（*Nitrospina*）四个属。这两大类细菌统称为硝化细菌，均为化能自养型微生物，利用$CO_2$、$CO_3^{2-}$、$HCO_3^-$作为碳源，通过氧化$NH_3$、$NH_4^+$或$NO_2^-$获取能源。DNB是一群厌氧、异养型微生物，以有机物为碳源，在分类学上它们没有专门的类群，分散于原核生物的众多属中，常见的DNB包括假单胞菌属（*Pseudomonas*）、无色杆菌属（*Achromobacter*）、产碱杆菌属（*Alcaligenes*）等（郑平等，2004）。以甲醇为反硝化有机碳源的硝化-反硝化具体过程参见图1-1。由于硝化阶段和反

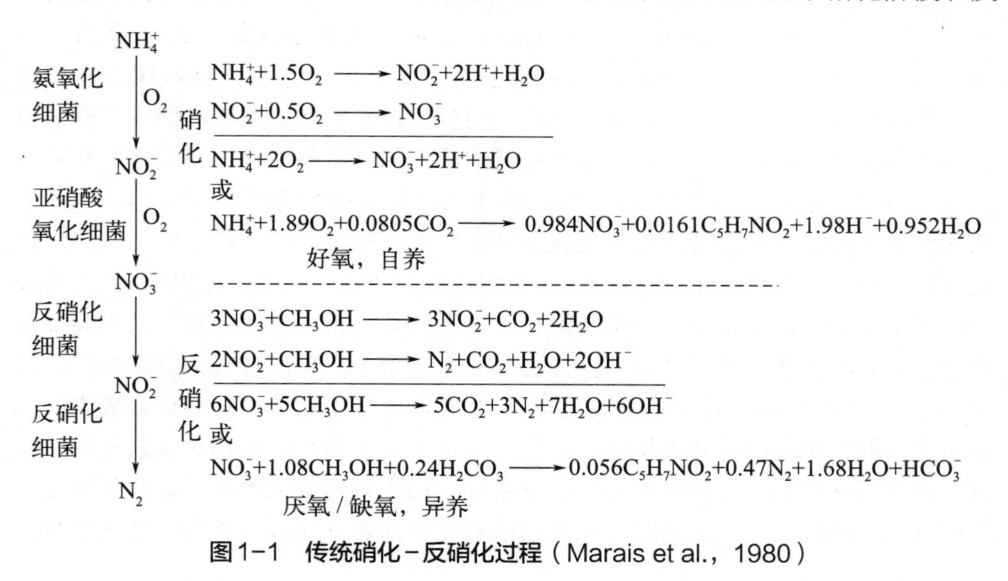


图1-1 传统硝化-反硝化过程（Marais et al.，1980）

硝化阶段的功能性菌群不同，微生物对生长环境的要求不同，因此，传统的生物脱氮工艺常常是将这两个过程在时间和空间上分开独立、按顺序进行。

CND工艺可以分为悬浮生长型的活性污泥法和固着生长型的生物膜法。在活性污泥脱氮系统中，根据硝化和反硝化的组合方式不同，可以分为单级活性污泥系统和多级活性污泥系统。单级活性污泥系统为细菌提供交替的好氧和厌氧条件，以进行硝化和反硝化作用；多级活性污泥系统将硝化池和反硝化池的污泥经过各自的沉淀池分离沉淀后，重新回流到两个池中，从而避免两种污泥混合，改善处理效果。

按照反硝化过程中利用的有机碳来源不同，还可以把生物脱氮系统分为生物内源碳系统和生物外源碳系统，废水中的有机物和作为碳源补充剂的甲醇、乙酸、乙醇、葡萄糖等均可作为外源碳，而存在于聚磷菌（PAOs）、反硝化聚磷菌（DPAOs）、聚糖菌（GAOs）和反硝化聚糖菌（DGAOs）体内的聚$\beta$-羟基烷酸酯（PHAs）和微生物生长代谢或者衰亡过程中释放的溶解性细胞产物则可作为内源碳（沈耀良和王宝贞，2006）。

随着人们对硝化-反硝化作用机理认识的不断加深，以此为基础而开发的几种典型传统生物脱氮技术逐渐应用到了实际的污水处理中。1932年，Wuhrmann首先提出利用微生物的内源代谢产物作为反硝化阶段所需碳源，从而开发了后置反硝化脱氮工艺（严煦世，1992）。1962年，Ludzack和Ettinger（1962）认为废水中可生物降解的有机物能够作为反硝化过程的有机碳源，从而提出了前置反硝化脱氮工艺。1973年，Barnard结合前置和后置反硝化脱氮工艺的优缺点研究开发了A/O工艺，又于1975年将A/O工艺进行改良形成Bardenpho工艺，随后在1979年，为了增加工艺的除磷效果，又将Bardenpho工艺再次完善为Phoredox工艺（高廷耀，1999）。Rabinowitz和Marais（1980）在保证脱氮除磷效果的前提下将Phoredox工艺进行简化，从而形成了$A^2$/O工艺，至今仍然被我国多座城市污水处理厂采用。尽管几十年来，传统生物脱氮技术不断地发展，但其依然需要将硝化和反硝化过程分隔在不同的反应器中或在同一个反应器中通过时间交替或空间隔离进行脱氮，这是因为硝化-反硝化生物脱氮机理本身是矛盾的，一方面硝化作用需要氧气的参与而反硝化作用则需要厌氧或缺氧的环境，另一方面反硝化作用需要有机碳源存在而硝化作用会因此受到抑制，由此，CND工艺在实际工程应用中存在许多不足：①工艺流程长，污水处理设施占地面积大，从而导致基建投资和维护费用高；②为了保证良好的脱氮效果，反应过程中须维持一定的生物浓度，要求设置污泥和硝化液的回流装置，增加了动力消耗和运行成本；③硝化作用的完全进行需要大量曝气，从而增加了动力消耗；④硝化细菌对温度敏感且世代周期较长，尤其在冬季低温常常导致污水处理效果不佳，需较长的水力停留时间（HRT）和较大的曝气池进行改善，因此增加了投资费用；⑤低C/N污水采用CND工艺脱氮时，需外加有机碳源，导致污水处理成本大幅度提高；⑥传统生物脱氮工艺抗水量、水质冲击负荷的能力较差，高浓度$NH_4^+$-N会使硝化细菌受到抑制，导致工艺运行的稳定性得不到保障；⑦硝化作用中产生的酸需要在反硝化作用之前投加碱进行中和，以防止对反硝化阶段造成一定的冲击，这样不仅增加了污水处理成本，也给环境带来了二次污染；⑧CND工艺脱氮会产生一氧化二氮（$N_2O$）和$CO_2$等温室气体，造成大气污染；⑨CND工艺污泥产量高且易于膨胀，增加了城市污水处理厂处置剩余污泥的费用（Xi et al.，2022）。

下面对几种常见的传统生物脱氮工艺进行详细介绍。

#### 1.2.2.1 A/O工艺

A/O工艺也称为缺氧好氧工艺，A为缺氧阶段，主要是DNB发挥作用，去除污水中的氮、磷等污染物；O为好氧段，主要以硝化及去除水中的有机物为主。A/O工艺的优点主要在于将厌氧段置于好氧段前，提高反硝化过程对水中内源碳的利用率，进而减少外加碳源，降低成本；同时，反硝化产生的碱度也可以用于后续硝化过程，促进硝化反应进程。其工艺流程如图1-2所示。

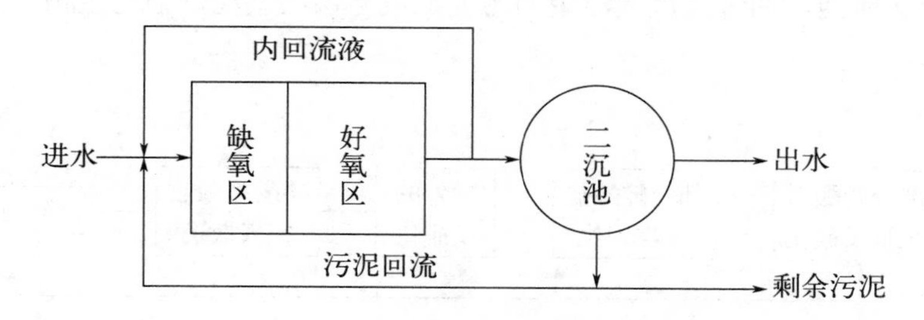


图1-2 A/O工艺流程图

#### 1.2.2.2 $A^2$/O工艺

$A^2$/O工艺是由生物硝化、反硝化以及生物除磷组成的综合工艺，根据DO浓度不同可将该工艺的生化池分为厌氧区、缺氧区和好氧区，工艺流程如图1-3所示（陈永会，2019；孙伟毅，2015）。

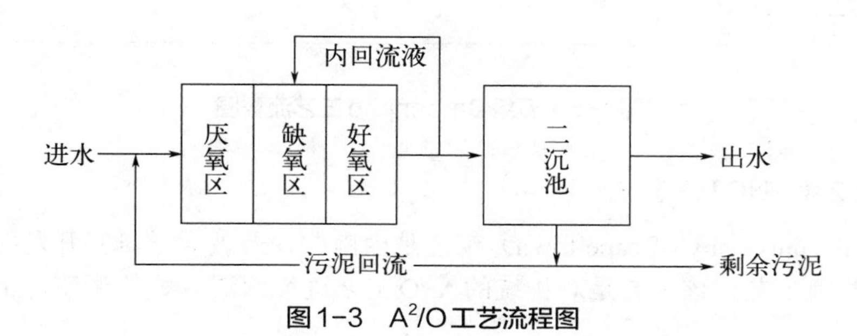


图1-3 $A^2$/O工艺流程图

$A^2/O$工艺顺序设置厌氧、缺氧和好氧三种不同的运行环境，将异养菌、硝化细菌、DNB和PAOs这些不同的功能菌群构建在不同的环境中。厌氧池内PAOs吸收有机物，释放磷酸盐；缺氧池内，一方面DNB将回流的硝酸盐转化为$N_2$，另一方面DPAOs也可利用自身存储的碳源将硝酸盐还原为$N_2$；好氧池中异养菌将有机物氧化，硝化细菌将氨转化为硝酸盐，PAOs吸收磷酸盐。交替的厌氧、缺氧和好氧环境，保证了有机物、氮和磷的有效去除，同时不容易造成污泥膨胀（陈永会，2019；孙伟毅，2015）。

$A^2/O$工艺设有污泥回流和混合液内回流，经过好氧池的混合液中含有较高浓度的DO，这势必会影响缺氧池的反硝化作用；二沉池中的污泥回流或多或少会将污泥中残留的DO和$NO_3^-$-N带入厌氧段，影响PAOs对水中$PO_4^{3-}$-P的去除。

#### 1.2.2.3 Bardenpho工艺

Bardenpho工艺也叫多级A/O工艺，通常由两级A/O工艺组成（图1-4）。该工艺主要解决了一级A/O工艺出水硝酸盐不能完全处理的问题，通过第二级A/O进一步进行反硝化脱氮。五级Bardenpho工艺是在普通Bardenpho工艺的最前端加入一个厌氧池，通过将沉淀池中的污泥汇流至该厌氧池，强化生物除磷的功能（图1-5）。

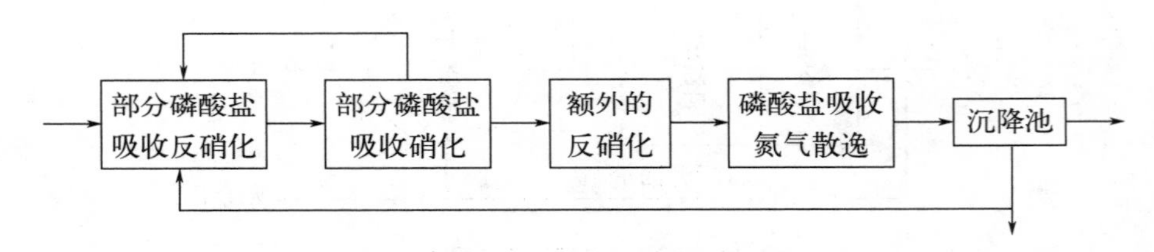


图1-4 Bardenpho工艺流程图

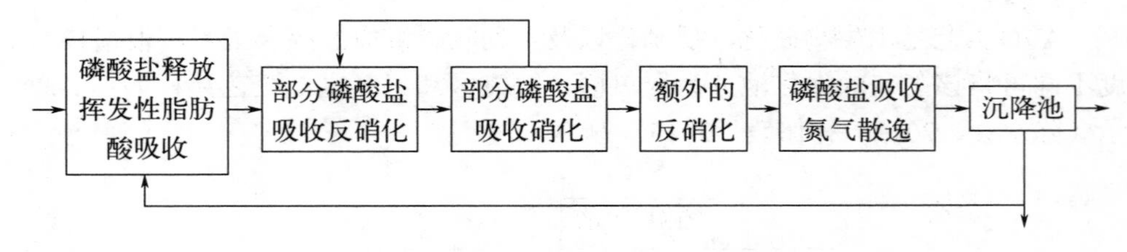


图1-5 五级Bardenpho工艺流程图

#### 1.2.2.4 UCT工艺

UCT（university of cape town）工艺是由南非开普敦大学研究开发的一项新的污水处理工艺，该工艺是对传统的$A^2/O$工艺进行回流方式的调整，工艺流程如图1-6所示。该工艺与$A^2/O$工艺结构相同，生化反应单元都是由厌氧、缺氧和好氧区组成。与$A^2/O$工艺相比，其回流污泥首先回流至缺氧区，回流污泥中的$NO_3^-$-N会在缺氧池中进行反硝化，然后再回流至厌氧区，防止了$NO_3^-$-N对厌氧区磷酸盐释放的影响，具有良好的脱氮除磷作用，但因其增加了污泥回流系统，操作相对复杂，运行成本也有所增加。

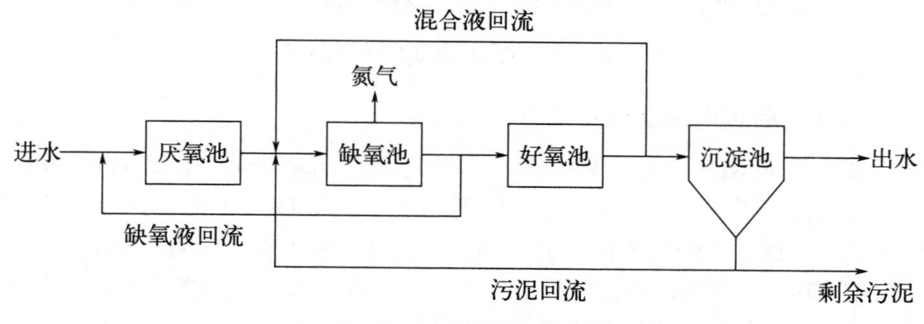


图1-6　UCT工艺流程图

### 1.2.2.5　CASS工艺

CASS工艺属于序批式反应器（sequencing batch reactor，SBR）工艺，是SBR工艺的改进型工艺，主要包括生物选择区、兼氧区和主反应区三个部分，工艺流程如图1-7所示，其中主反应区的工作过程分为曝气、沉淀、排水和闲置四个部分（图1-8）。CASS工艺主要是在SBR工艺的基础上增加了生物选择区和污泥回流装置。生物选择区通常在厌氧或兼氧条件下运行，能够有效防止污泥膨胀，维持反应器的稳定。兼氧区主要是对进水水质和水量进行缓冲的，同时增强磷释放和反硝化脱氮作用。主反应区后部设有可升降的自动滗水装置，是好氧有机物去除和同步硝化反硝化作用的发生位置。CASS工艺运行相对简单，污泥沉降性良好，且脱氮除磷效果较好。但要注意曝气方式、污泥停留时间（SRT）和低温对CASS工艺的影响（Wilderer et al.，2000）。

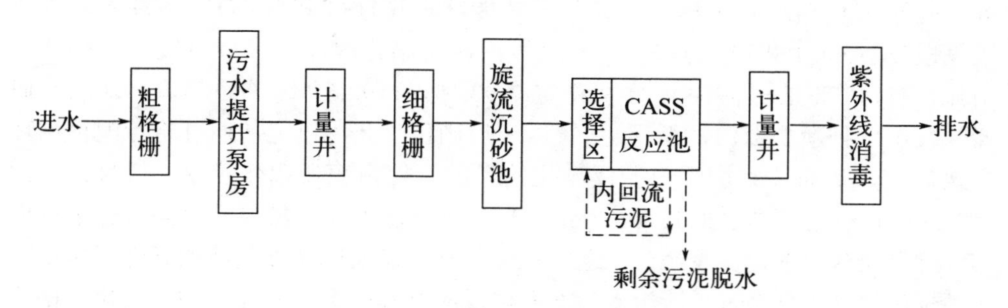


图1-7　CASS工艺流程图

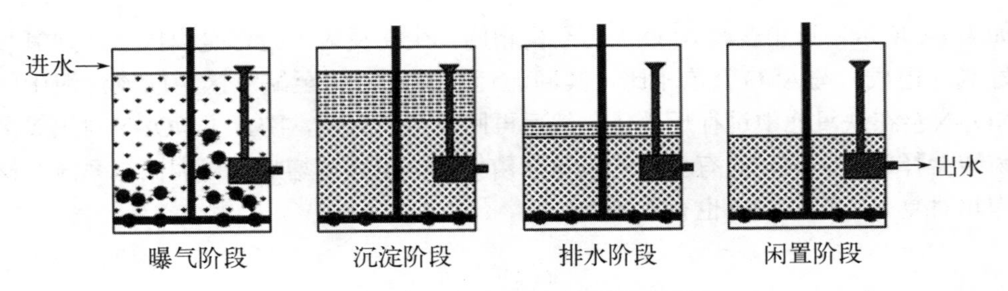


图1-8 主反应区工作流程图

### 1.2.2.6 后置内源反硝化工艺

后置内源反硝化工艺，即厌氧/好氧/缺氧（anaerobic/oxic/anoxic，A/O/A）工艺。该工艺可以看作是$A^2/O$工艺的改型工艺。其与UCT工艺也具有相似之处，污水在缺氧区通过内源反硝化作用对$NO_3^-$-N做进一步去除后再回流至厌氧区，减少了回流液中携带的$NO_3^-$-N和DO对厌氧段$NO_3^-$-N的去除造成的影响，有利于提高脱氮除磷的效率；不同之处在于后置内源反硝化是在空间上改变厌氧区和缺氧区的关系（Xu et al.，2011）。

Wang等人（2016）利用同步硝化反硝化除磷系统与后置反硝化系统相结合处理低C/N废水，反应器经过115天的运行，总氮（TN）的去除率达到92.1%。Zhao等人（2018a）将后置内源反硝化与生物强化除磷（EBPR）系统相结合，对低C/N废水进行深度脱氮。在160天的操作后，平均出水$PO_4^{3-}$-P和TN的浓度分别为0.4mg/L和3.0mg/L。次年，他们又对部分硝化内源反硝化脱氮除磷系统进行了工艺改进。他们认为水力停留时间（HRT）过长，容易导致内源反硝化效率下降，因此其团队通过缩短厌氧缺氧反应时间，将HRT从55h降到17.5h，并在不影响除磷效果的前提下提高了系统的脱氮除磷效率，TN和TP的去除率分别达到86.8%和90.9%（Zhao et al.，2019）。Zhao等人（2018b）通过富集DGAOs和PAOs开发了一种新型后置内源反硝化脱氮除磷工艺，主要通过低氧曝气、延时厌氧和缺氧三个过程强化内源反硝化脱氮除磷。实验结果显示，经过低氧曝气、延时厌氧和缺氧过程，该处理工艺能够在短HRT和低DO的条件下，强化厌氧段DGAOs中PHAs的储存、缺氧段内源反硝化脱氮以及好氧段同步硝化反硝化，TN和TP的去除率可分别稳定在92.15%和92.67%。Gao等人（2020）研究开发了一种新型双污泥循环-后置内源反硝化工艺。该工艺通过将污泥再循环至缺氧区，从而达到增强内源反硝化的目的，使内源反硝化速率（以N计）由0.1kg/（$m^3$·d）增加到0.17 kg/（$m^3$·d）。李方舟等人（2019）同样通过厌氧低曝气好氧及缺氧的内源反硝化工艺，在无外加碳源及降低曝气能的条件下实现了内源反硝化处理低C/N生活污水，并发现反应过程中存在明显的同步硝化反硝化作用，硝酸盐和COD的去除率可分别达到86.5%和80%。

## 1.3 新型废水生物脱氮处理工艺

城市生活污水中的氮主要以有机氮和氨氮等形式存在，由厨房洗涤、厕所冲洗、淋浴、洗衣等产生的废水带入，城市垃圾渗滤液含氨氮量也较高。新鲜生活污水中有机氮约占60%，无机氮约占40%。在细菌的作用下，陈旧生物污水中的蛋白质分解，可导致有机氮比例下降，氨氮比例上升。工业废水中的氮与工厂的生产原料、生产工艺和产品种类，以及工厂的管理技术和水平有关，因此各行业工业废水的含氮污染物的种类和浓度差异较大。排放高浓度含氮废水的工厂主要有两大类：一类是含氮产品的生产厂，另一类是含氮产品的使用厂。表1-1列举了多种工业废水的含氮量。水产养殖废水中的氮素主要来自在微生物的氨化作用下分解沉积在水体中的没有被养殖动物有效利用的残饵、排泄物、死体组织等污染物形成的离子态氨（$NH_4^+$-N）、游离态氨（$NH_3$-N）和亚硝态氮（$NO_2^-$-N）。农业污水中的氮主要来源于氮肥的使用，有统计数字表明施用的氮肥中有40% ～ 65%的氮素进入地表水和地下水。我国的氮肥消费量位居世界第一，按2000—2001年氮肥需求量计，进入水体的氮肥有$2.3\times10^6$t。此外，农村的畜禽养殖污水也含有大量的氮素污染物，如动物鲜尿液中氨氮可高达1227mg/L，猪栏污水中氨氮达424mg/L（孙锦宜，2003）。

表1-1 各种工业废水中氨氮浓度

| 废水 | 氨氮浓度/（mg/L） | 废水 | 氨氮浓度/（mg/L） |
|---|---|---|---|
| 焦化废水 | 5 ～ 7000 | 酒厂废水 | 114 ～ 380 |
| 氨和尿素生产厂废水 | 200 ～ 14000 | 制革厂废水 | 83 ～ 159 |
| 氨和硝酸生产厂废水 | 130 ～ 1800 | 青霉素废水 | 180 ～ 475 |
| 氨混合肥生产厂废水 | 600 | 味精制造厂废水 | 250 ～ 7000（稀）<br>10000 ～ 17000（浓） |
| 印染废水 | 100 ～ 250 | | |

采用CND工艺脱氮时，通常认为当污水BOD/N ≥ 5或COD/N ≥ 8时表示反硝化所需有机碳源充足（华光辉，2000），然而，目前我国大多数城镇污水C/N都低于这一类比值，部分工业废水、水产养殖废水和农业污水水质总体也呈现出无机氮浓度高，而有机碳含量低、废水的碳氮比较低的特点，异养反硝化细菌常因缺少碳源而不能表现出较高的活性。因此添加额外有机碳源成为提高这类废水处理效率的有效途径，但这无疑增加了水厂的运行费用。

针对低C/N废水的处理，各国研究者开发出了多种新型生物脱氮工艺，它们包括短程硝化工艺、同步硝化反硝化工艺（SND）、同步脱氮除硫工艺、厌氧氨氧化（anaerobic ammonium oxidation，ANAMMOX）及其衍生组合工艺等。

### 1.3.1 短程硝化工艺

在传统硝化工艺中，氨首先被AOB氧化成亚硝酸，然后亚硝酸又被NOB氧化成硝酸，而短程硝化是指将硝化过程控制在产物为亚硝酸的阶段，这样就缩短了一段流程，不但节省了25%的耗氧量，而且也节省了随后反硝化过程中40%的甲醇使用量。

实现短程硝化工艺的关键在于选择性保留AOB，淘汰NOB，保证亚硝酸的积累。在实践中，应优先调控以下五个因素。

**（1）温度**

这两组细菌对温度非常敏感（Hellinga et al.，1998）。在温度高的情况下AOB的生长相较于NOB更占优势。AOB和NOB生长的最佳温度分别为38℃和35℃（Grunditz and Dlhammar，2001）。Hellinga等人（1998）在两年的实验中发现，硝化细菌在温度超过35℃的情况下也可以进行稳定硝化。然而这个温度值不是固定的，Yamamoto等人（2006）发现在15～30℃下短程硝化过程也可以成功启动，但在15℃以下，系统性能明显下降。

（2）SRT

根据前面得到的结论，在较高温度下，AOB的倍增时间短于NOB。所以，应该在有限的范围内适当改变SRT，让AOB成为优势菌种。荷兰乌得勒支和鹿特丹污水处理厂的工程实践表明，SRT在1～2.5d之间的是可行的（van Kempen et al.，2001）。然而，在SBR中即使SRT达到5d，也可以为AOB创造一个有利的生长环境，保证其生长速率优于NOB（Galí et al.，2006）。

（3）DO

可以利用AOB和NOB对氧的亲和性不同，对短程硝化过程进行DO控制。AOB的$K_s$（半饱和常数）（0.3mg/L）低于NOB的$K_s$（1.1mg/L），说明在DO限制条件下AOB更有优势（Wang and Yang，2004）。一些研究人员将1.0mg/L左右的DO浓度作为硝化反应的最适DO浓度（Ciudad et al.，2005；Ruiz et al.，2006）。由于反应器中氧气传质效率的变化，这个数值会发生变化（Ciudad et al.，2005）。

**（4）碱度/铵**

氨氧化是一种消耗碱的反应。因为消耗1mol铵和1mol碱可生成0.5mol亚硝态氮［式（1-1）］，所以部分要想保证短程硝化能够与ANAMMOX结合，短程硝化反应发生的碱度/铵比为1（van Dongen et al.，2001；Fux et al.，2002）

$$NH_4^+ + HCO_3^- + 0.75O_2 \longrightarrow 0.5NH_4^+ + 0.5NO_2^- + CO_2 + 1.5H_2O \tag{1-1}$$

（5）pH

pH在ANAMMOX之前的短程硝化过程中起三重作用。首先，它直接影响了这两类细菌的生长速率。NOB在pH值为7时的生长速率是pH值为8时的8倍，而AOB的变化可以忽略不计（Hellinga et al.，1998）。其次，pH与氨氮和亚硝酸盐的浓度密切相关。实际上，氨和亚硝酸分别是AOB和NOB的真正底物。pH在8左右的废水创造了一个含有更多氨和更少亚硝酸的环境，这明显促进了AOB的生长，抑制了NOB的生长（Hellinga et al.，1998）。因此，部分的硝化工艺建议在弱碱性条件下操作。第三，在确定的碱度/氨氮比例下，pH是控制$HNO_2/NH_3$最直观的指标（Fux et al.，2002）。

正交实验表明，pH、温度和DO浓度三者的联合作用对短程硝化性能有显著影响（Lu et al.，2006）。此外，运行模式、曝气模式、反应器配置、运行成本等其他因素均应予以综合考虑。例如，在较低的温度（约15℃）下短程硝化过程也可以进行（Yamamoto et al.，2006）。此外，如果DO浓度有限，SRT可持续24d保持稳定（Pollice et al.，2002）。SBR和恒化器中的氮气（以N计）转化率分别为1.1kg/（$m^3$·d）和0.3kg/（$m^3$·d），它们都可以进行稳定的短程硝化反应，但恒化器更为稳定（Galí et al.，2006）。在工程中，从经济成本分析来看，串联氧化控制加pH控制优于其他策略（Volcke et al.，2006）。

## 1.3.2 同步硝化反硝化工艺

同步硝化反硝化（SND）是指在低氧条件下，反应器内同时存在硝化作用和反硝化作用，从而一步达到污水脱氮的效果。同步硝化反硝化现象可以从物理学和生物学两个方面加以解释（Münch et al.，1996）。从物理学角度看，在活性污泥或生物膜中存在DO梯度，从而导致活性污泥或生物膜的表面DO浓度较高，硝化作用强烈；而活性污泥或生物膜的内部DO浓度较低，反硝化作用强烈。在反应器中，可以通过间歇曝气来产生好氧-缺氧交替状态，使硝化作用和反硝化作用同时进行。从生物学角度着眼，同步硝化反硝化是好氧反硝化细菌和异养硝化细菌共同作用的结果。脱氮副球菌（*Paracoccus denitrificans*）是一种典型的具有异养硝化功能的好氧反硝化细菌，它能把氨氧化成亚硝酸，然后在低DO的条件下利用有机物将亚硝酸或硝酸转化成氮气去除。这种细菌能够同时利用氧和亚硝酸或硝酸为电子受体，氧化有机物。细菌生长的能量来源于有机物的氧化（Robertson et al.，1988；Robertson and Kuenen，1990）。

无论是在传统生物脱氮理论上还是在工艺中，想要实现废水中氮素的去除，就必须要完成“$NH_4^+$-N → $NO_2^-$-N → $NO_3^-$-N → $NO_2^-$-N → $N_2$”这一完全硝化-反硝化过程。从氮素的转化经历来看，“$NO_2^-$-N → $NO_3^-$-N”和“$NO_3^-$-N → $NO_2^-$-N”相当于多走的一段路程，而硝化作用可由AOB和NOB分两阶段完成，反硝化作用可利用$NO_2^-$-N或$NO_3^-$-N作为电子受体，因此生物脱氮可以以“$NH_4^+$-N → $NO_2^-$-N → $N_2$”这一简化的途径完成，称为不完全（短程）硝化-反硝化过程。该理论是在1975年首次由Voets等人提出的，他们在进行高浓度$NH_4^+$-N废水脱氮处理研究时发现了$NO_2^-$-N的累积，从而提出了这一设想，即将硝化作用控制在亚硝化阶段，阻止$NO_2^-$-N进一步氧化为$NO_3^-$-N，随后，将$NO_2^-$-N经反硝化作用直接还原为$N_2$，实现废水中氮素的去除。目前，最具代表性的SND工艺为短程硝化反硝化（single reactor high activity ammonia removal over nitrite，SHARON）工艺，它是由荷兰代尔夫特理工大学于1997年成功研发的，主要是通过温度和HRT的控制实现NOB的淘汰和AOB的富集，同时，采用间歇供氧实现硝化和反硝化作用的交替进行，利用反硝化过程产生的碱度中和硝化过程产生的酸度实现酸碱平衡，最终在一个反应器中进行不完全硝化-反硝化（郑平等，2004）。该工艺具有流程简单、操作运行管理方便、运行费用低、脱氮功效好的优点，目前已成功应用于污泥消化液的脱氮处理，而该工艺的应用也逐渐扩展至城市生活污水、垃圾渗滤液和畜禽废水等含氨废水。以SND为核心的新型生物脱氮工艺的出现，不仅弥补了CND工艺的不足，同时为低C/N污水的处理提供了新方法。

与完全硝化-反硝化过程相比，SND工艺具有以下的优点：①硝化过程仅停留在亚硝化阶段，既可节约25%的需氧量，减少了动力消耗，又可提高硝化反应速率，节省了反应时间；②反硝化过程仅需将$NO_2^-$-N进行还原，可减少40%的有机碳源（以甲醇计），从而降低了废水的处理成本，同时为低C/N污水的处理提供了新方法；③$NO_2^-$-N的还原速率比$NO_3^-$-N快63%左右，故反硝化作用时间得以缩短；④硝化阶段产酸量降低，同时，在一个反应器内进行不完全硝化-反硝化，可利用反硝化阶段产生的碱度中和硝化阶段产生的酸度，实现了酸碱平衡；⑤污泥产量低，硝化过程产泥量可减少35%，反硝化过程产泥量可减少55%，降低了城市污水处理厂后续处置污泥的费用；⑥工艺流程简化，反应器容积可减小30%左右，运行设备占地面积少，节省了基建投资和管理费用；⑦$CO_2$等温室气体的排放量降低，减少了二次污染。

目前同步硝化反硝化工艺已经在多种反应器中实现，人们已将这一工艺改进为同步短程硝化反硝化，从而进一步缩短反应时间、降低运行成本。虽然SND工艺具有传统生物脱氮技术不可比拟的优势，但在实践应用中，该工艺极易受到各种环境因素或操作条件的影响导致工艺运行稳定性差。对该工艺而言，其技术核心在于如何控制亚硝化过程，即如何实现反应器内富集AOB的同时淘汰NOB。文献研究表明，温度、pH值、DO以及底物浓度等都是该工艺重要的控制参数

（Mulder et al.，1997；袁林江等，2000）。

（1）温度

通常，温度可以影响微生物的比生长速率，故生物反应受温度的影响较大，在其他参数保持不变的前提下，生物反应都会存在一个最适温度。对硝化反应来说，当温度范围为4 ～ 45℃时，该反应均可发生，不同文献资料对最适温度的报道不尽相同，基本认为其最佳温度范围为20 ～ 30℃，当温度低于15℃或高于40℃时，硝化细菌的活性均会受到抑制。此外，温度对AOB和NOB的影响各不相同，Hellinga等人（1998）认为（图1-9），当温度低于20℃时，AOB的比生长速率小于NOB的，亚硝化阶段生成的$NO_2^-$-N会被NOB继续氧化为$NO_3^-$-N，无法实现不完全硝化-反硝化；当温度大于20℃时，AOB的比生长速率大于NOB的，且温度越高，两种细菌之间比生长速率的差距越大，亚硝化阶段生成的$NO_2^-$-N能够实现累积。因此，对SND工艺而言，高温有利于富集AOB并淘汰NOB，但温度过高，硝化反应速率反而下降且升温需要提供足够的能量，能耗较大。综合考虑，SND工艺最适宜的温度范围为30 ～ 35℃。

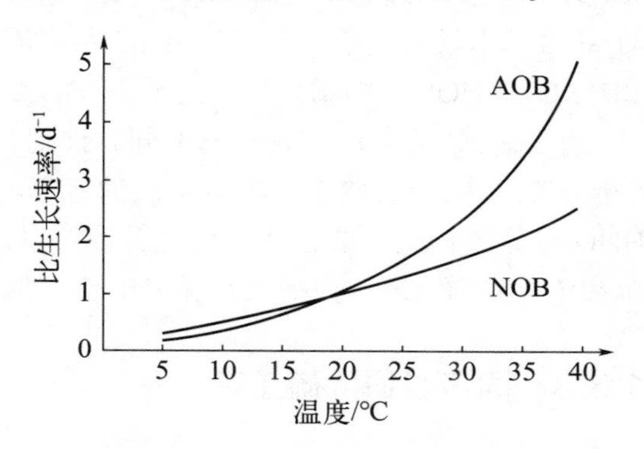


图1-9 温度对硝化细菌比生长速率的影响
（Hellinga et al.，1998）

（2）pH值

pH值对硝化细菌的影响主要包括两方面，一方面AOB和NOB生长最适pH值范围不同，AOB最适pH值在7.0 ～ 8.5之间，而NOB最适pH值在6.5 ～ 7.5之间；另一方面，pH值会影响微生物生存底物的有效性或抑制剂的毒性。通常认为，$NH_4^+$-N和$NO_2^-$-N在水中的分子态存在形式$NH_3$和$HNO_2$对硝化细菌而言既是底物又是抑制剂，不同pH值条件下分子态和离子态可互相转化，故$NH_3$和$HNO_2$的分配比例与pH值息息相关，pH值越高，$NH_3$的分配比例越大，$HNO_2$的分配比例越小。相对AOB而言，NOB对$NH_3$和$HNO_2$更为敏感，因此，通过pH值的控制可以进行反应产物的定向选择，实现$NO_2^-$-N的累积。SND工艺适宜的pH值范围为7.4 ～ 8.3（郑平等，2004）。

（3）DO

AOB和NOB均为好氧细菌，但二者的氧饱和常数各异，在不同的DO条件下拥有不同的生长速率。一般认为，AOB的氧饱和常数为0.2 ～ 0.4mg/L，NOB的氧饱和常数为1.2 ～ 1.5mg/L，当DO充足时，以硝化反应为主，当DO不足时，两种菌群生长速率均有所下降，但AOB与DO的亲和力高于NOB，故可优先利用DO使得NOB活性被抑制并逐渐淘汰，以亚硝化反应为主。因此，通过低DO的控制实现不完全硝化-反硝化是目前最常用的手段之一。在SND工艺中，可通过间歇曝气控制DO为1.0～1.5mg/L（郑平等，2004）。

**（4）底物浓度**

硝化反应中同时存在离子态$NH_4^+$-N、$NO_2^-$-N和分子态$NH_3$、$HNO_2$，对AOB和NOB而言，分子态的$NH_3$和$HNO_2$既是生存基质也是活性抑制剂，其分配比例受pH值以及温度等因素影响，尤以pH值的影响最为显著。研究发现，$NH_3$对AOB的抑制浓度为10～150mg/L，对NOB的抑制浓度为0.1～1.0mg/L；$HNO_2$对AOB基本没有影响，但对NOB的抑制浓度为0.2～2.8mg/L。相对而言，$NH_3$和$HNO_2$对NOB的抑制作用均高于AOB，因此，通过控制$NH_3$和$HNO_2$的分配比例，可以在保证AOB正常代谢的同时抑制NOB的活性，从而实现$NO_2^-$-N的累积（郑平等，2004）。然而，随着工艺的运行，NOB可以逐渐适应高浓度的$NH_3$或$HNO_2$，导致$NO_2^-$-N的累积不稳定并最终以$NO_3^-$-N为主要出水产物，因此，无法单独依靠底物浓度的控制来实现SND工艺的长期稳定运行。

### 1.3.3 同步脱氮除硫工艺

同步脱氮除硫工艺是指在厌氧条件下，利用某些细菌能够以硫化物为电子供体、以硝酸盐（或亚硝酸盐）为电子受体的生理特性，将硫化物和硝酸盐（或亚硝酸盐）转化为单质硫和氮气的过程。该工艺实现了对氮和硫污染物的同时去除。脱氮硫杆菌是典型的同步脱氮除硫功能菌。它是一类严格自养菌，只能利用无机碳源进行生长代谢。在好氧条件下，该菌能够以氧气为电子受体，进行好氧硫氧化；而在厌氧条件下，它又能利用硝酸盐为电子受体氧化硫化物，进行自养反硝化，实现同步脱氮除硫（张忠智等，2005）。同步脱氮除硫工艺的脱氮除硫效能与进水硫氮比密切相关。实验表明，进水硫氮比为5∶2时，有利于硫化物和硝酸盐转化成单质硫和氮气（Cai et al.，2008）。目前多将这种自养反硝化与异养反硝化耦合于同一个反应器中，达到碳、氮、硫的同时去除。在厌氧膨胀床反应器中进行COD、硝酸盐（以N计）和硫化物（以S计）的同时去除实验，其去除速率可分别达到2.6kg/（$m^3$·d）、2.4kg/（$m^3$·d）和4.7kg/（$m^3$·d）（Chen et al.，2009a）。

### 1.3.4 ANAMMOX及其衍生组合工艺

ANAMMOX一般是指在厌氧条件下，以$NH_4^+$-N为电子供体，$NO_2^-$-N为电子受体而进行的生物反应，最终生成$N_2$和少量的$NO_3^-$-N。该反应是由一类特殊的自养型细菌厌氧氨氧化菌（AMX）执行完成的，ANAMMOX的化学计量方程式如式（1-2）：

$$NH_4^+ + 1.32NO_2^- + 0.066HCO_3^- + 0.13H^+ \longrightarrow 1.02N_2 + 0.26NO_3^- + 0.066CH_2O_{0.5}N_{0.15} + 2.03H_2O \quad (1-2)$$

ANAMMOX工艺是新型生物脱氮技术的代表性工艺，它在理论和技术上都突破了传统生物脱氮技术的框架，在污水脱氮中展示出了很高的环境和经济效益，具有广阔的市场应用潜力。与CND工艺相比，ANAMMOX工艺具有很多的优越之处：①ANAMMOX反应以$NH_4^+$-N为电子供体，$NO_2^-$-N为电子受体，因此，反应中只需将一半的$NH_4^+$-N氧化为$NO_2^-$-N，耗氧量比传统工艺节省了62.5%，动力消耗大大降低；②ANAMMOX工艺无须外加有机碳源，节省了污水处理成本，同时减少了$CO_2$的排放，避免了二次污染；③反应器体积缩小，处理设备占地面积可减少50%左右；④污泥产率低，节省了后续处置污泥的费用。尽管ANAMMOX工艺具有如此多的优点，但其依然难以在实际工程中大规模地、广泛地应用，这是因为AMX生长速率极其缓慢、对环境要求极其苛刻，导致其工艺启动时间漫长且运行稳定性难以保障。影响AMX活性的因素主要包括：①光。AMX为光敏性细菌，光可以抑制其活性，导致$NH_4^+$-N去除率降低30%～50%，因此，进行ANAMMOX反应的设备需采取避光保护措施。②温度。AMX适宜的温度范围为30～40℃，低于15℃或超过40℃都会使其活性降低。③DO。AMX在严格缺氧的情况下才具有一定的生物活性，微量DO便会对其产生抑制作用，但这种抑制作用是可逆的。有研究表明，通过培养ANAMMOX颗粒或实现AMX与某些好氧菌的共存等可以使其在一定程度上减小对DO的敏感性。④有机物。AMX为化能自养型细菌，当废水中存在有机物时，其活性在一定程度上会被抑制，然而，近年来有研究表明，AMX对丙酸等挥发性脂肪酸（VFAs）具有一定的耐受力（≤150mg/L），且对于低C/N的污水来说，采用ANAMMOX工艺进行处理时依然能够获得良好的脱氮效果。⑤pH值。pH值既可以影响AMX的生理特性，又可以影响AMX生存底物的分配百分率，它适宜的pH值在6.7～8.3之间，最适pH值为8.0左右。⑥$NO_2^-$-N浓度。超过100mg/L浓度的$NO_2^-$-N便会对AMX的活性产生明显的抑制作用，且该抑制是不可逆的（郑平等，2004）。

针对AMX生长速率缓慢以及生长条件苛刻等问题，在过去的几十年间，研究人员不断地尝试使用各种方法来实现AMX的快速富集从而达到缩短工艺启动时间等目的。近年来，以增加微生物在反应器内的容积装载率和以提高微生物活性为目标的两类研究方法吸引了越来越多学者们的注意。尤其是在有关利用超声波、电磁场等外加手段有效实现了AMX活性提高并改善了脱氮效果的研究成果发表后，以提高微生物脱氮活性为主要目的的研究成为了热点，其优势在于，即使菌群浓度相对较低，但只要保证一定的生物活性，那么也可以达到良好的脱氮效果（Xing et al.，2022；Chen et al.，2021）。

自2010年诺贝尔物理学奖授予了英国曼彻斯特大学的科学家安德烈·盖姆和康斯坦丁·诺沃肖洛夫，以表彰他们在石墨烯材料方面的卓越研究后，以石墨烯和氧化石墨烯（graphene oxide，GO）等材料为重心的课题一跃成为了科学领域研究的新趋势。GO是石墨烯的氧化物，因经过氧化后，其上含氧官能团增多而使GO的性质较石墨烯更加活泼，如低细胞毒性、良好的水中分散性以及巨大的比表面积等，这些独特性能的发现为其在微生物学领域内的应用奠定了坚实的基础。有关GO生物适应性的研究近年来引起了学者们很大的关注，有研究认为，GO具有很高的生物适应性，可有效促进某些细菌的增殖，外加一定浓度GO也可适当提高某些菌群的活性（Ruiz et al.，2011；Wang et al.，2011b）。这一类研究成果的出现，预示着GO或许可以对AMX活性产生一定的积极影响，从而达到缩短工艺启动时间和扩大工艺应用范围的目的。

#### 1.3.4.1 短程硝化-厌氧氨氧化工艺

短程硝化-厌氧氨氧化工艺是一个将短程硝化与ANAMMOX耦合的生物脱氮工艺。这个工艺可分为两个阶段，第一阶段是在好氧反应器中将部分氨氧化为亚硝酸，第二阶段是在厌氧反应器中将剩余的氨与亚硝酸转化成氮气。此工艺的技术关键之一是实现短程硝化，即富集AOB，将硝化过程终止于亚硝酸阶段。调控策略除1.3.1节介绍的方法外，为了保证好氧过程的出水满足ANAMMOX过程的要求，还应调节好氧过程进水的碱度。氨的好氧氧化是一个耗碱过程，为了使$NH_4^+/NO_2^-$为1，进水碱的投加量应与氨等物质的量［式（1-3）］。实验室研究和工程应用均表明碱度与氨摩尔比值为1左右时，短程硝化-ANAMMOX工艺能够顺利进行（Fux et al.，2002；van Dongen et al.，2001）。表1-2列出了短程硝化-ANAMMOX工艺中短程硝化段的不同控制策略。

$$NH_4^+ + HCO_3^- + 0.75O_2 \longrightarrow 0.5NH_4^+ + 0.5NO_2^- + CO_2 + 1.5H_2O \quad (1\text{-}3)$$

表1-2 短程硝化-ANAMMOX工艺中短程硝化段的控制策略

| 反应器构型 | 控制策略 | | | | $NH_4^+$-N / $NO_2^-$-N（短程硝化段后） | 参考文献 |
|---|---|---|---|---|---|---|
| | pH | $T$/℃ | DO/（mg/L） | SRT/d | | |
| 全混合反应器 | | 30 ～ 40 | | 1.0 | 1.09 | van Dongen et al.，2001 |
| 全混合反应器 | | 30 | | 1.2 | 1.10 | Fux et al.，2002 |

续表

| 反应器构型 | 控制策略 | | | | $NH_4^+$-N / $NO_2^-$-N（短程硝化段后） | 参考文献 |
|---|---|---|---|---|---|---|
| | pH | $T$/℃ | DO/（mg/L） | SRT/d | | |
| 序批式反应器 | | | 3 ～ 4 | 1 | 0.60 | Hwang et al.，2005 |
| 移动床反应器 | | 15 ～ 30 | | 0.5 ～ 0.25 | 0.61 | Yamamoto et al.，2006 |
| 全混合反应器 | 7.23 | 在线控制 | | | NR | Volcke et al.，2006 |

注：NR为未报道。

短程硝化-厌氧氨氧化工艺对于高浓度氨氮废水的处理表现出了优良的性能。与CND工艺相比，该工艺在需氧量和外加有机碳源上都具有明显的优势，也被认为是迄今为止最简捷的生物脱氮工艺，具有广泛的应用前景，主要用于处理高$NH_4^+$-N的低C/N废水，如垃圾渗滤液、工业废水以及污泥消化液等（Ahn and Kim，2004；Hwang et al.，2005；van Dongen et al.，2001）。Jetten等人（1997）利用SHARON-ANAMMOX工艺对污泥消化出水进行了研究，与CND工艺［每千克N需氧（$O_2$）量4.65kg，碳源（COD）需要量4 ～ 5kg］相比，该工艺每千克N需氧（$O_2$）量仅为1.7kg，并且几乎不需外加碳源。将硝化细菌和AMX进行固定化后，用于处理畜禽废水的厌氧消化液，其总氮去除速率可达4kg/（$m^3$·d）。但是该工艺的缺点是需要修建两个构筑物，增加了基建费用（Furukawa et al.，2009）。

#### 1.3.4.2 全自养脱氮工艺

全自养脱氮（completely autotrophic nitrogen-removal over nitrite，CANON）工艺的本质是在一个反应器中完成短程硝化和ANAMMOX两个过程（Strous，2000）。该工艺的原型是“好氧脱氨”，当时由于对该反应的微生物学机理缺乏了解，认为氨可以在好氧-缺氧或微好氧的条件下转化成$N_2$（Hippen et al.，1997）。直至2000年，才发现该过程是由AOB和AMX两种微生物共同作用的结果。AOB利用反应器中的氧将部分氨氧化成亚硝酸。水中DO被利用后，浓度降低，逐渐形成一个缺氧环境，AMX利用剩余的氨和产生的亚硝酸进行ANAMMOX反应，产生氮气，将氨去除［式（1-4）］。因此与传统硝化-反硝化工艺相比，CANON工艺节省了63%的氧气和100%的外加碳源。

$$NH_4^+ + 0.85O_2 \longrightarrow 0.435N_2 + 0.13NO_3^- + 1.4H^+ + 1.3H_2O \tag{1-4}$$

从以上的反应式中可以明显看出，CANON工艺中，AOB的反应底物是$NH_4^+$-N和$O_2$，ANAMMOX的反应底物是$NH_4^+$-N和$NO_2^-$-N，在无外加$NO_2^-$-N的前提下，AMX需要依靠AOB来提供底物。同时，CANON工艺易于被NOB影响，这是因为NOB的成长代谢需要$NO_2^-$-N和$O_2$，NOB既可以和AOB竞争$O_2$，又会和AMX竞争$NO_2^-$-N。因此，$NH_4^+$-N和DO是运行CANON工艺最关键的两个参数。DO增加，$NH_4^+$-N的去除率提高，但AMX的活性会受到抑制，同时可能引起NOB数量的增加，故最适宜的DO浓度与$NH_4^+$-N浓度密切相关（Strous，2000）。在$NH_4^+$-N充足的CANON反应器中，AOB的活性由$O_2$的供应制约，AMX的活性由$NO_2^-$-N制约，而NOB的活性则同时由$O_2$和$NO_2^-$-N制约，因此，通过控制氧或$NO_2^-$-N二者之一就可以淘汰NOB，实现CANON工艺。同时，研究表明，提高$O_2$的传质效率以及微生物的持留能力也是提高CANON工艺脱氮效果和维持菌群动态平衡的关键（Wang et al.，2019a）。

为了保证CANON工艺的顺利实施，关键是将水中DO与氨氮的比例控制在合适的范围内，从而在AOB和AMX之间建立良好的互生关系（Hao et al.，2002；Nielsen et al.，2005；Sliekers et al.，2002）。实验表明，在氨相对过量（DO不足）的条件下，反应器中AOB和AMX共同存在，氨和DO按照1 ∶ 0.83（接近理论值1 ∶ 0.85）的比例反应，CANON过程顺利进行；在DO相对过量（氨不足）的条件下，AMX活性被抑制，亚硝酸大量积累，与反应器中过量的DO共同作用，导致NOB出现，抑制CANON过程（Third et al.，2001）。

在实验室中，已经使用多种反应器成功启动CANON工艺，包括膜生物反应器、SBR、气升式反应器等。虽然SBR在对AMX的截留方面具有明显优势，但在CANON工艺性能上却不如气升式反应器（表1-3）。原因主要有两个方面：一方面，在SBR中，AOB和AMX交替地在好氧和厌氧条件下参与反

**表1-3　在不同反应器中实现的CANON工艺**

| 反应器类型 | NRR/［kgN/（$m^3$·d）］ | 污泥形态 | 曝气类型 |
|---|---|---|---|
| SBR | 0.160 | 悬浮污泥 | 连续曝气 |
| SBR | 0.120 | 悬浮污泥 | 连续曝气 |
| 气升式反应器 | 1.500 | 悬浮污泥 | 连续曝气 |
| SBR | 0.080 | 悬浮污泥 | 间歇曝气 |
| RBC | 7.390① | 生物膜 | 连续曝气 |
| GSBR | 0.057 | 颗粒污泥 | 外部曝气 |

注：NRR为脱氮速率；SBR为序批式反应器；RBC为生物接触转盘；GSBR为颗粒污泥床反应器。

① 的单位是g/（$m^2$·d）。

应，而在连续曝气的气升式反应器中，两种细菌合作，同时起作用，提高了反应速率；另一方面，氧传递是CANON工艺的限速步骤，密实的颗粒污泥床反应器和生物接触转盘不利于氧传递，导致功能菌群——AOB不能与氧气充分接触，难以获得较高的脱氮效率（Ahn and Choi，2006；Pynaert et al.，2003）。CANON工艺的性能与生物膜的厚度或颗粒污泥粒径密切相关。生物膜越厚、颗粒污泥粒径越大，DO在污泥聚集体内的传质阻力越大，越容易在聚集体内部制造缺氧环境，有利于AMX生长（Hao et al.，2002）。

CANON工艺是一种经济有效的新型废水生物处理技术，尤其适用于含有高浓度$NH_4^+$-N但不含有机碳的废水。与传统生物脱氮技术相比，CANON工艺全程自养，无须外加有机碳源，大大降低了废水的处理成本，同时，短程硝化只需将50%的$NH_4^+$-N氧化，可减少62.5%的需氧量和50%的碱度消耗，动力能耗均可降低。此外，与分体式的SHARON-ANAMMOX组合工艺相比，CANON工艺可以在单个反应器中实现AOB和AMX的共存，工艺流程简化，废水处理设施占地面积减小，且短程硝化过程和ANAMMOX过程同时进行，避免了$NO_2^-$-N累积可能对AMX活性造成抑制。然而，由于CANON工艺中主要的功能性菌群为完全自养型，该工艺不适合处理含有有机碳的废水，这在很大程度上限制了其在实际工程中的应用范围。与此同时，因微生物混合生长时的活性较单独培养时的活性低，且工艺运行受各类因素的影响更明显，故若想使CANON工艺达到良好稳定的脱氮效果，常常需要更为严格的工艺参数和环境条件的控制。与CANON工艺相类似的生物自养脱氮技术还包括限氧自养硝化-反硝化（oxygen-limited autotrophic nitrification-denitrification，OLAND）、同步短程硝化-厌氧氨氧化（single-stage nitrogen removal using anammox and partial nitritation，SNAP）以及DEMON（deammonification）工艺等（Pynaert et al.，2002；Cai et al.，2020；Podmirseg et al.，2022）。

#### 1.3.4.3 SNAD工艺

SNAD工艺是由杨凤林等人在2009年首次提出的，是在短程硝化、ANAMMOX以及CANON等新型生物脱氮技术的基础上为解决低C/N污水的同时脱氮除碳而发展起来的（Chen et al.，2009b）。该工艺利用AOB、AMX和DNB的协同作用实现在一个反应器中COD和$NH_4^+$-N的同时去除，其微生物作用原理为：首先，AOB在好氧区将部分$NH_4^+$-N氧化为$NO_2^-$-N，消耗DO为AMX和DNB创造厌氧条件，同时产生二者所需要的反应基质$NO_2^-$-N，如式（1-1）所示；其次，由于$NO_2^-$-N与AMX的亲和力高于DNB（Ahn，2006），因此AMX可优先利用$NO_2^-$-N和剩余的$NH_4^+$-N反应生成$N_2$和少量$NO_3^-$-N，如式（1-2）所示；最后，DNB在有机碳源存在的条件下将ANAMMOX反应生成的$NO_3^-$-N进一步转化为$N_2$排出，如式（1-5）所示（有机碳源以乙酸计）。SNAD工艺在生物膜反应器中的反应模型如图1-10所示。

$$8NO_3^- + 5CH_3COOH \longrightarrow 4N_2 + 8OH^- + 10CO_2 + 6H_2O \quad (1-5)$$

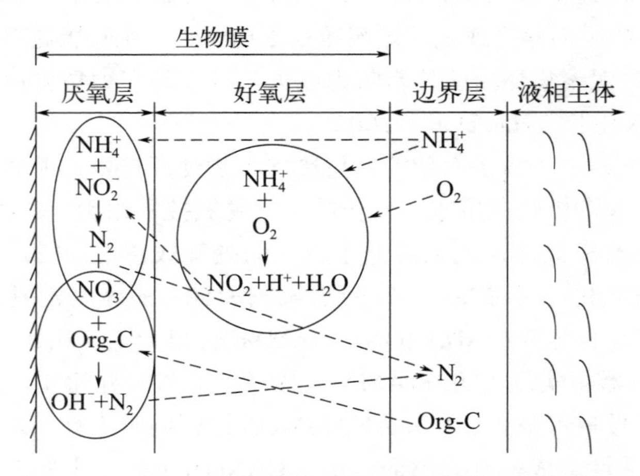


图1-10　SNAD工艺在生物膜反应器中的反应模型

与传统的生物脱氮方法相比，SNAD工艺实现了单级自养和异养的结合，达到了同时脱氮除碳的目的，一体化设计节能减排，需氧量小、动力消耗少且运行成本低，对低C/N污水具有良好的处理效果。与CANON、OLAND、SNAP等新型生物脱氮工艺相比，一方面，SNAD工艺对非功能性菌群的存在有了一定的宽容性，例如，少量NOB的存在，会与AMX和DNB竞争底物$NO_2^-$-N，进一步生成$NO_3^-$-N，但因为DNB的存在，生成的$NO_3^-$-N依然可被DNB利用，最终转化为$N_2$排出；另一方面，SNAD工艺对处理废水的水质要求更加宽泛，这在一定程度上扩大了新型生物脱氮技术在实际工程中的应用范围。然而，目前有关SNAD工艺技术的研究尚处于起步阶段，该工艺的核心涉及多种菌群的竞争合作，因此在实际应用中需考虑多项因素对工艺过程的影响，并且该工艺的发展依然需要更加精确的理论与技术支持（Wang et al.，2019b）。

#### 1.3.4.4　以ANAMMOX为核心的城镇污水可持续处理工艺发展现状

进入21世纪以来，由于化石能源日益减少以及温室气体排放引起全球气候变化，在污水处理领域如何节能降耗和减少温室气体排放成为了研究热点（Muga et al.，2008）。城镇污水处理是高能耗行业，其能耗主要包括电耗、药耗和燃料消耗等，其中电耗约占总能耗的60%～70%，是城市污水处理厂运行成本的主要组成部分。全世界城镇污水处理的能耗约为0.25～0.3kW·h/m³，美国和欧盟国家污水处理能耗占全国总能耗的1%～3%。陈宏儒等（2009）研究指出，城市污水处理厂的电耗主要发生在二级生化处理的供氧系统、污水提升系统和污泥处理系统三部分，分别占工艺总电耗的55%、25%和13%。其中，在二级生化处理单元中，又以鼓风机电耗为主，占总运行电耗的52%以上。常江等对北京某处理规模为$60\times10^4m^3/d$的$A^2/O$污水处理系统的运行过程进行了能耗分析，结果得出，二级处理单元的电耗最高，占总能耗的69%，预处理单元次之，为20.5%，而污泥处理处置单元和锅炉、照明等其他部分占总能耗的比例较小，分别为6.7%和3.9%，进一步分析表明，在生化处理单元中，鼓风机消耗的电量最高，占整体总电耗的51.8%，进水泵次之，为19.5%，然后依次为搅拌器（9.4%）、外回流污泥泵（5.1%）、内回流污泥泵（1.9%）、二沉池刮泥机（0.44%）以及剩余污泥泵（0.28%）等（常江，2011）。由此可见，污水处理过程中，曝气能耗最大，约占整个城市污水处理厂能耗的一半以上，而污泥处理环节的能耗也不容忽视，我国城市污水处理厂在污泥处理环节的能耗约为3%～5%，与日本、美国等发达国家的20%～30%相比有很大差距，这是因为发达国家的污泥处置通常包括消化环节，这也反映出我国的污泥处理工艺和设备还有待进一步完善。城市污水处理厂各处理单元的能耗分布情况大致如图1-11所示。

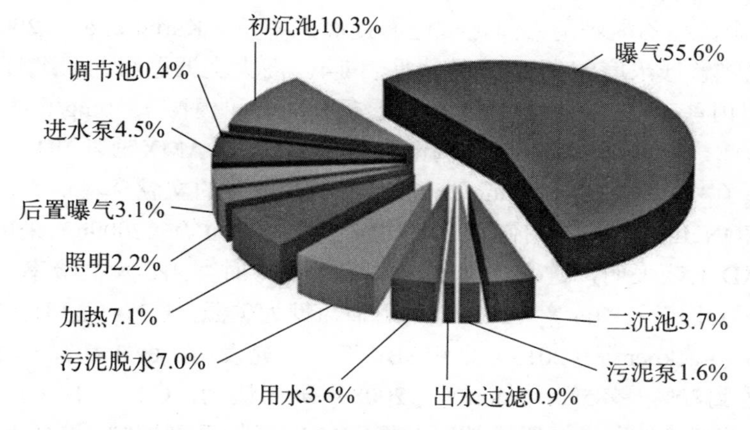


**图1-11　城市污水处理厂中各处理单元的能耗分布（Zhu，2001）**

此外，虽然污水处理过程中温室气体$CO_2$的排放量相对化石燃料发电和石油化工等行业的排放量较小，但污水处理行业排放的$CO_2$、$CH_4$和$N_2O$却在逐年增加。由于$CH_4$和$N_2O$的温室效应潜势分别是$CO_2$的21倍和310倍，为了节能减排、减少温室气体排放造成的环境质量恶化等，科学工作者们提出了可持续污水处理技术。

可持续污水处理技术的核心内涵是最小的能源消耗、最小的温室气体排放、最大的资源和能源回收以及有效的投资和较低的处理成本。秉承着这一宗旨，近年来在水处理领域出现了一系列以ANAMMOX技术为核心的可持续污水处理工艺。

ANAMMOX技术应用于城镇污水自养脱氮首先必须解决降低COD浓度以及C/N的问题。众所周知，高COD浓度和C/N是影响ANAMMOX过程和反硝化过程的重要参数之一，迄今为止，学术界依然在碳源种类、浓度以及C/N对二者的影响方面存在争议。首先，可生物降解的有机碳源可以促进异养菌的生长，但异养菌可能会与AOB和AMX争夺$NO_2^-$-N。研究表明，进水COD浓度较高时会降低AOB和AMX的活性。例如，Chamchoi等人（2008）认为，当C/N≥2.0时，AMX将逐渐被异养菌取代。Zhu和Chen等人（2001）研究得出，在硝化反应器中，C/N=1.8～3.5时，AOB的活性降低70%。Desloover等人（2011）分析认为，在氨氧化反应器中，C/N=3.7，SRT为1.7d，然后在ANAMMOX反应器中，C/N=1.7，SRT为46d的条件下，可以保证良好的污水处理效果，但实验中并未提供COD浓度、C/N和SRT对微生物菌群影响的信息。其次，有机物的种类和浓度对AOB和AMX有重要影响。例如，3.7mg/L的苯酚或1.3mg/L的甲酚可以完全抑制AOB的活性，23mg/L的甲醇可以完全抑制AMX的活性（Dyreborg et al.，1995；Güven et al.，2005）。然而，有些AMX能够氧化VFAs从而提高自身活性并增加竞争能力，但它不能以VFAs为碳源合成细胞物质，而是利用降解产物$CO_2$为碳源，经乙酰辅酶A固定，进而提高生物量（Kartal et al.，2007）。AMX能够氧化降解低浓度的VFAs，具体见表1-4。高大文课题组的研究证实，AMX对乙酸和丙酸有很高的耐受力，乙酸≤30mg/L和丙酸≤50mg/L时对AMX活性没有影响，乙酸为240mg/L和丙酸为400mg/L时，AMX消耗$NH_4^+$-N的速率只分别下降了33%和29%（Huang et al.，2014）。已有的文献资料认为，一般情况下，CANON工艺进水C/N控制在0.5比较合适。Chen等（2009b）采用生物转盘运行SNAD工艺表明，进水C/N从0.5提高到0.75时，$NH_4^+$-N去除率从79%下降到52%。与此相反，Jia等（2012）采用葡萄糖为碳源，C/N=1.28时，TN去除率达到95%。Lackner等（2013）采用SBR工艺研究表明，C/N=0.27～1.0时，TN去除率达到80%～85%。Udert等（2008）研究认为，C/N=1.4～1.5时，悬浮污泥系统菌群不够稳定，脱氮效率下降，AMX活性受到抑制。Güven等（2005）认为，C/N大于1时，AMX将失去与DNB竞争的优势。Pathak等（2007）认为，C/N在0.6左右时，DNB较AMX处于优势地位。此外，在有机碳源存在的条件下，科研人员对DNB等异养菌与AMX竞争机制的观点也不尽相同（Molinuevo et al.，2009）。一些学者认为，在一定的C/N范围内，DNB和AMX共存并形成基质竞争，有机物浓度高时，异氧菌大量繁殖，AMX不再表现出活性（Dong et al.，2003）。还有学者认为，反硝化可以消耗有机物，产生$CO_2$为AMX解除抑制并提供无机碳源，ANAMMOX反应能产生$NO_3^-$-N，为反硝化提供电子受体，两者协同共存（Jenni et al.，2014）。贾莉等（2013）研究表明，当进水COD浓度为245 ～ 295mg/L，$NH_4^+$-N浓度为240 ～ 255mg/L，C/N为1.2时，控制DO为1.4 ～ 1.7mg/L（曝气）/0.2 ～ 0.4mg/L（停曝气），$NH_4^+$-N转化率高达99%以上，TN去除率介于84%～95%，COD去除率达90%以上，可达到同时脱氮除碳的效果。

**表1-4　不同种类AMX氧化有机酸的速率**

| VFAs | 待定厌氧氨氧化布罗卡地菌（Candidatus *Brocadia anammoxidans*） | 待定斯图加特库氏菌（Candidatus *Kuenenia stuttgartiensis*） | 待定丙酸厌氧氨氧化球菌（Candidatus *Anammoxoglobus propionicus*） |
|---|---|---|---|
| 甲酸 | 6.5±0.6 | 5.8±0.6 | 6.7±0.6 |
| 乙酸 | 0.57±0.05 | 0.31±0.03 | 0.79±0.07 |
| 丙酸 | 0.12±0.01 | 0.12±0.01 | 0.64±0.05 |

综上所述，研究人员对于有机物在ANAMMOX过程中的作用以及AMX与DNB相互作用的机制等依然存在争议，采用单级自养工艺处理含氮有机废水时，AMX能否维持优势菌的地位还有待进一步探讨，但无论如何，ANAMMOX应用于城镇污水脱氮时，首先需要进行减碳的观点已取得共识，从可持续污水处理技术的角度出发，需要尽可能地将污水中的COD转化为能源燃料$CH_4$。目前污水减碳主要有三种途径，从而形成了三种能量中和污水处理工艺。

**（1）污泥吸附-ANAMMOX工艺（A-B）**

A-B工艺的流程如图1-12所示。A段为活性污泥吸附，一般情况下，其工艺操作参数为活性污泥浓度（MLSS）=2000 ～ 3500mg/L，DO=0.5mg/L，HRT=30min，SRT=0.20 ～ 0.25d，因HRT和SRT较短，A段又称为HRAS（high-rate activated sludge）系统。在A段中，COD的去除既有活性污泥的物理吸附作用，又有生物合成和代谢的作用，因此A段既可去除颗粒和胶体态COD，又可去除溶解态COD，其COD去除率为50% ～ 65%，固体悬浮物（SS）去除率为80%以上，排出的污泥进入厌氧消化罐回收沼气，产生的消化液经一体化自养生物脱氮工艺（DEMON）处理，然后出水再回到A段进行处理，经A段沉淀池之后的出水进入B段（DEMON）进行自养生物脱氮（Wett et al.，2007；Schaubroeck et al.，2015）。A-B工艺的优点是脱氮效率较高，达85%以上，侧流（sidestream）产生的多余AMX可补充至主流（mainstream）B段中，从而强化B段的自养生物脱氮，同时，产生的沼气可用于发电机组热电联产进行污水处理。奥地利的STRASS水厂采用A-B工艺处理城镇污水的实践证实，该工艺产生的能量为污水处理消耗能量的104%，基本做到了能量的自给自足。A-B工艺的缺点在于，由于A段HRT和SRT较短，而B段AOB和AMX生长缓慢，要保持稳定的污泥浓度比较困难。

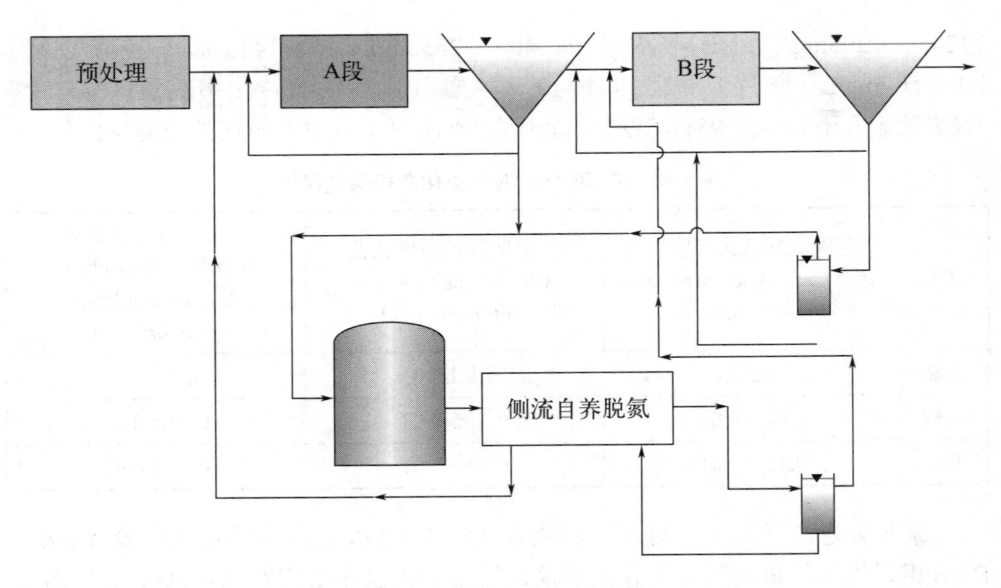


图1-12 STRASS的A-B工艺（Wett et al.，2007）

（2）厌氧甲烷化-ANAMMOX工艺

传统的厌氧甲烷化-ANAMMOX［anaerobic methanogenesis（AM）-ANAMMOX］工艺只用于处理高浓度的有机废水，对低温、低COD浓度的城镇污水处理比较困难。随着科技进步，采用上流式厌氧污泥床（up-flow anaerobic sludge blanket，UASB）、膨胀颗粒污泥床（expanded granular sludge blanket，EGSB）以及与膜分离技术结合的厌氧膜生物反应器（anaerobic membrane bio reactor，AnMBR）等能够直接利用该工艺处理城镇污水，使COD和固体悬浮物（suspended solids，SS）浓度达到一级A排放标准（Smith et al.，2013）。AnMBR出水C/N接近1，可以为后续自养生物脱氮创造良好条件，同时产生燃料$CH_4$。然而，城镇污水厌氧处理的最大问题是AM反应器出水中的溶解性$CH_4$，20℃时出水中的溶解性$CH_4$占生产总量的50%以上，如果对此不加以控制和处理，将会造成温室气体的排放。近年来，为解决这一问题，许多学者进行了研究并提出了一系列技术方法，例如空气吹脱或真空脱气膜等。然而，采用空气吹脱法存在爆炸的危险，利用真空脱气膜处理回收$CH_4$能耗成本较高。最近，有研究人员提出了依赖亚硝酸盐的厌氧甲烷反硝化（denitrifying anaerobic methane oxidation，DAMO）工艺，为了避免溶解性$CH_4$在好氧亚硝化过程中因曝气吹脱，DAMO工艺必须采用中空纤维膜无泡曝气工艺，即在膜的外表面形成硝化生物膜，内侧形成AMX和DAMO菌，从而发生自养脱氮的协同作用，该工艺原理具有可行性，但其经济性尚未见报道（Chen et al.，2014）。

（3）**化学强化絮凝-ANAMMOX工艺**

化学强化絮凝-ANAMMOX［chemically enhanced primary treatment（CEPT）-ANAMMOX］工艺是依靠投加絮凝剂来强化一级沉淀的物理化学方法，主要原理是投加铝盐或铁盐絮凝剂以及辅助助凝剂聚丙烯酰胺，通过电中和以及压缩双电层破坏污水中胶体的稳定性，使污水中细小悬浮物和胶体颗粒变成大颗粒，然后依靠重力从水中分离。通常，CEPT法可去除大部分SS和大于1.2μm的胶体颗粒，但对溶解性COD和颗粒小于0.2μm的胶体颗粒去除效果较差，COD去除率在30%～40%左右，但对总磷去除效果较好，一般在70%以上（Sarparastzadeh et al.，2007）。采用CEPT可使原水C/N从7～12降到4～6左右，但对于ANAMMOX工艺而言，该C/N仍然较高，因此，CEPT往往需要配合污泥吸附或化学吸附进一步降低C/N，才能满足ANAMMOX的要求。

### 1.3.5 硫酸盐型厌氧氨氧化工艺

硫酸盐型厌氧氨氧化（Sulfate-dependant anaerobic ammonium oxidation，SANAMMOX）工艺是由Fdz-Polanco等（2001）首先提出的。他在以颗粒活性炭为载体的厌氧流化床反应器中处理高碳、高氮的糖蜜废水（COD：27000mg/L，TKN：2300mg/L）时发现，50%的总凯氏氮（TKN）被水解为氨氮并进一步被转化成$N_2$；与此同时，80%的硫酸盐被转化成单质硫。因此推断，在该厌氧流化床反应器中可能存在硫酸盐型厌氧氨氧化（$2NH_4^+ + SO_4^{2-} \longrightarrow N_2 + S + 4H_2O$）。此后董凌霄等（2006）和Zhao等人（2006）也分别在厌氧生物转盘和厌氧生物附着床反应器中观察到SANAMMOX现象。目前已有利用该工艺处理制革废水的研究（Sabumon，2008）。通过驯化延时曝气工艺中的絮状污泥使其具有SANAMMOX功能，然后利用该污泥处理制革废水（COD：3.9kg/（$m^3$·d）；COD/$SO_4^{2-}$：1.3；$NH_4^+$-N：0.3kg/（$m^3$·d）），$NH_4^+$、COD和硫酸盐的去除率分别为65.9%～89.4%、51.9%～70.7%、70.8%～83.1%。该工艺的提出为在厌氧反应器中处理同时含有C、N、S的废水提出了新的思路，但是对其功能菌、操作参数等的研究仍有待深入。

## 1.4 脱氮工艺对城市污水的处理效果

随着污水处理要求的提高以及微生物技术的发展，污水生物脱氮工艺得到了长足的发展。现已形成了以硝化、反硝化为主的传统工艺和以短程硝化、厌氧氨氧化和内源反硝化为主的新型工艺（表1-5）。对这些工艺的研究也逐渐从实验室菌种、装置和操作条件的小试研究，逐渐走向工程应用，并取得了令人兴奋的处理效果。

表1-5　生物脱氮工艺

| 工艺名称 | TN去除率/% | 参考文献 |
|---|---|---|
| $A^2O$ | 64.9 ～ 94.1 | 谢新立等，2021；赵梦轲，2020；郑琬琳等，2021；袁宏林等，2020 |
| UCT | 29.8 ～ 77.84 | 许文峰等，2013；乔宏儒等，2015 |
| CASS | 53.0 ～ 84.7 | 刘康等，2018；高斌雄等，2020 |
| SHARON | 40.6 ～ 80.0 | 周倩等，2021；吕利平等，2020 |
| ANAMMOX | 74.1 ～ 88.0 | 高超龙等，2021；张诗颖等，2015 |
| MBR | 71.0 ～ 78.5 | 何志琴等，2021；曹凯琳等，2021 |
| A/O/A | 77.7 ～ 93.1 | Zhao et al.，2018b；Gao et al.，2020 |

# 第2章 厌氧氨氧化工艺的应用

## 2.1 厌氧氨氧化的原理与调控

厌氧氨氧化是指在厌氧条件下，利用不同的电子受体将氨氧化成氮气的生物过程。按照电子受体的不同，厌氧氨氧化分为两种类型：一种以亚硝酸盐为电子受体，称为亚硝酸盐型厌氧氨氧化（ANAMMOX）；另一种以硫酸盐为电子受体，称为硫酸盐型厌氧氨氧化（SANAMMOX）。

### 2.2.1 AMX的形态和生理学特征

#### 2.2.1.1 个体形态特征

**（1）细胞形状与大小**

AMX形态多样，呈球形、卵形等，直径0.8～1.1μm（van Niftrik et al.，2008a）。该菌是革兰氏阴性菌，细胞外无荚膜。细胞壁表面有火山口状结构，少数有菌毛（van de Graaf et al.，1996；van Niftrik et al.，2008a）。细胞内分隔成3部分：厌氧氨氧化体（anammoxosome）、核糖细胞质（riboplasm）及外室细胞质（paryphoplasm）。核糖细胞质中含有核糖体和拟核，大部分DNA存在于此（van Niftrik et al.，2004）（图2-1）。该菌出芽生殖。

厌氧氨氧化体是AMX所特有的结构，占细胞体积的50%～80%，ANAMMOX反应在其内进行（van Niftrik et al.，2008a）。厌氧氨氧化体由双层膜包围，该膜深深陷入厌氧氨氧化体内部（图2-1）。厌氧氨氧化体不含核糖体，但含六角形的管状结构和电子密集颗粒。透射电镜及能谱仪分析表明，这些电子密

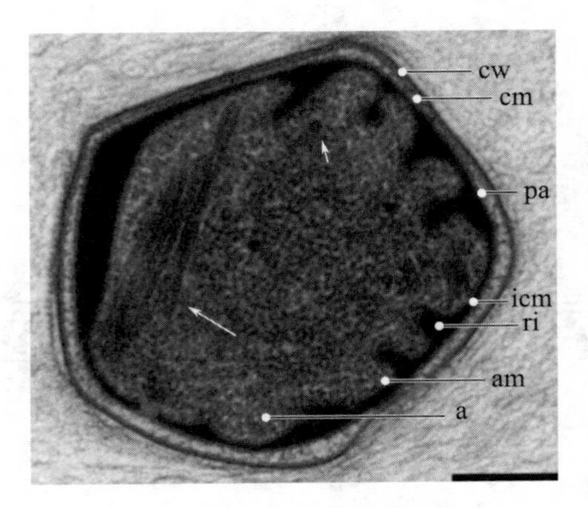


图2-1 AMX细胞的超微结构图

cw—细胞壁；cm—细胞膜；pa—外室细胞质；icm—胞质内膜；ri—核糖细胞质；
am—厌氧氨氧化体膜；a—厌氧氨氧化体；长箭头—管状结构；短箭头—电子密集颗粒
（van Niftrik et al.，2008b）

集颗粒中含有铁元素（van Niftrik et al.，2008b）。

**（2）细胞壁和细胞膜化学组分**

AMX的细胞壁主要由蛋白质组成，不含肽聚糖。细胞膜中含有特殊的阶梯烷膜脂，由多个环丁烷组合而成，形状类似阶梯。在各种AMX中，阶梯烷膜脂的含量基本相似（Sinninghe Damsté et al.，2002）。疏水的阶梯烷膜脂与亲水的胆碱磷酸、乙醇胺磷酸或甘油磷酸结合形成磷脂，构成细胞膜的骨架。细胞膜中的非阶梯烷膜脂由直链脂肪酸、支链脂肪酸、单饱和脂肪酸和三萜系化合物组成。三萜系化合物包括$C_{27}$的藿烷类化合物（hopanoid）、细菌藿四醇（bacteriohopanetetrol，BHT）和鲨烯（squalene，$C_{30}H_{50}$）。其中，BHT首次发现于严格厌氧菌中（Sinninghe Damsté et al.，2004）。在不同AMX菌种中，非阶梯烷膜脂的种类和含量变化较大（Rattray et al.，2008）。曾一度认为阶梯烷膜脂只存在于厌氧氨氧化体的双层膜上，其功能是限制有毒中间产物的扩散。目前认为阶梯烷膜脂存在于ANAMMOX的所有膜结构上（包括细胞质膜），它们与非阶梯烷膜脂相结合，以确保其他膜结构的穿透性好于厌氧氨氧化体膜（Rattray et al.，2008；Sinninghe Damsté et al.，2002）。

#### 2.2.1.2 富集培养特征

AMX的富集培养选用自然样品作为接种物（如活性污泥、海洋底泥、土壤），按目标菌群所需的最佳生境条件，以含有适量基质和营养元素的培养液在生物反应器中进行（van de Graaf et al.，1996）。AMX生长缓慢，倍增时间10～30d（van Niftrik et al.，2004）。富集培养物呈红色，性状黏稠，含有较多的胞外多聚物。

AMX是一种难培养微生物，采用系列稀释分离、平板划线分离、显微单细胞分离等传统微生物分离方法，均未分离成功。迄今为止，密度梯度离心法是成功分离AMX的唯一方法。其原理是通过离心使不同密度的细菌细胞形成不同的沉降带。具体操作方法如下：首先，用超声波温和破碎AMX富集培养物，将菌群分散成单个细胞；接着，离心去除残留的聚集体（生物膜或絮体碎片）；最后，将分散的细胞用Percoll密度梯度离心，使AMX在离心管内形成一条深红色条带。采用该方法可获得高纯度的细胞悬液，每200 ～ 800个细胞中可只含有一个污染细胞（Strous et al.，1999a）。

#### 2.2.1.3 生理生化特征

AMX为化能自养型细菌，以二氧化碳为唯一碳源，通过将亚硝酸氧化成硝酸来获得能量（van de Graaf et al.，1996）。虽然有的AMX能够转化丙酸、乙酸等有机物质，但它们不能将其用作碳源，用于细胞合成（Kartal et al.，2007；Kartal et al.，2008）。AMX对氧敏感，只能在氧分压低于5%氧饱和（以空气中的氧浓度为100%）的条件下生活，一旦氧分压超过18%氧饱和，其活性即受抑制，但该抑制是可逆的（Egli et al.，2001；Strous et al.，1997a）。AMX的最佳生长pH范围为6.7 ～ 8.3，最佳生长温度范围为20 ～ 43℃（van de Graaf et al.，1996）。AMX对氨和亚硝酸的亲和力常数（以N计）都低于0.1mg/L（Strous et al.，1999b）。基质浓度过高会抑制AMX活性（表2-1）。

表2-1 基质对AMX的抑制浓度

| 基质 | 抑制浓度/（mmol/L） | 半抑制浓度①/（mmol/L） |
| --- | --- | --- |
| $NH_4^+$-N | 70 | 55 |
| $NO_2^-$-N | 7 | 25 |

① 半抑制浓度代表抑制50%AMX活性的基质浓度。

注：数据源自Dapena-Mora等，2007；Strous等，1999b。

**（1）氮代谢**

① 氮代谢途径。人们深入研究了AMX对氨和亚硝酸这两种含氮化合物的代谢。早在1997年van de Graaf等（1997）便利用$^{15}N$示踪，提出了该菌的代谢模型（图2-2）。此模型认为亚硝酸被还原为羟胺，羟胺与氨反应生成肼，最终肼转化为氮气。肼氧化过程中释放出的4个电子被用于亚硝酸盐还原。此模型还认为硝酸盐是由亚硝酸盐氧化产生的，而产生的电子用于$CO_2$的还原固定。

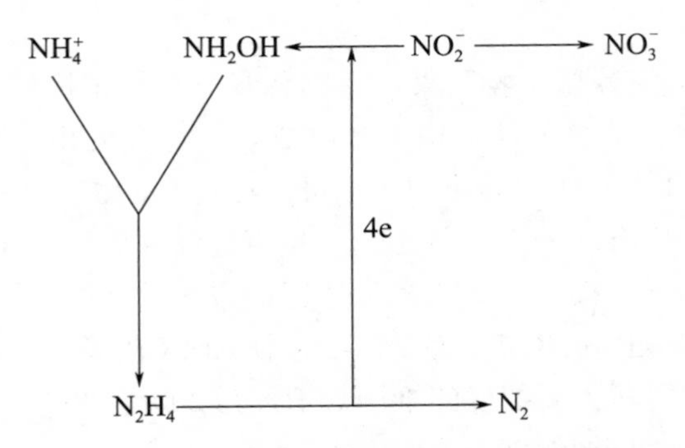


图2-2　基于[15]N示踪试验推测的AMX的氮代谢途径

2006年，根据AMX“*Kuenenia stuttgartiensis*”的全基因序列分析，Strous等（2006）对van de Graaf的模型进行了改进，并对代谢途径中各种酶进行初步定位（图2-3）。该模型与van de Graaf模型最大的不同是，认为亚硝酸还原产生的中间产物并非羟胺，而是NO。在电子传递方面，Strous等（2006）认为亚硝酸氧化为硝酸所产生的4个电子并没有直接用于$CO_2$的固定，而是分别传递给了亚硝酸还原酶和肼水解酶，用于亚硝酸的还原和肼的产生。真正进入固碳途径的4个电子是由肼脱氢产生氮气时提供的，并通过肼脱氢酶传递给铁氧还蛋白，最终用于$CO_2$的还原。

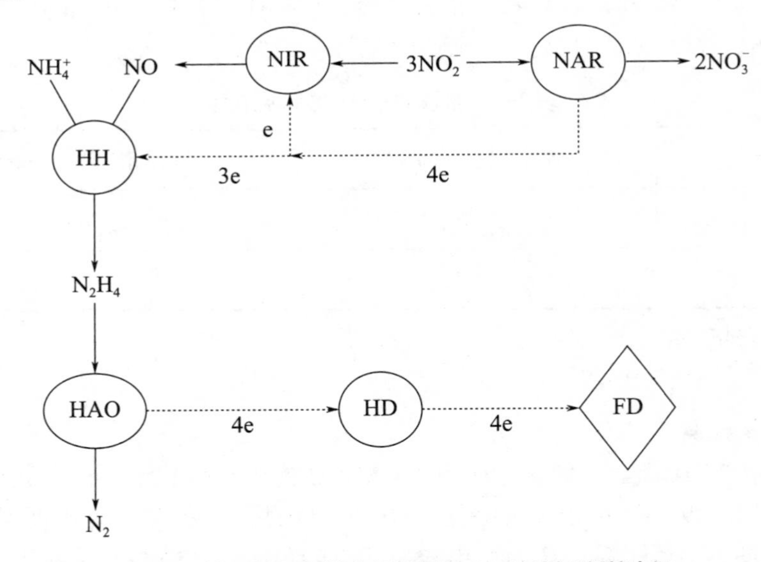


图2-3　基于基因组学分析推测的AMX的氮代谢途径

NAR—亚硝酸-硝酸氧还酶；NIR—亚硝酸还原酶；HH—肼水解酶；

HAO—羟胺氧还酶；HD—肼脱氢酶；FD—铁氧还蛋白；

实线代表氮代谢途径，点线表示考虑固碳途径的电子传递链

2008年，通过研究AMX对羟胺的转化作用，van der Star等（2008）进一步细化了羟胺的代谢途径（图2-4）。他们认为羟胺除了能够与氨反应生成肼以外，还能够发生歧化反应，即$NH_2OH \longrightarrow NO+N_2H_4$，从而使NO成为羟胺代谢的副产物。最后羟胺还可以被还原为氨，还原过程所需的电子由肼提供。对于肼，作者认为它除了能够通过氧化作用生成$N_2$外，也可以通过$N_2H_4 \longrightarrow N_2+NH_4^+$的歧化反应生成$N_2$。

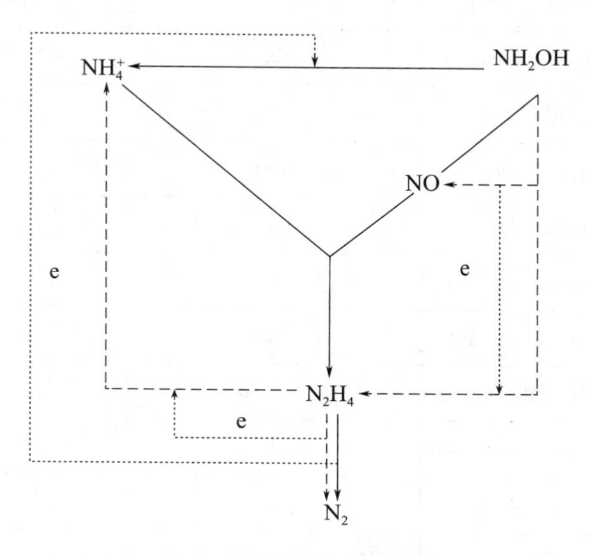


**图2-4　AMX对羟胺的代谢**

虚线为歧化反应，点线为电子传递链

② 氮代谢涉及的酶。AMX的氮代谢过程是在多种酶的催化下完成的，这些酶包括亚硝酸还原酶（NIR）、肼水解酶（HH）、羟胺氧还酶（HAO）、肼氧化酶（HZO）、肼脱氢酶（HD）和亚硝酸-硝酸氧还酶（NAR）。其中HH和HD是AMX所特有的酶，其他几种酶在AOB和DNB中均有发现。AMX的胞外多聚物含量较多，导致对这些酶分离纯化比较困难，目前只对HAO和HZO有所研究（Cirpus et al.，2006；Schalk et al.，2000；Shimamura et al.，2007；Shimamura et al.，2008）。

从AMX中分离得到的HAO与从AOB中分离得到的HAO不同，它不能将羟胺转化成亚硝酸，只能将其转化成NO或$N_2O$（Schalk et al.，2000）。已被纯化的HAO有2种类型，虽然两者的分子量和亚单位不同，但是均含大量c型血红素[16个和（26±4）个]和$P_{468}$细胞色素。该酶也能催化肼氧化，但对羟胺的亲和力更强（表2-2）（Schalk et al.，2000；Shimamura et al.，2008）。而HZO只能催化肼氧化，不能催化羟胺氧化。但羟胺能与该酶结合，从而对肼产生竞争性抑制

（Shimamura et al.，2007）。

表2-2　AMX中HAO和HZO酶的特性

| 性质 | | *Brocadia anammoxidans* | KSU-1菌株 | |
|---|---|---|---|---|
| | | HAO | HZO | HAO |
| 特性 | 分子质量/kDa | 183±12 | 130±10 | 118±10 |
| | 亚单位/kDa | 58 | 62 | 53 |
| | 组成形态 | $\alpha_3$ | $\alpha_2$ | $\alpha_2$ |
| | 血红素含量 | 26±4 | 16 | 16 |
| | 细胞色素 | $P_{468}$ | $P_{472}$ | $P_{468}$ |
| $NH_2OH$ 氧化活性 | $\mu_{max}$/[μmol/(min·mg)] | 21① | ND | 9.6① |
| | $K_m$，$K_i$/（μmol/L） | 26①（$K_m$） | 2.4②（$K_i$） | 33①（$K_m$） |
| | 周转次数/min | $3.9\times10^3$ | ND | NR |
| $N_2H_4$ 氧化活性 | $\mu_{max}$/[μmol/(min·mg)] | 1.1① | 6.2② | 0.54① |
| | $k_m$（μmol/L） | 18① | 5.5② | 25① |
| | 周转次数/min | $2.0\times10^2$ | $1.7\times10^2$ | NR |

注：ND表示未检出；NR表示未报道。

① 以PBS和MTT为电子受体。

② 以细胞色素c为电子受体。

基因分析表明，AMX中的NIR是一种cd1型亚硝酸还原酶，它存在于*Pseudomonas aeruginosa*、*Micrococcus denitrificans*、*Alcaligenes faecalis*、*Pseudomonas stutzeri*等多种DNB的壁膜空间中，催化亚硝酸还原为NO（Sawada et al.，1978；Strous et al.，2006）。cd1型亚硝酸还原酶含有一个c型和一个d1型血红素。电子由血红素c进入，然后传递给血红素d1。亚硝酸与还原型亚硝酸还原酶中的d1型血红素结合，然后使亚硝酸脱水形成NO，最后释放NO（Rinaldo et al.，2007）。

基因分析表明，AMX中的NAR是一种亚硝酸-硝酸氧还酶，在AMX中它将亚硝酸氧化成硝酸（Strous et al.，2006）。亚硝酸-硝酸氧还酶存在于多种NOB中，如汉氏硝化细菌（*Nitrobacter hamburgensis*）、活跃硝化杆菌（*Nitrobacter agilis*）等，能够将亚硝酸氧化成硝酸，也能够将硝酸还原为亚硝酸。*Nitrobacter* *hamburgensis*中的亚硝酸-硝酸氧还酶含有$\alpha$、$\beta$、$\gamma_1$三个分子质量分别为116kDa、65kDa和32kDa的亚基（Sundermeyer-Klinger et al.，1984）。研究表明在Nitrobacter中存在两种亚硝酸氧化系统（表2-3），一种是以氧气为电子受体的系统，另一种是以NAD（P）为电子受体的系统（Aleem and Sewell，1981）。亚硝酸利用亚硝酸-硝酸氧还酶结合水中的氧原子形成硝酸后，在前一个系统中，释放出的电子通过细胞色素c氧化酶传递给$O_2$，并产生ATP；在后一个系统中，释放出电子继续通过亚硝酸-硝酸氧还酶传递给NAD（P），消耗ATP，产生NAD（P）H（Sundermeyer-Klinger et al.，1984）。

表2-3　NOB中的两种亚硝酸氧化系统

| 受体类型 | 反应方程 | 消耗能量 |
|---|---|---|
| 以$O_2$为电子受体 | 氧化半反应：$NO_2^-+H_2O \longrightarrow NO_3^-+2H^++2e$ | $\Delta G^\theta=-75.24$kJ/mol |
| | 还原半反应：$2H^++2e+0.5O_2 \longrightarrow H_2O$ | |
| | 总反应：$NO_2^-+0.5O_2 \longrightarrow NO_3^-$ | |
| 以NAD（P）为电子受体 | 氧化半反应：$NO_2^-+H_2O \longrightarrow NO_3^-+2H^++2e$ | $\Delta G^\theta=+146.3$kJ/mol |
| | 还原半反应：$2H^++e+$NAD（P）$\longrightarrow$ NAD（P）$H+H^+$ | |
| | 总反应：$NO_2^-+H_2O+$NAD（P）$\longrightarrow NO_3^-+$NAD（P）$H+e+H^+$ | |

**（2）碳代谢**

① 碳代谢途径。自养型细菌对$CO_2$的固定途径主要有四种，包括卡尔文循环、3-羟基丙酸途径、反向三羧酸循环和乙酰CoA途径（Schouten et al.，2004）。稳定同位素分馏法表明，AMX利用乙酰CoA途径还原$CO_2$，进行细胞物质合成（Schouten et al.，2004）。乙酰CoA途径最早是在*Clostridium thermoaceticum*中发现的，目前多见于产甲烷菌和少数硫酸盐还原菌中（Pezacka and Wood，1988）。$CO_2$以乙酰CoA途径合成乙酰CoA的过程见图2-5。整个代谢途径可以分为三大部分。

第一部分是1分子$CO_2$还原成甲基，然后与四氢叶酸形成甲基四氢叶酸，接着利用甲基转移酶将甲基传递给类咕啉/铁硫蛋白，最后将甲基传递给CO脱氢酶（CODH），从而为乙酰CoA提供甲基。第二部分是另1分子$CO_2$还原成CO，然后转移至CODH，为乙酰CoA提供羰基。第三部分是通过CODH二硫化物还原酶将CoASH中的CoAS-转移给CODH，为乙酰CoA提供CoAS-基团（Pezacka and Wood，1988）。

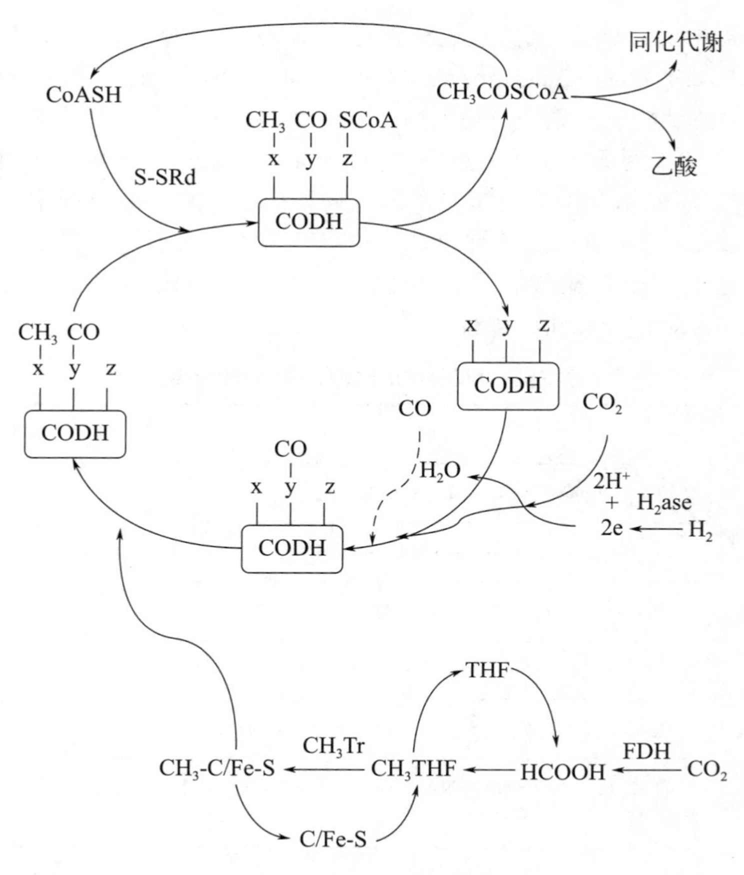


**图2-5 乙酰CoA固碳途径**

CO脱氢酶（CODH）含有x、y、z三个结合位点；FDH—甲酸脱氢酶；
THF—四氢叶酸酶系；$H_2$ase—脱氢酶；$CH_3$Tr—甲基转移酶；
C/Fe-S—类咕啉/铁硫蛋白；S-SRd—CODH二硫化物还原酶

② 乙酰CoA固碳途径中的酶。CODH是乙酰CoA途径中最重要的酶，它含有三个结合位点，能够分别结合$-\overset{O}{\overset{\|}{C}}-$、$—CH_3—$和CoAS—，然后合成乙酰CoA。CODH具有多个亚基，这些亚基中含有Ni、Fe、Zn、Cu和S，它们经常形成Fe-S中心、Ni-Fe-S中心、Ni-Fe-Cu中心等（Ragsdale，1991）。参与乙酰CoA途径的酶大多含有金属活性中心。这些由金属组成的活性中心是CODH与CO—、$CH_3$—和CoAS—结合的催化中心，也是催化乙酰CoA合成的位点（Doukov et al.，2002；Lu et al.，1994）。有实验表明培养基中这些金属的含量与CODH的含量和活性密切相关。在*C.thermoaceticum*培养基中添加Ni能够促进CODH的合

成，而在CODH失活后，Ni也与该酶分离（Drake et al.，1980；Drake，1982）。

甲酸脱氢酶（FDH）能够依靠NADPH将$CO_2$还原为甲酸。实验表明，它只能利用$CO_2$，而不能利用碳酸氢盐。由于CO与甲酸的氧化还原水平相同，FDH在利用CO之前，必须通过CODH将其转化成$CO_2$。FDH中含有多种金属活性中心，*C.thermoaceticum*的FDH中含有钨、硒、铁和铁硫簇，*M.formicicum*的FDH中含有钼。虽然FDH中的这些含钨、含钼蛋白质的功能没有最终确定，但是有研究发现Mo（Ⅵ）参与了NADPH中氢的转移过程（Ragsdale，1991）。

四氢叶酸酶系（THF）包括四种酶，分别为10-甲酸基四氢叶酸合成酶、5,10-次甲基四氢叶酸环化水解酶、5,10-亚甲基四氢叶酸脱氢酶和5,10-亚甲基四氢叶酸还原酶。它们的功能见表2-4（Ragsdale，1991）。

**表2-4　四氢叶酸酶系中各酶的功能**

| 酶 | 催化的反应 | |
|---|---|---|
| 10-甲酸基四氢叶酸合成酶 | HCOOH+ATP+$H_4$folate①<br>⟶ 10-HCO-$H_4$folate②+ADP+Pi | $\Delta G^\theta=-8.4$kJ/mol |
| 5,10-次甲基四氢叶酸环化水解酶 | 10-HCO-$H_4$folate+$H^+$<br>⟶ 5,10-methenyl-$H_4$folate③+$H_2O$ | $\Delta G^\theta=-35.3$kJ/mol |
| 5,10-亚甲基四氢叶酸脱氢酶 | 2e+2$H^+$+5，10-methenyl-$H_4$folate<br>⟶ 5,10-methylene-$H_4$folate④ | $\Delta G^\theta=-4.9$kJ/mol<br>以NAD（P）为供氢体 |
| 5,10-亚甲基四氢叶酸还原酶 | 2e+$H^+$+5，10-methylene-$H_4$folate<br>⟶ 5-$CH_3$-$H_4$folate⑤ | $\Delta G^\theta=-39.2$kJ/mol<br>以NAD（P）为供氢体 |

① 为四氢叶酸。
② 为10-甲酸基四氢叶酸。
③ 为5,10-次甲基四氢叶酸。
④ 为5,10-亚甲基四氢叶酸。
⑤ 为5-甲基四氢叶酸。

类咕啉/铁硫蛋白最早由Hu et al.（1984）从*C.thermoaceticum*中分离获得，该蛋白质由分子质量为55kDa和33kDa的两个亚基组成，此外它还含有一个Co金属中心和一个$[4Fe\text{-}4S]^+$铁硫中心。类咕啉/铁硫蛋白中的Co（Ⅱ）还原为Co（Ⅰ）后，蛋白质活性增强，在甲基转移酶的作用下，甲基四氢叶酸中的甲基通过亲核作用与Co（Ⅰ）结合，形成$CH_3$-Co（Ⅲ）甲基-钴酰胺，实现类咕啉/铁硫蛋白的甲基化过程。实验表明，Co（Ⅰ）容易被氧化成Co（Ⅱ），从而导致类咕啉/铁硫蛋白失活。甲基化过程与氧化过程相互竞争Co（Ⅰ）的活性中心位点。铁硫中心的作用就是电子通道，将电子源源不断地从还原剂传递给Co（Ⅰ）活性中心，使其处于还原态，保证Co（Ⅰ）活性中心的稳定（Menon and Ragsdale，1999）。

### 2.2.2 AMX的类群和生态学特征

#### 2.2.2.1 AMX的类群

AMX是分支较多的一种细菌，它属于浮霉状菌目（Planctomycetales）的厌氧氨氧化菌科（Anammoxaceae）（Jetten et al.，1997；Starr and Schmidt，1995）。该科分为5个属，10个种，皆为化能自养型厌氧菌并具有厌氧氨氧化功能。目前对AMX进行分子生物学鉴定时常用的聚合酶链式反应（PCR）引物如表2-5所示。已发现的AMX的系统发育关系如图2-6所示。

表2-5 研究AMX常用的PCR引物

| 目标菌群 | 上游引物 | 上游引物序列 | 下游引物 | 下游引物序列 |
|---|---|---|---|---|
| 浮霉状菌 | Pla46f | GGATTAGGCATGCAAGTC | 细菌通用引物630r | CAKAAAGGAGGTGATCC |
| | Pla46f | GGATTAGGCATGCAAGTC | 细菌通用引物1406r | ACGGGCGGTGTGTRC |
| | Pla46f | GGATTAGGCATGCAAGTC | 细菌通用引物1392r | ACGGGCGGTGTGTAC |
| AMX | Amx368f | TTCGCAATGCCCGAAAGG | 细菌通用引物1392r | ACGGGCGGTGTGTAC |
| | Amx368f | TTCGCAATGCCCGAAAGG | Amx820r | AAAACCCCTCTACTTAGTGCCC |
| | Amx809f | GCCGTAAACGATGGGCACT | Amx1066r | AACGTCTCACGACACGAGCTG |
| | Amx818f | ATGGGCACTMRGTAGAGGGGTTT | Amx1066r | AACGTCTCACGACACGAGCTG |

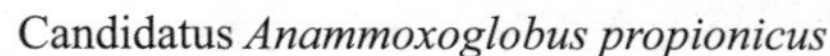


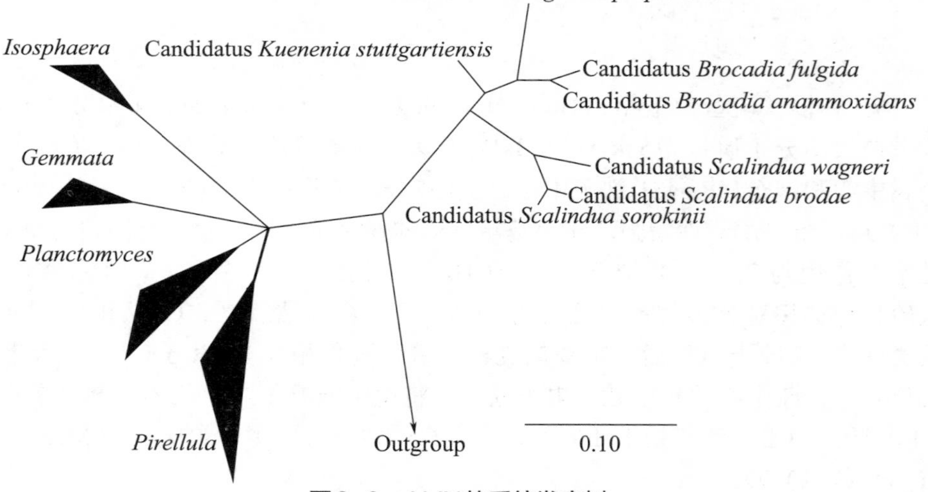


图2-6 AMX的系统发育树

（1）Candidatus *Brocadia anammoxidans*（待定厌氧氨氧化布罗卡地菌）

该种最早发现于荷兰Gist-Brocades污水处理厂，名字中的“*Brocadia*”“*anammoxidans*”分别指发现地和代谢方式（Kuenen and Jetten，2001）。它是第一个被富集鉴定的AMX菌种（图2-7），也是“Candidatus *Brocadia*”属的代表种。菌体呈球形，具有前述AMX的细胞结构特征，如细胞表面有火山口状结构，内含厌氧氨氧化体，无荚膜，无鞭毛和菌毛（van de Graaf et al.，1996）。细胞膜含阶梯烷膜脂，约占细胞总脂类的34%（Rattray et al.，2008）。以亚硝酸为能源，以二氧化碳为碳源，不能利用小分子有机酸类，如甲酸、丙酸等。倍增时间11d，最佳生长pH8，最佳生长温度40℃（Strous et al.，1998；van de Graaf et al.，1996）。已从该菌体内分离获得分子质量为（183±12）kDa的HAO，并证明它能同时氧化羟胺和联氨（Schalk et al.，2000）。它在GenBank中的注册号为AF375994。

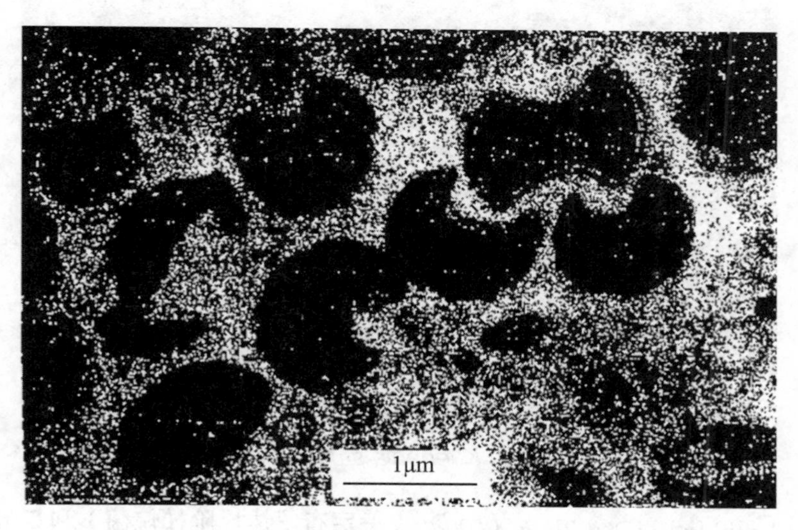


图2-7　Candidatus *Brocadia anammoxidans*菌落的照片

（2）Candidatus *Brocadia fulgida*（待定荧光布罗卡地菌）

该种发现于荷兰鹿特丹污水处理厂，名字中的“*fulgida*”来源于英语中“fulgid”一词，意为“灿烂的，闪耀的”，因这种细菌形成的胞外多聚物能够发光而命名（Kartal et al.，2004；Kartal et al.，2008）。细胞呈球形，直径0.7～1μm。该菌为化能自养型厌氧菌，以亚硝酸为能源，以二氧化碳为碳源，同时能以亚硝酸或硝酸为电子受体氧化甲酸、丙酸、单甲胺和二甲胺，但这些有机物并不用于细胞物质的合成（Kartal et al.，2008）。菌体具有前述AMX的细胞结构特征。在细胞膜中，阶梯烷膜脂占细胞总脂类的63%（Rattray et al.，2008）。16SrRNA序列分析表明，该菌与“*Candidatus Brocadia anammoxidans*”的相似性最高，达94%（Kartal et al.，2008）。它在GenBank中的注册号为DQ459989。

（3）Candidatus *Kuenenia stuttgartiensis*（**待定斯图加特库氏菌**）

该种发现于生物滤池中，名字中“*Kuenenia*”是在厌氧氨氧化领域作出杰出贡献的荷兰微生物学家J.Gijs Kuenen的姓氏，“*stuttgartiensis*”是该菌的发现地（Schmid et al.，2000）。该菌呈球状，直径1μm左右（图2-8），化能自养型，不能利用甲酸、丙酸等有机酸。菌体具有前述AMX的细胞结构特征。在细胞中，阶梯烷膜脂占细胞总脂类的45%（Rattray et al.，2008）。已从该菌体内分离获得HAO和HZO，前者能同时氧化羟胺和联氨，后者只能氧化联氨。该菌在GenBank中的注册号为AF375995。

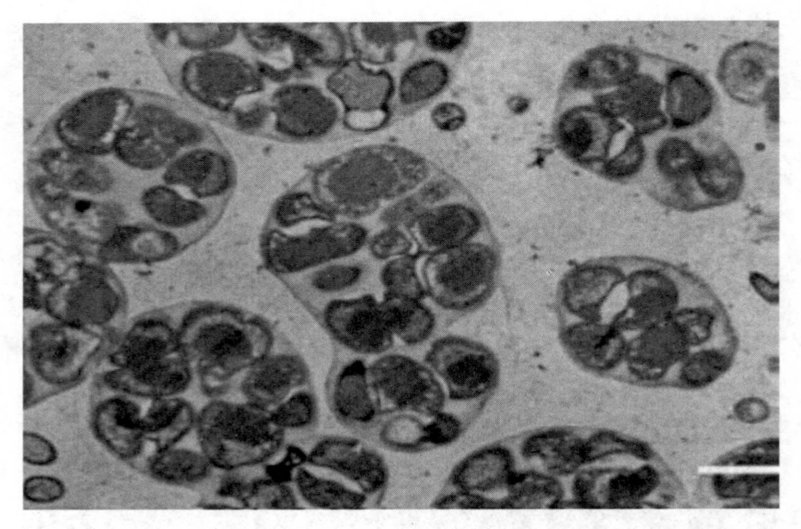

图2-8　Candidatus *Kuenenia stuttgartiensis*菌落的照片

（4）Candidatus *Scalindua brodae*（**待定布罗达氏阶梯烷菌**）**和**Candidatus *Scalindua wagneri*（**待定韦格氏阶梯烷菌**）

两菌都发现于英国Pitsea垃圾填埋场的污水处理厂，它们名字中的“*Scalindua*”表示细菌细胞中具有阶梯烷，以“*brodae*”和“*wagneri*”命名是为了纪念厌氧氨氧化反应的第一个预言者——奥地利理论化学家Engelbert Broda以及为AMX生态学和系统发育学研究作出贡献的德国微生物学家Michael Wagner（Schmid et al，2003）。两菌均为化能自养型的兼性厌氧菌。菌体呈球形，直径大约1μm（图2-9）。能以亚硝酸为电子受体氧化氨，以二氧化碳为唯一碳源。能将羟胺转化成联氨。菌体具有前述AMX的细胞结构特征，细胞膜含有阶梯烷膜脂，细胞内拥有厌氧氨氧化体。在*Scalindua brodae*菌落中，细胞排列松散；而在*Scalindua wagneri*菌落中，细胞排列紧密。两菌之间16SrRNA序列的相似度为93%。它们在GenBank中的注册号分别为AY254883和AY254882。

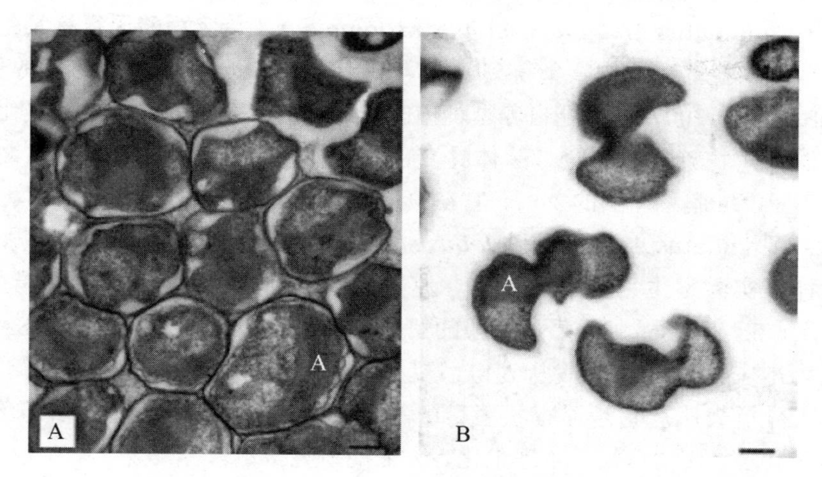


图2-9 Candidatus *Scalindua brodae*（A）和 Candidatus *Scalindua wagneri*（B）菌落的照片

**（5）Candidatus *Scalindua sorokinii*（待定黑海阶梯烷菌）**

该种发现于黑海的次氧化层区域，是第一个在自然生态系统中发现的AMX菌种（Kuypers et al.，2003），化能自养型。能利用亚硝酸将氨氧化形成氮气，以二氧化碳为唯一碳源。菌体具有前述AMX的细胞结构特征，其厌氧氨氧化体膜含有阶梯烷膜脂。16SrRNA序列分析表明，该菌与“*Brocadia anammoxidans*”“*Kuenenia stuttgartiensis*”的相似度分别为87.6%和87.9%。它在GenBank中的注册号为AY257181。

**（6）Candidatus *Scalindua arabica*（待定阿拉伯海阶梯烷菌）**

利用PCR对阿拉伯海次氧化层的海水样品进行16SrRNA和转录间隔区（ITS）扩增，克隆测序后，发现一类与*Scalindua* spp.16S rRNA序列和ITS长度显著不同的新序列，并将其命名为“Candidatus *Scalindua arabica*”（Woebken et al.，2008）。这一新种与*Scalindua brodae*和*Scalindua sorokinii*的最大相似度分别为96.5%和96.3%。目前未见对该种的细胞形态结构和生理生化方面的研究报道。

**（7）Candidatus *Jettenia asiatica*（待定亚洲杰特氏菌）**

该种发现于实验室生物膜反应器中，属名“*Jettenia*”是在厌氧氨氧化领域作出杰出贡献的荷兰微生物学家Mike S.M.Jetten的姓氏，种名“asiatica”是该菌的发现地“Asia”（Quan et al.，2008；Tsushima et al.，2007）。菌体具有前述AMX的细胞结构特征。最佳生长pH8.0～8.5，最佳生长温度30～35℃。能够耐受的亚硝酸浓度高于7mmol/L。基因序列分析表明，该菌含有HZO。16SrRNA

序列分析表明，该菌与“*Brocadia*”“*Kuenenia*”“*Scalindua*”“*Anammoxoglobus*”的相似性低于94%。它在GenBank中的注册号为DQ301513。

**（8）Candidatus *Anammoxoglobus propionicus*（待定丙酸厌氧氨氧化球菌）**

该种从实验室SBR中富集得到，名字中的“*propionicus*”代表该菌的代谢方式（Kartal et al.,2007）。化能自养型，但能以亚硝酸或硝酸为电子受体氧化甲酸、丙酸。能将羟胺转化成联氨。菌体具有前述AMX的细胞结构特征。在细胞中，阶梯烷膜脂占细胞总脂类的24%。它在GenBank中的注册号为DQ317601。

**（9）Candidatus *Anammoxoglobus sulfate*（待定硫酸盐厌氧氨氧化球菌）**

该种从实验室生物转盘反应器中富集得到，名字中的“*sulfate*”指代谢方式（Liu et al.，2008a）。该菌是发现的第一种硫酸盐型厌氧氨氧化菌（SAMX），能以氨为电子供体，以硫酸盐为电子受体，将两种基质转化为氮气和单质硫。16SrRNA分析表明，它是浮霉状菌目中的一个种。目前未见对这种细菌细胞形态、化学组分、代谢途径、生理生化等方面的研究报道。

#### 2.2.2.2 厌氧氨氧化菌的分布

厌氧氨氧化菌的分布极其广泛（Schubert et al.，2006；Thamdrup and Dalsgaard，2002；Zhang et al.，2007）。在迄今发现的厌氧氨氧化菌中，8个种分离自污水处理厂构筑物或实验室反应器内，它们分别是Candidatus *Brocadia anammoxidans*、Candidatus *Brocadia fulgida*、Candidatus *Kuenenia stuttgartiensis*、Candidatus *Scalindua brodae*、Candidatus *Scalindua wagneri*、Candidatus *Jettenia asiatica*、Candidatus *Anammoxoglobus propionicus*、Candidatus *Anammoxoglobus sulfate*；另外2个种分离自海水中，它们分别是Candidatus *Scalindua sorokinii*和Candidatus *Scalindua arabica*（Liu et al.，2008a；Kartal et al.，2004；Kartal et al.，2007；Kuypers et al.，2003；Schmid et al.，2000；Schmid et al.，2003；Strous et al.，1999a；Tsushima et al.，2007；Woebken et al.，2008）。研究表明，厌氧氨氧化菌也存在于海岸、浅滩、入河口的底泥中（Schubert et al.，2006；Thamdrup and Dalsgaard，2002；Zhang et al.，2007）。

## 2.2 厌氧氨氧化反应器的性能

### 2.2.1 上流式厌氧膨胀床反应器的厌氧氨氧化脱氮性能

ANAMMOX反应中的功能菌AMX是一类生长缓慢（倍增时间11d）、细胞产率很低的腐霉状菌。因此，欲将生长缓慢的AMX菌用于废水脱氮处理，必须首先实现功能菌AMX的快速富集。AMX可分泌大量胞外多聚物，具有良好的附着性能，因此采用生物膜反应器具有一定的优势。添加不同载体的固定床生物反应器和生物膜反应器均已显现较高的AMX持留能力和脱氮效率。然而，在固定床反应器中，由于载体堆积密实，容易引发污泥堵塞，造成反应器短流和气体滞留。采用膨胀床运行模式，不仅可以充分利用AMX的附着性能，有效持留菌体，而且可以使颗粒污泥流态化，促进基质传递以及气态产物释放。此外，维持颗粒污泥膨胀所需的出水回流，还可削弱基质对N-anammox菌的自抑制作用（郑平等，1998）。因此，ANAMMOX膨胀床反应器是一种值得研发的新型生物反应器。

笔者试验了以竹炭为载体的ANAMMOX膨胀床反应器的运行性能，并考察了ANAMMOX颗粒污泥的发展过程。

#### 2.2.1.1 实验材料与方法

**（1）试验装置和工作条件**

试验装置和流程如图2-10所示。试验装置选用上流式厌氧膨胀床反应器，采用有机玻璃制作，有效容积9L。装置内填充粒径为2～3mm的竹炭颗粒，竹碳密度为1.1g/m$^3$，竹炭添加量3L。装置表面用黑布包裹，以防光线对混培物产生负面影响。

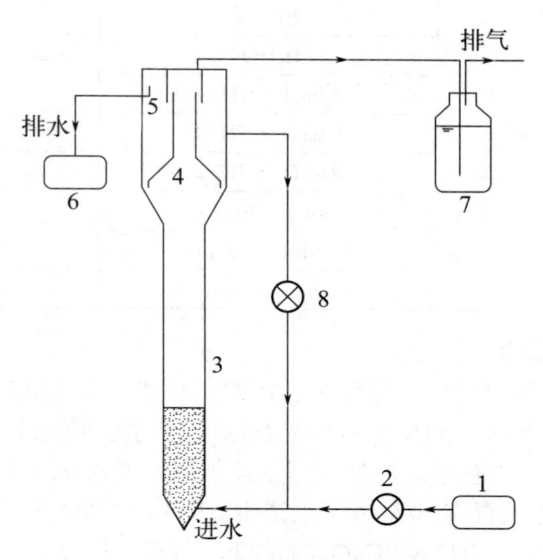


**图2-10 试验装置示意图**

1—进水；2—进水泵；3—厌氧膨胀床反应器；4—三相分离器；
5—溢流堰；6—出水；7—洗气瓶；8—回流泵

反应器置于30℃恒温室内运行。进水pH控制在7.0左右。模拟废水由电子蠕动泵注入反应器底部，经均匀分布后向上流动，基质由ANAMMOX颗粒污泥转化成氮气。气、泥、水混合液通过设在装置上部的三相分离器分离，净化液经沉淀室内的溢流堰流出反应器，气体经气室引出反应器，颗粒污泥依靠重力返回反应区。运行中，借助混合液回流将床层膨胀率控制在20%左右。每当反应器出水水质稳定（波动＜10%），以缩短HRT或提高基质浓度的方式，提高反应器容积负荷。

**（2）接种污泥与模拟废水**

接种污泥取自浙江某味精生产企业的废水生物处理装置，主要为A/O工艺中的反硝化污泥，经过沉淀浓缩，其混合液悬浮固体（mixed liquor suspened solids，MLSS）浓度为30.2g/L，混合液挥发性悬浮固体（mixed liquid volatile suspended solids，MLVSS）浓度为19.3g/L，MLSS/MLVSS为0.64。

试验采用模拟废水，其组成为：$KH_2PO_4$ 10mg/L，$CaCl_2 \cdot 2H_2O$ 5.6mg/L，$MgSO_4 \cdot 7H_2O$ 300mg/L，$KHCO_3$ 1250mg/L，微量元素浓缩液Ⅰ、Ⅱ各1.25mL。微量元素浓缩液Ⅰ、Ⅱ组成见表2-6。$NH_4^+$-N和$NO_2^-$-N由$(NH_4)_2SO_4$和$NaNO_2$提供，浓度按需配制。

**表2-6 微量元素浓缩液的组成**

| 化学物质 | | 浓度/（g/L） |
|---|---|---|
| 微量元素溶液Ⅰ | EDTA | 5 |
| | $FeSO_4$ | 5 |
| 微量元素溶液Ⅱ | EDTA | 15 |
| | $H_3BO_4$ | 0.014 |
| | $MnCl_2 \cdot 4H_2O$ | 0.99 |
| | $CuSO_4 \cdot 5H_2O$ | 0.25 |
| | $ZnSO_4 \cdot 7H_2O$ | 0.43 |
| | $NiCl_2 \cdot 6H_2O$ | 0.19 |
| | $NaMoO_4 \cdot 2H_2O$ | 0.22 |
| | $Na_2SeO_4 \cdot 10H_2O$ | 0.21 |

**（3）污泥活性测定**

分别测定反应器中颗粒污泥和絮状污泥的活性。在50mL血清瓶中加入颗粒污泥或絮状污泥，再加入$NH_4^+$-N和$NO_2^-$-N浓度分别为70mg/L和84mg/L的模拟废水。血清瓶用丁基橡胶塞塞紧，然后用铝盖加固，并用95%氩气置换其中的空气20min。血清瓶避光放置在30°C恒温水浴中。颗粒污泥每隔2h取样，絮状污泥每隔12h取样，分别测定$NH_4^+$-N和$NO_2^-$-N浓度，所有测试设3个重复。

**（4）样品电镜观察**

① 扫描电镜观察。从反应器中取样，置于2.5%的戊二醛溶液中，4℃固定过夜，经0.1mol/L、pH7.0的磷酸缓冲液漂洗后，再用1%锇酸溶液固定1～2h，

继续用磷酸缓冲液漂洗。经过梯度浓度（包括50%、70%、80%、90%、95%和100%六种浓度）的乙醇溶液脱水处理后，再将样品用体积比1 ∶ 1的乙醇与醋酸异戊酯的混合液处理30min，纯醋酸异戊酯处理1 ～ 2h。最后将样品在临界点干燥，镀膜后采用XL30型环境样品扫描电镜（荷兰Philips公司）观察结果。

② 透射电镜观察。从反应器中取样，经上述同样的方法固定、脱水后，用纯丙酮处理20min。接着，分别用体积比为1 ∶ 1和3 ∶ 1的包埋剂与丙酮的混合液处理样品1h和3h，最后用包埋剂处理样品过夜。将渗透处理的样品包埋起来，70℃加热过夜，即得到包埋好的样品。样品在Reichert超薄切片机中切片，获得70 ～ 90nm的切片，用柠檬酸铅溶液和醋酸双氧铀50%乙醇饱和溶液各染色15min，再用透射电镜观察结果。

**（5）AMX的鉴定**

① DNA提取和PCR扩增。首先，利用环境样品DNA提取试剂盒提取红色颗粒污泥中的细菌DNA。接着，以AMX的特异性引物Amx-368f（Schmid et al.，2003）和Amx-1480r（Amano et al.，2007）进行PCR反应，扩增样品中AMX的DNA片段。PCR扩增条件为：94℃预变性10min；94℃变性30s，55℃退火30s，72℃延伸1min，进行30个循环；最后在72℃下延伸7min。

② 克隆、测序和建立系统发育树。PCR产物进行克隆测序（TaKaRa公司），每个克隆序列包括1210 ～ 1230个碱基。将克隆序列进行BLAST比对，采用MEGA3.1中的邻接法建立系统发育树。

**（6）测定项目和方法**

$NH_4^+$-N采用苯酚-次氯酸钠光度法测定；$NO_2^-$-N采用*N*-（1-萘基）-乙二胺光度法测定；$NO_3^-$-N采用紫外分光光度法测定。pH用PHS-9V型酸度计测定；MLSS和MLVSS选用重量法测定，以上所有方法参照《水和废水监测分析方法》（国家环境保护总局，2005）。菌体蛋白测定参照Stickland（1951）的方法。

#### 2.2.1.2　结果与讨论

**（1）反应器的启动性能**

根据反应器的运行性能，可将启动过程区分为菌体自溶、活性延滞和活性提高3个阶段。

① 菌体自溶阶段。该阶段（1 ～ 52d）反应器主要表现为菌体自溶和强烈的反硝化作用（图2-11）。反应器开始启动时，接种反硝化污泥，进水$NH_4^+$-N和$NO_2^-$-N浓度均为140mg/L，HRT为1.5d。在前6天的运行中，所有$NO_2^-$-N消耗殆尽。为给AMX的生长提供足够的电子受体，从第7d至第20d逐渐将进水$NO_2^-$-N浓度提高至200mg/L，同时将进水$NH_4^+$-N浓度逐渐降低至110mg/L。在缺少有机质的条件下，接种污泥中的部分菌体发生自溶，释放出氨和有机质，使出水

$NH_4^+$-N浓度大幅升高，反硝化作用持续（Chamchoi and Nitisoravut，2007；吕永涛等，2007；张少辉等，2004）。至第20d，出水$NO_2^-$-N积累至40mg/L。此时，采用降低基质浓度的策略防止基质自抑制作用。在进水$NO_2^-$-N浓度保持98mg/L，运行16d后，反硝化作用减弱，出水$NO_2^-$-N浓度维持在（25±1.5）mg/L，出水$NH_4^+$-N浓度则继续升高，但其增量小于前期，表明菌体自溶程度也在减弱（表2-7）。该阶段的终点是反应器开始呈现ANAMMOX功能。

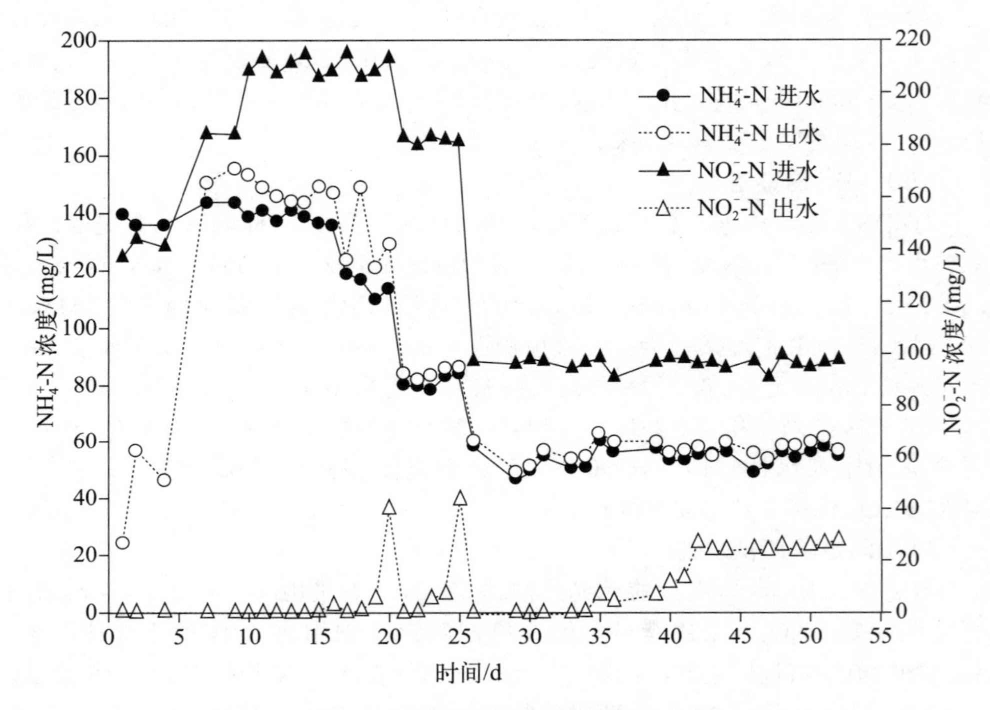


图2-11　菌体自溶阶段的基质演变曲线

表2-7　菌体自溶阶段$NH_4^+$-N增量比较

| 时间/d | 7～19 | 20～24 | 25～52 |
| --- | --- | --- | --- |
| 出水$NH_4^+$-N增量/（mg/L） | 11.1±7.4 | 3.1±1.2 | 2.4±1.3 |

② 活性延滞阶段。为了促进AMX的生长，从第53d起，采用低基质浓度、短HRT的方法运行反应器。进水$NH_4^+$-N和$NO_2^-$-N平均浓度分别为42mg/L和56mg/L，HRT为0.9d，出水$NH_4^+$-N和$NO_2^-$-N浓度开始同时降低。至第68d，$NH_4^+$-N平均降低了（4.4±3.8）mg/L，$NO_2^-$-N平均降低了（44.4±15.6）mg/L，$NH_4^+$-N和$NO_2^-$-N去除量的比值约为1∶10（图2-12）。根据式（1-2）可知，AMX消耗$NH_4^+$-N和$NO_2^-$-N的比例为1∶1.32（Strous et al.，1998）。

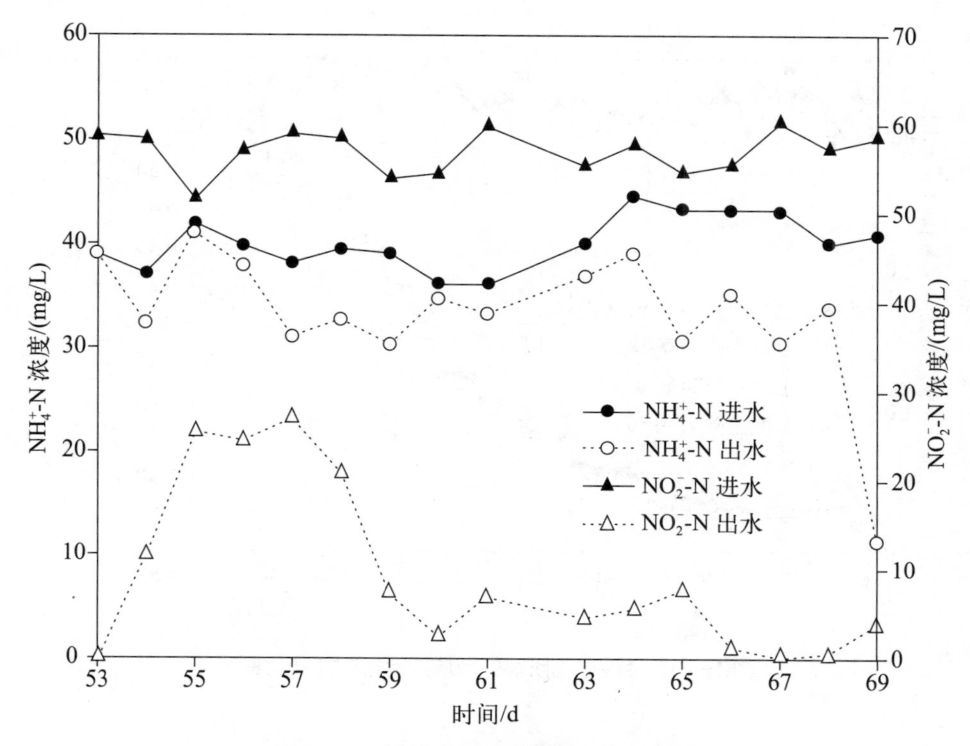


**图2-12　活性延滞阶段的基质演变曲线**

在活性延滞阶段（53 ～ 69d），$NO_2^-$-N的消耗量远大于$NH_4^+$-N，表明反应器虽有ANAMMOX功能，但因AMX生长缓慢，在短时间内ANAMMOX反应还没有成为反应器内的主导反应，反硝化作用仍在继续消耗$NO_2^-$-N。值得注意的是，当运行至第69d时，出水$NH_4^+$-N浓度的减量突然跃增至29.5mg/L。至此，以反应器ANAMMOX功能微弱为特征的活性延滞阶段宣告结束。

③ 活性提高阶段。在这个阶段（70 ～ 144d），反应器的ANAMMOX功能逐步增强，脱氮效率大幅度提升，平均总氮去除效率达93.1%（图2-13）。至第70d，HRT缩短至0.6d，总氮负荷为0.19kg/（$m^3$ • d），容积总氮去除率为0.16kg/（$m^3$ • d），总氮去除效率为85.7%。随着HRT的缩短和基质浓度的升高，至第142d总氮负荷达到3.11kg/（$m^3$ • d），容积总氮去除率达到3.02 kg/（$m^3$ • d）（HRT=0.28d）。在第90d之前，$NO_2^-$-N/$NH_4^+$-N波动较大。在随后的55d中，$NO_2^-$-N/$NH_4^+$-N平均值为1.23±0.07，逐渐接近文献报道值1.32；$NO_3^-$-N/$NH_4^+$-N平均值为0.16±0.06，亦接近文献报道值0.26（图2-14）。据此判断，ANAMMOX反应已成为反应器内去除$NO_2^-$-N和$NH_4^+$-N的主要方式，反应器成功启动。$NH_4^+$-N的消耗量高于理论值，这可能与没有去除水中的DO，导致反应器中存在部分AOB有关。

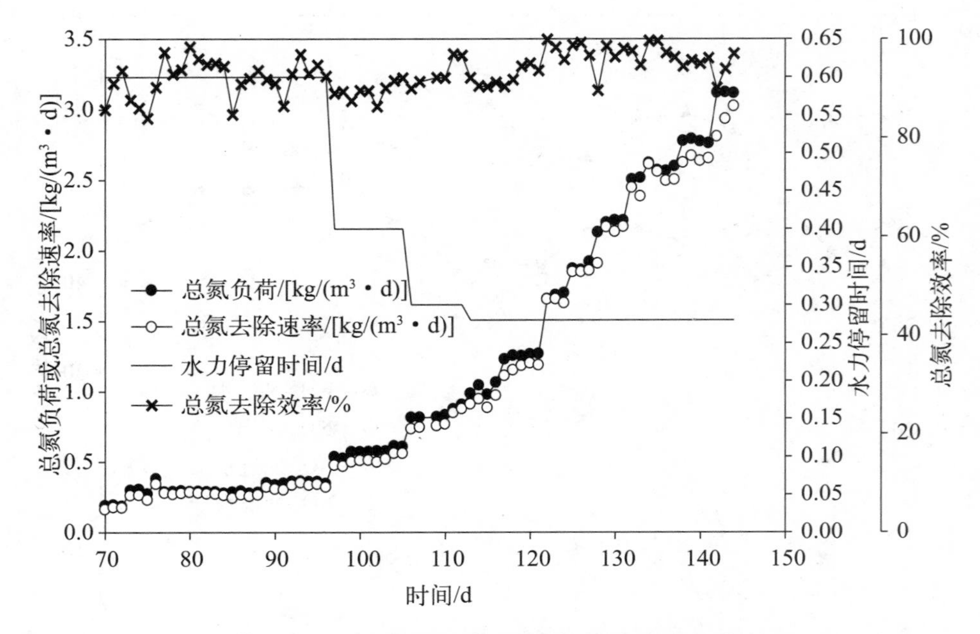


图2-13　活性提高阶段的反应器运行效能变化曲线

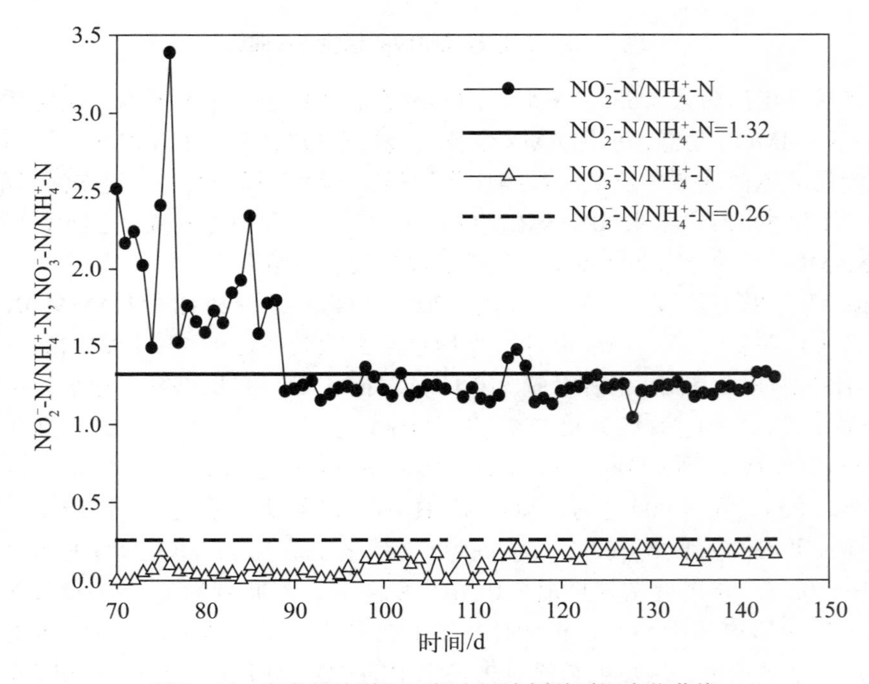


图2-14　负荷提高阶段三氮之间比例随时间变化曲线

（2）反应器的动力学性能

反应器的动力学性能主要反映基质浓度和基质转化速率之间的关系。由此可以求得半饱和常数（$K_s$）和最大基质转化速率（$V_{max}$），从而了解反应器对基质的最大转化潜能。在ANAMMOX膨胀床反应器启动的过程中，若保持HRT为0.28d，则$NH_4^+$-N浓度与容积$NH_4^+$-N去除率的关系可用Monod方程进行拟合（表2-8）。经计算，$NH_4^+$-N的最高容积转化速率为6.2kg/（$m^3$·d），半饱和常数为5.37g/L。若按照ANAMMOX反应$NH_4^+$-N、$NO_2^-$-N和$NO_3^-$-N之比为1：1.32：0.26的关系计算，该膨胀床反应器的N的最大容积去除率可达12.77kg/（$m^3$·d），是反应器已取得的最高容积去除率的4.1倍，因此反应器仍有很大的脱氮潜能。

表2-8　不同$NH_4^+$-N浓度下反应器运行状况

| $t$/d | $S$ /（g/L） | 1/$S$ | $V$ /[kg/（$m^3$·d）] | 1/$V$ | $t$/d | $S$ /（g/L） | 1/$S$ | $V$ /[kg/（$m^3$·d）] | 1/$V$ |
|---|---|---|---|---|---|---|---|---|---|
| 122 | 0.21 | 4.82 | 0.23 | 4.35 | 133 | 0.30 | 3.30 | 0.34 | 2.97 |
| 123 | 0.21 | 4.83 | 0.23 | 4.41 | 134 | 0.33 | 3.03 | 0.36 | 2.75 |
| 124 | 0.21 | 4.84 | 0.23 | 4.41 | 135 | 0.33 | 3.00 | 0.37 | 2.73 |
| 125 | 0.23 | 4.27 | 0.26 | 3.87 | 136 | 0.33 | 3.06 | 0.36 | 2.75 |
| 126 | 0.23 | 4.31 | 0.26 | 3.88 | 137 | 0.33 | 3.01 | 0.37 | 2.71 |
| 127 | 0.24 | 4.18 | 0.27 | 3.77 | 137 | 0.35 | 2.82 | 0.38 | 2.63 |
| 128 | 0.26 | 3.81 | 0.29 | 3.43 | 139 | 0.36 | 2.82 | 0.38 | 2.62 |
| 129 | 0.28 | 3.60 | 0.31 | 3.26 | 140 | 0.35 | 2.82 | 0.39 | 2.58 |
| 130 | 0.28 | 3.55 | 0.31 | 3.22 | 141 | 0.35 | 2.82 | 0.38 | 2.64 |
| 131 | 0.28 | 3.59 | 0.31 | 3.27 | 142 | 0.39 | 2.60 | 0.39 | 2.59 |
| 132 | 0.30 | 3.28 | 0.34 | 2.95 | 143 | 0.38 | 2.62 | 0.40 | 2.52 |

（3）颗粒污泥的形成和性能

① 颗粒污泥的形成和发展。随着反应器ANAMMOX功能的增强，装置内黄褐色的松散絮状接种污泥（图2-15A）逐渐形成颗粒污泥。连续培养55d后，竹炭表面出现了棕灰色的生物膜（图2-15B）。在逐渐提高进水基质浓度和缩短HRT的条件下，至第144d，在反应器竹炭床层内形成大量红色颗粒污泥（图2-15C、D）。红色颗粒污泥的形状不规则，平均粒径为（4.20±0.07）mm，表面密实、黏稠。

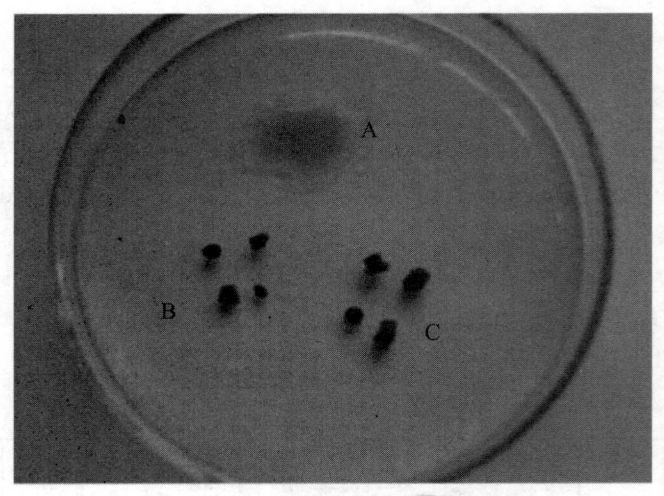



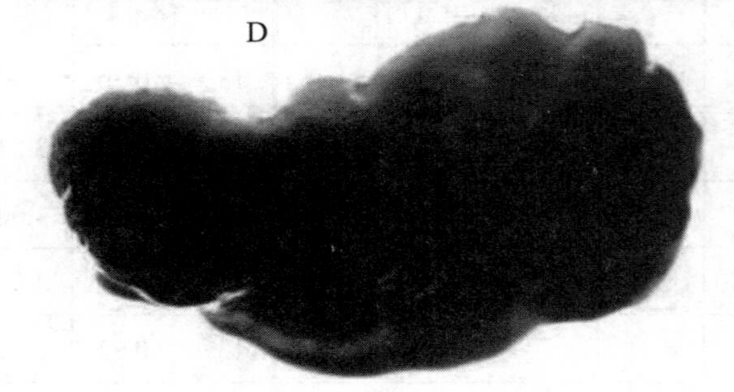

图2-15　不同时期污泥形态（扫码见彩图）

用扫描电镜观察发现，竹炭表面粗糙，外部和内部含有大量直径为2～8μm的孔隙，为微生物生长提供了空间（图2-16a）。接种污泥呈絮状，含有大量的球菌（0.4μm）和链球菌（长0.7μm×宽0.6μm）。棕灰色颗粒污泥表面含有大量的链球菌（直径0.7μm）和丝状菌（宽0.27μm）（图2-16b），此外还有少量的单球菌和成簇的球菌（直径均为0.7μm）分布在链球菌和丝状菌中间（图2-16c）。红色颗粒污泥表面生长着大量的杆菌、链杆菌（长1.0～1.8μm×宽0.56μm）、单球菌（直径1.1μm），以及少量的丝状菌（宽0.27μm）（图2-16d）。将生物颗粒（附着生物膜的竹炭颗粒）用牙签钻裂后，观察了生物颗粒内部的微生物生长情况。在棕灰色生物颗粒中，竹炭内部生长的微生物量较少，仅发现少量球菌（0.4μm），它们与竹炭表面生长的微生物形态不同；在红色生物颗粒中，竹炭内部的主要菌群与竹炭表面基本相同，均为链杆菌和球菌，并有少量丝状菌（图片未给出）。

**图2-16 样品表面扫描电镜观察结果**

用透射电镜观察接种污泥、棕灰色生物颗粒和红色生物颗粒的超薄切片（图2-17），发现在接种污泥中存在两种形态的细菌A和B。A呈椭圆形或短杆状，与*Nitrosomonas*相似；B呈球状，细胞有多层内膜，与*Nitrosococcus*相似（图2-17a、d）。经过55d连续培养后，部分细胞自溶，具有A、B两种形态的细菌量逐渐减少，同时出现貌似AMX的细胞（图2-17b）；在反应器达到最高容积总氮负荷时，红色生物颗粒中这种貌似AMX的细胞大量聚集（图2-17c）。这些细胞具有van de Graaf等人（1996）报道的AMX的形态结构，如细胞单个或成对存在、细胞表面有火山口状结构、内部含有厌氧氨氧化体（图2-17e）。考察反应器运行三阶段的细菌形态演变发现，接种污泥中的细菌细胞内部充满细胞质，随着运行过程的推进，棕灰色生物颗粒的细菌细胞质开始向内部收缩，在红色生物颗粒的细菌细胞中可见貌似厌氧氨氧化体的结构（图2-17d、图2-17e、图2-17f）。

② 颗粒污泥的性能。为了确定红色颗粒污泥中的优势菌群为AMX，并确定它们对反应器脱氮的贡献，用批次试验分别测定了反应器中红色颗粒污泥和棕灰色絮状污泥的ANAMMOX活性（图2-18）。利用SigmaPlot 10.0对试验数据进行拟合，经计算获得红色颗粒污泥的ANAMMOX活性（以蛋白质总氮计）为0.56mg/（mg・h），棕灰色絮状污泥的ANAMMOX活性为0.07mg/（mg・h），前者是后者的8倍。据此判断，红色颗粒污泥是反应器ANAMMOX功能的主要承担者。

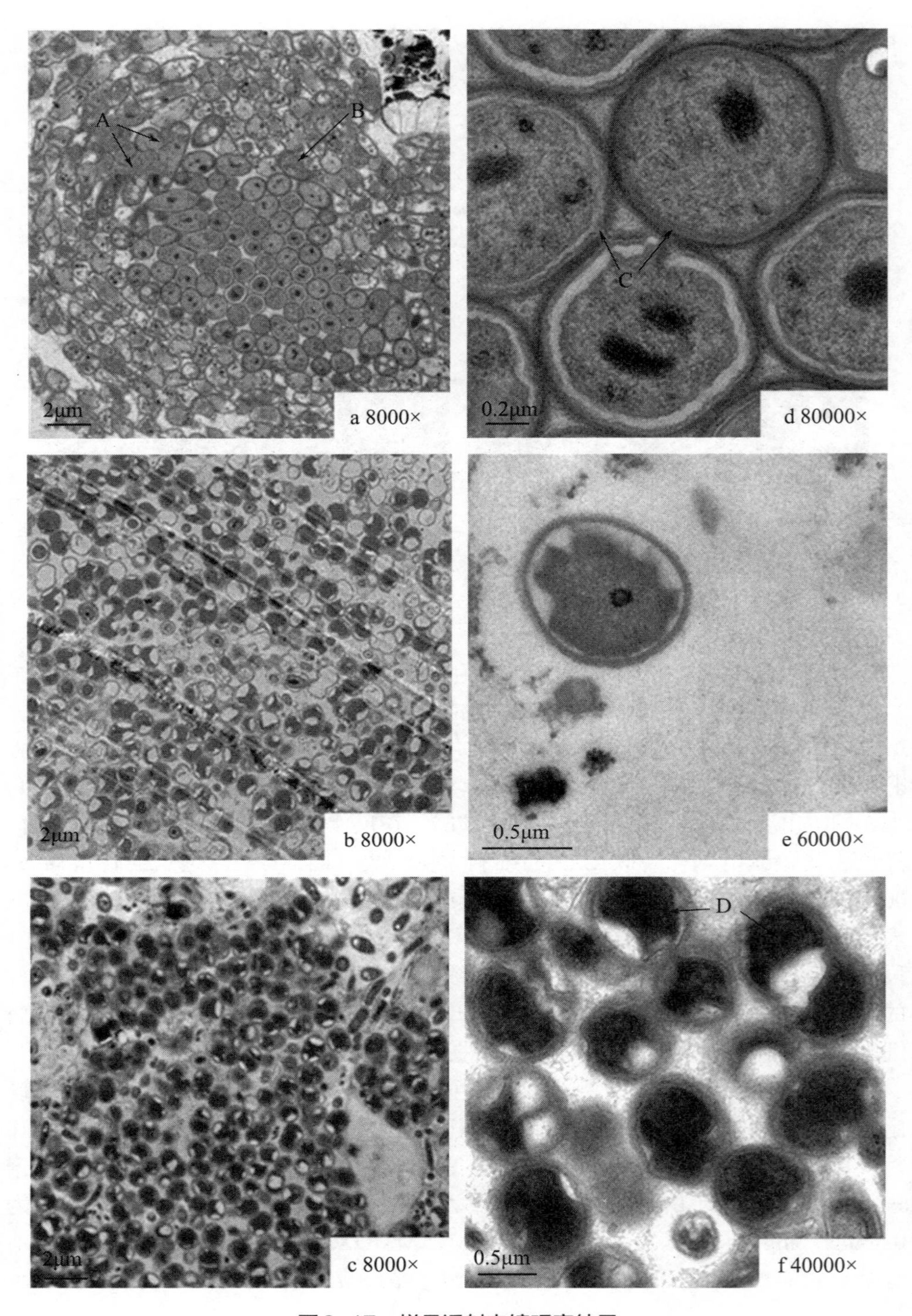


图2-17　样品透射电镜观察结果

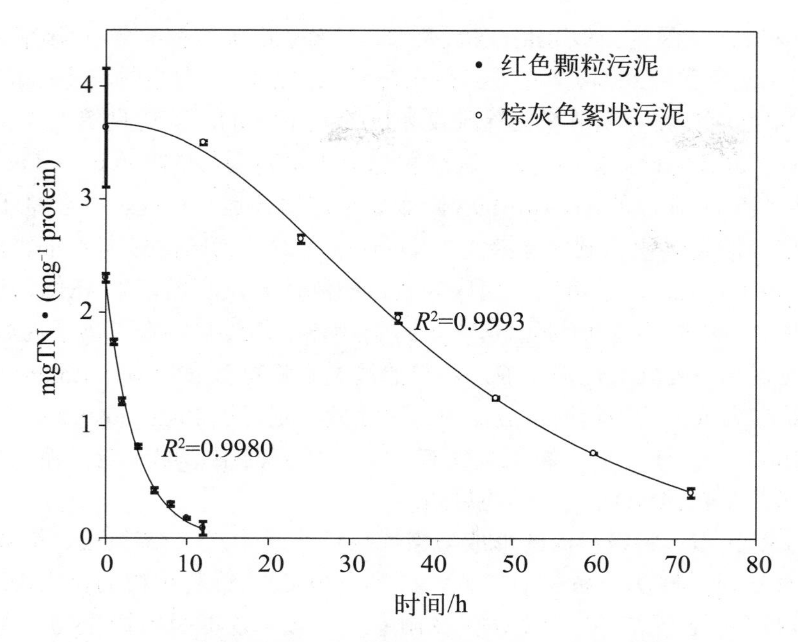

图2-18 启动后反应器内颗粒污泥与絮状污泥的活性比较

### （4）颗粒污泥中AMX菌群组成

对红色颗粒污泥中的AMX进行了克隆鉴定，建立系统发育树如图2-19。挑取的17个克隆可以分为2个运算分类单位（OTU），其中16个属于OTU1，与Candidatus *Brocadia* sp.40（AM285341）的相似度达到99%，与Candidatus *Brocadia fulgida*（DQ459989）的相似度达到97%；另外1个属于OUT2，与Candidatus *Brocadia anammoxidans*（AF375994）的相似度达到97%。因此红色颗粒污泥中的AMX可归入"Candidatus *Brocadia*"。

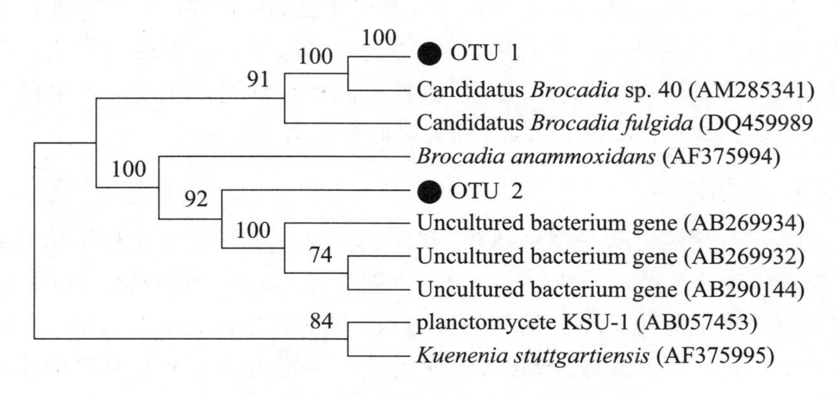

图2-19 红色颗粒污泥中AMX的组成

迄今为止，国内ANAMMOX反应器报道的最高容积总氮去除率为2.6kg/($m^3$ • d)（沈平等，2004）。此外，吕永涛等人（2007）在生物转盘反应器中启动ANAMMOX，其容积总氮去除率仅为0.1kg/($m^3$ • d)。陈旭良等人（2007）以ANAMMOX工艺处理味精废水，其容积总氮去除率为0.457kg/($m^3$ • d)。本研究试验了以竹炭为载体的ANAMMOX膨胀床反应器的运行性能，并获得了较好的脱氮效率，最高容积总氮去除率为3.02kg/($m^3$ • d)，为国内最高水平。据Strous等人（1997b）报道，采用以玻璃珠为载体的流化床反应器富集AMX，运行80d最高容积总氮去除率为0.18kg/($m^3$ • d)；再用该混培物接种在以砂子为载体的固定床反应器中，处理污泥消化液，获得的最高容积总氮去除率为1.5kg/($m^3$ • d)。在以无纺布为载体的生物膜反应器中，脱氮效果则可达26kg/($m^3$ • d)（Tsushima et al.，2007）。由此可见，添加载体有利于在反应器中形成颗粒污泥或生物膜，从而有利于ANAMMOX反应器的启动。

据文献报道，颗粒污泥的形成与惰性颗粒（载体）、细菌组成、细菌生物学性质以及水力学性质关系密切（金仁村等，2006）。竹炭颗粒的比表面积较大，表面及内部孔隙丰富，有利于微生物附着。竹炭不仅能吸附微生物，也能吸附$NH_4^+$-N和$NO_2^-$-N等基质。有学者发现，竹炭对$NO_3^-$-N的吸附能力强于一般的活性炭（Mizuta et al.，2004）。此外，Cirpus等人（2006）发现，AMX能够分泌大量的胞外多聚物（EPS），它们是细胞凝聚和粘连的重要媒介，在形成和维持颗粒污泥或生物膜结构中起着重要作用。

目前，采用传统的细菌分离方法并没有分离获得AMX，Strous等人（1999a）采用生物反应器富集培养与密度梯度离心相结合的新方法分离获得了生长缓慢的AMX。在以竹炭为载体的ANAMMOX膨胀床反应器的运行过程中，根据运行性能，可分为菌体自溶、活性延滞和活性提高3个阶段。与此相应污泥性状也逐渐从深黄色絮状污泥演变成棕灰色颗粒污泥和红色颗粒污泥。颗粒污泥是微生物自然组合而成的优化结构，具有很高的ANAMMOX活性，以此为模式，有助于ANAMMOX的菌群调控和优化。红色颗粒污泥特征鲜明，在反应器中极易辨认并获取，以此为材料，有助于AMX的分离研究和微生态研究。

#### 2.2.1.3 结论

① 以反硝化污泥启动ANAMMOX膨胀床反应器，其过程可分为菌体自溶阶段、活性延滞阶段和活性提高阶段。在144d内容积总氮去除率达到3.02kg/($m^3$ • d)，这是国内文献报道的最高水平。消耗的$NH_4^+$-N、$NO_2^-$-N之比为1 ∶ 1.23，接近文献报道值1 ∶ 1.32，推断ANAMMOX反应是该反应器内去除$NO_2^-$-N和$NH_4^+$-N的主要方式。

② 用Monod方程拟合基质浓度与容积基质转化速率之间的关系，得知ANAMMOX膨胀床反应器的最高容积转化速率（以N计）可达12.77kg/（$m^3$·d），是本研究已获得的最高容积转化速率的4.1倍，具有很大的脱氮潜能。

③ 随着ANAMMOX膨胀床反应器运行过程的推进，装置内的污泥性状逐渐从深黄色絮状污泥转变成棕灰色颗粒污泥和红色颗粒污泥。红色颗粒污泥的ANAMMOX活性（以蛋白质总氮计）为0.56mg/（mg·h），是棕灰色絮状污泥的8倍，推断红色颗粒污泥是反应器ANAMMOX功能的主要承载者。

### 2.2.2 上流式厌氧污泥床反应器的厌氧氨氧化脱氮性能

ANAMMOX是20世纪90年代由荷兰人发现的厌氧生物脱氮过程。在这一过程中自养型微生物——厌氧氨氧化菌能够在无氧的条件下以铵为电子供体，亚硝酸为电子受体，将氮素转化成氮气，这一过程比传统硝化-反硝化工艺更加经济、环保，能够减少60%的氧气消耗和100%的甲醇消耗，且不产生$N_2O$等温室气体（Mulder et al.，1995；van de Graaf et al.，1995；van de Graaf et al.，1996）。然而由于厌氧氨氧化菌生长缓慢（倍增时间长达14d），且容易受有机物影响，厌氧氨氧化工艺的工程应用发展缓慢（Strous et al.，1998；孙佳晶等，2012）。

本研究采用厌氧氨氧化污泥混培物和城市污水处理厂回流污泥的混合物为接种物，在UASB反应器中启动厌氧氨氧化过程，研究了提高基质浓度和缩短HRT两种方式对脱氮性能的影响，并对启动成功后反应器中污泥功能、形态进行研究，对富集的厌氧氨氧化菌进行鉴定。

#### 2.2.2.1 实验材料与方法

**（1）实验装置与运行**

本实验所用的ANAMMOX反应器系统如图2-20所示。该反应器由有机玻璃制成，有效容积1.0L，反应器上部设三相分离装置，将污泥、出水和产气分离。反应器进水采用人工模拟废水，pH控制在7.0左右，废水由BT100-2J型恒流蠕动泵连续泵入反应器底部，并以循环水浴保证运行温度为36.5℃。反应器内接种污泥0.5L。反应器外以黑布包裹，防止光线对混培物造成负面影响。

**（2）接种污泥和模拟废水**

本实验所用的接种污泥为已驯化半年的ANAMMOX污泥和普通活性污泥的混合污泥，两者体积比为1∶1。ANAMMOX污泥取自实验室运行良好的ANAMMOX生物滤池，普通活性污泥取自某城市污水处理厂的稳定池，该厂采用CAST工艺对城市污水进行处理，表现出对氮素的良好处理效果。

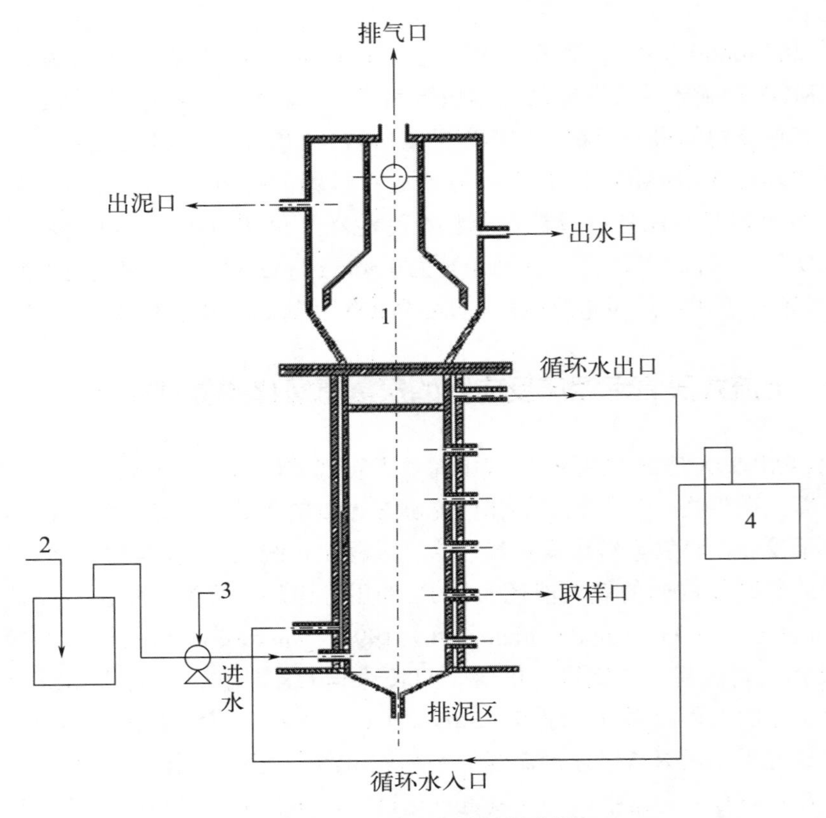


图2-20　ANAMMOX反应器

1—反应器；2—进水箱；3—蠕动泵；4—恒温水浴设备

实验采用模拟废水，废水的组成为：$KH_2PO_4$ 10mg/L，$CaCl_2 \cdot 2H_2O$ 5.6mg/L，$MgSO_4 \cdot 7H_2O$ 300mg/L，$NaHCO_3$ 1250mg/L，微量元素浓缩液Ⅰ、Ⅱ（组成见表2-6）各1.25mL/L，$NH_4^+$和$NO_2^-$由$NH_4Cl$和$NaNO_2$提供，浓度按需配制（Strous et al.，1997b）。

**（3）污泥ANAMMOX活性测定**

在3L winpact台式发酵罐中测定污泥比活性（图2-21）。将富集培养的ANAMMOX污泥全部接种到发酵罐中，以不添加基质的营养盐溶液冲洗菌种，至出水基质浓度接近零。在发酵罐中加入$NH_4^+$-N和$NO_2^-$-N浓度分别为350mg/L和420mg/L的模拟废水，使泥水总体积为3L，混匀。发酵罐温度维持在35.5℃。

图2-21　winpact台式发酵罐

反应过程中进行搅拌，并用氩气置换其中的空气保持反应体系的厌氧条件。每隔0.5h取水样，测定$NH_4^+$-N和$NO_2^-$-N浓度，至两者浓度下降不明显时停止测定。

根据式（2-1），计算基质降解速率$r$。

$$r=\frac{(c_{\mathrm{start}}-c_{\mathrm{end}})V}{\mathrm{VSS}\times V_{污泥}T} \tag{2-1}$$

式中，$c_{\mathrm{start}}$、$c_{\mathrm{end}}$分别代表起始和终止时测定浓度，$V$表示发酵罐容积，$V_{污泥}$代表发酵罐中污泥体积，VSS代表污泥中挥发性悬浮固体的浓度，$T$代表反应时间。

**（4）污泥电镜观察**

① 扫描电镜样品制备。从反应器中取出数颗颗粒污泥，放入5mL离心管中，用去离子水清洗数次，弃去上清液。将清洗好的颗粒污泥放入2.5%的戊二醛溶液中，4℃固定过夜。用0.1mol/L，pH值为7.0的磷酸缓冲液漂洗样品三次，每次15min，然后用1%的锇酸溶液固定样品1～2h，再用磷酸缓冲液漂洗样品三次。采用梯度乙醇脱水，将冲洗好的样品依次置于系列浓度为50%、70%、80%、90%、95%和100%的乙醇溶液中进行脱水处理。将样品用乙醇与醋酸异戊酯的混合液（体积比1∶1）处理30min，再用纯醋酸异戊酯处理1～2h。将样品在临界点干燥，镀膜后观察。

② 透射电镜样品制备。从反应器中取样，经与扫描电镜相同的方法固定、脱水后，用纯丙酮处理20min。然后分别用体积比为1∶1和3∶1的包埋剂与丙酮的混合液处理样品1h和3h，用纯包埋剂处理样品过夜。将经过渗透处理的样品包埋起来，70℃加热过夜，即得到包埋好的样品。样品在Reichert超薄切片机中切片，获得70～90nm的切片。该切片经柠檬酸铅溶液和醋酸双氧铀50%乙醇饱和溶液各染色15min，即可用透射电镜观察结果。

**（5）污泥采集及基因组DNA的提取**

在运行后期的反应器内采集颗粒污泥样品，经细胞研磨器研磨、离心预处理后，用于细菌总DNA的提取。

称取0.4g经过预处理的样品，采用3S柱离心式环境样品DNA抽提试剂盒法进行DNA的提取。操作步骤如下：

① 用500μL溶液SUS将样品软化分散。

② 加入400μL溶液LYS，300mg石英砂，盖上离心管盖，在旋涡振荡器上高速剧烈振荡30min。

③ 用台式离心机，转速12000r/min，室温离心5min。

④ 将上清液完全转移到无菌1.5mL离心管中，加入120μL溶液BID，盖上离心管盖，上下颠倒混匀。将溶液用1mL枪头全部转移到3S柱内，柱子放入2mL离心管中，不盖离心管盖，室温放置2min以上。

⑤ 盖上离心管盖，设定转速12000r/min，室温离心1min。

⑥ 取下3S柱，弃去离心管中的全部废液。将柱子放回同一根离心管中，加入600μL洗溶液，以10000r/min的转速，室温离心1min。

⑦ 重复步骤⑥一次。

⑧ 取下3S柱，弃去离心管中的全部废液。将柱子放回同一根离心管中，以10000r/min的转速，室温离心2min，以除去残留的洗涤溶液。

⑨ 洗脱。在柱子中央加入100μL TE（预热到50℃），将柱子放入干净的新的1.5mL离心管中，室温放置2min。转速12000r/min，室温离心1min。收集管中的液体即为基因组DNA。根据用途，样品可以4℃或–20℃保存。

⑩ 用0.8%琼脂糖凝胶电泳对提取的DNA进行检测。

**（6）PCR扩增及产物检测**

以提取的细菌总DNA为模板，采用AMX特异性引物Amx368f（5′-TTC GCA ATG CCC GAA AGG-3′）和Amx1480r（5′-TAC GAC TTA GTC CTC CTC AC-3′），在50μL体系（表2-9）中对AMX进行16SrDNA的PCR扩增（张蕾，2009）。反应条件为：94℃预变性10min；94℃变性30s，55℃退火30s，72℃延伸1min，共30个循环；循环结束后72℃延伸7min，4℃保存。最后采用1%琼脂糖凝胶电泳对PCR产物进行检测。将纯化后的PCR产物送至大连宝生物工程有限公司进行测序。将所得序列进行BLAST比对，采用MEGA4中的邻接法建立系统发育树。

表2-9 厌氧氨氧化菌16S rDNA基因PCR反应体系（50μL）

| 体系组分 | 体积/μL | 体系组分 | 体积/μL |
|---|---|---|---|
| 10×PCR缓冲液 | 5 | *Taq*酶（5U/μL） | 0.25 |
| dNTPs（各2.5mmol/L） | 4 | DNA模板 | 1 |
| 引物Amx368f（20μmol/L） | 1 | $ddH_2O$ | 37.75 |
| 引物Amx1480r（20μmol/L） | 1 | | |

**（7）水质测定项目与方法**

$NH_4^+$-N测定采用苯酚-次氯酸钠光度法；$NO_2^-$-N测定采用*N*-（1-萘基）-乙二胺光度法；$NO_3^-$-N测定采用双波长紫外分光光度法；pH测定用SG-68型多参数测试仪；SS和VSS测定选用重量法。以上所有方法参照《水和废水监测分析方法》（国家环境保护总局，2005）。

### 2.2.2.2 结果与讨论

**（1）反应器脱氮性能**

实验采用提高基质浓度和缩短HRT两种方式提高反应器的脱氮负荷，从而富集培养AMX。

为保证反应器中ANAMMOX反应顺利启动，运行初期采用较长HRT（0.8d）和较低的基质浓度（$NH_4^+$-N和$NO_2^-$-N进水浓度维持在60～100mg/L）。运行前4d，$NH_4^+$-N去除效率在90%左右，$NO_2^-$-N几乎全部去除，消耗$NO_2^-$-N与$NH_4^+$-N之比为1.38，该比值大于ANAMMOX反应理论值，且出水中无$NO_3^-$-N增量（图2-22、图2-23）。可见在此期间，反应器内可能存在反硝化反应，导致$NO_2^-$-N和$NO_3^-$-N的消耗。运行至第10d，基质$NH_4^+$-N和$NO_2^-$-N出水浓度均趋于零，出水有$NO_3^-$-N生成，此时$NO_2^-$-N与$NH_4^+$-N的消耗量比值降低至1.33，$NO_3^-$-N生成量与$NH_4^+$-N消耗量比值为0.24，反应器开始表现出ANAMMOX反应计量特性。可见，由于接种了部分已驯化的ANAMMOX混培物，反应器在短时间内即可表现出ANAMMOX活性，此时反应器的总氮去除速率为0.17kg/（$m^3$·d）（图2-24），总氮去除效率达到86.51%（图2-25）。维持HRT仍为0.8d，继续提高进水$NH_4^+$-N和$NO_2^-$-N浓度至180mg/L和220mg/L，反应器内AMX的活性进一步提高，$NH_4^+$-N和$NO_2^-$-N的平均去除效率分别为99.2%和99.4%，总氮去除速率也由0.19kg/（$m^3$·d）提高到0.43kg/（$m^3$·d），反应器内消耗的$NH_4^+$-N、$NO_2^-$-N及生成的$NO_3^-$-N的比例为1 ：1.2 ：0.26。

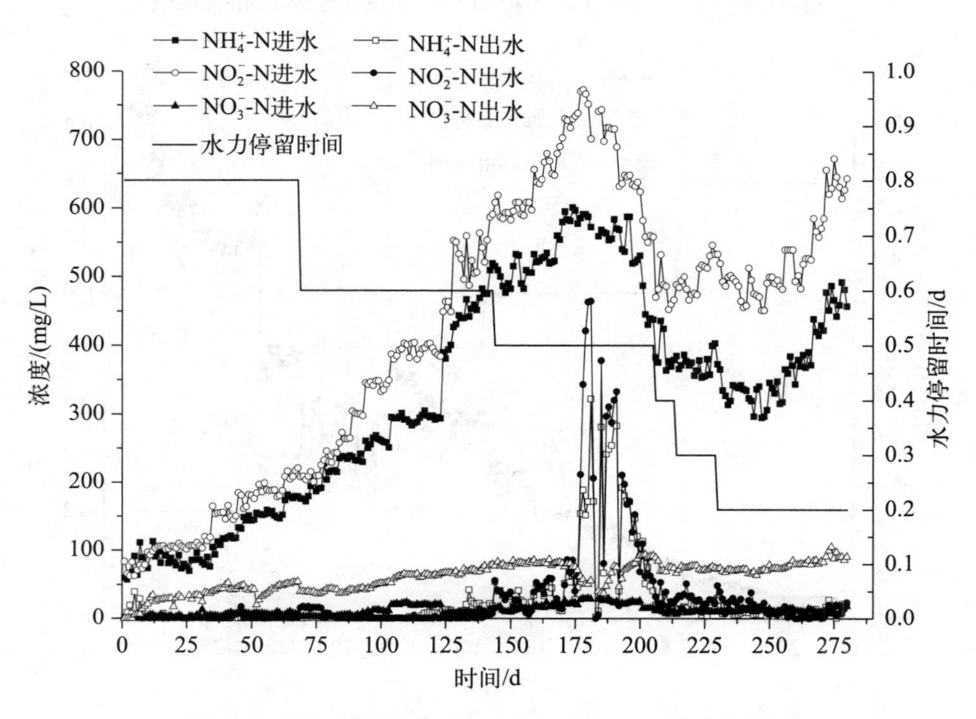


**图2-22　反应器进出水$NH_4^+$-N、$NO_2^-$-N和$NO_3^-$-N的变化**

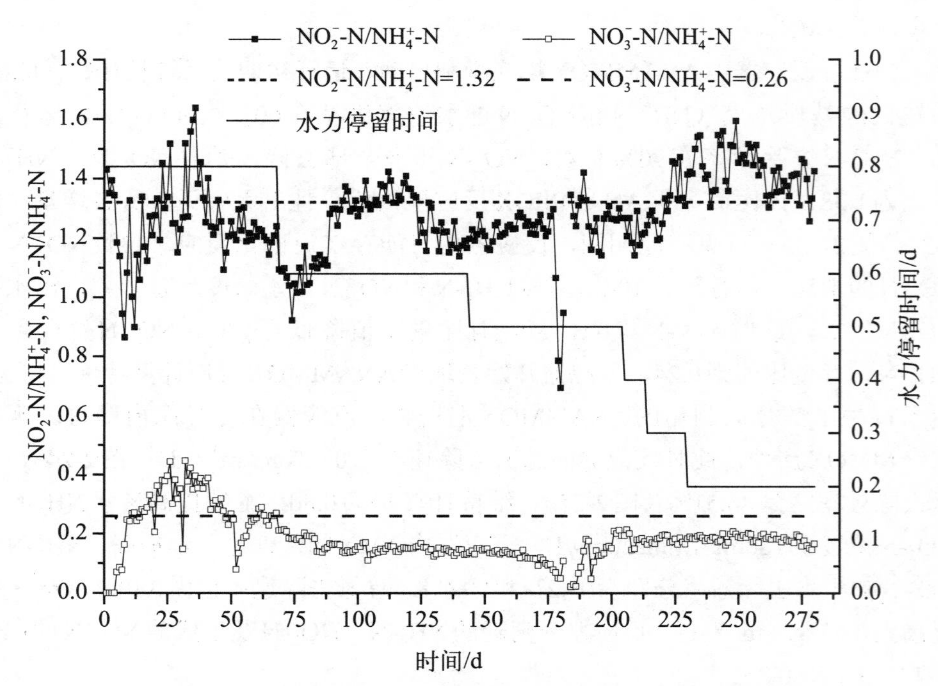


图2-23　$NH_4^+$-N、$NO_2^-$-N和$NO_3^-$-N之间的比例随时间的变化

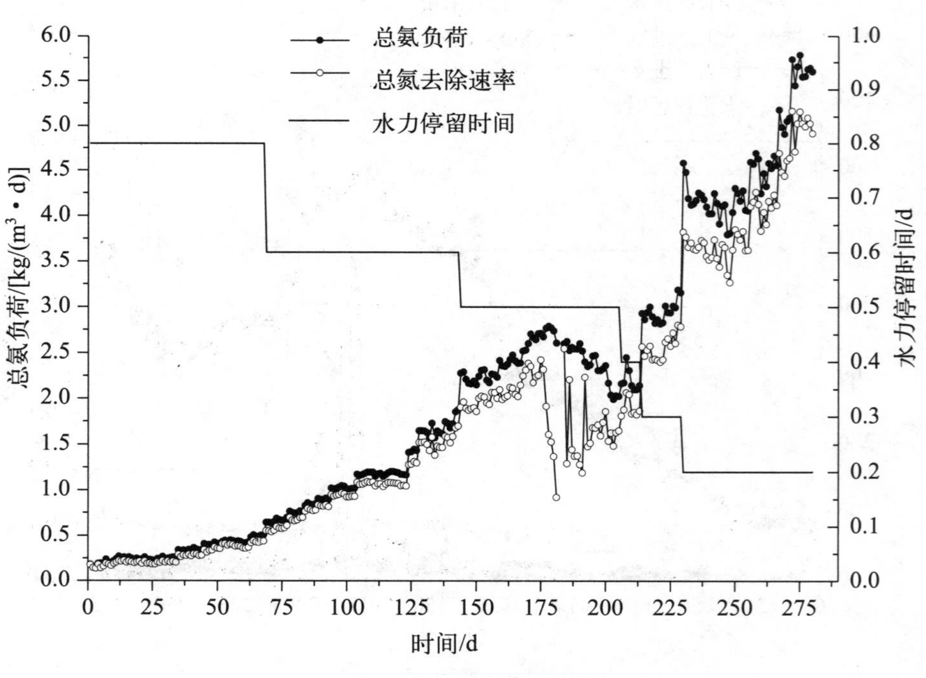


图2-24　反应器总氮去除性能

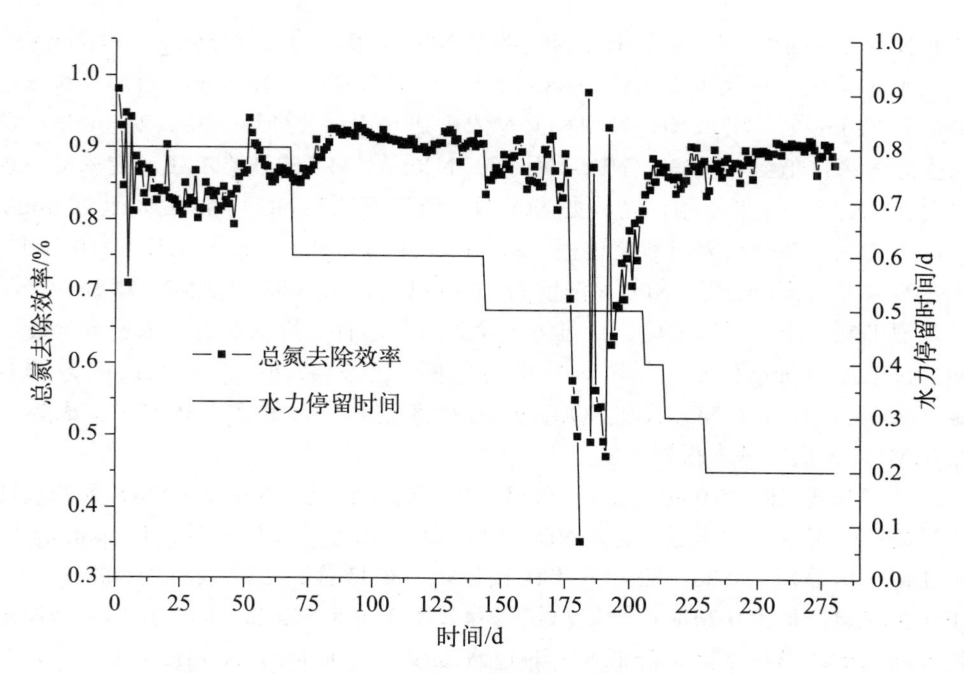


**图2-25 反应器总氮去除效率**

为实现AMX的快速富集，从第69d起保持基质浓度不变，缩短HRT至0.6d。HRT缩短后，短期内总氮去除效率略有降低，由86.47%降为86.19%，而总氮去除速率由0.43kg/（$m^3$·d）提高到0.57kg/（$m^3$·d）。可见HRT由0.8d变为0.6d后，反应器的总氮去除速率未降反升。这一现象可能是由于水流速度加快后，基质能够满足反应器末端AMX代谢需求，使总氮去除速率升高。从第78～143d，保持HRT 0.6d不变，继续通过提高进水$NH_4^+$-N和$NO_2^-$-N的浓度来提高负荷。到第143d，总氮负荷1.77kg/（$m^3$·d），总氮去除速率1.60kg/（$m^3$·d），平均总氮去除效率达90.90%，反应器脱氮性能良好。

继续缩短HRT至0.5d。进水$NH_4^+$-N和$NO_2^-$-N浓度分别为500mg/L和600mg/L，在HRT缩短到0.5d后，第144d，出水$NH_4^+$-N和$NO_2^-$-N浓度均超过50mg/L，总氮去除效率降为83.55%。且在144～150d，平均总氮去除效率仅为85.89%，此期间总氮负荷2.21kg/（$m^3$·d），总氮去除速率为1.89kg/（$m^3$·d）。第151～158d，出水$NH_4^+$-N和$NO_2^-$-N浓度有所下降，总氮负荷2.25kg/（$m^3$·d），总氮去除速率升高到2.01kg/（$m^3$·d），总氮去除效率升高到89.21%。可以看出，HRT从0.6d缩短为0.5d，短期内（7d）虽然总氮去除效率有所下降，但总氮去除速率一直在升高，在基质$NH_4^+$-N和$NO_2^-$-N浓度较高时，未出现明显的抑制，且15d后总氮去除效率也基本恢复到缩短HRT前的水平。继续提高基质浓度至$NH_4^+$-N为580mg/L和

$NO_2^-$-N为730mg/L，反应器出水$NH_4^+$-N和$NO_2^-$-N浓度升高到55mg/L和65mg/L，出水水质恶化，总氮去除效率由88.12%降低为85.04%。第190d，当$NO_2^-$-N浓度提高到770mg/L，出水$NH_4^+$-N和$NO_2^-$-N浓度迅速升高到154mg/L、211mg/L，总氮去除效率降低到69.13%。$NH_4^+$-N和$NO_2^-$-N既是AMX的基质，在一定浓度下也可对AMX产生抑制作用，特别是$NO_2^-$-N。研究表明当$NO_2^-$-N浓度超过100mg/L时，则会完全抑制厌氧氨氧化过程（Strous et al.，1999b）。所以在HRT为0.5d时，$NH_4^+$-N浓度为580mg/L、$NO_2^-$-N浓度为770mg/L，$NO_2^-$-N对ANAMMOX反应产生了强烈抑制。降低基质浓度，经过近一个月恢复运行，进水$NH_4^+$-N浓度440mg/L、$NO_2^-$-N浓度560mg/L时，去除率分别达到87.73%和87.90%，总氮去除效率稳定在80%。$NH_4^+$-N、$NO_2^-$-N和$NO_3^-$-N的比例恢复到1 ∶ 1.27 ∶ 0.20，反应器中ANAMMOX反应基本得到恢复。

继续缩短HRT至0.4d、0.3d、0.2d，并严格控制进水$NH_4^+$-N和$NO_2^-$-N浓度防止基质抑制现象再次出现。进水$NH_4^+$-N和$NO_2^-$-N浓度分别为380mg/L、480mg/L，HRT由0.4d缩短到0.3d，去除效果比较稳定，平均总氮去除效率为86.81%。当HRT由0.3d降低到0.2d时，平均总氮去除效率下降至83.8%。为防止出水基质浓度过高和效率继续下降，降低$NH_4^+$-N进水浓度至330mg/L，$NO_2^-$-N浓度不变，进行恢复。到第255d，总氮负荷4.05kg/($m^3$ • d)，总氮去除速率达3.62kg/($m^3$ • d)，总氮去除效率达89.42%。进一步富集AMX，维持HRT 0.2d不变，从第256d开始，提高基质浓度，到第272d时，$NH_4^+$-N和$NO_2^-$-N出水浓度基本为0，总氮去除效率91.01%，运行良好。运行至第280d，进水$NH_4^+$-N和$NO_2^-$-N浓度分别为470mg/L、640mg/L，平均出水氨氮浓度为16.19mg/L，亚硝酸盐氮为12.12mg/L，总氮去除效率为89.28%。此时，反应器最高总氮负荷5.78kg/（$m^3$ • d），总氮去除速率达5.16kg/（$m^3$ • d）。

由图2-22和2-24可以看出，HRT为0.5d，基质$NH_4^+$-N和$NO_2^-$-N浓度分别为580mg/L和730mg/L，此时反应器总氮负荷达2.68kg/（$m^3$ • d），总氮去除速率达2.29kg/（$m^3$ • d）。HRT为0.2d，仅在较低的基质浓度（$NH_4^+$-N和$NO_2^-$-N浓度分别为325mg/L和480mg/L）时，总氮负荷就达到了4.09kg/（$m^3$ • d），总氮去除速率达到了3.59kg/（$m^3$ • d），远高于HRT为0.5d时的水平。且在$NH_4^+$-N和$NO_2^-$-N浓度分别达到470mg/L和640mg/L时，总氮负荷达到5.78kg/（$m^3$ • d），并获得5.16kg/（$m^3$ • d）的总氮去除速率。因此短HRT低基质浓度的方式比长HRT高基质浓度的方式更容易获取较高的脱氮速率。可能的原因有两方面：一是缩短HRT后，能加速基质混合，既能保证基质的需求，又能避免基质浓度过高引起的抑制。二是缩短HRT，水流的剪切力变大，易形成致密、结实的颗粒污泥，也有利于AMX分泌胞外多聚物，相互附着而形成颗粒污泥（王建龙等，2009）。颗粒污泥在高负荷下具有良好的生物活性。此外该反应器表现出的高脱氮速率也与反应器的构型有关。实验采用的反应器上部设三相分离装置，能加快气固液分离，还能有效地延长SRT，截留菌体，保证反应器内较高的生物量。

为了说明水力负荷对ANAMMOX反应器性能的影响，将相同基质浓度、不同HRT下总氮去除效率、总氮去除速率等进行比较，结果见表2-10。HRT由0.4d缩短至0.2d后，总氮去除效率由86.42%升高到89.27%，总氮去除速率不断增加，由1.89kg/（$m^3$·d）增加到3.74kg/（$m^3$·d）。HRT的缩短并未对反应器的脱氮效果产生不良影响，反应器性能变好。

表2-10　不同HRT下ANAMMOX反应器性能

| 项目 | HRT | | |
|---|---|---|---|
| | 0.4d | 0.3d | 0.2d |
| 总氮去除效率/% | 86.26 | 87.25 | 89.27 |
| 总氮负荷/［kg/（$m^3$·d）］ | 2.20 | 2.96 | 4.18 |
| 总氮去除速率/［kg/（$m^3$·d）］ | 1.89 | 2.58 | 3.74 |

**（2）污泥性状变化**

随着反应器ANAMMOX功能的增强，装置内接种的黑褐色松散絮状污泥（图2-26a），在反应器运行280d后，转化为红色颗粒污泥（图2-26b）。

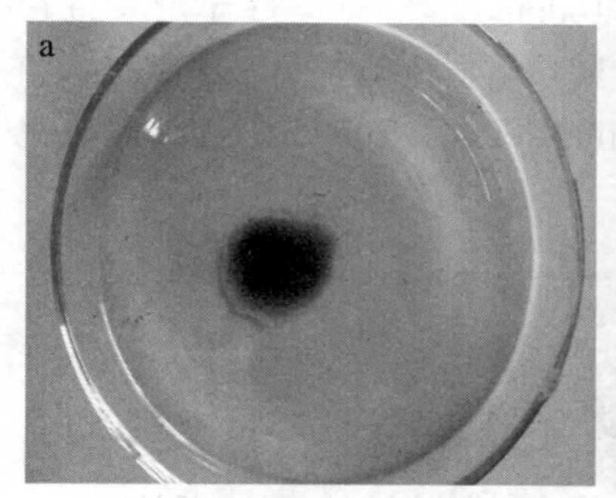

图2-26　不同时期的污泥形态（扫码见彩图）

不同运行时期，反应器内污泥量的变化情况如表2-11所示。当污泥由普通活性污泥转化为颗粒污泥后，悬浮固体（SS）、挥发性悬浮固体（VSS）以及VSS/SS均上升，说明反应器中微生物生物量增大。

表2-11　反应器运行前后内部污泥变化情况

| 运行时间/d | SS/（g/L） | VSS/（g/L） | VSS/SS |
|---|---|---|---|
| 接种时 | 10.32 | 3.41 | 0.33 |
| 280d | 19.39 | 7.72 | 0.40 |

用扫描电镜观察红色颗粒污泥（图2-27），发现其表面生长着大量的球菌（直径0.8 ~ 1.1μm，排列方式呈双球状或成簇），球菌表面有火山口形状的凹槽，外部连接着一些丝状菌。细菌外部有较多的胞外多聚物。

图2-27 污泥扫描电镜照片

用透射电镜观察红色颗粒污泥的超薄切片（图2-28），发现污泥中细菌的形态主要有两种，一种呈球状（直径800 ~ 1100nm），一种呈月牙形（直径800 ~ 1000nm）。这些细胞单个或成对存在，大量聚集，细胞表面有火山口状结构，内部含有类似厌氧氨氧化体的结构（van Niftric et al.，2008a）。该透射电镜的观察结果与扫描电镜观察结果一致。

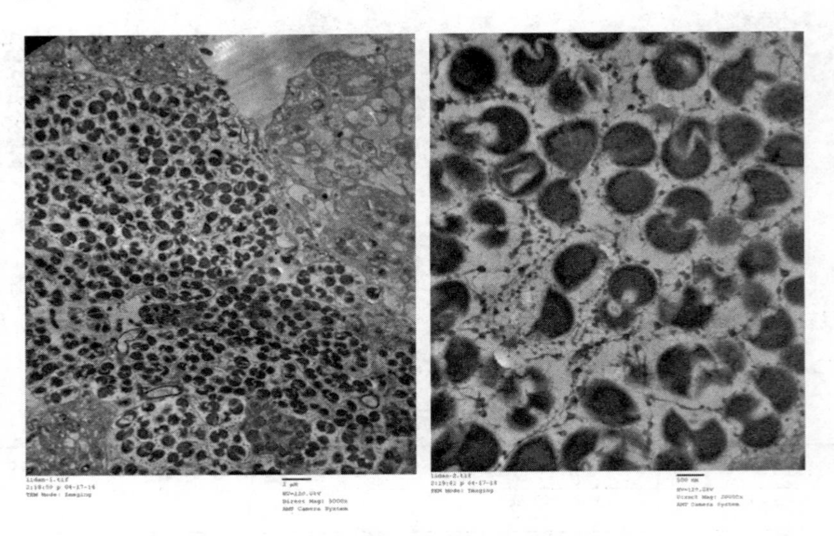

图2-28 样品的透射电镜照片

（3）污泥的ANAMMOX活性

在发酵罐批次实验中对ANAMMOX污泥的比活性进行测定。实验$NH_4^+$-N起始浓度约为250mg/L，$NO_2^-$-N起始浓度约为380mg/L，每隔0.5h取样测定反应液中$NH_4^+$-N和$NO_2^-$-N的浓度，根据式（2-1）计算ANAMMOX污泥的比活性。$NH_4^+$-N、$NO_2^-$-N浓度变化曲线如图2-29所示。计算得出$NH_4^+$-N基质降解速率（以VSS计）为1.15kg/（kg・d），$NO_2^-$-N基质降解速率（以VSS计）为3.15kg/（kg・d）。$NO_2^-$-N去除量与$NH_4^+$-N去除量的比值为1.7 ∶ 1，高于1.32 ∶ 1，可能是由于污泥由反应器转移到发酵罐中，部分ANAMMOX菌失活，反硝化作用加剧。

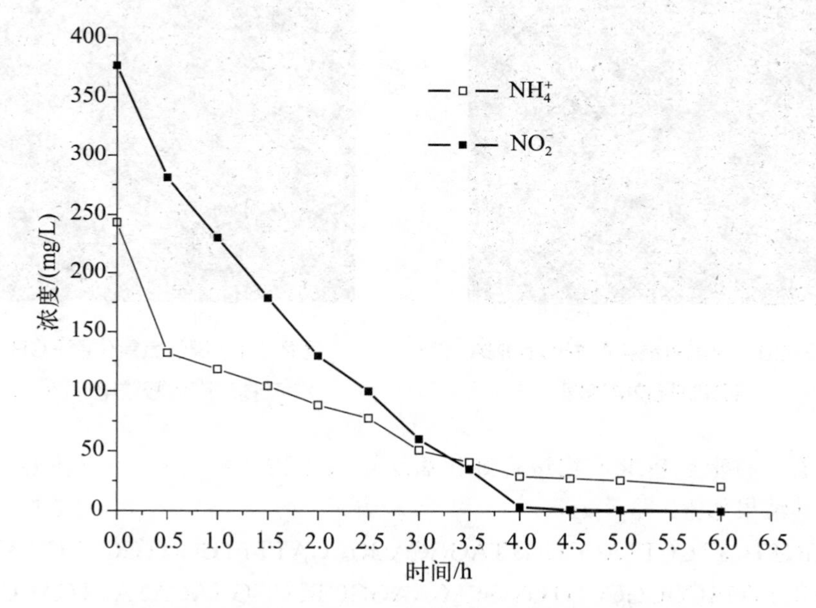


图2-29 批次实验中$NH_4^+$-N和$NO_2^-$-N随时间的变化

（4）污泥中的AMX

利用AMX特异性引物对反应器颗粒污泥总DNA进行了PCR扩增、纯化、测序，并将测序结果在GenBank数据库进行BLAST分析，建立系统发育树，确定反应器中存在的AMX种属及其与其他已知AMX的亲缘关系。

首先，从运行后期的反应器取颗粒污泥样品进行细菌总DNA的提取，经过0.8%琼脂糖凝胶电泳检测，电泳结果如图2-30所示。泳道1为细菌总DNA条带，右侧M泳道为2000bp DNA标记的条带。如图所见样品DNA条带较亮，无断裂、拖尾等现象，其品质符合后续实验要求。

然后，对上述细菌总DNA以AMX特异性引物Amx368f和Amx1480r（1112bp）

进行PCR扩增，产物经1%琼脂糖电泳，结果见图2-31。泳道0为空白对照，泳道1为厌氧氨氧化菌PCR扩增产物条带，右侧M泳道为2000bp DNA标记的条带。通过与2000bp DNA标记对比，可初步判断其长度在1100bp左右，为目标片段，条带明亮清晰，无拖带现象，说明PCR扩增效果良好。

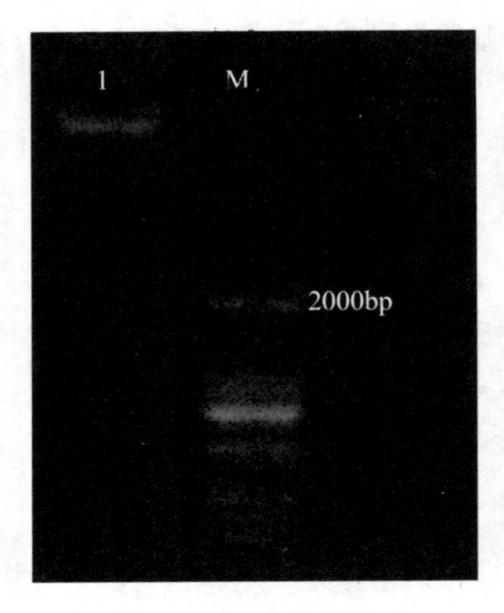


图2-30　厌氧氨氧化菌16S rDNA琼脂糖凝胶电泳图

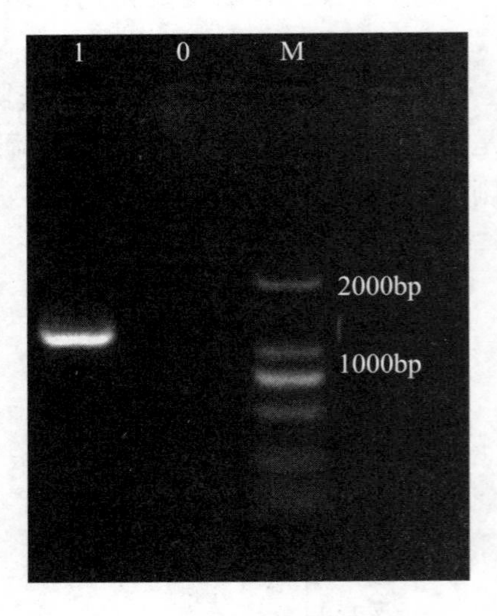


图2-31　厌氧氨氧化菌PCR产物琼脂糖凝胶电泳图

接着，将上述PCR产物进行纯化后送至宝生物工程（大连）有限公司进行测序，其结果如下：

AGCTTCCTCCTTACGGGTTAGGCAGGCGATTTTGGGTGCATCTTGCTTGGGTGGCTTGACGGGCGGTGTGTACAAGGCTCGGGAACATATTCACCGCGGCGTAGCTGATCCGCGATTACTAGCGATTCCAACTTCATGGAGGCGAGTTTCAGCCTCCAATCTGAACTGAGATCGGCTTTATAGGTTTCGCACCATCTCGCGACTTAGCATCCCTTTGTACCGACCATTGTAGCACGTGTGCAGCCCGGGACATAAGGGCCATGATGACTTGACGTCGTCCCCACCTTCCTCCGTCTTAACGACGGCAGTCTCTCTAAAGTGCTCAGCATTACCCGTTAGCAACTAAAGACAAGGGTTTCGCTCGTTAGGGGACTTAACCCAACGTCTCACGACACGAGCTGACGACAGCCATGCAACACCTGTGATAGCTTCGGACTGGATACCGATCGTCACCCTTTCAGGATTCTACTTCTACCATGTCAAGCCCCGGTAAGGTTCTTCGCGTTGCATCGAATTAAGCCACATGCTCCACCGCTTGTGCGAGCCCCCGTCAATTCTTTTGAGTTTTAGCCTTGCGGCCGTACTCCCCAGGCGGGGCACTTAATGCGTT

AGCTCCGGCAGAGAAATAATCAAAACCCCTCTACTTAGTGCCCATCGTTTA
CGGCTAGGACTACCGGGGTATCTAATCCCGTTTGCTCCCCTAGCTTTCGCA
CACTCAGCGTCAGTTTCGGACCAGAGAGTCGCTTTCGCCGCCGGCGTTCCT
TCTGATATCTACGCATTTCACCGCTCCACCAGAAGTTCCACTCTCCCCTCCC
GTACTCAAGCCCTGTAGTATCAGATGCCGTTCTTCCGTTAAGCGGAAGGCT
TTCACAACTGACTTGCAAGGCCGCCTACGTGCTCTTTACGCCCAATAATTC
CGAACAACGCTTGCCGCCTCTGTATTACCGCGGCTGCTGGCACAGAGTTAG
CCGTGGCTTCCTCTGGAGCCTTAGTCAAGCAAGTGCGCTATTAACGCACCT
GCATTTCCTAACTCCCGACAGTGGTTACAACCCGAAGGCCTCTCCCACACG

经测序后获得的AMX片段长度为1070bp，将测得的序列在GenBank序列库中进行BLAST比对（登录号为KJ917252），分析结果见表2-12。本实验厌氧氨氧化菌16S rDNA序列与浮霉状菌的多种细菌都具有较高同源性。与已知序列*Candidatus Kuenenia stuttgartiensis*（AF375995.1）相似度为99%。

**表2-12 克隆序列与GenBank中序列的比对结果**

| 相似序列来源 | 登录号 | 相似性 |
|---|---|---|
| Candidatus *Kuenenia stuttgartiensis* 16S rRNA gene，complete sequence | AF375995.1 | 99% |
| Uncultured Planctomycetales bacterium clone ZMP-2 16S rRNA gene | GQ175286.1 | 99% |
| Anaerobic ammonium-oxidizing planctomycete KOLL2a partial 16S rRNA gene | AJ250882.1 | 99% |
| *Kuenenia stuttgartiensis* genome fragment KUST_E（5 of 5） | CT573071.1 | 99% |
| Uncultured Planctomycetales bacterium clone ZJUZT3 16S rRNA gene，partial sequence | GQ175280.1 | 99% |

根据细菌16S rDNA序列分类，99%～100%全序列相似的细菌，判定为同一个种；97%～99%序列相似者，判定为同一个属，也作为一个疑似新种（Drancourt et al.，2000）。根据判定标准，颗粒污泥中的厌氧氨氧化菌16S rDNA序列与Candidatus *Kuenenia stuttgartiensis*（AF375995.1）进化距离很近，同源性达99%，可以说明颗粒污泥中的AMX属于“Candidatus *Kuenenia*”属。

最后，用MEGA4.0软件进行序列聚类分析，将其与其他一些序列相似的菌株（表2-12）通过邻接法构建功能菌的系统发育树（图2-32）。

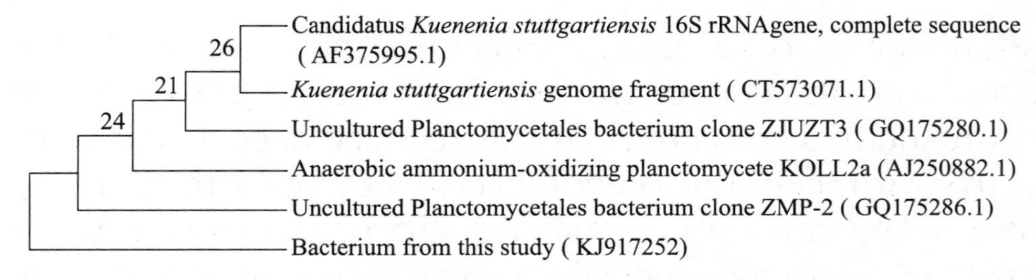


**图2-32　样品中AMX的系统发育树**

不同的AMX具有不同的生境，因此采用不同的驯化模式，对AMX富集培养物中的优势菌群可能起到一定的选择作用。“Candidatus *Kuenenia*”属大多发现于厌氧反应器的富集培养物中，是一种高活性的菌，能适应高基质浓度。van de Star等（2008）研究发现，在基质亚硝酸盐浓度高时，培养获得的优势菌种是Candidatus *Kuenenia stuttgartiensis*。唐崇俭等（2009）通过研究也发现，保持HRT不变，不断提高进水$NH_4^+$-N和$NO_2^-$-N的浓度（200～1100mg/L），采用高基质浓度模式运行反应器，能使反应器污泥中优势菌Candidatus *Biocadia sinica*转变为Candidatus *Kuenenia stuttgartiensis*。

本实验生物反应器中也只发现了“Candidatus *Kuenenia*”这一个菌属。原因可能是本实验过程中也不断地提高基质浓度，且实验后期HRT为0.2d，$NH_4^+$-N和$NO_2^-$-N浓度分别达到了470mg/L、640mg/L，基质浓度较高，在这种驯化方式下，获得的优势菌为“Candidatus *Kuenenia*”属。

#### 2.2.2.3　结论

采用提高基质浓度和缩短HRT 2种方式结合的方法，容易提高UASB反应器中ANAMMOX过程的脱氮负荷。经过280d运行后，最高总氮去除速率为5.16kg/（$m^3$·d）。

UASB反应器具有一定的脱氮性能后，缩短HRT并未对反应器的脱氮效果产生不良影响，反而强化了其脱氮性能。HRT由0.4d缩短至0.2d，总氮去除速率不断增加，由1.89kg/（$m^3$·d）增加到3.66kg/（$m^3$·d）。

UASB反应器中颗粒污泥内细菌的细胞形态不规则，内部有厌氧氨氧化体，为典型的AMX。污泥的比基质转化速率为3.15kg/（kg·d）。经16S rDNA检测，此种方式下获取的AMX属于“Candidatus *Kuenenia*”属。

### 2.2.3　上流式厌氧污泥床反应器的耐海水型厌氧氨氧化脱氮性能

近年来，一些沿海城市为缓解淡水资源日益紧缺的现状，开始推行海水直接利用或混合利用的方法，将其作为市政用水用于冲厕、街道洒水等，导致城市污水盐度增加，引发市政污水处理厂处理难题。此外，许多行业废水，如水产养殖废水、海产品加工废水中也含有大量的海水，盐度较高，难以处理（孙晓杰，2007；于德爽，2003；Chowdhury，2010）。因此，开发能够耐受海水的高效菌种尤为必要。这种耐受海水的菌种可来源于两种途径，一是海洋生物资源的开发，二是淡水型污泥的海水驯化。第一种途径由于对地理等特殊条件的要求往往受限，第二种途径就显得尤为重要。

ANAMMOX工艺是一种近年来研究较热的新型生物脱氮工艺，该工艺依托自养型AMX，以氨为电子供体，亚硝酸盐为电子受体，产生$N_2$。由于能同时去除氨和亚硝酸盐，无须外加有机碳源，且能够改善硝化反应产酸、反硝化反应产碱均需中和的情况，其运行费用可比传统生物脱氮工艺节省近40%（Hu et al.，2013）。目前发现的AMX包括5个属，其中淡水环境中的AMX有4个属，海水环境中的AMX有1个属。

金仁村等（2013）、Ma等（2012）和Chen等（2014）均采用添加NaCl模拟梯度盐度海水进行ANAMMOX工艺影响的研究。然而由于海水本身成分复杂，本研究针对含海水废水生物脱氮效率低的问题，期望通过梯度盐度海水驯化淡水ANAMMOX污泥，使其耐受海水盐度，并具有较好的脱氮效果。在研究过程中考察了不同海水盐度对ANAMMOX反应动力学、AMX细胞形态和反应器菌群的影响。

#### 2.2.3.1 实验材料与方法

**（1）实验装置及其运行**

有机玻璃制作的上流式厌氧反应器构型及流程如图2-33所示。该反应器有效容积9L（内径为95mm、高度为400mm），主体反应区添加无纺滤布为载体，反应器上方设三相分离系统，保证出水、产气和污泥有效分离。反应器主体外部利用水浴夹层保证反应温度为37℃，控制HRT为0.45d。反应器在本试验前已采用低盐模拟废水进行AMX富集，该反应器的总氮去除速率维持在1.35kg/（$m^3$·d）左右，通过优势菌群鉴定，反应器中的AMX为“Candidatus *Kuenenia*”，为典型的淡水型AMX。

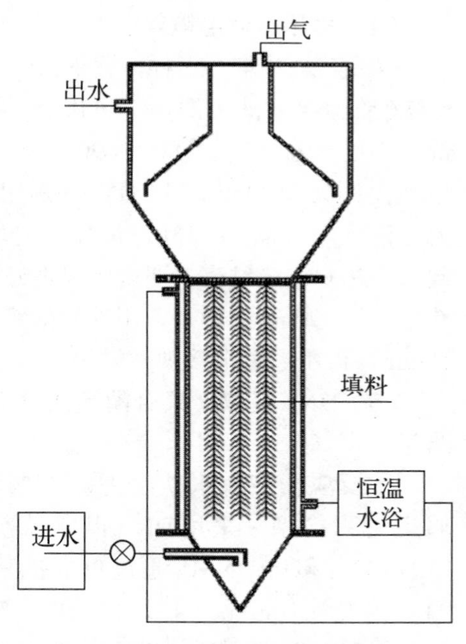

图2-33 反应装置流程示意图

试验采用梯度盐度海水对淡水ANAMMOX污泥进行驯化，在驯化过程中，保证不同盐度海水驯化初期进水基质浓度相近，且每个盐度下驯化时间相同，通过逐步提高进水基质浓度的方法提高总氮去除速率。同时通过对每个海水盐度下基质代谢动力学参数的比较考察不同盐度海水对ANAMMOX反应的影响。

**（2）模拟废水**

模拟废水中的溶剂是比例不同的自来水和盐度为3%的砂滤海水混合液，保证混合液中海水盐度分别为0、1%、2%和3%。基质$NH_4^+$和$NO_2^-$由$NH_4Cl$和$NaNO_2$按照一定比例提供。此外，该模拟废水中还含有$KH_2PO_4$ 0.01g/L，$CaCl_2 \cdot 2H_2O$ 0.00565g/L，$MgSO_4 \cdot 7H_2O$ 0.3g/L，$NaHCO_3$ 1.0g/L和微量元素浓缩液Ⅰ、Ⅱ各1.25mL（Chen et al.，2014）。微量元素浓缩液Ⅰ、Ⅱ组成见表2-6（Liu et al.，2008a）。以NaOH溶液或盐酸溶液控制进水pH值在7.0 ～ 7.5。

**（3）ANAMMOX污泥比活性测定**

取一定量带载体菌体放入150mL灭菌血清瓶中，并加入$NH_4^+$-N和$NO_2^-$-N浓度分别为5mmol/L和6.5mmol/L的2%和3%盐度海水营养盐溶液。向血清瓶中冲入高纯氩气20min，充分去除溶液和血清瓶中的氧气。血清瓶用橡胶塞密封紧密，外壁采用铝箔包裹后置于37℃恒温水浴中。每隔一定时间取样，测定$NH_4^+$-N、$NO_2^-$-N、$NO_3^-$-N浓度变化，计算污泥在不同海水盐度下的ANAMMOX活性。以不添加污泥的血清瓶试验为空白对照，每个海水盐度设3个平行样。

**（4）样品透射电镜观察**

从反应器中取污泥样，置于2.5%的戊二醛溶液中，4℃固定过夜，经0.1mol/L、pH7.0磷酸缓冲液漂洗后，再用1%锇酸溶液固定1 ～ 2h，继续用磷酸缓冲液漂洗。经过50%、70%、80%、90%、95%和100%六种浓度的乙醇溶液脱水处理后，用纯丙酮处理20min。接着，分别用体积比为1 ∶ 1和3 ∶ 1的包埋剂与丙酮的混合液处理样品1h和3h，最后用包埋剂处理样品过夜。将渗透处理的样品包埋起来，70℃加热过夜，即得到包埋好的样品。样品在Reichert超薄切片机中切片，获得70 ～ 90nm的切片，用柠檬酸铅溶液和醋酸双氧铀50%乙醇饱和溶液各染色15min，再用透射电镜观察结果。

**（5）DNA提取、聚合酶链式反应（PCR）、变性梯度凝胶电泳（DGGE）及测序**

将反应器在海水盐度为0和3%阶段后期的污泥样品进行DNA提取及细菌通用引物扩增。采用DNA提取试剂盒进行DNA提取，然后以细菌通用引物PRBA338f和PRUN518通过PCR扩增样品中细菌的DNA片段。反应条件为：94℃预变性10min；94℃变性30s，55℃退火30s，72℃延伸1min，进行30个循环；最后在72℃下延伸7min。将PCR产物在35% ～ 65%的变性液梯度条件下进行DGGE，电泳条件为先在120V电压下预电泳20min，然后在200V电压下电泳

3.5h，在Bio-Rad凝胶成像系统中对DGGE结果进行观察。对优势菌条带进行割胶，然后进行测序（宝生物工程有限公司）。对测序结果进行BLAST比对后，在MEGA4.0软件中采用最大简约法建立系统发育树。

同时对海水盐度3%阶段后期的污泥样品采用AMX特异性引物Amx368f和Amx1480r进行扩增，并对PCR产物直接测序，然后进行BLAST比对。

**（6）测定项目与方法**

试验过程中对进出水中$NH_4^+$-N、$NO_2^-$-N、$NO_3^-$-N进行连续监测，测定方法分别为苯酚-次氯酸钠光度法、*N*-（1-萘基）-乙二胺光度法、双波长紫外分光光度法，SS、VSS的测定采用重量法，所有方法均参照《水和废水监测分析方法》（国家环境保护总局，2005）。pH值使用Mettler Toledo SG68-ELK型pH计测定。

### 2.2.3.2 结果与讨论

**（1）海水驯化期ANAMMOX污泥脱氮性能**

图2-34为淡水ANAMMOX污泥在驯化过程中的脱氮性能。在海水盐度为0时（1～15d）淡水污泥正处于脱氮性能提高期，在该期最末阶段（13～15d）进水$NH_4^+$-N和$NO_2^-$-N浓度分别为290mg/L和390mg/L，总氮去除速率稳定于1.35kg/（$m^3$·d），总氮去除效率保持在90%左右。

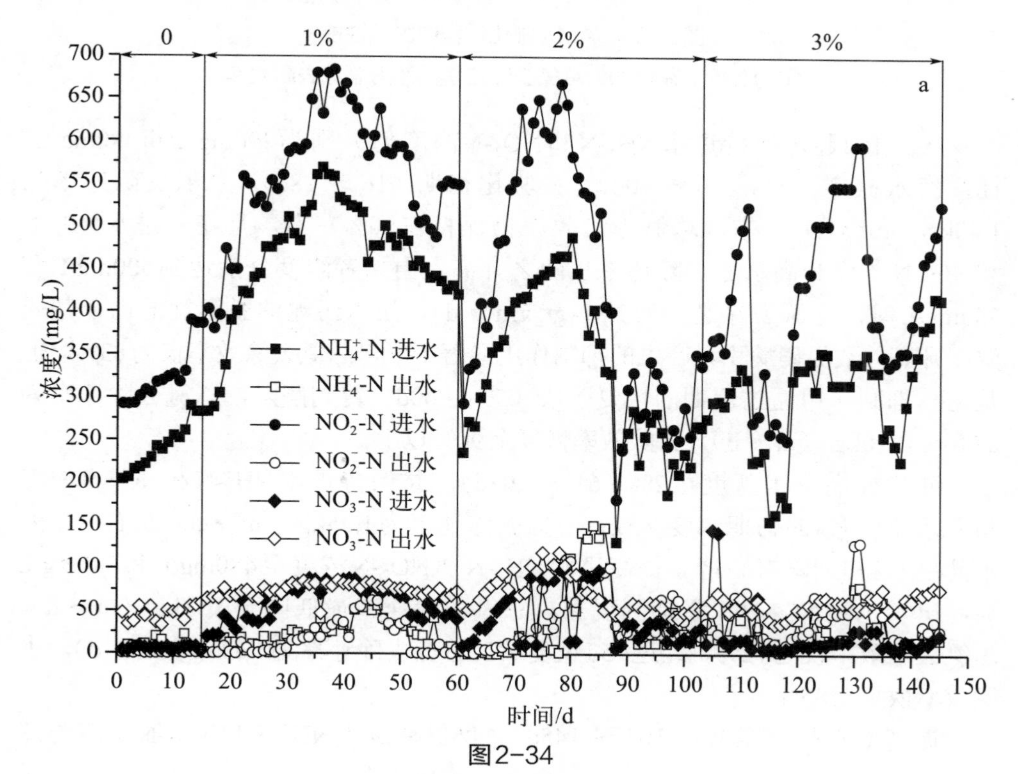


图2-34

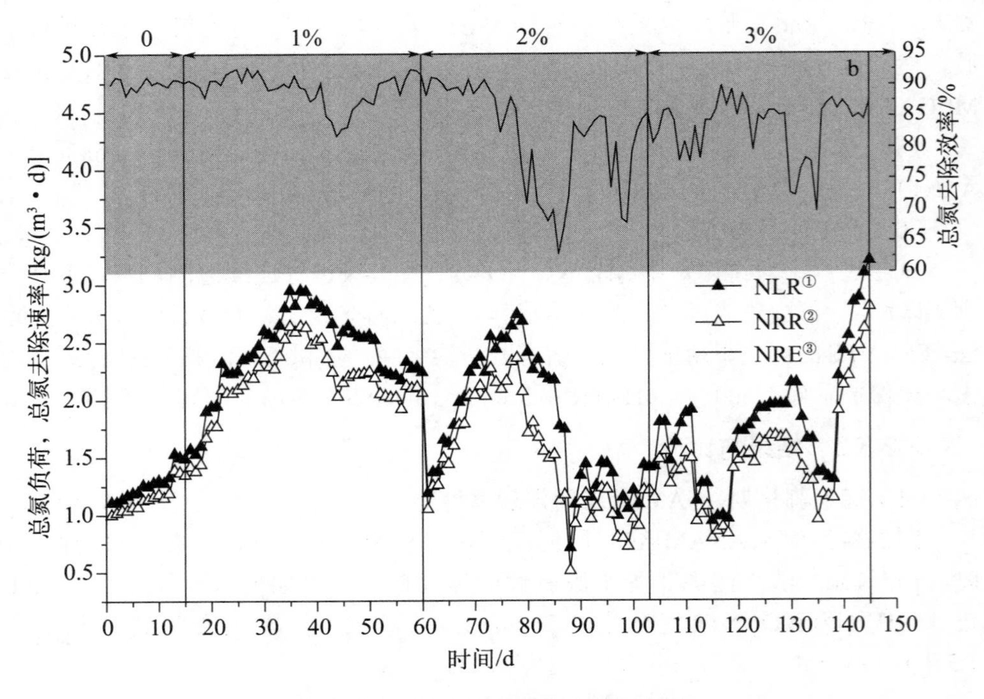


**图2-34　AMX驯化过程中脱氮性能**

①为总氮负荷，②为总氮去除速率，③为总氮去除效率

从第16d起，保持进水$NH_4^+$-N和$NO_2^-$-N浓度仍分别为290mg/L和390mg/L，提高海水盐度为1%（16～60d）。在驯化初期（16～18d），总氮去除速率为1.40kg/（$m^3$·d）左右，总氮去除效率仍保持在90%左右，且随着进水$NH_4^+$-N和$NO_2^-$-N浓度升高总氮去除速率也随之升高。当二者浓度分别达到500mg/L和580mg/L时，总氮去除速率为2.37kg/（$m^3$·d），淡水污泥的脱氮性能由于基质浓度升高导致亚硝酸积累产生的抑制作用显著下降，总氮去除效率仅为83%，但是这一抑制作用通过后期的恢复阶段（52～60d）得到解除，总氮去除速率为2.00～2.10kg/（$m^3$·d），去除效率恢复至90%以上。

继续提高海水盐度至2%（61～103d），并保持进水$NH_4^+$-N和$NO_2^-$-N浓度与海水盐度1%的初期浓度一致，总氮去除速率为1.25kg/（$m^3$·d）左右，比海水盐度1%初期略有下降。提高进水$NH_4^+$-N和$NO_2^-$-N浓度至480mg/L和580mg/L后，出水出现$NO_2^-$-N积累抑制现象，总氮去除速率最低降至0.51kg/（$m^3$·d），总氮去除效率仅为72%。经过15d恢复后，总氮去除速率为1.21kg/（$m^3$·d），去除效率恢复至85%。

提高海水盐度至3%（104～145d），仍保持进水$NH_4^+$-N和$NO_2^-$-N浓度与海水盐度1%、2%的初期浓度一致，总氮去除速率为1.36kg/（$m^3$·d）左右。在此海水盐度下，继续提高进水基质$NH_4^+$-N和$NO_2^-$-N浓度至320mg/L和470mg/L时，即出现$NO_2^-$-N积累抑制现象，总氮去除效率降为77%。继续进行污泥驯化，可得到总氮去除速率最高为2.80kg/（$m^3$·d），去除效率为87%左右。ANAMMOX反应的化学计量关系（$NH_4^+$-N浓度：$NO_2^-$-N浓度：$NO_3^-$-N浓度）为1：1.32：0.26（Boran et al.，2006）。在本试验海水盐度3%阶段三者的化学计量关系约为1：1.28：0.23，接近ANAMMOX反应的报道值。

由此可见，梯度盐度海水驯化可使淡水ANAMMOX污泥在海水盐度3%条件下具有较高的脱氮性能。

**（2）盐度驯化期ANAMMOX反应基质代谢动力学**

研究表明，亚硝酸为AMX的限制性基质，且对AMX会产生基质自抑制作用，当$NO_2^-$-N浓度为70mg/L时，即可抑制AMX的代谢（Windey et al.，2005）。因此本试验采用Haldane模型［式（2-2）］通过控制出水$NO_2^-$-N浓度对不同海水盐度下反应器出水$NO_2^-$-N浓度与总氮去除速率建立代谢动力学关系（图2-35）。通过拟合得到各海水盐度下的最大总氮去除速率（即ANAMMOX反应速率），比较不同海水盐度下最大总氮去除速率与海水盐度为0条件下最大总氮去除速率之间的差异率$i$［式（2-3）］，考察不同海水盐度对ANAMMOX反应基质代谢的影响（表2-13）。

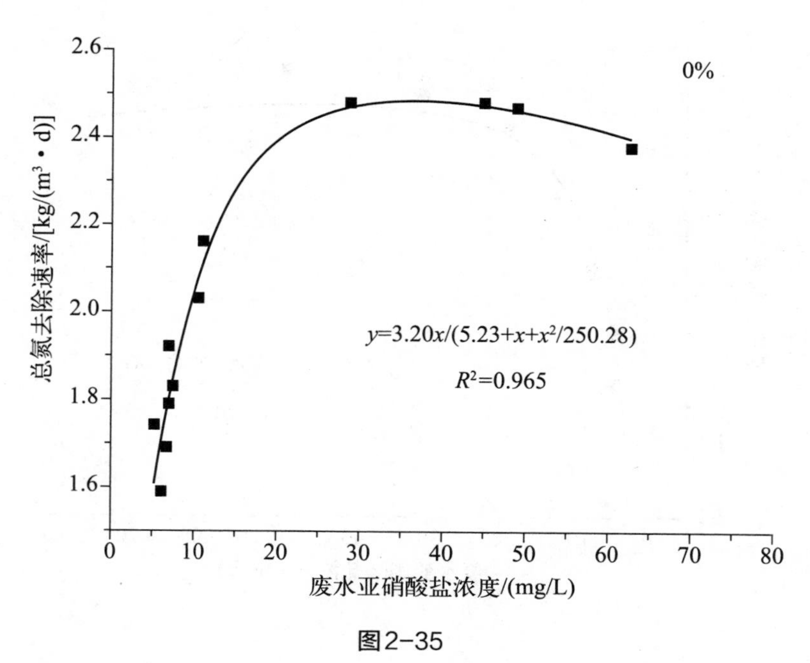


图2-35

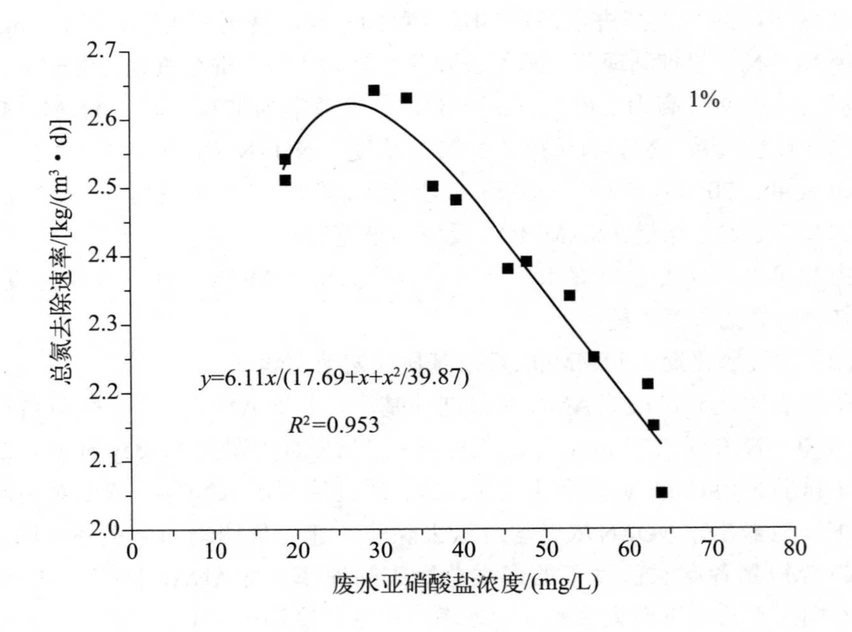

2.7
2.6
2.5
2.4
2.3
2.2
2.1
2.0
0
10
20
30
40
50
60
70
80
1%
总氮去除速率/[kg/(m³·d)]
y=6.11x/(17.69+x+x²/39.87)
R²=0.953
废水亚硝酸盐浓度/(mg/L)


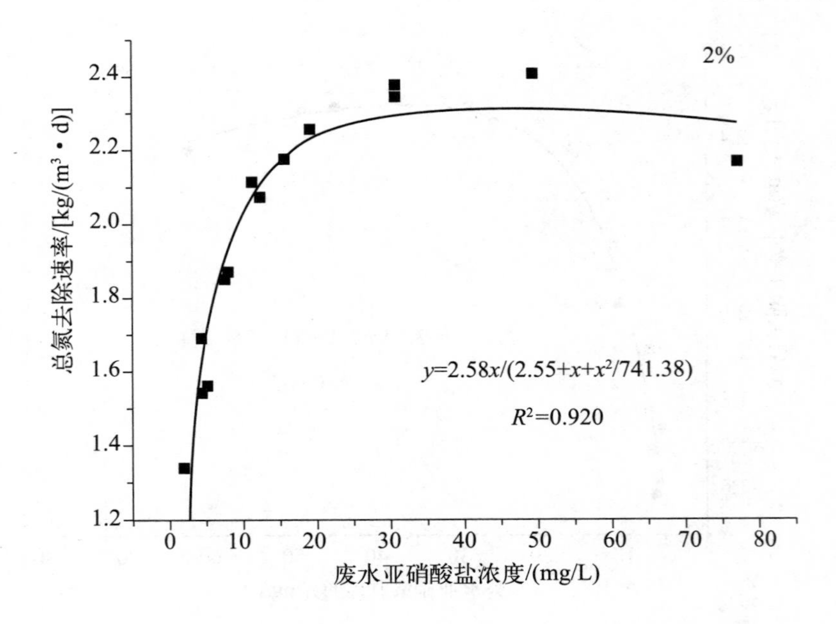

2.4
2.2
2.0
1.8
1.6
1.4
1.2
0
10
20
30
40
50
60
70
80
2%
总氮去除速率/[kg/(m³·d)]
y=2.58x/(2.55+x+x²/741.38)
R²=0.920
废水亚硝酸盐浓度/(mg/L)

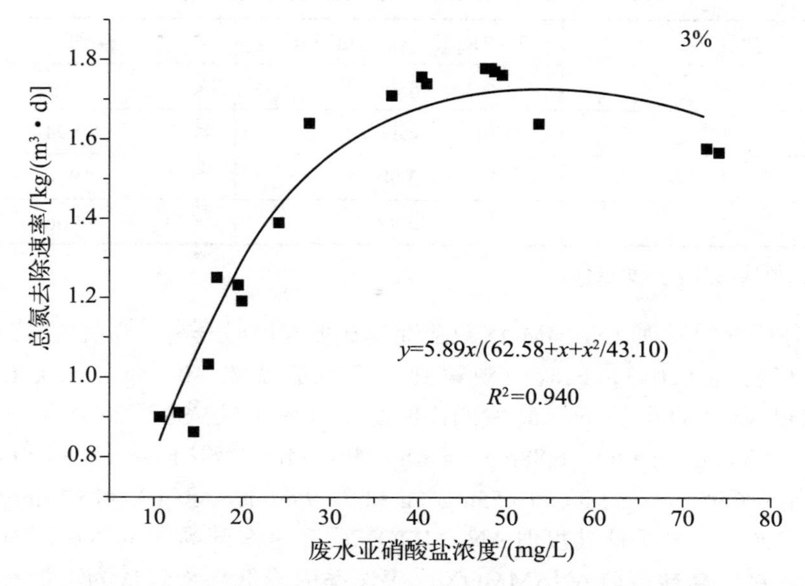


**图2-35　不同海水盐度Haldane模型中$NO_2^-$-N基质代谢动力学**

$$\mathrm{TNRR}=\frac{\mathrm{TNRR}_{\max}S}{K_{\mathrm{S}}+S+\dfrac{S^2}{K_{\mathrm{IH}}}} \tag{2-2}$$

式中，TNRR为总氮去除速率，kg/（$m^3$·d）；$TNRR_{max}$为最大总氮去除速率，kg/（$m^3$·d）；S为出水$NO_2^-$-N浓度，mg/L；$K_S$为$NO_2^-$-N饱和常数，mg/L；$K_{IH}$为$NO_2^-$-N基质抑制动力学常数，mg/L。

$$i=\frac{\mathrm{TNRR}_{\max}^{n}-\mathrm{TNRR}_{\max}^{0}}{\mathrm{TNRR}_{\max}^{0}} \tag{2-3}$$

式中，$i$为不同海水盐度下最大总氮去除速率与0海水盐度下最大总氮去除速率之间的差异率；$TNRR^n_{max}$为1%、2%、3%海水盐度下最大总氮去除速率；$TNRR^0_{max}$为0海水盐度下最大总氮去除速率。

比较不同海水盐度下的$i$值（表2-13）可以看出海水盐度仅在海水盐度2%阶段对ANAMMOX反应产生不利影响，其$TNRR_{max}$比0海水盐度阶段降低了19.4%；而在海水盐度1%和3%阶段，其$TNRR_{max}$反而比0海水盐度阶段分别提高了90.9%、84.1%。因此，在本试验中，ANAMMOX反应速率在低盐度（1%）下升高，在中盐度（2%）下降低，而在高盐度（3%）下又再次升高。

**表2-13　不同海水盐度下最大总氮去除速率的差异**

| 盐度/% | $TNRR_{max}$/［kg/（$m^3$·d）］ | 差异率 $i$/%① |
|---|---|---|
| 0 | 3.20 | 0 |
| 1 | 6.11 | 90.94 |
| 2 | 2.58 | –19.38 |
| 3 | 5.89 | 84.06 |

① 正值代表升高，负值代表降低。

以往研究曾发现ANAMMOX反应速率在低盐度时升高、高盐度时降低。例如，金仁村等（2013）试验中观察到了类似的现象，0、5g/L、10g/L、20g/L不同浓度NaC1的作用下，最大$NH_4^+$-N去除速率（以VSS计）分别为5.04mg/（g·h）、7.30mg/（g·h）、6.88mg/（g·h）和4.24mg/（g·h）；最大$NO_2^-$-N去除速率分别为6.99mg/（g·h）、10.55mg/（g·h）、9.60mg/（g·h）和5.15mg/（g·h）（陈敏，2009）。关于低盐度时ANAMMOX反应速率升高的具体原因有待进一步研究。对于高盐度时ANAMMOX反应速率的降低，一般认为可能是由在面对外界较高渗透压的情况下，微生物的代谢受阻所致（孙佳晶等，2012）。在此次试验中，当海水盐度由2%升高至3%后，反应速率提高。产生这一现象的原因可能包括：①经过驯化后，污泥的比活性增加；②长时间驯化AMX量增长，导致表观的总氮去除速率增加。本试验通过血清瓶批次试验测定了驯化前后ANAMMOX污泥的比活性。结果表明，海水盐度3%和2%条件下ANAMMOX污泥的比基质（VSS）的N转化速率分别为0.70mg/（g·h）和1.02mg/（g·h）。生物量（VSS）在经过3%海水盐度驯化后由每1g载体0.78g增加至0.82g。由此可见，海水盐度由2%增至3%阶段，污泥比活性降低，而生物量增加，所以由菌量增长引发的表观总氮去除速率增加可能是反应器ANAMMOX速率提高的主要原因。需要注意的是，活性的降低幅度尚不能由生物量增加所弥补。这是因为血清瓶内的微观环境并不能完全等价于反应器内的宏观环境，二者运行模式的不同导致了其内部环境间的差异，包括pH值、DO以及基质浓度等均对反应器的脱氮性能至关重要。另外，生物量也与反应器脱氮效能密切相关。研究表明，高菌体浓度可降低单位污泥负荷，增加生长因子量，从而可减轻ANAMMOX过程中可能发生的抑制作用，提高反应器运行的稳定性。因此，反应器脱氮效能不能笼统地等价于比基质转化速率与生物量的简单乘法运算。此外，金仁村等（2013）发现，在30g/L NaCl作用下，淡水AMX活性相对20g/L时降低了37.2%，而Ma等（2012）则发现，盐度冲击会对淡水AMX的生长形成抑制作用，当盐度冲击负荷高于0g/L（20g/L和30g/L）时，反应器内生物量急剧减少。本试验中虽然也观察到了类似的活性降低现象，但其降低幅度仅为31.4%；反应器内的生物量不仅没有减少，在经过3%海水盐度驯化后反而增长了5.1%。Ma等（2012）、Kartal等（2006）均在其研究过程中发现过类似现象。这表明，原有淡水AMX本身并不具有对高海水盐度的固有抗性，但通过梯度提高海水盐度对淡水污泥进行驯化后，AMX的耐海水盐度性能增强，代谢和繁殖的受抑制程度降低，最终可以适应高达3%的海水盐度环境。海水盐度2%很可能是淡水ANAMMOX污泥驯化过程中的一个临界点，这是因为淡水AMX为非嗜盐菌，而该盐度则是整个驯化过程中第一次超出非嗜盐菌最佳生长盐浓度（<1.17%）的分界点。

**（3）海水盐度驯化对AMX形态的影响**

采用梯度盐度海水对淡水ANAMMOX污泥进行驯化后，反应器内颗粒污泥呈AMX所特有的砖红色（张蕾，2009）。采用透射电镜对原有淡水AMX及海水盐度3%阶段获得的耐海水型AMX的细胞形态进行观察。结果表明，二者的形态发生显著变化（图2-36）。原有淡水AMX细胞大小1μm左右，细胞呈月牙形或镰刀形，表面有火山口形状，细胞内部大部分被ANAMMOX体占据，具有典型的AMX结构（孙佳晶等，2012）。海水盐度3%阶段获得的耐海水型AMX细胞大小无明显变化，细胞形状更加不规则，细胞壁外出现类菌毛状结构，这种结构曾在“Candidatus *Scalindua* spp.”这种海洋环境中的AMX有过报道（张蕾，2009）。

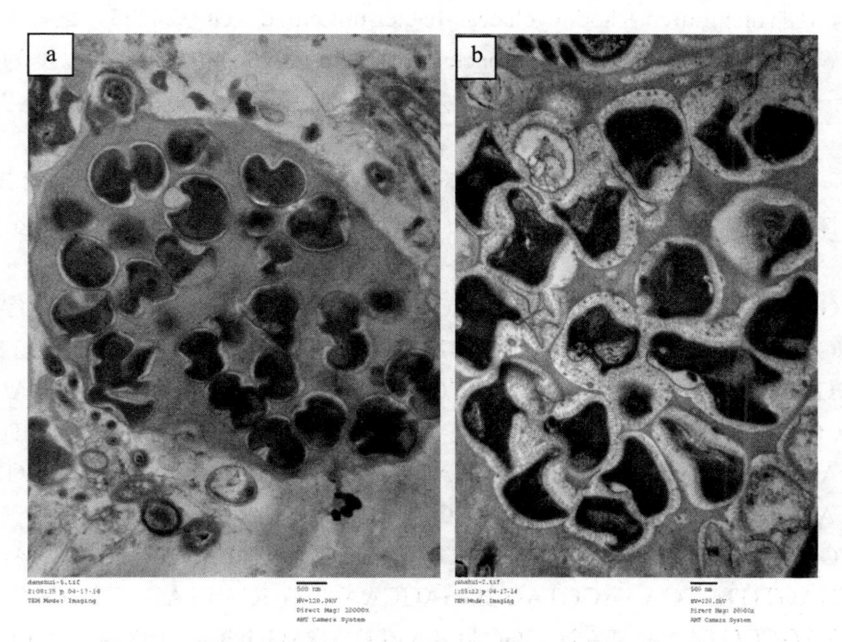


图2-36　盐度驯化前后AMX形态变化（a：驯化前；b：驯化后）

（4）海水盐度驯化对菌群变化的影响

利用PCR-DGGE对驯化前后反应器中的细菌菌群变化进行分析，可以看出驯化前后细菌优势菌群发生明显变化（图2-37）。对驯化前后样品中优势菌条带（1#、2#、3#、4#、5#、6#）进行割胶测序，后在BLAST数据库进行比对，并建立系统发育树（图2-38）。

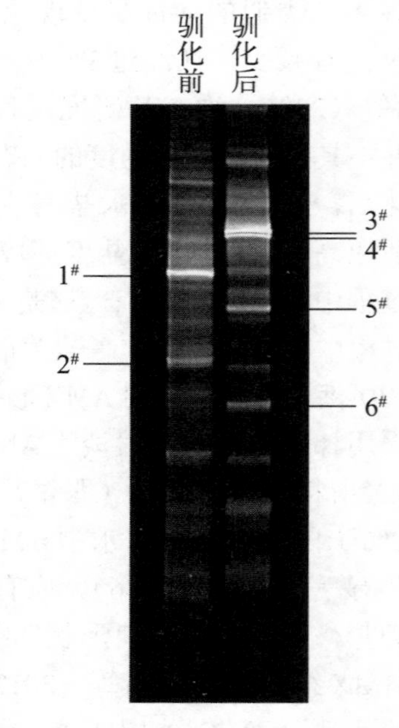

图2-37 盐度驯化前后菌群16S rDNA基因序列变性梯度凝胶电泳图谱变化

驯化前样品中的优势菌种主要为1#和2#条带，其中1#与Candidatus *Kuenenia* sp.Clone（JN182853）的相似度为99%，2#与的*Denitratisoma oestradiolicum* clone（KF810120）的相似度为100%。因此在淡水反应器中主要存在AMX和DNB。经梯度盐度海水驯化后的样品中的优势菌种主要为3#、4#、5#、6#条带，其中3#与一种盐碱土壤中获取的uncultured bacterium clone（JQ427623）的相似度为99%，4#、5#与自养型脱氮除硫反应器中的uncultured Rhodocyclaceae bacterium clone（GQ324225）的相似度为96%，6#与盐沼地中的uncultured bacterium clone（JN684694）的相似度为99%。由此可见，驯化后反应器中细菌主要为不可培养细菌，优势菌与高盐环境中的细菌和一些脱氮细菌有较高的相似性。然而由于进行DGGE试验的PCR产物序列较短（仅236bp），不能够用于对反应器中细菌的鉴定。AMX特异性引物对驯化后的样品16S rDNA进行PCR扩增、测序，对反应器中AMX进行进一步分析。测得序列（1073bp）如下：

CGCGTGTGGGAGAGGCCTTCGGGTTGTAACCACTGTCGGGAGTTAGGA
AATGCAGGTGCGTTAATAGCGCACTTGCTTGACTAAGGCTCCAGAGGAAGC
CACGGCTAACTCTGTGCCAGCAGCCGCGGTAATACAGAGGCGGCAAGCGT
TGTTCGGAATTATTGGGCGTAAAGAGCACGTAGGCGGCCTTGCAAGTCAGT
TGTGAAAGCCTTCCGCTTAACGGAAGAACGGCATCTGATACTACAGGGCTT
GAGTACGGGAGGGGAGAGTGGAACTTCTGGTGGAGCGGTGAAATGCGTAG
ATATCAGAAGGAACGCCGGCGGCGAAAGCGACTCTCTGGTCCGAAACTGA
CGCTGAGTGTGCGAAAGCTAGGGGAGCAAACGGGATTAGATACCCCGGTA
GTCCTAGCCGTAAACGATGGGCACTAAGTAGAGGGGTTTTGATTATTTCTC
TGCCGGAGCTAACGCATTAAGTGCCCCGCCTGGGGAGTACGGCCGCAAGG

CTAAAACTCAAAAGAATTGACGGGGGCTCGCACAAGCGGTGGAGCATGTG
GCTTAATTCGATGCAACGCGAAGAACCTTACCGGGCTTGACATGGTAGAA
GTAGAATCCTGAAAGGGTGACGATCGGTATCCAGTCCGAAGCTATCACAG
GTGTTGCATGGCTGTCGTCAGCTCGTGTCGTGAGACGTTGGGTTAAGTCCC
CTAACGAGCGAAACCCTTGTCTTTAGTTGCTAACGGGTAATGCTGAGCACT
TTAGAGAGACTGCCGTCGTTAAGACGGAGGAAGGTGGGGACGACGTCAAG
TCATCATGGCCCTTATGTCCCGGGCTGCACACGTGCTACAATGGTCGGTAC
AAAGGGATGCTAAGTCGCGAGATGGTGCGAAACCTATAAAGCCGATCTCA
GTTCAGATTGGAGGCTGAAACTCGCCTCCATGAAGTTGGAATCGCTAGTAA
TCGCGGATCAGCTACGCCGCGGTGAATATGTTCCCGAGCCTTGTACACACC
GCCCGTCAAGCCACCCAAGCAAGATGCACCCAAAATCGCCTGCCTAACCC
GTAAGGGAGGAAGC。

通过BLAST比对，结果显示该序列与厌氧氨氧化菌Candidatus *Kuenenia stuttgartiensis*基因组片段（CT573071）的相似度为99%，可认为该菌为Candidatus *Kuenenia stuttgartiensis*。Candidatus *Kuenenia stuttgartiensis*为淡水环境中的AMX，目前未见报道其具有菌毛状结构，这与形态观察结果不一致，这一现象需要进一步研究（图2-38）。

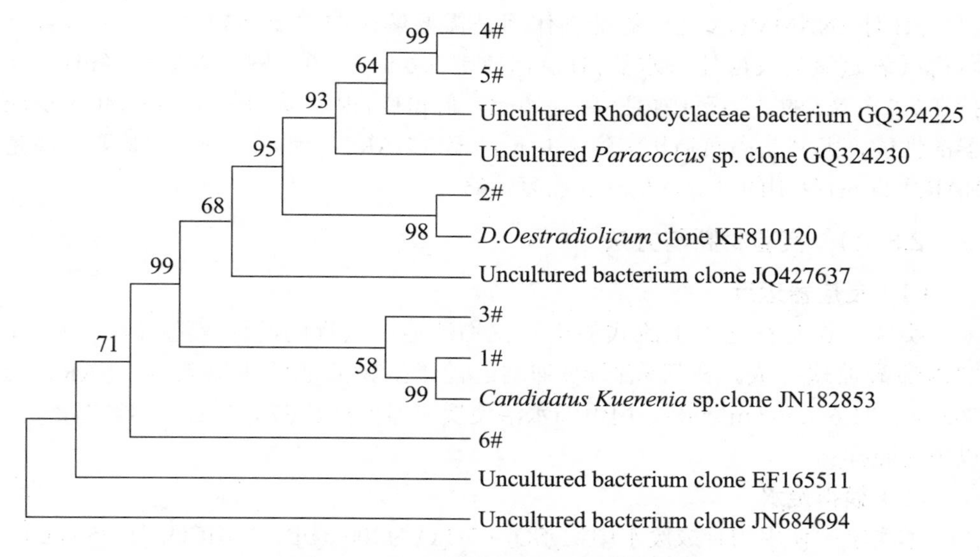


图2-38 驯化前后优势菌的系统发育树

#### 2.2.3.3 结论

试验采用梯度盐度海水对已有的淡水AMX污泥进行驯化，考察驯化过程中海水盐度对AMX反应动力学的影响、驯化前后AMX的细胞结构及反应器中细菌菌群的变化。

经过145d的驯化，发现：

① 淡水ANAMMOX污泥经过驯化后，可以在3%海水盐度下取得较好的脱氮性能，总氮去除速率可达2.80kg/（$m^3$·d）。

② ANAMMOX基质代谢动力学表明当海水盐度由0升高至1%、2%及3%的过程中，ANAMMOX反应速率经历了升高、降低及再升高的过程。

③ 在海水盐度3%阶段获得的高效耐海水型AMX细胞结构发生改变，细胞形状更加不规则，且细胞壁上出现类菌毛状结构。经16S rDNA PCR扩增测序鉴定该优势AMX为“Candidatus *Kuenenia Stuttgartiensis*”。

## 2.3 化学物质对AMX的影响

### 2.3.1 低pH对高负荷厌氧氨氧化反应器的抑制作用及其恢复

pH对ANAMMOX过程的抑制作用是需要解决的主要问题之一。大多数高负荷厌氧氨氧化反应器进水的pH值都控制在6.8～7.0之间，以确保将pH值保持在7.5～8.5的适当范围内。尽管如此，低pH值很容易抑制ANAMMOX反应器的性能，尤其是高负荷厌氧氨氧化反应器（HAR）。因此，重要的是要弄清楚HAR中低pH抑制的过程、机理和恢复策略。

#### 2.3.1.1 实验材料与方法

**（1）反应器运行**

实验工作是在连续上流式的厌氧生物滤池中进行的，该滤池由容量为11L的丙烯酸玻璃制成。在研究低pH抑制之前，生物滤池的脱氮效率（NRR）为16.61～21.65kg/（$m^3$·d）。用恒温水浴使反应器保持在37℃左右。用黑布盖好，以免光照抑制。

**（2）模拟废水**

本实验中使用的合成废水中$MgSO_4 \cdot 7H_2O$为300mg/L，$NaHCO_3$为1250mg/L，$KH_2PO_4$为10mg/L，$CaCl_2 \cdot 2H_2O$为5.6mg/L，微量元素溶液Ⅰ和Ⅱ分别为1.25mL/L。$NH_4Cl$和$NaNO_2$按需添加。用HCl或NaOH溶液调节pH。

**（3）化学分析**

每天收集进水和出水样品，并立即进行分析。氨氮、亚硝酸盐和硝酸盐的浓度按照《水和废水检测的标准方法》（国家环境保护总局，2005）测定，用pH计（Mettler Toledo SG68-ELK）测定pH。

#### 2.3.1.2 结果与讨论

pH值太高或太低都不利于废水处理。不良的环境会使得细菌不适应并且会诱导其产生有害物质，从而抑制反应器的性能。高pH冲击产生的抑制是不可逆的，而低pH的影响可以通过延长HRT和降低底物浓度人为地恢复。因此，研究低pH对高负荷ANAMMOX过程的抑制作用、机理和高负荷厌氧氨氧化反应器的恢复比研究ANAMMOX工艺的实际应用更为重要。

**（1）高负荷厌氧氨氧化反应器的性能**

在研究低pH的抑制作用之前，反应器在相对较短的HRT（1.47h）和高氮负荷速率［NLR，17.32 ～ 23.35kg/（$m^3$ • d)］下连续运行，研制高负荷的厌氧氨氧化反应器，用于后续低pH抑制实验。在30d内，反应器的脱氮速率（NRR）高达16.61 ～ 21.65kg/（$m^3$ • d)，稳定运行中，脱氮效率（NRE）为96%±3%。在聚丙烯环载体上形成的红色生物膜的生物量（以VSS计）较高，为每1g载体0.03g，AMX的污泥负荷为1.32mg/（g • h)。

**（2）低pH对HRT的抑制作用**

高负荷厌氧氨氧化反应器在pH3.00 ～ 4.00下连续运行，以研究低pH对反应器在1 ～ 7d内冲击的影响（图2-39）。高负荷厌氧氨氧化反应器的性能并没有立即改变，其第一天的脱氮效率NRE仍然高达97%。但是，反应器性能在第3d开始下降。出水的氨和亚硝酸盐浓度急剧增加。在第7d，添加的氨和亚硝酸盐几乎没有发生转化。在此期间，脱氮速率降至最低点1.76kg/（$m^3$ • d)，脱氮效率降至8%。Yu等人（2012）和Xu等人（2013）曾经研究过在pH值分别为4和6.40 ～ 6.70时，pH对厌氧氨氧化反应器的影响，其第1d的低pH抑制情况与我们的实验现象相同。其他实验参数详细显示在表2-14中。这些结果都表明，ANAMMOX工艺在短时间内具有很强的抵抗低pH冲击的能力。然而，反应器内部的水不能立即被低pH的进水完全替代。更重要的是，当转化1mol铵根离子时，会消耗1mol $H^+$并产生0.09mol $OH^-$。酸的消耗导致ANAMMOX过程中pH值增加。因此，如果不向反应器中持续进低pH的水，那么在ANAMMOX过程中通过流入所产生的酸可以被所产生的碱所中和。但是，如果进水的pH值长期在低于最佳的范围，则可以清楚地观察到pH对ANAMMOX过程的抑制作用。Xu等人（2013）也发现，当pH降低到5.87 ～ 5.95时出现抑制作用，与我们的实验3 ～ 7d出现的现象相同。

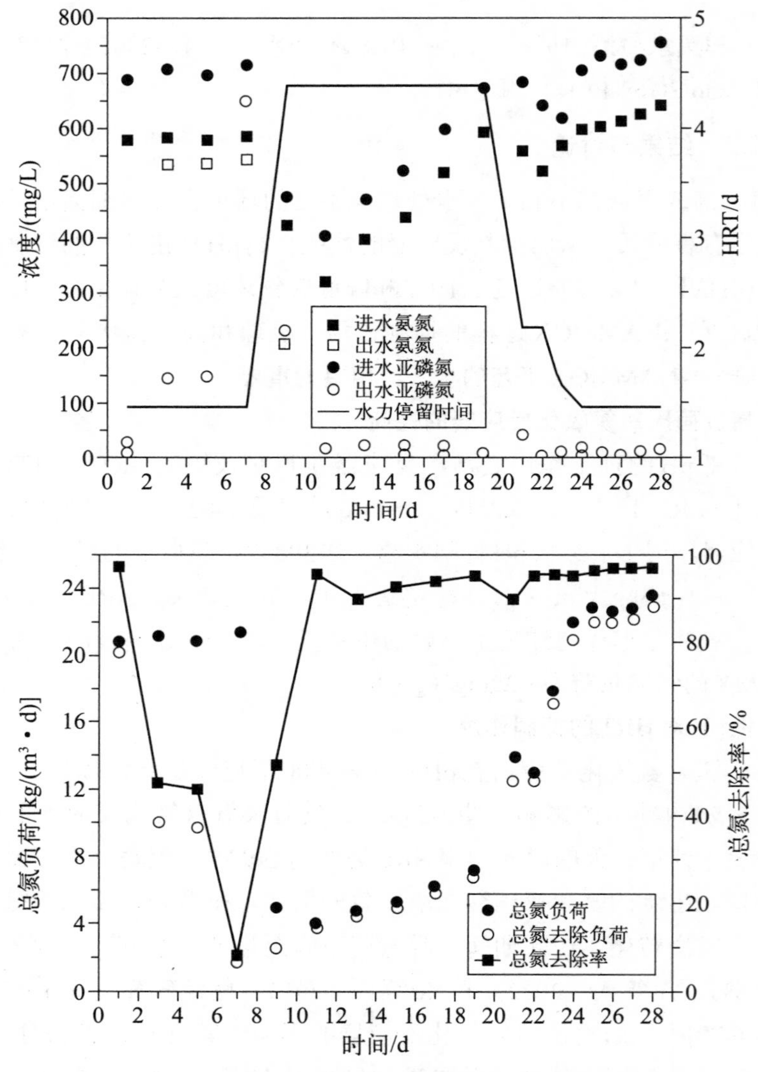


**图2-39　高负荷厌氧氨氧化反应器的脱氮性能**

**表2-14　低pH对高负荷厌氧氨氧化反应器的抑制**

| pH | 持续时间 | NLR /[kg/(m³·d)] | 容积 /L | HRT/h | 浓度 | | 恢复时间/d | 参考文献 |
|---|---|---|---|---|---|---|---|---|
| | | | | | $NH_4^+$-N | $NO_2^-$-N | | |
| 4 | 12h | 0.56 | 4 | 24 | 280 | 280 | 0 | Yu et al., 2012 |
| 6.40 ~ 6.70 | 2h | 9.33 | 4.5 | 2.16 | 370+20 | 470+20 | 0 | Xu et al., 2013 |
| 5.87 ~ 5.95 | 3h | 9.33 | 4.5 | 2.16 | 370+20 | 470+20 | 33 | — |
| 3.00 ~ 4.00 | 7h | 23.35 | 11 | 1.47 | 581 | 700 | 17 | — |

（3）**低pH抑制的机理**

低pH对ANAMMOX的抑制作用主要来自两个方面：

① 低pH会影响细胞内质子的转移，从而直接影响细胞的存活。

② 低pH值可能会导致基质中有效成分的改变。一方面，增加了基质中未解离的游离亚硝酸的浓度，增强了游离亚硝酸对细菌的抑制作用；另一方面，也降低了水中游离氨的浓度，导致有效基质游离氨含量不足，亦降低了细菌的代谢活性。

（4）**低pH值的直接影响**

微生物生长和代谢有一个最佳的pH范围。一旦pH偏离此范围，微生物的生长和代谢就会受到阻碍。AMX的生理pH范围为6.6 ～ 8.3，最佳pH范围约为7.5 ～ 8.0。低pH对AMX的抑制作用包括以下三点：

① 在AMX菌膜某些膜上存在质子梯度可以使得能量（ATP）产生，而大量的$H^+$可能会干扰质子的转移。介质pH长期变化可能会导致质子电动势（PMF）中断，从而影响相关的能量产生。

② 对于给定的厌氧生物，PMF通常是恒定的，这使得细胞外部和细胞质之间的pH恒定。一旦质子和电子转移受阻，则厌氧氨氧化体膜两侧之间的初始pH也随之改变。厌氧氨氧化体膜含有与ANAMMOX分解代谢有关的酶，对pH要求严格的酶可能会受到抑制。

③ 长期暴露于低pH的培养基中可能会导致细胞蛋白质变性、原始键断裂和其他生物结构破坏，每个细胞中相对恒定的pH值可能会逐渐变化，最终导致酶失活。

（5）**底物抑制和毒性**

通常认为，氨氮和亚硝酸盐的实际抑制作用是由相关物质游离氨和游离亚硝酸引起的。游离氨（FA）和游离亚硝酸（FNA）的浓度是根据下面的式（2-4）和式（2-5）计算的，浓度分别为（$9.14\times10^{-4}$）～（$10\times10^{-4}$）mg/L和0.235 ～ 2.35mg/L。然而，游离氨和游离亚硝酸的抑制常数分别为75.6mg/L和$5.3\times10^{-3}$mg/L，本实验中的游离亚硝酸浓度约为游离亚硝酸抑制常数的45 ～ 444倍。因此，游离亚硝酸对AMX的活性有较强的抑制作用。Chen等人（2010）、Jin等人（2012）和Fernandez等人（2012）等许多研究者广泛描述了游离亚硝酸的抑制作用。

$$FA(mg/L)=17/14\times TN(mg/L)\times 10^{pH}/[\exp(6344/(273+T))+10^{pH}] \quad (2-4)$$

$$FNA(mg/L)=47/14\times NO_2^-\text{-}N(mg/L)/[\exp(-2300/(273+T))+10^{pH}] \quad (2-5)$$

众所周知，梯形烷烃是厌氧细菌细胞膜脂的主要成分，对物质扩散有很强的屏障作用。梯形烷烃包含许多醚键。强酸（HI ＞ HBr ＞ HCl ＞ HF）在相对较高的温度下可能使醚键断裂，导致FNA渗透进入细胞并使得细胞中毒。

然而，Strous等人（1999b）研究了pH分别在7、7.4和7.8时不同亚硝酸盐浓度下的ANAMMOX活性，发现随着亚硝酸盐浓度的增加，ANAMMOX活性降低，这表明亚硝酸盐本身就是真正的抑制剂。在Lotti等人（2012）进行的类似实验中，在亚硝酸盐浓度较高的情况下，当pH为6.8、7.5和7.8时，也表现出与之相似的性质，这表明亚硝酸盐是真正的抑制性化合物而不是游离亚硝酸。此外，Lotti等人（2012）研究了在AMX活性被较高亚硝酸盐浓度抑制后的恢复情况，并指出亚硝酸盐的不利作用是可逆的，因此该作用本质上应被描述为抑制作用而不是毒性。但是，应该注意的是，Strous等人（1999a）和Lotti等人（2012）的两个实验都是在非强酸环境下进行的，而细菌细胞膜中阶梯烷膜脂的醚键稳定。因此，在作者看来，在非强酸性条件下，实际的抑制剂是亚硝酸盐而不是游离亚硝酸，但在强酸性条件下，游离亚硝酸会产生一些影响。

**（6）缺乏有效的底物**

游离氨和游离亚硝酸的半饱和速率常数分别为3.3mg/L和$2.7\times10^{-4}$mg/L。但是如上一部分“底物抑制和毒性”所示，本实验中的游离氨浓度仅为游离氨半速率常数的1/3611 ～ 1/361。因此，可以确定游离氨（FA）基质浓度过低也会导致该反应器的性能下降。

**（7）低pH值抑制高负荷厌氧氨氧化反应器的恢复情况**

在低pH抑制作用产生一周后，观察到部分厌氧生物膜脱落和腐烂。ANAMMOX活性受到抑制，脱氮效率相对较低。因此，需要对pH、HRT和底物浓度进行调节。

如图2-39所示，根据上述恢复策略，将抑制的高负荷厌氧氨氧化反应器运行17d后，可使其脱氮速率恢复至低pH抑制之前的最高水平［22.00kg/（$m^3$ • d)］。随着实验时间的增加，获得了更高的脱氮速率［22.94 kg/（$m^3$ • d)］。该结果表明，只要适当地调节操作参数，就可以迅速恢复被抑制的高负荷厌氧氨氧化反应器。从Chen等人（2010）列出的表2-15中可以明显看出，较低的进水pH、较高的NLR、较长的持续时间、较短的HRT和较高的底物浓度，这些都可能导致更严重的抑制。如表2-14所示，虽然本实验中的低pH冲击比Xu等人（2013）研究的更为严重，但受抑制的高负荷厌氧氨氧化反应器恢复时间更短。该结果表明我们的补救策略是相当准确的。

**表2-15　各种因素对低pH冲击效应的影响**

| pH | 持续时间/h | NLR/［kg/（$m^3$ • d)］ | HRT/h | 浓度 | | 回流比 | 脱氮效率/% |
|---|---|---|---|---|---|---|---|
| | | | | $NH_4^+$-N | $NO_2^-$-N | | |
| 7.00 | | | | | | | 100 |
| 6.83 | | | | | | | 59.5 |

续表

| pH | 持续时间/h | NLR/[kg/(m³·d)] | HRT/h | 浓度 | | 回流比 | 脱氮效率/% |
|---|---|---|---|---|---|---|---|
| | | | | $NH_4^+$-N | $NO_2^-$-N | | |
| 5.54 | | 9.3 | | 387.2 | 543.0 | | 27.3 |
| | 7.2 | | 2.4 | | | 2∶1 | 46.8 |
| | | 14.8 | | — | — | | 95.7 |
| | | 19.8 | | — | — | | 99.6 |
| 6.55 | | | | 818.0 | 1092.5 | 0 | 0 |
| | 4.95 | 27.7 | 1.65 | 818.0 | 1092.5 | 2∶1 | 96 |
| | | | | 818.0 | 1092.5 | 4∶1 | 99.4 |

要注意的是，尽管在恢复期的前两天将进水的pH值调整为7.0，并将氮负荷降低至4.94kg/（$m^3$·d），但脱氮性能仍然不是很好，脱氮速率仅为2.54kg/（$m^3$·d）。与第7d的脱氮速率1.76kg/（$m^3$·d）相比，增加了44.3%。然而，当根据出水处理效果降低进水基质浓度后，此时氮负荷为3.96kg/（$m^3$·d），而脱氮速率增加至3.79kg/（$m^3$·d）。此时的脱氮速率比第7d时增加了115.3%。该结果表明在恢复阶段的早期底物的抑制性和毒性的影响可能比低pH值的直接影响更为重要。Chen等人（2010）还研究了低pH对高负荷厌氧氨氧化反应器性能的影响，并得出了相反的结论：当pH值为5.54时，酸性的抑制作用甚至比游离亚硝酸更严重。实际上根据表2-15所示的持续时间和HRT来看，Chen等人（2010）的研究结果与本研究中早期pH抑制阶段的结果相似。因此，低浓度的亚硝酸盐和游离氨，以及高浓度的游离亚硝酸对AMX没有毒性，这是由于在低pH抑制早期有稳定的阶梯烷膜脂存在。由于恢复的早期，高pH值导致亚硝酸盐和游离氨的浓度升高，特别是游离氨浓度比低pH抑制时的浓度高$10^3$～$10^4$倍。更重要的是，由于阶梯烷膜脂中的醚键断裂，即使较低的游离亚硝酸浓度也可能会对AMX产生毒性。

### 2.3.1.3 结论

本实验研究了低pH值对高负荷厌氧氨氧化反应器的抑制作用及其恢复情况。尽管高负荷厌氧氨氧化反应器在短时间内对低pH冲击具有很强的抵抗能力，但低pH对该反应器的长期脱氮性能具有显著的抑制作用。低pH对其的抑制作用主要是由低pH的直接影响、底物的抑制作用和毒性以及缺乏有效的底物引起的。其中，底物抑制和毒性是恢复早期的最重要因素。由于在阶梯烷膜脂中存在醚键，在非强酸性条件下，实际的底物抑制剂为亚硝酸盐而不是游离亚硝酸，但在强酸性条件下，游离亚硝酸会有一定的影响。已经证明，通过采取适当的恢复策略，包括调节pH值，降低氮负荷，然后逐步增加进水底物浓度和进水流速，可以在17d内解除对高负荷ANAMMOX的低pH抑制作用。

### 2.3.2 乙酸盐对厌氧氨氧化细菌代谢的影响

ANAMMOX是一个生物过程，在没有氧气的情况下，铵盐被氧化为亚硝酸盐。该功能菌是自养细菌，并且倍增时间很长，为14d。该工艺由于效率高、成本低，被认为是目前最有前途的废水生物除氮方法之一。然而，该工艺的启动时间过长和对废水中有机物的敏感性阻碍了其应用。广泛的研究表明某些有机物会对AMX产生有害影响。研究表明酒精和抗生素对AMX的代谢有毒性（Güven et al.，2005；Tang et al.，2011）。底物中更多的可降解有机物会刺激DNB的生长，从而引发AMX和DNB之间对亚硝酸盐底物的竞争。由于AMX生长速度慢，很容易在与DNB的竞争中处于劣势。研究还显示，有机物质如小分子挥发性有机酸可被AMX作为能源代谢（Kartal et al.，2007）。它们为AMX还原亚硝酸盐/硝酸盐提供了电子，并增强ANAMMOX过程。

ANAMMOX工艺在高铵浓度废水中表现出良好的脱氮性能。发酵工业产生的废水是典型的富含铵的废水，也含有高浓度的挥发性有机酸，其中很重要的一种就是乙酸盐。本小节将研究乙酸盐对ANAMMOX过程的影响，特别是对脱氮率和反应化学计量的影响。

#### 2.3.2.1 实验材料与方法

**（1）反应器设置**

该研究是在两个工作量为1L的连续上流厌氧式反应器中进行的。将一个反应器（R1）设置为对照，将另一个（R2）设置为测试反应器。废水通过蠕动泵泵入反应器。反应器温度保持在37℃，并用黑布覆盖以避光。HRT保持在0.6d。

**（2）合成废水和接种污泥**

本实验中使用的合成废水包含$MgSO_4 \cdot 7H_2O$ 300mg/L，$NaHCO_3$ 1250mg/L，$KH_2PO_4$ 10mg/L，$CaCl_2 \cdot 2H_2O$ 5.6mg/L，微量元素溶液Ⅰ和Ⅱ各自为1.25mL/L，如表2-6所示。van de Graaf等人（1997）添加到R1中的底物是$NH_4Cl$和$NaNO_2$，而添加到R2中的底物是$NH_4Cl$、$NaNO_2$和乙酸盐。用1mol/L HCl或1mol/L NaOH将pH控制在6.8～7.2。

反应器中接种了0.5L的ANAMMOX污泥，污泥取自运行了1年的ANAMMOX生物滤池。

**（3）化学分析**

每天收集进水和出水样品，并立即进行分析。$NH_4^+$-N和$NO_2^-$-N分别通过靛酚蓝分光光度法和萘乙二胺分光光度法用分光光度计进行分析。$NO_3^-$-N含量采用紫外分光光度法测定。用pH计（Mettler Toledo SG68-ELK）测定pH。所采用的所有方法均参考《水和废水检测的标准方法》（国家环境保护总局，2005）。

收集用于乙酸盐分析的水样品，用0.22μm滤膜过滤，并用3%甲酸酸化至pH4.0。酸化后，样品在4℃下保存直至测定。用具有火焰离子化检测器和毛细管柱（GC-2014C）的气相色谱仪测量乙酸盐。柱温为70℃，进样器温度为250℃。每个样品一式三份，并将平均值作为结果。

#### 2.3.2.2 结果与讨论

**（1）乙酸盐对底物代谢的影响**

该实验在两个反应器中进行。将没有添加乙酸盐的反应器作为对照反应器（R1）。R1中的$NH_4^+$-N、$NO_2^-$-N和$NO_3^-$-N演化如图2-40所示。在整个实验过程中，R1的出水$NO_3^-$-N稳定在50～80mg/L。该反应器的总氮去除速率很高，为10.3kg/($m^3$·d)（图2-40）。在实验期间向反应器（R2）中添加了不同浓度的乙酸盐。同时，保证氨和亚硝酸盐含量充足。在第4～7d期间，在R2中添加1mmol/L乙酸盐后底物$NH_4^+$-N和$NO_2^-$-N的代谢没

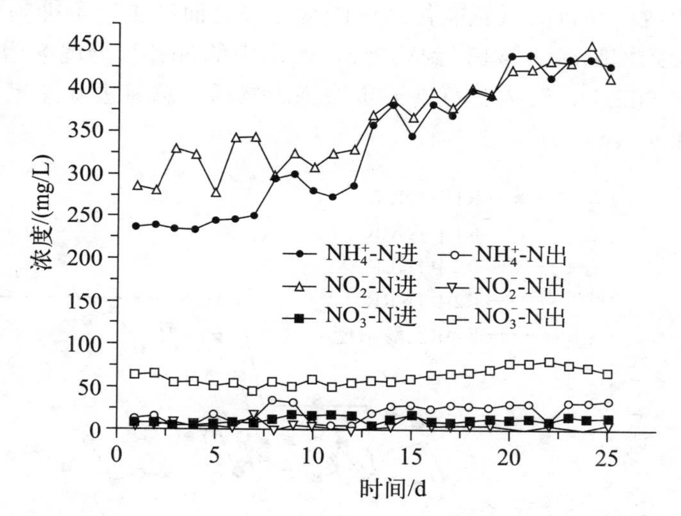


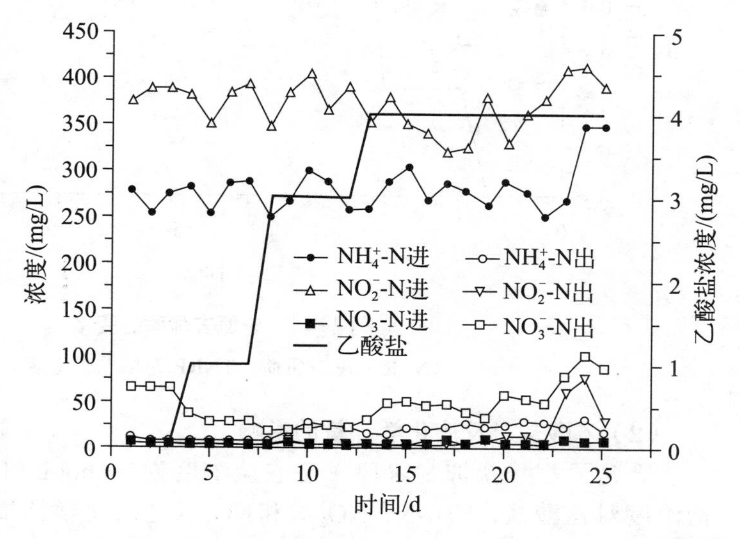


图2-40 R1和R2反应器的$NH_4^+$-N、$NO_2^-$-N和$NO_3^-$-N浓度的演变

有显著变化（图2-40）。但是废水中的$NO_3^-$-N立即从65mg/L降低到30mg/L（图2-40）。因此，总氮去除速率从0.98kg/（$m^3$·d）增加到1.04kg/（$m^3$·d）。在此期间，所有添加的乙酸盐都在R2中消耗掉了（数据未显示），之后硝酸盐浓度减少。从第8d到第12d，向R2中添加3mmol/L乙酸盐后，氨转化率降低。R2的出水$NH_4^+$-N从1.54mg/L增加至20mg/L，总氮去除速率降至1.01kg/（$m^3$·d）（图2-41）。Güven等人（2005）发现乙酸盐可能是AMX的底物。乙酸盐可以被亚硝酸盐或硝酸盐氧化为$CO_2$，并将部分亚硝酸盐或硝酸盐还原为铵。产生的铵再次参与了ANAMMOX过程。反硝化和厌氧氨氧化这两个过程竞争底物亚硝酸盐或硝酸盐，导致厌氧氨氧化细菌因缺乏底物而产生竞争抑制。因此，R2中的氨代谢受到抑制。从第13d到第25d，废水中的$NH_4^+$-N仍逐渐增加，平均$NH_4^+$-N浓度为54.7mg/L。底物竞争进一步增强。然后，总氮去除速率的平均值相应降低至0.93kg/（$m^3$·d）（图2-41）。

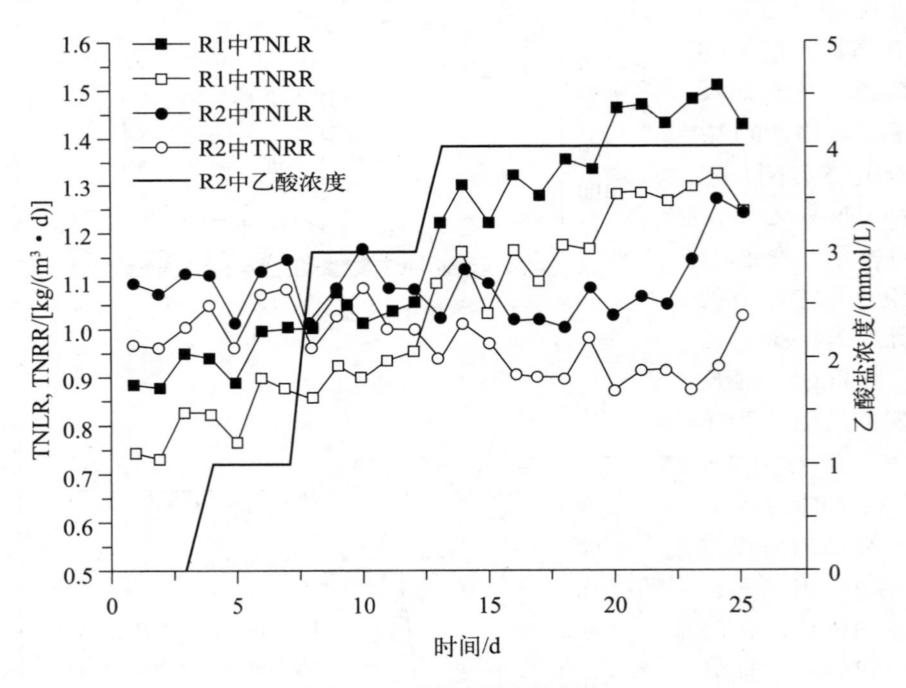


**图2-41　总氮去除率的变化**

TNLR为总氮负荷；TNRR为总氮去除速率

**（2）乙酸盐对反应化学计量的影响**

研究了乙酸盐抑制阶段（乙酸盐浓度为3mmol/L和4mmol/L），不同乙酸盐浓度对乙酸盐、$NH_4^+$-N、$NO_2^-$-N和$NO_3^-$-N之间化学计量的影响（如表2-16）。当乙酸盐浓度为3mmol/L时，$NH_4^+$-N、$NO_2^-$-N、$NO_3^-$-N与乙酸盐的平均比为

1 ∶ 1.50 ∶ 0.06 ∶ 0.17，而当乙酸盐为4mmol/L时该值为1 ∶ 1.51 ∶ 0.07 ∶ 0.25。通过单因素方差分析，当乙酸盐分别为3mmol/L和4mmol/L时，对$NO_2^-$-N/$NH_4^+$-N、$NO_3^-$-N/$NH_4^+$-N和乙酸盐/$NH_4^+$-N的比值进行显著性检验。结果表明，在两个浓度下$NO_2^-$-N/$NH_4^+$-N和$NO_3^-$-N/$NH_4^+$-N无显著差异（$P<0.05$）。然而，在两个浓度下乙酸盐/$NH_4^+$-N显著不同（$P<0.05$）。因此，$NH_4^+$-N、$NO_2^-$-N和$NO_3^-$-N之间的化学计量不取决于乙酸盐浓度，该比率保持在1 ∶ 1.50 ∶ 0.07。乙酸盐浓度仅改变了乙酸盐和氨氮之间的比例关系。如果培养基中乙酸盐的浓度不能满足AMX的需要，则乙酸盐/$NH_4^+$-N可能取决于培养基中乙酸盐的浓度。因此，需要进行更高浓度的乙酸盐的进一步实验。

**表2-16 反应物产物之间的化学计量（乙酸盐抑制阶段）**

| 乙酸盐浓度/（mmol/L） | 时间/d | 乙酸盐/$NH_4^+$-N | $NO_2^-$-N/$NH_4^+$-N | $NO_3^-$-N/$NH_4^+$-N |
|---|---|---|---|---|
| 3 | 8 | 0.17 | 1.43 | 0.04 |
| | 9 | 0.17 | 1.54 | 0.04 |
| | 10 | 0.16 | 1.48 | 0.07 |
| | 11 | 0.16 | 1.37 | 0.07 |
| | 12 | 0.18 | 1.66 | 0.07 |
| 4 | 13 | 0.25 | 1.53 | 0.05 |
| | 14 | 0.24 | 1.59 | 0.03 |
| | 15 | 0.22 | 1.37 | 0.07 |
| | 16 | 0.25 | 1.50 | 0.06 |
| | 17 | 0.24 | 1.33 | 0.05 |
| | 18 | 0.23 | 1.33 | 0.09 |
| | 19 | 0.24 | 1.60 | 0.06 |
| | 20 | 0.25 | 1.38 | 0.09 |
| | 21 | 0.25 | 1.53 | 0.11 |
| | 22 | 0.28 | 1.85 | 0.11 |
| | 23 | 0.29 | 1.82 | 0.08 |
| | 24 | 0.23 | 1.35 | 0.10 |
| | 25 | 0.22 | 1.39 | 0.03 |

注：表中所有比例都是物质的量比。

#### 2.3.2.3 结论

本部分研究了乙酸盐对ANAMMOX工艺的影响，该影响程度与乙酸盐含量密切相关。结果表明，在低乙酸盐浓度（1mmol/L时）下，水中乙酸盐会强化ANAMMOX反应，提高总氮去除速率。高乙酸盐浓度对ANAMMOX工艺有不利影响。氨的代谢受到明显抑制，总氮去除速率降至0.93kg/（$m^3$·d）。$NH_4^+$-N，$NO_2^-$-N和$NO_3^-$-N之间的化学计量与乙酸盐浓度无关，并稳定在1 ∶ 1.50 ∶ 0.07。但是乙酸盐和这三种形式的氮之间的比率是有相关性的。

### 2.3.3 丁酸盐对自养厌氧氨氧化的影响

如前所述，ANAMMOX是一个生物过程，在不存在氧气的情况下，氨被亚硝酸盐氧化。主要功能细菌是自养细菌，并且倍增时间很长，为14d。如今，该过程被认为是最有前途的废水生物脱氮方法之一，不仅效率高，而且成本低。然而，该方法的启动时间比较长并且对废水中有机物比较敏感，其发展受到了阻碍。研究人员广泛研究了有机物对ANAMMOX过程的影响。事实证明，某些有机物会对AMX产生有害影响。据报道，乙醇和抗生素对AMX有毒性。可将更多可生物降解的有机物用作底物刺激DNB的生长，从而引发AMX和DNB之间对亚硝酸盐底物的竞争。然而，由于AMX生长速度慢，很容易使DNB获得生长优势。研究还表明，有机物可以被AMX作为能源代谢，例如小分子的挥发性有机酸。

ANAMMOX工艺在高氨氮浓度废水中表现出优异的脱氮性能。发酵行业的废水是典型的富含铵盐的废水，也含有高浓度的挥发性有机酸，一种主要的酸是丁酸。本小节将研究丁酸盐对ANAMMOX过程的影响，特别是对脱氮效果和反应化学计量的影响。

#### 2.3.3.1 材料与方法

**（1）反应器设置**

该研究在连续上流式厌氧反应器中进行，反应器体积为1L。废水通过蠕动泵泵入反应器。反应器温度保持在37℃，并用黑布覆盖以避光。HRT保持在0.6d。

**（2）模拟废水和接种污泥**

本实验中使用的合成废水包含$MgSO_4 \cdot 7H_2O$ 300mg/L，$NaHCO_3$ 1250mg/L，$KH_2PO_4$ 10mg/L，$CaCl_2 \cdot 2H_2O$ 5.6mg/L，微量元素溶Ⅰ和Ⅱ分别为1.25mL/L，如表2-6所示。$NH_4Cl$、$NaNO_2$和丁酸盐按需提供。用1mol/L HCl或1mol/L NaOH将pH控制在6.8 ～ 7.2。将0.5L的厌氧氨氧化污泥和常规的好氧活性污泥的混合物以1 ∶ 1的体积比接种到反应器。厌氧氨氧化污泥取自运行了一年的厌氧生物滤池。

传统的好氧活性污泥是来自市政废水处理厂的循环活性污泥系统中的循环污泥。

**（3）化学分析**

$NH_4^+$-N和$NO_2^-$-N分别使用靛酚蓝分光光度法和萘乙二胺分光光度法，用分光光度计进行分析。而$NO_3^-$-N含量采用紫外分光光度法测定。用pH计（Mettler Toledo SG68-ELK）测定pH。所采用的所有方法均参考《水和废水检查的标准方法》（国家环境保护总局，2005）。

将每天收集的用于丁酸盐分析的样品用0.22μm的滤纸过滤，然后用3%的甲酸酸化至pH4.0。酸化后，将样品保存在4℃直至测定。用具有火焰离子化检测器和毛细管柱的气相色谱仪测量丁酸酯。色谱柱温度为70℃，进样器温度设置为250℃。每个样品一式三份，并将其平均值作为结果。

### 2.3.3.2 结果与讨论

在实验过程中，进水中丁酸盐的浓度从0增加到3mmol/L。研究了丁酸盐对底物代谢和化学反应计量的影响。

**（1）丁酸盐对底物代谢的影响**

在不同的丁酸盐浓度下，丁酸盐对底物代谢的影响可以用脱氮性能来表征（图2-42）。分为三个阶段。阶段Ⅰ、阶段Ⅱ和阶段Ⅲ的丁酸盐浓度分别为

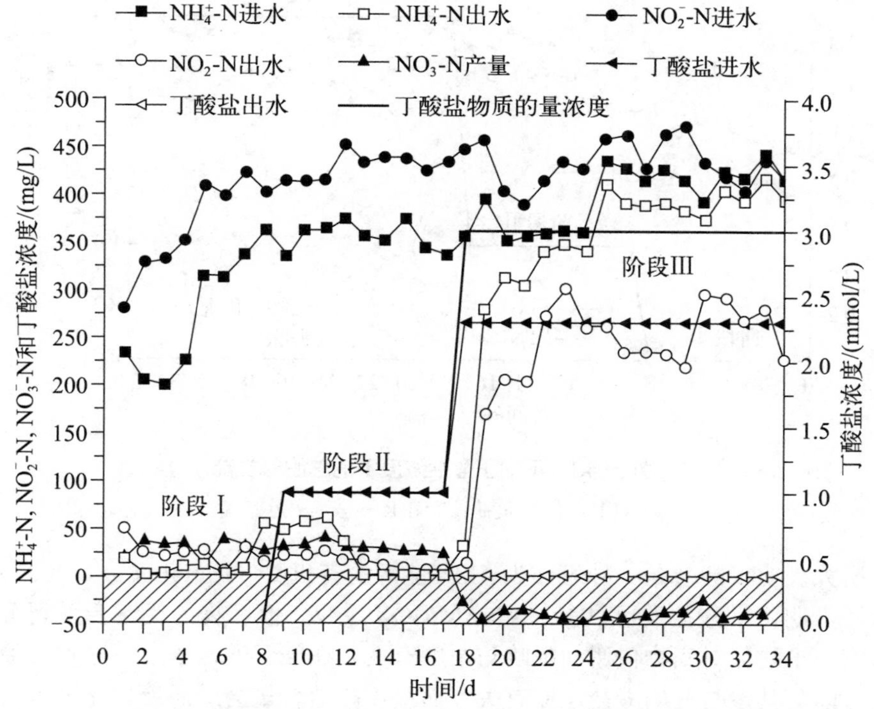


图2-42 不同丁酸盐浓度下$NH_4^+$-N、$NO_2^-$-N和$NO_3^-$-N的生成变化

0、1mmol/L和3mmol/L。在阶段Ⅰ（1～8d），$NH_4^+$-N和$NO_2^-$-N的浓度分别从200mg/L增加到360mg/L，从280mg/L增加到420mg/L。总氮去除速率最高达到1.15kg/（$m^3$·d），且总氮去除率稳定在84.22%左右（图2-43）。从第9d起（阶段Ⅱ），将丁酸盐添加到进水中，而$NH_4^+$-N和$NO_2^-$-N的浓度分别保持在340～440mg/L和400～470mg/L。显然，在阶段Ⅱ的前4d（第9～12d），1mmol/L丁酸盐对AMX的代谢没有显著影响。脱氮效率平均为82.87%，与阶段Ⅰ无显著差异（$P < 0.05$）。但是从第13d起，1mmol/L的丁酸盐似乎增强了底物的代谢。平均总氮去除速率为1.25kg/（$m^3$·d），平均总氮去除效率为89.92%，与第Ⅰ阶段有显著不同（$P < 0.05$）。在阶段Ⅲ（18～34d）中，丁酸盐浓度从1mmol/L升高到3mmol/L。在第18d添加3mmol/L丁酸盐后，$NH_4^+$-N和$NO_2^-$-N的去除率立即降低（图2-42）。同时，$NO_3^-$-N的生成量变为负数，这意味着硝酸盐可能会被丁酸盐还原。总氮去除效率从超过90%降至仅50%，在实验结束时，该值小于30%。阶段Ⅲ的最低脱氮率是0.30kg/（$m^3$·d）。在阶段Ⅱ和阶Ⅲ中，实验中添加的丁酸盐在反应过程中几乎被完全消耗了。

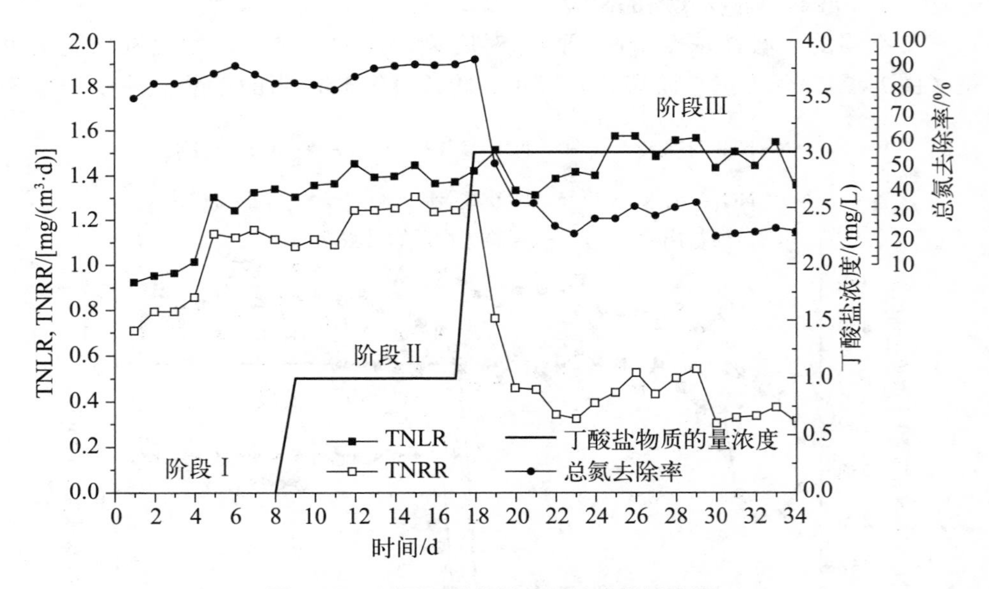


**图2-43　不同丁酸盐浓度下的总脱氮性能**

TNLR—总氮负荷；TNRR—总氮去除速率

研究表明丁酸盐是一种可作为AMX能源的有机物（Kartal et al.，2007）。该实验还表明，丁酸盐还可以参与ANAMMOX反应。但底物的代谢会受到丁酸盐的影响。丁酸盐对底物代谢的影响与浓度有关。在低丁酸盐浓度下底物去除率的升高可能与其参与亚硝酸盐还原有关。而高丁酸盐含量会刺激反硝化过程，导致缺乏亚硝酸盐，进而抑制了AMX对底物的去除。

**（2）丁酸盐对反应化学计量的影响**

$NH_4^+$-N、$NO_2^-$-N和$NO_3^-$-N之比是ANAMMOX反应的典型指标。研究表明，$NH_4^+$-N ∶ $NO_2^-$-N ∶ $NO_3^-$-N理论值为1 ∶ 1.32 ∶ 0.26（Strous et al.，1998）。阶段Ⅰ的比值为1 ∶ 1.37 ∶ 0.16，接近理论值。因此，ANAMMOX反应是反应器中的主要反应（图2-44）。在阶段Ⅱ中，当丁酸盐浓度为1mmol/L时，$NH_4^+$-N ∶ $NO_2^-$-N ∶ $NO_3^-$-N ∶丁酸盐比值为1 ∶ 1.25 ∶ 0.08 ∶ 0.04（表2-17）。阶段Ⅰ和Ⅱ的$NH_4^+$-N和$NO_2^-$-N之比无显著差异（$P<0.05$）。

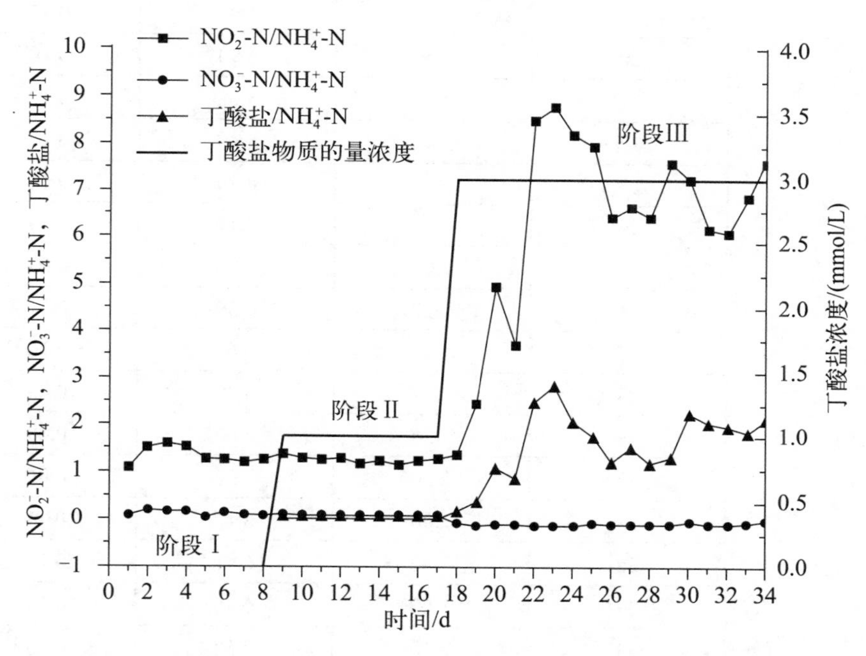


图2-44 不同丁酸盐浓度下$NH_4^+$-N、$NO_2^-$-N、$NO_3^-$-N与丁酸盐比值的变化

表2-17 反应物产物之间的化学计量（丁酸盐）

| 丁酸盐浓度/（mmol/L） | 时间/d | 丁酸盐/$NH_4^+$-N | $NO_2^-$-N/$NH_4^+$-N | $NO_3^-$-N/$NH_4^+$-N |
|---|---|---|---|---|
| 1 | 9 | 0.05 | 1.36 | 0.09 |
| | 10 | 0.05 | 1.28 | 0.08 |
| | 11 | 0.05 | 1.27 | 0.11 |
| | 12 | 0.04 | 1.29 | 0.09 |
| | 13 | 0.04 | 1.17 | 0.08 |

续表

| 丁酸盐浓度/（mmol/L） | 时间/d | 丁酸盐/$NH_4^+$-N | $NO_2^-$-N/$NH_4^+$-N | $NO_3^-$-N/$NH_4^+$-N |
|---|---|---|---|---|
| 1 | 14 | 0.04 | 1.22 | 0.08 |
| | 15 | 0.04 | 1.15 | 0.07 |
| | 16 | 0.04 | 1.23 | 0.08 |
| | 17 | 0.04 | 1.27 | 0.07 |
| 3 | 18 | 0.13 | 1.34 | 0.08① |
| | 19 | 0.35 | 2.44 | 0.12① |
| | 20 | 1.04 | 4.94 | 0.10① |
| | 21 | 0.83 | 3.68 | 0.10① |
| | 22 | 2.46 | 8.49 | 0.12① |
| | 23 | 2.79 | 8.79 | 0.12① |
| | 24 | 2.05 | 8.17 | 0.13① |
| | 25 | 1.69 | 7.96 | 0.09① |
| | 26 | 1.17 | 6.39 | 0.11① |
| | 27 | 1.47 | 6.65 | 0.10① |
| | 28 | 1.17 | 6.39 | 0.09① |
| | 29 | 1.26 | 7.60 | 0.09① |
| | 30 | 2.20 | 7.22 | 0.06① |
| | 31 | 2.00 | 6.17 | 0.11① |
| | 32 | 1.90 | 6.11 | 0.10① |
| | 33 | 1.80 | 6.86 | 0.09① |
| | 34 | 2.10 | 7.58 | 0.03① |

① $NO_3^-$-N表示消耗了硝酸盐。

但是，两个阶段的$NO_3^-$-N和$NH_4^+$-N之比显著降低。当丁酸盐浓度进一步提高到3mmol/L时，不再产生硝酸盐，而是被消耗掉了。阶段Ⅲ消耗的亚硝酸盐更多，这意味着当丁酸盐浓度为3mmol/L时，亚硝酸盐/硝酸盐还原增强。$NH_4^+$-N ∶ $NO_2^-$-N ∶ $NO_3^-$-N ∶丁酸盐比稳定在1 ∶ 7.26 ∶ 0.10 ∶ 1.85。因此，$NH_4^+$-N、$NO_2^-$-N、$NO_3^-$-N和丁酸盐之间的比例取决于丁酸盐的浓度。

### 2.3.3.3 结论

本小节研究了丁酸盐对ANAMMOX过程的影响。其影响与丁酸盐浓度有关。结果表明，在低丁酸盐浓度下，底物去除率高，当丁酸盐浓度为1mmol/L

时，$NH_4^+$-N ：$NO_2^-$-N ：$NO_3^-$N ：丁酸盐比为1 ：1.25 ：0.08 ：0.04。高丁酸盐浓度对厌氧氨氧化过程有不良影响。铵的去除几乎被完全抑制。当丁酸盐浓度为3mmol/L时，$NH_4^+$-N ：$NO_2^-$-N ：$NO_3^-$N ：丁酸盐比值为1 ：7.26 ：0.10 ：1.85。

## 2.3.4 铁离子对厌氧氨氧化的影响

AMX的长倍增时间已成为妨碍ANAMMOX工艺工程应用的主要因素。为解决这一问题，可通过改善AMX的营养条件，促进AMX生长。铁是微生物生长的必需元素之一，约占细胞干重的0.02%（Andrews，1998）。作为许多含铁蛋白（如血红素、铁硫蛋白、铁镍蛋白等）的成分，它几乎参与了所有重要的代谢反应（Burgess et al.，1999）。铁多以氧化物形态存在，经常成为微生物生长和代谢的限制因子。Zhu et al.（2007）发现，在一定范围内增加$Fe^{2+}$浓度可大幅度提高*Rhodobacter sphaeroides*的产氢速率。AMX富含血红素，例如，每个羟胺氧还酶含有26个血红素，每个联氨氧化酶含有8个血红素，每个细胞色素c-552含有1个血红素；厌氧氨氧化体内还存在含铁元素颗粒（Cirpus et al.，2005；Schalk et al.，2000；Shimamura et al.，2007；van Niftrik et al.，2008b）。种种迹象表明，AMX对铁的需求量较大。本部分研究$Fe^{2+}$和$Fe^{3+}$对AMX的影响。

### 2.3.4.1 材料与方法

**（1）接种污泥**

接种污泥来自一个有效容积为9L的实验室ANAMMOX装置，该反应器已经稳定运行1年，具有较高的ANAMMOX活性，AMX为“Candidatus *Brocadia*”。

**（2）连续流试验**

连续流试验分两组进行，第一组试验考察亚铁离子对AMX的影响，第二组试验考察高铁离子对AMX的影响。两组试验采用同样的试验装置、工作条件和样品分析方法。

**（3）装置与工作条件**

所用的试验装置和流程如图2-45所示。试验装置为两个有效容积100mL的上流式反应

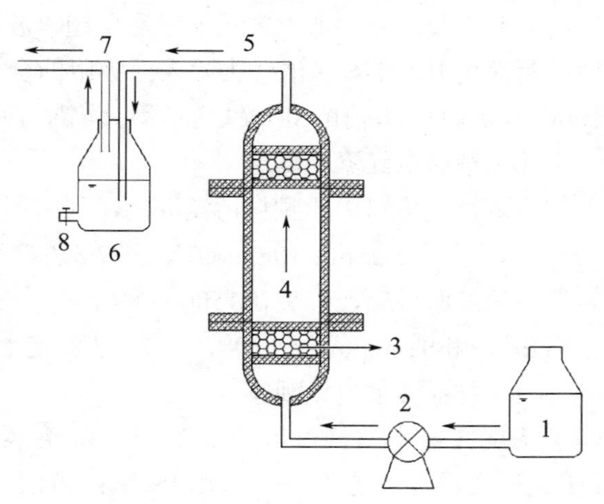


**图2-45 工艺流程与试验装置**

1—进水；2—蠕动泵；3—卵石；4—反应区；5—出水；6—液封瓶；7—排气；8—取样口

器，采用有机玻璃制作。内部各装有80mL以竹炭为载体的颗粒污泥，污泥粒径（4.20±0.07）mm。装置表面用黑布包裹，以防光线对混培物产生负面影响。

两个反应器置于30℃恒温室内运行，进水pH控制在6.7～6.8，出水pH在7.5左右，HRT设定为4.8h。一个为对照反应器，控制$Fe^{2+}$浓度为1.84mg/L；另一个为试验反应器，$Fe^{2+}$和$Fe^{3+}$浓度由2.76mg/L逐渐增加至3.68mg/L和4.60mg/L。通过提高基质（氨和亚硝酸）浓度来增加反应器负荷，比较不同$Fe^{2+}$或$Fe^{3+}$浓度对两个反应器基质转化速率的影响。当出水中$NH_4^+$-N和$NO_2^-$-N积累的时候，停止提高负荷。

试验采用模拟废水，其组成为：$KH_2PO_4$ 10mg/L，$CaCl_2 \cdot 2H_2O$ 5.6mg/L，$MgSO_4 \cdot 7H_2O$ 300mg/L，$KHCO_3$ 1250mg/L，微量元素浓缩液（见表2-6）和$Fe^{2+}$-EDTA或$Fe^{3+}$-EDTA储备液（1.84g/L，以Fe计）（van de Graaf et al.，1996）。两个反应器中微量元素浓缩液添加量均为1mL/L。$NH_4^+$-N和$NO_2^-$-N由$(NH_4)_2SO_4$和$NaNO_2$提供，浓度按需配制。

**（4）生物量测定**

反应器中的生物量以VS和ATP两个指标来表征。反应器运行结束时，从每个反应器中取颗粒污泥，利用超声波使污泥与竹炭分离。称取1g湿污泥，并将湿污泥与剩余的竹碳载体在105℃烘干6h至恒重，称得污泥和竹碳载体干重。然后将干污泥在550℃灼烧2h至恒重，称得污泥中矿物质质量。VS为污泥干重减去污泥中矿物质的质量。ATP测定则按照Thore et al.（1983）的方法进行。

**（5）生物体中铁含量的测定**

从两个反应器中取颗粒污泥，利用超声波使湿污泥从竹炭上脱落。将0.4g分散湿污泥用10% $HNO_3$清洗去除表面吸附的金属离子后，放置于消解管内，利用10mL 100% $HNO_3$消解3h。铁含量用火焰原子吸收分光光度计测定。

**（6）细胞血红素的测定**

将两个反应器中的颗粒污泥取出，利用超声波使污泥从竹炭载体上脱落。将1g湿污泥悬浮于25mL 10mmol/L、pH7.5磷酸缓冲液。用超声波细胞破碎仪将菌悬液中的细胞破碎，最后在150000×*g*、4℃的条件下离心15min，去除细胞残体。采用Berry和Trumpower（1987）的方法测定上清液中的血红素含量。

**（7）样品透射电镜观察**

从反应器中取样，置于2.5%戊二醛溶液中，4℃固定过夜。经0.1mmol/L、pH7.0磷酸缓冲液漂洗后，再用1%锇酸溶液固定1～2h，继续用磷酸缓冲液漂洗。经过梯度浓度（包括50%、70%、80%、90%、95%和100%）6种浓度的乙醇溶液脱水处理后用纯丙酮处理20min。然后分别用体积比为1∶1和3∶1的包埋剂与丙酮的混合液处理样品1h和3h，最后用包埋剂处理样品过夜。将渗透处理的样品包埋起来，70℃加热过夜，即得到包埋好的样品。样品在Reichert超薄切片机中切片，获得70 ~ 90nm的切片，用柠檬酸铅溶液和醋酸双氧铀50%乙醇饱和溶液各染色15min，再用JEM-1230型透射电镜（日本JEOL公司）观察结果。

**（8）16S rDNA提取和PCR扩增**

颗粒污泥的16S rDNA的提取使用上海博彩生物科技有限公司的环境样品试剂盒v2.2，具体操作参照说明书。然后将提取的16S rDNA以带GC夹的细菌通用引物P338f和P5182r（表2-18）进行PCR扩增，反应体系为（50μL）：10×PCR缓冲液（5μL）、dNTP（4μL）、引物P338f（1μL）、引物P5182r（1μL）、*rTaq* DNA聚合酶（0.5μL）、模板DNA（3μL）、无菌水（35.5μL）。反应条件为：94℃预变性10min，30个循环（94℃变性30s，55℃退火30s，72℃延伸7min），最终72℃延伸7min。扩增产物用0.8%的琼脂糖凝胶电泳检验。

**表2-18　所使用的细菌通用引物序列**

| 引物名称 | 引物序列 |
|---|---|
| P338-GC-f | CgCCCgCCgCgCgCggCgggCggggCgggggCACggggggACTCCTACgggAggCAGCAg |
| P5182r | ATTACCgCggCTgCTgg |

**（9）变性梯度凝胶电泳（DGGE）**

将PCR产物进行变性梯度凝胶电泳，在伯乐（Bio-rad）DCode系统上进行微生物生态学分析。DGGE的步骤如下：

① 制胶：用聚丙烯酰胺胶体制作厚0.75mm、面积16cm×16cm的胶板。采用浓度为8%的聚丙烯酰胺凝胶，其内添加10% APS 80mL、TEMED 18μL。设定变性梯度范围为30% ~ 55%。

② 点样：15μL上样缓冲液与30μL PCR产物混合后，用50μL微量注射器进样。

③ 电泳：在1×TAE缓冲液中，在20 ~ 40V低电压条件下预电泳30min，然后控制电压在150 ~ 160V，60℃恒温电泳5 ~ 6h。

④ 染色：电泳结束后采用SYBR Green核酸染料进行染色。将染色液均匀覆盖整个胶面，避光染色20min，然后用超纯水洗去多余染色液。

⑤ 成像：DGGE凝胶图像的采集在GelDoc2000凝胶成像系统上进行，指纹图谱用Quantity One 4.62一维分析软件进行分析。

**（10）割胶测序和系统发育树的建立**

用无菌手术刀从DGGE胶上小心割下含目标条带的凝胶块，转移至灭菌离心管中，经无菌水浸洗3次；将凝胶碾碎，利用DNA回收试剂盒（Poly-Gel DNA

Extraction Kit 20，Omega Bio-Tek）回收凝胶上的DNA。然后按照2.2.1.1中PCR扩增条件进行扩增，将扩增产物进行克隆测序（TaKaRa公司）。将测得序列通过BLAST程序与GenBank中的核酸序列进行比对，选取相似度高的序列建立系统发育树。系统发育树的构建采用Mega3.1软件中的邻接法。

**（11）分批试验**

在6个65mL血清瓶中分别加入10g左右湿接种污泥，然后加入连续流试验所用的模拟废水，分别定容至50mL。其中2个血清瓶作为对照（CK），保证$Fe^{2+}$浓度为1.84mg/L；另有2个做$Fe^{2+}$试验，保证$Fe^{2+}$浓度为4.60mg/L；最后2个做$Fe^{3+}$试验，保证$Fe^{3+}$浓度为4.60mg/L。血清瓶用丁基橡胶塞塞紧，然后用铝盖加固，并用95%氩气置换其中的空气20min。每隔24h为血清瓶更换新鲜培养基，并测定反应起始和24h后水中的$NH_4^+$-N、$NO_2^-$-N和$NO_3^-$-N浓度。

**（12）其他化学测定项目和方法**

$NH_4^+$-N采用水杨酸-次氯酸钠分光光度法测定；$NO_2^-$-N采用*N*-（1-萘基）-乙二胺分光光度法测定；$NO_3^-$-N采用紫外分光光度法测定；水中总溶解性铁以火焰原子吸收分光光度计进行测定。以上所有方法参照《水和废水监测分析方法》（国家环境保护总局，2005）。

#### 2.3.4.2 结果与讨论

**（1）连续流试验**

① 亚铁、高铁离子对AMX基质去除速率的影响。在亚铁试验中，装置接种后，先适应性运行10d，再考察不同亚铁离子浓度对AMX基质去除速率的影响（图2-46a和b）。对照反应器（R1）的进水$Fe^{2+}$浓度维持在1.84mg/L，与驯化接种污泥所使用的$Fe^{2+}$浓度相同。根据所投加的$Fe^{2+}$浓度（2.76mg/L、3.68mg/L和4.60mg/L），可将试验反应器（R2）的运行过程分为三个阶段。在每个阶段，通过逐渐提高基质（$NH_4^+$-N和$NO_2^-$-N）浓度来增加反应器负荷，直至$NH_4^+$-N和$NO_2^-$-N产生积累。从表2-19中可以看出，进水$Fe^{2+}$浓度为2.76mg/L时，试验反应器（R2）的$NH_4^+$-N和$NO_2^-$-N去除速率与对照反应器（R1）没有显著差异（单边ANOVA检验，$P > 0.05$）。试验反应器（R2）进水$Fe^{2+}$浓度升高到3.68mg/L后，两个反应器中进水基质浓度相似（单边ANOVA检验，$P < 0.05$），而两个反应器的基质去除速率明显不同（单边ANOVA检验，$P < 0.05$）。试验反应器（R2）$NH_4^+$-N和$NO_2^-$-N的去除速率是对照反应器（R1）的1.15倍和1.16倍。继续提高试验反应器（R2）中$Fe^{2+}$浓度至4.60mg/L后，试验反应器（R2）的基质去除速率显著高于对照反应器（R1），$NH_4^+$-N和$NO_2^-$-N的去除速率是对照反应器（R1）的1.95倍和1.71倍。由于对照反应器（R1）中的AMX会因微生物扩增而导致基质去除速率增加，在考察不同浓度$Fe^{2+}$对基质去除速率的影响时，应以试验反应器

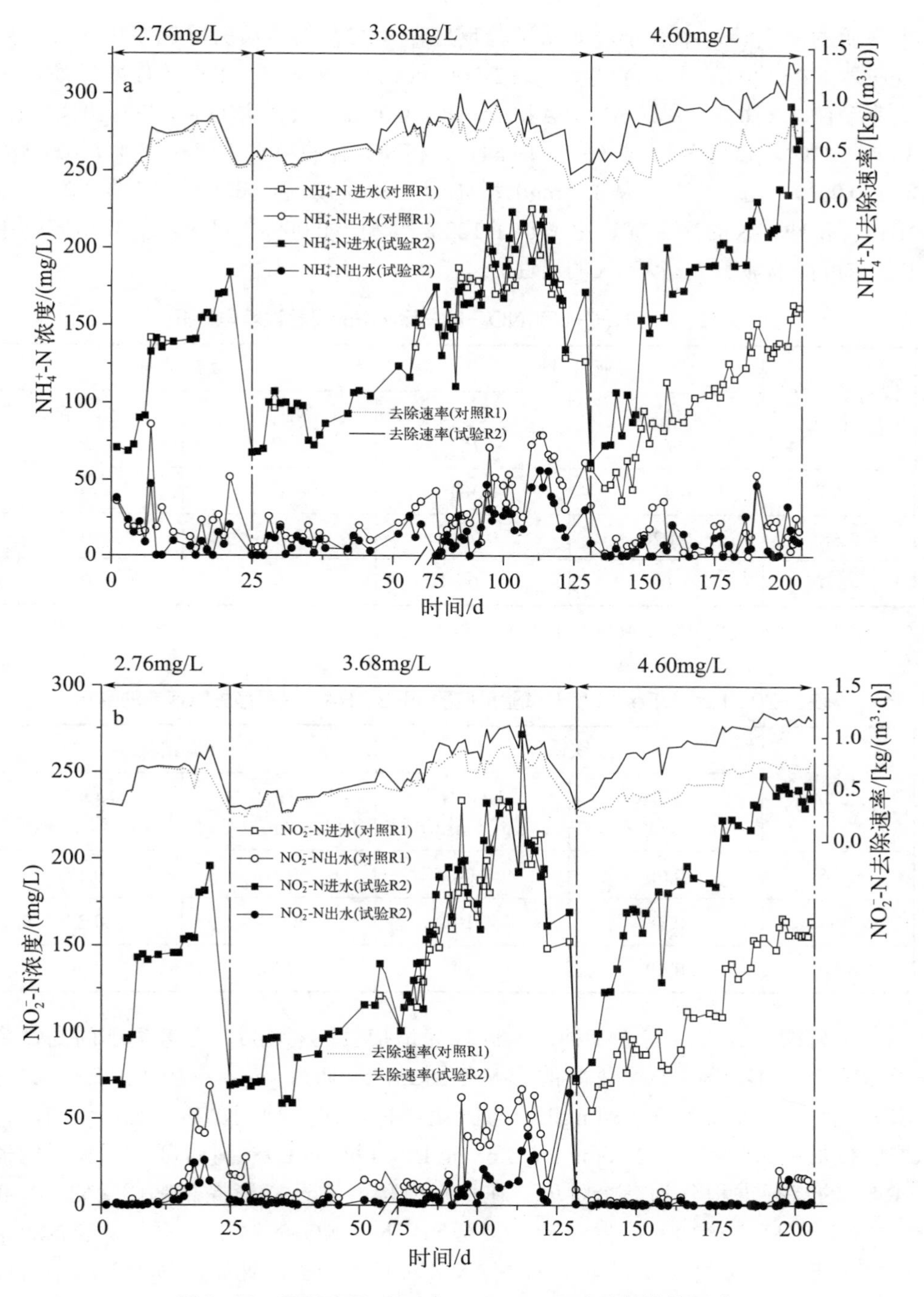


**图2-46　亚铁离子对$NH_4^+$-N、$NO_2^-$-N去除性能的影响**

a.$NH_4^+$-N；b.$NO_2^-$-N

中基质的净去除速率表示，即从试验反应器（R2）的基质去除速率中扣除对照反应器（R1）的基质去除速率（表2-20）。统计分析表明，$Fe^{2+}$浓度对基质净去除速率有显著影响（单边ANOVA检验，$P<0.05$）。当$Fe^{2+}$浓度从2.76mg/L增加至3.68mg/L时，试验反应器（R2）中$NH_4^+$-N和$NO_2^-$-N的净去除速率增加了200.00%和150.00%；当$Fe^{2+}$浓度从3.68mg/L增加至4.60mg/L时，试验反应器（R2）中$NH_4^+$-N和$NO_2^-$-N的净去除速率增加了122.22%和290.00%。可见，提高培养基中$Fe^{2+}$浓度能够显著提高AMX的活性。

**表2-19　$NH_4^+$-N和$NO_2^-$-N去除速率的显著性差异分析**

| 铁离子浓度[1] /（mg/L） | 亚铁试验 | | 高铁试验 | |
|---|---|---|---|---|
| | $NH_4^+$-N $P$ | $NO_2^-$-N $P$ | $NH_4^+$-N $P$ | $NO_2^-$-N $P$ |
| 2.76 | 0.472 | 0.381 | 0 | 0 |
| 3.68 | 0.020 | 0.029 | 0 | 0 |
| 4.60 | 0 | 0 | 0 | 0 |

① 指试验反应器（R2、R4）中的铁离子浓度。

**表2-20　$Fe^{2+}$、$Fe^{3+}$浓度对试验反应器（R2、R4）基质净去除速率的影响**

| 铁离子浓度 /（mg/L） | 亚铁试验 | | 高铁试验 | |
|---|---|---|---|---|
| | $NH_4^+$-N /［kg/（$m^3$·d）］ | $NO_2^-$-N /［kg/（$m^3$·d）］ | $NH_4^+$-N /［kg/（$m^3$·d）］ | $NO_2^-$-N /［kg/（$m^3$·d）］ |
| 2.76 | 0.06 | 0.04 | 0.10 | 0.17 |
| 3.68 | 0.18 | 0.10 | 0.23 | 0.27 |
| 4.60 | 0.40 | 0.39 | 0.31 | 0.50 |

在高铁试验中，装置接种后，同样先适应性运行10d，再考察不同高铁离子浓度对AMX基质去除速率的影响（图2-47a和b）。对照反应器（R3）的进水$Fe^{2+}$离子浓度维持在1.84mg/L，与驯化接种污泥所使用的$Fe^{2+}$浓度相同。根据所投加的$Fe^{3+}$浓度（2.76mg/L、3.68mg/L和4.60mg/L），同样可将试验反应器（R4）的运行过程分为三个阶段。在每个阶段，通过逐渐提高基质（$NH_4^+$-N和$NO_2^-$-N）浓度来增加反应器负荷，直至$NH_4^+$-N和$NO_2^-$-N产生积累。从表2-20中可以看出，以$Fe^{3+}$代替$Fe^{2+}$可以提高AMX对基质的去除速率。从表2-20中可以看出，在任何一个阶段中，试验反应器（R4）的$NH_4^+$-N和$NO_2^-$-N去除速率都大于对照反应器（R3）（单边ANOVA检验，$P<0.05$）。其中，试验反应器（R4）

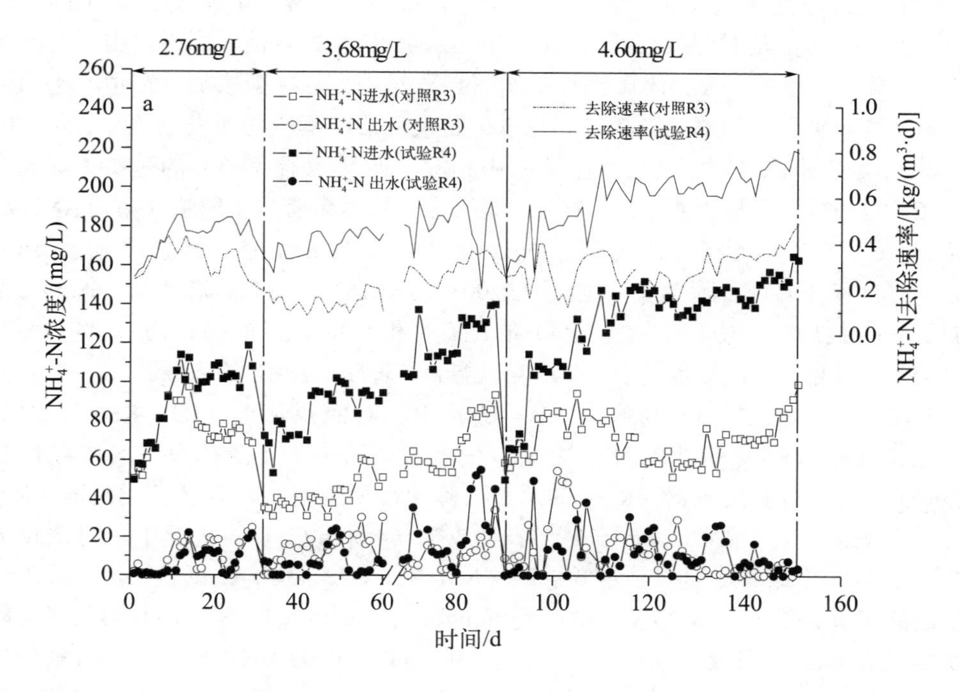


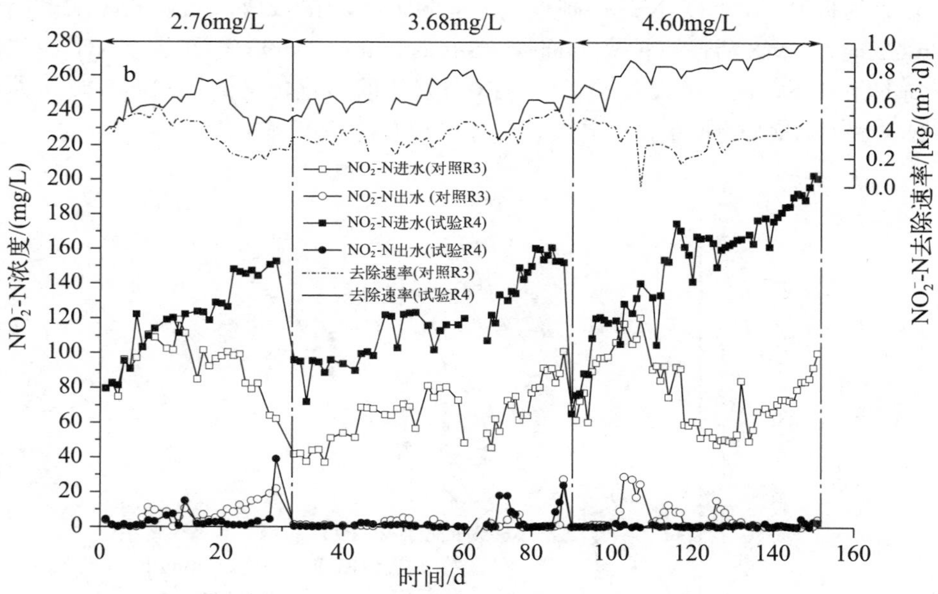


**图2-47　高铁离子对$NH_4^+$-N、$NO_2^-$-N去除性能的影响**

a.$NH_4^+$-N；b.$NO_2^-$-N

的$NH_4^+$-N去除速率是对照（R3）的1.34、2.36和2.18倍；试验反应器（R4）的$NO_2^-$-N去除速率是对照反应器（R3）的1.42、1.92和2.84倍。同样，由于对照反应器（R3）中的AMX会因微生物扩增而导致基质去除速率增加，在考察不同浓度$Fe^{3+}$对基质去除速率的影响时，也以试验反应器中基质的净去除速率表示，即从试验反应器（R4）的基质去除速率中扣除对照反应器（R3）的基质去除速率（表2-20）。统计分析表明，$Fe^{3+}$浓度对基质净去除速率有显著影响（单边ANOVA检验，$P<0.05$）。当$Fe^{3+}$浓度从2.76mg/L增加至3.68mg/L时，试验反应器（R4）的$NH_4^+$-N和$NO_2^-$-N去除速率增加了128.00%和65.76%；当$Fe^{3+}$浓度从3.68mg/L增加至4.60mg/L时，试验反应器（R4）的$NH_4^+$-N和$NO_2^-$-N去除速率增加了34.93%和74.45%。可见，提高培养基中$Fe^{3+}$浓度也能够显著提高AMX的活性。

图2-48为亚铁（a）和高铁（b）试验中，对照反应器（R1、R3）与试验反应器（R2、R4）的性能对比情况。在亚铁试验中，当进水$NO_2^-$-N浓度达到154mg/L时，对照反应器（R1）的总氮去除速率增幅变小，而试验反应器（R2）的总氮去除速率增幅不减；在$Fe^{2+}$浓度较高（4.60mg/L）的情况下，对照反应器（R1）的总氮去除速率显著低于试验反应器（R2）。在高铁试验中，也出现了相似的情况，当进水$NO_2^-$-N浓度达到98mg/L时，试验反应器（R4）的总氮去除速率显著高于对照反应器（R3）。$NH_4^+$-N和$NO_2^-$-N均为AMX的基质，但供应过量会成为抑制剂，$NO_2^-$-N的抑制作用强于$NH_4^+$-N。据报道，当亚硝酸浓度高于98mg/L时，AMX活性可被完全抑制（Strous et al.，1999b）。在进水$NO_2^-$-N浓度较高的条件下，$Fe^{2+}$和$Fe^{3+}$可促进AMX对基质的转化，推测这与两种离子能缓解$NO_2^-$-N对AMX的抑制作用有关，具体机理有待深入研究。

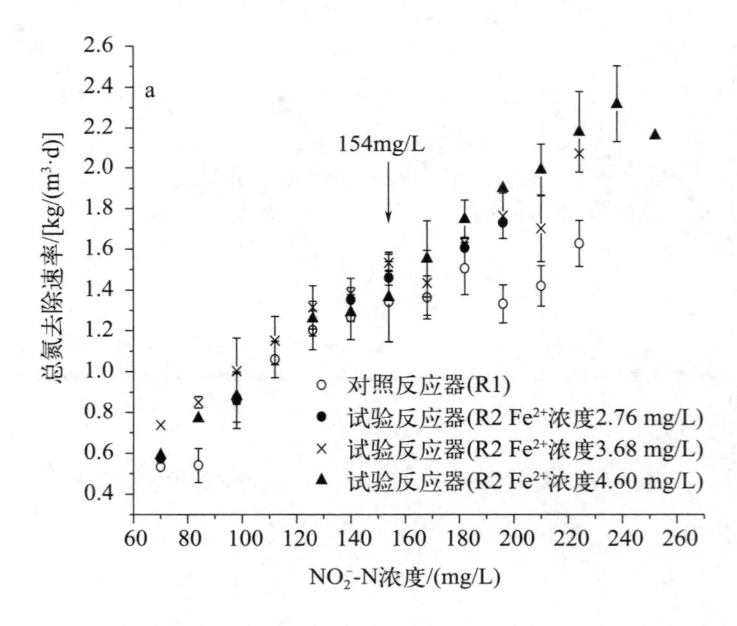

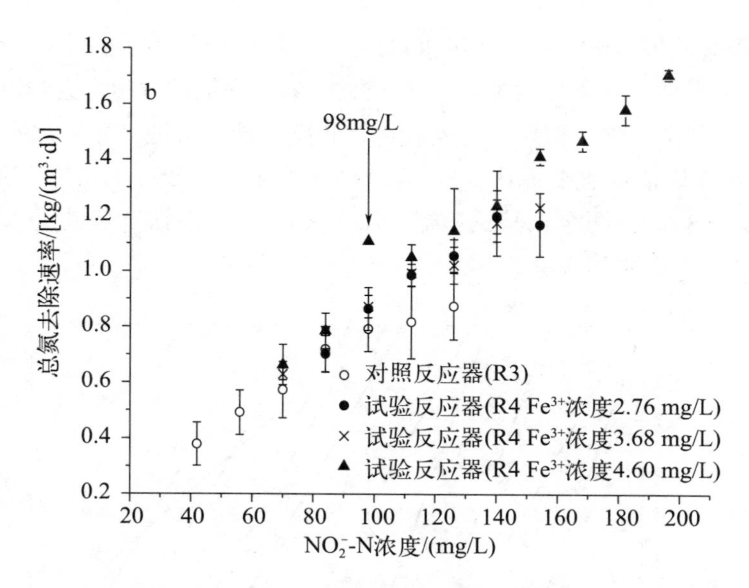


**图2-48 对照反应器与试验反应器性能的比较**

a. 亚铁试验；b. 高铁试验

② 反应体系中总溶解性铁的转化。在试验反应器（R2、R4）添加$Fe^{2+}$、$Fe^{3+}$浓度为4.60mg/L的条件下，考察了反应体系对总溶解性铁的转化情况（表2-21）。亚铁试验中，R2反应器对总溶解性铁的转化量为（2.19±0.21）mg/L，是对照R1的4.47倍。高铁试验中，R4反应器对总溶解性铁的转化量为（2.45±0.17）mg/L，是对照R3的4.45倍。

**表2-21 两组试验中总溶解性铁的转化①②**

| 铁离子浓度/（mg/L） | 亚铁试验 | | 高铁试验 | |
|---|---|---|---|---|
| | 对照（R1） | 试验（R2） | 对照（R3） | 试验（R4） |
| 进水 | 1.03±0.10 | 3.05±0.12 | 1.17±0.10 | 3.31±0.16 |
| 出水 | 0.55±0.11 | 0.86±0.14 | 0.62±0.09 | 1.80±0.16 |
| 转化 | 0.49±0.15 | 2.19±0.21 | 0.55±0.11 | 2.45±0.17 |
| 转化率/% | 46.53±12.45 | 71.51±5.11 | 47.16±7.24 | 74.21±4.41 |

① 测定在进水铁离子浓度为4.60mg/L时进行。

② 参考自vab Buftruj et al.，2008b。

从表2-21可以看出，两组试验测得的进水总溶解性铁离子浓度均低于理论值（4.60mg/L）。虽然在反应体系中EDTA对铁离子的螯合作用是主要因素，但也有可能铁离子与$OH^-$、$HCO_3^-$、$CO_3^{2-}$等反应形成了氢氧化铁、水合氧化铁、碳酸氢铁、碳酸铁等难溶物质。在进水pH为6.7～7.8、铁离子浓度为4.60mg/L条件下，$Fe^{2+}$、$Fe^{3+}$的氢氧化物均难溶于水（图2-49），它们的碳酸盐也难溶于水（图2-50）。进水中存在亚铁和高铁的氢氧化物和碳酸盐，可能是导致进水总溶解性铁浓度低于理论值的重要原因。$Fe^{3+}$-EDTA（稳定系数25.1）比$Fe^{2+}$-EDTA稳定（稳定系数14.3），在两个试验反应器（R2、R4）中，高铁试验的进水总溶解性铁离子浓度也高于亚铁试验。

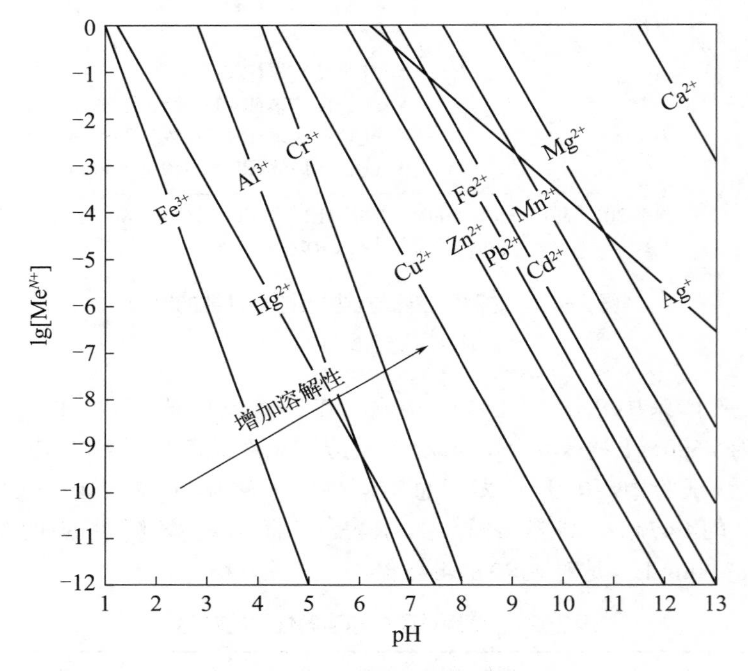


**图2-49　金属氢氧化物的溶解度**

（戴树桂等，2006）

反应体系中总溶解性铁的转化包括两部分，一是pH升高导致$Fe^{2+}$、$Fe^{3+}$转化为氢氧化物和碳酸氢盐等难溶物质，二是AMX对$Fe^{2+}$、$Fe^{3+}$的利用。由于EDTA的螯合作用，产生难溶物质对总溶解性铁变化的贡献较少，AMX同化$Fe^{2+}$、$Fe^{3+}$对总溶解性铁变化的贡献较大。在两组试验中，AMX对铁的转化量均高于文献报道值1.15mg/L（van Niftrik et al.，2008b）。据报道，AMX“Candidatus *Brocadia fulgida*”和“Candidatus *Kuenenia stuttgartiensis*”生长于含铁量为2.30mg/L的培养基中时，其厌氧氨氧化体中可检出大量细菌铁蛋白（van Niftrik et al.，2008b）。细菌铁蛋白是微生物体内的铁库，产生于缺铁环境（Andrews，1998）。综上分析可见，在常用的AMX培养基中，铁含量不足。

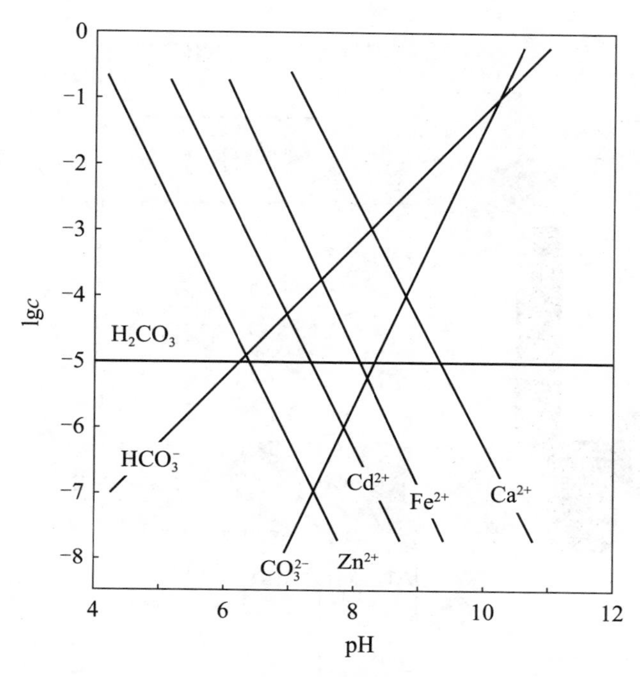


**图2-50　金属碳酸盐的溶解度**

（戴树桂等，2006）

两组试验表明，AMX既能利用$Fe^{2+}$，也能利用$Fe^{3+}$。嗜铁素介导的摄铁途径是革兰氏阴性菌常用的摄铁方式（图2-51）。嗜铁素是一类对铁具有高特异性和强亲和力的低分子物质，一般产生于低铁环境。常见的嗜铁素有氧肟酸盐、*α*-羟酸和儿茶酚、柠檬酸等。嗜铁素与$Fe^{3+}$结合形成六个配位基的八面体，由于该复合物的分子量太大，不能直接通过细胞外膜上的孔道蛋白，必须借助外膜受体。$Fe^{3+}$-嗜铁素复合物与外膜受体结合后，ExbB蛋白和ExbD蛋白利用跨膜电荷梯度激活TonB蛋白，从而改变外膜受体结构，使外膜受体上的$Fe^{3+}$-嗜铁素穿过外膜。接着，壁膜空间中的结合蛋白与$Fe^{3+}$-嗜铁素复合物结合，并将其转交给内膜上的通透酶，然后在ATP结合盒型转运蛋白（ABC蛋白）的协助下进入细胞质。一旦进入细胞质，$Fe^{3+}$便与嗜铁素解离，被还原成$Fe^{2+}$并用于细胞物质合成。对许多厌氧细菌来说，还存在一种Feo蛋白介导的铁转运途径。与嗜铁素介导的转运系统不同，这个系统直接转运$Fe^{2+}$，而不是$Fe^{3+}$。$Fe^{3+}$的转运也可以通过将胞外$Fe^{3+}$还原成$Fe^{2+}$而实现。已在许多细菌中发现了胞外三价铁还原酶。作为一种厌氧的革兰氏阴性菌，AMX可能通过嗜铁素介导摄取$Fe^{3+}$，也可能通过Feo蛋白介导摄取$Fe^{2+}$，或者先在胞外将$Fe^{3+}$还原成$Fe^{2+}$后，再通过Feo蛋白介导摄取$Fe^{2+}$。目前，对AMX能同时利用$Fe^{3+}$和$Fe^{2+}$的机理还不清楚，有待于深入研究。

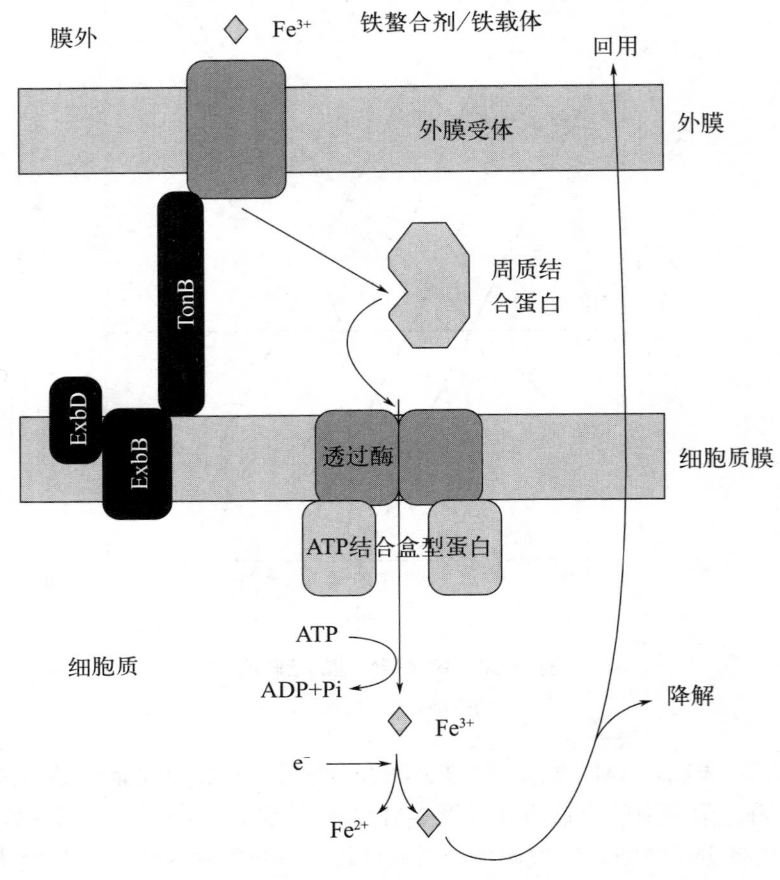


**图2-51　嗜铁素介导的摄铁途径**

（Andrews et al.，2003）

③ 添加亚铁、高铁离子对AMX铁和血红素C含量的影响。图2-52a和图2-52b是在亚铁试验和高铁试验中，对照反应器与试验反应器中AMX铁和血红素C含量的比较。在亚铁试验中，试验反应器（R2）中AMX的铁含量比对照反应器（R1）中AMX的高50.34%；R2反应器中AMX无细胞匀浆的血红素C含量比对照反应器（R1）中AMX的高14.58%。提高培养基中铁离子浓度，增加了AMX的铁和血红素C含量。而在高铁试验中，试验反应器（R4）中AMX的铁含量比对照反应器（R3）中AMX的高64.53%；R4反应器中AMX无细胞匀浆的血红素C含量比对照反应器（R3）中AMX的低8.28%。可见在高$Fe^{2+}$浓度下，AMX的铁含量和血红素C含量同时增加；而在高$Fe^{3+}$浓度下，AMX的铁含量增加，血红素C含量下降。

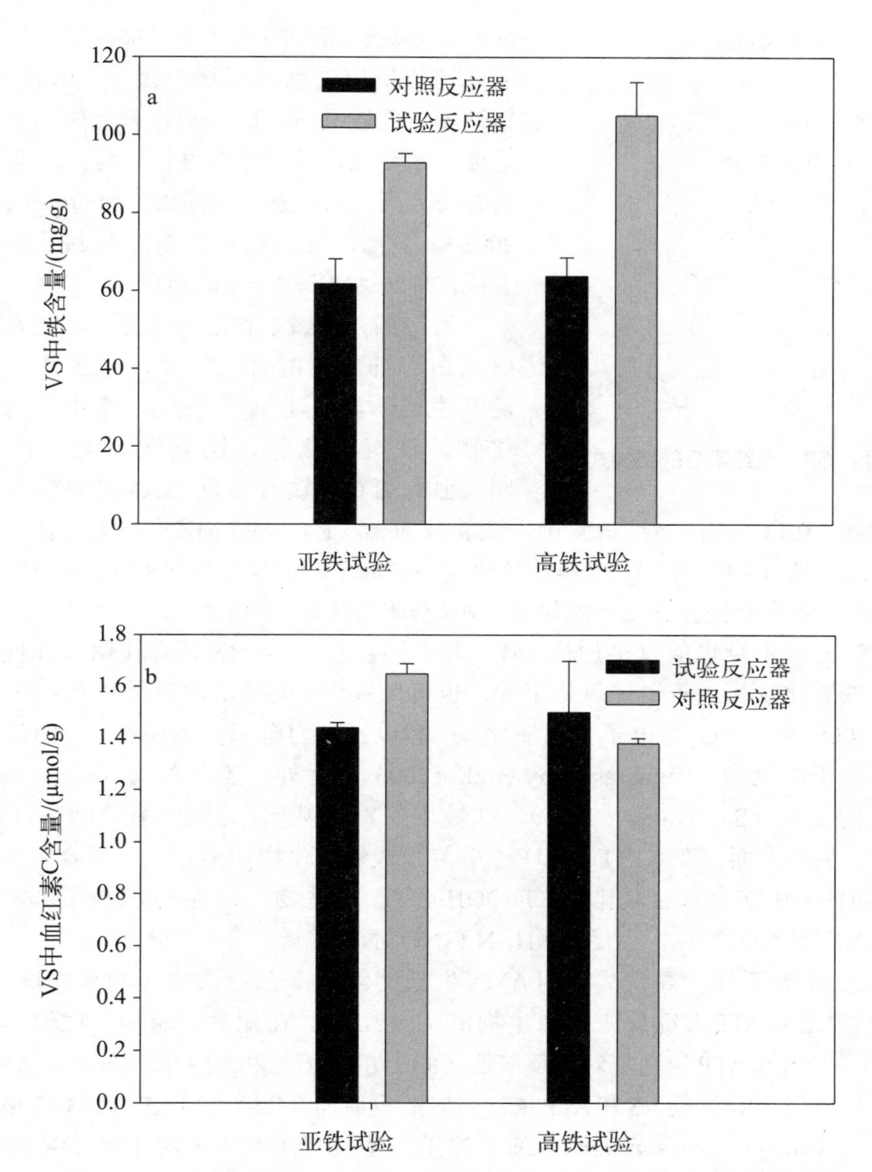


**图2-52　添加亚铁、高铁离子的AMX铁（a）和血红素C（b）含量比较**

血红素C是含铁原子的蛋白质辅基，它是由卟啉环与亚铁结合形成的，其结构式如图2-53所示。每分子血红素C含有1个铁原子。AMX的许多酶以血红素C为辅基。研究证明，*Brocadia anammoxidans*和KSU-1菌株的HAO分别含有26个和14个血红素C，KSU-1菌株的HZO也含有16个血红素C（Schalk et al.，2000；Shimamura et al.，2007；Shimamura et al.，2008）。在血红素的合成过程中，最

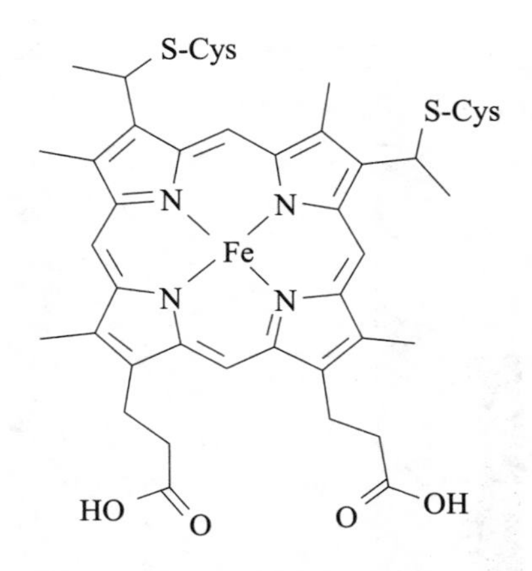


图2-53 血红素C的结构式

后一步是亚铁螯合酶将铁原子插入原卟啉IX环中。这步反应受铁响应调节蛋白（Irr）调控。铁离子浓度较高时，Irr与亚铁螯合酶结合，促进血红素合成；铁离子浓度较低时，Irr与亚铁螯合酶分离，血红素合成停止（Andrews et al.，2003）。显然，提高铁离子浓度有利于血红素合成，促进AMX对基质的转化。

测得的AMX铁含量不但包括血红素、铁硫蛋白等细胞内的含铁物质，还包括水中沉淀产生的、附着于细胞表面的部分无机铁氧化物、铁氢氧化物、铁碳酸盐等。计算表明，血红素C的铁含量仅占AMX的铁含量的0.07%～0.13%。在高铁试验中，试验反应器（R4）的AMX血红素C含量低于对照反应器（R4），但AMX基质转化速率却高于对照反应器（R4），推测除血红素C外，还有其他含铁物质能促进AMX基质转化。

铁元素本身也能直接加快AMX基质去除速率。AMX具有代谢多样性，它可以铁氧化物为电子受体氧化甲酸，也可以$Fe^{2+}$为电子供体还原$NO_3^-$（Strous et al.，2006）。以$NO_3^-$为电子受体氧化$Fe^{2+}$和以$NO_2^-$为电子供体还原$Fe^{3+}$的反应广泛存在于微生物（Kumaraswamy et al.，2006）。另外，还存在$Fe^{3+}$-EDTA与$NH_4^+$之间的反应（Sawayama，2006）。铁被用作额外基质，促进$NH_4^+$-N和$NO_2^-$-N的去除。另一方面，在水中$Fe^{2+}$和$Fe^{3+}$容易形成氢氧化物[$Fe(OH)_n$]、水合氢氧化物[$Fe(OH)_n \cdot H_2O$]、水合氧化物（FeOOH）等，这些物质含有·OH自由基，能够催化$NH_4^+$和$NO_2^-$氧化，也促进$NH_4^+$-N和$NO_2^-$-N的去除。

④ 添加亚铁、高铁离子对AMX生长的影响。在亚铁试验和高铁试验中，分别以VS和ATP表征反应器中生物量（图2-54）。在亚铁试验中，试验反应器（R2）的VS和ATP分别是对照反应器（R1）的2.16倍和3.53倍；在高铁试验中，试验反应器（R4）的VS和ATP依次是对照反应器（R3）的4.15倍和3.37倍。铁离子对*Nitrosomonas europaea*和海洋浮游生物具有刺激生长的作用（Erdner and Anderson，1999；Wei et al.，2006）。铁离子对AMX生长有刺激作用，原因还不清楚，推测与AMX的乙酰-CoA自养固碳途径有关。一氧化碳脱氢酶（CODH）是乙酰-CoA自养固碳途径中最重要的酶，能够将CO或$CO_2$和—$CH_3$转化成乙酰CoA。研究表明该酶含有Ni-Fe-S簇或Fe-S簇（Ragsdale，1991）。含Fe-S簇的蛋白质是另一种含铁蛋白，Fe-S簇有多种构象，如$[Fe]^{3+/2+}$、$[2Fe\text{-}2S]^{2+/1+}$、$[3Fe\text{-}4S]^{1+/0}$、$[4Fe\text{-}4S]^{2+/1+}$和[6Fe-6S]（Bian and Cowan，1999）。这些Fe-S簇具有传递电子、催化反应、稳定蛋白结构、调节代谢的功能。CODH的Fe-S簇能催化氧化还原反

应。在不同细菌中，Fe-S簇结构也不同。例如，在深红红螺菌（*Rhodospirillum rubrum*）中，其结构为[3Fe-4S]；在热醋穆尔氏菌（*Moorella thermoacetica*）中，其结构为[4Fe-4S]；在*Carboxydothermus hydrogenoformans*中，其结构为[4Fe-5S]（Dobbek et al.，2001；Doukov et al.，2002；Drennan et al.，2001）。Fe-S簇的构象与培养基中铁的生物有效性密切相关。顺乌头酸酶的Fe-S簇具有[3Fe-4S]和[4Fe-4S]这两种可以互相转换的结构。只有当顺乌头酸酶中的Fe-S簇处于[4Fe-4S]结构时，该酶才具有催化活性。环境中铁含量较低时，[4Fe-4S]结构会转化成[3Fe-4S]结构，导致顺乌头酸酶失活（Bian and Cowan，1999）。

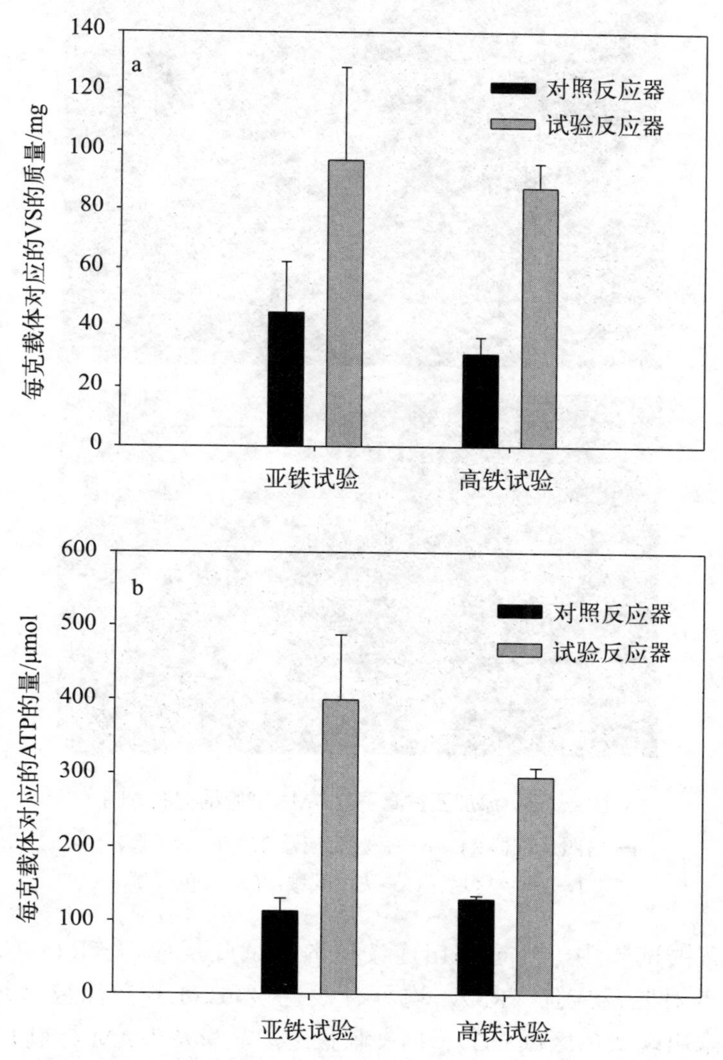


图2-54 AMX在添加亚铁、高铁离子后对应VS（a）和ATP（b）的变化

⑤ 添加亚铁、高铁离子对AMX细胞结构的影响。在亚铁试验中，经过205d连续培养，对照反应器（R1）和试验反应器（R2）中AMX的透射电镜照片如图2-55所示。从图2-55可以看出，对照反应器（R1）中的细菌细胞结构类似于接种污泥，无显著差异；而试验反应器（R2）中的细菌细胞结构显著有别于接种污泥。两者之间的主要差别有：a.R2反应器的细菌细胞表面增厚，密度变大；b.R2反应器的细菌细胞内部颜色较浅，物质密度变低；c.R2反应器的细菌细胞内部产生灰色区域（G），深色区域（D）占整个细胞的比例变小。

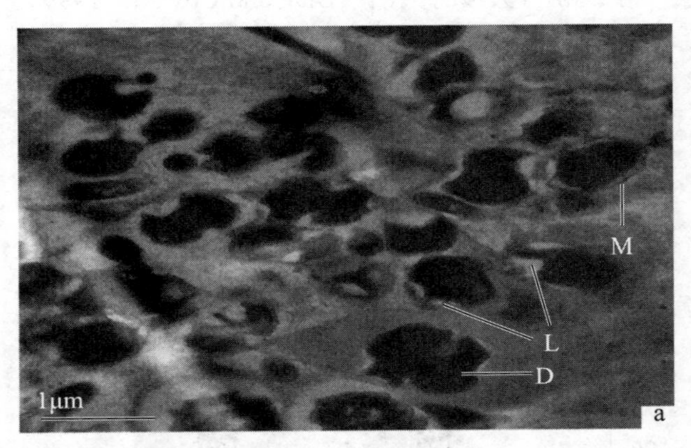


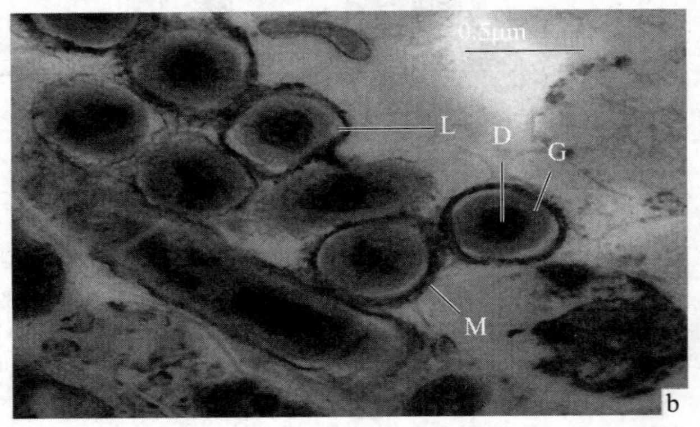


**图2-55 添加亚铁离子对AMX细胞结构的影响**

a—对照反应器R1；b—试验反应器R2；M—细胞表面；
D—深色区域；G—灰色区域；L—浅色区域

而在高铁试验中，经过151d连续培养，试验反应器（R4）的AMX细胞结构类似于对照反应器（R3），均具有浅色区域（L）和深色区域（D）（图2-56），而未出现灰色区域（G）。据文献报道，从里及外AMX细胞可分为三个部分：厌氧氨氧化体（anammoxosome）、核糖细胞质（riboplasm）和外室细胞质（paryphoplasm）（Lindsay et al.，2001）。反应器（R1和R3）和试验反应器（R4）中的AMX，内部深色区域（D）占据细胞的大部分空间，为厌氧氨氧化体（Schmid et al.，2003）。而在浓度较高的$Fe^{2+}$作用下，试验反应器（R2）中的AMX细胞形态显著不同于对照反应器（R1），细胞内部的深色区域（厌氧氨氧化体）向内聚集，且出现灰色区域（G），迄今未见相关报道。

细菌细胞的超微结构随培养基中铁离子浓度升高而改变的现象存在于多种微生物中。在铁离子浓度较高的培养基中培养*Nitrosomonas europaea*，考察铁离子浓度升高对*N.europaea*的影响，结果发现其细胞膜的层膜结构更加密实（Wei et al.，2006）。*N.europaea*细胞膜上带有大量含铁蛋白，Wei等人（2006）认为，细胞膜结构的改变可能与这些含铁蛋白有关。AMX厌氧氨氧化体也含有较多的含铁酶类。厌氧氨氧化体结构的改变可能影响这些酶的分布和含量，继而影响AMX的基质转化速率。但是，这种细胞结构改变的真正原因有待研究探明。

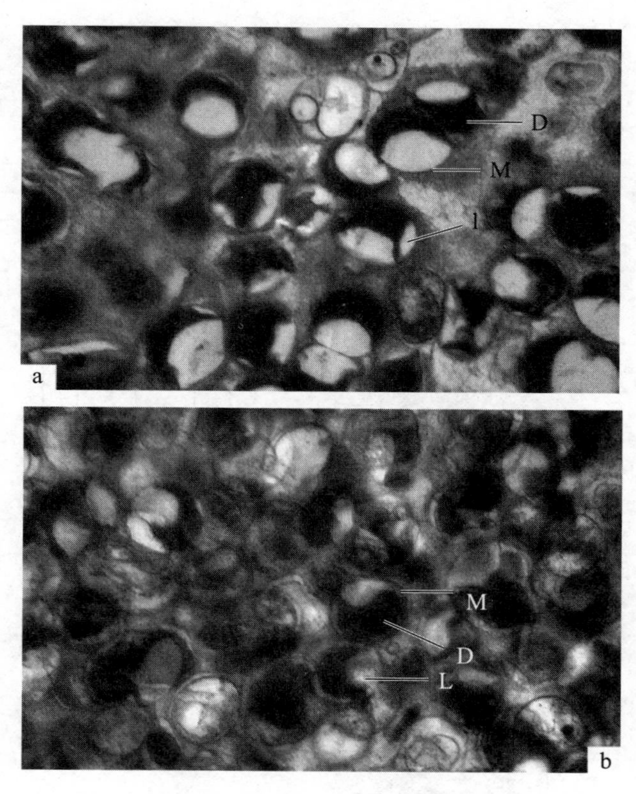


**图2-56 添加高铁离子对AMX细胞结构的影响**

a—对照反应器R3；b—试验反应器R4

M—细胞表面；D—深色区域；L—浅色区域

⑥ 添加亚铁、高铁离子对反应器内微生物的生态学作用。在试验过程中采用分子生物学方法对反应器中的微生物菌群进行了检测分析。图2-57为亚铁试验中对照反应器（R1）与试验反应器（R2）中污泥样品的DGGE指纹图谱。其中1#为对照反应器（R1）的污泥样品，2#为试验反应器（R2）在$Fe^{2+}$浓度为3.68mg/L时的样品，3#为试验反应器（R2）在$Fe^{2+}$离子浓度为4.60mg/L时的样品。与对照反应器（R1）污泥样品（1#）相比，试验反应器（R2）在$Fe^{2+}$浓度为3.68mg/L时的污泥样品（2#）DGGE条带有所增加，分别是条带16、18、19、20、23，而第16号条带在试验反应器（R2）$Fe^{2+}$浓度为4.60mg/L时的污泥样品（3#）中消失。以Shannon指数（$S$）对3个污泥样品中的微生物多样性进行分析，一般$S$值越大，微生物物种越丰富。1#、2#和3#样品的$S$值分别为2.66、2.96和2.77，这表明添加$Fe^{2+}$的试验反应器（R2）的微生物物种比对照反应器（R1）丰富，试验反应器（R2）中的微生物物种随$Fe^{2+}$浓度增加而减少，然而这种种群多样性变化并不大。

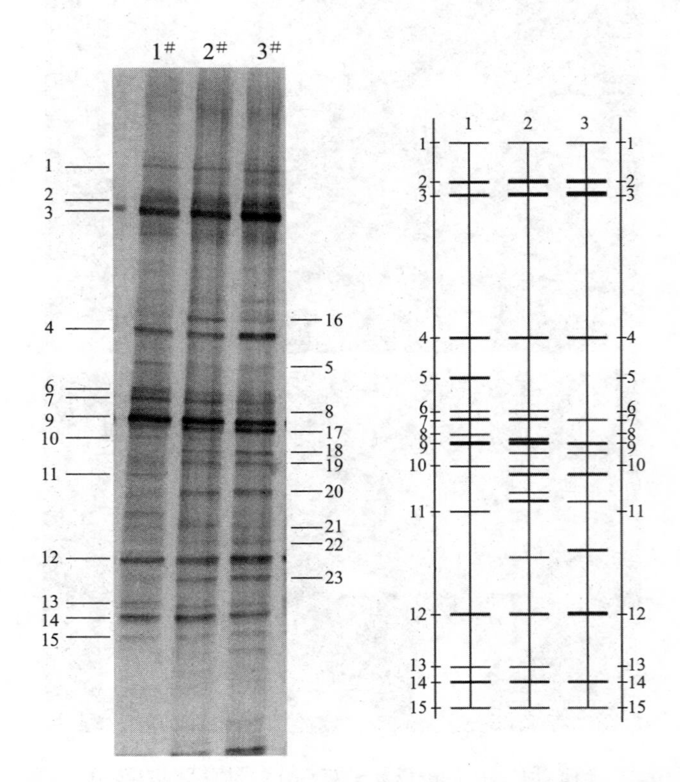


图2-57　亚铁试验中对照反应器（R1）和试验反应器（R2）污泥样品的DGGE指纹图谱

1—取自对照反应器R1；2—取自试验反应器R2，$Fe^{2+}$浓度3.68mg/L；

3—取自试验反应器（R2），$Fe^{2+}$浓度4.60mg/L

由此可见，适当提高$Fe^{2+}$浓度能够促进某些微生物的生长，而这些微生物对$Fe^{2+}$有一定耐受度，当$Fe^{2+}$浓度过高时，这些微生物的生长受到抑制，但$Fe^{2+}$对ANAMMOX反应器中菌群的选择作用有限。采用戴斯（Dice）指数（$C_s$）量化表征DGGE图谱中样品的相似度，通常$C_s$值越大表明相似度越高。对照反应器（R1）和试验反应器（R2）的污泥样品DGGE图谱相似性分析见表2-22。提高$Fe^{2+}$浓度使AMX的颗粒污泥中的微生物种群结构发生变化，但变化不大，与对照反应器相似度可达68.7%或58.7%。当$Fe^{2+}$浓度由3.68mg/L继续升高至4.60mg/L时，菌群结构变化更小，两者相似度达到79.2%。

**表2-22　亚铁试验中对照反应器（R1）和试验反应器（R2）污泥样品DGGE图谱相似性分析**

| 样品 | 1#（R1） | 2#（R2，$Fe^{2+}$浓度3.68mg/L） | 3#（R2，$Fe^{2+}$浓度4.60mg/L） |
| --- | --- | --- | --- |
| 1#（R1） | 100.0% | | |
| 2#（R2，$Fe^{2+}$浓度3.68mg/L） | 68.7% | 100.0% | |
| 3#（R2，$Fe^{2+}$浓度4.60mg/L） | 58.7% | 79.2% | 100.0% |

图2-58为高铁试验中对照反应器（R3）与试验反应器中（R4）污泥样品的DGGE指纹图谱。其中4#为对照反应器（R3）的污泥样品，5#为试验反应器（R4）在$Fe^{3+}$浓度为3.68mg/L时的样品，6#为试验反应器（R4）在$Fe^{3+}$浓度为4.60mg/L时的样品。与对照反应器（R3）污泥样品（4#）相比，试验反应器（R4）在$Fe^{3+}$浓度为3.68mg/L时的污泥样品（5#）DGGE条带有所增加，分别是条带15′、16′、17′、18′、19′、20′、21′、22′、24′，而试验反应器（R2）在$Fe^{3+}$浓度为4.60mg/L时的污泥样品（6#）中条带16′、18′、19′、22′的亮度降低，但出现了条带23′。4#、5#和6#样品的$S$值分别为2.48、3.05和2.99，这表明添加$Fe^{3+}$的试验反应器（R4）的微生物物种多样性比对照反应器（R3）丰富，试验反应器（R4）中的微生物物种多样性随$Fe^{3+}$浓度增加而减少，然而这种种群多样性变化也不大。由此可见，适当提高$Fe^{3+}$浓度也能够促进某些微生物的生长，而部分微生物的生长因$Fe^{3+}$浓度的继续升高受到抑制，另有一些微生物却能够耐受更高浓度（4.60mg/L）的$Fe^{3+}$。基于戴斯指数的对照反应器（R3）和试验反应器（R4）的污泥样品DGGE图谱相似性分析见表2-23。提高$Fe^{3+}$浓度使AMX的颗粒污泥中的微生物种群结构发生变化，但变化不大，与对照反应器相似度可达64.3%或73.3%。当$Fe^{3+}$浓度由3.68mg/L继续升高至4.60mg/L时，菌群结构变化更小，两者相似度达到78.5%。

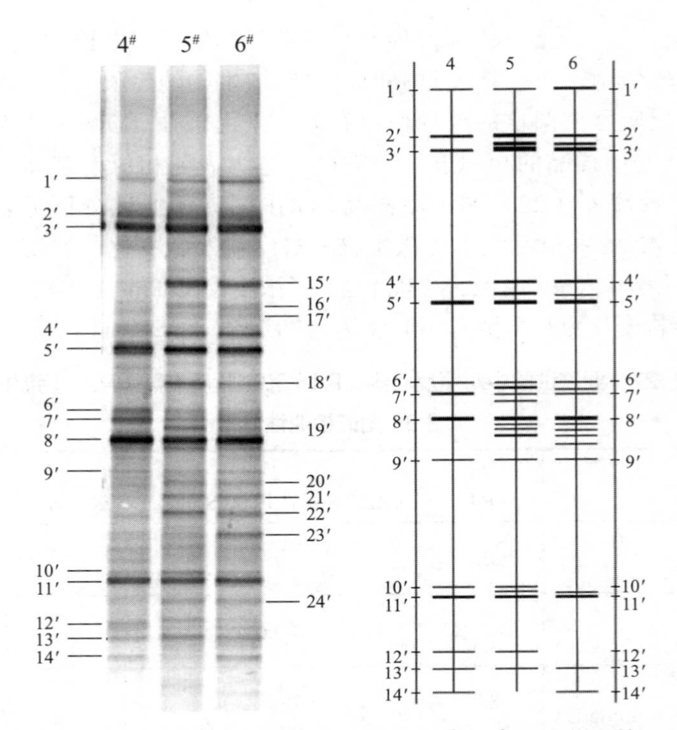


**图2-58　高铁试验中对照反应器（R3）和试验反应器（R4）污泥样品的DGGE指纹图谱**

4#取自对照反应器R3；5#取自试验反应器R4，$Fe^{3+}$浓度3.68mg/L；

6#取自试验反应器R4，$Fe^{3+}$浓度4.60mg/L

**表2-23　高铁试验中对照反应器（R3）和试验反应器（R4）污泥样品DGGE图谱相似性分析**

| 样品 | 4#（R3） | 5#（R4，$Fe^{3+}$浓度3.68mg/L） | 6#（R4，$Fe^{3+}$浓度4.60mg/L） |
|---|---|---|---|
| 4#（R3） | 100.0% | | |
| 5#（R4，$Fe^{3+}$浓度3.68mg/L） | 64.3% | 100.0% | |
| 6#（R4，$Fe^{3+}$浓度4.60mg/L） | 73.3% | 78.5% | 100.0% |

将亚铁试验和高铁试验污泥样品（1#～6#）DGGE图谱割胶后的部分条带进行回收、测序发现，亚铁试验中的条带4、7、12、14、16的序列分别与高铁试验中的条带5′、7′、11′、13′、4′的序列相同。将这些条带的序列通过BLAST程序与GenBank中的核酸序列进行比对分析，选取相似性高的菌种序列，然后建立系统发育树（图2-59）。条带4（5′）与Uncultured bacterium clone（FJ529985.1）的

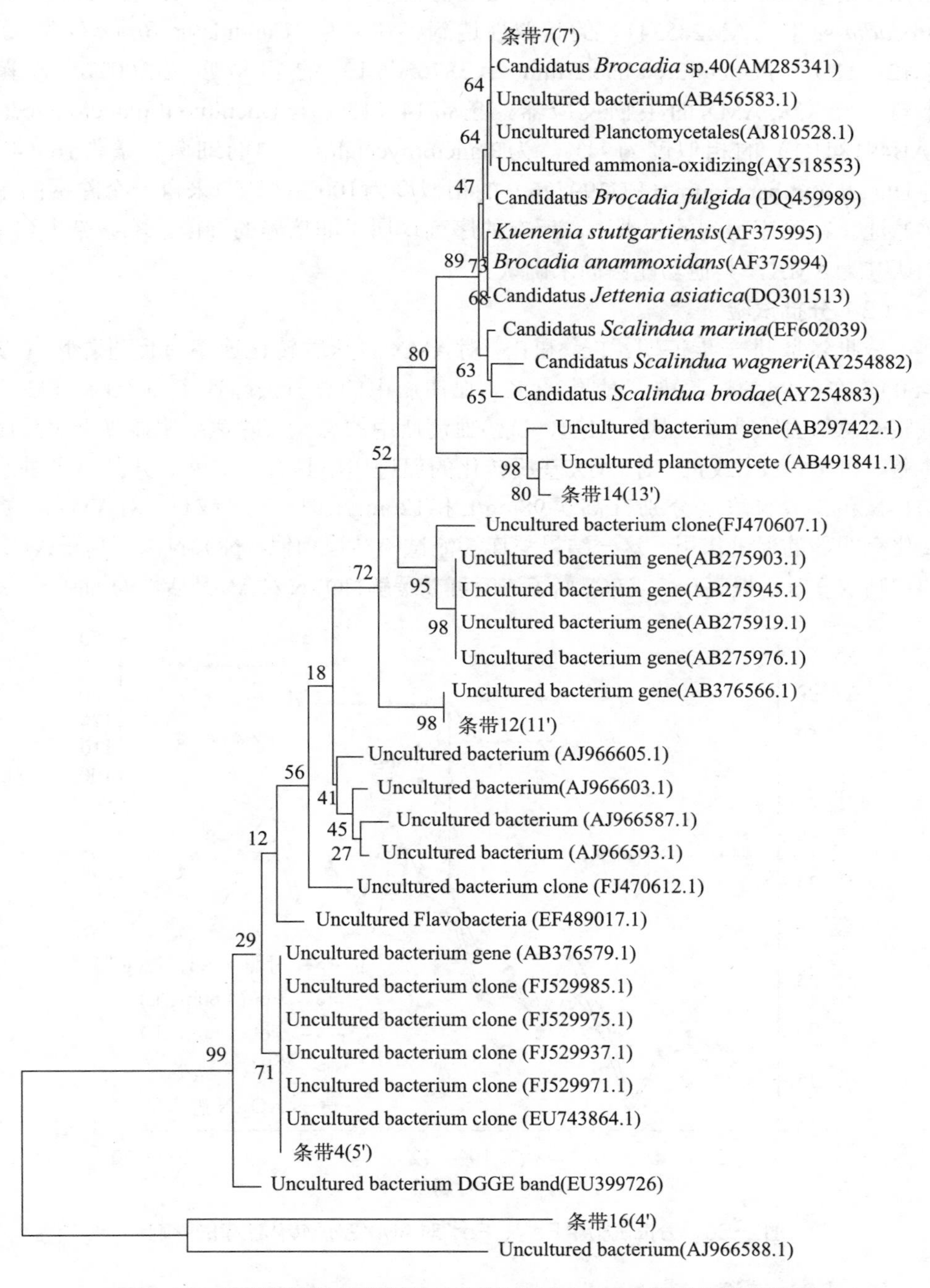


图2-59 亚铁试验和高铁试验DGGE图谱中部分条带的系统发育树

相似度达100%，该菌来自一个氨氧化生物膜反应器。条带7（7′）与Candidatus *Brocadia* sp.40（AM285341）的相似性达到98%，为“Candidatus *Brocadia*”。条带12（11′）与Uncultured bacterium（AB376566.1）的相似度达100%，该菌来自一个富集AMX的生物反应器。条带14（13′）与Uncultured planctomycete（AB491841.1）的相似度为94%，为Planctomycetales门中的细菌。条带16（4′）与Uncultured bacterium（EU399726）的相似度为100%，该菌来自一个除锰的生物滤池。在测序得到的条带中，所有的序列均属于非培养的细菌。除条带7（7′）确认其为AMX，其他功能菌尚未确认。

**（2）分批试验**

分批试验进一步证明，$Fe^{2+}$和$Fe^{3+}$对AMX的基质转化速率有促进作用（图2-60）。在前8d的试验中，对照（CK）血清瓶中的总氮去除速率高于$Fe^{2+}$和$Fe^{3+}$试验的总氮去除速率。从第9d起，试验血清瓶中的总氮去除速率明显高于对照血清瓶。可见，$Fe^{2+}$或$Fe^{3+}$对AMX基质转化的促进作用具有延滞性。此外，当进水$NH_4^+$-N和$NO_2^-$-N浓度分别升高至98mg/L和126mg/L时，$Fe^{2+}$或$Fe^{3+}$对AMX基质转化有明显的促进作用。这一结果与连续流试验结果相似，$NO_2^-$-N浓度高于AMX的抑制浓度时，提高$Fe^{2+}$或$Fe^{3+}$离子浓度可以缓解$NO_2^-$-N对AMX活性的抑制。

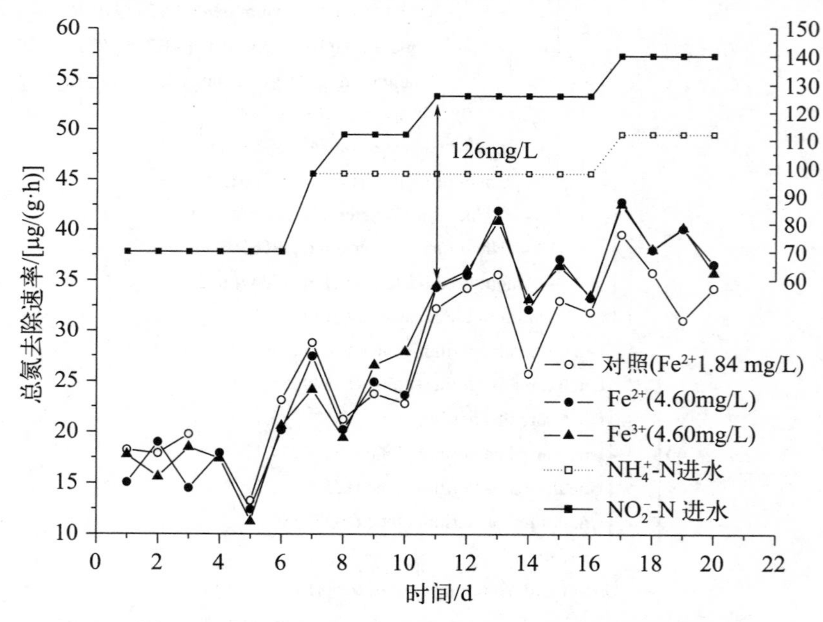


**图2-60　分批试验中$Fe^{2+}$、$Fe^{3+}$对AMX基质转化速率的影响**

### 2.3.4.3　结论

① 亚铁和高铁离子对AMX的基质转化速率具有促进作用，这种促进作用

随亚铁或高铁离子浓度升高而增强。当$Fe^{2+}$浓度为4.60mg/L时，试验反应器对$NH_4^+$-N和$NO_2^-$-N的去除速率分别为对照反应器的1.95倍和1.71倍；当$Fe^{3+}$浓度为4.60mg/L时，试验反应器对$NH_4^+$-N和$NO_2^-$-N的去除速率分别为对照反应器的2.18倍和2.84倍。

② 提高$Fe^{2+}$和$Fe^{3+}$浓度可以缓解$NO_2^-$-N对AMX活性的抑制，其机理尚不明确。

③ AMX既可以利用$Fe^{2+}$，也可以利用$Fe^{3+}$。提高铁离子浓度，可增加AMX总溶解性铁的转化量。常用的AMX培养基中铁离子含量不足。

④ 提高铁离子浓度能够改变AMX中铁和血红素含量。提高$Fe^{2+}$浓度，AMX的铁含量和血红素C含量同时增加；提高$Fe^{3+}$浓度，AMX的铁含量增加，血红素C含量下降。

⑤ 提高AMX培养基中$Fe^{2+}$或$Fe^{3+}$浓度，可以促进AMX的生长。在高浓度亚铁作用下，试验反应器的VS和ATP分别是对照反应器的2.16倍和3.53倍；在高浓度高铁作用下，试验反应器的VS和ATP依次是对照反应器的4.15倍和3.37倍。

⑥ 高浓度$Fe^{2+}$的长期作用可引起AMX细胞结构改变，细胞内产生不明灰色区域，功能有待探明。但高浓度$Fe^{3+}$对AMX细胞结构并无影响。

⑦ $Fe^{2+}$和$Fe^{3+}$的长期作用可使反应器内的微生物菌群结构发生变化，但变化幅度不大。测序发现反应器内的多种微生物属于非培养细菌，其功能有待进一步研究。

## 2.4 硫酸盐型厌氧氨氧化

自2001年Fdz-Polanco等人首次在以颗粒活性炭为载体的厌氧流化床反应器中发现氨氮与硫酸盐可同时减少，并推测存在SANAMMOX现象［式（2-6)］之后，该现象多次被报道（Fdz-Polanco et al.，2001；董凌霄等，2006；Zhao et al.，2006）。

$$2NH_4^+ + SO_4^{2-} \longrightarrow N_2 + S + 4H_2O \tag{2-6}$$

该反应的发现可为废水生物脱氮提供新的思路，特别有助于推动同时含有氨氮和硫酸盐的废水（如发酵、化工、制药、制糖废水）的治理。与ANAMMOX工艺相比，该工艺以硫酸盐取代亚硝酸盐，无须通过短程硝化获取电子受体，不但降低了成本，达到了“以废治废”的目的，而且提高了工艺的可控性。与目前较为先进的自养反硝化工艺（$2NO_3^- + 5S^{2-} + 12H^+ \longrightarrow N_2 + 5S + 6H_2O$）相比，该工艺解决了硫酸盐还原中间产物（硫化物）的二次污染问题。此外，已知ANAMMOX对全球氮素循环的贡献很大，所产氮气占海洋所产氮气的30% ～ 50%（Dalsgaard et al.，2003；Strous and Jetten，2004），而SANAMMOX则可能是氮、硫地球生物化学循环的另一途径，因此对该过程的研究具有重要的实用价值和科学意义。鉴于文献报道的SANAMMOX现象都发生于有机条件下，而理论上该反应是自养型生物反应，本课题组自2005年开始试验了自养型SANAMMOX的性能。

## 2.4.1 材料与方法

### 2.4.1.1 化学反应试验

为了排除$NH_4^+$和$SO_4^{2-}$发生化学反应的可能性，在厌氧条件下考察了$NH_4^+$和$SO_4^{2-}$的反应性能。在9个65mL血清瓶中，分别加入不同浓度的$NH_4^+$-N和$SO_4^{2-}$-S（表2-24）。血清瓶用丁基橡胶塞塞紧，然后用铝盖加固，并用95%氩气置换其中的空气20min。湿热灭菌后，放置于30℃恒温室内。分别测定起始和24h后瓶中$NH_4^+$-N和$SO_4^{2-}$-S浓度，所有测试设三个重复。

表2-24　$NH_4^+$和$SO_4^{2-}$的化学反应试验

| 血清瓶/个 | $NH_4^+$-N/（mmol/L） | $SO_4^{2-}$-S/（mmol/L） |
|---|---|---|
| 3 | 3 | 1 |
| 3 | 30 | 10 |
| 3 | 60 | 20 |

### 2.4.1.2 生物反应试验

**（1）试验装置与工作条件**

试验装置和流程如图2-61所示。试验装置为上流式厌氧附着膜膨胀床反应器，用有机玻璃制作，有效容积1.5L。内部填充直径3 ～ 4cm的竹球。反应器外包裹黑布，以防光线对混培物产生负面影响。

反应器置于30℃恒温室内，采用连续培养和分批培养两种方式运行。连续培养时（图2-61a），模拟废水由电子蠕动泵注入反应器底部，经均匀分布后向上流动，基质被污泥转化，气、泥、水混合液在沉淀室分离，净化液经出水口流出反应器，气体由排气口引出反应器，污泥依靠重力返回反应区。分批培养时（图2-61b），用电子蠕动泵将模拟废水在12h内注入反应器底部；然后停止进水，打开充气阀，利用$N_2$保持反应器处于厌氧状态（以刃天青作为指示剂），同时通过循环泵使模拟废水与污泥充分接触，96h后停止充气和循环，沉淀15min，滗出上清液。如此循环运行。

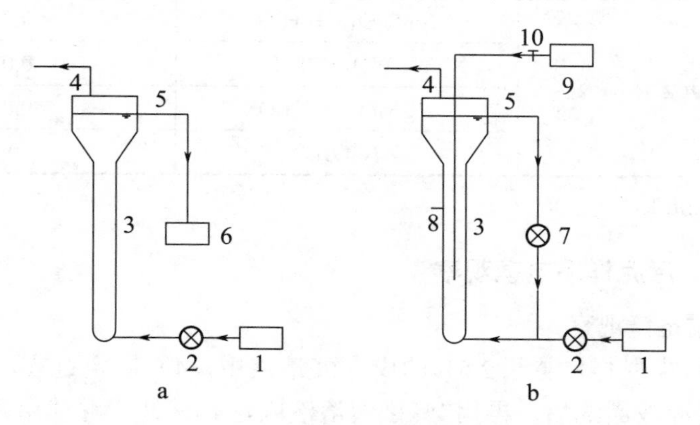


**图2-61 工艺流程与反应装置**

a—连续培养；b—序批培养

1—进水箱；2—进水泵；3—反应器；4—出气口；5—出水；

6—出水箱；7—回流泵；8—取样口；9—氮气瓶；10—气阀

**（2）接种污泥与模拟废水**

接种污泥取自某城市污水处理厂厌氧消化池，MLSS为38.4g/L，MLVSS为14.9g/L，MLVSS/MLSS为0.38。

模拟废水的组成为：$Na_2HPO_4$ 53mg/L，$NaH_2PO_4$ 41mg/L，$CaCl_2$ 80mg/L，$MgCl_2 \cdot 6H_2O$ 160mg/L，$KHCO_3$ 1250mg/L，酸性和碱性微量元素浓缩液各1.25mL/L，组成见表2-25。$NH_4^+$-N和$SO_4^{2-}$-S用$NH_4Cl$和$Na_2SO_4$提供，浓度按需配制。

**表2-25 微量元素浓缩液的组成**

| 成分 | | 浓度/（g/L） |
|---|---|---|
| 酸性微量元素浓缩液 | $FeCl_2 \cdot 4H_2O$ | 1.491 |
| | $H_3BO_3$ | 0.062 |
| | $ZnCl_2$ | 0.068 |
| | $CuCl_2 \cdot 2H_2O$ | 0.017 |
| | $MnCl_2 \cdot 4H_2O$ | 0.099 |
| | $CoCl_2 \cdot 6H_2O$ | 0.119 |
| | $NiCl_2 \cdot 6H_2O$ | 0.024 |
| | HCl | 4.18① |

续表

| 成分 | | 浓度/(g/L) |
|---|---|---|
| 碱性微量元素浓缩液 | $Na_2SeO_4 \cdot 10H_2O$ | 0.017 |
| | $Na_2WO_4 \cdot 2H_2O$ | 0.033 |
| | $Na_2MoO_4 \cdot 2H_2O$ | 0.024 |
| | NaOH | 0.4 |

① 单位为mL/L。

#### 2.4.1.3 污泥样品电镜观察

**（1）扫描电镜观察**

从反应器中取样，置于2.5%的戊二醛溶液中，4℃固定过夜，经0.1mol/L、pH7.0磷酸缓冲液漂洗后，再用1%锇酸溶液固定1～2h，继续用磷酸缓冲液漂洗。经过梯度浓度（包括50%、70%、80%、90%、95%和100%六种浓度）的乙醇溶液脱水处理后，再将样品用体积比1∶1的乙醇与醋酸异戊酯的混合液处理30min，纯醋酸异戊酯处理1～2h。最后将样品在临界点干燥，镀膜后采用XL30型环境样品扫描电镜（荷兰Philips公司）观察结果。

**（2）透射电镜观察**

从反应器中取样，经上述同样方法固定、脱水后，用纯丙酮处理20min。接着，分别用体积比为1∶1和3∶1的包埋剂与丙酮的混合液处理样品1h和3h，最后用包埋剂处理样品过夜。将渗透处理的样品包埋起来，70℃加热过夜，即得到包埋好的样品。样品在Reichert超薄切片机中切片，获得70～90nm的切片，用柠檬酸铅溶液和醋酸双氧铀50%乙醇饱和溶液各染色15min，再用JEM-1230型透射电镜（日本JEOL公司）观察结果。

#### 2.4.1.4 测定项目和方法

$NH_4^+$-N采用苯酚-次氯酸钠分光光度法测定；$NO_2^-$-N采用*N*-（1-萘基）-乙二胺分光光度法测定；$NO_3^-$-N采用紫外分光光度法测定。pH用PHS-9V型酸度计测定；MLSS和MLVSS选用重量法测定，以上所有方法参照《水和废水监测分析方法》（国家环境保护总局，2005）。$SO_4^{2-}$含量采用离子色谱法测量（DIONEX IC-1000，AS11-HC 4mm×250mm阴离子柱）。

### 2.4.2 结果与讨论

#### 2.4.2.1 化学反应性能

设立高、中、低三种$NH_4^+$-N和$SO_4^{2-}$-S浓度，在30℃厌氧条件下培养24h，两种反应物的浓度没有明显变化；$t$检验结果表明，培养24h后$NH_4^+$-N和$SO_4^{2-}$-S浓度变化均不显著（$P<0.05$）。因此可以认为，在供试条件下，$NH_4^+$和$SO_4^{2-}$化学反应不明显（SANAMMOX）。

#### 2.4.2.2 生物反应性能

**（1）连续培养性能**

控制$NH_4^+$-N和$SO_4^{2-}$-S浓度分别为30～90mg/L和80～200mg/L，HRT为1d，连续富集培养SAMX菌。在62d的富集培养中，从第4d起出现$NH_4^+$-N浓度降低，平均降低33.21mg/L；从第20d开始$SO_4^{2-}$-S浓度也开始降低，平均降低20.02mg/L（图2-62）。在培养初期，由于菌体自溶可释放氨和硫化物，氨浓度呈现先升高后降低的现象；而硫化物易于氧化，在反应液流至出水箱的过程中被氧化成硫酸盐，导致出水硫酸盐浓度增加。

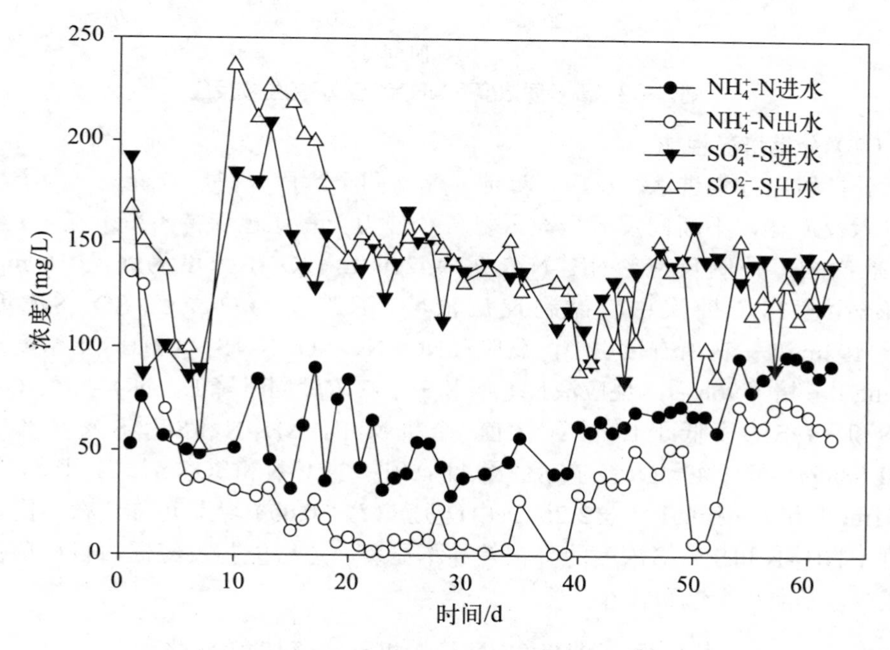


图2-62 低基质浓度下$NH_4^+$和$SO_4^{2-}$的生物反应

为了使SANAMMOX现象更加显著，保持HRT不变（1d），将$NH_4^+$-N和$SO_4^{2-}$-S浓度分别提升至84～270mg/L和450～740mg/L。在随后的67d富集培养中，$NH_4^+$-N浓度平均降低71.67mg/L，$SO_4^{2-}$-S浓度平均降低18.94mg/L（图2-63）。尽管在基质浓度较高的条件下$NH_4^+$-N和$SO_4^{2-}$-S转化率下降，但$NH_4^+$-N减幅增大。

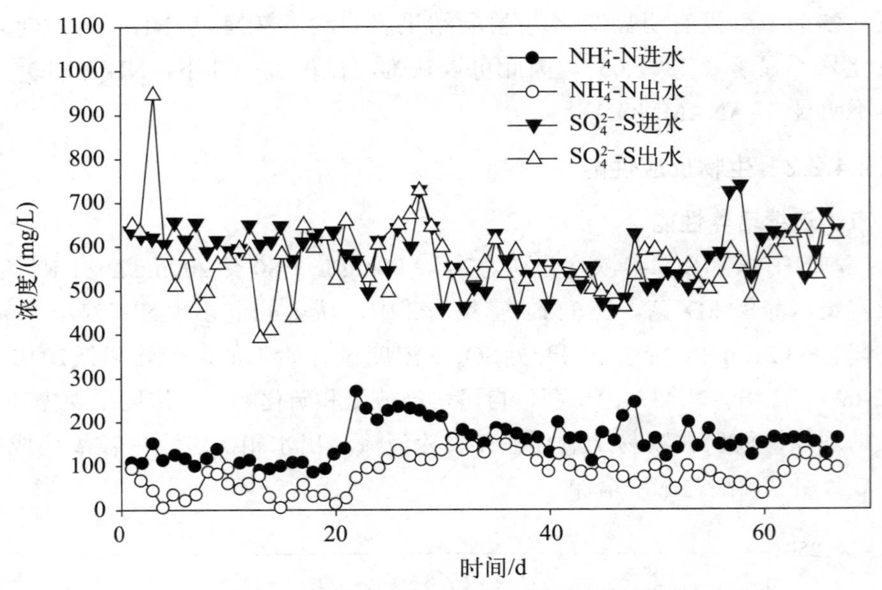


图2-63 高基质浓度下$NH_4^+$和$SO_4^{2-}$的生物反应

**（2）分批培养性能**

分批培养分为进水、反应、沉淀、滗水四个阶段。在反应阶段，为了防止氧进入反应器，不断向反应器充入氮气，使刃天青颜色保持不变。在第1至第7个批次中，控制反应液$NH_4^+$-N浓度为42mg/L，$SO_4^{2-}$-S浓度为96～160mg/L；在第8至第14个批次中，控制反应液$NH_4^+$-N浓度为72mg/L，$SO_4^{2-}$-S浓度为96～192mg/L；在所有批次中，反应液$NO_2^-$-N、$NO_3^-$-N、$S^{2-}$-S和$HS^-$-S浓度均低于1mg/L。培养96h后，反应液$NH_4^+$-N和$SO_4^{2-}$-S浓度同时降低，$NO_2^-$-N、$NO_3^-$-N、$S^{2-}$-S和$HS^-$-S浓度低于1mg/L。在前7个批次中，$NH_4^+$-N和$SO_4^{2-}$-S浓度平均降低41.08mg/L和19.49mg/L；在后7个批次中，$NH_4^+$-N和$SO_4^{2-}$-S浓度平均降低38.91mg/L和20.61mg/L（表2-26）。由$t$检验（$P<0.05$）结果可知，在不同基质浓度下$NH_4^+$-N和$SO_4^{2-}$-S浓度的降幅差异不显著，这可能与反应器内目标菌群数量较少，基质处于饱和状态有关。

表2-26 分批培养中$NH_4^+$-N和$SO_4^{2-}$-S浓度的变化

| 批次 | $NH_4^+$-N/（mg/L） | | $\Delta NH_4^+$-N/（mg/L） | $SO_4^{2-}$-S/（mg/L） | | $\Delta SO_4^{2-}$-S/（mg/L） |
|---|---|---|---|---|---|---|
| | 0h | 96h | | 0h | 96h | |
| 1 | 42.04 | 3.47 | 38.56 | 99.66 | 91.16 | 8.50 |
| 2 | 40.47 | 1.02 | 39.46 | 90.65 | 78.89 | 11.76 |
| 3 | 44.12 | 0 | 44.12 | 147.59 | 121.75 | 25.84 |
| 4 | 44.09 | 0.03 | 44.06 | 144.49 | 124.87 | 19.62 |

续表

| 批次 | $NH_4^+$-N/（mg/L） | | $\Delta NH_4^+$-N/（mg/L） | $SO_4^{2-}$-S/（mg/L） | | $\Delta SO_4^{2-}$-S/（mg/L） |
|---|---|---|---|---|---|---|
| | 0h | 96h | | 0h | 96h | |
| 5 | 44.72 | 1.61 | 33.11 | 163.73 | 136.91 | 26.82 |
| 6 | 41.41 | 0 | 41.41 | 156.58 | 133.22 | 23.36 |
| 7 | 46.93 | 0 | 46.83 | 162.07 | 141.51 | 20.56 |
| 8 | 67.14 | 0.03 | 67.12 | 97.24 | 76.36 | 20.89 |
| 9 | 67.41 | 9.6 | 57.81 | 95.6 | 86.59 | 9.01 |
| 10 | 71.69 | 42.11 | 29.58 | 146.69 | 138.23 | 8.26 |
| 11 | 74.58 | 30.53 | 44.05 | 143.94 | 121.38 | 22.56 |
| 12 | 69.09 | 38.59 | 30.5 | 193.66 | 186.63 | 7.02 |
| 13 | 72.28 | 59.43 | 12.85 | 181.3 | 147.47 | 33.83 |
| 14 | 71.52 | 41.05 | 30.47 | 188.44 | 145.76 | 42.69 |

#### 2.4.2.3 生物相电镜观察

扫描电镜观察发现（图2-64a）污泥主要以链杆菌和球菌为主，其大小分别为（1～1.2）μm×0.8μm和0.9μm。细菌细胞中含有大量的内含物（图2-64b、c）。

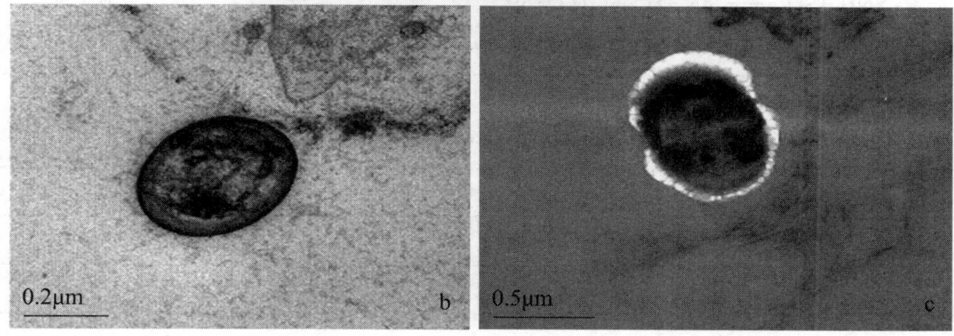


图2-64 污泥样品在电镜下的形态特征

a—扫描电镜；b和c—透射电镜

一个化学反应能否自发进行，可用该反应的吉布斯自由能变化判断。吉布斯自由能变化越大，越有利于反应进行（Petrucci et al.，2004）。根据表2-27中相关物质的标准摩尔生成吉布斯自由能（$\Delta_f G^\theta$）计算，SANAMMOX的标准吉布斯自由能变化值（$\Delta G^\theta$）为–45.35kJ/mol。与ANAMMOX相比，SANAMMOX不易发生。但与异化型硫酸盐还原反应相比，特别是与以甲烷为电子供体的硫酸盐还原反应（$\Delta G^\theta$只有–16.6kJ/mol）相比，SANAMMOX则容易进行（表2-28）。在一般情况下，只有当$\Delta G^\theta$绝对值大于46kJ/mol时，才能直接用$\Delta G^\theta$来确定反应能否进行，否则必须用吉布斯自由能变化（$\Delta G$）来判断该反应能否进行（Petrucci et al.，2004）。由公式$\Delta G = \Delta G^\theta + RT \ln Q$（$Q$为反应系统中气体物质的分压或水和离子的浓度，以计量系数为指数的乘积）可算出不同基质浓度下SANAMMOX的吉布斯自由能变化（$\Delta G$）。由计算结果可知，在高基质浓度下，$\Delta G$为负值，而在低基质浓度下，$\Delta G$为正值，因此反应物浓度可显著影响SANAMMOX反应（表2-29）。

**表2-27　几种相关物质的标准摩尔生成吉布斯自由能**

| 物质 | $NH_4^+$ | $SO_4^{2-}$ | $N_2$ | S | $H_2O$ |
|---|---|---|---|---|---|
| $\Delta_f G$/（kJ/mol） | –79.37 | –744.63 | 0 | 0 | –237.18 |

**表2-28　部分氨氧化和硫酸盐还原反应的标准吉布斯自由能变化**

**（Liamleam and Annachhatre，2007；郑平等，2004）**

| 反应 | $\Delta G^\theta$/（kJ/mol） | 可能性 |
|---|---|---|
| $NH_4^+ + NO_2^- \longrightarrow N_2 + 2H_2O$ | –335 | 可能 |
| $CH_4 + SO_4^{2-} \longrightarrow HS^- + HCO_3^- + H_2O$ | –16.6 | 可能 |
| $8NH_4^+ + SO_4^{2-} \longrightarrow 4N_2 + H_2S + 12H_2O + 6H^+$ | –22 | 有时可能 |
| $2NH_4^+ + SO_4^{2-} \longrightarrow N_2 + S + 4H_2O$ | –45.35 | 有时可能 |

**表2-29　在低浓度和高浓度下SANAMMOX的吉布斯自由能变化**

| $NH_4^+$/（mmol/L） | $SO_4^{2-}$/（mmol/L） | pH | $\Delta G$/（kJ/mol） |
|---|---|---|---|
| 3 | 1 | 7.5 | 0.55 |
| 10 | 20 | 7.5 | –12.81 |

氨与硫酸盐的反应是微生物所致的异化型硫酸盐还原反应，反应能否进行不但与吉布斯自由能变化有关，也与微生物的营养条件和环境条件有关。适当提高

基质浓度，可为微生物生长提供充足的营养物质，促进微生物生长。对于诸如硫酸盐还原菌之类的严格厌氧微生物，不仅要求环境中严格无氧，而且要求低氧化还原电位（ORP），只有ORP低于–100mV时才能生长（闵航等，1993）。向反应器中充入除氧气体$N_2$，有助于该反应稳定进行。

AMX的倍增时间为11d（Strous et al.，1998）。大多数硫酸盐还原菌也生长缓慢。例如，氢营养型硫酸盐还原菌*Desulfovibrio*的倍增时间为3h，海洋嗜冷性硫酸盐还原菌的倍增时间为1d，碳氢化合物营养型硫酸盐还原菌的倍增时间为7～9d（Aeckersberg et al.，1998；Galushko et al.，1999），甲烷营养型硫酸盐还原菌的倍增时间可长达7.5个月（Nauhaus et al.，2007）。铵的化学结构与甲烷相似，化学性质相对稳定，同时，SANAMMOX菌的生长也很缓慢（Nauhaus et al.，2007）。对于硫酸盐还原菌氧化甲烷的生物化学反应，虽然在细胞外没有检测到中间产物，但有人认为甲烷是先被其他古生菌活化，再以代谢产物的形态被硫酸盐还原菌用于硫酸盐还原的（Nauhaus et al.，2002）。如果SANAMMOX也以类似的方式进行铵活化，则种间氢转移将成为整个反应的限速步骤，只有当环境中不存在比$SO_4^{2-}$更活泼的氧化剂时，氢才能被用于硫酸盐还原（闵航等，1993）。

Fdz-Polanco曾推测自养SANAMMOX是由三个生化反应［式（2-7）、式（2-8）、式（2-9）］组成的序列反应（Fdz-Polanco et al.，2001）。氨先与硫酸盐反应生成亚硝酸盐和硫化物，然后部分亚硝酸盐与硫化物反应生成氮气和单质硫，另一部分亚硝酸盐则与剩余的氨发生ANAMMOX。亚硝酸与硫化物的反应产物与基质中的S/N比有关（Mahmood，2007）。当S/N比为3∶4时，反应产物为单质硫和硫酸盐［式（2-10）］。在SANAMMOX中，不合适的S/N比可使硫酸盐重新出现于产物中。

$$3SO_4^{2-}+4NH_4^+ \rightarrow 3S^{2-}+4NO_2^-+4H_2O+8H^+ \tag{2-7}$$

$$3S^{2-}+2NO_2^-+8H^+ \rightarrow N_2+3S+4H_2O \tag{2-8}$$

$$2NO_2^-+2NH_4^+ \rightarrow 2N_2+4H_2O \tag{2-9}$$

$$3S^{2-}+4NO_2^-+4H_2O \rightarrow SO_4^{2-}+2S+8OH^- \tag{2-10}$$

SANAMMOX是近几年发现的生物反应。迄今为止，在所有文献报道中，该反应只发生于有机环境内。本课题证明，这个反应也可发生于无机环境内，并可能是一种自养型微生物反应。该反应的发现可完善氮、硫的地球生物化学循环模式（图2-65），其功能菌可能是一种新的微生物，可丰富菌种资源。然而，本课题仅证明微生物能进行SANAMMOX反应，有关SANAMMOX菌及其反应机理等，尚有待深入研究。

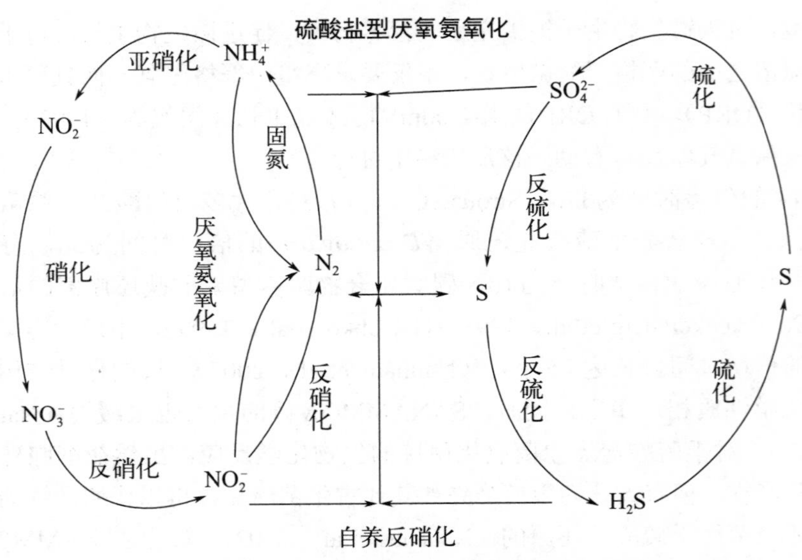


图2-65　无机氮、硫物质的生物地球化学循环

（王家玲等，2003）

### 2.4.3　结论

$NH_4^+$和$SO_4^{2-}$化学性质比较稳定，在通常的厌氧反应器中，两者间化学反应（SANAMMOX）不明显。在完全无机的条件下，接种厌氧消化污泥可使厌氧反应器发生SANAMMOX，在高基质浓度下，$NH_4^+$-N和$SO_4^{2-}$-S浓度平均降低71.67mg/L和18.94mg/L。SANAMMOX的标准吉布斯自由能变化较小，反应不易进行。高基质浓度和低氧化还原电位对该反应有促进作用。

## 2.5　短程硝化-厌氧氨氧化对氨气淋洗液处理的应用

氨气是一种无色、易反应、具有腐蚀性的气体，通常来自化肥生产行业、畜禽养殖业、化石燃料燃烧和污水处理厂（Sakuma et al.，2008）。氨气能够刺激人的皮肤、眼睛、呼吸系统，甚至是胃肠道。在浓度达到0.003 ～ 0.013mg/L时，即可产生可识别的刺激性气味。氨气是大气中$PM_{2.5}$的重要前体，其沉降后又会引发水体富营养化和土壤酸化（黄做华等，2019）。因此，其排放会对人类健康及生态环境产生潜在的危害，世界各国政府都对不同的行业建立了严格的氨气排放标准。

含氨废气可以通过热氧化、催化燃烧、化学吸收和生物过滤的方法进行处理，其中生物过滤法由于其成本低、效率高被广泛应用于各行业（陈颖等，2017）。生物滤池和生物滴滤池（biotrickling filter，BTF）是2种典型的生物过滤技术。传统的生物滤池以堆肥、泥炭和土壤为固体填料，这些填料为细菌附着提供载体，同时为细菌生长提供营养物质和pH缓冲体系。在BTF中，氨溶解进入液相，并输送到微生物表面，然后转移到细胞内，再通过生物转化，形成亚硝酸盐、硝酸盐和氮气。与生物滤池不同，BTF以惰性材料（聚氨酯泡沫、Kaldes环和多孔陶瓷）为细菌生长提供载体，以营养盐溶液的滴滤和再循环为细菌提供营养物质和pH缓冲体系。与化学洗涤法相比，BTF可将溶解在液相中的氨氧化成亚硝酸盐和硝酸盐，这有助于氨的进一步溶解，同时达到淋洗液循环使用的目的（Yang et al.，2014；Rybarczyk et al.，2019）。但是，由于游离亚硝酸（free nitric acid，FNA）对AOB和NOB的抑制作用，淋洗液中的亚硝酸盐和硝酸盐积累会降低BTF的硝化性能（Liu et al.，2019；Duan et al.，2018）。而含有亚硝酸盐和硝酸盐的淋洗液排放后，仍能引发水体富营养化。因此，仅通过BTF的硝化作用并不能达到总氮控制的要求。为此，Sakuma等（2008）和Raboni等（2016）利用反硝化处理BTF中的硝化淋洗液，取得了良好的效果。以葡萄糖和甘油作为碳源后，亚硝酸盐和硝酸盐显著降低，近70%的氨氮通过反硝化作用转化为氮气。若将反硝化过程的出水回流至BTF中，反硝化产生的碱度可以为硝化细菌创造合适的pH，从而强化硝化过程。利用反硝化处理BTF出水的唯一问题在于，须严格控制C/N，以防止有机物重新进入BTF中，影响硝化反应。

ANAMMOX是以亚硝酸盐为电子受体，在厌氧条件下将氨转化为氮气和少量硝酸盐的自养生物过程（Xu et al.，2019）。这一新型氮素转化途径经常与短程硝化过程联用，目前已被广泛应用于各类含氨废水的处理中（Li et al.，2018；Kowalski et al.，2019）。林兴等（2017）采用部分亚硝化-厌氧氨氧化一体化上流式反应器处理氨气浓度为17.8 ～ 28.8mg/L的含氨废气并取得了良好的效果，而对于大部分氨气浓度仅为0.03 ～ 0.31mg/L的含氨废气，鲜有使用短程硝化-厌氧氨氧化工艺对其处理的报道。

本研究探讨了利用BTF对氨气淋洗液进行短程硝化并通过ANAMMOX上流式厌氧污泥床（UASB）对BTF的淋洗液出液进行净化的可行性，考察了回流比和氨气负荷对BTF中短程硝化过程的影响，为采用短程硝化-ANAMMOX组合工艺处理氨淋洗液提供参考。

## 2.5.1 实验装置与分析方法

### 2.5.1.1 短程硝化BTF的建立和运行

短程硝化BTF的高度为1.5m、内径为10cm，以聚氨酯泡沫块为填料，填料层高度1.2m。反应器在25℃下运行，实验流程如图2-66所示。将增湿后的压缩空气与氨气混合，制成浓度为0.03～0.31mg/L的模拟含氨废气，气体与淋洗液同向从BTF顶部连续进入，并从底部流出反应器。

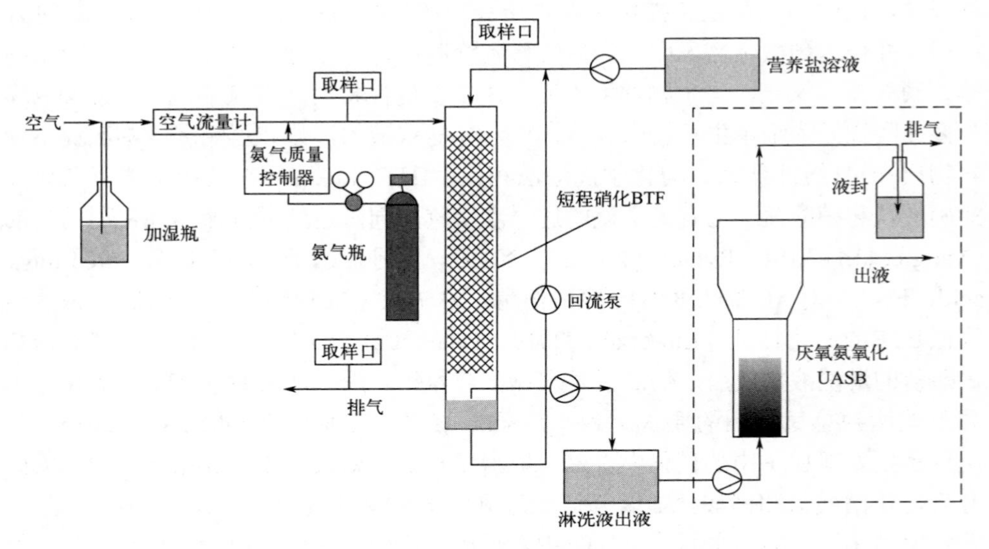


**图2-66 实验流程图**

BTF单独运行时，实验流程不包括虚线区域；

BTF与UASB连接后，实验流程包括虚线部分，同时停止回流泵

首先，采用分批培养的方式对填料进行生物膜的培养。将3.5L养猪废水添加到BTF中，并以0.64m/h的速率持续循环，直到废水中90%以上的$NH_4^+$-N被转化。第1个批次培养7d后，向BTF中通入空气，进而提高氨的转化和生物膜生长速率。生物膜培养好后，氨淋洗及处理实验正式开始。然后开始BTF反应器的正式运行。按照进气中氨气浓度和反应器的运行方式，将BTF反应器运行分为3个阶段。阶段Ⅰ（1～28d）为启动阶段，氨气浓度为0.03～0.10mg/L，淋洗速率（淋洗液单位时间内通过生物滴滤池的距离）为0.05m/h，其中营养盐溶液提供速率为0.03m/h，淋洗液出液回流提供速率为0.02m/h。阶段Ⅱ（29～78d）为考察淋洗液出液回流速率和营养盐溶液速率的比例（回流比）对亚硝酸积累的影响阶段，因此，在此阶段，维持氨气浓度为0.10mg/L，淋洗速率为0.07m/h，调整回流比为1∶4、1∶3、1∶2、1∶1、2∶1。阶段Ⅲ（79～172d），在此阶段，氨气的浓度继续提高至0.14～0.31mg/L，考察较高氨气负荷时，BTF中短程硝化的性能。此时，由于淋洗液出液中$NH_4^+$和$NO_2^-$浓度较高，为避免淋洗液出液回流带入的$NO_2^-$促进NOB生长，破坏短程硝化过程，关闭回流泵（图2-66），停止淋洗液出液回流，仅使用营养盐溶液进行淋洗，淋洗速率保持与阶段Ⅱ相同，仍

为0.07m/h。在BTF整个运行期间，气体空床时间（气体通过生物滴滤池的时间）为30s。营养盐溶液组成见表2-30。

**表2-30 BTF和厌氧氨氧化UASB反应器的营养盐溶液组成**

| 反应器 | $MgSO_4$浓度/（g/L） | $CaCl_2$浓度/（g/L） | $KH_2PO_4$浓度/（g/L）① | $NaHCO_3$浓度/（g/L）① | 微量元素I体积分数/（mL/L）（Strous et al.，1997a） | 微量元素II体积分数/（mL/L）（Strous et al.，1997a） | $NH_4Cl$浓度/（g/L） | $NaNO_2$浓度/（g/L） | pH |
|---|---|---|---|---|---|---|---|---|---|
| 短程硝化BTF | 0.25 | 0.025 | 2.0 | 1.25 | 1 | 1 | — | — | 6.5～7.2 |
| 厌氧氨氧化UASB | 0.15 | 0.015 | 0.5 | 1.25 | 1 | 1 | 按需提供 | 按需提供 | 7.0 |

① 数值为2个反应器单独运行时的使用量，2个反应器连接后按需提供。

BTF的运行性能可通过3个指标来表征：①氨气去除率；②亚硝酸的积累率，以液相中亚硝态氮增量与液相中硝化产物增量的比值进行计算；③氨的转化率，以液相中硝化产物增量和液相中总氮增量的比值进行计算。三者的计算方法见式（2-11）～（2-13）。

$$E_g = \frac{c_{NH_3,in} - c_{NH_3,out}}{c_{NH_3,in}} \times 100\% \tag{2-11}$$

$$E_{ni} = \frac{c_{NO_2,out} - c_{NO_2,in}}{(c_{NO_2,out} - c_{NO_2,in}) + (c_{NO_3,out} - c_{NO_3,in})} \times 100\% \tag{2-12}$$

$$E_{am} = \frac{(c_{NO_2,out} - c_{NO_2,in}) + (c_{NO_3,out} - c_{NO_3,in})}{c_{TN,out} - c_{TN,in}} \times 100\% \tag{2-13}$$

式中，$E_g$为氨气去除率；$E_{ni}$为亚硝酸的积累率；$E_{am}$为氨的转化率；$c_{NH_3,in}$为氨气进气浓度，mg/L；$c_{NH_3,out}$为氨气出气浓度，mg/L；$c_{NO_2,in}$为营养盐与回流液混合后进液中$NO_2^-$-N的浓度，mg/L；$c_{NO_2,out}$为淋洗液出液中$NO_2^-$-N的浓度，mg/L；$c_{NO_3,in}$为营养盐与回流液混合后进液中$NO_3^-$-N的浓度，mg/L；$c_{NO_3,out}$为淋洗液出液中$NO_3^-$-N的浓度，mg/L；$c_{TN,out}$为营养盐与回流液混合后进液中$NH_4^+$-N、$NO_2^-$-N和$NO_3^-$-N的浓度和，mg/L；$c_{TN,\ out}$为淋洗液出液中$NH_4^+$-N、$NO_2^-$-N

和$NO_3^-$-N的浓度和，mg/L。

#### 2.5.1.2　厌氧氨氧化UASB的建立及其与BTF的连接

厌氧氨氧化UASB的有效容积为3.6L，接种污泥为3L预培养的ANAMMOX颗粒污泥。污泥的MLSS和MLVSS分别为49.36g/L和33.32g/L。该厌氧氨氧化UASB反应器首先在25℃下单独运行41d（图2-66），保证细菌活性的恢复和稳定，单独运行时的基质为营养盐溶液（组成见表2-30）。在厌氧氨氧化UASB反应器运行的第42d，将其与BTF连接（图2-66）。此时，BTF运行至第99d，无回流。为保证BTF淋洗液出液中氨氮和亚硝态氮的负荷不超过厌氧氨氧化UASB的处理能力，在该阶段后期，将BTF淋洗液出液经自来水适当稀释，用磷酸盐和碳酸氢盐调节碱度后，部分出液泵入UASB反应器中。此时，为防止ANAMMOX过程产生的$NO_3^-$对BTF处理性能的影响，厌氧氨氧化UASB反应器的出水直接排放，不再返回到BTF中。连接后，2个反应器同时运行74d，在BTF运行至172d，厌氧氨氧化UASB运行至115d时，实验结束。

#### 2.5.1.3　化学分析

$NH_4^+$-N、$NO_2^-$-N、$NO_3^-$-N的测定采用文献中的方法（国家环境保护总局，2005）。气相中氨气浓度的测定采用酸吸收法。气体样品以200mL/min的流速通过装有50mL硫酸（0.02mol/L）的气体洗瓶进行吸收，然后根据吸收液中$NH_4^+$-N浓度来计算BTF进出气中氨气浓度。

#### 2.5.1.4　微生物群落分析

实验结束后，分析了距BTF顶部0.4m和0.8m处的微生物群落组成。将收集的聚氨酯泡沫置于超声波振荡器中振荡，使生物膜脱落并破碎。然后使用环境样品3S DNA分离试剂盒V2.2（上海申能博彩生物科技有限公司），提取生物膜样品的DNA。用凝胶电泳检测2种样品的完整性和浓度。随后用细菌通用引物对341f（5'-CCTACACGACGCTCTTCCGATCTNCCTACGGGNGGCWGCAG-3'）和805r（5'-GACTGGAGTTCCTTGGCACCCGAGAATTCCAGACTACHVGGGTAATCC-3'）扩增16SrRNA的V3～V4区建库并做相应的检测（上海生工生物股份有限公司）。针对检测合格的文库，采用Illumina Miseq高通量测序平台对样品进行测序。

### 2.5.2　结果与讨论

#### 2.5.2.1　BTF对氨淋洗液的短程硝化效果

在整个BTF运行期间，进气中氨气浓度为0.03～0.31mg/L，空床时间为

30s，其总体性能见图2-67。BTF运行可以分为3个阶段。阶段Ⅰ（1～28d）为启动阶段，氨气浓度为0.03～0.10mg/L，淋洗速率为0.05m/h，其中0.02m/h由回流提供。在阶段Ⅰ结束时，氨气去除率稳定保持在82%，淋洗液出液中$NH_4^+$-N、$NO_2^-$-N和$NO_3^-$-N的浓度分别为152mg/L、156mg/L和17.5mg/L（图2-67）；在第28d时，亚硝酸生物积累率为80%，淋洗液出液中$NO_2^-$-N/$NH_4^+$-N为0.9，可以满足ANAMMOX反应的要求。在阶段Ⅱ（29～78d）中，氨气浓度维持在0.10mg/L，淋洗速率增加至0.07m/h，淋洗液回流比为（1∶4）～（2∶1），此时氨气平均去除率和亚硝酸生物积累率均为87%，氨气的去除速率为0.17～0.25kg/($m^3$·d)。在阶段Ⅲ（79～172d）中，氨气的浓度升高至0.14～0.31mg/L，停止淋洗液回流，仅使用营养盐溶液进行淋洗，淋洗速率仍保持与阶段Ⅱ相同。在阶段Ⅲ，氨气去除率平均值为86.9%，氨气的去除速率为0.25～0.63kg/($m^3$·d)。淋洗液出液中亚硝酸生物积累率平均值为86%，$NO_2^-$-N与$NH_4^+$-N比值为0.5～1.2。在实验过程中，BTF中短程硝化现象稳定。

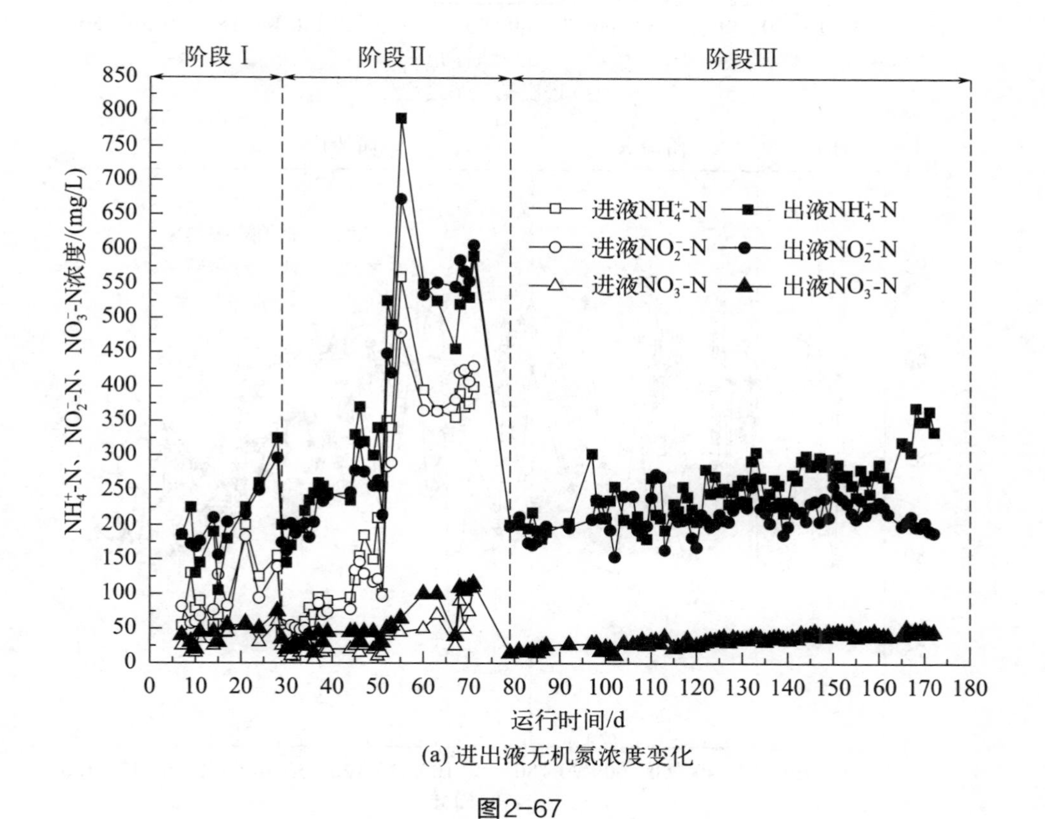


(a) 进出液无机氮浓度变化

图2-67

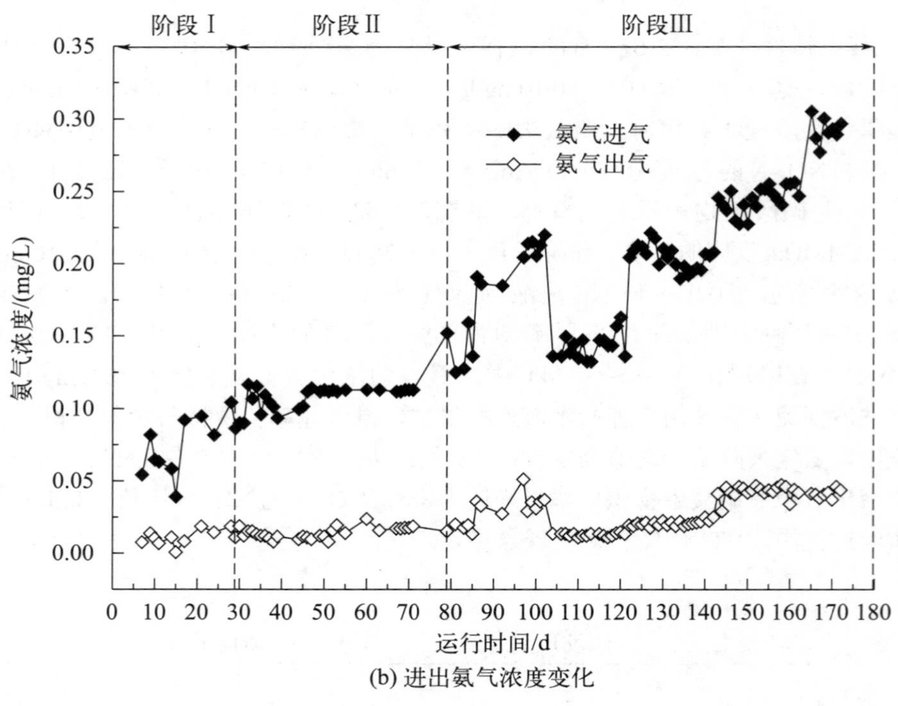


(b) 进出氨气浓度变化

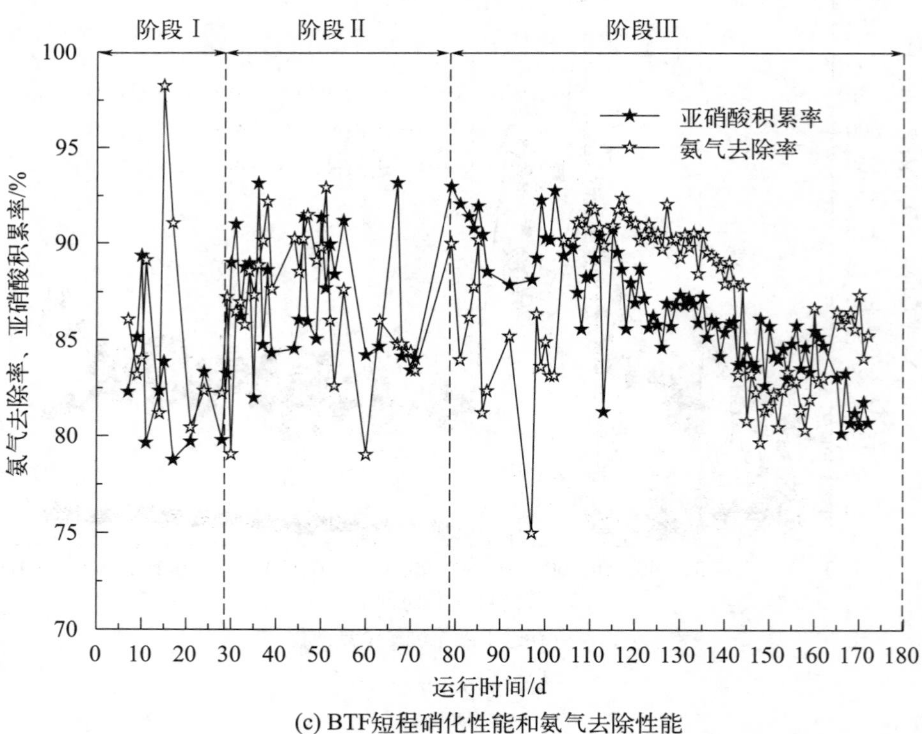


(c) BTF短程硝化性能和氨气去除性能

**图2-67　BTF的氨气去除性能及淋洗液无机氮变化**

淋洗液回流可以保证BTF具有足够的液气比来吸收氨气，同时延长基质与生物膜的接触时间，提高基质的生物转化效率。众所周知，在硝化过程中，游离氨（free ammonia，FA）和FNA既是AOB和NOB的基质，也是这两种细菌的抑制剂。淋洗液回流重新带入的氨和亚硝酸对BTF中的生物转化过程是一把“双刃剑”，因此，实验考察了回流比对氨的生物转化和亚硝酸生物积累过程的影响。在阶段Ⅱ，维持淋洗速率为0.07m/h，比较回流比为1 ∶ 4、1 ∶ 3、1 ∶ 2、1 ∶ 1和2 ∶ 1时BTF中的亚硝酸生物积累率和氨的生物转化率的变化。在阶段Ⅱ，BTF表现出了较好的亚硝酸积累率，NOB的活性得到较好的抑制，亚硝酸生物积累率维持在80%以上（图2-67）。这与BTF淋洗液中较高浓度的游离氨FA和FNA密切相关。由表2-31可知，在阶段Ⅱ，保持氨气进气浓度为0.12g/L，淋洗液中FA浓度为0.2 ～ 23.1mg/L，均明显高于FA对NOB的抑制浓度临界值（0.1 ～ 1.0mg/L）；而淋洗液中FNA浓度为0.024 ～ 0.159mg/L，亦明显高于FNA对NOB的临界抑制浓度（0.011 ～ 0.07mg/L）（Anthonisen et al.，1976）。因此，在二者的共同作用下，BTF中NOB的活性被抑制，硝化过程停止在亚硝化阶段。回流比的增加可使氨的生物积累率由49%增加至56%，亚硝酸生物转化率由94%降至81%（图2-68）。回流将更多的铵和亚硝酸重新带入BTF中，回流比越高，带入量越大。一方面，回流增加了AOB和NOB与基质氨和亚硝酸的接触时间，促进了氨和亚硝酸的生物转化，促进了硝酸盐的生成；另一方面，回流使两种细菌更容易逐渐适应高浓度的FA和FNA，从而产生耐受性，进而减弱了FA和FNA对两者的抑制作用。特别是当回流比大于1时，进液中$NH_4^+$-N和$NO_2^-$-N陡然升高，分别达到379mg/L和396mg/L，亚硝酸生物积累率迅速由89%下降至81%。同样地，回流比过高（达到2）会带入的大量$NH_4^+$-N，导致氨气气液传质变缓，这也是BTF对氨气吸收效果下降的主要原因。综上所述，回流比为1 ∶ 2可作为BTF中短程硝化的最佳回流比。

**表2-31　BTF中FA和FNA变化**

| 回流比 | 氨气浓度 /（mg/L） | 进液FA /（mg/L） | 出液FA /（mg/L） | 进液FNA /（mg/L） | 出液FNA /（mg/L） |
|---|---|---|---|---|---|
| 1 ∶ 4 | 0.12 | 0.2±0.1 | 8.8±4.4 | 0.046±0.009 | 0.024±0.009 |
| 1 ∶ 3 | 0.12 | 0.4±0.2 | 8.6±2.8 | 0.049±0.011 | 0.032±0.010 |
| 1 ∶ 2 | 0.12 | 0.7±0.1 | 11.3±2.4 | 0.064±0.016 | 0.032±0.007 |
| 1 ∶ 1 | 0.12 | 1.5±0.5 | 23.1±6.4 | 0.075±0.010 | 0.023±0.009 |
| 2 ∶ 1 | 0.12 | 5.8±1.8 | 16.7±6.8 | 0.159±0.048 | 0.108±0.031 |
| 0 | 0.14 | 无 | 8.8±3.0 | 无 | 0.033±0.010 |

续表

| 回流比 | 氨气浓度/（mg/L） | 进液FA/（mg/L） | 出液FA/（mg/L） | 进液FNA/（mg/L） | 出液FNA/（mg/L） |
|---|---|---|---|---|---|
| 0 | 0.17 | 无 | 14.4±6.9 | 无 | 0.017±0.006 |
| 0 | 0.21 | 无 | 12.1±4.1 | 无 | 0.028±0.009 |
| 0 | 0.24 | 无 | 29.1±8.0 | 无 | 0.012±0.003 |
| 0 | 0.27 | 无 | 94.0±19.5 | 无 | 0.003±0.001 |

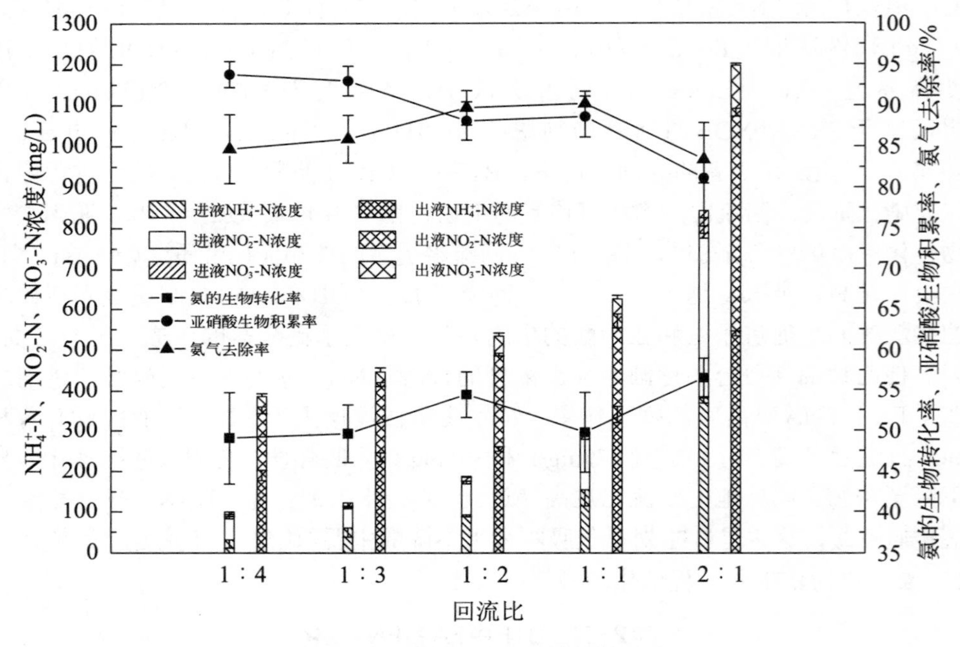


**图2-68　回流比对BTF性能的影响**

实验考察了氨气负荷对BTF生物转化过程的影响。为避免淋洗液回流带入的铵和亚硝酸对氨气吸收和生物转化过程的影响，阶段Ⅲ中停止淋洗液回流，但保持淋洗速率（0.07m/h）和空床时间（30s）均与阶段Ⅱ相同，考察了不同氨气负荷对BTF性能的影响。当氨气浓度从0.14mg/L提高至0.27mg/L时，虽然BTF也表现出较好的氨气处理效果，氨气去除率维持在80%以上，硝化产物中$NO_2^-$-N亦可占据80%以上，但整体氨气吸收性能和生物转化性能均随氨气浓度的升高而降低（图2-69）。显然，当氨气浓度提高后，现有的液气比已不能满足氨气吸收的要求，这就直接导致对氨气的吸收能力不足。当氨气浓度为0.27mg/L时，淋洗液中FA浓度可达94mg/L，已达到对AOB的抑制浓度范围（10～150mg/L），故会影响氨氧化过程（Anthonisen et al.，1976）（表2-31）。此外，在BTF运行过程中，填料表面出现盐的积累、淋洗液短流等现象，这也会导致铵和亚硝酸等基质的生物有效性降低，进而影响铵的转化。氨氧化过程被抑制后，淋洗液出液中$NO_2^-$-N与$NH_4^+$-N的比值降低至0.5～0.7，这对后续ANAMMOX过程的顺利实施十分不利。

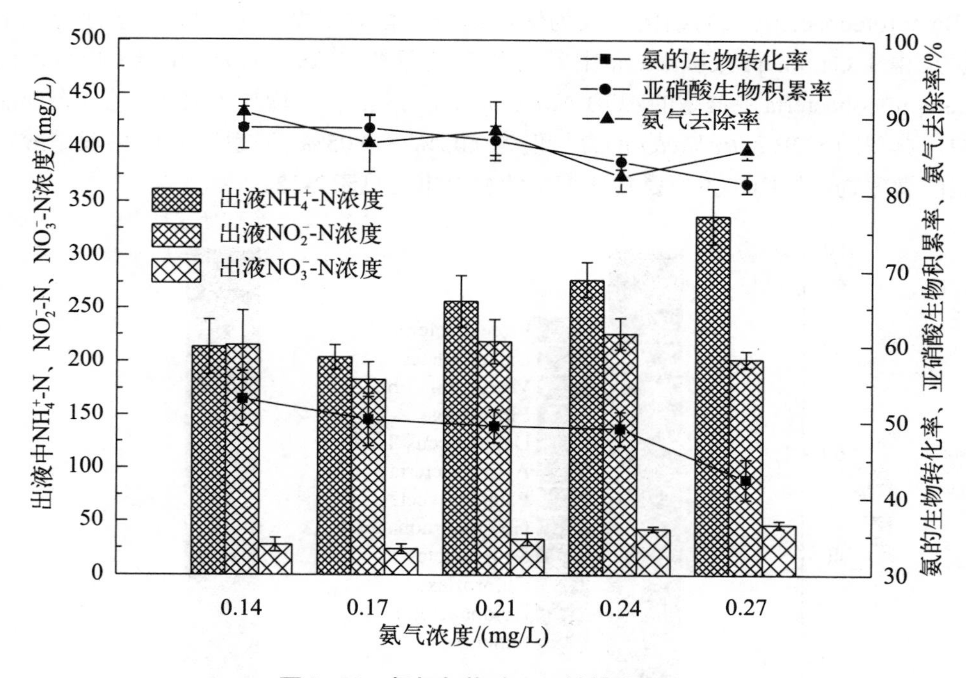


图2-69　氨气负荷对BTF性能的影响

在阶段Ⅲ，亚硝酸的积累并没有因氨气浓度的升高而被强化，亚硝酸生物积累率由89%降低至81%，这同样也与FA和FNA对细菌的抑制作用有关（表2-31）。虽然在此阶段中的FA浓度一直高于对NOB的抑制值，但其抑制功能的减退很可能是由于经过超过150d的运行，NOB对高FA环境的耐受性不断提高（Ma et al.，2017）。另外，在此阶段，FNA值已经低于其对NOB的抑制浓度，因此，FNA对NOB的抑制作用减轻，甚至消失。

通过对BTF反应器内生物膜菌群结构进行分析，证明该反应器中确实存在短程硝化过程。实验结束后，对BTF反应器距顶部0.4m（样品A）和0.8m（样品B）高度处生物膜中的微生物菌群建立PCR扩增文库，对BTF中的菌群多样性进行分析。将样品A中的68755条序列和样品B中的69828条序列归类至22个门、38个纲、64个目、135个科和382个种。2个样品中占优势的前5个门均是变形菌门（Proteobacteria）、拟杆菌门（Bacteroidetes）、疣微菌门（Verrucomicrobia）、厚壁菌门（Firmicutes）和异常球菌-栖热菌门（Deinococcus-Thermus），在样品A中的相对丰度分别为84.5%、8.4%、3.5%、0.9%和0.8%，在样品B中的相对丰度分别为70.4%、14.6%、9.3%、1.6%和0.9（图2-70）。样品A的Proteobacteria门细菌主要为γ-变形菌纲（Gammaproteobacteria），相对丰度为50.3%。而随着高度的降低，Proteobacteria门细菌由Gammaproteobacteria纲转变为β-变形菌纲（Betaproteobacteria）的细菌，成为优势菌群（相对丰度为36.5%）。这种变化主要是由于Gammaproteobacteria中具有反硝化活性的*Rhodanobacter* sp.减少，而Betaproteobacteria中典型的AOB *Nitrosomonas* sp.的含量增加了10%。在2个样品中，典型的NOB *Nitrobacter*的含量仅为0.03%～0.05%，这就是BTF中亚硝酸积累的微生物学原因，主要氨转化细菌的相对丰度见表2-32。

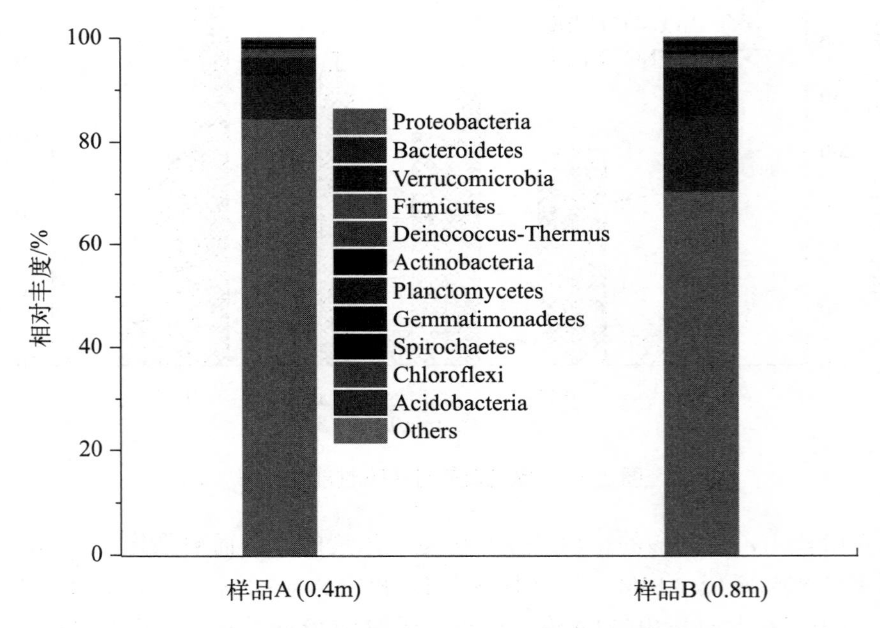


**图2-70　BTF不同高度处在门层次上的菌群多样性**

*Rhodanobacter* sp.是一种革兰氏阴性菌，广泛存在于天然和人工环境中。有研究（Prakash et al.，2012；Peng et al.，2014）表明，该菌种能够以有机物为电子受体还原硝酸盐。BTF中还存在*Comamonas*和*Thermomonas*等DNB，其丰度随反应器深度的增加而降低（Lu et al.，2014；Xing et al.，2016）。这些DNB能够在反应器中长期存在的原因是，它们可以在缺氧条件下利用溶解性细胞产物为电子供体，进行硝酸盐的还原。另有一些细菌（如*Pseudoxanthomonas*和*Chiayiivirga*）的存在可以维持生物膜的稳定结构（Wu et al.，2018；Rodrigue-

Sanchez et al.，2017）。值得注意的是，*Terrimicrobium*这类发酵细菌也存在于BTF之中（Qiu et al.，2014）。AOB、NOB、DNB、发酵细菌共生于BTF生物膜上，证明生物膜存在好氧区、缺氧区和厌氧区。$O_2$限制区域的出现刚好有利于AOB的生长，抑制NOB的繁殖，这也是BTF反应器内亚硝酸积累的重要原因。

**表2-32　主要氮转化细菌的相对丰度**

| 氮转化细菌类别 | 氮转化细菌属名 | 样品A相对丰度/% | 样品B相对丰度/% |
|---|---|---|---|
| AOB | *Nitrosomonas* | 14.9 | 24.9 |
| NOB | *Nitrobacter* | 0.05 | 0.03 |
| DNB | *Rhodanobacter* | 30.9 | 7.8 |
| DNB | *Comamonas* | 9.0 | 5.8 |
| DNB | *Thermomonas* | 3.22 | 2.36 |

通常，污水处理过程中短程硝化实现的策略主要有以下几点：根据AOB和NOB对氧气的半饱和常数的不同，通过控制水中DO在较低的范围内，从而抑制NOB的生长；控制水中pH和铵离子的浓度，利用NOB比AOB对FA和FNA敏感的特性，抑制NOB的生长；利用AOB和NOB在不同温度下生长速率的差异，在15℃以上调整SRT，即可将NOB洗出反应器，进而保留AOB，从而达到积累亚硝酸的目的（王博，2016）。本研究认为淋洗液中FA和FNA的浓度对亚硝酸的积累至关重要。在整个实验中，FA的浓度均高于其对NOB的抑制浓度，故短程硝化过程得以稳定维持（表2-31）。而在特定的条件下，如增加回流比和提高氨气负荷时，可能由于长期运行导致NOB对FA产生抗性，或者由于在阶段III不回流的情况下，FNA浓度低于其对NOB的抑制浓度，两种作用共同引发了亚硝酸积累减弱的现象（表2-31）。此外，生物膜上$O_2$限制也是短程硝化得以实现的原因之一。在BTF中，氨气随空气进入反应器，反应器内含有大量的$O_2$。然而由于$O_2$的气液传质过程主要受液膜控制，当淋洗速率较低时，$O_2$气液传质较慢，生物膜上$O_2$含量较低，则会在内部产生缺氧区和厌氧区，反应器内出现DNB和发酵细菌便证明了这些区域的存在。故这种局部$O_2$限制的现象成就了亚硝酸的积累。而$O_2$传质过程如何控制BTF中的短程硝化，有待通过氧气总体积传质系数测定、生物膜上DO分布测定等实验进行深入研究。

#### 2.5.2.2　UASB对BTF淋洗液的脱氮效果

在厌氧氨氧化UASB反应器与BTF连接之前，首先独自运行41d，以恢复细菌活性。在连接之前，厌氧氨氧化UASB反应器的总氮去除速率为1.25kg/

（$m^3$ • d）。在连接两个反应器时，BTF反应器处于阶段Ⅲ（99d），处理的氨气浓度为0.14mg/L，淋洗液无回流，出液中$NO_2^-$-N和$NH_4^+$-N浓度均为210mg/L，二者比例接近1。经适当稀释后，该淋洗液中$NO_2^-$-N和$NH_4^+$-N浓度为180 ～ 190mg/L，其总氮负荷为1.26kg/（$m^3$ • d），满足连接条件。连接后，厌氧氨氧化UASB反应器表现出较好的氮素处理性能，对淋洗液稀释液的氨氮去除率为51% ～ 100%，对淋洗液稀释液的亚硝态氮去除率为80% ～ 100% ［图2-71（a）］。厌氧氨氧化UASB反应器总氮负荷为0.78 ～ 1.60kg/（$m^3$ • d），总氮去除速率为0.56 ～ 1.31kg/（$m^3$ • d）［图2-71（b）］。对淋洗液出液稀释后，只有部分淋洗液出液通过后续厌氧氨氧化UASB进行了处理，因此，厌氧氨氧化UASB对BTF淋洗液出液中所有氮素的去除率为28% ～ 84%。厌氧氨氧化UASB对淋洗液氮素去除率波动较大的原因在于：①在实验后期，BTF淋洗液出液中$NH_4^+$-N和$NO_2^-$-N浓度远超过ANAMMOX反应器的处理能力（图2-67a），因此，须对淋洗液出液进行稀释，再进入厌氧氨氧化UASB反应器中，这样就导致处理的淋洗液出液量较少；②稀释后，BTF淋洗液出液中$NO_2^-$-N/$NH_4^+$-N远小于1（0.5 ～ 0.7），导致$NH_4^+$-N因电子受体不足在UASB出液中积累，最终使得氮素处理效果下降。

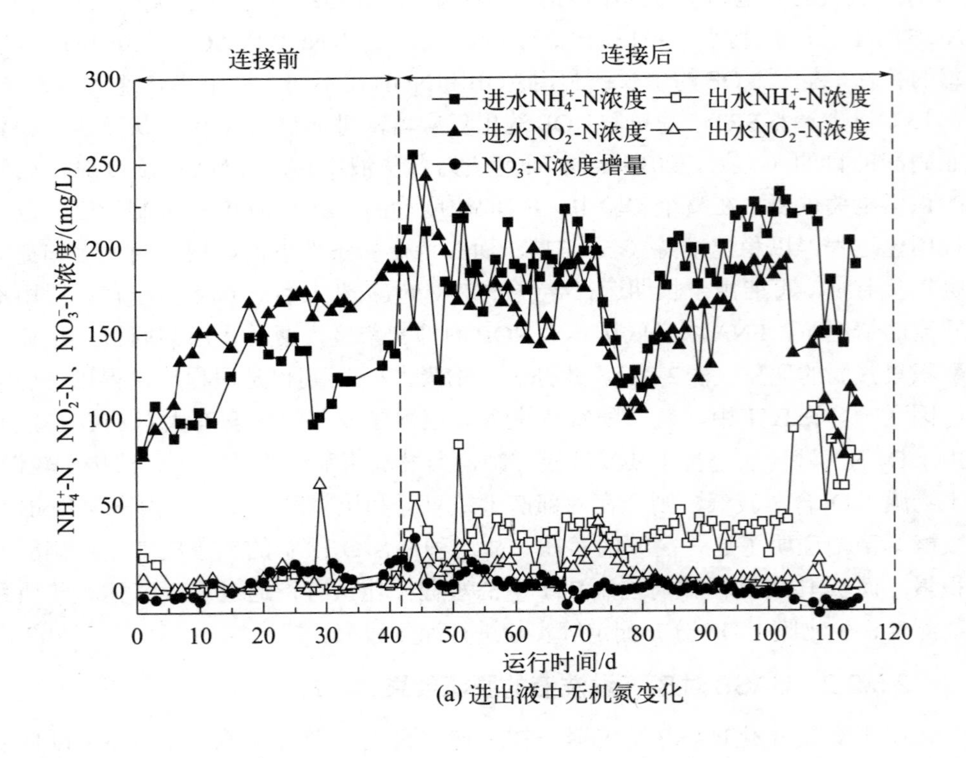

(a) 进出液中无机氮变化

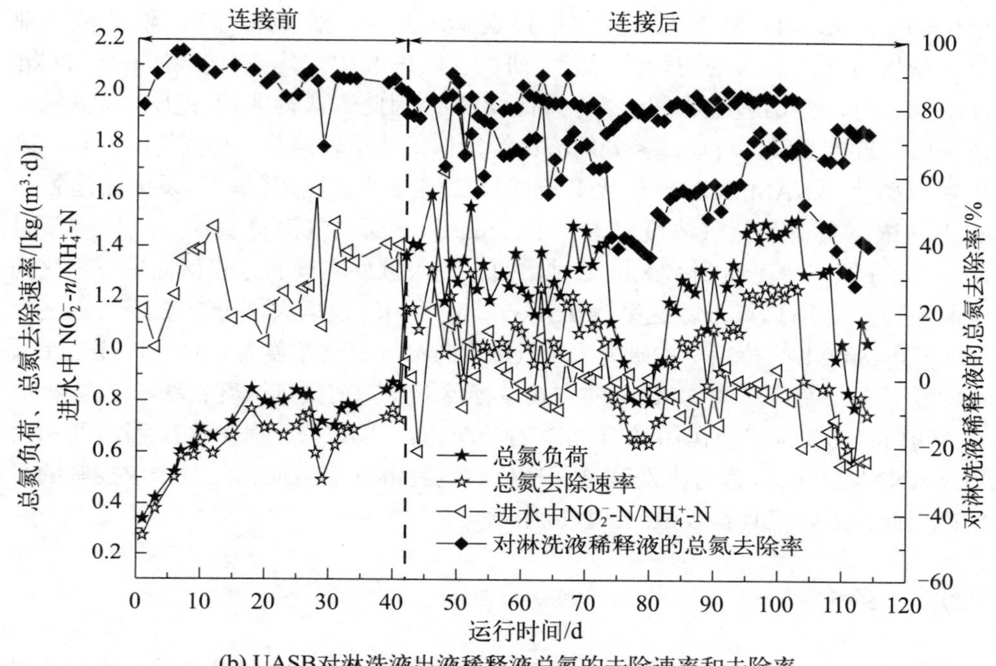

(b) UASB对淋洗液出液稀释液总氮的去除速率和去除率

**图2-71　厌氧氨氧化UASB反应器与BTF连接前后的性能**

淋洗液出液中$NO_2^-$-N/$NH_4^+$-N的比值接近1是后续ANAMMOX工艺顺利进行的重要前提。显然，在保证短程硝化的前提下，只有提高氨的生物转化效率，才能提高$NO_2^-$-N与$NH_4^+$-N比值。在本研究中，通过增大BTF淋洗液的回流比，即可增加氨与生物膜的反应时间，故可提高氨的生物转化效率。在实验过程中，可明显观察到，在BTF的中下段，由于布水不均产生了淋洗液的短流和边壁现象，这也是氨生物转化较慢的另一原因。在实验室中，可在反应器内不同高度处分段布水，加强氨气的传质过程，以克服这些问题。最后，碱度与氨的比值也是保证淋洗液出液$NO_2^-$-N与$NH_4^+$-N比值维持在1的重要前提条件。短程硝化过程是一个耗碱过程。当碱度不足时，短程硝化进程则会停止。在采用短程硝化-ANAMMOX工艺处理废水时，一般需保证二者的比例接近1（王博，2016）。本研究并未对BTF淋洗液的碱度进行定量控制，而氨气不断向液相转移，很可能造成淋洗液中碱度缺乏，使得氨的生物转化过程受阻。

短程硝化作为一种新型的生物脱氮途径，近年来在含氨废水处理中得到了大量应用。本研究将BTF用于氨气吸收，并首次成功在低、高氨气负荷下均实现淋洗液的短程硝化。Baquerizo等（2009）用BTF处理氨气时发现，当氨气负荷为0.16kg/（$m^3$·d）时，亚硝酸生物积累率仅为16%；当氨气负荷提高至0.64kg/（$m^3$·d）时，亚硝酸生物积累率为56%。据此认为BTF淋洗液中亚硝酸积累与氨气负荷密切相关。而本研究在阶段Ⅱ中平均氨气负荷仅为0.26kg/（$m^3$·d）时，亚硝酸生物积累率仍高达87%，因此，认为亚硝酸积累与氨气负荷高低无直接关联，可通过控制回流比等操作条件予以调节。林兴等（2017）采用短程硝化-ANAMMOX一体化上流式反应器处理含氨废气，其反应器运行方式为高浓度负荷（氨气浓度17.8～28.8mg/L）、低空气流量负荷（气体停留时间1h）。在氨气浓度达到17.8mg/L时，通过通入额外空气的方式保证短程硝化的顺利进行，最高总氮去除速率为0.51kg/（$m^3$·d）。根据大部分含氨废气浓度为0.14～0.48mg/L的特点，本研究采用低浓度负荷（氨气浓度为0.03～0.31mg/L）、高流量负荷（空床时间为30s）的方式运行反应器。在氨气浓度较低，淋洗液FA对AOB和NOB的抑制作用较难控制的情况下，实现了短程硝化过程，并利用后续ANAMMOX过程对淋洗液进行净化，达到淋洗液回流、总氮排放控制的目的。因此，本研究具有较强的工程应用意义。

### 2.5.3 结论

① 当氨浓度为0.03～0.31mg/L时，BTF中80%以上的氨被淋洗至液相，淋洗液中28%～84%的氮素通过后续ANAMMOX过程被去除。

② 在较低和较高的氨负荷［0.072～0.72kg/（$m^3$·d）］下，BTF中均可以实现短程硝化，淋洗液中FA和FNA对AOB和NOB的抑制以及$O_2$限制是实现短程硝化的直接原因。

③ 回流比1/2是保证短程硝化BTF亚硝酸积累、氨吸收效果、氨生物转化效率的最佳回流比。

# 第3章 内源反硝化工艺

## 3.1 内源反硝化的原理

反硝化过程受有机碳源影响较大，不同碳源的反硝化速率、反硝化效能和代谢产物差别很大（刘宇航等，2015）。碳源不足，反硝化过程会受限甚至停止。根据有机碳源的来源，可将其分为外碳源和内碳源。外碳源是指存在于微生物体外的碳源，这些碳源可以是污水中含有的有机物，也可以是用于促进反硝化过程的、人为向污水中添加的有机物（表3-1）。主要包括液体碳源和固体碳源。传统反硝化外加碳源大多数为液体碳源，如乙醇、乙酸钠和葡萄糖等（蔡曼莎，2021；邵宇婷，2022）。除此之外，富含挥发性脂肪酸（volatile fatty acids，VFAs）的污泥水解液和餐厨垃圾发酵液等有机物浓度含量较高，廉价易得，且用作碳源可以实现对“废液”的资源化利用，得到了许多研究者的青睐（王建龙等，2008；Hu et al.，2019b；唐嘉陵，2017；程丽姝，2017）。但研究者通过不断研究发现，当水质出现波动时，不易控制液体碳源的添加量，容易造成出水中有机物含量超标或添加量不足等问题。因此，有研究者开始尝试利用固体碳源代替传统液体碳源。目前研究较多的固体碳源主要包括玉米芯、秸秆及稻草等农业固体废弃物和聚己内酯（polycaprolactone，PCL）及聚乳酸（polyacticacid，PLA）等人工合成高聚物两大类（邵留等，2011；张雯等，2017；严群芳，2016；Hu et al.，2019b；Xiong et al.，2019；Luo et al.，2016；高锦芳，2016）。

**表3-1 反硝化有机碳源种类**

| 有机碳源种类 | $NO_3^-$-N去除率 | TN去除率 | 参考文献 |
|---|---|---|---|
| 传统液体碳源 | — | 59.9%～93.2% | 蔡曼莎等，2021；邵宇婷等，2022 |
| 新型液体碳源 | 80.0%～99.9% | — | 王建龙等，2008；Hu et al.，2019a；唐嘉陵，2017；程丽妹，2017 |
| 农业废弃物 | 90.0%～95.0% | — | 邵留等，2011；张雯等，2017；严群芳，2016；Hu et al.，2019b |
| 人工合成高聚物 | 46.7%～99.9% | 70.0%～80.0% | Xiong et al.，2019；Luo et al.，2016；高锦芳，2016 |
| PHAs | — | 77.7%～94.9% | Wang et al.，2015；Zhao et al.，2018b |
| SMPs | 91.4% | 37.4%～65.9% | 张雪宁，2020；Yang et al.，2017 |

注：一表示未报道。

内碳源是指微生物体内可用于还原硝酸盐的有机物电子供体。一类是存在于PAOs、DPAOs、GAOs和DGAOs体内的聚$\beta$-羟基烷酸酯（poly-$\beta$-hydroxyalkanoates，PHAs），如聚$\beta$-羟基丁酸（poly-$\beta$-hydroxybutyrate，PHB）、聚$\beta$-羟基戊酸（poly-$\beta$-hydroxyvalerate，PHV）、聚$\beta$-2-甲基戊酸（poly-$\beta$-hydroxy-2-methylvalerate，PH2MV）等。DPAOs和DGAOs在厌氧条件下都能够吸收水中的VFAs，并将其转化为内碳源PHAs储存在细胞中；当水环境含有硝酸盐且处于缺氧状态和有机物浓度较低时，DPAOs和DGAOs则会将体内贮存的PHAs分解产生电子供体用以还原硝酸盐，达到反硝化脱氮的作用。Wang等人（2015）利用PHAs作为内源反硝化碳源在同步硝化-内源反硝化脱氮除磷-序批式反应器中对低C/N废水进行处理，最终TN的去除率达到77.7%，且同步硝化反硝化效率为49.3%。Zhao等人（2018b）同样利用PHAs作为有机碳源在SBR中对低C/N废水进行处理，结果证明在不添加外碳源的情况下最高TN去除率达到94.9%。另外一类内碳源则来自溶解性微生物产物（soluble microbial products，SMPs）。SMPs是细胞破裂时释放出的细胞成分，这些细胞成分分子量适中，并且可以生物降解，因此可作为碳源被利用（张雪宁，2020）。Yang等人（2017）研究了营养充足、营养不足和营养充足-营养不足三种条件下SMPs的释放和被反硝化过程利用的情况。结果表明SMPs在营养不足时可充当主要的反硝化电子供体，可保证$NO_3^-$-N和TN的去除率达到90%和50%以上。Zhang等（2019）也同样证明在SBR反应器中延长厌氧段可以强化SMPs的分解，同时促进反硝化脱氮，37.4%的TN通过以SMPs为电子供体而去除。

一般地，将利用微生物体内的碳源为电子供体的反硝化过程称为内源反硝化。本部分所讨论的内源反硝化是指DPAOs和DGAOs利用体内的碳源（PHAs）将污水中$NO_3^-$-N和$NO_2^-$-N还原为$N_2$的过程。

### 3.1.1 好氧/厌氧条件下PAOs和GAOs的工作原理

PAOs最初是从生物强化除磷（enhanced biological phosphorus removal，EBPR）系统中发现的，并被用于污水生物除磷。PAOs在好氧/厌氧条件下的工作原理如图3-1所示。PAOs体内通常含有多聚磷酸盐（poly-phosphates，Poly-P）和PHAs。在厌氧条件下，PAOs能够分解体内的Poly-P，释放能量，并将分解产生的$K^+$、$Na^+$和$H_2PO_4^-$等阴阳离子释放到水体中，此时水体中磷酸盐含量升高。释放的能量用于吸收水中的VFAs，并将其转化为乙酰CoA，并在还原力NADH的作用下最终形成PHAs。而在好氧条件下，PAOs以氧气为最终电子受体氧化PHAs，产生乙酰CoA、丙酰CoA和琥珀酰CoA进入三羧酸循环，一方面可作为合成细胞的碳源和能源，另一方面可将产生的能量用于从水中吸收磷酸盐，并重新合成Poly-P贮存于细胞中，最终这些富磷PAOs随剩余污泥一同排出处理系统，实现生物除磷。

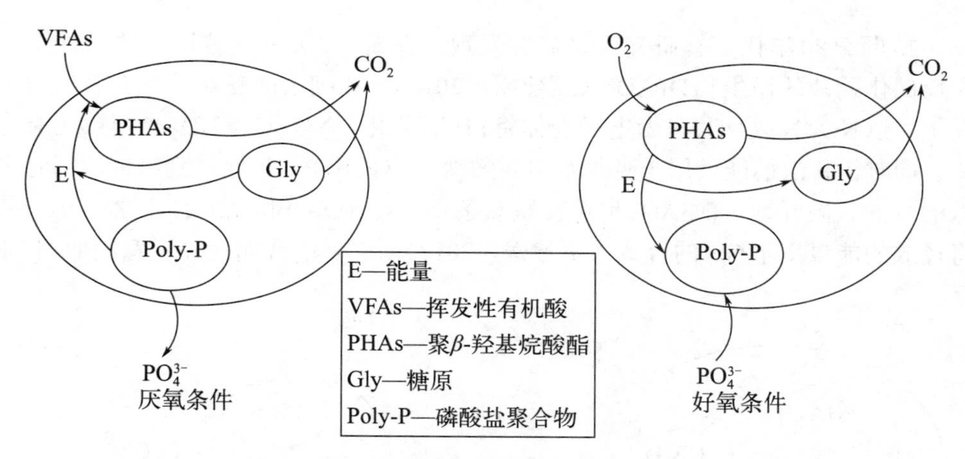


**图3-1 好氧/厌氧条件下PAOs的代谢**（Comeau et al.，1986）

在EBPR污水处理系统中存在着另一种与PAOs作用机理相似的微生物GAOs。与PAOs不同的是，这种菌在厌氧条件下分解细胞中的糖原（glycogen，Gly）而不是分解Poly-P。Gly经过糖酵解（Embden-Meyerhof-Parnas，EMP）后，产生能量用以细胞吸收水中的VFAs，并将VFAs转化为PHAs储存在细胞中。在好氧条件下，GAOs同样以氧气为最终电子受体，将PHAs分解，并经三羧酸循环为细菌生长提供碳源和能源，其余的能量则用于合成Gly和维持细胞活动。因此，GAOs对磷酸盐的去除没有贡献，却能在EBPR系统中与PAOs竞争VFAs，从而导致生物除磷效果下降。好氧/厌氧条件下GAOs的工作原理如图3-2所示。

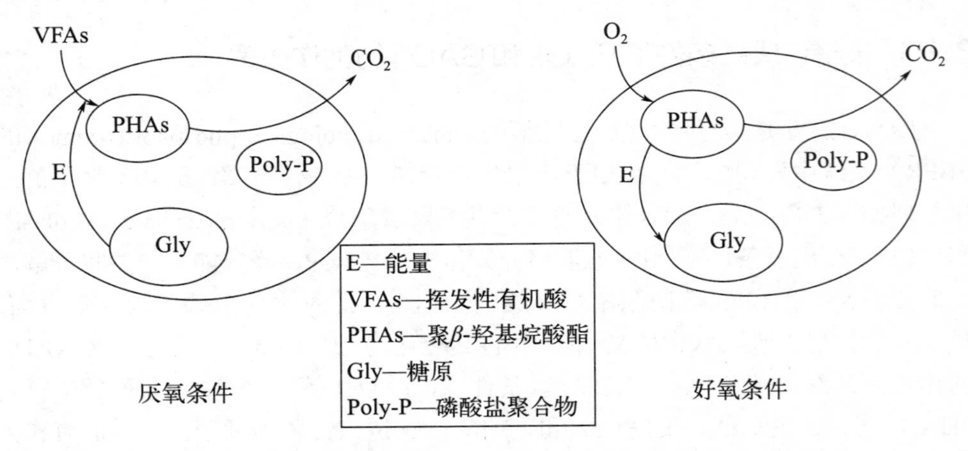


图3-2　好氧/厌氧条件下GAOs的代谢（Zeng et al.，2003）

## 3.1.2　缺氧/厌氧条件下PAOs和GAOs的工作原理

20世纪80年代，有研究人员研究发现，在缺氧/厌氧交替运行的条件下存在反硝化除磷的微生物DPAOs（甄建园，2019）。该细菌能够在不含有氧气的条件下，以$NO_3^-$-N或$NO_2^-$-N为电子受体将PHAs氧化，$NO_3^-$-N或$NO_2^-$-N则被还原为$N_2$。同时，释放的能量用于吸收水中磷酸盐合成Poly-P，进而达到氮、磷同时去除的目的。同样地，DGAOs也可在缺氧条件下将$NO_3^-$-N和$NO_2^-$-N还原为$N_2$，并将释放的能量用于Gly的合成（贾淑媛，2017）。二者的代谢途径示意图如图3-3

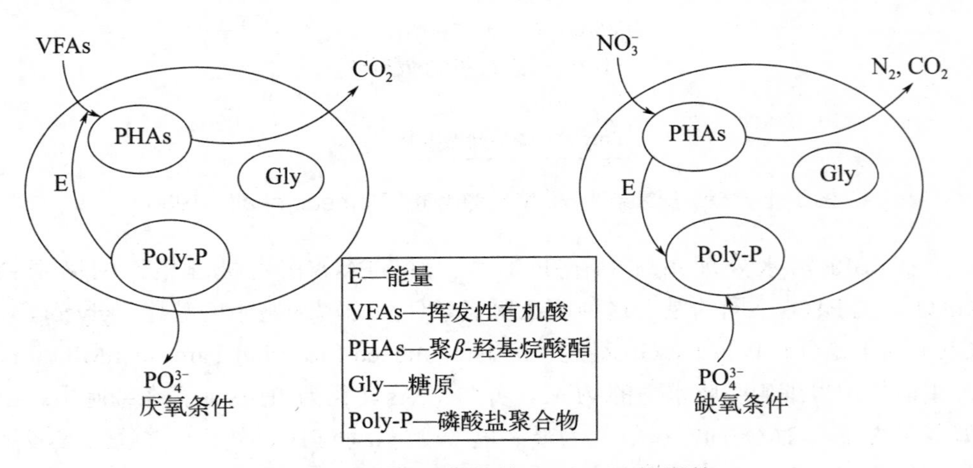


图3-3　缺氧/厌氧条件下DPAOs的代谢

和图3-4所示。曾有研究者提出，在内源反硝化过程中$NO_3^-$-N和$NO_2^-$-N的还原主要由GAOs进行，DPAOs主要进行除磷，但具体的代谢过程还有待进一步研究（Zhao et al.，2018a；Wang et al.，2015）。

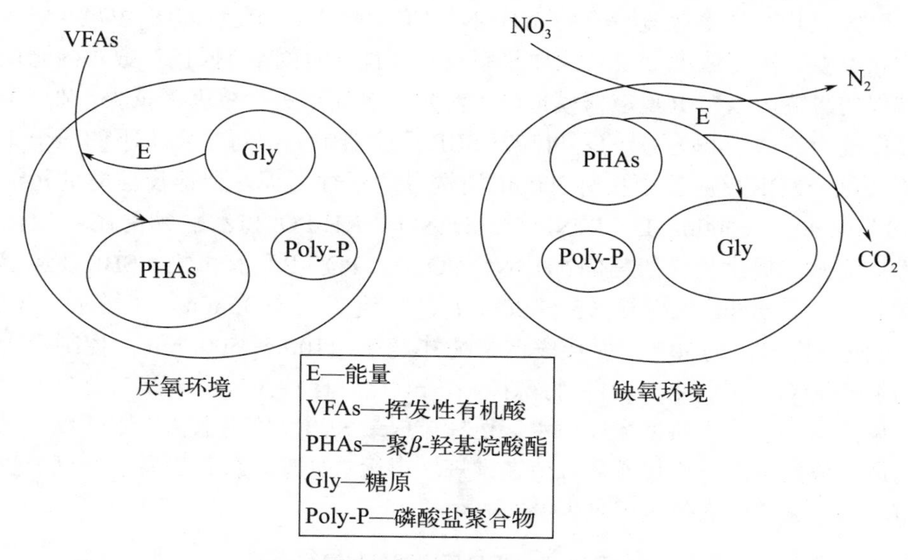


图3-4　缺氧/厌氧条件下DGAOs的代谢

## 3.2　内源反硝化的影响因素

内源反硝化过程受操作参数和水质条件影响显著，其中主要的影响因素包括碳源种类及浓度、温度、污泥浓度、DO、HRT、SRT等。以模拟的低碳氮比城市污水为例，采用缺氧/厌氧方式运行的SBR反应器模拟沉淀池进行内源反硝化，通过调整水质参数（$NH_4^+$-N、$NO_3^-$-N、$PO_4^{3-}$-P和$COD_{Cr}$浓度）和操作参数（温度、污泥浓度、缺氧搅拌速率和缺氧搅拌时间），考察不同参数对沉淀池中内源反硝化脱氮性能的影响。

### 3.2.1　材料与方法

#### 3.2.1.1　接种污泥

接种污泥取自大连市某污水处理厂的好氧池，污泥浓度VSS为3300～

5400mg/L。使用前用自来水清洗污泥，至污泥混合液中$NH_4^+$-N、$NO_3^-$-N和$PO_4^{3-}$-P浓度低于0.1mg/L，$COD_{Cr}$＜10mg/L。

#### 3.2.1.2 试验装置和运行

研究采用单因素实验考察了$NH_4^+$-N、$NO_3^-$-N、$PO_4^{3-}$-P及$COD_{Cr}$浓度4个水质参数和温度、污泥浓度、缺氧搅拌速率及缺氧搅拌时间4个操作参数对内源反硝化过程的影响，以SBR反应器模拟城市污水厂沉淀池进行单因素试验。在3个完全一样的，有效容积为1L的有机玻璃SBR反应器中完成每个水平下的三个平行实验。每个SBR反应器中接种500mL清洗过的活性污泥，保证反应时的污泥浓度SS为3000～6660mg/L。以$NH_4Cl$、$NaNO_3$、$KH_2PO_4$和乙酸钠配制一定浓度的模拟废水，提供反应所需的$NH_4^+$-N、$NO_3^-$-N、$PO_4^{3-}$-P和有机物。SBR反应器运行包括进水（5min）、搅拌（5～30min）、沉淀（60～35min）和排水（5min）4个阶段，排水比为50%。搅拌段调整搅拌速率为100～500r/min，控制反应温度为4～30℃。试验未对pH做特殊控制，pH始终保持在7.19～7.81之间。

单因素实验的水质参数以污水厂达标排放最大浓度值为取值上限，以污水厂实测最小值为下限。操作参数取值在常规城市污水处理厂参数设置的基础上进行调整。每个参数的取值范围见表3-2。

表3-2 SBR反应器参数设置

| 影响因素 | 取值范围 | | | | | | | | |
|---|---|---|---|---|---|---|---|---|---|
| $NH_4^+$-N/（mg/L） | 0 | 0.5 | 1 | 1.5 | 2 | 3 | 4 | 5 | 8 |
| $NO_3^-$-N/（mg/L） | 0 | 3.5 | 10 | 15 | 21.5 | — | — | — | — |
| $PO_4^{3-}$-P/（mg/L） | 0 | 2 | 4 | 6 | 8 | 10 | — | — | — |
| COD/（mg/L） | 0 | 10 | 20 | 30 | 40 | 50 | — | — | — |
| 温度/℃ | 4 | 10 | 20 | 25 | 30 | — | — | — | — |
| 污泥浓度/（mg/L） | 3330 | 4920 | 6660 | — | — | — | — | — | — |
| 搅拌速率/（r/min） | 100 | 200 | 300 | 400 | 500 | — | — | — | — |
| 搅拌时间/min：沉淀时间/min | 5：60 | 10：55 | 15：50 | 20：45 | 25：40 | 30：35 | — | — | — |

#### 3.2.1.3 动力学模型

本节在探讨影响因素时使用了多种动力学模型。

（1）Haldane模型

$$r=\frac{r_{\max}S}{K_s+S+\frac{S^2}{K_I}} \tag{3-1}$$

在式（3-1）中，$r$为N的基质（以VSS计）比去除速率，kg/（kg・d）；$r_{max}$为N的最大基质（VSS）比去除速率，kg/（kg・d）；$S$为水中某物质浓度，mg/L；$K_S$为半饱和常数，mg/L；$K_I$为抑制常数，mg/L。

（2）Vadivelu模型

$$r = \frac{r_{max} S}{KS^n + 1} \tag{3-2}$$

在式（3-2）中，$r$为N的基质（VSS）比去除速率，kg/（kg・d）；$r_{max}$为N的最大基质（VSS）比去除速率，kg/（kg・d）；$S$为水中某物质浓度，mg/L；$K$，$n$为经验常数。

（3）Helinga模型

$$r = \frac{r_{max} K_I}{K_I + S} \tag{3-3}$$

在式（3-3）中，$r$为N的基质（VSS）比去除速率，kg/（kg・d）；$r_{max}$为N的最大基质（VSS）比去除速率，kg/（kg・d）；$S$为水中某物质浓度，mg/L；$K_I$为抑制常数，mg/L。

（4）Michaelis-Menten模型

$$r = \frac{r_{max} S}{K_s + S} \tag{3-4}$$

在式（3-4）中，$r$为N的基质（VSS）比去除速率，kg/（kg・d）；$r_{max}$为N的最大基质（VSS）比去除速率，kg/（kg・d）；$S$为水中某物质浓度，mg/L；$K_S$为半饱和常数，mg/L。

#### 3.2.1.4 分析方法

从SBR反应器搅拌段和沉淀段内不同时刻取水样和泥样，水样经0.45μm滤膜过滤后，测定水样中的$NH_4^+$-N、$NO_3^-$-N、$NO_2^-$-N、$PO_4^{3-}$-P和$COD_{Cr}$浓度，并对生化池和沉淀池的污泥浓度进行测定；污泥样品则进行冷冻干燥，并对冷冻干燥后的污泥样品进行Gly和PHAs的测定，具体检测方法参照表3-3。同时对反应器中DO浓度及pH值的变化进行监测，其中DO浓度利用便携式DO仪进行测定。

表3-3 检测指标及方法仪器

| 检测指标 | 分析方法 | 所用仪器（型号） |
|---|---|---|
| $NH_4^+$-N① | 苯酚-次氯酸盐比色法 | 紫外可见分光光度计UV-5100 |
| $NO_3^-$-N① | 紫外分光光度法 | 紫外可见分光光度计UV-5100 |

续表

| 检测指标 | 分析方法 | 所用仪器（型号） |
| --- | --- | --- |
| $NO_2^-$-N① | *N*-（1-萘基）乙二胺分光光度法 | 紫外可见分光光度计UV-5100 |
| $PO_4^{3-}$-P① | 钼酸铵分光光度法 | 紫外可见分光光度计UV-5100 |
| $COD_{Cr}$ | 重铬酸钾法 | 连华COD快速测定仪5B-3C |
| MLSS① | 重量法 | 电热鼓风干燥箱DHG-9030A |
| pH① | 便携式pH仪法 | 多参数测试仪SG68 |
| Gly② | 蒽酮比色法 | 紫外可见分光光度计UV-5100 |
| PHA③ | 气相色谱法 | 岛津气相色谱仪GC-2014C |

① 参照《水和废水监测分析方法（第四版）》（国家环境保护总局，2005）。

② 参照Oehmen等，2005a。

③ 参照Oehmen等，2005b。

### 3.2.1.5　内源反硝化速率计算方法

本实验中内源反硝化速率（endogenous denitrification rate，EDR）是指缺氧搅拌或曝气段硝酸盐的去除速率，计算公式见式（3-5）（Zhao et al.，2018b）。

$$EDR=\frac{(NO_{x,0}^- - NO_x^-)\times 10^{-3}}{VSS\times(5/60/24)} \tag{3-5}$$

式中，$NO_{x,0}^-$表示缺氧搅拌或曝气段开始前$NO_2^-$-N或者$NO_3^-$-N的浓度，mg/L；$NO_x^-$表示缺氧搅拌或曝气段结束时$NO_2^-$-N或者$NO_3^-$-N的浓度，mg/L；VSS表示污泥浓度，mg/L。

### 3.2.1.6　游离氨浓度计算方法

游离氨是指水中以氨分子或者氢氧化铵形式存在的氨，其含量可根据式（3-6）计算（张昕，2021）。

$$FA=\frac{17}{14}\times\frac{[NH_4^+\text{-N}]\times 10^{pH}}{\exp\left(\frac{6344}{273+T}\right)+10^{pH}} \tag{3-6}$$

式中，FA表示游离氨浓度，mg/L；$[NH_4^+\text{-N}]$表示$NH_4^+$-N浓度，mg/L；$T$表示温度，℃。

### 3.2.2 结果与讨论

#### 3.2.2.1 不同水质参数对内源反硝化脱氮性能的影响

**（1）氨的影响**

我国生活污水$NH_4^+$-N浓度一般为25～40mg/L，《城镇污水处理厂污染物排放标准》（GB 18918—2002）一级A标准中$NH_4^+$-N的排放限值为夏天5mg/L，冬天8mg/L。因此，试验首先考察了$NH_4^+$-N浓度在0～8mg/L时SBR反应器中搅拌段的内源反硝化性能。在此因素的考察过程中，控制反应温度为（25±0.2）℃，污泥浓度VSS为2000～3400mg/L，搅拌段搅拌速率为100r/min，搅拌时间：沉淀时间为5min：60min；保证搅拌段开始时反应器中$COD_{Cr}$、$NO_3^-$-N和$PO_4^{3-}$-P的浓度分别为6mg/L、19.9mg/L和0mg/L。图3-5为搅拌段$NO_3^-$-N的变化量，当$NH_4^+$-N浓度从0mg/L升高至3mg/L时，搅拌段$NO_3^-$-N的减少量分别是（0.8±0.3）mg/L、（2.0±0.5）mg/L、（1.8±0.5）mg/L、（1.1±0.1）mg/L、（1.0±0.1）mg/L和（0.9±0.3）mg/L；当$NH_4^+$-N浓度继续升高至4mg/L时，搅拌段$NO_3^-$-N浓度不降反升，$NO_3^-$-N增量最高达到0.8mg/L，内源反硝化停止。$NH_4^+$-N浓度的升高会对内源反硝化速率产生影响，这一现象在污水厂运行过程中也有发现（见3.4节）。

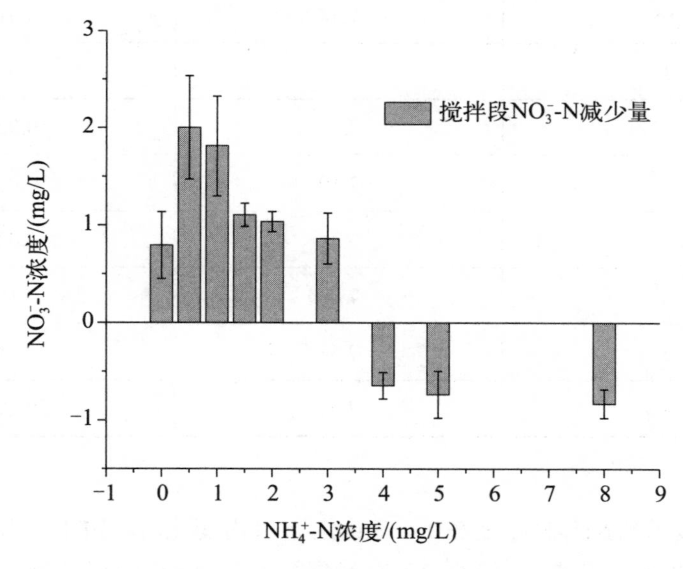


图3-5 不同$NH_4^+$-N浓度下搅拌段$NO_3^-$-N的减少量

城市污水厂沉淀池实际运行实例（见3.4节）和SBR反应器的模拟实验数据均表明，水中氨氮浓度较高，有机物含量较低时，即使当水中DO仅为

0.5mg/L时，硝化作用仍会发生，这一现象在李方舟等人（2019）的研究中也得到了证明。李方舟等人（2019）采用厌氧/好氧/缺氧的方式运行内源反硝化-低DO硝化联合反应器对实际生活污水进行处理，实验中发现在DO浓度较低（0.3 ～ 0.5mg/L）的条件下低DO硝化反应器中能够继续进行硝化作用，实现了90%以上的硝化，并发生了明显的同步硝化反硝化作用。游离氨可能是导致内源反硝化减弱甚至消失的另一原因。研究表明游离氨对硝化细菌、DNB、AMX和PAOs等多种氮、磷转化细菌均有抑制作用（张昕等，2021）。张昕等人（2021）发现污水中游离氨浓度超过0.2mg/L时，会对以PAOs为主要功能菌的生物强化除磷系统产生抑制作用。由于参与内源反硝化的DPAOs或者DGAOs与PAOs有相似的代谢机制，游离氨很有可能对内源反硝化过程产生抑制。水中游离氨的浓度与$NH_4^+$-N浓度、温度和pH密切相关［式（3-6)]。经计算，当SBR反应器内源反硝化消失时，水中游离氨浓度分别为0.107mg/L、0.118mg/L和0.276mg/L（表3-4）。该浓度与报道的抑制浓度较为接近，据此可推断内源反硝化可能受到游离氨抑制。

**表3-4　SBR反应器不同$NH_4^+$-N浓度时的游离氨含量**

| $NH_4^+$-N/（mg/L） | pH | 游离氨含量/（mg/L）① |
|---|---|---|
| 0.5 | 7.54 | 0.012 |
| 1 | 7.32 | 0.014 |
| 1.5 | 7.38 | 0.024 |
| 2 | 7.19 | 0.021 |
| 3 | 7.34 | 0.044 |
| 4 | 7.63 | 0.107 |
| 5 | 7.58 | 0.118 |
| 8 | 7.81 | 0.276 |

① 计算温度为25℃。

图3-6显示当$NH_4^+$-N浓度在0 ～ 3mg/L范围内变化时，EDR呈先增加后降低的趋势，且在$NH_4^+$-N浓度为0.5mg/L时达到最大，为（0.169±0.045)kg/(kg • d)。这表明0.5mg/L为城市污水厂污泥内源反硝化的最佳$NH_4^+$-N浓度。研究采用Haldane、Vadivelu和Hellinga三种抑制动力学模型［式（3-1）～式（3-3)］对不同$NH_4^+$-N浓度下的EDR进行拟合，探讨内源反硝化对$NH_4^+$-N浓度的动力学响应。

因为$NH_4^+$-N浓度高于4mg/L时，内源反硝化停止，所以动力学拟合仅考虑$NH_4^+$-N浓度小于3mg/L时的情况。从表3-5中可以看出，Haldane模型的拟合的相关度最高，因此$NH_4^+$-N对内源反硝化的动力学符合Haldane方程。故当$NH_4^+$-N存在时，最大EDR（$r_{max}$）为0.45kg/（kg·d），$NH_4^+$-N对内源反硝化的抑制常数（$K_I$）为0.47mg/L。Haldane模型是基质自抑制模型，用来描述基质在高浓度时会抑制酶促反应。$NH_4^+$不是内源反硝化的基质，而内源反硝化对它的响应符合Haldane模型这一现象值得研究，可能与反应器中存在同步硝化反硝化过程有关。当$NH_4^+$-N浓度较高时，硝化过程受阻，导致反硝化被削弱。

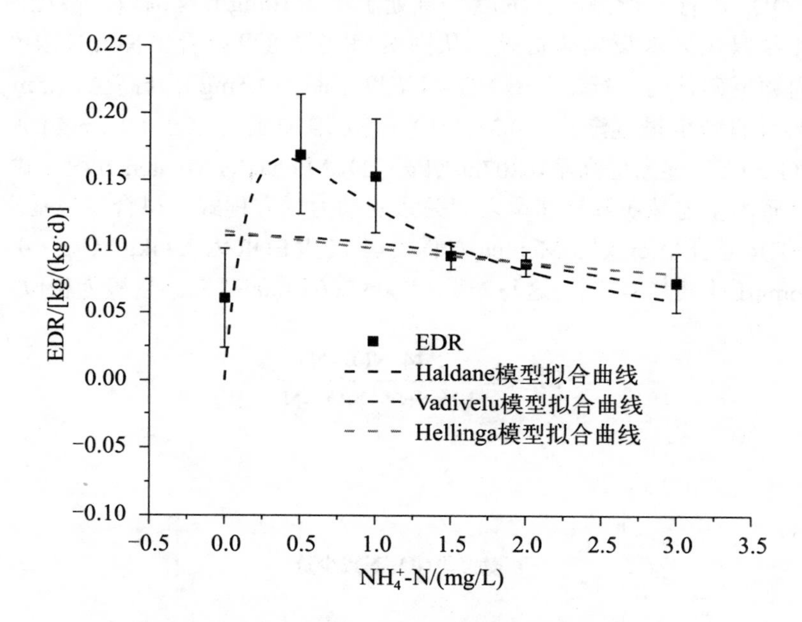


图3-6 $NH_4^+$-N浓度对EDR的影响

表3-5 不同抑制动力学模型拟合

| 项目 | Haldane模型 | Vadivelu模型 | Hellinga模型 |
|---|---|---|---|
| 最大EDR /［kg/（kg·d）］ | 0.45 | 0.1 | 0.11 |
| $K_S$/（mg/L） | 0.33 | | |
| $K_I$/（mg/L） | 0.47 | | 7.66 |
| $n$ | | 2.12 | |
| $R_2$ | 0.34 | 0.24 | 0.15 |

**（2）硝酸盐的影响**

我国《城镇污水处理厂污染物排放标准》（GB 18918—2002）一级A标准中对包括$NO_3^-$-N在内的总无机氮排放限值为15mg/L。$NO_3^-$-N作为内源反硝化的基质，其浓度对EDR必然产生影响。根据水厂实测值和排放限值要求，试验考察了$NO_3^-$-N浓度在3.5～21.5mg/L之间时SBR反应器内源反硝化性能。在此因素的考察过程中，控制反应温度为（25±0.2）℃，污泥浓度VSS为2124～2809mg/L，搅拌段搅拌速率为100r/min，搅拌时间：沉淀时间为5min：60min；保证搅拌段开始时反应器中$NH_4^+$-N和$PO_4^{3-}$-P的浓度分别为1.0mg/L和0mg/L。在实验期间对水中$COD_{Cr}$进行了检测，其浓度一直处于小于10mg/L范围内，故此时$NO_3^-$-N的减少主要是由内源反硝化贡献。从图3-7和图3-8可以看出$NO_3^-$-N浓度的升高促进了内源反硝化的进行。随着$NO_3^-$-N浓度不断由3.5mg/L升高至21.5mg/L，搅拌段$NO_3^-$-N的减少量逐渐由（0.3±0.1）mg/L增加到（1.5±0.9）mg/L，EDR由0.037kg/(kg·d)逐渐提高至0.207kg/(kg·d)。Michaelis-Menten方程［式（3-4）］是描述基质浓度与基质降解速率之间关系的动力学方程式。拟合发现基质$NO_3^-$-N浓度与EDR符合Michaelis-Menten方程，其最大EDR为2.44kg/（kg·d），$K_S$值为175.56mg/L［式（3-7）］。这与李勇智等（2003）的研究结果极为相似。

$$\mathrm{EDR}=\frac{2.44[\mathrm{NO_3^-}\text{-N}]}{175.56+[\mathrm{NO_3^-}\text{-N}]} \tag{3-7}$$

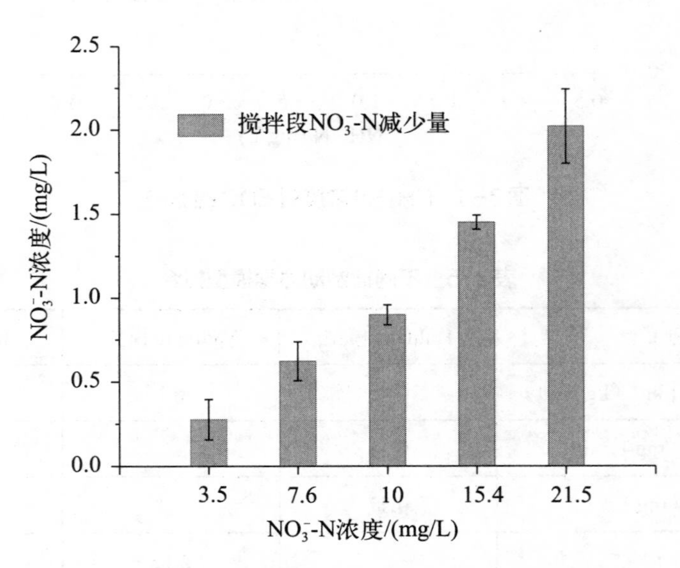


图3-7　不同$NO_3^-$-N起始浓度下搅拌段$NO_3^-$-N的减少量

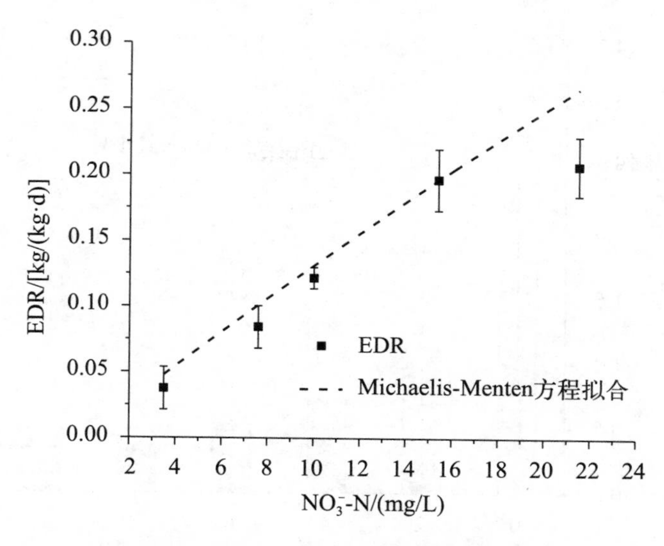

图3-8 起始$NO_3^-$-N浓度对EDR的影响

（3）磷酸盐的影响

我国《城镇污水处理厂污染物排放标准》（GB 18918—2002）一级A标准中总磷的排放限值为0.5～1mg/L。根据水厂实测值和排放限值要求，试验对SBR反应器在$PO_4^{3-}$-P浓度为0～10mg/L范围时的内源反硝化性能进行了研究。在此因素的考察过程中，控制反应温度为（25±0.2）℃，污泥浓度VSS为2742～3203mg/L，搅拌段搅拌速率为100r/min，搅拌时间：沉淀时间为5min：60min；保证搅拌段开始时反应器中$COD_{Cr}$、$NH_4^+$-N和$NO_3^-$-N的浓度分别为7mg/L、0.1mg/L和22.4mg/L。如图3-9所示，当$PO_4^{3-}$-P逐渐由0mg/L升高至10mg/L时，SBR反应器在各$PO_4^{3-}$-P浓度下的$NO_3^-$-N减少量分别为（1.8±1.0）mg/L、（1.1±0.4）mg/L、（0.8±0.2）mg/L、（0.6±0.1）mg/L、（0.5±0.1）mg/L和（0.4±0.1）mg/L。显然，在0～10mg/L的范围内，$PO_4^{3-}$-P不会完全抑制内源反硝化过程，但随其浓度升高，内源反硝化速率会逐渐降低（图3-10）。分别以Hellinga模型、Vadivelu模型和Haldane模型对内源反硝化速率对$PO_4^{3-}$-P浓度变化的动力学进行拟合（表3-6），结果表明Hellinga模型和Vadivelu模型的相关度较高，$R^2$值可达0.99；而Haldane模型的相关度较低，且$K_S$值为–0.18，无意义。所以根据Hellinga模型，最大EDR为0.27kg/（kg·d），抑制常数（$K_I$）为2.20mg/L。内源反硝化主要通过DPAOs和DGAOs在缺氧环境中，将分解PHAs的电子传递给$NO_3^-$，将硝酸盐还原，同时利用PHAs分解释放的部分能量吸收水中的$PO_4^{3-}$，并合成体内的多聚磷酸盐。因此，现在仍不能解释$PO_4^{3-}$-P对内源反硝化过程抑制的机理。

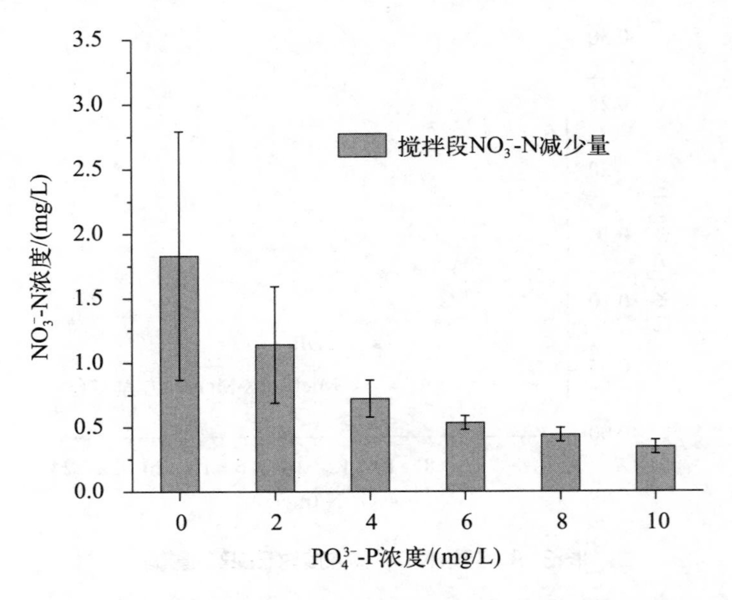


图3-9 不同$PO_4^{3-}$-P浓度下搅拌段$NO_3^-$-N的减少量

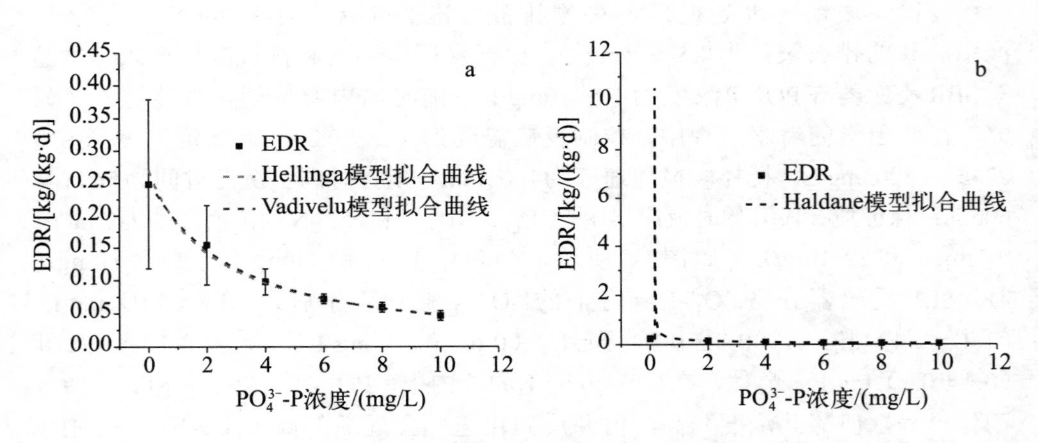


图3-10 $PO_4^{3-}$-P浓度对EDR的影响

表3-6 不同抑制动力学模型拟合

| 项目 | Haldane模型 | Vadivelu模型 | Hellinga模型 |
| --- | --- | --- | --- |
| 最大EDR /［kg/（kg・d)］ | 0.30 | 0.25 | 0.27 |
| $K_S$ /（mg/L） | –0.18 | — | — |
| $K_I$ /（mg/L） | 1.86 | — | 2.20 |

续表

| 项目 | Haldane模型 | Vadivelu模型 | Hellinga模型 |
|---|---|---|---|
| $n$ | — | 1.11 | — |
| $R_2$ | 0.74 | 0.99 | 0.99 |

**（4）有机物的影响**

我国《城镇污水处理厂污染物排放标准》（GB 18918—2002）一级A标准中COD的排放限值为75mg/L。根据水厂实测值和排放限值要求，试验考察了SBR反应器在$COD_{Cr}$浓度为0～50mg/L范围时的内源反硝化性能。在此因素的考察过程中，控制反应温度为（25±0.2）℃，污泥浓度VSS为2580～3410mg/L，搅拌段搅拌速率为100r/min，搅拌时间：沉淀时间为5min ：60min；保证搅拌段开始时反应器中$NH_4^+$-N、$NO_3^-$-N和$PO_4^{3-}$-P的浓度分别为0.9mg/L、21.7mg/L和0.2mg/L。从图3-11可以看出，在$COD_{Cr}$浓度从0mg/L升高至50mg/L时，搅拌段内$NO_3^-$-N的减少量逐渐增加，由（1.8±0.2）mg/L升高至（2.5±0.1）mg/L。在搅拌段内水中有机物本身可作为电子供体被DNB利用，为揭示有机物作用下内源反硝化的响应，需要同时对SBR反应器中不同阶段水中$COD_{Cr}$及污泥中PHAs和Gly的变化进行分析（图3-12）。图3-12a为水中$COD_{Cr}$在搅拌段和沉淀段的变化。$COD_{Cr}$浓度从0mg/L升高至50mg/L时，搅拌段水中有机物的去除量也从（2±1）mg/L增加至（50±6）mg/L。值得注意的是，当$COD_{Cr}$浓度增加至30mg/L以上时，搅拌段结束时，水中$COD_{Cr}$均为0。可见在$NO_3^-$-N浓度不受限的情况下（20mg/L），搅拌段反硝化过程明显。根据DPAOs和DGAOs的代谢机理，搅拌段的内源反硝化过程应该以细胞内PHAs分解及Gly补充为特点；沉淀段则因为SBR处于接近厌氧状态，污泥将从水中吸收有机物，利用体内Poly-P或者Gly分解提供的还原力合成PHAs。从图3-12b中可以看出搅拌段各$COD_{Cr}$浓度下污泥中PHAs均有减少，且在$COD_{Cr}$为0mg/L时其减少量（以每gVSS对应的减少量计）最多，可达（1.313±0.234）mg；而进入沉淀段后，$COD_{Cr}$为0～20mg/L时的PHAs均继续减少，当$COD_{Cr}$大于30mg/L后，细菌才开始合成体内的PHAs。对于Gly来说，在所有$COD_{Cr}$浓度下均发生了搅拌段污泥中Gly增加的现象；而进入沉淀段后，当$COD_{Cr}$大于20mg/L后，Gly才开始分解，进而产生还原力并释放能量。显然，当$COD_{Cr}$浓度在0～50mg/L之间变化时，缺氧段（搅拌段）内源反硝化和外源反硝化同时存在，但目前仍无法对$COD_{Cr}$对EDR的影响建立定量关系。厌氧段（沉淀段）的PHAs合成和Gly的分解受$COD_{Cr}$影响较为明显，当水中$COD_{Cr}$含量超过一定阈值时（20～30）mg/L，该过程才能够发生。

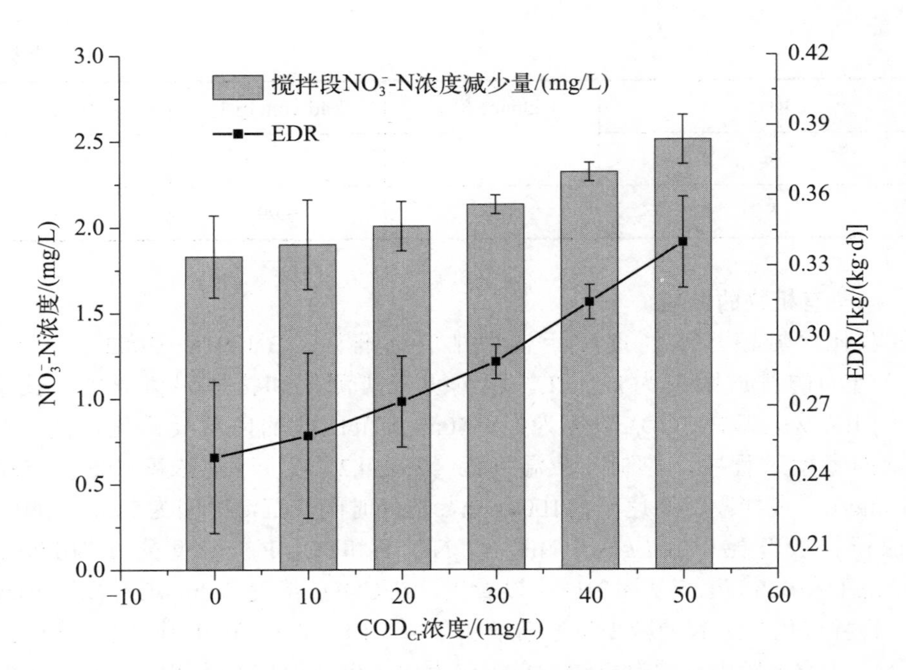


图3-11　不同$COD_{Cr}$浓度下搅拌段$NO_3^-$-N的减少量

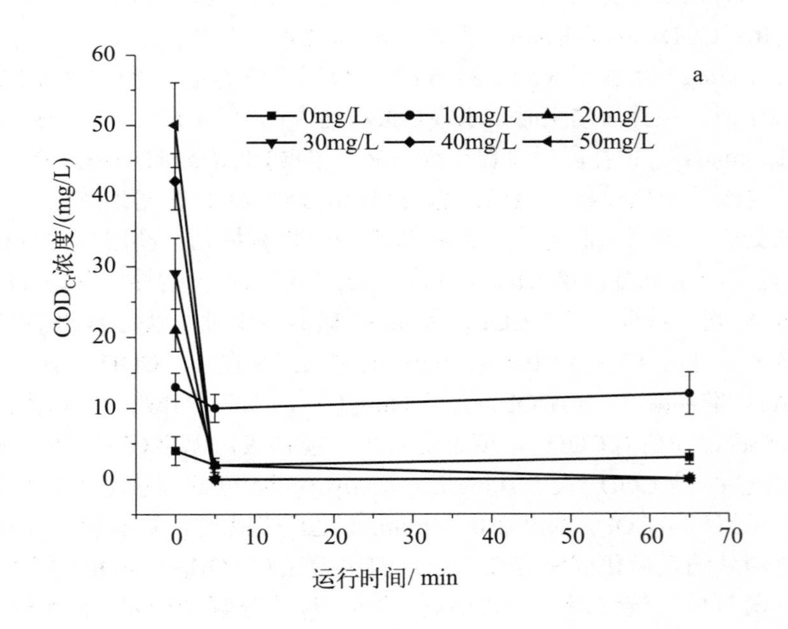

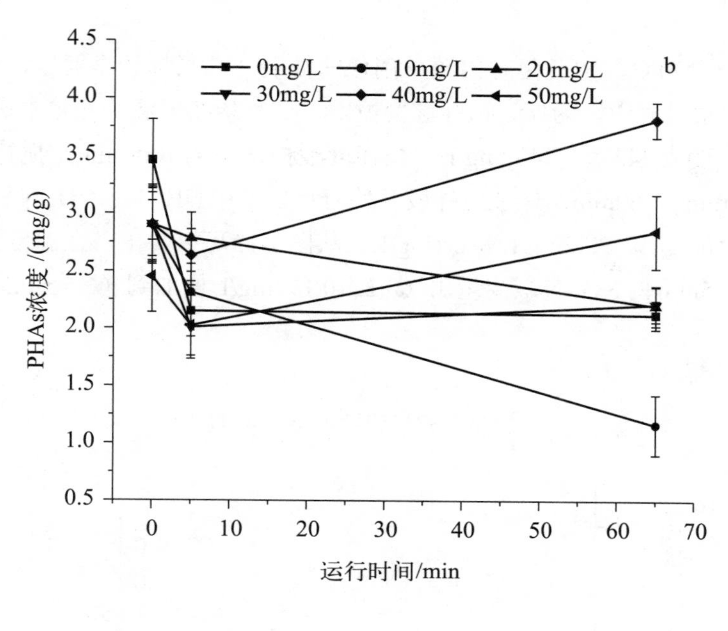


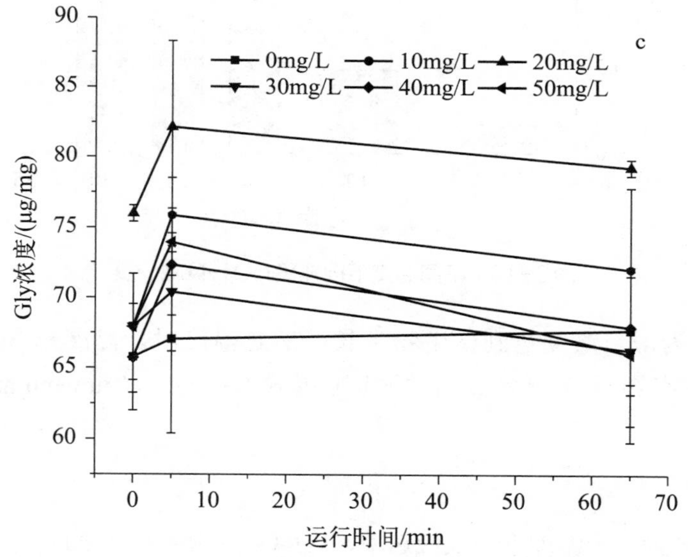


图3-12　SBR不同阶段$COD_{Cr}$、PHAs和糖原浓度的变化

### 3.2.2.2　不同操作参数设置对内源反硝化系统脱氮性能的影响

**（1）温度的影响**

温度是废水生物处理技术的重要影响因素，不同季节污水处理厂的处理效果受温度影响较大。有研究表明反硝化过程的适宜温度是5～27℃，故本研究考察

了温度在4～30℃范围变化时内源反硝化的性能（郑兴灿和李亚欣，1998）。在此因素的考察过程中，为保证试验温度恒定，试验均在恒温培养箱中进行，同时污泥VSS浓度为3427～3432mg/L，搅拌段搅拌速率为100r/min，搅拌时间：沉淀时间为5min ： 60min；保证搅拌段开始时反应器中$NH_4^+$-N、$NO_3^-$-N和$PO_4^{3-}$-P的浓度分别为0mg/L、22.2mg/L和0.1mg/L。从图3-13可以看出，在温度由4℃升高至30℃时，5min内$NO_3^-$-N减少量由（0.2±0.1）mg/L增加到（1.5±0.5）mg/L。

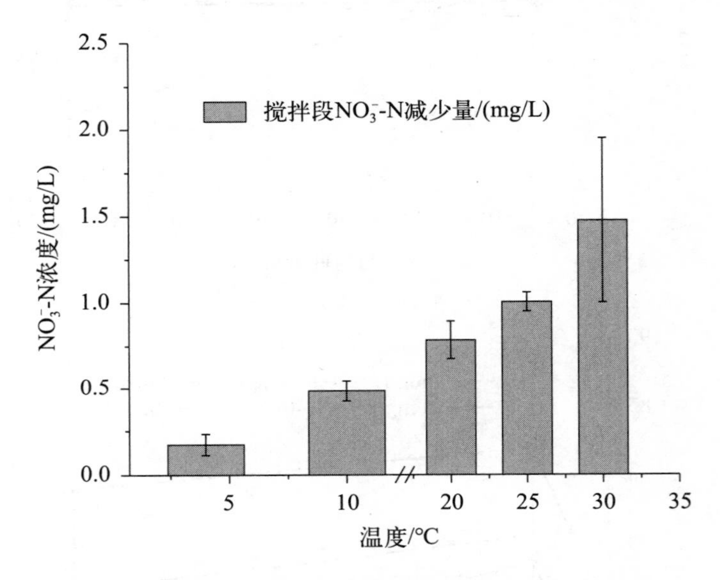


图3-13　不同温度下搅拌段$NO_3^-$-N减少量

一般认为，当温度达到微生物生长的适宜温度时，温度每升高10℃，比基质利用速率会提高1倍，这种规律可用式3-8表示（Rittmann and McCarty，2000）。

$$r_T = r_{20} a^{(T-20)} \tag{3-8}$$

式中，$r_T$为任一温度下的反应速率，kg/（kg·d）；$r_{20}$为20℃时的反应速率，kg/（kg·d）；$T$为温度，℃；$a$为常数。

采用该公式对不同温度下EDR进行拟合（图3-14），得到EDR与温度的关系式为：

$$r_T = 0.06 \times 1.07^{(T-20)} \tag{3-9}$$

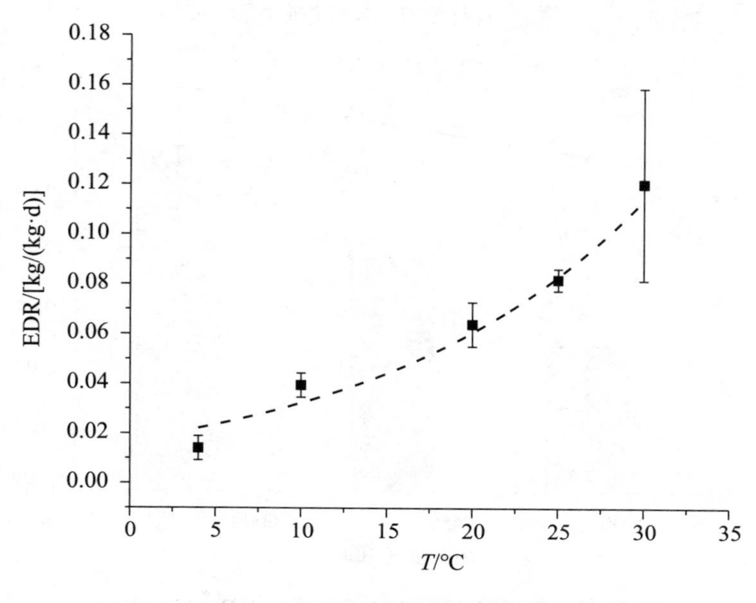


图3-14 温度对EDR的影响

**（2）污泥浓度的影响**

污泥浓度越高，污泥中DNB与$NO_3^-$-N发生反应的概率越大。同时污泥内源呼吸作用对电子受体的需求也逐渐增加，进而内源反硝化作用能够得到加强（周丽颖等，2015）。试验通过改变污泥浓度，对污泥VSS浓度在3330～9990mg/L范围的内源反硝化作用进行研究。在此因素的考察过程中，控制反应温度为（25±0.2）℃，搅拌段搅拌速率为100r/min，搅拌时间：沉淀时间为5min：60min；保证搅拌段开始时反应器中$NH_4^+$-N、$NO_3^-$-N、$PO_4^{3-}$-P和$COD_{Cr}$的浓度分别为0mg/L、24.3mg/L、0.2mg/L和7mg/L。图3-15为SBR反应器搅拌段$NO_3^-$-N减少量和$NO_3^-$-N去除速率变化曲线，随着污泥浓度的升高，$NO_3^-$-N的减少量分别为（0.8±0.4）mg/L、（1.2±0.1）mg/L和（1.8±0.2）mg/L，$NO_3^-$-N去除速率（以1kgVSS计）由0.066kg/（kg・d）逐渐增加至0.077kg/（kg・d），这与周丽颖等人（2015）所提出的结论相似。周丽颖等人（2015）在对某城市污水处理厂现有工艺进行改造的过程中，通过增设回流污泥浓缩预缺氧池，达到强化内源反硝化的目的。试验结果表明，污泥浓缩预缺氧池能够有效提高内源反硝化作用，并且当VSS＞5800mg/L时$NO_3^-$-N去除率能够达到72.2%。

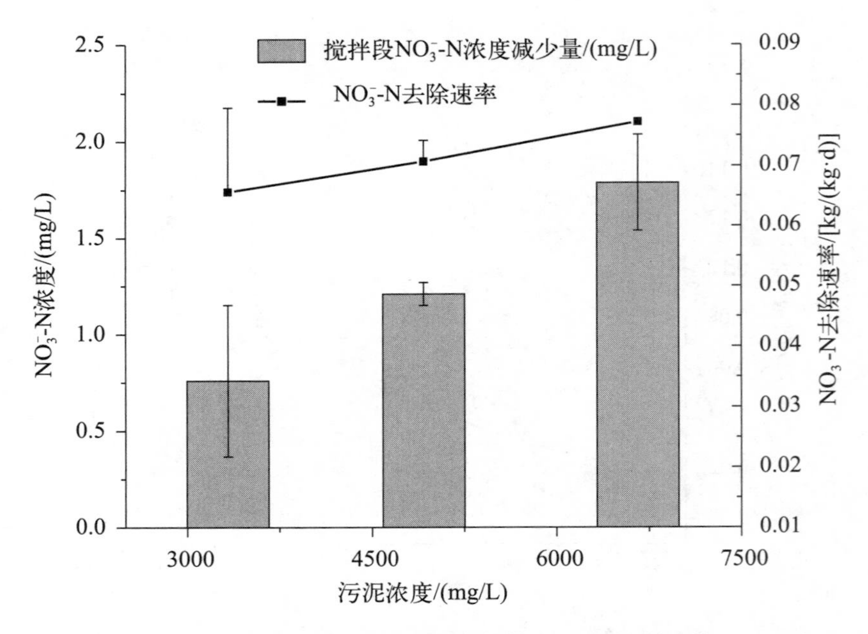


**图3-15 不同污泥浓度下缺氧搅拌段$NO_3^-$-N的变化**

**（3）搅拌时间：沉淀时间的影响**

SBR反应器搅拌段的主要作用在于保证活性污泥与污水充分混合的同时为DPAOs和DGAOs提供缺氧条件，保证其能够发生内源反硝化，有研究表明适当延长缺氧段反应时间能够增强内源反硝化作用。试验考察了搅拌时间：沉淀时间在（5：60）～（30：35）时SBR反应器的内源反硝化性能。在此因素的考察过程中，控制反应温度为（25±0.2）℃，污泥VSS浓度为2124～4127mg/L，搅拌段搅拌速率为100r/min；保证搅拌段开始时反应器中$NH_4^+$-N、$NO_3^-$-N、$PO_4^{3-}$-P和$COD_{Cr}$的浓度分别为0.2mg/L、21.5mg/L、0.1mg/L和4mg/L。图3-16为搅拌时间：沉淀时间与缺氧段$NO_3^-$-N减少量的关系图，从图中可以看出随着搅拌时间：沉淀时间从5：60增加至20：45时，即缺氧搅拌段$NO_3^-$-N的减少量分别是（0.5±0.2）mg/L、（1.2±0.1）mg/L、（0.7±0.5）mg/L和（0.1±0.1）mg/L；当搅拌时间：沉淀时间增加至25：40时，SBR反应器中$NO_3^-$-N开始积累，最高积累量为0.7mg/L，此时SBR反应器中不再进行内源反硝化。图3-17为$NO_3^-$-N去除速率随搅拌时间：沉淀时间的变化曲线。如图所示，搅拌时间：沉淀时间在（5：60）～（20：45）时$NO_3^-$-N去除速率随搅拌时间：沉淀时间升高先增加后降低，在搅拌时间：沉淀时间为10：55时$NO_3^-$-N去除速率达到最大，为0.173kg/（kg·d），这与葛光环等人的研究结果有相似之处。葛光环等人通过延长以A/O/A运行的SBBR反应器缺氧段反应时间，达到强化内源反硝化的目的，

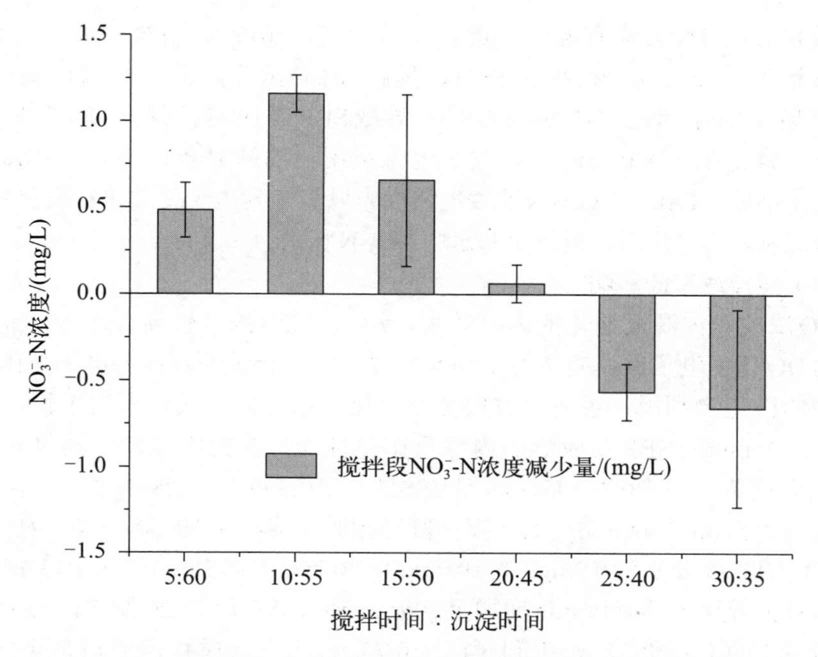


图3-16　不同搅拌时间：沉淀时间下缺氧搅拌段$NO_3^-$-N的变化

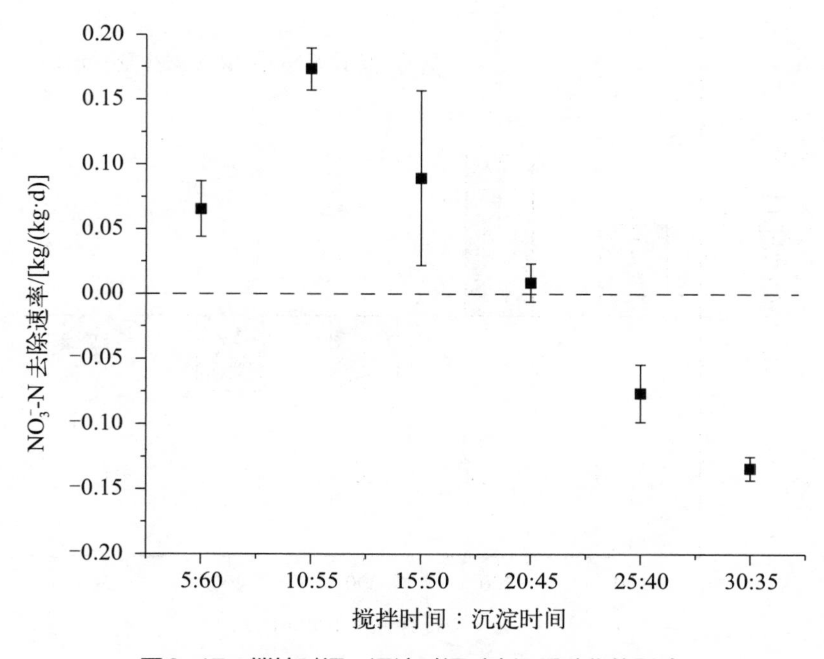


图3-17　搅拌时间：沉淀时间对内源反硝化的影响

内源反硝化对TN去除有43%的贡献（葛光环，2019）。当搅拌时间：沉淀时间继续增加至25 ：40和30 ：35时，搅拌段DO浓度升高，内源反硝化消失。引起该现象的原因是搅拌时间过长，导致SBR反应器搅拌段DO浓度增加至1.24 ～ 3.64mg/L（＞0.5mg/L），发生内源反硝化的缺氧条件消失，SBR反应器中的硝化细菌、PAOs和GAOs等微生物优先以氧气为电子受体进行有机物氨化、硝化和好氧除磷等作用，最终引起水中$NO_3^-$-N积累。

**（4）搅拌速率的影响**

DO浓度对内源反硝化的影响较大，污水中DO浓度较高（＞0.5mg/L）时，水中的DO竞争电子供体的能力比$NO_3^-$-N强，氧气会优先被作为电子受体被活性污泥中的微生物利用，进而导致内源反硝化作用减弱。试验考察了搅拌速率在100 ～ 500r/min时SBR反应器的内源反硝化性能。在此因素的考察过程中，控制反应温度为（25±0.2）℃，污泥VSS浓度为2850 ～ 3528mg/L，搅拌时间：沉淀时间为5min ：60min；保证搅拌段开始时反应器中$NH_4^+$-N、$NO_3^-$-N、$PO_4^{3-}$-P和$COD_{Cr}$的浓度分别为0.9mg/L、19.7mg/L、0.2mg/L和3mg/L。从图3-18中可以看出随着搅拌速率从100r/min增加至200r/min时，SBR反应器搅拌段$NO_3^-$-N的减少量分别是（1.0±0.2）mg/L和（1.7±0.7）mg/L。当搅拌速率增加至300r/min以上时，SBR反应器中$NO_3^-$-N开始积累，最高积累量为0.8mg/L，此时SBR反应

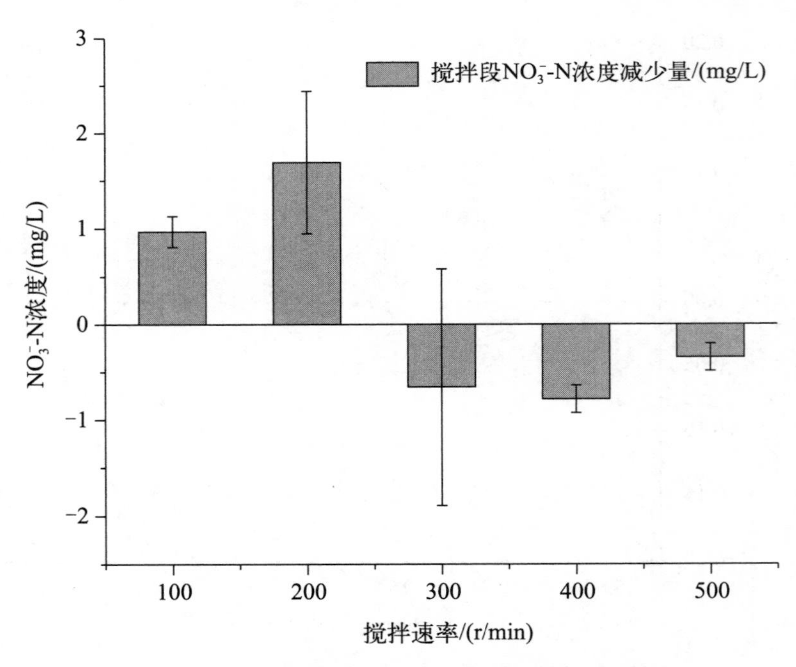


**图3-18　不同搅拌速率下缺氧搅拌段$NO_3^-$-N的变化**

器中不再进行内源反硝化。图3-19为$NO_3^-$-N去除速率随搅拌速率变化曲线。由图3-19可以看出在0 ~ 5min的搅拌段，当搅拌速率≤200r/min时，$NO_3^-$-N去除速率随搅拌速率升高而升高，并在搅拌速率为200r/min时达到最大，为0.138kg/(kg · d)。而当搅拌速率增加至300 ~ 500r/min时，搅拌段DO随之升高至0.8 ~ 1.1mg/L，此时氧气代替$NO_3^-$-N成为主要的电子受体被微生物利用，硝化细菌则将$NH_4^+$-N转化为$NO_3^-$-N，成为氮素主要转化途径引起水中$NO_3^-$-N积累。

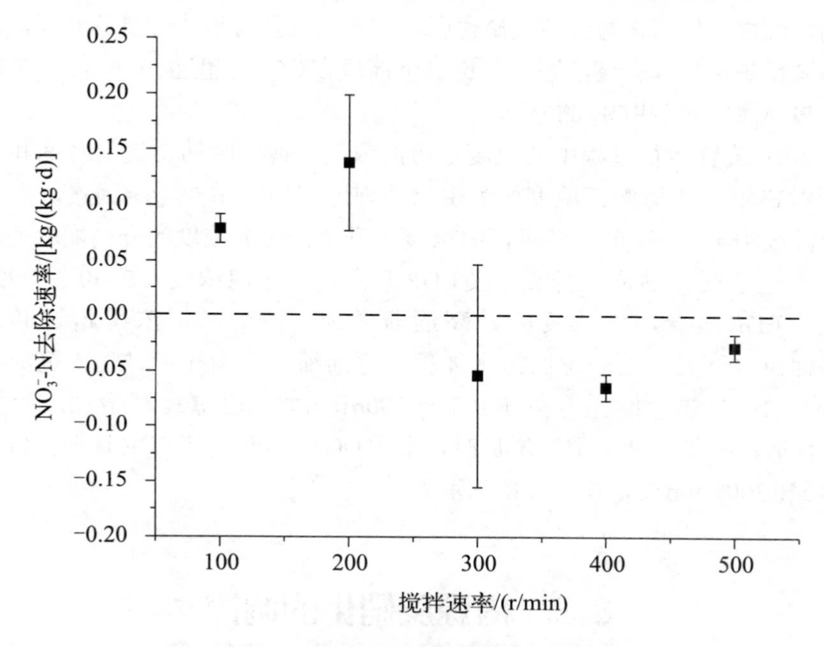


**图3-19　搅拌速率对内源反硝化的影响**

适当延长搅拌时间和增大搅拌速率能够强化SBR反应器内源反硝化脱氮作用。但搅拌时间过长或搅拌速率过快都易引起水中DO升高，同时会造成运行成本升高。因此，从内源反硝化效果和运行成本角度出发应将搅拌时间：沉淀时间和搅拌速率分别控制在5 ：60 ~ 10 ：55和100 ~ 200r/min范围内。

在实际运行过程中基本无法对进水中$NH_4^+$-N、$NO_3^-$-N和$PO_4^{3-}$-P等污染物浓度、温度和污泥浓度进行人为控制。因此，研究如何通过改变搅拌（缺氧）时间和搅拌速率两方面对内源反硝化作用进行强化，提高脱氮效率是很有必要的。

### 3.2.3　结论

① 水中$NH_4^+$-N、$NO_3^-$-N、$PO_4^{3-}$-P和$COD_{Cr}$含量均会对EDR产生影响。在

SBR装置中，随$NH_4^+$-N浓度的增加，EDR会逐渐降低；当$NH_4^+$-N浓度超过4mg/L时，内源反硝化消失。$NH_4^+$-N浓度与EDR的关系符合Haldane基质自抑制模型。$NO_3^-$-N作为内源反硝化的基质，当其浓度在3.5 ～ 21.5mg/L范围时，EDR随$NO_3^-$-N浓度的升高而增加，二者的动力学关系符合Michaelis-Menten方程，拟合获得的最大EDR为2.44 kg/（kg・d）。$PO_4^{3-}$-P浓度的升高使EDR降低，其抑制动力学可用Hellinga或者Vadivelu模型拟合，但其影响机理仍不清楚。当水中存在有机物时，内源反硝化与外源反硝化同时存在，且随有机物含量的升高，缺氧搅拌段外源反硝化速率会逐渐增加，厌氧沉淀段在$COD_{Cr}$超过20 ～ 30mg/L时，才会发生PHAs的合成和Gly的分解。

② SBR装置运行过程中的温度、污泥浓度、搅拌时间：沉淀时间和搅拌速率也会对EDR产生影响。温度作为生物处理过程中的重要影响因素，当SBR装置运行温度由4℃升高至30℃时，EDR逐渐升高。污泥浓度的升高能够使污泥中微生物对电子受体的需求升高，使EDR升高。当污泥浓度在3330 ～ 9990mg/L范围时，EDR随着污泥浓度的升高逐渐增加，但当污泥浓度超过4920mg/L时，污泥沉降变差，所处理的污水体积也逐渐缩小。当搅拌时间：沉淀时间在5 ：60 ～ 10 ：55，搅拌速率在100 ～ 200r/min时，EDR逐渐增加；当搅拌时间：沉淀时间和搅拌速率继续增加时，水中DO浓度升高使EDR逐渐降低，超过25 ：40和300r/min时，内源反硝化消失。

## 3.3 内源反硝化的调控

本节试验以模拟城市污水为处理对象，采用好氧/缺氧方式运行由连续流全混合反应器（continuous stirred tank reactor，CSTR）和沉淀池（类似SBR）组成的一种联合反应器对城市模拟污水进行处理。首先在低进水$COD_{Cr}$浓度和CSTR低曝气速率条件下完成联合反应器的启动；其次提高进水$COD_{Cr}$浓度和CSTR曝气速率使反应体系能够稳定处理模拟城市污水中的污染物；最后调控沉淀池的曝气速率与曝气时间完成曝气速率和曝气时间2个操作因素强化沉淀池内源反硝化的研究。通过分析各阶段进出水各项指标的变化情况对该工艺的脱氮性能进行分析，为沉淀池内源反硝化处理城市污水脱氮工艺的开发和工程运用提供依据。根据3.2节试验所得结果，在SBR运行过程中$NH_4^+$-N浓度过高（＞4mg/L），搅拌时间过长（＞25min）及搅拌速率过快（＞300r/min）对内源反硝化作用均有抑制作用。但在实际运行过程中想要对进入沉淀池中的$NH_4^+$-N浓度进行控制较难实现，因此本节试验对操作参数进行研究，以期能够通过改变沉淀池操作参数，实现模拟城市污水中整体污染物去除效率的提升。

## 3.3.1 材料与方法

### 3.3.1.1 试验装置及运行工序

试验装置为1个生化池（即CSTR）和2个沉淀池组成的联合反应器。该组反应器均由有机玻璃制成，其中生化池长为25cm，宽为25cm，高为30cm，有效容积为10L，反应器底部设有排泥管及进气管，出水口设置在侧面并分别与两个沉淀池连通，并采用连续进出水的方式运行，进水流速为1L/h，生化池出水通过时序计时器和蠕动泵控制，以1.4L/h的流速交替进入1、2号沉淀池；每个沉淀池长15cm，宽15cm，高37cm，有效容积为6.25L，底部设有排泥管及进气管，为方便取样则将出水口设置在侧面。生化池采用好氧/缺氧的方式运行，主要发生有机物氨化、硝化、好氧超量吸收磷酸盐及反硝化作用，并以75min为一个运行周期，其中包括好氧曝气50min及缺氧搅拌25min，HRT为10h；沉淀池以缺氧/厌氧的方式运行，其缺氧段为内源反硝化作用的发生阶段。实验采用微孔曝气对沉淀池进行缺氧曝气，通过调整曝气速率对沉淀池DO进行控制，保证不影响沉淀池的效果的同时使沉淀池DO浓度＜0.5mg/L。沉淀池采用序批式方式运行（类似SBR），150min为一个运行周期，其中包括进水75min，污泥回流10min，缺氧曝气5min，静置60min。当1号沉淀池进水时，2号沉淀池进行污泥回流、缺氧曝气和静置，两个沉淀池交替进行。本试验的试验装置，如图3-20所示。该联合反应器的反应时序见图3-21。

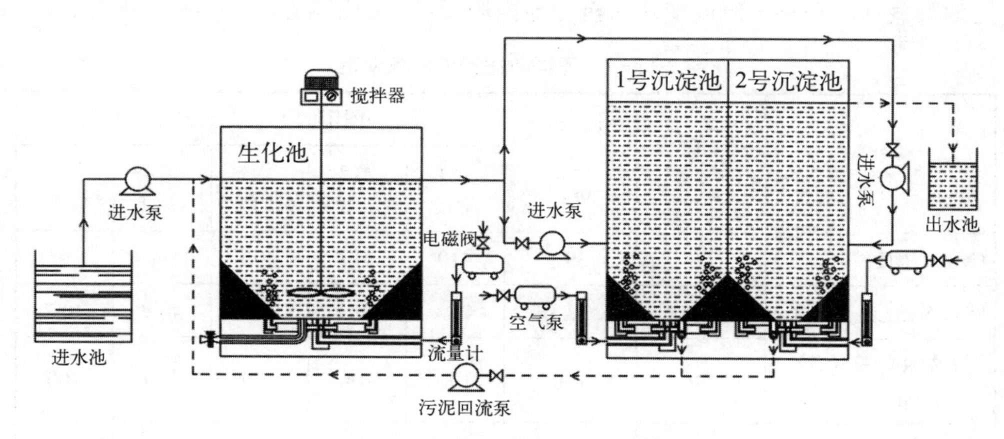


图3-20 试验装置及工艺流程

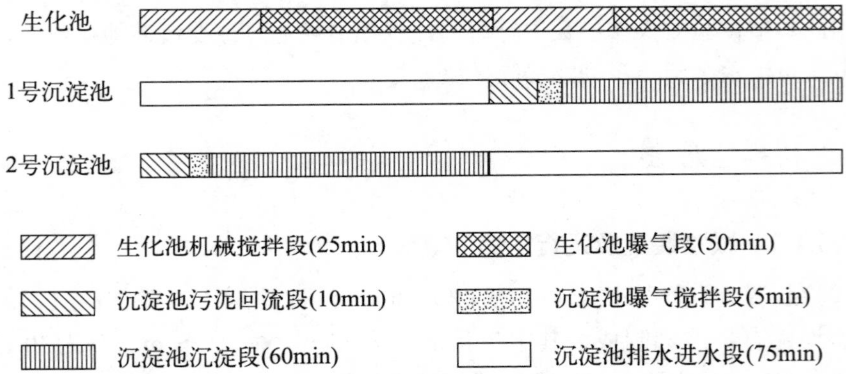

生化池

1号沉淀池

2号沉淀池

生化池机械搅拌段(25min)　生化池曝气段(50min)

沉淀池污泥回流段(10min)　沉淀池曝气搅拌段(5min)

沉淀池沉淀段(60min)　沉淀池排水进水段(75min)

图3-21　生化池和沉淀池的运行时序

### 3.3.1.2　试验水质及接种污泥

试验采用模拟城市污水，其中平均$NH_4^+$-N、$NO_3^-$-N和$PO_4^{3-}$-P浓度分别为41.2mg/L、2.6mg/L和4.8mg/L。$COD_{Cr}$浓度根据实验需求控制在217～380mg/L。$NH_4^+$-N、$NO_3^-$-N、$PO_4^{3-}$-P以及$COD_{Cr}$分别由$NH_4Cl$、$NaNO_3$、$KH_2PO_4$和乙酸钠提供。反应器运行过程中没有对生化池和沉淀池中的pH进行特殊控制，测定其值在6.86～7.70之间。

试验所用污泥均取自大连市某城市污水处理厂的好氧池，具有正常脱氮功能。生化池平均接种污泥浓度为2203.6mg/L。

### 3.3.1.3　考察因素

反应器共运行52d，运行过程中各阶段的具体参数设置见表3-7。本试验首先监测分析联合反应器污染物处理效果及内源反硝化速率的变化，其次考察了沉淀池曝气速率和曝气时间变化对沉淀池内源反硝化的影响。

表3-7　不同阶段各项参数设置

| 阶段<br>参数 | 第Ⅰ阶段（1～11 d） | 第Ⅱ阶段（12～34 d） | 第Ⅲ阶段（35～52d） | | | | |
|---|---|---|---|---|---|---|---|
| | | | 第1阶段 | 第2阶段 | 第3阶段 | 第4阶段 | 第5阶段 |
| $COD_{Cr}$浓度/（mg/L） | 273 | 397 | 410 | 413 | 402 | 346 | 395 |
| $NH_4^+$-N浓度/（mg/L） | 49.5 | 38.3 | 42.3 | 39.4 | 40.0 | 40.9 | 40.7 |
| CSTR曝气速率/（mL/min） | 40 | 100 | 100 | 100 | 100 | 100 | 100 |
| CSTR曝气时间/min | 50 | 50 | 35 | 35 | 35 | 35 | 35 |

续表

| 阶段<br>参数 | 第Ⅰ阶段（1～11 d） | 第Ⅱ阶段（12～34 d） | 第Ⅲ阶段（35～52d） | | | | |
|---|---|---|---|---|---|---|---|
| | | | 第1阶段 | 第2阶段 | 第3阶段 | 第4阶段 | 第5阶段 |
| 沉淀池曝气速率/（mL/min） | 400 | 400 | 400 | 500 | 1000 | 400 | 400 |
| 沉淀池曝气时间/min | 5 | 5 | 5 | 5 | 5 | 10 | 15 |

#### 3.3.1.4 检测指标与分析方法

分别测定系统运行周期内进出水水样中的$NH_4^+$-N、$NO_3^-$-N、$NO_2^-$-N、$PO_4^{3-}$-P、$COD_{Cr}$、DO浓度，以及pH值和生化池及沉淀池的污泥浓度，具体测定方法及所用仪器详见3.2节表3-3。

分别测定沉淀池缺氧曝气起点和缺氧曝气及静置终点污泥样品中的Gly及PHA浓度，检测方法及所用仪器见3.2节表3-3。

#### 3.3.1.5 SND计算方法

本试验中的SND表示联合反应器中氮的损失情况，计算公式见式（3-10）（李方舟，2019）。

$$SND = \frac{(TN_0 - TN_t)}{TN_0} \times 100\% \tag{3-10}$$

式中，$TN_0$表示TN的初始浓度，mg/L；$TN_t$表示反应$t$时间后的TN浓度，mg/L；其中TN浓度为$NH_4^+$-N、$NO_3^-$-N和$NO_2^-$-N浓度之和，mg/L。

### 3.3.2 结果与讨论

#### 3.3.2.1 联合反应系统污染物去除性能

内源反硝化系统运行过程中，反应器运行期间进出水$COD_{Cr}$浓度和去除率的变化情况如图3-22所示。

在联合反应器运行过程中主要分为低进水$COD_{Cr}$浓度（1～7d）和高进水$COD_{Cr}$浓度（8～34d）两种情况，平均$COD_{Cr}$浓度分别为226mg/L和385mg/L。

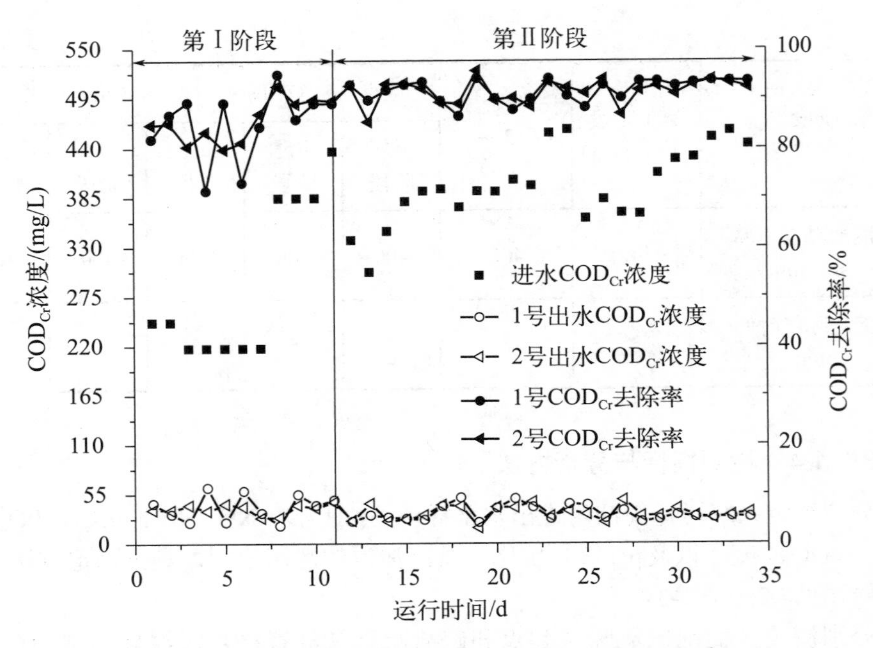


**图3-22　不同运行阶段$COD_{Cr}$浓度和去除率的变化**

在反应器启动初期（1～7d），生化池曝气速率处于相对较低的水平，为40mL/min，DO在1.5mg/L左右。从分别经1、2号沉淀池排出的出水（下文用1、2号出水指代）水质情况看，出水$COD_{Cr}$浓度分别为40mg/L和38mg/L，满足《城镇污水处理厂污染物排放标准》（GB 18918—2002）中一级A标准，但$COD_{Cr}$去除率较低，分别为82.2%和83.0%。这表明进水$COD_{Cr}$浓度处于较低水平时反应器中可被活性污泥微生物用于进行生长繁殖的物质较少，微生物代谢活性较低，进而导致整个系统的$COD_{Cr}$去除效率不高（韦琦，2021）。当第8～10d提高进水$COD_{Cr}$浓度但不提高生化池曝气速率时，$COD_{Cr}$平均去除率有所提升，分别升高至89.8%和90.4%。在第Ⅱ阶段（11～34d）即系统稳定运行阶段，调整生化池曝气速率至100mL/min，此时生化池中的DO浓度在1.8～2.0mg/L之间，系统平均进水$COD_{Cr}$浓度在397mg/L。1、2号出水平均$COD_{Cr}$浓度均保持在34mg/L，最高$COD_{Cr}$去除率达到94.0%和95.5%，表明提高好氧曝气速率有利于提高整体系统$COD_{Cr}$的去除性能，此时联合反应系统能够稳定去除$COD_{Cr}$。

图3-23为联合反应器运行过程中进出水$NH_4^+$-N浓度和去除率的变化曲线。如图可知，在反应器运行的第Ⅰ阶段（1～11d）生化池曝气速率为40mL/min时，系统平均进水$NH_4^+$-N浓度为49.5mg/L。1、2号出水平均$NH_4^+$-N浓度为18.4mg/L、19.3mg/L，$NH_4^+$-N出水浓度较高，去除效果不佳，同时系统整体$NH_4^+$-N去除率仅为54.1%和52.8%。分析导致该现象的原因可能在于进水$NH_4^+$-N

浓度过高，对活性污泥系统中的硝化细菌产生毒性，抑制了硝化细菌的代谢（张昕，2021）；或与硝化细菌代谢机理有关，生化池曝气速率较慢时水中DO浓度较低，不足以为硝化细菌在进行氨氧化的过程中提供充足的电子受体，最终导致氨氧化不完全，出水中$NH_4^+$-N积累。

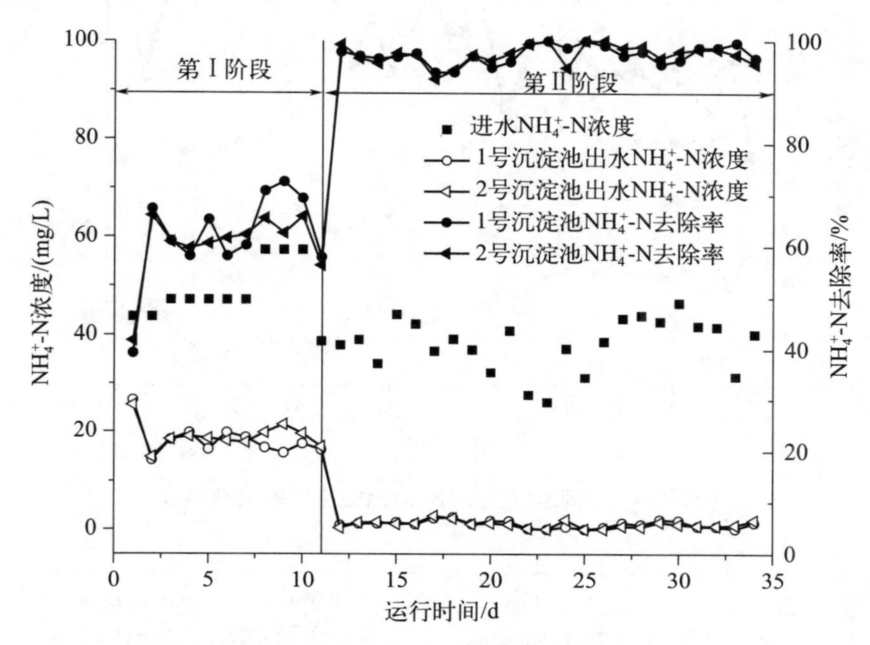


图3-23　不同运行阶段$NH_4^+$-N浓度和去除率的变化情况

在第Ⅱ阶段（12～34d）将生化池曝气速率提高至100mL/min，此阶段平均进水$NH_4^+$-N浓度为38.1mg/L。1、2号最终出水平均$NH_4^+$-N浓度均迅速降低至1.0mg/L。相较于第Ⅰ阶段，$NH_4^+$-N平均去除率迅速上升至97.3%和97.4%，说明提高生化池曝气速率能够有效提高硝化细菌对$NH_4^+$-N的代谢作用。

经过硝化阶段，水中大部分的$NH_4^+$-N被转化为$NO_x^-$-N。而这些$NO_x^-$-N和原水中$NO_x^-$-N则会在生化池的缺氧搅拌段及沉淀池的缺氧曝气段被还原为$N_2$，其中沉淀池的缺氧曝气阶段为内源反硝化脱氮的发生阶段。

图3-24为联合系统运行过程中进出水TN浓度和去除率在不同阶段的变化曲线。在系统启动阶段，进水TN浓度为50.7mg/L。该阶段由于出水中$NH_4^+$-N较高，直接影响了TN的去除效率，导致最终1、2号出水平均TN浓度偏高，分别为22.9mg/L和23.8mg/L，平均去除率仅为60.8%和51.9%，其中1、2号沉淀池中TN去除量分别占整个系统TN去除量的13.42%和8.6%（图3-25），说明沉淀池中$NH_4^+$-N浓度过高可能会抑制沉淀池中的内源反硝化作用。

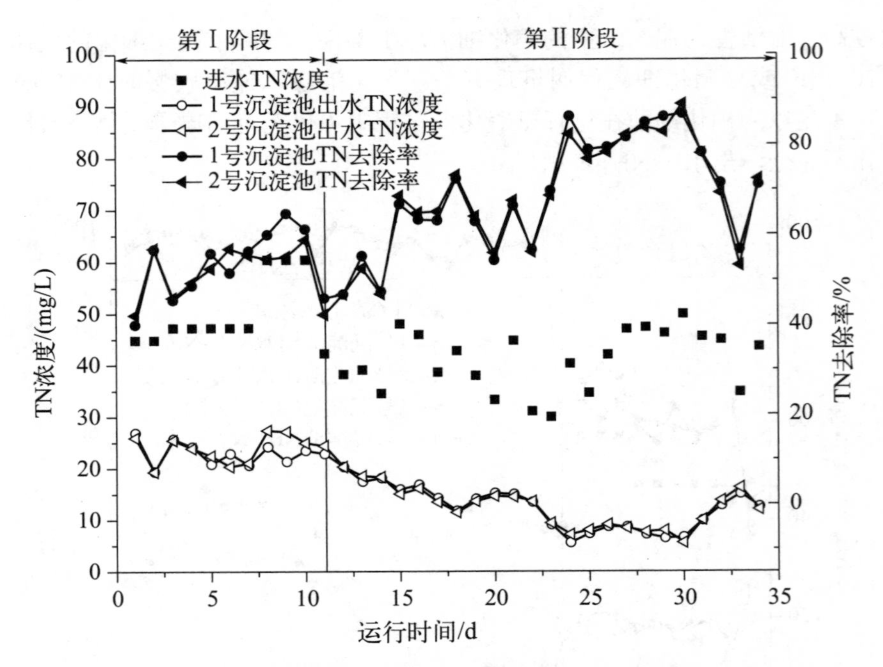


图3-24 不同运行阶段TN浓度和去除率的变化情况

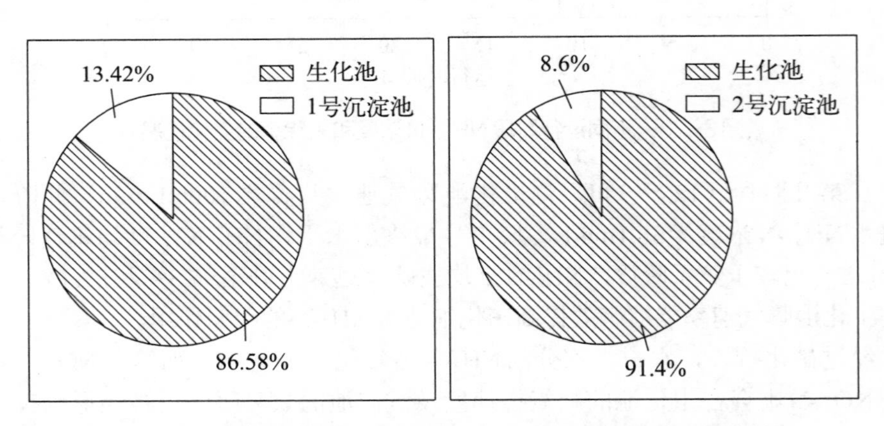


图3-25 系统启动阶段生化池和1、2号沉淀池TN去除量占比

在系统稳定运行阶段，进水TN浓度在40.9mg/L左右，1、2号出水分别为12.3mg/L和12.4mg/L，最高去除率分别达到86.8%和89.9%。1、2号沉淀池中TN去除量占比分别增加至16.96%和16.67%（图3-26），沉淀池中的内源反硝化作用逐渐增强。说明随着生化池曝气速率的升高硝化作用不断加强，水中$NH_4^+$-N浓度迅速减少后能够在减少出水TN贡献量的同时减缓高浓度$NH_4^+$-N对DNB代谢的抑制作用，使沉淀池中的内源反硝化作用有所提升。

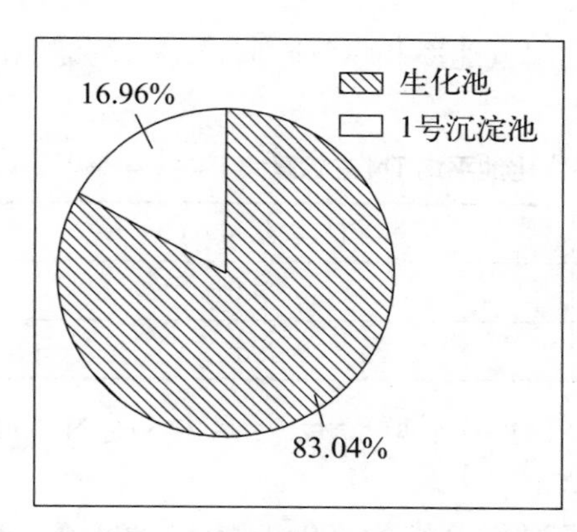

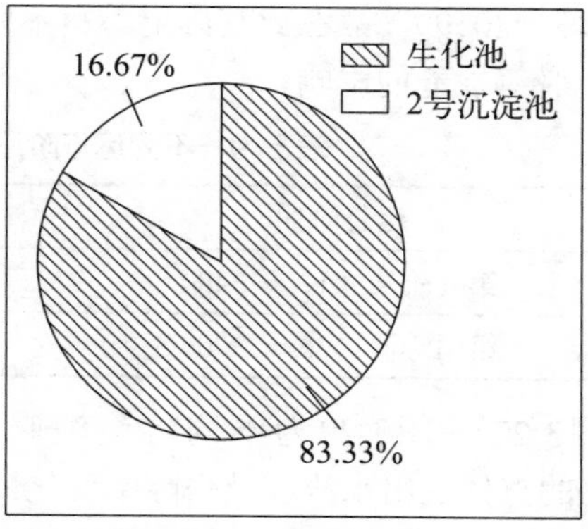


图3-26　系统稳定运行阶段生化池和1、2号沉淀池TN去除量占比

表3-8为内源反硝化工艺在其他研究中的TN去除率。从表中可以看出，本试验的TN去除率较低，这是由于本试验采用CSTR结合SBRs的联合反应器对模拟城市污水进行处理，进入SBRs的污水中可能含有原水中的$NH_4^+$-N和$NO_x^-$-N，给SBRs中的内源反硝化带来脱氮压力，造成TN去除率较低，这也是该组合工艺有待优化的问题之一；另外，本试验的组合工艺与其他工艺相比，各阶段反应时间更短，可能存在脱氮不充分，影响TN去除率的问题。

表3-8　不同反应器中TN去除率比较

| 工艺模式 | TN去除率/% | 厌氧阶段/min | 好氧阶段/min | 缺氧阶段/min | 参考文献 |
|---|---|---|---|---|---|
| Post-EDPR | 92.1% | 186 | 234 | 420 | Zhao et al., 2018b |
| PNEDPR | 94.9% | 150 | 180 | 990 | Zhao et al., 2018a |
| SNDPR-PD | 92.1% | 150 | 180 | 120 | Wang et al., 2016 |
| CSTR-SBRs | 70.1%/69.9% | 60 | 50 | 25+5 | 本部分研究 |

第Ⅲ阶段（35 ～ 52d）主要进行沉淀池不同曝气速率和曝气时间设定对沉淀池内源反硝化脱氮性能的影响，每个参数设定运行3d。这一阶段需要说明的是，在系统运行过程中发现提高生化池好氧段的曝气速率后，生化池在曝气阶段DO浓度随之升高，导致生化池缺氧段反硝化效果不佳。为改善生化池缺氧段反硝化效果，将该阶段生化池好氧曝气时间缩短，延长缺氧搅拌时间至40min。从表3-9可以看出，系统经过3d的适应期后生化池缺氧段反硝化性能有所提升，说明延长缺氧反应阶段能够提高内源反硝化作用，这与葛光环等人所提出的观点一致

（葛光环，2019）。故在此基础上考察不同曝气速率和曝气时间设定对沉淀池内源反硝化脱氮性能的影响。

**表3-9 不同运行阶段生化池平均TN去除量**

| 运行阶段 | 平均TN去除量/（mg/L） |
| --- | --- |
| 第Ⅱ阶段（12 ～ 34d） | 24.0 |
| 第Ⅲ阶段（35 ～ 37d） | 29.8 |

图3-27 ～图3-29为不同沉淀池曝气速率下联合反应器内$NH_4^+$-N、TN和$COD_{Cr}$的整体进出水浓度及去除率变化情况。

从图3-27可以看出，在沉淀池曝气速率分别为400mL/min、500mL/min和1000mL/min时的平均进水$NH_4^+$-N浓度分别为（42.3±3.6）mg/L、（39.4±1.3）mg/L和（40.0±5.9）mg/L。1号出水的平均$NH_4^+$-N浓度分别为（10.2±1.5）mg/L、（10.5±0.6）mg/L和（8.7±1.5）mg/L，平均去除率分别为75.8%、73.2%和78.1%；2号出水平均$NH_4^+$-N浓度分别为（9.2±1.3）mg/L、（10.9±1.2）mg/L和（9.2±2.9）mg/L，平均去除率分别为78.2%、72.2%和77.1%，平均出水$NH_4^+$-N浓度较高。导致该结果的主要原因可能在于联合反应器运行过程中$NH_4^+$-N转化为$NO_3^-$-N的反应主要发生在生化池的好氧曝气阶段，曝气时间的缩短使硝化作用受到影响，导致出水$NH_4^+$-N浓度偏高；其次反应器运行过程中发现生化池的微孔

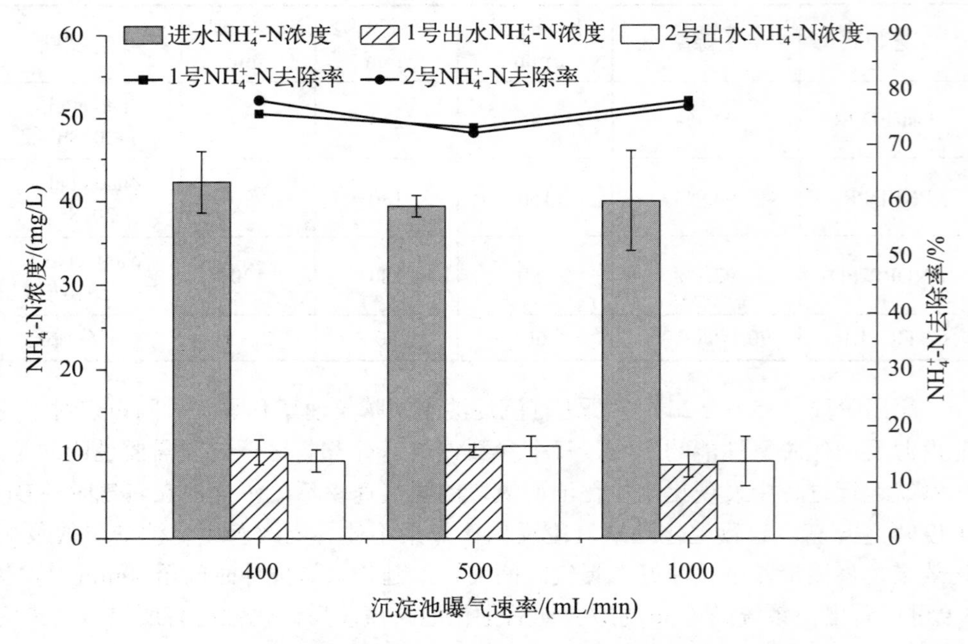


图3-27 不同曝气速率下$NH_4^+$-N浓度及去除率变化

曝气头有堵塞现象，这可能会使生化池好氧阶段DO浓度下降，影响硝化细菌对$NH_4^+$-N的转化。

如图3-28所示，在沉淀池曝气速率由400mL/min增加至1000mL/min时，TN浓度分别由（45.1±3.5）mg/L、（42.4±1.1）mg/L、（42.6±6.2）mg/L下降至（10.4±1.3）mg/L、（10.6±0.6）mg/L、（9.1±0.9）mg/L（1号）和（9.4±1.2）mg/L、（11.1±1.3）mg/L、（10.1±1.9）mg/L（2号）。1号TN去除率分别为77.0%、75.0%和78.7%，2号TN去除率分别维持在79.1%、73.8%和76.2%。结合出水$NH_4^+$-N浓度可以看出，在沉淀池曝气速率为400mL/min和500mL/min时，出水中TN浓度受$NH_4^+$-N浓度影响较大；同时也不排除硝化作用的不完全进行导致生成的中间产物$NO_2^-$-N对DPAOs和DGAOs产生毒性，使其缺氧反硝化脱氮作用下降的可能（Ye et al.，2010）。当沉淀池曝气速率升高至1000mL/min，沉淀池中DO浓度升高，$NH_4^+$-N去除率有所增加，但沉淀池中内源反硝化作用受到抑制，$NO_x^-$-N产生积累，导致出水TN较高。

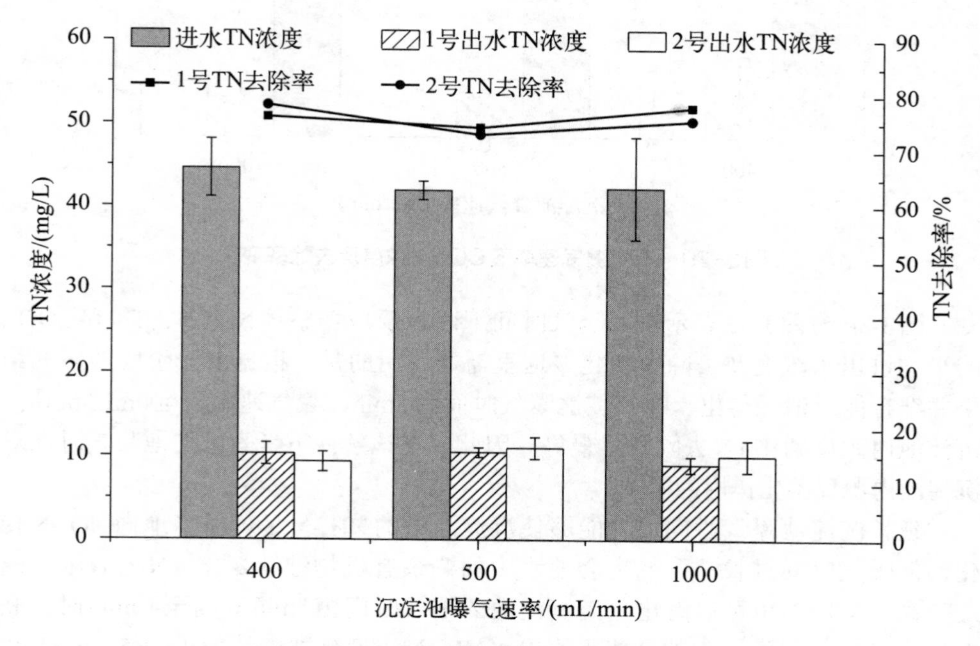


图3-28　不同曝气速率下TN浓度及去除率变化

图3-29为不同沉淀池曝气速率下，系统中$COD_{Cr}$浓度的变化曲线，此阶段进水$COD_{Cr}$浓度分别为（413±6）mg/L、（410±39）mg/L和（402±21）mg/L。从图中可以看出，随着沉淀池曝气速率由400mL/min升高至1000mL/min，1、2号出水$COD_{Cr}$浓度分别由（65±21）mg/L和（70±1）mg/L降低至（41±14）mg/L

和（50±12）mg/L，$COD_{Cr}$去除率也由84.2%和83.0%提高至89.8%和87.5%。说明随着沉淀池中曝气速率的加快，沉淀池中$COD_{Cr}$能够得到进一步去除。

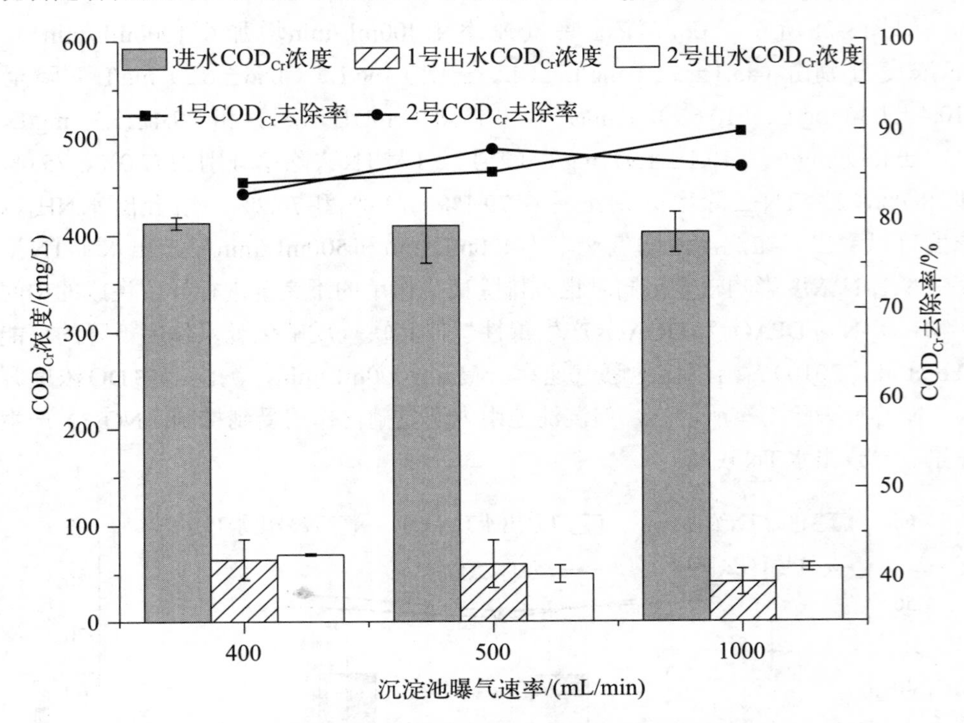


**图3-29　不同曝气速率下$COD_{Cr}$浓度及去除率变化**

图3-30～图3-32表示不同曝气时间下联合反应器整体$NH_4^+$-N、TN和$COD_{Cr}$的平均进出水浓度及去除率变化。这里需要说明的是，根据上一阶段的研究结果并结合能量消耗得出，在沉淀池曝气时间为5min，曝气速率为400mL/min时，沉淀池内源反硝化TN去除效果最好。因此，在该条件下考察沉淀池曝气时间对沉淀池内源反硝化作用的影响。

延长沉淀池曝气时间后，能够使沉淀池中的$NH_4^+$-N尽可能多地向$NO_3^-$-N转化，但曝气时间过长，可能也会使水中的剩余有机物继续氨化，$NH_4^+$-N浓度随之升高。从图3-30可以看出，当沉淀池的曝气时间由5min升高至10min时，联合反应器1、2号沉淀池的最终平均出水$NH_4^+$-N浓度分别由（10.2±1.5）mg/L和（9.2±1.3）mg/L下降至（6.8±0.5）和（7.4±1.1）mg/L，平均$NH_4^+$-N去除率也由75.8%和78.2%升高至83.3%和81.8%。但当曝气时间延长至15min时，平均出水$NH_4^+$-N浓度有所升高，$NH_4^+$-N去除率下降。

从图3-31可以看出，当沉淀池的曝气时间分别为5min、10min和15min时，联合反应器的1、2号最终出水平均TN浓度分别为（10.4±1.4）mg/L、（8.6±1.2）mg/L、

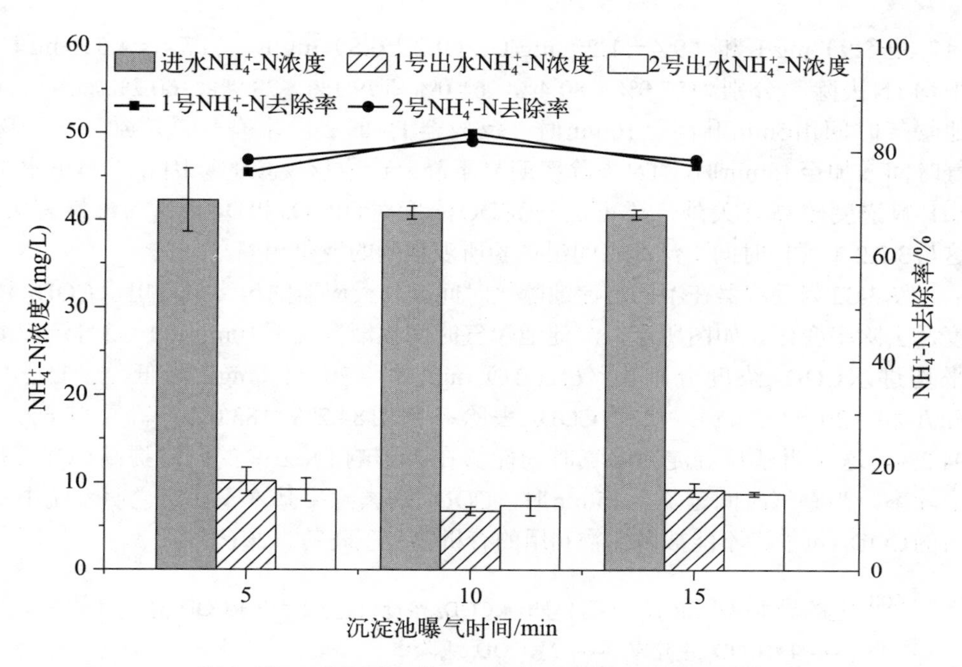


图3-30 不同曝气时间下$NH_4^+$-N浓度及去除率变化

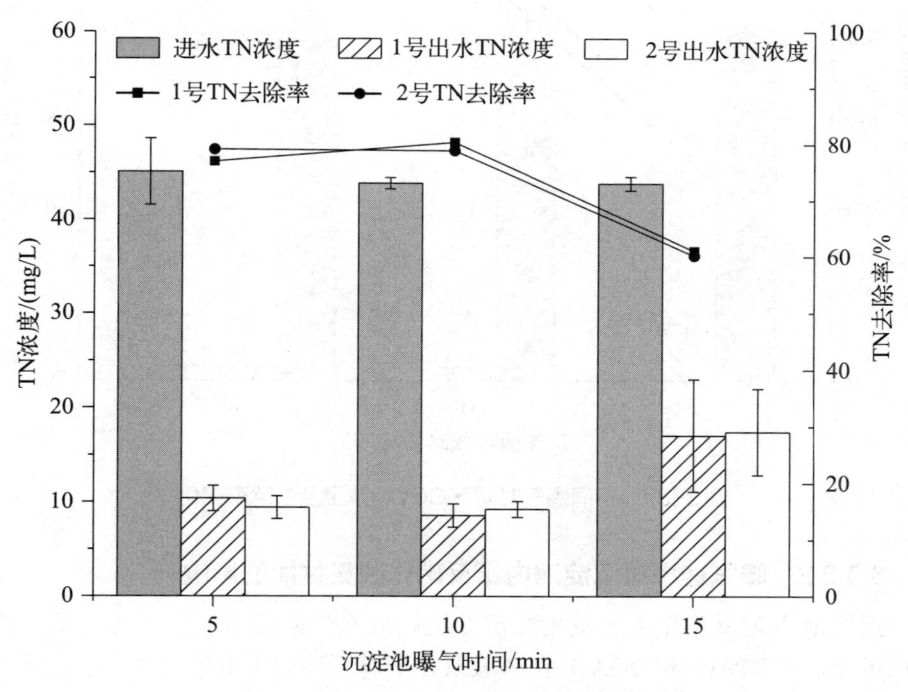


图3-31 不同曝气时间下TN浓度及去除率变化

（17.1±5.9）mg/L和（9.4±1.2）mg/L、（9.2±0.8）mg/L、（17.4±4.6）mg/L，平均TN去除率分别为77.0%、80.4%、61.0%和79.1%、78.9%、60.2%。当沉淀池曝气时间由5min升高至10min时，反应器TN的去除率有轻微增加。但当曝气时间增加至15min时，TN去除率明显下降。造成该现象的原因除了与出水中$NH_4^+$-N浓度较高有关外，还可能与高DO浓度对DPAOs和DGAOs的毒性有关，这与3.2.2中搅拌时间：沉淀时间组试验所观察到的现象相同。

图3-32为反应器在不同沉淀池曝气时间联合反应器的最终平均出水$COD_{Cr}$浓度及去除率变化。如图所示，沉淀池曝气时间逐渐升高至10min，1、2号沉淀池平均进水$COD_{Cr}$浓度分别由（65±21）mg/L和（70±1）mg/L降低至（15±3）mg/L和（20±1）mg/L，平均$COD_{Cr}$去除率则由84.2%和83.0%升高至95.6%和94.2%。这说明延长沉淀池曝气时间能够在不影响TN去除的同时提高$COD_{Cr}$的去除率。当曝气时间延长至15min时，$COD_{Cr}$的去除率基本不变，说明系统中剩余的$COD_{Cr}$可能为不能被微生物利用的有机物（王晓霞，2016）。

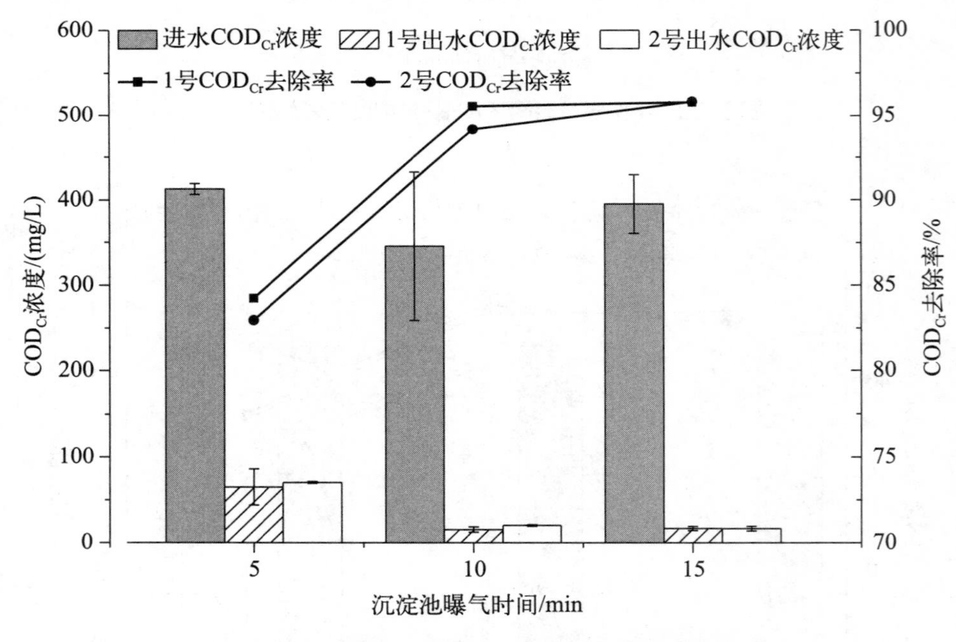


图3-32 不同曝气时间下$COD_{Cr}$浓度及去除率变化

#### 3.3.2.2 曝气速率对沉淀池内源反硝化脱氮性能的影响

沉淀池内源反硝化主要发生在沉淀池缺氧曝气阶段。根据内源反硝化作用原理可知，当DPAOs和DGAOs在缺氧条件下以硝酸盐为电子受体，以细胞内碳源（即PHAs）为电子供体，将硝酸盐还原为氮气时，分解的PHAs则会经过三羧酸循环转化为Gly并储存在细胞中。因此在DPAOs和DGAOs进行内源反硝化时，系统内除TN浓度下降外，细胞中PHAs的含量也将下降，而Gly含量则随之升高，故在此阶段增加对活性污泥Gly和PHAs的检测。在这一部分需要进行说明的是，根据系统整体出水情况可以看出，经1、2号沉淀池所排出的最终出水各项水质指标均无明显差异。因此，在这部分则以1、2号沉淀池各项指标的平均值对不同曝气速率和时间下的沉淀池内源反硝化作用进行评价。

图3-33为不同曝气速率下联合反应器沉淀池中$NH_4^+$-N、TN、Gly和PHAs在0～5min内（即缺氧曝气段）的浓度变化情况。

从图中可以看出，当沉淀池曝气速率为400mL/min时，$NH_4^+$-N和TN浓度分别下降了（1.2±0.1）mg/L和（4.3±1.4）mg/L，活性污泥中（以VSS计）Gly浓度增加了（0.33±0.04）mg/g，PHAs浓度则降低了（6.39±0.60）mg/g，说明在该参数设定的情况下，缺氧搅拌阶段发生了由DPAOs和DGAOs引发的内源反硝化脱氮过程。经过计算可知，该阶段EDR为0.440 kg/（kg·d）（表3-10）。硝化细菌经过一段时间低DO浓度驯化后，能够在水中DO浓度较低（0.3～0.5mg/L）的条件下完成硝化作用，与李方舟等人（2019）在研究低DO硝化耦合内源反硝化脱氮过程实验结果相似，在本阶段运行的反应器中也发现了同步硝化反硝化（simultaneous nitrification denitrify- cation，SND）现象，平均SND率为33.0%（表3-10），这对系统TN的去除有一定的贡献。

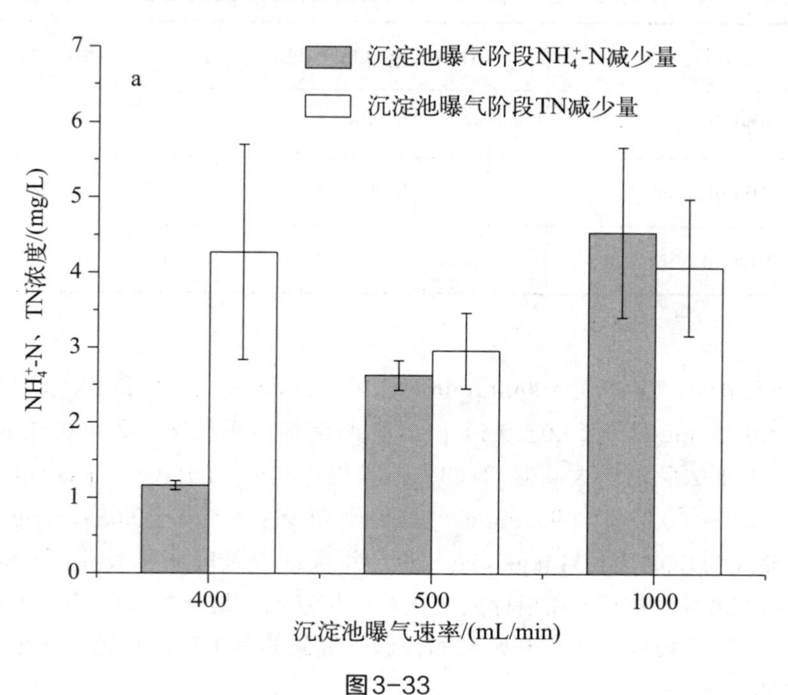


图3-33

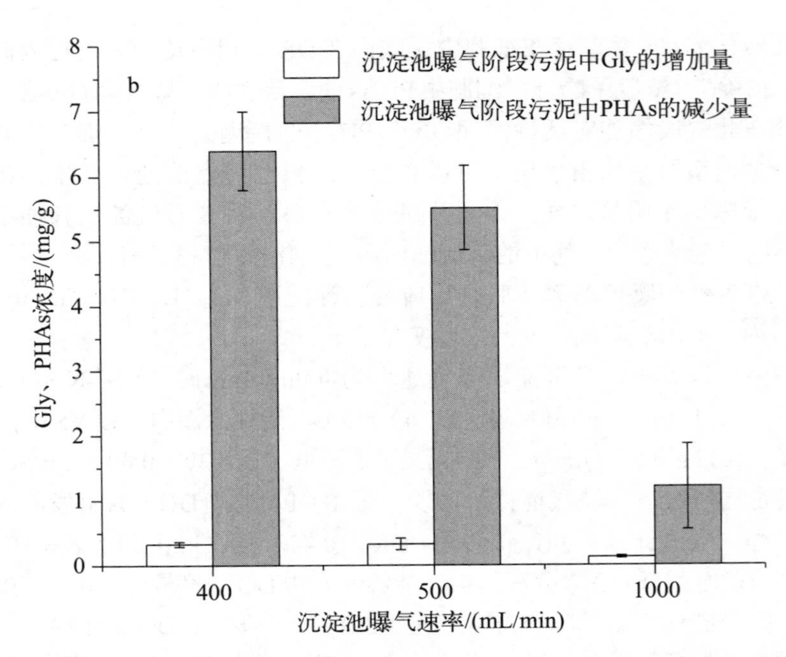


图3-33　不同曝气速率下沉淀池曝气段$NH_4^+$-N、TN、Gly和PHAs浓度变化

表3-10　不同沉淀池曝气速率下的内源反硝化速率及沉淀池TN损失情况

| 参数设置 | EDR/［kg/（kg·d）］ | SND/% |
|---|---|---|
| 400mL/min | 0.440 | 33.0 |
| 500mL/min | 0.314 | 32.6 |
| 1000mL/min | –0.120 | — |

注：一表示不存在SND。

当沉淀池曝气速率为500mL/min时，0～5min内$NH_4^+$-N和TN浓度分别减少了（2.6±0.2）mg/L和（3.0±0.5）mg/L，与沉淀池曝气速率为400mL/min相比，该组$NH_4^+$-N的去除量增大，但TN的去除量相对减小。DPAOs与DGAOs中Gly的储存量增加了（0.33±0.09）mg/g，PHAs则减少了（5.51±0.65）mg/g。计算所得这一阶段的EDR为0.314kg/（kg·d），并且这一阶段同样发生了SND，平均SND率为32.6%。根据各项指标的变化可以推断出，这一阶段沉淀池中硝化作用逐渐增强，内源反硝化作用开始减弱，这一现象的发生可能与曝气速率加快使水中DO浓度逐渐升高有关。

当沉淀池曝气速率增加至1000mL/min时，曝气结束时平均DO浓度为0.7mg/L。从图中可以看出，曝气阶段$NH_4^+$-N浓度下降了（4.5±1.3）mg/L，大于TN浓度的减少量（4.1±0.9）mg/L，沉淀池中硝化作用明显增强，造成水中$NO_3^-$-N的积累。此时，Gly和PHAs的含量变化均较少，说明在此参数设定下的沉淀池内源反硝化作用受到抑制。这可能与沉淀池中DPAOs和DGAOs失去了发生内源反硝化作用的缺氧环境有关；但也存在水中$NO_3^-$-N浓度过高，超出DPAOs和DGAOs代谢负荷的可能性。

#### 3.3.2.3 曝气时间对沉淀池内源反硝化脱氮性能的影响

图3-34为沉淀池不同曝气时间下曝气段各项指标变化情况。当沉淀池曝气时间为10min时，0～10min的$NH_4^+$-N和TN浓度分别减少了（4.1±1.3）mg/L和（5.9±1.6）mg/L，活性污泥（以VSS计）中Gly含量增加了（0.55±0.07）mg/g，PHAs含量减少了（7.29±0.36）mg/g。计算所得EDR为0.522kg/（kg・d），SND率为44.1%（表3-11）。与沉淀池曝气5min相比，$NH_4^+$-N和TN的去除量明显增加，该参数设定下沉淀池EDR及SND率均高于其他组。说明在低曝气速率（400mL/min）下，延长沉淀池曝气时间能够增强沉淀池硝化及内源反硝化作用。

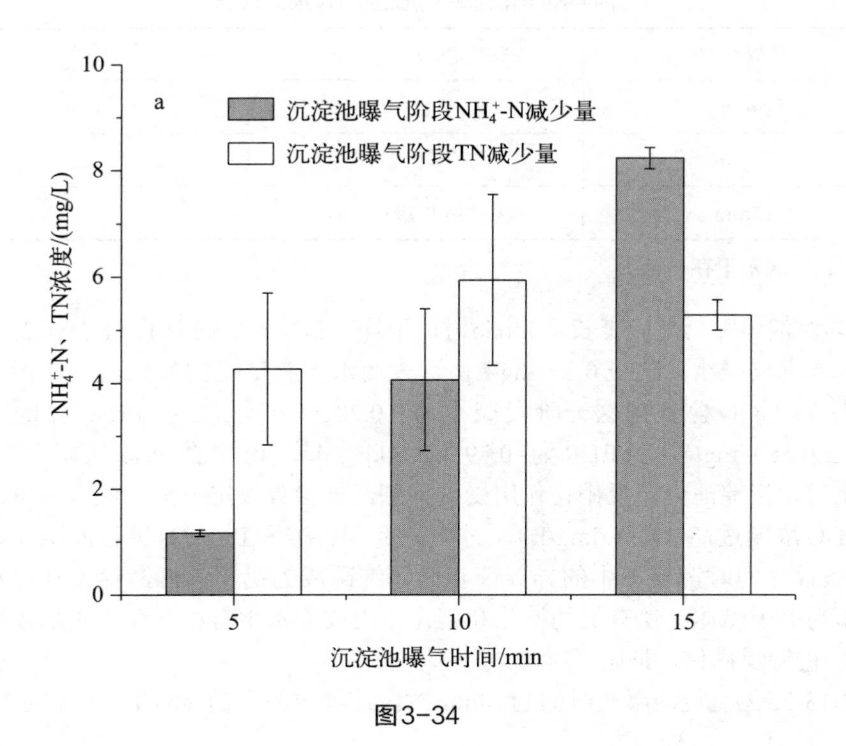


图3-34

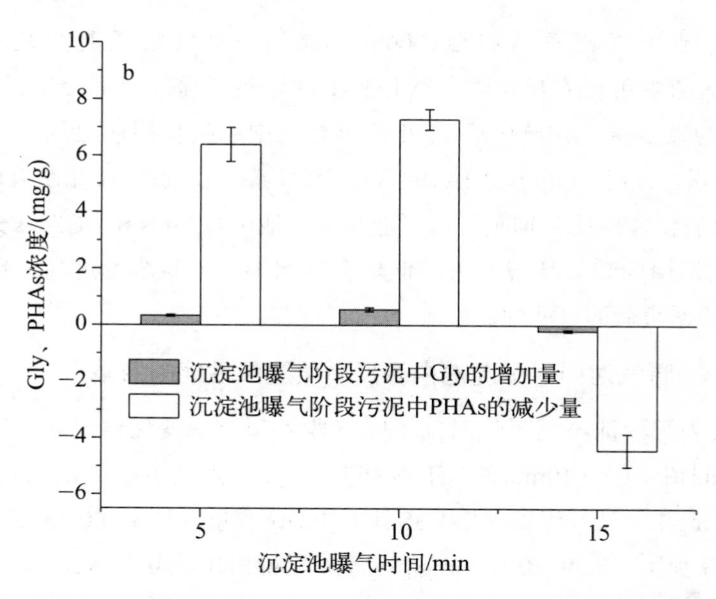


图3-34　不同参数设定下$NH_4^+$-N、TN、Gly和PHAs浓度的变化情况

表3-11　沉淀池曝气时间分别为5min、10min、15min时的内源反硝化速率及沉淀池TN损失情况

| 参数设置 | EDR/［kg/（kg·d）］ | SND/% |
|---|---|---|
| 5min | 0.440 | 33.0 |
| 10min | 0.522 | 44.1 |
| 15min | −0.793 | — |

注：一表示不存在SND。

当沉淀池曝气时间延长至15min时，平均$NH_4^+$-N浓度减少了（8.2±0.2）mg/L，但TN浓度仅减少（5.3±0.3）mg/L，这表明水中有氮素的积累。活性污泥（以VSS计）中Gly含量在这一阶段减少了（0.20±0.04）mg/g，PHAs含量增加了（4.42±0.58）mg/g，且EDR为−0.793kg/（kg·d），说明在沉淀池曝气时间为15min时，沉淀池内源反硝化作用受到抑制。该参数设定下沉淀池内源反硝化系统中DO浓度过高（约1.0mg/L），无法满足DPAOs和DGAOs进行内源反硝化作用的条件，同时沉淀池中的异养菌和硝化细菌成为优势菌群，优先利用水中的DO作为电子受体，使有机物氨化和硝化作用成为水中有机物和氮素的主要转化途径，内源反硝化被抑制。

图3-35为沉淀池曝气时间为10min时沉淀池内源反硝化对TN去除的贡献量。

从图中可以看出，延长沉淀池缺氧曝气时间后，沉淀池内源反硝化对TN去除的贡献量占TN去除总量的17.19%，沉淀池内源反硝化作用增强。

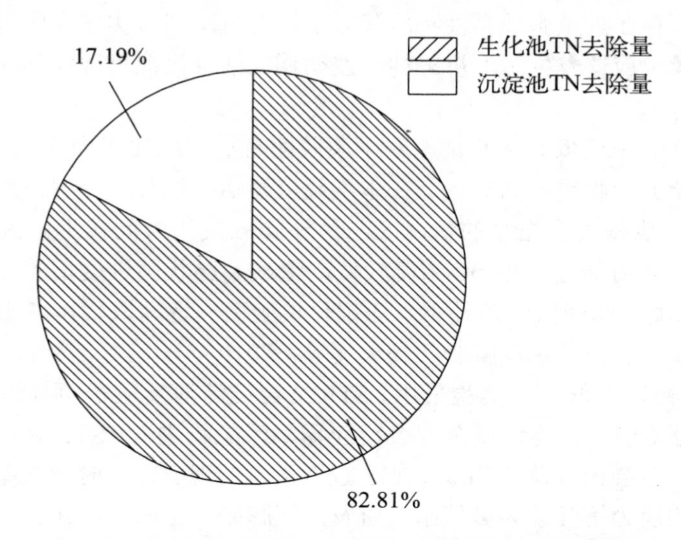


图3-35　沉淀池曝气时间10min生化池与沉淀池TN去除量

#### 3.3.2.4　污泥膨胀问题

在活性污泥系统中，丝状菌过度繁殖引发污泥含水率增加，使污泥上浮的这种现象称为污泥膨胀现象。根据调查，全球有90%的污水处理厂都面临着污泥膨胀问题（王硕，2022）。污泥膨胀的发生，使活性污泥系统中活性污泥浓度下降，导致污水中污染物的去除率大幅降低。

本试验在反应器运行后期也出现了污泥膨胀现象，造成联合反应器中污泥浓度下降，出水水质恶化。事实上，能够引发污泥膨胀的因素有很多，例如工艺参数设置不合适、pH和温度变化等，因此污水处理过程中导致污泥膨胀的原因并不完全相同。在高春娣等人（2021）对低温下丝状菌膨胀污泥微生物多样性研究中发现，反应器温度降低至（14±1）℃时，污泥发生膨胀，并发现低温下污泥膨胀的发生伴随着丝状菌群丰度的升高及脱氮和除磷菌群丰度的降低。同样，刘旭东等人（2021）提出，降温幅度越大，污泥膨胀恶化越严重，且温度骤降比连续降温更能引起污泥膨胀恶化。

分析本试验污泥膨胀的原因可能有以下5个方面。

① 有机碳源种类单一。本实验采用乙酸钠作为唯一碳源，由于乙酸钠分子量较小，且能够直接进入三羧酸循环被细菌快速代谢，活性污泥没有足够的碳源进行生长繁殖，丝状菌逐渐成为优势物种，最终造成污泥膨胀。邵宇婷等人在研究碳源类型对超短SRT活性污泥系统运行影响的研究中发现，当以乙酸钠作为唯

一碳源时，活性污泥系统中同样发生了污泥微膨胀现象（邵宇婷等，2022）。

② 黏性膨胀或非丝状菌引起的膨胀（Rittmann and McCarty，2000）。该现象是微生物周围存在大量胞外黏性物质降低了污泥沉降和压实速度所引发的污泥膨胀。在本试验反应器发生污泥沉降性变差初期的活性污泥呈现较强的黏性，与该现象较为接近。

③ 水中DO浓度低。丝状菌相对于菌胶团有更大的比表面积，在DO浓度较低的条件下能够吸收更多的氧气。在本次反应器运行过程中，曾出现微孔曝气头堵塞导致生化池曝气不充分的情况，与污泥膨胀发生时间接近。因此推断造成污泥膨胀的因素可能为水中DO浓度较低，造成了丝状菌过度增殖。曾有研究表明，在DO浓度不断降低的条件下，亚硝化单胞菌属逐渐取代β-变形菌纲中的亚硝化螺旋菌属，引发了污泥膨胀（高大文等，2010）。

④ 营养物浓度低。本实验采用CSTR结合沉淀池反应器对模拟城市污水进行处理。由于CSTR是连续流全混合反应器，污染物进入CSTR后会随即被微生物分解代谢，就会出现营养物浓度处于较低水平的现象，这时丝状菌在胁迫条件下吸收底物的能力增强并大量繁殖，引发污泥膨胀（王硕等，2022）。

⑤ 菌群结构。推测反应器中存在某种既能去除水中污染物，同时又能引发污泥膨胀的细菌。有研究者在研究EBPR过程中发现许多新的PAOs菌的细胞中存在Poly-P，并能够参与生物除磷过程。其中有一种菌，即Candidatus *Microthrix*，通常能够引起污水厂污泥膨胀现象（Francesca et al.，2021）。

### 3.3.3 结论

① 采用好氧/缺氧结合缺氧/厌氧方式运行的联合反应器，通过控制进水$COD_{Cr}$浓度以及生化池好氧曝气速率实现硝化-反硝化结合沉淀池内源反硝化系统的启动和稳定运行。系统稳定运行阶段，平均出水$NH_4^+$-N、TN和$COD_{Cr}$浓度分别为1.5mg/L、12.1mg/L和33mg/L，平均去除率分别维持在96.2%、70.0%和91.5%。该系统能够实现对城市模拟污水中污染物的稳定去除。

② 当沉淀池曝气阶段的曝气速率逐渐增加时，沉淀池DO浓度升高，硝化作用逐渐增强，导致沉淀池内源反硝化作用效果逐渐减弱，脱氮效果不佳。

③ 适当延长沉淀池曝气时间，能够强化沉淀池内源反硝化作用。但当沉淀池曝气时间过长（15min）时，沉淀池内源反硝化受到抑制。

④ 结合不同曝气速率及曝气时间下沉淀池内源反硝化系统的内源反硝化脱氮效果分析，在现有的温度和污泥浓度下，沉淀池以400mL/min的曝气速率，10min缺氧曝气运行，联合反应器处理模拟城市污水脱氮效果最佳，并能够在沉淀池进水$NH_4^+$-N浓度偏高时达到较好的脱氮效果。

## 3.4 内源反硝化在城市污水处理中的应用

在城市污水处理厂提标改造过程中，总氮的达标排放成为重要的考核指标。我国城市污水低C/N的特点导致反硝化脱氮过程需要额外添加碳源，造成水厂运行成本提高。内源反硝化通过构建缺氧-厌氧环境，开发微生物体内碳源用于反硝化，节约了污水处理厂碳源成本。

大连市某城市污水处理厂在提标改造过程中采用厌氧池-好氧池-微好氧沉淀池联用的方式在沉淀池中强化内源反硝化，提高脱氮效率。本节主要对该城市污水处理厂好氧池和沉淀池处理前后的水质进行分析，确定好氧池和沉淀池的生物处理效果，进而评价沉淀池中内源反硝化的效果及其影响因素，以期为后续沉淀池内源反硝化脱氮工艺的优化奠定基础。

### 3.4.1 某城市污水处理厂内源反硝化脱氮工艺流程

某雨污合流制城市污水处理厂位于辽宁省大连市，其日平均处理水量为30000m$^3$/d。该城市污水处理厂的处理系统主要由机械格栅、曝气沉砂池、活性污泥系统、高密度沉淀池和紫外消毒单元组成。该活性污泥系统由4组相同的处理单元组成，每个处理单元的组成如图3-36所示，包括1个厌氧池、1个好氧池和2个沉淀池。城市污水经平均分配后，进入每个处理单元进行生物处理。

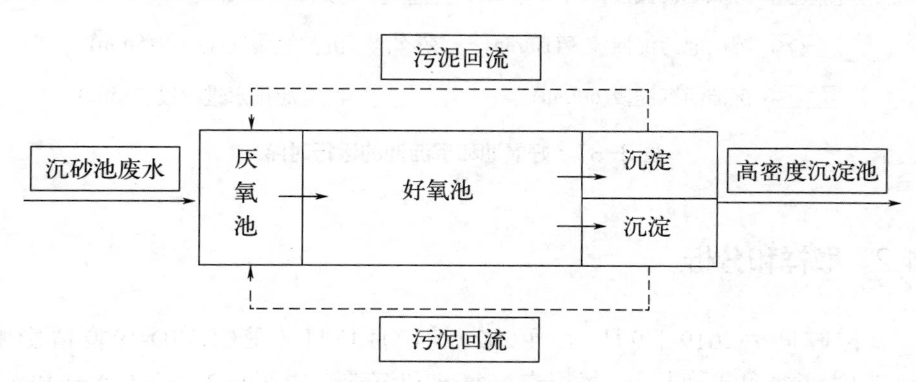


图3-36 活性污泥系统组成

内源反硝化脱氮主要在沉淀池中进行，且厌氧池和好氧池的运行时间受沉淀池运行时间的影响较大，因此沉淀池为该活性污泥系统的核心单元。沉淀池以循环模式运行，每个循环周期为150min，包括10min污泥回流，5min曝气搅拌，60min沉淀和75min同时排水进水（图3-37）。在污泥回流阶段，沉淀池底部的部分污泥回流至厌氧池，并与曝气沉砂池的出水混合。混合液通过厌氧池与好氧池、好氧池与沉淀池连接的侧壁底部开口依次进入好氧池和沉淀池。在曝气搅拌阶段，为保证沉淀池中活性污泥和污水充分接触，将空气以312$m^3$/h的曝气速率通过微孔曝气管充入沉淀池中，并保持DO在0.3 ～ 0.5mg/L。在沉淀阶段，污泥开始浓缩沉淀，逐渐与水分离。在同时排水进水阶段，为防止沉淀池中已处理的水与好氧池的污水混合，好氧池中的水从反应池底部进入沉淀池中，同时将沉淀后澄清的水推挤出沉淀池顶部，再经管道流向高密度沉淀池。在沉淀池的曝气搅拌和沉淀阶段，好氧池中的污水停止流入沉淀池。因此，当一个沉淀池处于曝气搅拌和沉淀阶段时，另一个沉淀池处于同时排水进水阶段。两个沉淀池交替运行，保证连续排水。

好氧池以曝气和机械搅拌交替运行的方式构建好氧和缺氧环境，进行污水中有机物和氮素的去除，其中曝气60min和机械搅拌15min。当沉淀池处于污泥回流及曝气搅拌阶段时，好氧池暂停曝气。

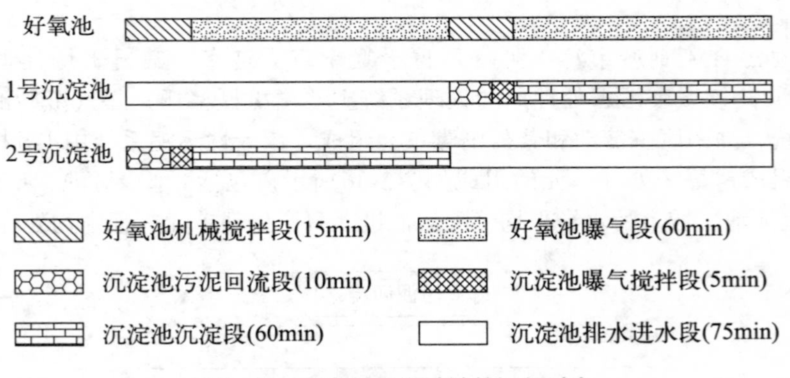


**图3-37　好氧池和沉淀池的运行时序**

## 3.4.2　取样和分析

取样时间为2019年9月1日至2020年10月17日（受COVID-19疫情影响，2020年1月至4月未取样）。每周在好氧池和沉淀池中采集2 ～ 3次水样和污泥样品。监测好氧池和沉淀池进出水和沉淀池不同阶段水样中的$NH_4^+$-N、$NO_2^-$-N、$NO_3^-$-N、TN、$PO_4^{3-}$-P和$COD_{Cr}$浓度，以及好氧池和沉淀池的污泥浓度，未能及时检测的水样用0.45μm滤膜过滤后4℃保存待用。具体测定方法详见表3-3。

### 3.4.3 城市污水处理厂生物处理性能

监测期间好氧池进出水水质情况见表3-12。由此表可知，好氧池以好氧-缺氧的运行方式对有机物和氮磷化合物表现出良好的处理性能。$COD_{Cr}$、$NH_4^+$-N、TN和$PO_4^{3-}$-P的去除率分别为89.5%、95.7%、94.1%和81.7%。出水中的$COD_{Cr}$、$NH_4^+$-N和TN均能满足我国《城镇污水处理厂污染物排放标准》（GB 18918—2002）一级A标准中50mg/L、5mg/L和15mg/L的排放限值要求。虽然出水$PO_4^{3-}$-P超过了0.5mg/L的排放限值，但在好氧池中（以VSS计）$PO_4^{3-}$-P的平均去除能力为5.8mg/（L·g），达到城市污水厂生物除磷的平均水平。剩余的$PO_4^{3-}$-P在高密度沉淀池中进一步去除，排水时$PO_4^{3-}$-P的浓度均低于0.5mg/L，可以达标排放。

表3-12 好氧池进出水水质

| 检测指标 | 进水/（mg/L） | 出水/（mg/L） | 去除率/% |
|---|---|---|---|
| $NH_4^+$-N | 43.3±5.2 | 2.0±1.8 | 95.7±3.2 |
| TN | 98.2±9.4 | 6.1±4.3 | 94.1±3.7 |
| $PO_4^{3-}$-P | 7.2±1.4 | 1.4±0.7 | 81.7±6.9 |
| $COD_{Cr}$ | 431±26 | 45±8 | 89.5±1.4 |

内源反硝化主要依靠DPAOs或者DGAOs在缺氧段以体内贮存的碳源将水中$NO_3^-$-N还原，主要表现为缺氧段后$NO_3^-$-N浓度的减少。因此可以用沉淀池中$NO_3^-$-N的变化来评价内源反硝化的效果。由于受COVID-19疫情影响，在2020年春季无法进入水厂，因此监测仅包括2019年9月至2020年12月秋季（1～60天和367～413天）、冬季（63～135天）和夏季（244～350天）三季数据。秋天、冬天和夏天沉淀池曝气搅拌段平均$NO_3^-$-N减少量分别为（0.5±0.5）mg/L、（0.2±0.1）mg/L和（0.3±0.1）mg/L；秋天、冬天和夏天沉淀池平均$NO_3^-$-N减少总量分别为（0.6±0.5）mg/L、（0.2±0.1）mg/L和（0.4±0.1）mg/L（图3-38）。曝气搅拌段$NO_3^-$-N减少量占沉淀池内$NO_3^-$-N减少总量的90.4%～91.3%。因此，沉淀池内的内源反硝化主要发生在曝气搅拌段。

由该城市污水处理厂的活性污泥系统组成（图3-36）和好氧池、沉淀池的流程图（图3-37）可知：污水首先进入厌氧池，在此利用PAOs吸收有机物释放磷酸盐；然后再进入好氧池，通过池内的好氧和缺氧段进行有机物氧化、硝化反硝化和过量磷酸盐吸收；接着，好氧池中经过好氧曝气和缺氧搅拌处理的污水在75min内进入沉淀池（并同时排出上一批次反应的出水），随后在沉淀池中污泥回流后，便进入沉淀池5min的曝气搅拌阶段，并在此阶段利用DPAOs和DGAOs进行内源反硝化，达到强化脱氮除磷的目的；内源反硝化过后，沉淀池最后进

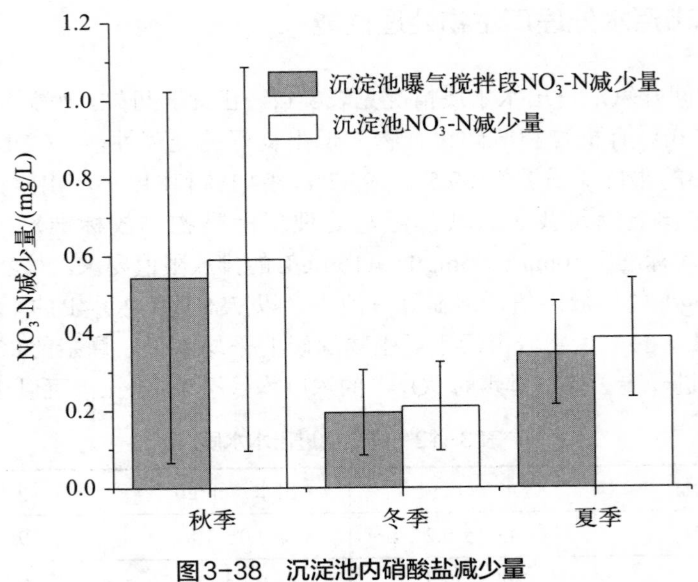


**图3-38　沉淀池内硝酸盐减少量**

入沉淀阶段。由此过程可以看出，沉淀池本质上是SBR，含有进水、曝气反应、沉淀和出水4个阶段，然而与传统SBR的不同点在于：①曝气搅拌段的DO＜0.5mg/L，其曝气的主要功能是保证泥水充分混合的缺氧状态和内源反硝化的进行；②水位恒定，不需要滗水器。而以SBR模式运行的沉淀池与好氧池的联用构建了缺氧-好氧-缺氧的工艺流程，这与用于生物强化脱氮除磷的厌氧/好氧/缺氧（anaerobic/oxic/anoxic，A/O/A）工艺极为相似。A/O/A工艺是传统$A^2$/O工艺的变型工艺。该工艺改变了$A^2$/O工艺中缺氧池和好氧池的顺序，减少了回流液携带的DO对反硝化的影响，同时在缺氧池内充分利用了细胞内碳源进行反硝化和生物除磷。此外，硝化细菌还可以利用缺氧池内的低DO进行硝化，促进同步硝化反硝化。因此，A/O/A工艺对低C/N废水的处理具有良好的效果，也受到了广泛的关注。Zhao等人（2018b）利用A/O/A工艺处理C/N为4.4的低碳氮比城市污水。通过延长厌氧池和缺氧池的HRT、缩短好氧池的HRT，控制DO，使得PHAs在菌体内充分积累，整个A/O/A工艺中出现了明显的同步硝化反硝化、内源反硝化和磷吸收（反硝化除磷），对总无机氮和磷酸盐的去除率均达到92%以上，内源反硝化速率为0.032kg/（kg·d）（表3-13）。周丽颖等人（2015）在$A^2$/O工艺的前端设置污泥浓缩池处理城市污水，该污泥浓缩池中的内源反硝化速率为0.025kg/（kg·d）。Xu等人（2011）利用A/O/A工艺进行反硝化除磷，其利用内源碳的反硝化速率为0.23kg/（kg·d）。目前，这种A/O/A工艺除了可通过在空间上构建厌氧池、好氧池和缺氧池的连续流工艺实现之外，也可在SBR反应器中构建厌氧、好氧和缺氧阶段实现。曲红等人（2022）在A/O/A-SBR反应器中研究了C/P对生物除磷和脱氮的影响，发现该A/O/A工艺在SBR反应器中也具较好的脱氮除磷效果，稳定运行后总氮去除率可达到75%以上，且生物脱氮主要依靠DPAOs和DGAOs在缺氧段完成。Liu等人（2020）利用A/O/A-SBR处理模拟城市污水，缺氧段的内源反硝化速率达到0.20kg/（kg·d）。贾淑媛等人（2017）在SBR反应器中使用驯化后的DGAOs处理模拟城市污水，高浓度的DGAOs在缺氧段的内源反硝化速率为0.023kg/（kg·d）。根据沉淀池混合液污泥浓度，可计算出该污水厂在秋季、冬季和夏季的内源反硝化速率分别为0.006kg/（kg·d）、0.002kg/（kg·d）和0.004kg/（kg·d）。相比之下，该污水处理厂内源反硝化速率较低。内源反硝化速率与环境条件（温度和DO）、水质条件（有机物、磷酸盐和硝酸盐含量）、操作条件和功能菌群种类密切相关（Oehmen et al.，2007）。城市污水厂水质复杂，且环境条件随季节变化较大，这可能是内源反硝化速率较低的主要原因。

**表3-13 不同研究中的内源反硝化速率**

| 工艺 | 污泥种类 | 污水种类 | 内源反硝化速率/[kg/（kg·d）] | 参考文献 |
|---|---|---|---|---|
| A/O/A | 活性污泥 | 模拟城市污水 | 0.032 | Zhao et al.，2018b |
| SBR | 驯化后的DGAOs | 模拟污水 | 0.023 | 贾淑媛等，2017 |
| $A^2O$工艺的污泥浓缩池 | 浓缩活性污泥 | 城市污水 | 0.025 | 周丽颖，2015 |
| A/O/A | 活性污泥 | 模拟污水 | 0.23① | Xu et al.，2011 |
| A/O/A-SBR | 活性污泥 | 模拟污水 | 0.20① | Liu et al.，2020 |
| 沉淀池强化脱氮 | 污水厂活性污泥 | 城市污水 | 0.002～0.006 | 本研究 |

① 数值包括同步硝化反硝化的贡献。

在监测的413天中，沉淀池$NO_3^-$-N减少天数为398天，占总监测天数的96%（图3-39）。从沉淀池$NH_4^+$-N、$NO_3^-$-N、$PO_4^{3-}$-P和$COD_{Cr}$的监测数据（图3-39～图3-42）可以看出，在该水厂中，$PO_4^{3-}$-P浓度、$NH_4^+$-N浓度和温度对沉淀池内源反硝化过程产生显著影响。当沉淀池进水中$PO_4^{3-}$-P超过4mg/L时（第24～26天、42～45天和108～114天），在沉淀池曝气搅拌后$NO_3^-$-N浓度升高，内源反硝化停止。这一现象至今无法解释。此外，水厂实际运行数据也表明当好氧池对$NH_4^+$-N处理效率降低，沉淀池进水$NH_4^+$-N浓度（7.6～9.6mg/L）过高时（第407 ～ 413天），沉淀池曝气搅拌段后的$NO_3^-$-N浓度也会升高。显然，当接近90%的有机物在好氧池被处理后，沉淀池中有机物处于较为缺乏（$COD_{Cr}$：28 ～ 68mg/L）的状态，此时$NH_4^+$-N浓度的升高可促使沉淀池污泥中的硝化细菌在曝气搅拌时优先利用氧气将$NH_4^+$-N转化为$NO_3^-$-N。张昕等人（2021）研究了游离氨对生物强化系统中PAOs的影响，并认为当污水中游离氨浓度超过0.2mg/L时，会对生物强化除磷系统产生抑制作用。当沉淀池进水$NH_4^+$-N浓度为7.6 ～ 9.6mg/L，该阶段的温度为18 ～ 20℃，pH为7.92 ～ 8.01时计算发现在此期间的游离氨浓度为0.21 ～ 0.34mg/L，超过了游离氨对PAOs的抑制浓度。而生物除磷系统中的PAOs和执行内源反硝化的DPAOs具有相似的代谢途径，因此认为该浓度的游离氨对内源反硝化也可能会产生抑制作用，从而导致曝气搅拌段$NO_3^-$-N去除效果不明显。同时，污水处理厂中的内源反硝化过程对温度也十分敏感。图3-38中可明显看到冬季（温度5 ～ 8℃时）的内源反硝化速率仅为夏季的1/2，为秋季的1/3。夏季虽然水温较高，但是由于进入雨季后，雨水汇入对污水的稀释作用导致水中有机物浓度快速降低，碳源存储量受到影响，因此内源反硝化速率随之降低。由此可见，虽然针对内源反硝化的研究较多，但其在污水处理厂中的应用仍受水质和环境条件影响，探明内源反硝化在实际城市污水处理中的最佳水质条件、环境条件和操作条件，对其工程应用具有较大的实用价值。

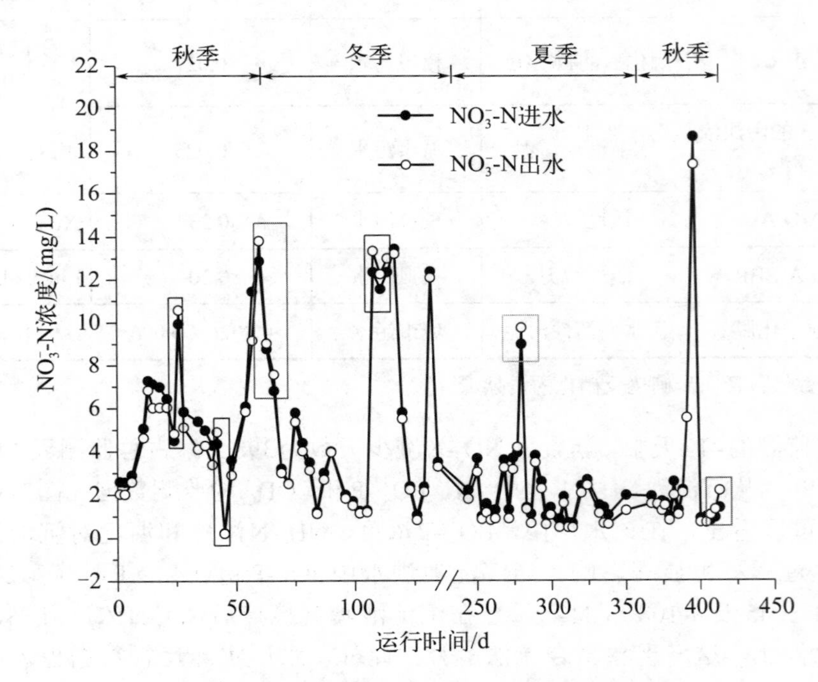


图3-39 沉淀池中$NO_3^-$-N的变化

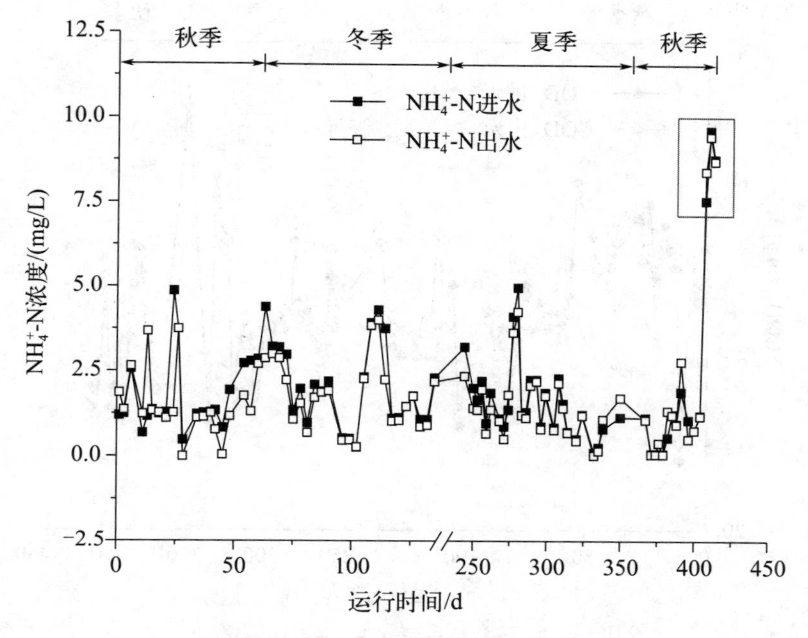


图3-40 沉淀池中$NH_4^+$-N的变化

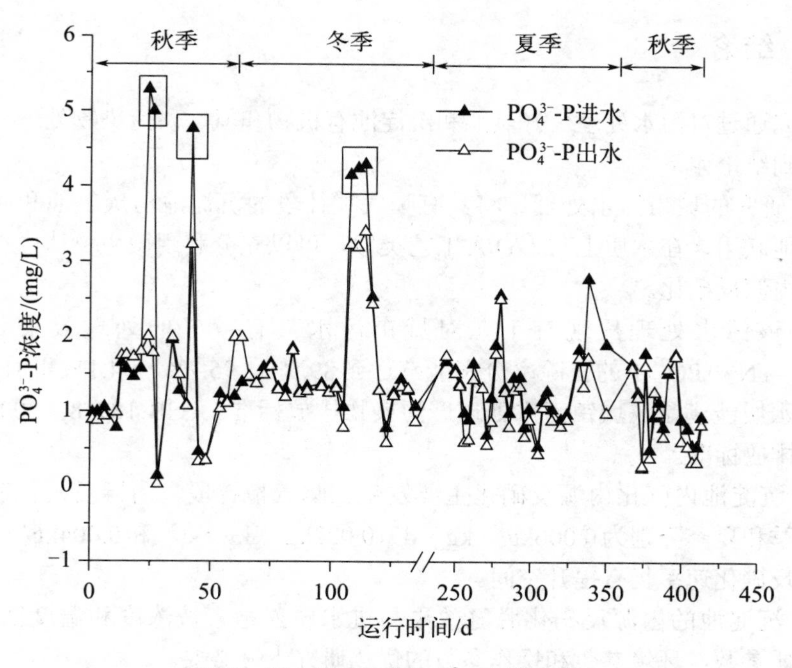


图3-41 沉淀池中$PO_4^{3-}$-P的变化

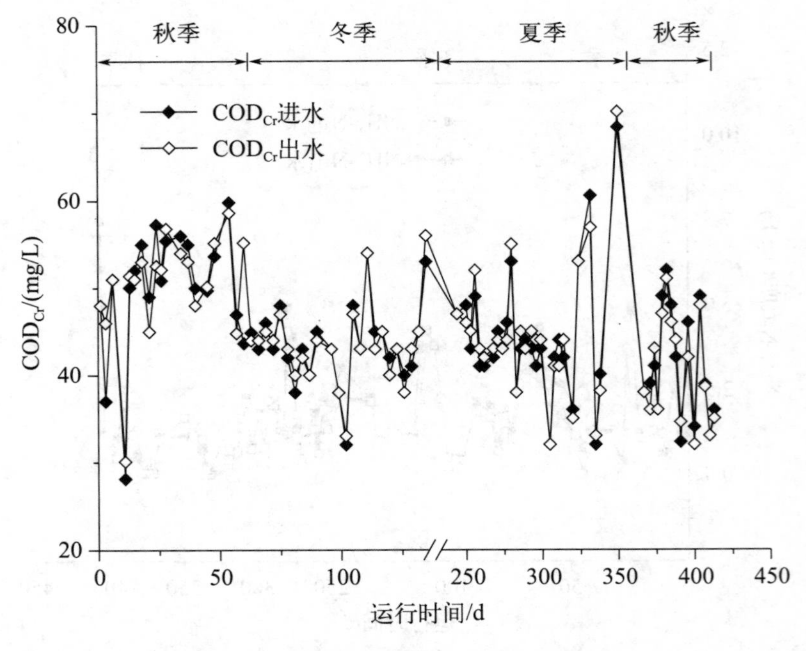


图3-42 沉淀池中$COD_{Cr}$的变化

### 3.4.4 结论

研究通过对污水处理厂好氧池和沉淀池有机物和氮、磷污染物处理效果的分析，得到结论如下。

① 研究的城市污水处理厂将具有曝气搅拌段的沉淀池与厌氧池和间歇曝气的好氧池联用，在本质上与A/O/A工艺类似，可以充分利用微生物体内存储的碳源进行内源反硝化。

② 该污水处理厂现有工艺对城市污水具有较好的处理效果，$COD_{Cr}$、$NH_4^+$-N、TN和$PO_4^{3-}$-P的去除率分别能够达到89.5%、95.7%、94.1%和81.7%，最终出水水质能满足《城镇污水处理厂污染物排放标准》（GB 18918—2002）中一级A的排放标准。

③ 沉淀池内强化内源反硝化主要发生在曝气搅拌段，内源反硝化速率在秋季、冬季和夏季分别为0.006kg/（kg·d)、0.002kg/（kg·d）和0.004kg/（kg·d），该内源反硝化速率仍有提升空间。

④ 沉淀池的内源反硝化脱氮效果与进水磷酸盐、铵浓度和温度密切相关，开展水质参数、环境参数和操作参数的优化研究十分必要。

# 第4章 同步硝化反硝化处理水产养殖废水

海水养殖废水最大的问题是废水中高浓度的氨氮和亚硝态氮与含量低的有机碳源导致废水的C/N较低，不利于异养菌生物除氨脱氮。自然界海洋中氨氮的净化方式主要是在有氧条件下由硝化菌群中AOB和NOB协同完成的，它们快速地将$NH_4^+$-N和$NO_2^-$-N转化为无毒的$NO_3^-$-N，从而完成自养型硝化的全过程（Gregory et al.，2012；Keesing et al.，2011；Seca et al.，2011）。此过程所富集的$NO_3^-$-N可以作为海洋藻类的优质氮肥，能够有效促进有益海藻类生物的生长繁殖（Zhu et al.，2008）。

由于海洋污染日益严重，工厂化海水养殖废水的水处理技术已经成为研究热点。近年来，不少学者研究了不同方式处理含盐的养殖废水。国内外研究表明，SBR是生活污水和工业废水生物处理技术的主要方法之一（Zhao and Wang，2011；Woolard and Irvine，1995）。SBR的工艺流程是定时进水排水、间歇曝气沉降，通过活性污泥对废水进行处理，具有运行稳定性高以及自动化控制程度高的特点，尤其适用于间歇性排放和流量变化较大的场合（Fontenot et al.，2007；颜仲达，2013），所以SBR工艺是大排量和间歇性排放的海水养殖行业的最佳废水处理解决方案。Intrasungkha等人（1999）探讨盐度对SBR法处理海水养殖废水的影响，发现在低盐度（NaCl浓度为0.2%）情况下，24h氨氮去除率为85%（初始$NH_4^+$-N浓度为50mg/L）；Zhao等人（2012）采用生物絮团技术通过添加碳源（蔗糖、葡萄糖）能有效降低海水养殖水体中的氨氮和亚硝酸氮（均低于0.1mg/L）；Seo等人（2001）利用PVA纤维载体固定硝化细菌，使水族箱循环除氨率达到98%。但利用已有的SBR反应器处理高氨氮低碳源的海水养殖废水依然存在问题，因此，研发新型快速高效、安全无害、能耗低、成本低的SBR反应器成为目前研究的热点。

本节研究以自然富集驯化的活性污泥作为主要的处理废水的微生物，通过添加硅藻土微生物载体，驯化获得可以处理高氨氮海水养殖废水的活性污泥，从实际海水养殖废水低C/N比的特点出发，采用SBR工艺结合硅藻土载体固定化颗粒污泥的方法，考察正常盐度（3.2%～3.4%）海水养殖废水除氨效果，同时考察活性污泥中载体固定化情况和菌群动态变化情况以及AOB与NOB竞争优势的调控，并探讨在该工艺技术的基础上，为海洋低碳高氮养殖废水处理提供快速高效、低成本无害化的水处理技术。

## 4.1 材料与方法

### 4.1.1 标准溶液的配制

铵标准（100mg/L）贮备液：称取105℃干燥2h以上的氯化铵3.819g溶于$ddH_2O$，定容至1000mL，此溶液氨氮浓度为100mg/L。

铵标准（10mg/L）使用液：移取10.0mL铵标准贮备液置于100mL容量瓶中，加水至标线，混匀，现用现配。

$NO_2^-$-N检测试剂A：热水溶解5g对氨基苯磺酸，待冷却后加入42mL浓盐酸，用超纯水定容至500mL，室温避光保存。

$NO_2^-$-N检测试剂B：称取0.5g *N*-（1-萘基）-乙二胺盐酸盐，定容至500mL，常温保存。

1×PBS缓冲液：氯化钠7.605g，磷酸氢二钠0.994g，磷酸二氢钠0.36g，调pH7.4，$ddH_2O$定容至1000mL，灭菌备用。

配制所用试剂信息见表4-1。

表4-1　实验试剂信息表

| 试剂名称 | 生产厂家 | 规格 |
| --- | --- | --- |
| 磷酸二氢钠 | 天津科密欧化学试剂有限公司 | 分析纯 |
| 碳酸氢钠 | 天津科密欧化学试剂有限公司 | 分析纯 |
| 氯化铵 | 天津凯信化学工业有限公司 | 分析纯 |
| 亚硝酸钠 | 天津凯信化学工业有限公司 | 分析纯 |

续表

| 试剂名称 | 生产厂家 | 规格 |
|---|---|---|
| 苯酚 | 天津天河化学试剂厂 | 分析纯 |
| 亚硝基铁氰化钠 | 天津福晨化学试剂厂 | 分析纯 |
| 氢氧化钠 | 天津科密欧化学试剂有限公司 | 分析纯 |
| 次氯酸钠 | 辽阳禄林化工有限公司 | 分析纯 |
| 过硫酸铵 | 天津凯信化学工业有限公司 | 分析纯 |
| 对氨基苯磺酸 | 天津福晨化学试剂厂 | 分析纯 |
| 浓盐酸 | 沈阳安瑞祥化工五金有限公司 | 分析纯 |
| *N*-（1-萘基）乙二胺盐酸盐 | 天津瑞金特化学品有限公司 | 分析纯 |
| Goldview核酸染料 | 上海赛百盛基因技术有限公司 | |
| Genefinder核酸染料 | 美国Sigma公司 | |
| 土壤DNA提取试剂盒 | 美国MP-bio公司 | |
| PCR试剂盒 | 大连TaKaRa有限公司 | |
| DNA回收纯化试剂盒 | 大连TaKaRa有限公司 | |
| PCR引物 | 大连TaKaRa有限公司 | |
| 硅藻土（100～150目） | 青山源硅藻土有限公司 | 食品级 |

## 4.1.2 实验仪器

实验所用仪器见表4-2。

表4-2 实验仪器信息表

| 仪器名称 | 型号、品牌和产地 |
|---|---|
| pH计 | PB-10，Sartorius，德国 |
| 盐度计 | WZ-211，万成，北京 |
| 空气流量计 | DK80，北星仪表，沈阳 |
| 溶解氧-温度分析仪 | JPB-608，雷磁，上海 |
| 可见分光光度计 | SP-722E，光谱，上海 |
| 紫外分光光度计 | UV-1800，美谱达，上海 |

续表

| 仪器名称 | 型号、品牌和产地 |
| --- | --- |
| 超声波破碎仪 | KS-C，海曙科生，宁波 |
| 激光粒度分析仪 | LS100Q，Beckman Coulter，美国 |
| 电子天平 | FA1004N，精密，上海 |
| 相差显微镜 | CKX41，奥林巴斯株式会社，日本 |
| 微波炉 | PJ17F-F（Q），美的，广东 |
| MILI-Q纯水仪 | Synthesis A10，Millipore，美国 |
| 高压蒸汽灭菌锅 | SS-325，TOMY，日本 |
| 低温冷冻离心机 | 5418R，Eppendorf，德国 |
| 电热恒温鼓风干燥箱 | 101-2A，阳光，上海 |
| 电热恒温水浴锅 | HWS-12，一恒，上海 |
| 蠕动泵 | BT100-2J，兰格，保定 |
| 曝气泵 | ACO-318A，海利，广东 |
| 时间继电器 | JS48S，斯万纳，广东 |
| 液位控制器 | 61F-GP-N，斯万纳，广东 |
| PCR仪 | Hybaid-Px2，Eppendorf，德国 |
| DNA浓度检测仪 | NANO Drop2000，Thermo，美国 |
| 核酸振荡仪 | FP120，Thermo，美国 |
| 电泳系统 | HM-I，竞迈，大连 |
| 蓝光电泳系统 | MBE-150-Plus，Major Science，美国 |
| 变性梯度凝胶电泳仪 | DCode™，Bio-Rad，美国 |
| 凝胶成像系统 | DCode™，Bio-Rad，美国 |
| 激光扫描共聚焦显微镜 | TCS-SP2，Leica，德国 |
| 透射电子显微镜 | JEM-1200 EX，JEOL，日本 |
| 场发射扫描电镜 | S-4800N，Hitachi，日本 |
| 立式超低温冰箱 | UF3410，Heto，丹麦 |

### 4.1.3 实验材料和装置

本章实验采用自然富集的活性污泥，采集自大连湾海产品养殖场的废水排污口外滩处，呈深褐色黏稠状（E121°41′43.13″，N38°59′24.38″），采样时间为2012年4月，海水平均盐度为3.1%～3.2%，平均水温为16～18℃。

首先除去污泥中石子、沙砾和海草海带等杂质，离心沉淀，测得活性污泥的MLVSS约为2g/L，MLSS约为2.5g/L，MLVSS/MLSS=0.8。

活性污泥的微生物载体为无菌硅藻土，纯白色精土，二氧化硅（$SiO_2$）含量≥86.50%，目数为100～150目，粒径在75～100μm，比表面积为$68m^2/g$，中性土（pH 7.12）。

本节实验主要采用硅藻土载体式好氧曝气反应器，并应用SBR，同时运行好氧氨氧化工艺和硝化工艺处理高氨氮低碳源海水养殖废水。

反应器的主要构造和指标：反应器采用有机玻璃加工制作，直径12cm，高度为60cm，总容积为6.8L，有效高度为56cm，工作处理水体有效容积为6L，其中活性污泥区约占总容积的6%，进水体积交换率55%（约3.3L），反应器内置加热装置，并由温度控制器控温，保证水温在（21±5）℃，保证微生物生长和代谢所需的适宜温度条件。空气曝气装置是在反应容器底部正下方设有一根曝气管，分别连接空气压缩泵、空气流量计和四个微泡曝气头，并通过空气流量计设置曝气强度为$0.2m^3/h$，曝气的作用一方面在于通入一定量的氧气和二氧化碳，保证DO≥4.5g/L，为运行好氧氨氧化和硝化工艺创造好氧的微生物环境，同时为自养型硝化细菌提供可利用的无机碳源；另一方面，曝气形成自下而上的气体微泡推动力，使部分沉在底部和附着于侧壁的载体微生物絮团脱落，参与曝气流循环反应。实验装置及流程如图4-1所示，进水通过蠕动泵从反应器中部进水，处理后经由电磁阀连接PVC软管排放出水。

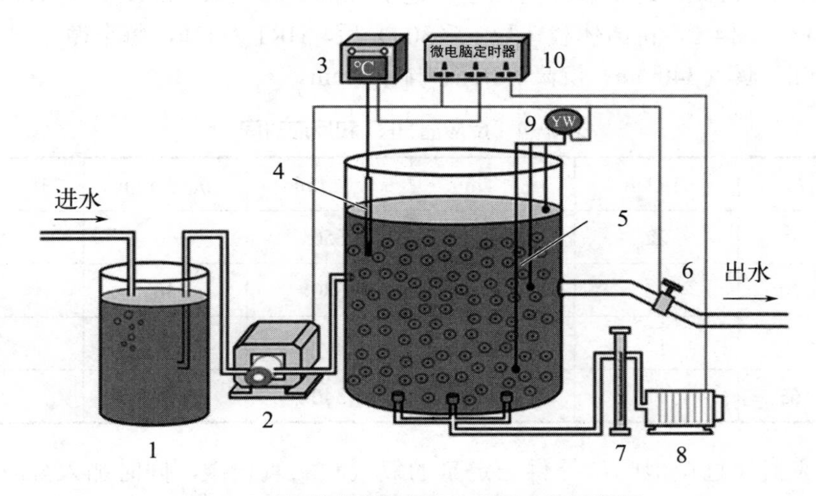


**图4-1　硅藻土颗粒曝气生物反应器结构图**

1—储水箱；2—蠕动泵；3—温控器；4—加热器；5—颗粒污泥；6—电磁阀；
7—气体流量计；8—空气压缩机；9—出水液位控制器；10—微电脑定时器

### 4.1.4 实验废水

养殖废水取自辽宁省大连市大连湾海产品养殖基地的大菱鲆、仿刺参和红鳍东方鲀的混合养殖废水，属于典型的低碳高氨氮的海水养殖废水，其水质指标如表4-3所示。同时加入$NaHCO_3$调节进水pH，保证pH在7.0～8.0范围内。

表4-3 实验进水水质

| 项目 | 盐度/% | pH | DO /（mg/L） | $NH_4^+$-N /（mg/L） | $NO_2^-$-N /（mg/L） | COD /（mg/L） |
|---|---|---|---|---|---|---|
| 范围 | 3.2～3.4 | 7.2～7.5 | 3.2～3.8 | 42.08～55.88 | 1.02～1.37 | 15.96～19.29 |
| 均值 | 3.3 | 7.35 | 3.5 | 48.98 | 1.195 | 17.625 |

### 4.1.5 接种污泥和反应时间

反应器接种活性污泥，通过前期试验确定添加5g/L 150～200目的无菌硅藻土作为污泥中微生物菌群的载体，反应器运行期间维持MLSS在2.5～3.5g/L。反应器HRT和循环时间如表4-4所示。前20d反应，HRT为22h，每个循环周期由微电脑定时控制，包括快速进水、曝气、沉降、快速排水4个阶段；21～30d期间，HRT为15h，每个循环周期定为进水5min、曝气460min、沉降10min、排水5min；见图4-2，待菌体载体稳定（30d）后，HRT为11h，每个循环周期定为进水5min、曝气340min、沉降10min、排水5min。

表4-4 反应器HRT和反应时间

| 时间/d | HRT/h | 进水/min | 曝气/min | 沉淀/min | 排水/min |
|---|---|---|---|---|---|
| 1～10 | 22 | 5 | 650 | 60 | 5 |
| 11～20 | 22 | 5 | 680 | 30 | 5 |
| 21～30 | 15 | 5 | 460 | 10 | 5 |
| 31～65 | 11 | 5 | 340 | 10 | 5 |

反应器通过微泡曝气提供一定量的氧气和二氧化碳，同时加入$NaHCO_3$与$CO_2$共同为自养型环境提供所需无机碳源，并利用$HCO_3^-$离子缓冲养殖废水酸碱度，保证水体pH在6.8～8.5范围内。反应器运行前5d加入5mg/L $NaNO_2$，用来保证活性污泥里消耗$NO_2^-$-N类的细菌存活和增殖。

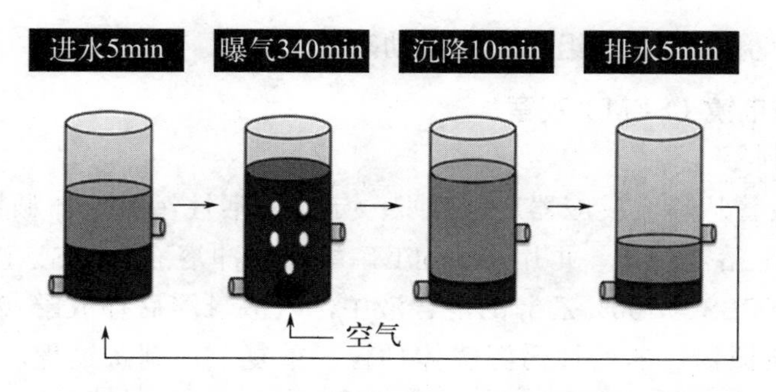


图4-2 硅藻土颗粒曝气生物反应器循环周期示意图

## 4.1.6 实验方法

### 4.1.6.1 实验分析项目以及检测方法

实验分析项目主要包括COD、氨氮（$NH_4^+$-N）、亚硝态氮（$NO_2^-$-N）、硝态氮（$NO_3^-$-N）、MLVSS和MLSS，各项水质指标的测定方法均根据《中国环境保护标准汇编》和《海洋监测规范 第4部分：海水分析》（GB 17378.4—2007）国家标准方法（中国国家标准化管理委员会，2007；中国标准出版社，2001），MLVSS和MLSS采用干重法测定（国家环境保护总局，2005）。盐度（salinity）、pH和DO的测定分别采用北京万成北增精密仪器有限公司WZ-211盐度计、德国SartoriusPB-10 pH计和上海雷磁JPB-607A溶解氧分析仪。具体分析方法和检测仪器见表4-5。

表4-5 水质分析项目及方法

| 检测项目 | 分析方法或检测仪器 |
|---|---|
| $NH_4^+$-N | 靛酚蓝分光光度法、纳氏试剂分光光度法 |
| $NO_2^-$-N | *N*-（1-萘基）-乙二胺光度法 |
| $NO_3^-$-N | 镉柱还原法 |
| COD | 日本Shimadzu TOC-VCPH总有机碳分析仪 |
| 盐度 | 北京万成北增精密仪器有限公司WZ-211盐度计 |
| pH | 德国Sartorius PB-10酸度计 |
| DO | 上海雷磁JPB-607A溶解氧分析仪 |
| MLVSS和MLSS | 干重法（国标） |

### 4.1.6.2 微生物群落组成结构及动态变化解析

**（1）扫描电镜（SEM）观察**

1）样品制备

用无菌吸管从曝气反应器底部吸取一定量的活性污泥载体颗粒，用新配制的4%多聚甲醛溶液固定，再用0.1mol/L磷酸盐缓冲溶液（PBS）洗脱2～3次，加入到等体积PBS与100%乙醇的混合液中，吹散悬浮后存放于–20℃备用。同时取经超声波振荡后的活性污泥载体颗粒，重复上述制备过程，存放于–20℃备用。

2）扫描电镜观察和拍照

利用扫描电镜观察活性污泥载体颗粒的表面、外部结构和内部菌群固定化的形态。通过2.5%戊二醛进行固定污泥颗粒样品，用PBS洗脱2～3次，依次用50%、70%、80%、90%、95%和100%乙醇溶液进行脱水，叔丁醇洗脱3次，脱水镀膜后进行扫描电镜观察并拍照。

**（2）透射电镜（TEM）观察**

1）样品制备

用无菌宽口吸管从曝气反应器底部吸取一定量的活性污泥载体颗粒，经超声波振荡后取上悬液，用2.5%戊二醛（用磷酸缓冲液配制）固定，再用0.1mol/L磷酸漂洗液（PBS）漂洗3次，然后用1%锇酸固定液固定，再用PBS漂洗3次，悬浮于等体积PBS与100%乙醇的混合液中，储存于–20℃备用。

2）透射电镜观察和拍照

利用透射电镜观察活性污泥载体颗粒内部细菌形态、结构、大小等特征。首先用超声破碎污泥颗粒，通过2.5%戊二醛铜网固定污泥样品，PBS清洗3次后用1%锇酸固定液固定2h，PBS清洗3次，依次用50%、70%、90%、90%乙醇与90%丙酮（1∶1）混合液（4℃）和100%丙酮（室温）脱水，最后用3%醋酸铀-枸橼酸铅双染色，进行透射电镜观察拍照。

**（3）细菌总DNA提取及纯化**

1）样品预处理

污泥菌群样品采集时间为反应器启动的第1d、10d、20d、30d、35d、40d、50d、60d，收集在50mL无菌离心管，8000r/min离心10min去上清液后，置于–70℃保存。

2）DNA提取与纯化

污泥中细菌DNA的提取采用FastDNA®SPIN土壤DNA提取试剂盒。

① 称取500mg污泥冻土样品到裂解基质E管中，加入978μL磷酸钠缓冲液，再加入122μL MT缓冲液。

② 旋紧裂解基质E管盖，核酸振荡仪上混匀，速度设置4，振荡时间15～20s。

③ 14000r/min离心15min，取上清液到新的2mL离心管，加入250μL PPS（蛋白沉淀液），手动轻轻摇动混匀10次。

④ 12000r/min离心15min，取上清液到新的2mL离心管中，混匀，使结合基质重悬，加1mL到1.5mL离心管中。

⑤ 涡旋振荡仪温和混匀2min使DNA与结合基质结合完全，室温静置3min。

⑥ 小心弃去500μL上清液，用剩下的液体重悬结合基质，准确吸取650μL混合物到滤柱中，12000r/min离心1min，倒掉废液，再加入剩余的混合物，12000r/min离心1min，倒掉废液。

⑦ 加入500μL预处理的SEWS-M（已加入100mL 100%乙醇的12mL的SEWS-M浓缩液）洗脱1次，12000r/min离心1min，弃去下层废液并将滤柱放入1.5mL收集管中，开盖室温干燥5min。

⑧ 加入50μL预处理的DES溶液（55℃水浴），轻轻重悬结合基质，12000r/min离心1min，收集DNA，–20℃保存。

**（4）微生物16S rRNA PCR扩增**

1）PCR试剂

PCR试剂盒（TaKaRa）：5U/μL *Taq*DNA聚合酶，25mmol/L无水氯化镁溶液，10×PCR缓冲液（+）（含$Mg^{2+}$），10×PCR缓冲液（–）（无$Mg^{2+}$），2.5mmol/L dNTP混合物。

2）PCR反应体系

PCR反应混合物体系组成，见表4-6。

**表4-6 PCR反应混合物体系**

| 反应组成成分 | 反应剂量 |
| --- | --- |
| 10×PCR缓冲液 | 5μL |
| dNTP混合物 | 4μL |
| 引物（10 pmol/μL） | 1μL |
| 引物（10 pmol/μL） | 1μL |
| DNA模板 | 2μL（10ng） |
| *Taq* DNA聚合酶 | 0.5μL（2.5U） |
| $ddH_2O$ | 36.5μL |
| 总体积 | 50μL |

3）PCR扩增引物

以载体活性污泥中提取的基因组DNA为PCR模板，采用真细菌通用引物的特异性引物（正向引物341f-GC和反向引物758r）进行PCR扩增（Benson et al.，2008），PCR扩增产物置于–20℃保存。正向引物341f-GC序列为：5'-CGCCCGCCGCGCGCGGCGGGCGGGGCGGGGGCACGGGGGGCCTACGGGAGGCAGCAG-3'；反向引物758r序列为：5'-CTACCAGGGTATCTAATCC-3'。

4）PCR扩增程序条件

357f-758r PCR引物扩增设定条件：

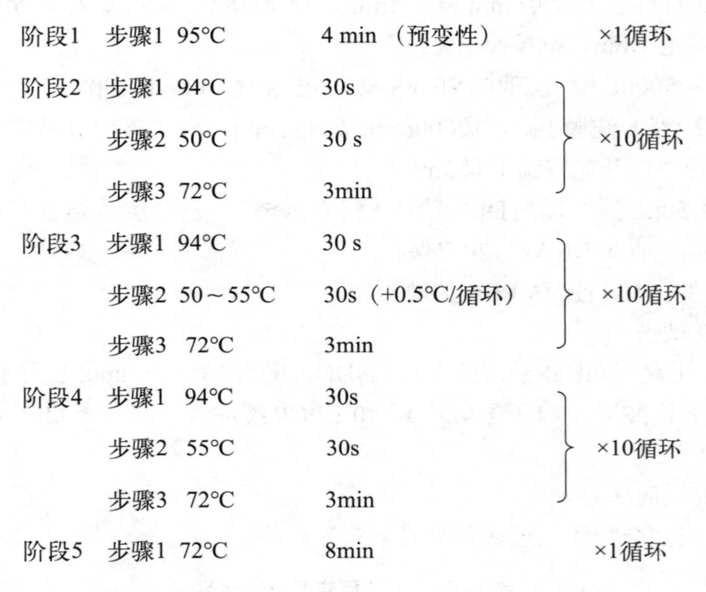

|  |  |  |  |  |
|---|---|---|---|---|
| 阶段1 | 步骤1 | 95℃ | 4 min（预变性） | ×1循环 |
| 阶段2 | 步骤1 | 94℃ | 30s | ×10循环 |
| | 步骤2 | 50℃ | 30 s | |
| | 步骤3 | 72℃ | 3min | |
| 阶段3 | 步骤1 | 94℃ | 30 s | ×10循环 |
| | 步骤2 | 50～55℃ | 30s（+0.5℃/循环） | |
| | 步骤3 | 72℃ | 3min | |
| 阶段4 | 步骤1 | 94℃ | 30s | ×10循环 |
| | 步骤2 | 55℃ | 30s | |
| | 步骤3 | 72℃ | 3min | |
| 阶段5 | 步骤1 | 72℃ | 8min | ×1循环 |

5）PCR扩增产物检测

1%琼脂糖凝胶制备：称取0.25g琼脂糖放入250mL三角瓶中，量取25mL0.5×TAE缓冲液加入烧杯中与琼脂糖混匀，微波加热2min，溶解后待温度降到45～50℃，加入Goldview染料（新型核酸染料）1.8～2.0μL，轻轻混匀后倒入胶板待凝固备用。

通过1%的琼脂糖凝胶电泳检测PCR扩增产物，设置电压为100V，时间30min，电泳缓冲液为0.5×TAE缓冲液。

**（5）菌群结构和动态变化DGGE分析**

变性梯度凝胶电泳（denatured gradient gel electrophoresis，DGGE）最初是Fischer和Lerman在1983最先提出的用于检测点突变的一种电泳技术。此后，Muyzer等人（1993）对该技术进行了发展并将DGGE应用于分子生物学。目前，DGGE主要应用在微生物群落结构和多样性的分析。实验主要试剂、仪器和操作步骤如下。

1）DGGE试剂及储备溶液

去离子水、丙烯酰胺储备液、双丙烯酰胺、尿素、Tris、EDTA、2% *N,N'*-亚甲基双丙烯酰胺（BisAA）储备液（Bio-Rad）、乙酸、甲酰铵、TEMED、过硫酸铵、Triton、Genefinder染料、100%乙醇、NaOH、甲醛。

40%丙烯酰胺储备液：体积比37.5 ∶ 1的丙烯酰胺∶双丙烯酰胺，4℃保存。

50×TAE储备液：242g/L Trizma base，2mol/L Tris，136.1g/L醋酸钠（1mol/L），18.6g/L EDTA-$Na_2$（50mmol/L EDTA），用HCl调pH值至7.4，用dd$H_2O$定容至1000mL。

10% APS：取0.1g过硫酸铵溶于1mL d$H_2O$中，4℃保存；

变性剂溶液的组成见表4-7，使用8%的聚丙烯酰胺凝胶进行DGGE电泳。0%的变性剂溶液用dd$H_2O$补足至50mL，100%的变性剂溶液用dd$H_2O$补足至100mL。

**表4-7 DGGE变性剂溶液组成**

| 变性剂浓度/% | 丙烯酰胺/ mL | 2% BisAA/ mL | 尿素/g | 甲酰胺/ mL | 50×TAE/ mL |
|---|---|---|---|---|---|
| 0 | 10 | 2.5 | 0 | 0 | 1 |
| 100 | 20 | 5 | 42 | 40 | 2 |

2）DGGE操作步骤（Gurtner et al.，2000；Lyautey et al.，2005；Wang et al.，2007a）

① 在DGGE制胶架上放置海绵垫、胶板，连接PE细管和注射器，较短的管与Y形管相连；

② 安装和固定注射器和相关的配件，调整梯度传送系统的刻度到适当的位置；

③ 配制两种变性浓度的丙烯酰胺溶液，用两个注射器迅速吸取对应浓度的丙烯酰胺。缓慢匀速地旋转滚轮输出丙烯酰胺，保证溶液均匀灌入到凝胶板中，安装胶孔梳，室温放置30 ～ 60min；

④ 打开电泳控制装置，预热电泳缓冲液到60℃。胶凝后取下胶孔梳，将胶板放进电泳槽内，清洗点样孔后用微量注射器上样。设置电压100V，时间16h；

⑤ 电泳结束取出胶板，缓慢拿掉前面板，用去离子水清洗和脱离，将凝胶放入染色盒中，加入100mL 1×TAE缓冲液和10μL Genefinder核酸染料，摇床避光染色45min；

⑥ 使用DGGE配套成像系统观察拍照，应用Quantity One 4.8软件对DGGE图谱进行标记和分析。

**（6）DGGE优势条带的回收、16S rRNA基因测序分析**

对优势条带进行编号，用PCR产物回收试剂盒切割回收条带，PCR纯化后由北京华大基因研究中心测序，测得的16S rRNA基因序列通过GenBank数据库BLAST进行比对，并对DGGE指纹图谱进行分析，进一步确认微生物群落的多样性以及优势菌群。

**（7）荧光原位杂交（FISH）分析**

荧光原位杂交（fluorescence *in situ* hybridization，FISH）是用特殊的核苷酸分子标记DNA（或RNA）探针，与待测微生物基因组中DNA（或RNA）分子杂交，再用与荧光素分子偶联的单克隆抗体与探针分子特异性结合来检测微生物种群的定性、定位和相对定量分析的一种非放射性分子细胞遗传技术。

1）FISH实验所选用探针及杂交条件

EUB338 plus为真细菌的通用探针，用该探针作为FISH实验中杂交的阳性对照；NSO1225为β-变型菌纲中好氧氨氧化细菌（AOB-β-Proteobacteria）通用探针（Daims et al.，1999；Neef et al.，1998；Pathak et al.，2007）；NIT3是硝化细菌中硝化杆菌属（NOB-Nitrobacter）特异性探针。

表4-8所示为所用探针及杂交条件。EUB338 plus采用FITC绿色荧光染料5′末端标记，激发和发射波长分别为488nm和528nm；探针NSO1225采用Cy5红色荧光染料5′末端标记，激发和发射波长分别为649nm和680nm；探针NIT3采用Cy3绿色荧光染料5′末端标记，激发和发射波长分别为543nm和570nm（Daims et al.，1999）。

**表4-8 试验中所用的16S rRNA寡核苷酸探针**

| 探针 | 甲酰胺/%① | NaCl/mmol/L② | 染料 | 颜色 | 检测目标 | 波长/nm |
|---|---|---|---|---|---|---|
| EUB338plus | 20 | 225 | FITC | 绿 | Eubacteria | 488，528 |
| NSO1225 | 40 | 56 | Cy5 | 红 | AOB-β-Proteobacteria | 649，680 |
| NIT3 | 40 | 56 | Cy3 | 绿 | NOB-Nitrobacter | 543，570 |

① 探针杂交缓冲液中甲酰胺浓度。
② 探针清洗缓冲液中NaCl浓度。

2）实验玻片处理及药品配制

① DEPC水（diethylprocarbonate water）是经DEPC处理过的无菌蒸馏水，

是RNA酶的强抑制剂。取DEPC 1mL，加入1000mL蒸馏水中，猛烈摇匀，室温静置4h，121℃高压灭菌20min，室温保存。

② 1%稀HCl浸泡玻片24h后，用自来水洗净，再用蒸馏水冲洗多次，95%酒精脱水后置于烤箱中160℃以上烘烤4h，备用。

③ 称取2.4g明胶溶于600mL水中，加热搅拌助溶，再加入2.4g甲明矾，溶解后稀释至1000mL，室温保存。

④ 按比例称取试剂，溶于600mL DEPC水中，定容至1000mL，用HCl调整pH至7.2 ～ 7.4，经高压灭菌，为1× 磷酸盐缓冲溶液（1×PBS），4℃保存。

⑤ 取4g多聚甲醛（paraformaldehyde，PA）加入到65mL ddH$_2$O（60℃）中，持续加热搅拌使成乳白色悬液。加入几滴2mol/L NaOH，快速搅拌1 ～ 2min，待溶液澄清停止加热。冷却至室温，加入约33mL 3×PBS，充分混匀。用HCl调整pH至7.2，过滤后加水定容至100mL，为固定液，4℃避光保存。

⑥ 荧光探针稀释为50ng/μL浓度分装于2mL离心管中，–20℃避光保存。

3）杂交步骤

参照Manz等人（1992）的杂交操作程序，略作修改。

① 超声处理污泥样品1 ～ 2min使污泥颗粒分散，8000r/min离心2min去除上清液后，再用PBS溶液清洗3次。

② 加入固定剂到污泥样品中，4℃固定2h。倒掉固定剂，PBS清洗3次后，将污泥样品悬浮于等体积的PBS和100%乙醇溶液中，–20℃下保存备用。

③ 取适量污泥样品平铺于经明胶包被的载玻片上，风干后分别用50%、80%和100%乙醇脱水，每个梯度3min。

④ 所用探针和杂交条件如表4-8所示，按照杂交缓冲液中甲酰酰胺浓度由低到高的顺序进行。杂交缓冲液和探针溶液按体积比9 ∶ 1轻轻混合后，涂于载玻片上，平放玻片于湿盒中，45℃杂交60min。

⑤ 杂交结束后，先用移液管取几毫升48℃预热的清洗缓冲液冲洗玻片，缓冲液中盐浓度见表4-8。然后将玻片置于清洗缓冲液中，48℃浸泡样品10 ～ 15min。取出玻片，用冰浴的超纯水冲洗后自然风干。

⑥ 利用DNA荧光染料DAPI溶液复染所有微生物，室温下染色5min，超纯水冲洗，自然风干后封片，采用共聚焦激光扫描电子显微镜对样品进行观察。取2组样品，每个杂交试样至少观察20个不同的视野，以荧光面积为表征指标，利用电子显微镜配套的图像分析软件Image-ProPlus 6.0对系统中的真细菌、AOB和NOB进行半定量分析（Eighmy et al.，1983；Ito et al.，2002）。

# 4.2 结果与讨论

## 4.2.1 SBR反应器的启动及氨氮去除的性能

反应器的启动阶段是好氧活性污泥在生物反应器内的活化、扩增以及载体颗粒成熟的过程，主要是好氧氨氧化菌与硝化细菌的富集培养与增殖培养的过程。通过微泡曝气为好氧氨氧化菌与硝化细菌提供一定量的氧气和二氧化碳，同时加入的$NaHCO_3$与二氧化碳共同为自养型细菌的生长代谢提供所需的无机碳源，并利用$HCO_3^-$离子缓冲养殖废水的酸碱度，调节反应器的pH值在6.8～8.5安全范围以内。

反应器运行前5d进水中加入5mg/L $NaNO_2$，用来保证活性污泥里消耗$NO_2^-$-N类的细菌存活和增殖。从第6d开始，反应器利用好氧氨氧化菌代谢的产物$NO_2^-$-N为硝化类细菌提供无机氮源。反应器运行期间，每两天取1次反应器实际进水和反应出水，测定COD、$NH_4^+$-N、$NO_2^-$-N和$NO_3^-$-N浓度。自养型的好氧氨氧化菌和硝化细菌繁殖迟缓，实验周期为65d，废水处理过程分为三个阶段：活性污泥适应阶段（1～15d）、载体污泥颗粒成熟阶段（16～35d）和载体颗粒稳定除氨阶段（36～65d）。

**（1）活性污泥适应阶段**

反应器适应阶段（1～15d），在微泡气流的环境下，悬浮或漂浮的污泥逐渐被排出，导致污泥的MLSS值略微下降。结果如图4-3所示，出水中$NH_4^+$-N浓度随着实验进行快速降低，但处理效果未达到最佳，并在第10d沉降时间改为30min后，$NH_4^+$-N浓度不再降低，短暂维持在15mg/L左右，$NO_2^-$-N浓度逐渐增加，出现积累现象。在启动阶段，$NO_2^-$-N的积累和出水中检测到的低浓度的$NO_3^-$-N，说明在反应器里活性污泥中的NOB的硝化活性还没有完全恢复。

**（2）载体污泥颗粒成熟阶段**

在载体污泥颗粒成熟和活性提高阶段（16～35d），由于活性污泥的适应性良好以及微生物活性渐渐恢复，并逐步形成稳定的载体污泥颗粒，活性污泥的沉降性能明显改善，MLSS值逐渐升高，$NH_4^+$-N的处理能力有所提升。从第21d开始，反应器沉降时间改为10min，HRT设置为15h。通过减少活性污泥的沉降时间，增加反应器的曝气反应时间，使AOB、NOB以及其他功能菌株的增殖加快，SBR反应器的硝化效果显著提高。

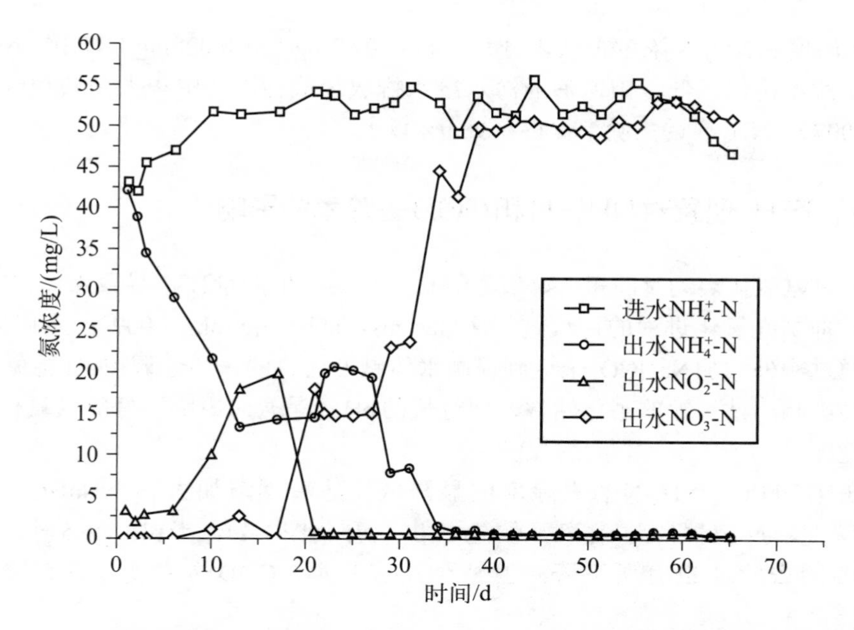


图4-3 反应器进水和出水$NH_4^+$-N、$NO_2^-$-N和$NO_3^-$-N浓度随时间的变化情况

如图4-3显示，出水水质随HRT的缩短以及沉降时间的减少出现波动。虽然在第21d，HRT改为15h且沉降时间降为10min后，$NH_4^+$-N浓度短暂上升，氨氮处理效果下降，但随着反应继续进行，好氧硝化效果很快恢复，并且处理能力显著提高。从第16d开始，$NO_2^-$-N浓度开始迅速降低，在第22～27d $NH_4^+$-N出现6～7mg/L范围的上升，同时$NO_3^-$-N呈先下降后平稳再上升的浓度趋势。

此时，可以明显观察到反应器内有大量成熟、呈棕褐色的载体污泥颗粒和絮体（见图4-5a），初步判断可能是AOB、NOB和其他菌与硅藻土载体的聚集体。在硝化反应过程中，$NO_2^-$-N氧化成$NO_3^-$-N能为NOB利用二氧化碳供给能量，同时产生的$NO_3^-$-N的量真实反映出NOB的增殖和活性等情况。此阶段$NH_4^+$-N的快速降低和$NO_3^-$-N浓度的阶梯式上升说明，在曝气反应器里活性污泥中的AOB的数量和氨氧化的活性已经达到了最佳，同时NOB的数量也在逐渐增多以及硝化活性也在逐渐恢复。

**（3）载体颗粒稳定运行阶段**

AOB、NOB以及其他菌活性经过稳步提高达到最佳状态以后，好氧氨氧化和硝化反应已成为反应器内的主导反应，此时反应器进入了稳定运行阶段（36～65d）。在第31d时，将反应器的HRT从15h逐渐减少到11h，$NH_4^+$-N和$NO_3^-$-N浓度出现了暂短不变的现象，但从反应器稳定期（35d）开始，$NH_4^+$-N和$NO_2^-$-N都快速转化成$NO_3^-$-N，硝化处理效果回到高效稳定的状态，此时出水中

$NH_4^+$-N浓度和$NO_2^-$-N浓度很低，分别保持在0.53mg/L和0.028mg/L以下，$NO_2^-$-N有时检测不出，已低于国家渔业海水废水排放最低标准（中华人民共和国农业部，2007），$NH_4^+$-N的去除率保持在98.9%以上。

### 4.2.2 产$H^+$现象对$NH_4^+$-N和COD去除率的影响

好氧氨氧化启动时间短，好氧氨氧化过程会产生大量$H^+$，导致水体pH迅速降低，抑制氨氧化进程的持续进行（Martens-Habbena et al.，2009）。本研究中，虽然通过额外添加$NaHCO_3$来达到提高水体碱度的目的，通过调控pH避免$H^+$浓度过高影响活性污泥的硝化活性，但过低的pH还是暂时影响了好氧氨氧化的反应进程。

在第20d时，$NH_4^+$-N的去除率明显降低，随着逐渐加大补充$NaHCO_3$提高水体碱度，反应器除氨效率开始进一步回升（图4-4）。当pH＜6.5时，反应器COD的去除率也有所下降，但整个反应时期，COD的浓度呈逐渐降低的趋势。

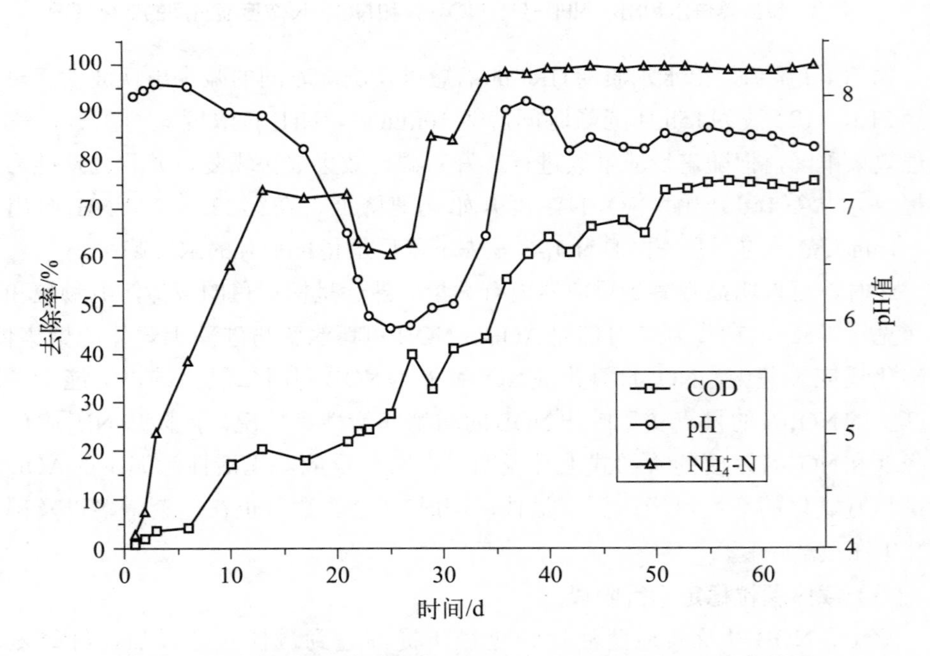


图4-4 反应器处理养殖废水65d $NH_4^+$-N、COD和pH变化情况

从反应器稳定期（35d）开始，COD的去除率稳步升高。从50d开始，反应器的COD去除率在76.62%以上，出水COD浓度维持在5mg/L以下。

### 4.2.3 硅藻土载体好氧硝化污泥的形成

反应器初期（1 ～ 10d）沉降时间为60min；11 ～ 20d期间，沉降时间降为30min。在反应器运行前20d，沉降性能差和未被载体固定的活性污泥在水力选择压的作用下随出水被排出，反应器内污泥浓度有所降低，MLSS由3.13g/L降至2.053g/L。

第21d开始，沉降时间降为10min，其他参数不变。由于硅藻土载体吸附活性污泥形成好氧硝化载体污泥颗粒，活性污泥的沉降性能提高，反应器MLSS值开始回升，基本维持在3.3 ～ 3.8g/L。如图4-5a所示，反应器稳定运行阶段开始（35d），载体污泥颗粒和絮团为浅棕色和棕褐色，沉降性能优越。由图4-5b可见，载体污泥颗粒为浅棕色，大部分为近球形或椭球形，球体直径约0.5 ～ 4mm不等，各自独立，结构紧实致密。

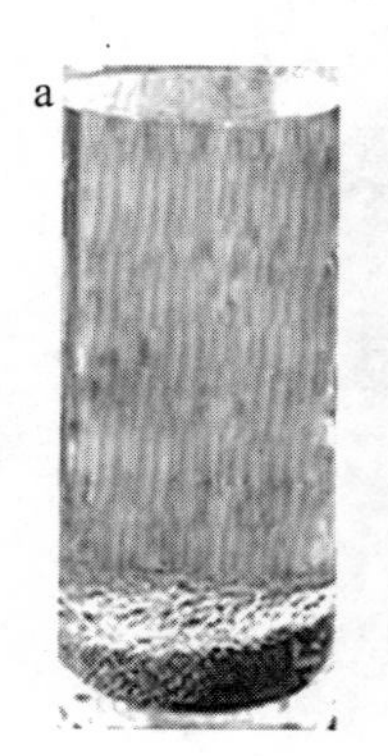

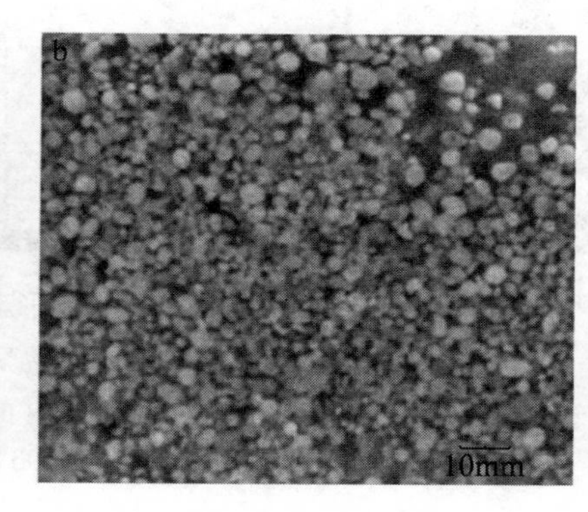

图4-5　硅藻土载体污泥颗粒形态实物图（35d）（扫码见彩图）

### 4.2.4 微生物菌群透射电镜分析

在反应器运行至第60d时，通过超声振荡破碎载体颗粒污泥后，利用透射电镜对反应器中载体污泥样品进行观察，发现不同形态的细菌。如图4-6a和b所示，反应器中能清楚看到优势菌均为不规则外形的椭球菌，并且细菌间和外围都存在着较多胞外多聚物（extracellular biopolymeric flocculants，EPF），这有利于细菌形成稳固的微生物聚集体或生物膜（Salehizadeh and Shojaosadati，2001）。从图4-6c和d看到，在反应器中存在着2种海洋杆菌，菌体细胞尺寸分别为1μm×5μm和0.2μm×1.5μm。从图4-6e和f看到，在反应器中存在着4种海洋椭球菌和球状菌，菌体尺寸基本为1μm×1.8μm和1μm×2.5μm。

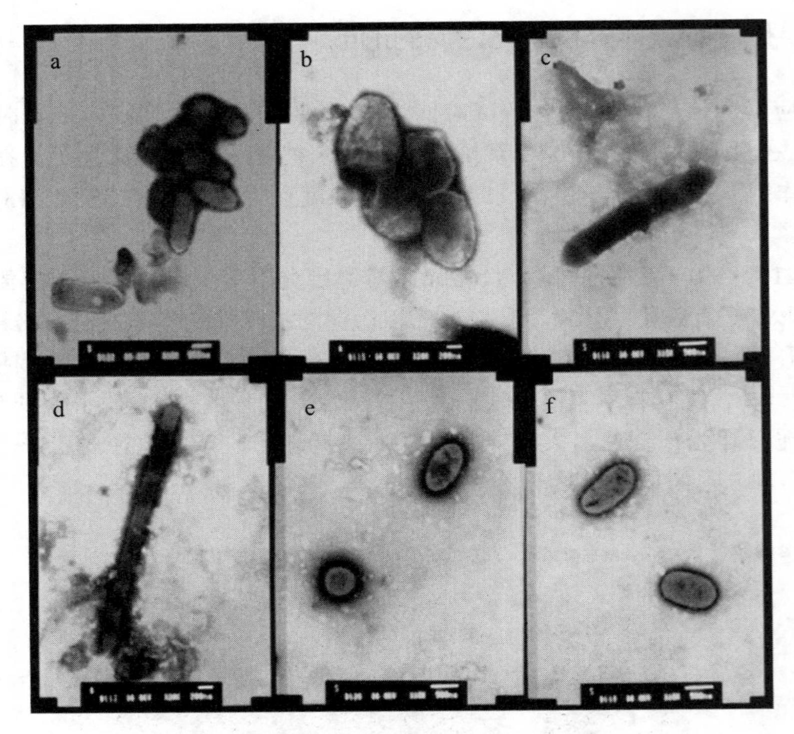


**图4-6　污泥中微生物菌体的形态（60d）**

a—微生物聚集体（10000倍）；b—微生物聚集体（20000倍）；
c—棒状杆菌菌体（15000倍）；d—棒状杆菌菌体（20000倍）；
e和f—球状菌菌体（15000倍）

## 4.2.5　微生物群落结构扫描电镜分析

100～150目的硅藻土载体表现出极强的微生物固定化能力。在SBR反应器适应阶段，将硅藻土载体与活性污泥混合反应，促进活性污泥快速吸附在硅藻土载体内部与表面形成污泥颗粒或絮体。图4-7所示为反应器运行到第60d时，硅藻土载体好氧硝化污泥颗粒表面和内部的状况。如图4-7a和b所示，絮体颗粒为不规则椭球体，其中图4-7b可以观察到硅藻土载体内核（图箭头所示），污泥附着和包裹在载体上，结构密实。图4-7c是载体污泥自然断裂的颗粒内部，菌群主要是以菌丝、菌球和菌团形式存在，大部分细菌细胞聚集体呈中等密度无序分布。通过超声破碎将载体颗粒破碎后，可以清楚看到圆盘形硅藻土上小孔中的单一杆菌（图4-7d箭头所示）。如图4-7e和f所示。超声波振荡振散颗粒后，绝大多数细胞聚集体（EPF）呈现大小不同的球形，球菌平均直径为3～5μm。

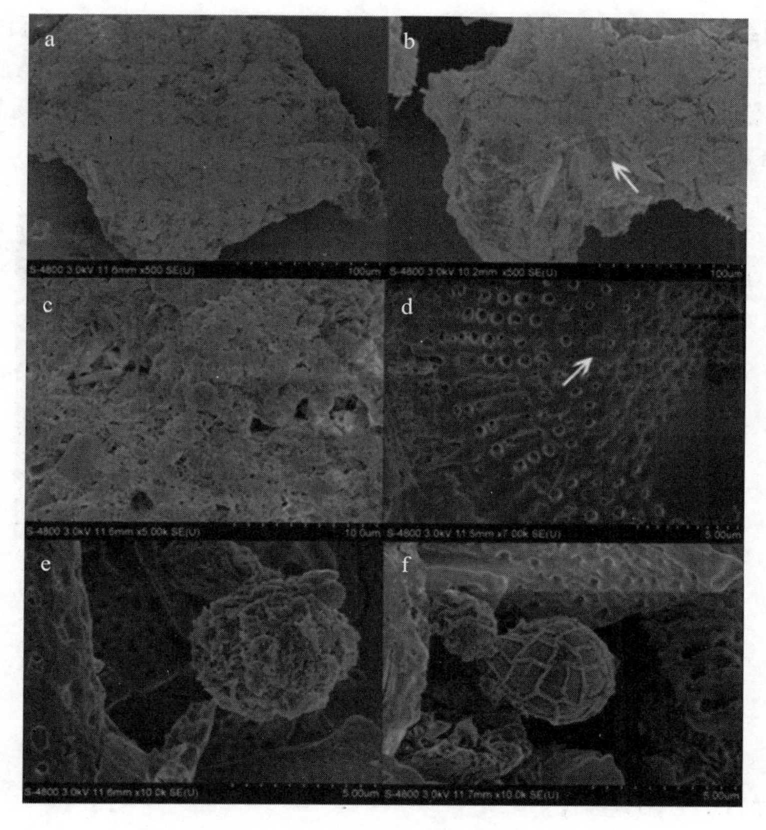


图4-7 硅藻土载体颗粒污泥形态特征（60d）

a和b—载体污泥颗粒（500倍）；c—载体污泥颗粒断裂后内部（5000倍）；
d—载体颗粒絮体中菌体（7000倍）；e和f—载体污泥颗粒经超声破碎后（10000倍）

## 4.2.6 微生物群落组成与结构分析

曝气反应器运行期间，分别在第1d、10d、20d、30d、35d、40d、50d和60d对载体活性污泥进行取样。通过DNA提取纯化、PCR扩增、DGGE和16S rRNA基因序列分析比对来解析好氧氨氧化和硝化过程中反应器内功能性微生物群落结构的动态变化。利用真细菌特异性引物341f GC和758r扩增功能性真细菌（Eubacteria）的V3区16S rRNA基因片段。

**（1）基因组总DNA提取**

随着曝气反应器的连续运行，采用FastDNA®SPIN土壤DNA提取试剂盒对不同时期的活性污泥样品基因组总DNA进行提取。结果如图4-8所示，样品1～8电泳后通过与DNA标记对比，在对应标记-19kbp处均有条明显的条带，与细菌基因组的大致相同，说明提取的DNA是比较完整的细菌基因组DNA，但DNA亮度和纯度一般，并存在明显的拖尾现象，说明所用的土壤DNA提取试剂盒能够从活性污泥中提取完整的基因组DNA，但是海水高盐离子以及其他物质对DNA提取存在干扰。

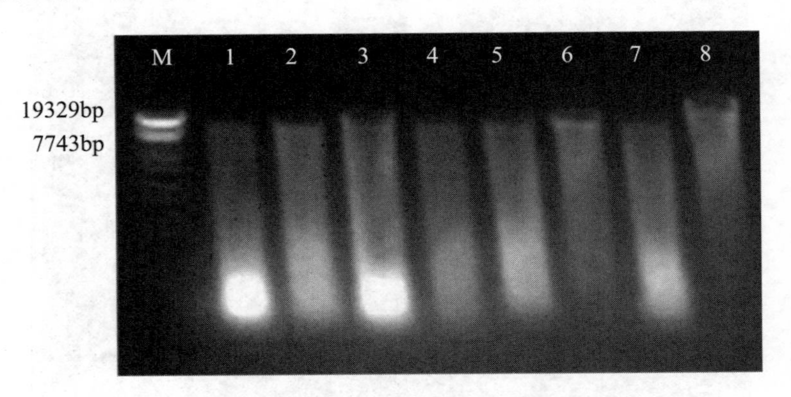


**图4-8　活性污泥总基因组DNA琼脂糖凝胶电泳图谱**

M：λ-EcoT14 Ⅰ酶切标记；

1～8分别为：1d、10d、20d、30d、35d、40d、50d、60d的污泥样品

**（2）样品DGGE-PCR扩增**

本实验选用一对广泛使用的细菌通用引物GC341f/758r对八个样品基因组总DNA进行PCR扩增。

分析结果如图4-9所示。八个样品都成功扩增，通过与DL2000™DNA标记比对，其大小约为420bp，无阴性对照产物出现，八份扩增产物都满足DGGE实验的要求。

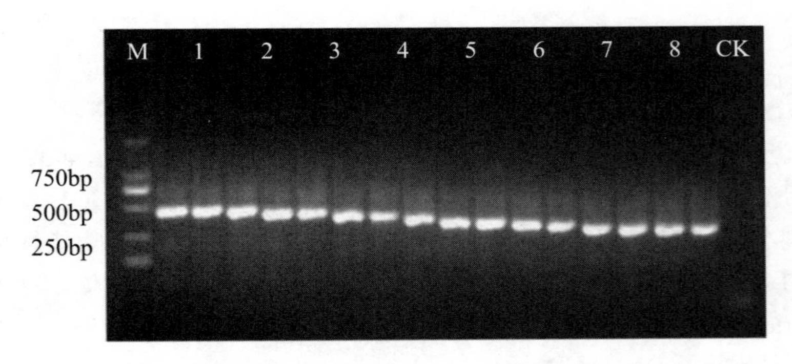


**图4-9　污泥样品细菌GC341f/758r基因序列PCR扩增结果**

M：DL2000™ DNA标记；

1～8分别为：1d、10d、20d、30d、35d、40d、50d、60d的污泥样品；CK：阴性对照

（3）**活性污泥DGGE图谱分析**

结果如图4-10所示，DGGE反映出群落的多样性、优势菌群的分布以及数量的变化。DGGE图谱中条带越多说明生物多样性越丰富，条带越亮则说明该条带所代表的菌群数量越多。

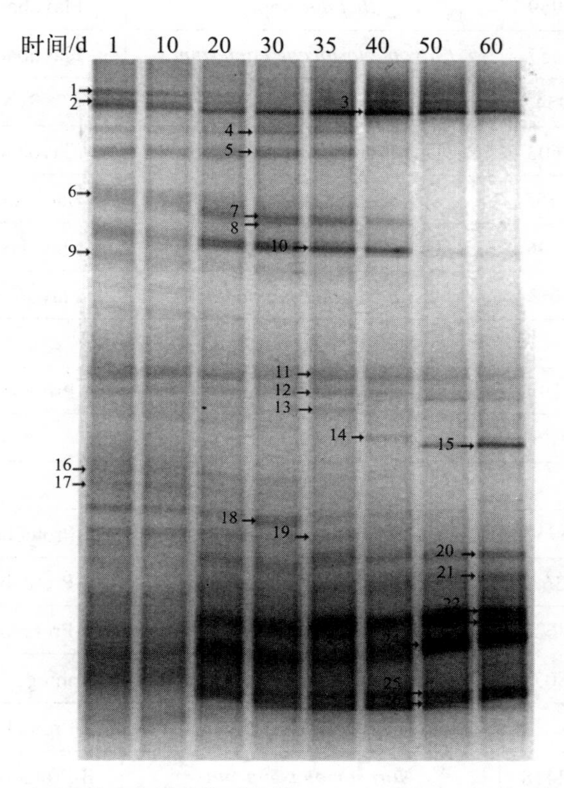


**图4-10 污泥样品中微生物群落的16S rRNA DGGE图谱（60d）**

如图4-10所示，反应器初期的活性污泥中菌群种类丰富，但数量偏少。在反应器的后期，活性污泥中菌群种类减少，但第一菌群数量明显增多。通过DGGE实验，从反应器污泥中一共分离出26条明显条带，说明不同时期中反应器中优势菌群的种类和数量变化明显。如表4-9所示，可以将图4-10中的17条条带所代表的细菌种属分为七类。

DGGE图谱上成功分离26条条带，通过测序后与NCBI的BLAST数据库进行DNA序列比对，得到与测序条带相似度最高的序列信息（表4-9），来确定所测条带的分类地位以及说明菌群结构变化。除了条带12和条带18不能测序以及条带9、11、13、16、17、20、21基因库中相似性低于95%以外，其余17条条带的一致性均在97%以上。

表4-9　DGGE图谱条带序列比对结果

| 条带序号 | 登记号 | 系统发育相关的生物 | 系统发育组 | 相似度/% |
|---|---|---|---|---|
| 1 | NR_104531 | *Olleya aquimaris* | Flavobacteria | 99 |
| 2 | JX412959 | *Bizionia* spp. | Flavobacteria | 99 |
| 3 | JX854357 | *Flavobacteriaceae bacterium* | Flavobacteria | 99 |
| 4 | GU949542 | Marine bacterium | NA | 98 |
| 5 | JQ723603 | Uncultured *Lutibacter* spp. | Flavobacteria | 97 |
| 6 | EU328155 | *Formosa crassostrea* | Bacteroidetes | 99 |
| 7，8 | JX530396 | Uncultured *Lutibacter* spp. | Flavobacteria | 98 |
| 10 | FJ387163 | *Marinitalea sucinacia* | Flavobacteria | 98 |
|  |  | Uncultured |  |  |
| 14 | JF947798 | α-proteobacterium | α-Proteobacteria | 97 |
| 15 | HQ601863 | Uncultured bacterium | NA | 97 |
|  |  | Uncultured |  |  |
| 19 | EF215752 | γ-proteobacterium | γ-Proteobacteria | 97 |
| 22 | HM003639 | Uncultured *Rhodobacter* spp. | α-Proteobacteria | 98 |
| 23 | KF618620 | *Nitrobacter* spp. | α-Proteobacteria | 99 |
| 24 | EU328037 | Uncultured Cytophagales spp. | Sphingobacteria | 97 |
| 25 | NR_042618 | *Marinobacter guineae* | γ-Proteobacteria | 99 |
| 26 | AF272418 | *Nitrosomonas marina* | β-Proteobacteria | 99 |

### 4.2.7　微生物群落结构荧光原位杂交分析

在反应器运行的第60d，利用FISH分析技术对反应器里的微生物菌群空间分布和结构进行分析（Mobarry et al.，1996）。在本实验中，首先选用EUB338plus（绿色）代表真细菌，NSO1225（红色）代表β-变型菌纲中好氧氨氧化细菌属两种探针进行杂交。

如图4-11a～c显示，在反应器中好氧氨氧化菌分布均匀，通过Image-Pro Plus 6.0软件对20张随机挑选的FISH照片进行了定量分析，反应器系统中AOB约占细菌总量的33.5%，说明AOB在反应器中占有一定优势，同时猜测反应器中可能还存在另外几种优势菌群。

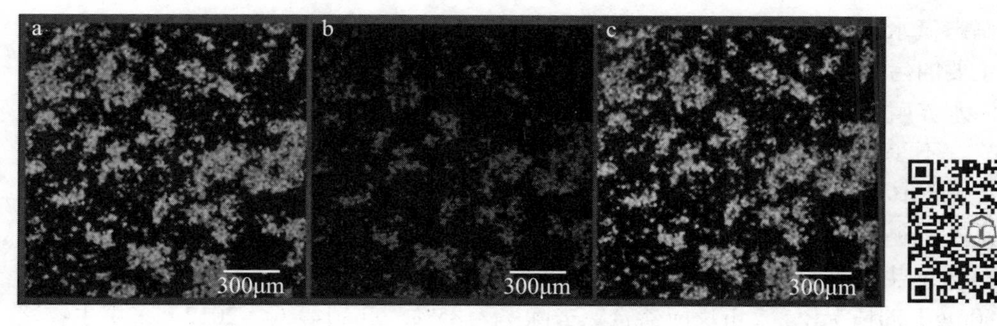


**图4-11 真细菌（Eubacteria）与AOB的FISH检测结果（60d）**（扫码见彩图）

a—EUB338 plus杂交的真细菌（Eubacteria）；b—NSO1225杂交的AOB；c—a+b叠加效果

同时，选用NSO1225和NIT3（绿色）代表硝化细菌中亚硝酸氧化杆菌属，用这两种探针进行杂交。如图4-12a ～ c所示，反应器中AOB与NOB均分布均匀，NOB与AOB的菌群数量比约为1 ∶ 1.3。

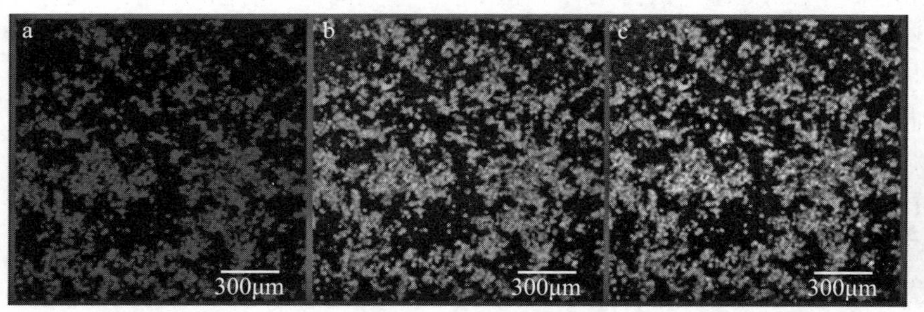

**图4-12 AOB与NOB的FISH检测结果（60d）**（扫码见彩图）

a—NSO1225杂交的AOB；b—NIT3杂交的NOB；c—a+b叠加效果

通过Image-Pro Plus 6.0软件分析，反应器中同时存在的AOB和NOB总菌群数量占真细菌菌群数的77.2%，成为系统中主要的优势菌群，且两类优势菌群的空间分布基本一致，分析可能是由好氧氨氧化菌与亚硝酸盐氧化菌的协同互作机制导致（Sims et al.，2012）。

### 4.2.8 讨论

在海水养殖的过程中，以养殖仿刺参为例，为了提高其单位产量和生长速度，从养殖密度、日均饵料量以及饵料粒径方面考量，高密度养殖、超量投喂和投喂超微粉碎饵料等原因导致更容易比过去传统养殖管理造成水体污染，而残饵、粪便等排泄物及死体组织的分解作用等，也更容易造成养殖水体中氨氮和亚硝态氮水平的累积（方圣琼等，2004）。由于盐离子效应，以及海水养殖废水中主要的污染物与淡水养殖废水、生活污水、工业废水等废水的不同，增加了处理海水养殖废水的难度。

不少研究者采用各种生物处理法处理海水养殖废水或者低盐废水。Meske等人（1985）通过SBR法处理鱼类养殖废水的研究表明，出水氨氮的浓度还满足不了循环水使用的条件；Intrasungkha等人（1999）通过提高盐度驯化硝化细菌探讨盐度对SBR法处理海水养殖废水的影响，在低盐度、初始$NH_4^+$-N浓度为50mg/L的情况下，24h反应器氨氮去除率为85%；Zhao等人（2012）采用生物絮团技术通过提高C/N能有效使海水养殖水体中氨氮降低10mg/L；Jae等（2001）采用PVA纤维膜载体固定硝化细菌，可以使观赏水族箱循环去除氨氮率达到98%。刘长青等人（2005）在生活污水生物处理中混入一定比例的海水，盐度的提高使活性污泥产生不适应性，虽会抑制一部分的硝化功能，影响硝化反应效率，但发现沉降性能明显提高。

本研究采用生物处理生活污水和工业废水的序列间歇式活性污泥法，运行好氧氨氧化工艺和硝化工艺处理50mg/L高氨氮低碳源海水养殖废水。采用自然富集驯化的活性污泥，通过添加硅藻土载体加速活性污泥形成致密的颗粒和絮团，大多数细胞聚集体（EPF）呈现大小不同的球形，球菌平均直径约为3～5μm，活性污泥的沉降性能优异，推测这类细菌可能是好氧的AOB和NOB类菌群（Gong et al.，2008）。反应器在运行35d后，进入了稳定运行阶段，硝化处理效果高效稳定。FISH技术是目前检测目的微生物最直观、最常用的方法，用来检测优势菌群的分布和数量（Price，1993）。通过FISH技术反映出稳定的反应器内主要菌群为AOB和NOB种群，好氧氨氧化和硝化反应成为主导反应，这与方芳等检验AOB和NOB协同硝化两步法的结果一致（Fang et al.，2009）。此时的$NH_4^+$-N和$NO_2^-$-N都快速转化成$NO_3^-$-N，硝化处理效果高效稳定，出水中$NH_4^+$-N浓度和$NO_2^-$-N浓度达到国家渔业海水废水排放最低标准（中华人民共和国农业部，2007）。反应器除氨氮和COD效果显著，如果有必要可进一步将$NO_3^-$-N转换成$N_2$实现完全脱氮，使海水养殖废水无害化处理循环使用成为可能。

PCR-DGGE技术是检测细菌菌群多样性最常用的方法，可以清晰地展现整个反应器中菌群的多样性、动态变化、数量比例以及主要的优势菌群。反应器后期的主要菌群为α-Proteobacteria、γ-Proteobacteria和Flavobacteria，相关研究也一致地表明α-变形菌纲、γ-变形菌纲和黄杆菌属的菌是在海洋环境和水产养殖系统中分布最广泛的（Cottrell and Kirchman，2000；Fuchs et al.，2000）。初步确定反应器后期的优势菌群属于光合细菌属（*Rhodobacter* spp.）、硝化杆菌属（*Nitrobacter* spp.）、噬纤维菌目（Cytophagales）、海杆菌属（*Marinobacter*）和亚硝化单胞菌属（*Nitrosomonas*）等，这与李建萍等人（Li et al.，2011）的研究结果相似，AOB-*Nitrosomonas*和NOB-*Nitrobacter*两个菌属一般同时存在并具有协同硝化的作用，*Nitrosomonas*首先将$NH_4^+$-N转化为$NO_2^-$-N，*Nitrobacter*则将$NO_2^-$-N转化成$NO_3^-$-N完成整个硝化反应。

## 4.3 结论

① 采用SBR工艺的硅藻土载体生物反应器可处理氨氮浓度约为50mg/L的实际养殖废水。在（22±4）℃的条件下，HRT为11h（沉降10min）、系统DO≥4.5mg/L，强化自养型AOB和NOB的共生协同作用，历经34d约100个周期的运行系统进入稳定期，$NH_4^+$-N和COD去除率分别在98.93%和76.62%以上。从第35d开始，反应器出水COD和$NH_4^+$-N、$NO_2^-$-N的浓度已基本达到海水养殖水排放要求。

② 好氧氨氧化启动时间短，氨氧化过程中产生了大量$H^+$导致水环境pH迅速降低。虽然通过添加$NaHCO_3$提高水体碱度，还是影响了硝化反应中的好氧氨氧化进程和COD去除率。

③ 活性污泥接种的同时加入粒径在75～100μm的硅藻土，可以加速好氧硝化污泥的载体颗粒化进程，提高沉降性能。污泥颗粒照片和扫描电镜结果显示，反应器中的活性污泥里的菌群可以固定在硅藻土的表面或包裹在硅藻土内部，形成较大的载体污泥颗粒和载体生物聚集体，有助于增加好氧颗粒污泥的强度及稳定性，提高微生物间的协作和活性，并提高生存繁殖能力和对环境的耐受能力。

④ DGGE菌群测序比对结果表明，SBR反应器后期的主要优势菌群为光合细菌属（*Rhodobacter* spp.）、硝化杆菌属（*Nitrobacter* spp.）、噬纤维菌目（Cytophagales）、海杆菌属（*Marinobacter*）和亚硝化单胞菌属（*Nitrosomonas*）等。

⑤ 在第60d对污泥样品进行FISH分析，自养型的AOB和NOB成为反应器系统中的优势菌群。

# 第5章 厌氧水解酸化-同时半硝化厌氧氨氧化反硝化工艺

## 5.1 厌氧水解酸化的原理

### 5.1.1 污水厌氧生物处理技术

近年来，水环境氮素污染的加剧使得污水常常呈现出低C/N的特性，即生化需氧量（biochemical oxygen demand，BOD）与N的比值（BOD/N）≤5或化学需氧量（chemical oxygen demand，COD）与N的比值（COD/N）≤8。采用传统的好氧生物处理方法需要消耗大量的资源和能源，使得污水处理厂的处理成本不断增加，负担沉重（Strous et al.，1997b）。污水厌氧生物处理技术因投资少、能耗低、产泥少等诸多优点而引起了环保人士的广泛关注（胡纪萃，2003）。起初，厌氧生物法仅用来处理高浓度有机废水，然而，随着学者们对厌氧微生物学的不断深入研究及厌氧处理工艺的不断创新开发，成功实现了中低浓度有机废水的处理，从而为低C/N污水的高效节能处理提供了可行性。

厌氧生物处理又称厌氧发酵或厌氧消化，是由多种厌氧或兼性厌氧微生物在厌氧条件下将有机物分解生成甲烷（$CH_4$）和二氧化碳（$CO_2$）的过程。厌氧微生物广泛分布于自然界中，与人类的生存和发展密切相关，可以说，厌氧生物处理也是人为控制这些微生物的过程。早在1881年，Mouras发明了用来处理污水污泥的“自动净化器”，从此标志着人类使用厌氧生物处理技术历程的开始（李绍衡，2009）。1895年，Cameron获得了腐化池的专利权，腐化池因其简约高效、普适性强等优点而在欧洲各地被迅速推广，成为污水厌氧生物处理发展过程中的里程碑之一（武江津等，2000）。然而，受到厌氧微生物学认知的限制，在随后的100年里，厌氧生物处理技术发展缓慢，直到近30年，随着水环境污染的加剧和能源危机的出现，科学技术工作者不断改进厌氧微生物学的研究方法，从而使得厌氧生物处理的新技术和新工艺获得了长足的进步，一批行之有效的厌氧生物处理技术被广泛应用于各种工业废水和生活污水的处理中（赵建夫等，1990；黄海峰等，2005）。

厌氧生物处理是由多种菌群共同参与的复杂的发酵过程，20世纪30～60年代，该过程被简单地划分为两个阶段，即酸性发酵阶段和碱性发酵阶段，进而形成了两阶段理论（见图5-1a）。酸性发酵阶段又称发酵或产酸阶段，是指污水中的有机物在发酵细菌的作用下水解和酸化形成醇类、脂肪酸、$CO_2$以及氢气（$H_2$）等产物。该阶段的功能性菌群统称为发酵菌或产酸菌，其适应性强、生长速度快，反应过程相对易于进行。碱性发酵阶段又称产甲烷阶段，是指产酸阶段产物被产甲烷菌利用生成$CH_4$和$CO_2$的过程，该阶段的功能性菌群生长速度缓慢、适应能力差，直接导致了厌氧生物工艺启动时间的增加，限制了相关技术在实践工程中的应用。两阶段理论总体上对厌氧发酵过程中微生物间的协作进行了简单描述，但对于产甲烷菌利用多酸和多醇的本质却并未阐明（贺延龄，1988）。20世纪70年代，Bryant（1979）发现了一种由两种细菌共同组成的“奥氏产甲烷菌”，一种可先将乙醇氧化成乙酸和$H_2$，另一种再利用乙酸、$H_2$和$CO_2$产$CH_4$。这一发现合理地解释了产甲烷菌利用两碳以上酸和醇的原因，从而形成了更为完善的三阶段理论（见图5-1b）。三阶段理论将厌氧过程分为水解酸化、产乙酸和产甲烷

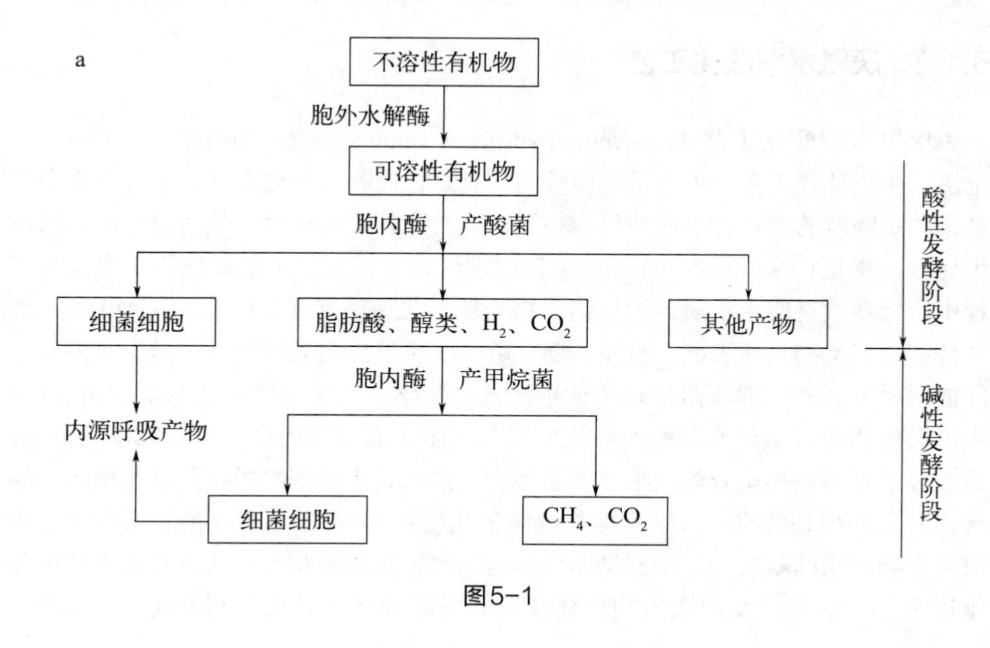


图5-1

b

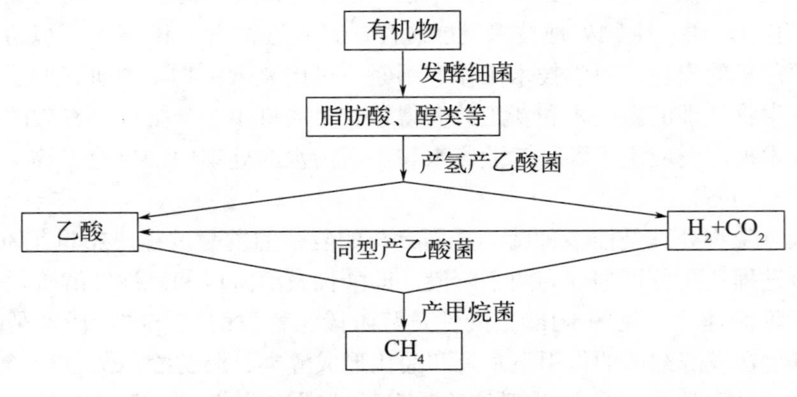


**图5-1　厌氧消化过程的理论**

a—两阶段理论；b—三阶段理论

三部分，首先废水中难溶解的大分子有机物在发酵菌的作用下水解酸化产生可溶性的能被微生物利用的小分子物质，如挥发性有机酸（volatile fatty acids，VFAs）和醇类等，然后产氢产乙酸菌将部分发酵产物降解为乙酸、$H_2$和$CO_2$，最后产甲烷菌利用这些产物生成$CH_4$和$CO_2$。这一理论更加细致地划分了厌氧过程中各类菌群的分工，更加全面和准确地描述了厌氧生物处理的过程。此外，在三阶段理论提出的同时，Zeikus提出了四类群学说，即增加了能将$H_2$和$CO_2$合成乙酸的同型产乙酸菌，但这种乙酸的产量非常少，通常可忽略不计（马溪平，2005）。

## 5.1.2　厌氧水解酸化工艺

厌氧水解酸化工艺（anaerobic hydrolysis-acidogenesis，AnHA）是一种不完全厌氧生物处理工艺，主要是将传统的厌氧过程控制在发酵阶段，即将废水中大分子、难降解的有机物水解酸化为小分子、易降解的有机物，从而改善废水的可生化性，优化C/N，因此，AnHA工艺常常作为一种预处理手段应用于水处理工程中，旨在改善废水水质，为后续生物处理工艺提供有利条件。区别AnHA工艺与传统厌氧生物处理工艺，首先需要了解传统厌氧生物处理全程中微生物菌群之间的联系与区别，即三阶段理论的厌氧微生物学。在第一阶段（水解酸化阶段）中，微生物通过胞外水解酶的催化作用在细胞表面或周围介质中完成水解反应，将大分子不溶性物质分解为小分子水溶物，然后将水解产物吸收到细胞内部，经胞内复杂的酶系统将小分子水溶物继续催化转化为以VFAs为主的、可被下一阶段微生物利用的基质并分泌到细胞外，这一过程进行得相对较快，且水解和酸化难以分开，故其主要的微生物群体统称为发酵细菌（孙美琴和彭超英，2003）。

在第二阶段（产氢产乙酸阶段）中，第一阶段的产物在产氢产乙酸细菌的作用下被进一步转化为乙酸、$H_2$以及新的细胞物质。在第三阶段（产甲烷阶段）中，$H_2$、$CO_2$和简单的有机物被产甲烷菌代谢生成$CH_4$等。产氢产乙酸菌和产甲烷菌互利共生，一方面产氢产乙酸菌提供的乙酸和$H_2$可以保证产甲烷菌的生长，另一方面产甲烷菌利用$H_2$可以降低微生物生长环境中的$H_2$分压，为产氢产乙酸菌的生长提供了保障，因此，厌氧生物处理的第二阶段和第三阶段密不可分（田凯勋等，2003）。由于水解酸化阶段与产乙酸、产甲烷阶段的功能性菌群对生长环境的要求不同，在实践中的工艺操作条件相差较远，往往在同一个反应器中难以全程控制，传统的厌氧生物处理工艺常常被分隔在两个反应器中依次进行，从而为AnHA工艺的出现提供了可能性。

AnHA工艺的功能性菌群为发酵细菌，发酵细菌是一个非常复杂的混合菌群，专性或兼性厌氧，包括梭菌属、拟杆菌属和真细菌属等，优势种属因环境条件（如温度、pH值和$H_2$分压等）以及基质（如蛋白质、脂类和多糖等）的不同而异，其世代周期短、繁殖速度快、对外界环境的适应能力非常强。一般而言，发酵细菌利用有机物时首先将其在细胞内转化为丙酮酸，根据发酵细菌的类别和生存条件不同形成不同的代谢产物，AnHA产生VFAs的代谢途径如图5-2所示。

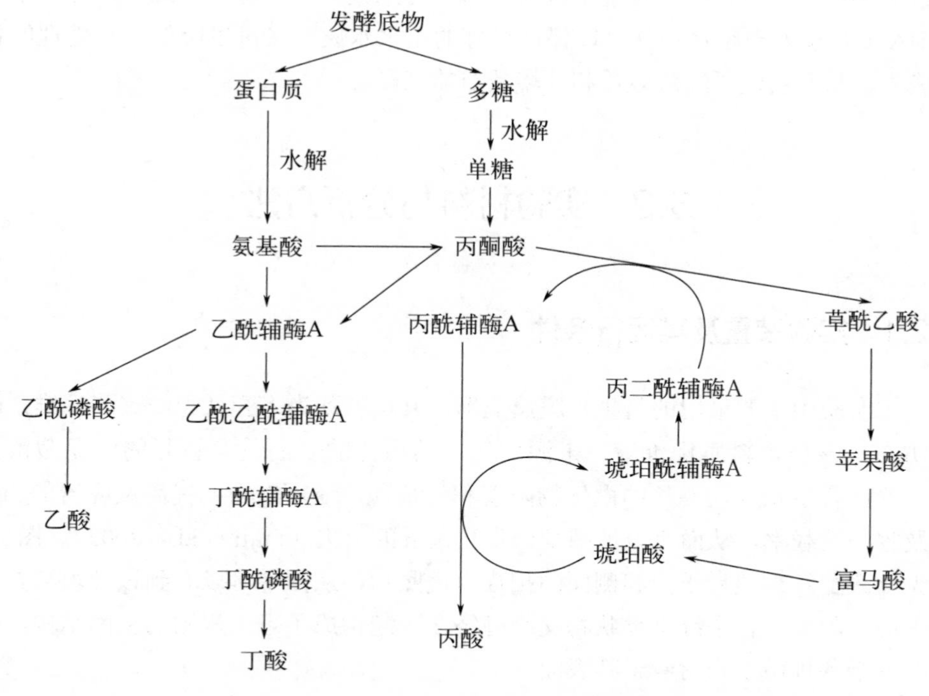


图5-2　AnHA产VFAs的代谢途径

与传统的厌氧工艺相比，AnHA工艺对运行操作条件的要求更加宽泛：①温度。传统的厌氧生物处理过程对温度有着严格的要求，中温需达到30～35℃，高温需控制在50～55℃，而AnHA工艺则对环境温度无特殊要求，在常温下即可运行，这是因为发酵细菌对温度的变化拥有良好的适应能力。②pH值。传统厌氧生物处理过程中，适宜产甲烷菌生长的pH值范围通常为6.6～7.6，为保证三个阶段中不同菌群之间的平衡，常需要严格控制pH值在此范围内，而AnHA工艺中适宜水解酸化菌生长的pH值范围更加广泛（3.5～10.0）。③氧化还原电位。完全厌氧处理系统须将氧化还原电位严格控制在–300mV以下以满足产甲烷菌的需求，导致其余阶段也只能在此条件下工作，而AnHA工艺只需将氧化还原电位控制在+50mV以下即可保证有效的工艺效果。与传统的厌氧或好氧工艺相比，AnHA工艺具有以下优点：①可以大幅度地降解污水中的有机物，提高污水的可生化性，改善水质，为后续生物处理工艺创造良好的水质条件；②污泥产量低且易于处理，从而减少了城市污水处理厂处置污泥的费用；③反应全程无需曝气，节省了动力消耗；④发酵细菌种类多、生长快且适应性强，使得AnHA工艺易于进行且所需的HRT相对较短，因此可适当缩小反应器的容积，从而节约了城市污水处理厂的基建费用；⑤AnHA工艺是不完全的厌氧生物处理过程，其出水无不良气味，在一定程度上改善了城市污水处理厂的环境。综上所述，采用AnHA工艺预处理废水，既可以保证良好的出水水质，又可以降低污水处理的各项成本，从而实现了经济效益和环境效益的双赢。

## 5.2 实验材料与分析方法

### 5.2.1 实验装置及其运行条件

本实验中主要采用的是生物膜反应器，其填料均为多孔性无纺聚酯纤维，即无纺布，该种填料质优价廉、来源广泛，其粗糙的表面具有较强的污泥截留能力，除适合生长周期漫长的微生物附着和生长外，还可以帮助提高反应器的SRT以及容积装载率，从而有效地减少微生物菌群的流失（Fujii et al.，2002）。图5-3为无纺聚酯纤维填料正面和侧面的扫描电镜照片，从图中可以看到该种填料具有很大的孔隙率，各个纤维丝状物交织缠绕在一起构成了毫无规则的空间结构，因此有利于各种微生物附着于其表面。

**图5-3　无纺聚酯纤维填料扫描电镜照片**

a—填料正面；b—填料侧面

实验中具体采用的装置包括上流式无纺布生物膜反应器、SBR反应器以及无纺布生物转盘反应器，其具体构型如下。

**（1）上流式无纺布生物膜反应器**

上流式无纺布生物膜反应器（图5-4）呈长方体状，有效容积为3.2L，其主体材质为聚甲基丙烯酸甲酯，俗称有机玻璃，该种材质具有较好的透明性、化学稳定性，易于加工，是许多实验装置的首选。反应器内部垂直插入两列各3片正

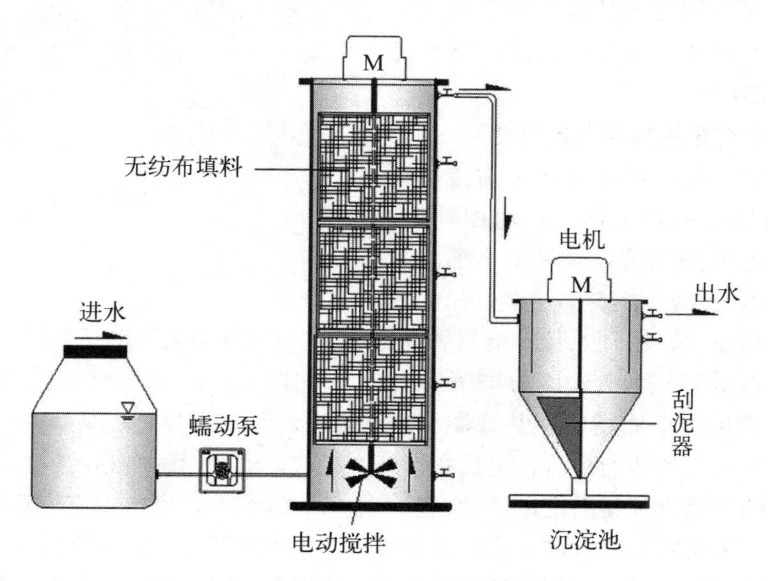


**图5-4　上流式无纺布生物膜反应器**

方形无纺布填料，每片填料的有效面积为0.02m²，无纺布填料的使用使得反应器内的微生物体大部分处于附着的状态，有效地维持了反应器内的污泥浓度。除此之外，整个实验装置还包括电动搅拌器、蠕动泵、配有刮泥器的沉淀池以及进、出水桶。实验中，原水经蠕动泵从反应器底部进入，而后经处理从上部出水口排入沉淀池。上流式的设计一方面可以起到轻微混匀的作用，另一方面则可以适当避免微生物随出水流失。反应器中设置的电动搅拌器主要起到搅拌及混匀的作用，它可以使未挂膜成功的微生物处于悬浮状态，随后连接的沉淀池则有效地保留了随出水一起流失的微生物，必要时，可通过回流装置将流失的微生物体返回反应器中。整个反应器为全密闭厌氧状态，反应温度为室温。

（2）SBR反应器

SBR反应器（图5-5）是由有机玻璃制成的圆柱体，底面内径为12cm，柱体高50cm，有效沉降高度为40cm，有效容积为4.5L。反应器外壁垂直，每10cm处即设有一个采样口，底部同时设有进水口及曝气装置，通过与电动搅拌器的共同作用可以实现气、液、固三相的均匀混合。同时，反应器内部装有加热棒，以满足微生物体生长的环境需求。整体实验装置可以通过液位计、继电器、电磁阀等进行进水、曝气、沉降、排水及闲置的周期控制。

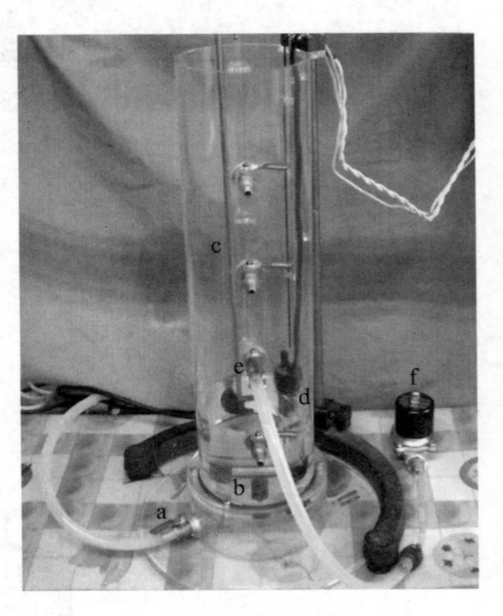


图5-5　SBR反应器

a—进水口；b—曝气头；c—电动搅拌器；d—加热棒；e—出水口；f—电磁阀

（3）无纺布生物转盘反应器

本实验中采用的无纺布生物转盘整体装置包括反应器主体、转速控制箱、加热器、温度控制箱以及进出水桶。其中，主体反应器（图5-6）主要由15片无纺布填料盘片、驱动及传动装置、DO控制区、温度探测孔以及多个进出水口组成，其有效容积为2.5L。与传统生物转盘相比，无纺布生物转盘最大的优势在于其独特的无纺布填料盘片（图5-7）。首先，无纺布填料孔隙度大、表面粗糙，有利于微生物体的附着、生长和繁殖；其次，盘片由耐腐蚀、耐高温、化学稳定性高的树脂盘片架固定，质量轻盈，故所需动力小，可节省反应器的能耗成本；再次，无纺布填料来源广泛、市价低廉、性价比突出，从而有效地节约了装置的成本费用。另外，在驱动和传动装置的作用下，盘片还可以起到搅拌混合的作用，除了将进入反应器内的底物基质搅拌均匀外，还实现了气、液、固三相的混合。同时，反应器顶部设置了DO控制区，通过调整密封盖开口的大小来进行DO的调整，当需要进行厌氧培养时，密封盖完全关闭，当需要进行好氧培养时，密封盖适当打开。为了保证微生物体生长所需要的温度条件，主体反应器外侧设置了固定的加热装置，并于反应器上部开设了温度探测孔，随时监测反应器内的温度，从而为微生物的生长和代谢提供良好和稳定的环境。最后，为满足工艺所需的不同浸没比要求，反应器两个侧面不同的高度位置上设置了多个进、出水口，通过与其余实验装置的配合，可以为反应器内的微生物体提供不同的生存环境，即在不同的工艺条件下进行反应器的运行。

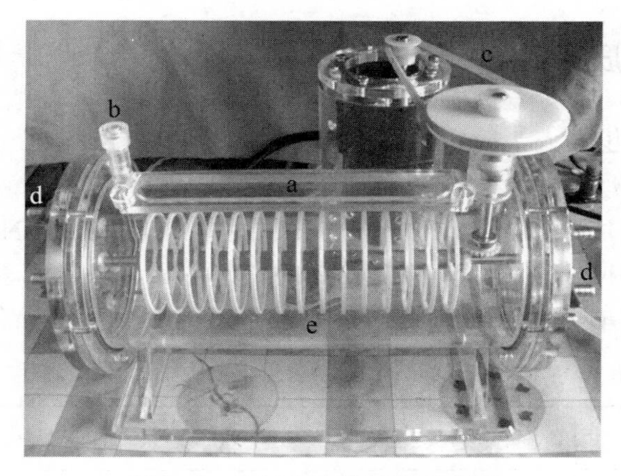


**图5-6 无纺布生物转盘反应器**

a—DO控制区；b—温度探测孔；c—驱动及传动装置；d—进出水孔；e—盘片

**图5-7 无纺布填料盘片**

a—无纺布填料；b—树脂盘片架

### 5.2.2 接种污泥

上流式无纺布生物膜反应器和SBR反应器的接种污泥均取自本地某污水处理厂，其初始的MLSS分别为6000mg/L和5000mg/L。无纺布生物转盘反应器的接种污泥包括AMX和AOB，其中AMX初始接种MLSS为5000mg/L，来自本实验室的一个全遮光UASB反应器（An et al.，2013），该反应器长期进行AMX的培养和驯化，菌群呈红褐色，活性高、密度大。AOB则是本实验中SBR反应器所培养的，其接种MLSS为4000mg/L。

### 5.2.3 实验水质

本实验进水包括人工模拟废水和实际污水两部分，不同反应器、不同工艺阶段进水组分有所不同，本实验将在各节中分别加以详细说明。总体而言，实验中人工模拟废水主要以蔗糖、乙酸作为碳源，以$(NH_4)_2SO_4$、$NaNO_2$为氮源，以$KH_2PO_4$为磷源。同时，为保证微生物体的良好生长，微量元素溶液（见表5-1、表5-2）按照1mL/L废水的比例进行添加。

表5-1 AnHA实验所需微量元素溶液的组成

| 项目 | 浓度/（g/L） | 项目 | 浓度/（g/L） |
| --- | --- | --- | --- |
| $FeCl_2 \cdot 4H_2O$ | 3.56 | $CoCl_2 \cdot 6H_2O$ | 0.4 |
| $NiCl_2 \cdot 6H_2O$ | 0.81 | $Na_2MoO_4 \cdot 2H_2O$ | 0.25 |
| $ZnCl_2$ | 0.21 | $MnCl_2 \cdot 4H_2O$ | 0.36 |

表5-2 SNAD实验所需微量元素溶液的组成

| 项目 | 浓度/（g/L） | 项目 | 浓度/（g/L） |
| --- | --- | --- | --- |
| EDTA | 15 | $ZnSO_4 \cdot 7H_2O$ | 0.43 |
| $CoCl_2 \cdot 6H_2O$ | 0.24 | $MnCl_2 \cdot 4H_2O$ | 0.99 |
| $CuSO_4 \cdot 5H_2O$ | 0.25 | $Na_2MoO_4 \cdot 2H_2O$ | 0.22 |
| $NiCl_2 \cdot 6H_2O$ | 0.19 | $Na_2SeO_4 \cdot 10H_2O$ | 0.21 |
| $H_3BO_4$ | 0.014 | $Na_2WO_4 \cdot 2H_2O$ | 0.05 |

### 5.2.4 分析项目及方法

本实验中，常规的一些分析项目及方法如表5-3所示。其中，$NH_4^+$-N、$NO_2^-$-N、$NO_3^-$-N、COD、MLSS以及混合液挥发性悬浮固体浓度（mixed liquor volatile suspended solids，MLVSS）均采用标准方法进行分析（APHA，1998）。TN、DO以及pH值分别使用分析仪进行测定。

表5-3 分析项目及方法

| 分析项目 | 分析方法 | 仪器设备 |
| --- | --- | --- |
| $NH_4^+$-N | 纳氏试剂分光光度法 | Spectrum 722E可见分光光度计 |
| $NO_2^-$-N | *N*-（1-萘基）-乙二胺分光光度法 | Spectrum 722E可见分光光度计 |
| $NO_3^-$-N | 酚二磺酸分光光度法 | UV-1700分光光度计 |
| COD | 重铬酸钾法 | 加热装置、回流装置、酸式滴定管 |
| MLSS | 称重法 | 电子天平（BSA2202S，Sartorius） |
| MLVSS | 称重法 | 电子天平（BSA2202S，Sartorius） |
| TN | 分析仪测定 | TOC分析测定仪（TOC-VCPH，Shimadzu） |
| DO | 分析仪测定 | DO测定仪（YSI，Model 55，USA） |
| pH | 分析仪测定 | pH计（PB-10，Sartorius，Germany） |

同时，实验中还进行了傅里叶变换红外光谱仪（fourier transform infrared spectrometer，FTIR）分析、X射线衍射（X-ray diffraction，XRD）以及气相色谱（gas chromatography，GC）等项目的分析，具体方法如下。

（1）FTIR

FTIR可以对样品进行定性、定量分析，本实验中主要利用该方法进行样品官能团的鉴定。实验中采用KBr压片法，将样品研磨后与干燥的KBr粉末按照1∶100的质量比进行充分混合，随后在模具中抽真空压成透明薄片，以KBr空白压片作参比进行红外光谱的扫描，扫描的波数范围为500～4000$cm^{-1}$。

（2）XRD

XRD主要用于晶体结构分析，当一束X射线通过晶体时将发生衍射，衍射波叠加使射线强度在某些方向上增强，在其余方向上减弱，通过分析衍射花样即可确定晶体的结构（Fu et al.，2008）。本实验中采用全自动X射线衍射仪（Rigaku D/max-2400，Cu靶）进行物质结构分析，其波长为1.451Å（1Å＝$10^{-10}$m），扫描范围$2\theta$为5°～50°，扫描速度为8°/min。

（3）GC

GC可以用来分离和检测样品中的不同组分，本实验中使用的GC仪为Shimadzu GC-2010，其安装的色谱柱为改性聚乙二醇毛细管柱，尺寸为30m×0.53mm×1μm，检测器为氢火焰检测器。根据相关文献的记载并进一步改进，测定样品之前，水样首先需经0.45μm滤膜过滤，并用3%的甲酸调整pH值至3.0以下，随后按照1μL进样检测，仪器装置的载气为高纯$N_2$，流速为50mL/min，进样口温度为200℃，检测器温度为220℃，整体升温程序设置为起始110℃停留1min，随后以6℃/min升温至170℃，并在该温度下停留5min（Cottyn and Boucque，1968）。实验中的检测标线来自乙酸、丙酸、正丁酸、异丁酸、正戊酸以及异戊酸六种标准样品。

### 5.2.5 微生物表征与分析

**（1）微生物胞外聚合物的提取与测定**

胞外聚合物（extracellular polymeric substances，EPS）的提取方法总体上可划分为化学试剂法和物理提取法，其中普遍应用的包括阳离子树脂提取法、碱性提取法以及加热提取法等等。与其他几种方法相比，阳离子树脂提取法中蛋白质和多糖的回收率更高，EPS的提取效果更好（田卫东，2009）。因此，本实验采用阳离子树脂法进行EPS的提取。首先，取适量活性污泥进行离心以去除上清液，随后加入磷酸盐缓冲溶液（phosphate buffered solution，PBS）将污泥（以1g MLVSS计）稀释至原体积并与适量的阳离子树脂（75g/g）混合，磁力搅拌1h后，在室温下对上清液进行离心，最后经0.22μm滤膜过滤即可得到蛋白质和多糖。蛋白质含量的测定采用的是修正的Lowry法，以牛血清蛋白作为标准样品，而多糖的测定采用的是蒽酮法，并以葡萄糖作为标准物（Frølund et al.，1996）。

**（2）表面形态扫描电镜观察**

扫描电子显微镜（scanning electron microscope，SEM）总体来说是利用电子和物质的相互作用来获取被测样品的各种物化性质，其具体工作原理是利用极狭窄的电子束扫描样品，通过其与样品的各种效应使样品进行二次电子发射，二次电子信号经成像后即可观察到样品的表面形态（Fromm et al.，2003）。实验中，首先要用无菌刀片从无纺布填料上收集微生物样品，经预处理后才可以进行SEM观察，其具体操作步骤如下：

① 首先需要用去离子水或PBS对微生物样品进行反复清洗；

② 清洗后的样品随即使用新配制的2.5%戊二醛在4℃冰箱内固定24h；

③ 固定后，用等温的PBS清洗样品3次，每次10min；

④ 固定并清洗完成的样品需要依次置于50%、70%、80%、95%以及100%的叔丁醇中脱水，每级大约15min，样品可以在70%的叔丁醇中过夜；

⑤ 脱水后的微生物样品需浸没在100%的叔丁醇中，并在4℃冰箱内降温10min，随后放入真空干燥器干燥至揉之即碎为宜；

⑥ 干燥后的样品利用离子溅射仪（E-1045，Hitachi，Japan）进行喷金以备观察；

⑦ 最后，利用SEM（JSM-5600LV，Japan）观察微生物样品的表面形态。

**（3）亚显微结构透射电镜观察**

透射电子显微镜（transmission electron microscope，TEM）可以用来观察在光学显微镜下无法看清的亚显微结构，其分辨率可达0.2nm。显微镜的分辨率主要与光源的波长有关，波长越短则分辨率可以得到适当提高，因此，TEM是以电子束为光源，其波长比可见光、紫外光短很多，且电子束的波长与发射电压的平方根成反比，即电压越高波长越短。然而，电子束的穿透力很弱，因此，用于TEM观察的样品需制备成约50nm厚的超薄切片。总体来说，TEM是将经加速、聚集的电子束射到超薄切片样品上，使电子和样品的原子发生碰撞从而改变运动方向并形成空间散射，其散射的角度与样品的性质息息相关，进而可以观察到明暗各异的影像。本实验中，用于TEM观察的样品预处理过程如下：

① 首先对样品进行清洗，可以使用去离子水或PBS；

② 清洗后的样品用3%戊二醛以及0.1mol/L的PBS固定1h；

③ 固定后的样品再用PBS清洗3次，每次10min；

④ 固定并清洗后，样品需要依次置于50%、70%、80%、90%、95%及100%的乙醇中脱水，每级约10min；

⑤ 脱水后的样品需在100%的丙酮溶液中放置20min，随后用体积比1 ∶ 1和3 ∶ 1的包埋剂与丙酮混合溶液分别处理样品1h、3h，包埋后的样品需过夜；

⑥ 利用超薄切片机（Reichert-Jung）将包埋样品进行切片以备观察；

⑦ 最后，利用TEM（JEM-1200EX）观察样品的亚显微结构。

**（4）荧光原位杂交分析**

荧光原位杂交（fluorescence in situ hybridization，FISH）技术是一种常用的基因定位方法，其原理是在合适的盐度和温度条件下，以标记有荧光分子的一小段DNA或者RNA序列为探针，在原位与细胞内染色体上的互补序列特异性退火结合且不破坏染色体的整体形态，然后可在荧光显微镜下观察此特异核酸序列在染色体上的位置（Schmid et al.，2000）。FISH技术具有很高的亲和力及准确的基因定位能力，目前，该技术已发展到可以利用不同的荧光染料同时进行多重原位杂交，从而对样品进行定性或定量分析。总体上，该技术包括4个主要步骤，即样品（染色体、细胞或组织）固定，利用探针进行标记，随后探针与固定样品的DNA或RNA杂交，最后使用激光共聚焦扫描显微镜进行杂交结果的观测（Kowalchuk et al.，2004）。本实验中相关探针的详细信息以及FISH技术的具体操作步骤如下。

1）FISH探针及杂交条件

本实验中使用的探针均由宝生物工程有限公司（TaKaRa）合成，探针的详细信息、杂交条件以及标记物种类等如表5-4所示。其中，采用FITC作为荧光染料的探针，其激发波长为492nm，发射波长为520，呈绿色；采用CY5作为荧光染料的探针，其激发波长和发射波长分别为643nm以及667nm，呈蓝色；采用CY3作为荧光染料的探针，其激发波长为550nm，发射波长为570nm，呈红色。所有探针的荧光染料均采用5′末端标记。EUB338Ⅰ、EUB338Ⅱ以及EUB338Ⅲ探针均为真细菌通用探针，这三种探针总体用来作为FISH杂交实验的阳性对照（Gao et al.，2015；Amann et al.，1990；Daims et al.，1999；王晓丹，2012）；BAC307探针以及CLO535探针分别为拟杆菌和梭杆菌的特异性探针，这两种菌群是AnHA阶段的功能性菌群（Li et al.，2009）；MS1414探针是产甲烷八叠球菌的特异性探针，该菌群是厌氧产甲烷阶段的常见菌群（Raskin et al.，1994）；NSO190探针为β-变形菌中AOB的通用探针（Mobarry et al.，1996）；AMX820探针为浮霉状菌通用探针，其主要用于检测AMX（Schmid et al.，2005）；PDV198探针为副球菌的特异性探针，该探针主要用于DNB的检测（Neef et al.，1996）；NIT3探针是NOB中硝化杆菌的特异性探针，NTSPA662探针是NOB中硝化螺菌的特异性探针，而CNIT3和CNTSPA662则分别为探针NIT3和NTSPA662的竞争性探针（Wagner et al.，1996；Daims et al.，2000）。

**表5-4 FISH探针及杂交条件**

| 探针 | 甲酰胺/% | NaCl/（mmol/L） | 染料 | 颜色 | 目标菌 | 探针序列（5′-3′） |
|---|---|---|---|---|---|---|
| EUB338Ⅰ | 0 | 900 | FITC | 绿 | 真细菌 | GCTGCCTCCCGTAGGAGT |
| EUB338Ⅱ | 0 | 900 | FITC | 绿 | 真细菌 | GCAGCCACCCGTAGGTGT |
| EUB338Ⅲ | 0 | 900 | FITC | 绿 | 真细菌 | GCTGCCACCCGTAGGTGT |
| BAC307 | 40 | 56 | CY5 | 蓝 | 拟杆菌 | TCTCAGTACCAGTGTGGGGG |
| CLO535 | 40 | 56 | CY3 | 红 | 梭杆菌 | TCCGGATAACGCTTGCCCCCTACG |

续表

| 探针 | 甲酰胺/% | NaCl/（mmol/L） | 染料 | 颜色 | 目标菌 | 探针序列（5′-3′） |
| --- | --- | --- | --- | --- | --- | --- |
| MS1414 | 30 | 112 | CY3 | 红 | 产甲烷菌 | CTCACCCATACCTCACTCGGG |
| NSO190 | 55 | 20 | CY5 | 蓝 | AOB | CGATCCCCTGCTTTTCTCC |
| AMX820 | 40 | 56 | CY3 | 红 | 浮霉状菌 | AAAACCCCTCTACTTAGTGCCC |
| PDV198 | 20 | 225 | FITC | 绿 | 副球菌 | CTAATCCTTTGGCGATAAATC |
| NIT3 | 40 | 56 | FITC | 绿 | 硝化杆菌 | CCTGTGCTCCATGCTCCG |
| CNIT3 | 40 | 56 | — | — | — | CCTGTGCTCCAGGCTCCG |
| NTSPA662 | 35 | 80 | FITC | 绿 | 硝化螺菌 | GGAATTCCGCGCTCCTCT |
| CNTSPA662 | 35 | 80 | — | — | — | CGCCTTCGCCACCGGTGTTCC |

2）FISH实验试剂配制

① 焦碳酸二乙酯水。焦碳酸二乙酯（DEPC）水是指用DEPC处理且经高温高压灭菌的超纯水。它是RNA酶的强抑制剂，能够灭活各种蛋白质。实验中，为保证原位杂交的准确性，相关的液体试剂以及与样品接触的实验用品等均需使用DEPC水配制或洗涤。其具体的配制方法为：将1mL的DEPC加入1L的蒸馏水中，经过猛烈振摇后，在室温下静置几个小时，随后进行高温高压灭菌。需要注意的是，DEPC气味芳香浓烈，具有强挥发性，有毒，因此实验操作需要在通风橱内进行，以避免对人体造成伤害。

② 明胶溶液。明胶溶液主要用于载玻片的包被，以防止样品在与探针杂交及清洗的过程中脱落，其配制方法为：取2.4g明胶溶于500mL水中，在60℃加热的条件下搅拌，待其溶解后再加入2.4g甲明矾，溶液完全混匀后稀释至1000mL即可。

③ 10×PBS。称取NaCl 76.05g、$Na_2HPO_4$ 9.94g以及$NaH_2PO_4$ 3.6g溶于800mL水中，然后定容至1000mL，并用$HNO_3$调整pH值至7.2～7.4，溶液经高压灭菌后冷藏于4℃保存备用。FISH实验中通常用到的为1×PBS和3×PBS，其分别是

将10×PBS稀释10倍及3.3倍而获得。

④ 4%多聚甲醛溶液。4%多聚甲醛溶液主要用于样品的固定以保持细胞结构，其具体的配制方法为：在65mL预加热到60℃的水中加入4g多聚甲醛，连续搅拌使其变成乳白色的悬液，然后加入几滴2mol/L NaOH并快速搅拌1～2min，待溶液澄清后停止加热并冷却至室温。随后加入33mL 3×PBS，混合均匀后用2mol/L HCl调整pH值至7.2，最后将溶液过滤并加水定容至100mL，于4℃冷藏避光保存。需要注意，多聚甲醛有毒，配制试剂时应在通风橱内进行以避免皮肤接触或吸入。

⑤ 1mol/L三羟甲基氨基甲烷-HCl。首先取121.1g三羟甲基氨基甲烷（Tris）溶于800mL水中，然后使用HCl将溶液的pH值调至7.2，最后定容至1000mL，经高压灭菌后于室温下保存备用。

⑥ 10%十二烷基硫酸钠。称取10g十二烷基硫酸钠（sodium dodecyl sulfate，SDS）粉末溶解于水中，然后定容至100mL，SDS溶解缓慢，因此可以37℃水浴加热1h助溶，避免剧烈摇晃。该试剂主要用于探针清洗液的配制。

⑦ 其他试剂。FISH实验中需要用到的试剂还包括1%的稀盐酸、不同浓度的乙醇（50%、80%、95%和100%）、2mol/L的NaOH、2mol/L的HCl以及5mol/L的NaCl，这些试剂均可提前配好4℃冷藏备用。

⑧ 探针的分装与保存。为避免探针溶液的反复冻融，本实验中使用的探针以0.5OD即16.5μg分装，使用前首先进行短暂离心，使探针样品集中于管底，然后加入330μL的TE缓冲液溶解探针，使其最终浓度为50ng/μL，并于–20℃避光保存。

⑨ 杂交缓冲液。2mL杂交缓冲液的配制方法为：在2mL离心管中分别加入360μL 5mol/L的NaCl、40μL 1mol/L的Tris-HCl、$x$μL去离子甲酰胺（$x$为表5-4所示的甲酰胺体积分数×2mL）、（1598–$x$）μL水以及2μL 10% SDS。

⑩ 探针清洗液。50mL探针清洗液的配制方法为：在50mL离心管中分别加入$x$μL 5mol/L的NaCl（体积由表5-4所示的NaCl在探针清洗液中的浓度计算得到）、1mL 1mol/L的Tris-HCl以及50μL 10% SDS，随后加水定容至50mL即可。

3）FISH实验操作步骤

① 载玻片的清洗及包被。为避免载玻片上可能存在的核苷酸对FISH实验的影响，载玻片在使用前必须要清洗干净，方法为：首先用1%的稀盐酸浸泡载玻片24h，随后用自来水冲洗干净，再用蒸馏水反复冲洗，最后将载玻片置于95%的乙醇中脱水，并在160℃以上的烤箱中烘烤4h。清洗干净后，载玻片还需要进行包被，此步骤是为防止微生物样品在杂交的过程中脱落，具体方法为：将明胶溶液置于60℃的恒温水浴锅内，然后将清洗干净的载玻片在其中完全浸没并反复包被，随后分散开放置于支架上，在空气中自然晾干以备用。

② 微生物样品的预处理。微生物样品的预处理主要包括清洗、固定及脱水。首先从反应器内取出一定量的污泥，随后加入少量1×PBS并用玻璃棒搅拌混匀，经超声处理1min使其变成悬浮液，再将悬浮液以8000r/min离心2min，去除上清液后再用1×PBS清洗2次并离心。为了使样品易于与探针结合，清洗后需要再进行固定，即在样品中加入4%的多聚甲醛，并在4℃下固定2h，然后去除固定剂并用1×PBS清洗2次。如需保存，则可将样品置于体积比1 ∶ 1的1×PBS和100%乙醇混合液中，–20℃储藏。固定后的微生物样品要平铺于包被过的载玻片上，自然风干后依次用50%、80%以及100%的乙醇脱水，每次3min。

③ 原位杂交。杂交缓冲液和探针溶液按体积比9 ∶ 1混合后用于微生物样品的杂交。载有样品的载玻片需要水平放置于46℃的湿盒中，轻轻滴几滴混合液后杂交60min。如需多重杂交，则应该先高严格度杂交再低严格度杂交，即按照每种探针对应的杂交缓冲液中甲酰胺浓度从低到高的顺序进行，每种探针均需杂交60min。

④ 未结合探针的清洗。每完成一种探针的杂交，需要将未结合的探针清洗干净，才能进行下一种探针的杂交。具体方法为：用移液枪吸取1mL探针清洗液（48℃预热）轻轻地冲洗载玻片，然后将其浸没于48℃的探针清洗液中15min，随后取出载玻片并用冰浴的超纯水冲洗干净，自然风干后避光常温保存。

⑤ 样品观察及分析。经上述步骤处理后的样品使用盖玻片进行封片，然后用激光共聚焦扫描显微镜（Olympus FV1000，Japan）进行观察并获得FISH图像。每个样品观察20个不同的视野，再利用Image Pro-Plus软件以荧光面积为计算指标，分析目标菌群在全菌中所占比例。

## 5.3 厌氧水解酸化工艺预处理低碳氮比废水研究

随着社会经济的飞速发展、城镇化进程的快速推进以及人们生活质量的提高，如食物中蛋白质含量的增加以及生活中洗涤用品的大量使用等，大量的含氮污染物进入生活污水中，导致其呈现出低C/N的新特点。在新鲜的城镇生活污水中，氮素约占整个污染物含量的10%，其中无机氮约占TN的40%，有机氮约占TN的60%，且生活污水中的含氮量相对稳定，因此，城镇生活污水也是自然水体氮素污染的重要来源之一。众所周知，在自然水体环境中，过量的$NH_4^+$-N存在会引起水体富营养化，对城镇的水源地和水产养殖业等都会造成严重的危害，$NH_4^+$-N已成为水体环境的重要污染物之一，控制和防治$NH_4^+$-N污染是我国水环境治理的重要工作。采用CND工艺进行脱氮的城市污水处理厂因低C/N的水质特点而需要外加有机碳源以满足DNB对碳源的需求，从而使得城市污水处理厂的处理成本大大增加，而脱氮效果却不明显（Komorowska-Kaufman et al.，2006）。研究表明，生物法脱除1mg $NH_4^+$-N需要数倍的有机碳源，而这些碳源（如甲醇、乙醇等）都将先被转化成VFAs才能被微生物进一步利用，同时，VFAs作为反硝化碳源一方面比甲醇、乙醇等拥有更快的反硝化速率且更有效，另一方面，研究表明，对AMX而言，VFAs的抑制作用相对较小，故对以ANAMMOX技术为核心的新型生物脱氮工艺而言，VFAs是最适宜的有机碳源（Kampas et al.，2007）。因此，在反硝化过程之前如何最大限度地利用污水自身资源来产生VFAs是非常有价值的研究。

近年来，厌氧生物处理技术越来越得到人们的重视，这种既简单有效又费用低廉的技术特别适合发展中国家，其中，AnHA工艺被认为是非常有潜力的可以有效解决生活污水因缺少电子供体而反硝化脱氮不足的处理方法（Elmitwalli et al.，2002）。AnHA工艺是指通过微生物生长环境、工艺操作参数等条件的控制将传统的厌氧处理过程停留在水解酸化阶段，即先将废水中复杂的大分子、难溶解性物质通过水解作用转变成小分子、可溶解性物质，再通过酸化作用转化为VFAs。相对好氧生物处理技术来说，AnHA工艺全程无须曝气，动力消耗少、污泥产率低，有利于降低污水处理成本。同时，相比活性污泥法中因剩余污泥产量大导致部分碳源随剩余污泥排出而未被有效利用，采用AnHA工艺预处理污水时，可以有效利用微生物内源呼吸等作用改变污水中碳源的存在形式，使其转化为VFAs从而得到充分利用。影响AnHA工艺的因素包括反应器类型、温度、pH值、HRT、进水COD浓度、进水$NH_4^+$-N浓度等等（Bertin et al.，2010；Feng et al.，2009；Yu et al.，2002）。目前，厌氧生物处理工艺主要应用于工业废水的处理，有关其预处理城镇污水的研究相对较少，同时，大部分的文献资料集中于研究单因素对工艺的影响，而在实际的应用过程中，AnHA工艺往往与多种因素的综合作用息息相关。另一方面，厌氧菌生长速率相对好氧菌而言比较缓慢，常导致厌氧工艺启动时间长，因此，开发一种新型的能够快速启动并有效进行AnHA工艺的反应器也是非常必要的，该反应器必须能够有效分离水解酸化菌、产氢产乙酸菌及产甲烷菌以成功实现AnHA（Vavilin et al.，1995）。因此，开发适宜的反应器以实现AnHA工艺并研究多因素对AnHA工艺预处理城镇污水的影响从而为后续新型生物脱氮除碳工艺降低C/N对于厌氧生物处理技术在城镇生活污水中的应用具有一定的意义。本节内容对于AnHA工艺预处理城镇污水的过程及影响因素等进行了详细的研究。

本节研究的主要目的在于应用AnHA工艺预处理城镇污水，以利用污水自身所含物质来产生VFAs并降低C/N，从而为后续的SNAD生物脱氮除碳工艺提供适宜的C/N和有机碳源。通过考察新型上流式无纺布生物膜反应器运行AnHA工艺的过程从而确定适宜的工艺操作参数，同时对出水的VFAs进行定量与定性分析从而为该工艺在实际工程中的应用奠定基础。

## 5.3.1 材料与方法

### 5.3.1.1 实验内容

本节研究的主要内容包括利用新型上流式无纺布生物膜反应器运行AnHA工艺预处理城镇污水，在工艺运行前后分别通过SEM和FISH微生物表征方法对反应器内群落结构组成和变化进行分析，通过正交试验考察pH值、HRT、进水COD及$NH_4^+$-N浓度这四个重要因素对工艺过程的综合影响，并利用GC对出水VFAs进行定量与定性分析，以确定适宜的工艺条件，同时对反应器处理实际污水的性能进行考察。

### 5.3.1.2 实验装置

实验装置为5.2所述的上流式无纺布生物膜反应器，见图5-4。其有效容积为3.2L，内部共设有6片无纺布填料，每片填料的有效面积为0.02m$^2$。此外，实验装置还包括电动搅拌器、蠕动泵、配有刮泥器的沉淀池及进、出水桶。实验中，原水经蠕动泵从反应器底部进入，而后从上部出水口排出。整个反应器处于室温、厌氧状态。反应器的接种污泥取自本地某污水处理厂，初始MLSS为6000mg/L。根据正交试验的设计，反应器在不同的负荷和操作条件下运行，如表5-5所示，每次改变条件后都会等待反应器重新稳定再对出水COD、$NH_4^+$-N、VFAs和pH值等进行测定，每组条件的监测时间持续1周。

### 5.3.1.3 实验水质

实验进水分为人工配水和实际污水，人工配水中氮、碳和磷源分别以$(NH_4)_2SO_4$、蔗糖和$KH_2PO_4$的形式提供，其进水浓度因正交试验条件的变化而不同，详见表5-5。NaOH和浓$H_2SO_4$用来调节进水pH值。微量元素溶液组成详见表5-1。实际污水取自本地某污水处理厂。

### 5.3.1.4 正交试验设计

正交试验是研究多因素多水平的一种设计方法，它是根据正交性从全面试验中挑选出部分代表性的点进行试验，这些点具备“均匀分散，齐整可比”的特性，是一种高效、经济的实验设计方法。

表5-5 正交试验

<table>
<tr><td>序号</td><td>HRT/h</td><td>pH</td><td colspan="2">进水COD/（mg/L）</td><td colspan="2">进水$NH_4^+$-N/（mg/L）</td><td colspan="2">COD去除率/%</td><td colspan="2">$NH_4^+$-N去除率/%</td><td colspan="2">VFAs/COD/%</td></tr>
<tr><td>1</td><td>1（1.5）</td><td>1（6.5）</td><td colspan="2">1（100）</td><td colspan="2">1（30）</td><td colspan="2">55.4</td><td colspan="2">−10.6</td><td colspan="2">83.2</td></tr>
<tr><td>2</td><td>1</td><td>2</td><td colspan="2">2</td><td colspan="2">2</td><td colspan="2">46.2</td><td colspan="2">3.9</td><td colspan="2">83.7</td></tr>
<tr><td>3</td><td>1</td><td>3</td><td colspan="2">3</td><td colspan="2">3</td><td colspan="2">55.0</td><td colspan="2">14.6</td><td colspan="2">58.8</td></tr>
<tr><td>4</td><td>2（3）</td><td>1</td><td colspan="2">2（300）</td><td colspan="2">3</td><td colspan="2">40.7</td><td colspan="2">−11.2</td><td colspan="2">26.4</td></tr>
<tr><td>5</td><td>2</td><td>2（7.5）</td><td colspan="2">3</td><td colspan="2">1</td><td colspan="2">40.1</td><td colspan="2">1.8</td><td colspan="2">87.5</td></tr>
<tr><td>6</td><td>2</td><td>3</td><td colspan="2">1</td><td colspan="2">2（50）</td><td colspan="2">11.7</td><td colspan="2">3.9</td><td colspan="2">85.6</td></tr>
<tr><td>7</td><td>3（6）</td><td>1</td><td colspan="2">3（500）</td><td colspan="2">2</td><td colspan="2">49.1</td><td colspan="2">−6.9</td><td colspan="2">22.0</td></tr>
<tr><td>8</td><td>3</td><td>2</td><td colspan="2">1</td><td colspan="2">3（100）</td><td colspan="2">11.7</td><td colspan="2">−5.3</td><td colspan="2">60.3</td></tr>
<tr><td>9</td><td>3</td><td>3（8.5）</td><td colspan="2">2</td><td colspan="2">1</td><td colspan="2">65.1</td><td colspan="2">−47.1</td><td colspan="2">99.1</td></tr>
<tr><td></td><td>COD</td><td>$NH_4^+$-N</td><td>VFAs</td><td>COD</td><td>$NH_4^+$-N</td><td>VFAs</td><td>COD</td><td>$NH_4^+$-N</td><td>VFAs</td><td>COD</td><td>$NH_4^+$-N</td><td>VFAs</td></tr>
<tr><td>$T_1$</td><td>52.2</td><td>2.6</td><td>75.3</td><td>48.4</td><td>−9.5</td><td>43.9</td><td>26.3</td><td>−4.0</td><td>76.4</td><td>53.5</td><td>−18.6</td><td>90.0</td></tr>
<tr><td>$T_2$</td><td>30.8</td><td>−1.8</td><td>66.5</td><td>32.7</td><td>0.2</td><td>71.2</td><td>50.7</td><td>−18.1</td><td>69.8</td><td>35.6</td><td>0.3</td><td>63.8</td></tr>
<tr><td>$T_3$</td><td>42.0</td><td>−19.8</td><td>60.5</td><td>43.9</td><td>−9.5</td><td>81.2</td><td>48.1</td><td>3.2</td><td>56.1</td><td>35.8</td><td>−0.6</td><td>48.5</td></tr>
<tr><td>$R$[①]</td><td>21.4</td><td>22.4</td><td>14.8</td><td>15.7</td><td>9.7</td><td>37.3</td><td>24.4</td><td>21.3</td><td>20.2</td><td>17.9</td><td>19.0</td><td>41.4</td></tr>
</table>

① $R=T_{最大值}-T_{最小值}$。

在本节中，通过正交方法进行试验设计，采用4因素3水平$L_9$（$3^4$）正交试验，具体条件如表5-5所示。实验中各个因素及其水平的选择主要根据城镇污水的特性及文献资料和实际工程中有关厌氧工艺操作条件的研究（Ligero et al.，2004）。通过正交试验重点进行COD去除率、$NH_4^+$-N去除率、出水C/N及VFAs产量和组成的测定和分析。在表5-5中，$T_1$、$T_2$和$T_3$代表各个因素在三种水平条件下被考察的参数的平均值，$R$则代表最大值与最小值之差，根据正交试验的原理，$R$越大，表明该因素对试验的影响越大。因此，本研究通过考察各个因素对AnHA工艺预处理城镇污水的影响来确定最优的操作参数，从而进行反应器运行优化及工艺可行性评价。实验中利用上流式无纺布生物膜反应器来分别运行9组工况，根据正交试验的设计，考虑到微生物适应新环境的时间要求，本节研究中，反应器在改变负荷和操作条件后均需适应2周左右，通过测定COD去除率等指标来判断反应器是否达到稳定状态，待反应器稳定运行时，才对出水指标进行测定，每组条件的测定时间持续1周。

#### 5.3.1.5 实验分析项目及检测方法

本节实验的分析项目主要包括COD、$NH_4^+$-N、pH值及VFAs。其中，COD、$NH_4^+$-N和pH值的测定见表5-3，VFAs的测定和分析则采用5.2.4中所述的GC法。微生物表征方面，SEM和FISH技术的原理及操作步骤如5.2.5所述。

### 5.3.2 结果与讨论

#### 5.3.2.1 上流式无纺布生物膜反应器启动AnHA工艺

文献资料研究证实，反应器类型及操作条件是启动AnHA工艺过程中影响功能性菌群变化的重要因素（Liu et al.，2002），因此，要综合考虑城镇污水的特性及已有的厌氧工艺操作条件，本节实验采用上流式无纺布生物膜反应器启动AnHA工艺时，初始条件的设置为：pH值=7.5，HRT=3h，进水COD浓度=200mg/L。结果如图5-8所示，反应器在该条件下运行一段时间后，COD去除率由最初的30%左右逐渐提升，经过半个月的时间后最终稳定于约60%。

反应器稳定一段时间后，本节研究通过SEM对接种污泥和启动后反应器内生物种群的变化进行了表征（见图5-9）。接种时，呈深褐色的絮状污泥经过一段时间的培养后，逐渐变成黑色并附着在无纺布生物膜填料上，通过图5-9a可以看出，取自本地某污水处理厂的接种污泥包含大量的形状不规则的生物絮体及丝状菌，经一段时间的培养后，如图5-9b所示，无纺布生物膜填料上的菌群性状发生了明显的变化，出现了大量的杆状菌和梭状菌，经《伯杰氏细菌鉴定手册》对比后认为，反应器内变化后的菌群应该属于梭菌属及拟杆菌属，而梭菌属和拟杆菌属正是AnHA工艺的功能性菌群。

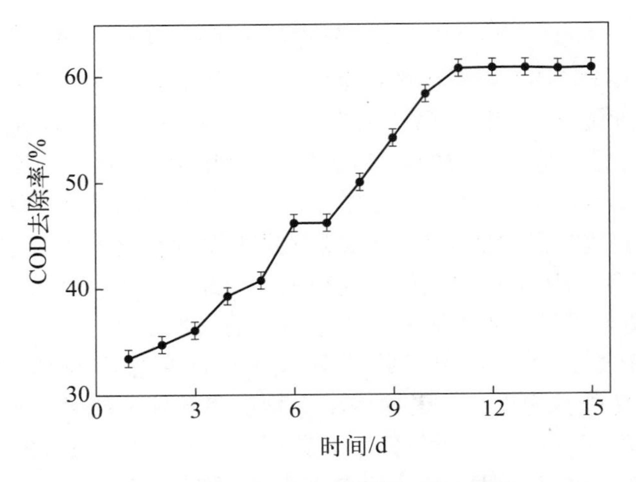


**图5-8　上流式无纺布生物膜反应器COD去除率**

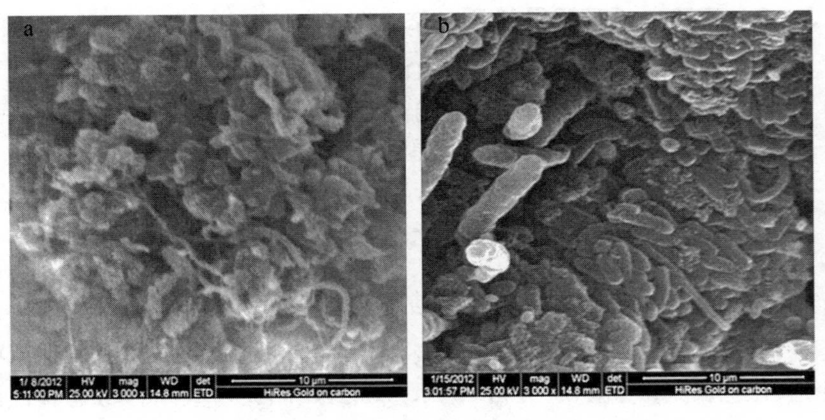


**图5-9　上流式无纺布生物膜反应器接种污泥**

a—培养后污泥；b—扫描电镜图

为了进一步证实SEM表征的结果，本节实验又通过FISH技术对反应器内潜在的菌群组成进行了表征。对接种污泥和培养后的污泥，利用真细菌通用探针EUB338Ⅰ、EUB338Ⅱ和EUB338Ⅲ来作为FISH杂交实验的阳性对照，三种探针均采用FITC作为荧光染料，在FISH图像中呈绿色，代表全菌；同时，利用BAC307探针和CLO535探针，即拟杆菌和梭杆菌的特异性探针，来鉴定反应器内的产酸菌，其中，BAC307探针以CY5为荧光染料，呈蓝色，CLO535探针以CY3为荧光染料，呈红色；其次，因考虑到AnHA工艺是将传统的厌氧工艺停留在水解酸化阶段，其关键点之一是抑制甲烷化阶段的进行，因此，在FISH实验中，利用产甲烷八叠球菌的特异性探针MS1414来识别产甲烷菌，MS1414探针以CY3为荧光染料，呈红色。实验结果显示，相比接种污泥中全菌所产生的绿色信号强度和荧光面积而言（图5-10a），图5-10b中代表产酸菌的蓝色信号和红色信号都极其微弱，表明接种污泥中基本不存在拟杆菌和梭杆菌，同时，图5-10c中也未出现明显的代表产甲烷菌的红色信号，表明接种污泥中也基本不存在产甲烷八叠球菌；启动AnHA工艺后，经一段时间的培养，相对于污泥中全菌所产生的绿色信号强度和荧光面积而言（图5-10d），图5-10e中蓝色信号和红色信号非常明显，其分别代表AnHA工艺的功能性菌群，即拟杆菌和梭杆菌，然而图5-10f中依然未出现明显的代表产甲烷菌的红色信号，由此证明，工艺启动后反应器内以拟杆菌和梭杆菌为代表的产酸菌占主导地位，AnHA反应为主体反应。利用Image Pro-Plus软件对获得的FISH图像进行分析，结果显示，拟杆菌和梭杆菌共占全菌的90%以上，远高于产甲烷八叠球菌所占的比例（4.6%），再次说明反应器中占主要优势的菌群为拟杆菌和梭杆菌，即本节实验中所采用的上流式无纺布生物膜反应器快速成功地启动了AnHA工艺。

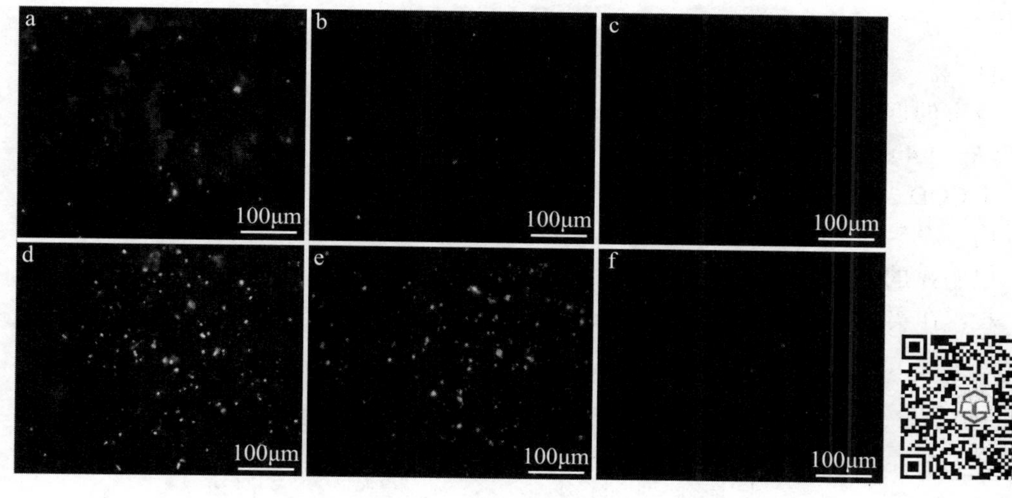


**图5-10　上流式无纺布生物膜反应器接种污泥（a ~ c）和培养后污泥（d ~ f）的FISH图**（扫码见彩图）

与产甲烷菌相比，首先，产酸菌嗜好较短的HRT，因此通过设定合适的HRT可以淘汰部分产甲烷菌，同时，相对于工业废水等其他性质的污水而言，城镇污水的COD负荷较低，因此，设定较短的HRT可以满足COD降解的要求；其次，产酸菌沉降性能较差（Demier and Chen，2004），在HRT较短的情况下，保证一定的菌群数量是成功启动AnHA工艺的关键之一，本节实验中采用的反应器，其内部沿竖直方向设有无纺布填料，一方面可以有效地加强菌群的附着，减少菌群随出水的流失，另一方面，相比横向设置填料板而言，垂直方向设置可以减少进水上流时所受的阻力，降低动力消耗；第三，产酸菌的生长速率较快（Cohen et al.，1980），短时间内便可以实现VFAs的累积，从而抑制产甲烷菌的活性，进一步淘汰产甲烷菌（Yu and Fang，2002）。综上所述，本节实验所采用的上流式无纺布生物膜反应器可以快速实现产酸菌的富集和产甲烷菌的淘汰，在短时间内可以成功启动AnHA工艺，其所需微生物量少，反应器容积减小，剩余污泥产量低，动力消耗少，有利于城市污水处理厂节约基建费用、动力能耗以及处理成本，具有良好的市场应用前景。

#### 5.3.2.2 正交试验考察多因素对VFAs产量的影响

本课题中AnHA工艺主要是作为城镇污水的预处理工艺，其主要目标一方面是去除部分COD以减轻后续生物脱氮工艺的有机负荷，降低C/N，另一方面是将原水中的COD转化为VFAs作为后续生物脱氮除碳工艺的有机碳源。本部分内容是通过正交试验考察pH值、HRT、进水COD浓度及进水$NH_4^+$-N浓度这四个重要因素对COD去除率及出水VFAs总量的影响。

从图5-11可以看出，正交试验9组不同条件下的COD去除率范围为11.7%～65.1%。根据正交试验的原理可以计算得出（见表5-5），本研究中所考察的四个因素对COD去除率的影响顺序为进水COD浓度（$R$=24.4）＞HRT（$R$=21.4）＞进水$NH_4^+$-N浓度（$R$=17.9）＞pH值（$R$=15.7）。实验结果表明，对于COD去除率而言，最重要的两个影响因素分别是进水COD浓度和HRT，然而，表5-5所列出的相关数据显示，COD的去除率和这两个因素的大小并未呈现出明显的线性关系，说明AnHA工艺是一个复杂的由多因素共同影响的反应过程，在实际应用过程中，需要综合考虑各个因素的影响。

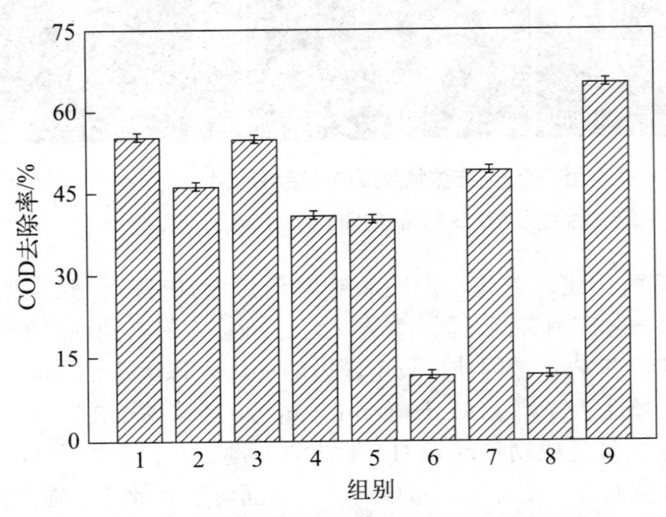


图5-11 正交试验中不同条件下的COD去除率

为了考察多因素对VFAs产量的影响，通常使用酸化程度（VFAs/COD）来评价AnHA反应器的性能，即首先将各种有机酸的产量以COD等价物的形式进行换算，再与出水COD总量进行比较（Dinopoulou et al.，2004）。本实验中，VFAs转化为COD等价物的系数如表5-6所示（Liu et al.，2008c）。通过计算可以得出（见表5-5），影响VFAs产量的因素作用顺序为进水$NH_4^+$-N浓度（$R$=41.4）＞pH值（$R$=37.3）＞进水COD浓度（$R$=20.2）＞HRT（$R$=14.8）。将各个因素在同一水平下所得到的VFAs/COD取平均值进行作图，如图5-12所示，pH值对VFAs总量的影响与其他三个因素正好相反，在短HRT、低进水COD浓度、低进水$NH_4^+$-N浓度以及高pH值的条件下，反应器的酸化性能较好，VFAs产量较高。通过正交试验得出，对于出水VFAs总产量而言，实验中最优的操作条件为HRT=1.5h，pH值=8.5，进水COD浓度=100mg/L，进水$NH_4^+$-N浓度=30mg/L。

**表5-6　VFAs转化系数**

| VFAs | 转化系数 | VFAs | 转化系数 |
| --- | --- | --- | --- |
| 乙酸（acetic acid） | 1.066 | 异丁酸（*iso*-butyric acid） | 1.816 |
| 丙酸（propionic acid） | 1.512 | 正戊酸（*n*-valeric acid） | 2.036 |
| 正丁酸（*n*-butyric acid） | 1.816 | 异戊酸（*iso*-valeric acid） | 2.036 |

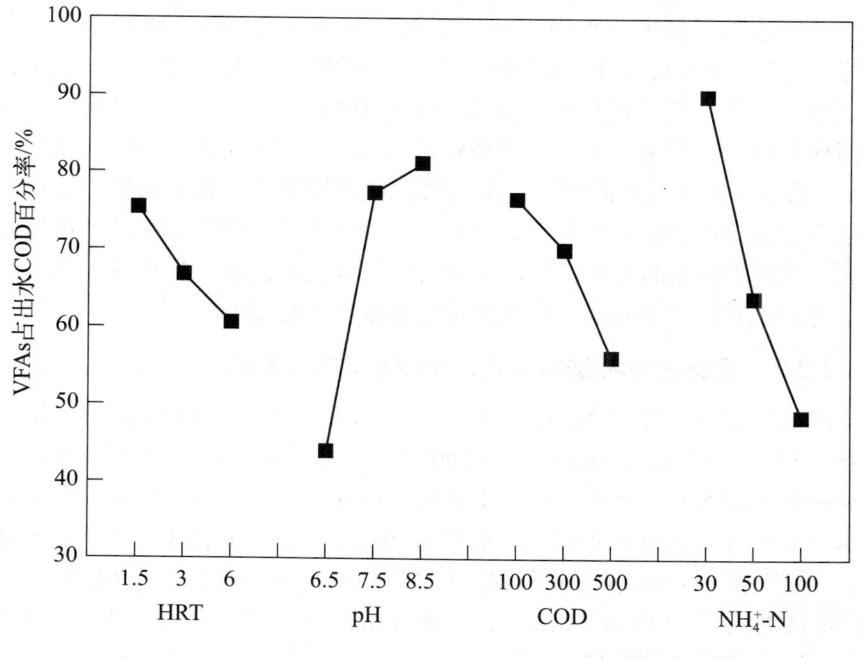


图5-12　各因素不同水平下VFAs总量占出水COD的百分率

首先，对于厌氧消化过程而言，过量的$NH_4^+$-N可以抑制有机物的降解、VFAs的生成以及甲烷化的进行，不同的文献资料因其研究过程中操作条件（如pH、温度）和微生物所处环境（如反应器类型、接种污泥）的不同而得出的$NH_4^+$-N抑制浓度也不尽相同（Calli et al.，2005），参考比较，本实验进水中的$NH_4^+$-N浓度远没有达到抑制作用，这是因为与工业废水等相比，城镇污水的$NH_4^+$-N浓度较低。其次，当温度一定时，pH值可以直接影响反应器的酸化效果。许多文献资料证实，碱性条件下更有利于VFAs产量的增加（Yuan et al.，2006），这一结论在本实验中也得到了证明。其主要原因可能包括：①碱性条件下，污水的水解效率提高，从而生成了更多的可以进行酸化的可溶解性物质或者小分子物质（Vlyssides and Karlis，2004）；②普遍认为，产甲烷菌适宜的pH值范围为6.6～7.6，最适pH值为7.0左右，Lay等（1997）认为，当pH值从6.0降低到4.0或者从7.0升高到10.0时，产甲烷菌的活性都会降低，然而，产酸菌适宜的pH值范围更加广泛（从3.5～10.0），因此，在碱性条件下产甲烷菌的活性受到了抑制，从而减少了对VFAs的消耗（Chen et al.，2007），而产酸菌依然保持着一定的活性，实现了VFAs的累积；③$NH_4^+$-N与$NH_3$之间的转化率与温度和pH值密切相关，当温度一定时，pH值直接影响$NH_3$的转化率，$NH_3$可以被微生物利用以实现新细胞的合成，是AnHA过程中功能性菌群生长不可缺少的基质之一，当温度一定时，pH值升高，$NH_3$的分配比例增加（Wang and Yang，2004）。再次，相比工业废水等，城镇污水中含有大量的易于降解的物质，如蛋白质、多糖和脂类等，它们都为VFAs的产生提供了必要的基质，同时，生活污水的COD负荷相对较低，因此，反应过程中只需要较短的HRT即可实现一定的酸化效果，短HRT同样有利于产酸菌的生长及产甲烷菌的淘汰（Wu et al.，2010）。综上所述，AnHA工艺与多因素的共同作用息息相关，在进行城镇污水的预处理过程中要全方位地考虑各个因素的综合影响，本研究主要目标之一在于生成VFAs为后续生物脱氮工艺提供必要的有机碳源，实验得出最优的工艺条件为HRT=1.5h，pH值=8.5，进水COD浓度=100mg/L，进水$NH_4^+$-N浓度=30mg/L。

#### 5.3.2.3 正交试验考察多因素对VFAs组成的影响

文献资料证实，影响AnHA过程的各个因素不仅影响VFAs的总产量，同时也影响着VFAs的组成（Siles et al.，2008）。研究出水中VFAs的组成可以进一步评价反应器AnHA的效果并为后续生物脱氮选择适宜的碳源提供重要的依据。因此，本实验通过正交设计考察了出水VFAs中乙酸（acetic acid）、丙酸（propionic acid）、正丁酸（*n*-butyric acid）、异丁酸（*iso*-butyric acid）、正戊酸（*n*-valeric acid）和异戊酸（*iso*-valeric acid）这六种组分的产量及各因素对其产生的影响。每种组分所占比例如图5-13所示。

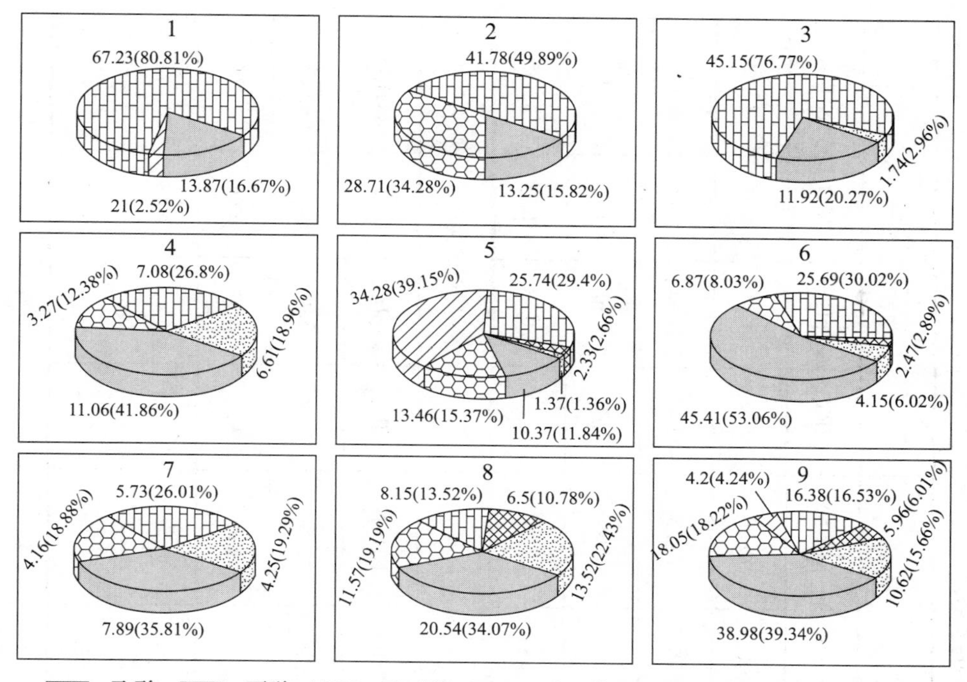


**图5-13 正交试验中VFAs各组分所占比例**

实验结果表明，乙酸、丙酸和正丁酸在9组正交试验中占出水VFAs的比例较大，是VFAs的重要组成，同时，异丁酸、正戊酸以及异戊酸也有少量的生成。这一实验结果与之前文献中所报道的结论相一致，即低有机负荷的污水AnHA的主要产物为短链脂肪酸（Jones and Woods，1986）。其主要原因在于，乙酸、丙酸和正丁酸可直接由生活污水中多糖的AnHA形成，而分子量较大的正戊酸和异戊酸主要来自生活污水中蛋白质的AnHA，本实验中的进水其主要基质为多糖，因此乙酸、丙酸和正丁酸的产量相对较高。通过对9组不同条件下的实验结果进行计算和分析（见表5-7），研究得出正交试验中所考察的四个因素对各组分VFAs的影响。首先，对乙酸和丙酸而言，pH值是最重要的影响因素，其$R$值分别为21.16和15.43。乙酸产量的增加需要较高的pH值，这是因为丙酮酸在转化成乙酸的过程中只能额外产生一个ATP来提供能量，在pH值较低的情况下，未解离形式的有机酸增加，其质子动力消散，为了自由地扩散进入细胞需要消耗更多的能量（Rodríguez et al.，2006）。然而，pH值对丙酸产量的影响恰恰与乙酸相反，其原因可能是在低pH值的条件下，代谢生成丙酸的细菌活性更高。其次，对正丁酸、异戊酸和正戊酸而言，其最大的影响因素是HRT，$R$值分别为41.3、4.15和10.52。文献资料研究认为，在AnHA的代谢过程中，水解产物首先转化

表5-7　VFAs各组分正交分析

| 项目 | 乙酸/% | | | | 丙酸/% | | | | 异丁酸/% | | | |
|---|---|---|---|---|---|---|---|---|---|---|---|---|
| | HRT | pH | COD | $NH_4^+$-N | HRT | pH | COD | $NH_4^+$-N | HRT | pH | COD | $NH_4^+$-N |
| $T_1$ | 13.01 | 10.94 | 26.61 | 21.07 | 9.57 | 2.48 | 6.15 | 10.50 | 0.70 | 0.70 | 0.70 | 13.53 |
| $T_2$ | 22.28 | 14.72 | 21.10 | 22.18 | 7.87 | 17.91 | 16.68 | 13.25 | 11.43 | 11.43 | 1.40 | 0 |
| $T_3$ | 22.47 | 32.10 | 10.06 | 14.51 | 11.26 | 8.31 | 5.87 | 4.95 | 1.40 | 1.40 | 11.43 | 0 |
| $R$① | 9.46 | 21.16 | 16.55 | 7.67 | 3.39 | 15.43 | 10.81 | 8.30 | 10.73 | 10.73 | 10.73 | 13.53 |
| 项目 | 正丁酸/% | | | | 异戊酸/% | | | | 正戊酸/% | | | |
| | HRT | pH | COD | $NH_4^+$-N | HRT | pH | COD | $NH_4^+$-N | HRT | pH | COD | $NH_4^+$-N |
| $T_1$ | 51.39 | 26.68 | 33.69 | 36.45 | 0 | 0 | 2.99 | 2.76 | 0.58 | 3.09 | 6.22 | 5.63 |
| $T_2$ | 19.50 | 25.22 | 21.75 | 24.40 | 1.60 | 2.94 | 1.99 | 0.82 | 3.84 | 4.96 | 6.84 | 3.13 |
| $T_3$ | 10.09 | 29.07 | 25.54 | 20.13 | 4.15 | 2.81 | 0.78 | 2.17 | 11.10 | 7.47 | 2.45 | 6.76 |
| $R$① | 41.30 | 3.85 | 11.94 | 16.32 | 4.15 | 2.94 | 2.21 | 1.94 | 10.52 | 4.38 | 4.39 | 3.63 |

① $R=T_{最大值}-T_{最小值}$。

为丙酮酸，然后形成乙酰辅酶A，随后，乙酰辅酶A转化为乙酰乙酰辅酶A，再转化为丁酰辅酶A，此时，丁酰辅酶A可以在磷酸丁酰转移酶的作用下转化变成丁酰磷酸，最后在丁酸激酶的作用下形成丁酸，这一过程需要较短的HRT。然而，微生物代谢生成正戊酸和异戊酸的途径非常复杂，因此需要较长的HRT（Yan et al.，2010）。此外，异丁酸的产量与进水$NH_4^+$-N的浓度最为密切相关，其$R$值为13.53，这是因为进水$NH_4^+$-N浓度对代谢产生异丁酸的细菌活性有重要影响（Lü et al.，2008）。

VFAs的各个组分中，乙酸的反硝化速率最快，这是因为在乙酰辅酶A形成后，乙酸可以直接被DNB利用。丙酸的生物降解过程相对比较复杂，丙酰辅酶A形成后会发生一系列酶的羧化反应和异构化反应，通过这一过程，丙酰辅酶A先转化成琥珀酰辅酶A，然后进入三羧酸循环，因此，丙酸的反硝化速率相对最慢。对于丁酸和戊酸而言，其降解过程中首先形成丁酰辅酶A和戊酰辅酶A，然后经$\beta$氧化形成乙酰辅酶A和一个含2碳或者3碳的脂肪酸，作为反硝化碳源，它们拥有中等的反硝化速率（Xu，1996）。选择生物脱氮过程的有机碳源时，混合性的VFAs是最适宜的，一方面，相比甲醇、乙醇等外加的有机碳源，VFAs拥有更快的反硝化速率且无须增加额外的处理成本，另一方面，它们可以为反硝化过程中存在的多种多样的微生物提供更多的选择，尤其对于以ANAMMOX反应为核心的新型生物脱氮工艺而言，VFAs对AMX的抑制作用相对较小，从而为实现多菌群的协同共存提供了重要保障。

#### 5.3.2.4 上流式无纺布生物膜反应器处理实际污水的性能

本研究通过正交试验得出上流式无纺布生物膜反应器运行AnHA工艺预处理城镇污水的最佳工艺条件为HRT=1.5h，pH值=8.5，进水COD浓度=100mg/L，进水$NH_4^+$-N浓度=30mg/L，在此条件下反应器的酸化效果最好，出水VFAs的总量最高。由于模拟废水与实际污水之间存在一定的差异，为了进一步考察反应器处理实际污水的性能，本实验通过逐步提高进水中实际污水的含量来对反应器的COD去除率、$NH_4^+$-N去除率和酸化程度进行监测与分析。实际污水取自本地某污水处理厂，其主要的水质参数如表5-8所示，实际污水经过污水处理厂的预处理单元后（包括粗格栅、污水提升泵站、细格栅、沉砂池以及初沉池），COD通常会下降18%左右，因此，进入到生物处理单元的COD浓度约为120 ～ 150mg/L。为保证最佳的工艺条件，实验中针对实际污水的水质，采用$(NH_4)_2SO_4$、蔗糖和NaOH等进行适当调节。本部分实验共分为四个阶段，第一阶段的进水全部为人工模拟废水，主要考察反应器在最优工艺条件下理想的COD去除率、$NH_4^+$-N去除率以及酸化效果，此阶段的进水水质如5.2.3所述；第二阶段以模拟废水与实际污水2 ∶ 1的比例混合进水，旨在使反应器能够初步适应新的进水环境；第三阶段则逐步提高了反应器中实际污水所占的比例，以模拟废水与实际污水1：2的比例混合进水；第四阶段的进水全部为实际污水，重点监测反应器实际的COD去除率、$NH_4^+$-N去除率以及酸化效果，对其处理实际污水的性能进行评价。

**表5-8 城镇污水水质**

| COD/（mg/L） | $BOD_5$/（mg/L） | $NH_4^+$-N/（mg/L） | TN/（mg/L） | pH | SS/（mg/L） |
|---|---|---|---|---|---|
| 150 ～ 200 | 60 ～ 90 | 25 ～ 30 | 35 ～ 40 | 7.5 ～ 7.8 | 70 ～ 140 |

反应器运行结果如图5-14所示。第一阶段（0 ～ 20d）主要考察上流式无纺布生物膜反应器理想的处理性能，从图中可以看到，在最佳工艺条件下运行的初始阶段，反应器COD去除率、$NH_4^+$-N去除率和出水VFAs产量都在逐步提升，第8d开始，其COD去除率、$NH_4^+$-N去除率以及出水VFAs产量分别稳定于30.86%、2.16%和90.98%左右，其中，$NH_4^+$-N的少量去除主要来自于微生物的生长代谢。由此可见，以模拟废水为实验进水时，在该工艺条件下，反应器能够稳定运行且拥有良好的酸化效果，出水COD中90%以上的组成为VFAs，污水的可生化性大大提高。反应器运行的第二阶段（21 ～ 45d），实验进水中混入1/3的实际污水，此时，反应器出现了较大的波动，各项性能均不断下降，在第26d时，COD的去除率仅为20.69%，VFAs占出水COD的80.73%，而$NH_4^+$-N的去除率甚至出现了负值，这是因为实际生活污水的水质相对人工配水而言较为复杂，反应器中的生物群落因微环境的变化而受到了一定的冲击。一方面部分菌群的淘汰导致COD去除率降低、酸化性能下降，另一方面微生物的死亡会释放出一定量的$NH_4^+$-N（Ucisik and Henze，2008），导致出水$NH_4^+$-N浓度略有升高。然而，第30d开始，反应器渐渐适应了新的进水，各项指标逐渐恢复，此时，COD去除率、$NH_4^+$-N去除率和出水VFAs的产量分别于22.06%、0.98%和83.27%附近波动。第三阶段（46 ～ 70d），实验进水中进一步提高了实际污水所占的比例，采用模拟废水与实际污水1：2的比例混合进水，相比第二阶段，反应器的波动程度明显减少，说明反应器对实际污水已经有了一定的适应能力，在第52 ～ 70d，COD去除率和VFAs产量一直呈现出上升的趋势，说明在第三阶段，随着功能性菌群适应新环境后的不断生长和富集，反应器处理实际污水的性能得到提升，COD平均去除率约为23.91%，$NH_4^+$-N平均去除率约为1.04%，出水VFAs约为86.64%。第四阶段（71 ～ 100d），反应器进水全部为实际污水，与第三阶段相比，反应器各项处理性能进一步强化，COD平均去除率达27.15%，出水VFAs比例为89.21%，$NH_4^+$-N去除率为1.45%，然而，与第一阶段相比，反应器COD去除率略有下降，这是因为与模拟废水相比，实际污水中存在一些难降解的物质，COD去除率很

难达到理想值，但是出水COD中VFAs所占比例基本接近理想值，证明反应器在处理实际污水时能够维持良好的水解酸化效果，经计算，实际污水的C/N可由进水的3.5左右降低到出水约2.5，由此证实，上流式无纺布生物膜反应器在本节研究得出的最佳工艺条件下可以很好地处理实际污水，经过AnHA工艺预处理的城镇污水，其C/N可以得到有效降低，为后续SNAD生物脱氮除碳工艺的进行奠定了良好的基础。

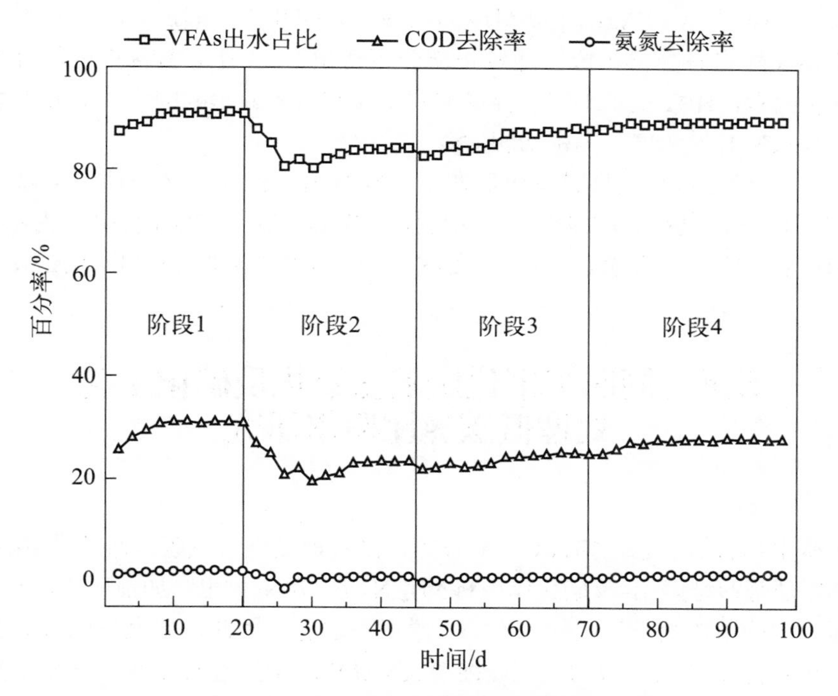


图5-14　上流式无纺布生物膜反应器的处理性能

## 5.3.3　结论

本节实验采用上流式无纺布生物膜反应器进行城镇污水的AnHA预处理研究，通过SEM和FISH技术进行微生物表征，分析群落组成和变化，通过正交试验考察pH值、HRT、进水COD及$NH_4^+$-N浓度四个因素对工艺过程的影响，同时，利用GC定量与定性分析出水VFAs，确定适宜的工艺条件，并对反应器处理实际污水的性能进行考察。主要结论如下。

① 实验采用上流式无纺布生物膜反应器快速成功地启动了AnHA工艺，启动时期反应器的COD去除率稳定于60%左右，通过SEM和FISH技术证实，拟杆菌和梭杆菌为反应器内的优势菌种，占全菌90%以上。

② 通过正交试验得出，对COD去除率而言，实验考察的四个因素影响顺序为进水COD浓度（$R$=24.4）＞HRT（$R$=21.4）＞进水$NH_4^+$-N浓度（$R$=17.9）＞pH值（$R$=15.7），对VFAs产量而言，其作用顺序为进水$NH_4^+$-N浓度（$R$=41.4）＞pH值（$R$=37.3）＞进水COD浓度（$R$=20.2）＞HRT（$R$=14.8），实验最优条件为HRT=1.5h，pH值=8.5，进水COD浓度为100mg/L以及进水$NH_4^+$-N浓度为30mg/L。

③ 反应器出水VFAs的主要组成为乙酸、丙酸和正丁酸，同时，异丁酸、正戊酸和异戊酸也有少量生成。通过正交分析得出，pH值是影响乙酸和丙酸组分的最重要因素，HRT是正丁酸、异戊酸和正戊酸最大的影响因素，而异丁酸的组分则与进水$NH_4^+$-N浓度最为密切相关。

④ 上流式无纺布生物膜反应器在本实验得出的最佳工艺条件下可以稳定地处理实际污水，其COD去除率为27.15%，VFAs占出水COD的比例为89.21%，经AnHA工艺预处理的城镇污水，其C/N可由进水的3.5降低到出水的2.5。

## 5.4 同时半硝化厌氧氨氧化反硝化工艺处理低碳氮比废水研究

传统生物脱氮工艺，如A/O、$A^2$/O等，是目前处理含氮废水通常采用的技术，其基本原理是通过硝化-反硝化作用将$NH_4^+$-N转化为$N_2$排出。如前所述，对低C/N水质而言，采用传统工艺运行成本高、脱氮不理想，因此，研究节能有效的新技术是当今水污染控制领域的主题。随着ANAMMOX技术的发展，以缩短氮素转化过程为核心的新方法，如SHARON、CANON以及OLAND工艺等被不断提出，本课题组于2009年首次研究并提出了SNAD工艺，即在一个反应器中同时实现短程硝化、ANAMMOX以及反硝化。该工艺单级自养与异养的结合，可同时去除COD和TN，需氧量少、剩余污泥产量低、动力消耗小且运行成本低，因此在低C/N污水处理上具有广阔的应用前景。同时，以AnHA工艺预处理污水可以为SNAD工艺提供良好的进水水质条件，尤其是以VFAs作为有机碳源，一定程度上可以避免有机物对AMX的抑制，为SNAD工艺的稳定运行提供了重要保障。目前，有关SNAD技术处理城镇污水的研究尚处于起步阶段，已有文献资料多侧重于单因素影响研究（Daverey et al.，2013），而在实际问题中有效探索多因素之间的交互作用才能为SNAD工艺的运行提供丰富的理论与依据。

数学模型可将现实问题与数学问题相对应，利用数学中的概念、理论及方法来对实际问题进行更深层次的分析和研究，然后从定量或定性的角度对此进行描绘，从而可以为解决实际问题提供有价值的指导。为SNAD工艺选择合适的数学模型以对其处理城镇污水进行定量及定性化研究，可在一定程度上实现工艺过程的有效控制。然而，单因素实验往往不能有效地探索因素之间的关联性及交互作用，因此，需要寻求一种更加全面、完善的实验设计方法。随着统计学的不断进步，以其为基础而发展出的全因子实验设计有效地解决了单因素实验方案的局限性，扩大了数学模型在理论与实践中的应用范围，例如RSM（Wang et al.，2011a）。

RSM是根据合理的实验设计方案，采用多元二次回归方程对实验因素与响应值之间的函数关系进行拟合，然后通过对回归方程进行分析以寻求各参数的最优条件，从而解决多因子影响问题的一种统计学方法。该方法通常借助Design Expert等软件对实验数据进行分析、拟合及建模，然后利用其提供的二维等高线图及三维立体图来分析、观察响应曲面，预测实验结果并寻求实验的最佳条件。RSM包括多种设计方法，其中常用的一种为中心旋转组合设计（central composite rotatable design，CCRD）（Wu et al.，2002）。CCRD共由以下几个部分组成：

① 立方点，即全因子或部分因子设计中的因子点（±1），当变量个数为$k$时，立方点的个数为$2^k$；

② 中心点，即坐标皆为0的点；

③ 轴向点，即在一个坐标体系中，分布于轴向上且与原点距离为$\pm\alpha$的点。轴向点也称为星号点，当有$k$个变量时，轴向点的个数为$2k$。$\alpha$称为星号臂，$\alpha=2^{0.25k}$。

为了更加形象直观地描述CCRD，将上述各部分集中于同一个坐标体系中，各轴以$x_i$表示（2或3个因素），则CCRD如图5-15所示。

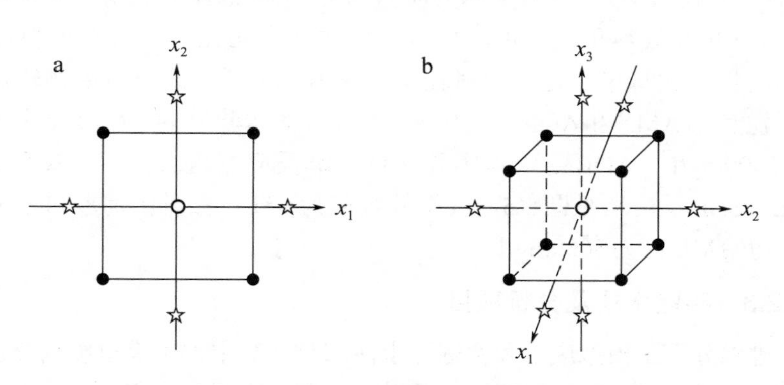


**图5-15 两个变量（a）及三个变量（b）的中心旋转组合设计**

本节内容通过RSM建立数学模型对SNAD工艺处理城镇污水进行因素分析、结果预测及最优条件选择等，对SNAD技术在实践中的应用具有非常重要的意义。

## 5.4.1 实验目的

本节实验的主要目的是利用RSM对SNAD工艺处理城镇污水进行研究，从而为该工艺在实际工程中的应用提供技术支持。重点考察进水C/N及DO两个重要因素对工艺过程的影响，并建立COD及TN去除率的数学模型来对反应过程进行定量与定性分析，为预测工艺运行结果及寻求工艺最佳条件提供必要的理论依据。通过FISH技术对菌群组成和结构进行表征，以加深在微生物学方面对SNAD工艺的研究。

## 5.4.2 实验部分

### 5.4.2.1 实验内容

本节研究的主要内容包括采用RSM中的CCRD方法考察进水C/N及DO两个因素对SNAD工艺处理城镇污水的影响，各因素分别设有5个水平，即$\pm\alpha$（轴向点）、$\pm 1$（立方点）和中心点。同时，建立COD去除率及TN去除率的数学模型，通过二维等高线图和三维立体图分析响应曲面、预测实验结果并寻求最佳条件。最后，通过FISH技术对反应器中的微生物特性进行表征。

### 5.4.2.2 实验装置

实验中运行SNAD工艺的主体反应器为5.2中所描述的无纺布生物转盘，如图5-6所示，其有效容积为2.5L，与传统生物转盘相比，无纺布填料盘片有利于微生物的生长和富集，且动力消耗小、成本费用低。无纺布生物转盘反应器的接种污泥包括AMX和AOB，其中AMX来自本实验室的UASB反应器，接种MLSS为5000mg/L，AOB则由本实验通过SBR反应器自行培养，接种MLSS为4000mg/L。SBR反应器见图5-5，其有效容积为4.5L，接种污泥取自本地某污水处理厂，初始MLSS为5000mg/L。

### 5.4.2.3 实验水质及分析项目

实验进水分人工模拟废水和实际污水两部分，其中人工模拟废水分别采用乙酸、$(NH_4)_2SO_4$和$KH_2PO_4$为碳源、氮源以及磷源，实际污水来自AnHA预处理工艺的出水，同时，为保证微生物生长良好，在进水中添加适当的微量元素溶液，其组成见表5-1。实验分析项目主要包括COD、$NH_4^+$-N、TN及DO的测定，方法见表5-3，FISH技术的原理及操作步骤如5.2.5所述。

#### 5.4.2.4 实验设计

本研究通过Design Expert（version 8.0.6）进行实验设计。因素及其水平的选择主要依靠文献资料的报道（Langone et al.，2014）及实际工程参数条件的设置（Daverey et al.，2011）。本实验共选择两个变量作为可控因素，即进水C/N和DO。其中，DO的大小主要是通过调整无纺布生物转盘反应器的DO控制孔、盘片浸没比以及转盘转速来控制。根据RSM的设计，考虑到微生物适应新环境的时间要求，本研究中，反应器在改变运行条件后均需适应2周左右，待反应器稳定运行时，才对其脱氮除碳效率进行测定，每组条件的测定时间持续1周。在设计实验的过程中，通过式（5-1）对变量进行编码，各因素的水平编码如表5-9所示。

$$x_i = \frac{\alpha[2X_i - (X_{max} + X_{min})]}{X_{max} - X_{min}} \quad (5\text{-}1)$$

式中，$x_i$为因素编码值，$X_i$为因素实际值，$X_{max}$和$X_{min}$分别为轴向变量的上、下限。本实验中，星号臂$\alpha$等于1.414。

**表5-9 实验因素的水平编码表**

| 实验因素 | 单位 | 符号 | 水平和编码 | | | | |
|---|---|---|---|---|---|---|---|
| | | | −1.414 | −1 | 0 | 1 | 1.414 |
| C/N | — | $X_1$ | 0.2 | 0.5 | 1.3 | 2.0 | 2.3 |
| DO | mg/L | $X_2$ | 0.2 | 0.5 | 1.3 | 2.0 | 2.3 |

通过采用含有两个变量的CCRD进行实验设计矩阵的选择，详见表5-10。其共由13组编码条件组成，包括4组立方点、4组轴向点、1组中心点及4组中心点的重复，其中，中心点的重复是为了保证实验的均一精密性。为最小化不可控因素，实验排序随机。其中$x_1$、$x_2$分别代表进水C/N和DO的编码值，$Y_1$、$Y_2$分别表示COD及TN的去除率。

**表5-10 中心组合设计及其实验结果**

| 序号 | 实验设计矩阵 | | 响应值 | |
|---|---|---|---|---|
| | $x_1$ | $x_2$ | $Y_1$/% | $Y_2$/% |
| 1 | 1.414 | 0 | 58.52 | 69.04 |
| 2 | 0 | 0 | 64.88 | 64.11 |

续表

| 序号 | 实验设计矩阵 | | 响应值 | |
|---|---|---|---|---|
| | $x_1$ | $x_2$ | $Y_1$/% | $Y_2$/% |
| 3 | 0 | 1.414 | 72.93 | 72.19 |
| 4 | 0 | 0 | 63.82 | 62.79 |
| 5 | 0 | 0 | 64.97 | 63.51 |
| 6 | 0 | –1.414 | 68.67 | 69.45 |
| 7 | 0 | 0 | 60.74 | 64.03 |
| 8 | 1 | –1 | 74.89 | 73.89 |
| 9 | –1 | 1 | 65.52 | 62.17 |
| 10 | 1 | 1 | 58.18 | 70.80 |
| 11 | –1.414 | 0 | 38.17 | 45.28 |
| 12 | –1 | –1 | 42.28 | 54.08 |
| 13 | 0 | 0 | 61.11 | 65.46 |

#### 5.4.2.5 模型拟合及统计分析

用以进行响应值预测的二次方程表达式（Liu et al.，2008b）如式（5-2）所示：

$$Y = \beta_0 + \sum_{i=1}^{k} \beta_i x_i + \sum_{i=1}^{k} \beta_{ii} x_i^2 + \sum_{i=1}^{k-1} \sum_{i<j}^{k} \beta_{ij} x_i x_j + \varepsilon \tag{5-2}$$

式中，$Y$代表预测的响应值；$\beta_0$代表常数项；$\beta_i$为线性系数，表示线性作用；$\beta_{ii}$为平方项系数，表示二次影响；$\beta_{ij}$为交互项系数，表示交互作用；$\varepsilon$为随机误差，$k$代表变量个数。在本节实验中，以COD去除率和TN去除率作为响应值。

拟合模型后，首先利用Design Expert对模型进行回归分析，通过方差分析来评价实验结果，并对变量与响应值之间的交互作用进行研究。通常使用决定系数$R^2$评价多项式模型的拟合程度，并采用$F$检验法分析模型的统计学显著性，然后以置信水平为0.10进行不显著项的排除，即实现模型的优化。为验证模型的可靠性，需随机选取一系列实验进行预测值与实验值的比较。最后，根据三维坐标图以及与其相对应的等高线图研究变量之间的交互作用等。

### 5.4.3 结果与讨论

#### 5.4.3.1 无纺布生物转盘反应器启动SNAD工艺

本研究首先采用SBR反应器进行AOB的培养，根据AOB的特性及生长环境要求，设置反应器的运行周期约为6h，包括20min进水、30min沉降、1min排水及5h曝气，曝气量为200mL/min，从而控制DO在1.0mg/L左右，通过恒温装置保持温度为35℃。反应器进水采用人工合成废水，进水$NH_4^+$-N浓度为100mg/L，进出水置换比为50%，实验结果如图5-16所示。运行初期，反应器波动较大，曝气阶段出水$NH_4^+$-N浓度大于进水浓度，而$NO_2^-$-N和$NO_3^-$-N均未检出，这是因为在新的环境条件下，接种污泥中的各种微生物首先进行优胜劣汰，被淘汰的微生物死亡后会分解释放出氨氮化合物（Fux et al.，2002），导致出水$NH_4^+$-N浓度升高。经一段时间驯化后，出水$NH_4^+$-N呈现出下降的趋势，从50.42mg/L降至39.85mg/L，但出水$NO_2^-$-N和$NO_3^-$-N的浓度依然较低，这是由于在驯化期，适应了新环境的目标菌群逐渐恢复活性，但其生物总量仍然较少，需要继续培养富集。在培养阶段，出水$NO_2^-$-N浓度随$NH_4^+$-N浓度的降低而不断升高，说明反应器中目标菌群逐渐得到富集，活性不断增强，出水$NH_4^+$-N浓度从50.18mg/L降至25.96mg/L，相比驯化阶段，其去除率提高到48.27%，出水$NO_2^-$-N浓度从8.04mg/L升至22.7mg/L，$NH_4^+$-N的去除与$NO_2^-$-N的生成基本为1 ∶ 1，而出水$NO_3^-$-N浓度依然较低，由此说明，反应器中短程硝化为主体反应，AOB为主要的功能性菌群，占主导地位。

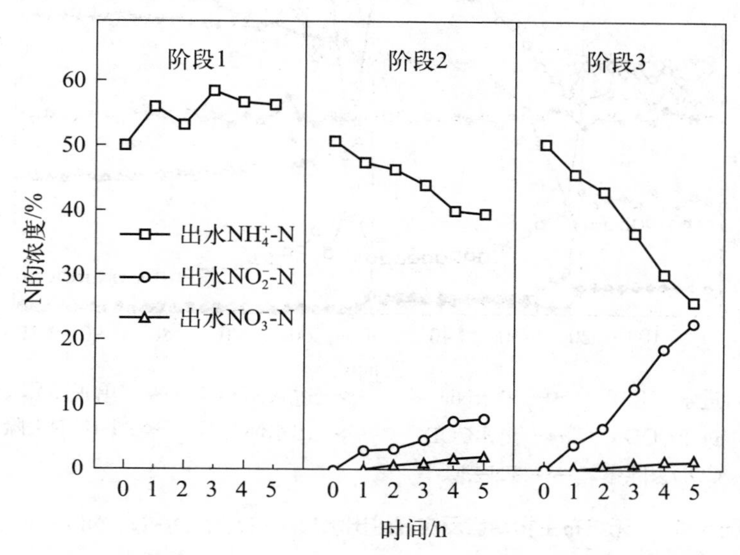


图5-16 曝气阶段反应器出水$NH_4^+$-N、$NO_2^-$-N和$NO_3^-$-N的浓度随时间的变化情况

无纺布生物转盘反应器启动SNAD工艺共分为三个阶段。第一阶段为ANAMMOX阶段，即无纺布填料盘片上只接种AMX，此阶段反应器温度设为35℃，严格厌氧、避光，进水$NH_4^+$-N和$NO_2^-$-N浓度分别为50mg/L和65mg/L，HRT控制为5h，实验结果如图5-17所示。经过20d的连续培养，可以看出，ANAMMOX阶段反应器的脱氮性能比较稳定，出水$NH_4^+$-N和$NO_2^-$-N浓度维持在23.23mg/L和29.13mg/L左右，同时伴有一定量的$NO_3^-$-N生成，无纺布盘片上亦可观察到微生物代谢产生的少量气泡，此阶段$NH_4^+$-N和TN去除率分别为53.36%以及48.01%。

第二阶段为CANON阶段，即反应器中同时存在AMX和AOB。首先向无纺布填料盘片外层接种AOB，然后调整DO控制孔及盘片浸没比，并设置转盘转速为2r/min，使DO为1.0mg/L左右，此阶段进水只有50mg/L $NH_4^+$-N，其余参数保持不变。转盘转动使附着其上的菌群处于间歇好氧厌氧的环境中，盘片浸入废水时，微生物可吸收反应基质，在厌氧条件下完成ANAMMOX反应，盘片转出废水时，微生物可吸收DO，在好氧条件下完成短程硝化反应，从而实现一个反应器中ANAMMOX和短程硝化的同时进行。如图5-17所示，CANON阶段初期（21 ~ 27d），出水$NH_4^+$-N浓度较ANAMMOX阶段偏高，$NH_4^+$-N及TN去

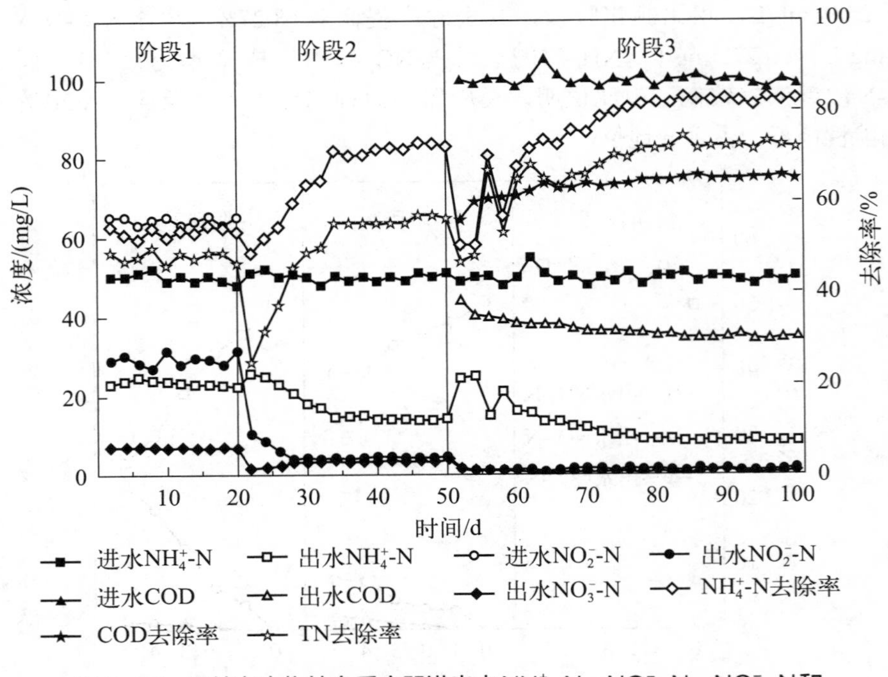


图5-17 无纺布生物转盘反应器进出水$NH_4^+$-N、$NO_2^-$-N、$NO_3^-$-N和COD的浓度以及去除率随时间的变化情况

除率均有所降低，这是因为AOB的接种使得两种菌群的活性受到一定程度的影响，在竞争与协作中还未达到平衡。第28d开始，反应器脱氮性能逐渐提高并趋于稳定，出水$NH_4^+$-N浓度约为14.21mg/L，出水$NO_2^-$-N浓度基本保持在4.41mg/L左右，同时有少量$NO_3^-$-N生成，与ANAMMOX阶段相比，$NH_4^+$-N和TN去除率分别提高到71.52%和55.65%。这是因为无纺布填料盘片上形成的生物膜包括外层好氧区和内层厌氧区，首先AOB在好氧区将部分$NH_4^+$-N氧化成$NO_2^-$-N，消耗DO从而为ANAMMOX反应的发生提供必要的基质和环境，然后AMX在厌氧区利用剩余$NH_4^+$-N和生成的$NO_2^-$-N反应生成$N_2$和少量$NO_3^-$-N，两种菌群协同共存，有效地实现了N的去除。

第三阶段为SNAD阶段，反应器各项参数保持不变，进水中加入100mg/L COD，从而为DNB提供生存基质，实现一个反应器中同时进行短程硝化、ANAMMOX和反硝化。从图5-17可以看出，SNAD工艺运行初期（51 ～ 62d），反应器脱氮性能波动较大，出水$NH_4^+$-N浓度较高，这是因为进水中COD的存在影响了自养菌的活性，然而，COD却由进水的100mg/L降到40.07mg/L，证明反应器中存在一定量的异养菌，且其活性得到恢复。第63d开始，反应器脱氮除碳的性能逐渐提升并趋于稳定，第100d，$NH_4^+$-N、TN及COD的去除率分别增加到80.17%、70.26%和64.58%，而出水$NO_2^-$-N和$NO_3^-$-N浓度基本可忽略不计。这是因为，在SNAD工艺中，AOB首先在好氧区将部分$NH_4^+$-N氧化成$NO_2^-$-N，消耗DO为AMX和DNB提供厌氧环境，相比DNB，AMX与$NO_2^-$-N的亲和力更高，因此AMX可在厌氧区优先利用$NO_2^-$-N和剩余的$NH_4^+$-N反应生成$N_2$和少量$NO_3^-$-N，随后DNB在厌氧区利用COD将ANAMMOX反应生成的$NO_3^-$-N进一步还原为$N_2$。该阶段AOB、AMX和DNB互利共生并达到新的平衡，从而实现了TN和COD的同时去除。由SNAD工艺涉及的相关反应方程式可以计算得出，理论上，当$NH_4^+$-N的去除率为80.17%，即$NH_4^+$-N去除量为40.1mg/L时，DNB应消耗12.9mg/L的COD，然而，实验中COD的实际消耗量约为64.5mg/L，大于理论计算值（如图5-18所示）。一方面，在反应器的实际运行中，DNB对$NO_2^-$-N依然存在一定程度上的竞争导致实际COD消耗值大于理论计算值；另一方面，可能是反应器中存在少量其他菌群（如好氧异养菌等）消耗COD导致其实际消耗值较高。

为进一步证实无纺布生物转盘反应器成功启动了SNAD工艺，本实验在反应器稳定运行的第85d收集了生物膜样品，通过FISH技术表征反应器内菌群组成。选用真细菌通用探针EUB338 Ⅰ、EUB338 Ⅱ和EUB338 Ⅲ作为FISH杂交实验的阳性对照，分别利用β-变型菌纲中AOB的通用探针NSO190、浮霉状菌通用探针AMX820以及副球菌特异性探针PDV198来鉴别反应器中的AOB、AMX和DNB，其分别以CY5、CY3和FITC为荧光染料，呈蓝色、红色和绿色，同

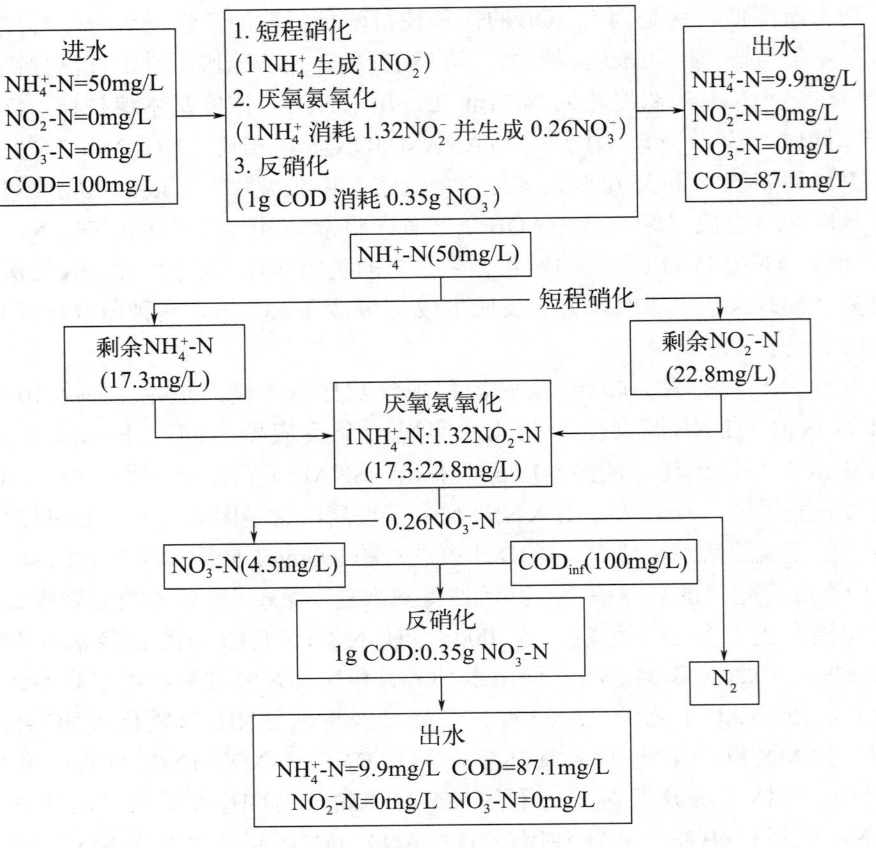


图5-18 SNAD工艺的理论计算

时，采用硝化杆菌的特异性探针NIT3和硝化螺菌的特异性探针NTSPA662来识别NOB，CNIT3和CNTSPA662分别为二者的竞争性探针。图5-19显示，AOB、AMX和DNB共存于无纺布生物转盘反应器中，但实验中并未检测出NIT3或NTSPA662探针的杂交信号，证明反应器中不存在NOB。通过对比杂交信号的强度和荧光面积，可以看出，图5-19a中蓝色信号较强，红色和绿色信号微弱，即与探针NSO190杂交的细菌主要分布于生物膜外层，说明在生物膜外层占优势地位的菌群为AOB。与此相反，图5-19b中红色与绿色信号较强，蓝色信号微弱，即与探针AMX820和PDV198杂交的细菌主要分布于生物膜内层，说明在生物膜内层的主要菌群为AMX和DNB。利用Image Pro-Plus软件对获得的FISH图像进行分析可以得出，生物膜外层AOB占全菌的65.13%，远高于AMX的11.64%和DNB的15.38%，而生物膜内层AMX占全菌的47.17%，DNB占全菌的38.91%，而AOB仅为11.48%。同时，生物膜中存在小部分被全菌探针检测却未与AOB、

AMX及DNB探针杂交的信号，说明生物膜中存在少量其他种类细菌（Muga and Mihelcic，2008；彭永臻等，2011）。由此可见，本章研究采用无纺布生物转盘反应器成功启动了SNAD工艺，在无纺布盘片外层好氧区主要分布的菌群为AOB，在内层厌氧区则以AMX和DNB为优势菌种。

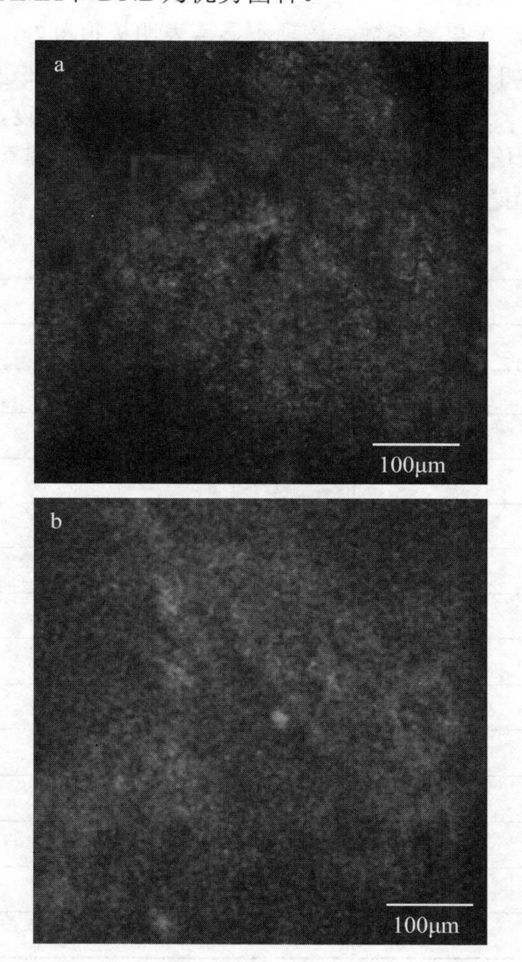

图5-19　无纺布生物转盘反应器SNAD阶段生物膜外层（a）和生物膜内层（b）FISH图（扫码见彩图）

### 5.4.3.2　SNAD工艺模型拟合

本章内容采用RSM设计实验考察不同进水C/N和DO条件下无纺布生物转盘运行SNAD工艺的脱氮除碳效率，从而进行数学模型的拟合，不同条件下的运行结果列于表5-11中。通过Design Expert对表5-11中的COD去除率和TN去除率进行多元回归分析，以评价两个响应值的模型系数，同时采用$F$检验法对回归模型的显著性进行分析，其各项结果如表5-12所示。在方差来源一列中，一个变量代表的是单因素的影响，两个变量相乘代表的是两个因素的交互作用，一个变量的平方则代表单因素的二次影响。$p$值主要用来表示每一项的显著性，$p$值越小则表明对应项越显著，即该项对响应值的贡献越大。Lack of Fit为失拟项，是用来评价模型可靠性的一个重要参数，该项不显著表明模拟度好，即该模型可以很好地分析实验数据，如果显著则表明模拟度不好，则模型需要进一步调整。决定系数$R^2$亦称为拟合度，$R_{Adj}{}^2$为校正拟合度，$R_{Pred}{}^2$为预测拟合度，两者越接近越好。Adeq Precision代表信噪比，当其大于4时表示拟合的模型是可取的，即该模型有足够的信号用来指导实验（Mousavi et al.，2012）。

**表5-11　中心组合设计及其实验结果**

| 序号 | 实验设计矩阵 | | 响应值 | |
|---|---|---|---|---|
| | $x_1$ | $x_2$ | $Y_1$/% | $Y_2$/% |
| 1 | 1.414 | 0 | 58.52 | 69.04 |
| 2 | 0 | 0 | 64.88 | 64.11 |
| 3 | 0 | 1.414 | 72.93 | 72.19 |
| 4 | 0 | 0 | 63.82 | 62.79 |
| 5 | 0 | 0 | 64.97 | 63.51 |
| 6 | 0 | −1.414 | 68.67 | 69.45 |
| 7 | 0 | 0 | 60.74 | 64.03 |
| 8 | 1 | −1 | 74.89 | 73.89 |
| 9 | −1 | 1 | 65.52 | 62.17 |
| 10 | 1 | 1 | 58.18 | 70.80 |
| 11 | −1.414 | 0 | 38.17 | 45.28 |
| 12 | −1 | −1 | 42.28 | 54.08 |
| 13 | 0 | 0 | 61.11 | 65.46 |

**表5-12　响应模型的方差分析和回归方程系数的显著性检验**

| 方差来源 | COD去除率 | | | TN去除率 | | |
|---|---|---|---|---|---|---|
| | 系数 | $F$值 | $p$值 | 系数 | $F$值 | $p$值 |
| 模型 | | 96.65 | ＜0.0001 | | 95.26 | ＜0.0001 |
| 截距 | 63.10 | | | 63.98 | | |
| $x_1$ | 6.76 | 133.71 | ＜0.0001 | 7.76 | 322.75 | ＜0.0001 |

续表

| 方差来源 | COD去除率 | | | TN去除率 | | |
|---|---|---|---|---|---|---|
| | 系数 | $F$值 | $p$值 | 系数 | $F$值 | $p$值 |
| $x_2$ | 1.57 | 7.21 | 0.0313 | 1.11 | 6.60 | 0.0370 |
| $x_1x_2$ | –9.99 | 140.10 | ＜0.0001 | –2.80 | 20.96 | 0.0025 |
| $x_1^2$ | –7.22 | 132.72 | ＜0.0001 | –3.10 | 44.81 | 0.0003 |
| $x_2^2$ | 4.01 | 40.95 | 0.0004 | 3.73 | 64.97 | ＜0.0001 |
| Lack of Fit | | 0.19 | 0.8970 | | 2.28 | 0.2209 |
| $R^2$ | 0.9857 | | | 0.9855 | | |
| $R_{Adj}{}^2$ | 0.9755 | | | 0.9752 | | |
| $R_{Pred}{}^2$ | 0.9677 | | | 0.9266 | | |
| Adeq Precision | 32.027 | | | 32.837 | | |

对COD去除率的模型而言，其$F$值为96.65，$p$值＜0.0001，表明该模型是显著的，$F$值只有0.01%的概率因波动而变大。$p$值小于0.05，表示其对应项是显著的，而$p$值大于0.1，则表示其对应项是不显著的。在该模型中，$x_1$、$x_2$、$x_1x_2$、$x_1^2$以及$x_2^2$都是显著项，即不存在不显著项。另一方面，Lack of Fit的$F$值为0.19，表明其相对于纯误差而言是不显著的，该值有89.70%的概率是因波动而变大的，即该模型的拟合度较高。同时，$R_{Pred}{}^2$（0.9677）与$R_{Adj}{}^2$（0.9755）基本一致，再次证明了模型的可靠性。Adeq Precision为32.027，表示该模型有足够的信号可以用来指导实验的设计。综上所述，COD去除率的模型在理论上可以合理地用来预测和评价实验。

在TN去除率的模型中，$F$值为95.26，$p$值＜0.0001，表明模型是显著的，只有0.01%的概率$F$值因波动而变大。根据各项的$p$值可以判断发现，$x_1$、$x_2$、$x_1x_2$、$x_1^2$和$x_2^2$对TN去除率模型而言，均是显著项。与此同时，模型Lack of Fit的$F$值为2.28，即相对于纯误差来看，失拟项是不显著的，其因波动而变大的概率为22.09%，而$R_{Pred}{}^2$（0.9266）与$R_{Adj}{}^2$（0.9752）也较为接近，表示模型整体拟合度较好。在本模型中，Adeq Precision为32.837，表明其有足够的信号来指导实验设计。因此，本章中TN去除率模型在理论上是可靠的。

一般而言，若模型拟合度不理想，或者模型中存在多项不显著项，则需要通过模型优化来帮助实验获得更理想的模型，从而使预测值与实际值更加接近。通常，可通过对$F$检验中的不显著项进行排除来实现模型优化，然而，删除模型中的一项会影响其余项的置信区间，故每次优化只能排除一个不显著项（Lundstedt et al.，1998）。本章回归系数的显著性检验结果表明模型中未出现不显著项，因此不需要进行排除。以编码值表示的响应模型如式（5-3）、式（5-4）所示：

$$Y_1 = 63.10 + 6.76x_1 + 1.57x_2 - 9.99x_1x_2 - 7.22x_1^2 + 4.01x_2^2 \tag{5-3}$$

$$Y_2 = 63.98 + 7.76x_1 + 1.11x_2 - 2.80x_1x_2 - 3.10x_1^2 + 3.73x_2^2 \tag{5-4}$$

将上述响应模型的分析结果经过式（5-1）进行换算后，得到根据变量实际值拟合的模型见式（5-5）、式（5-6）：

$$\text{COD}(\%) = 12.57 + 63.28X_1 + 6.47X_2 - 17.76X_1X_2 - 12.83X_1^2 + 7.13X_2^2 \tag{5-5}$$

$$\text{TN}(\%) = 43.20 + 30.32X_1 - 8.89X_2 - 4.97X_1X_2 - 5.51X_1^2 + 6.63X_2^2 \tag{5-6}$$

为进一步验证模型是否具有良好的拟合度，从而保证使用该模型进行因素分析、结果预测和寻求最优条件时不会产生错误的结果，通常利用预测值-实际值坐标图对其进行初步判断（闫晓淼等，2012）。结果如图5-20所示，本研究得出的两个二次回归模型，其预测值与实验测定值近似在一条直线上，说明两个模型的拟合度均比较理想。随机选择一组参数（C/N=2，DO=2mg/L）重复实验4次，从图5-21可以看出，实验测定值均落在预测值95%的置信区间内，再次说明本实验中SNAD工艺模型是有效的，可以利用该模型进行因素分析、结果预测及找寻最佳条件，同时也说明RSM对无纺布生物转盘反应器运行SNAD工艺处理城镇污水是一种很好的因素分析和建模方法。

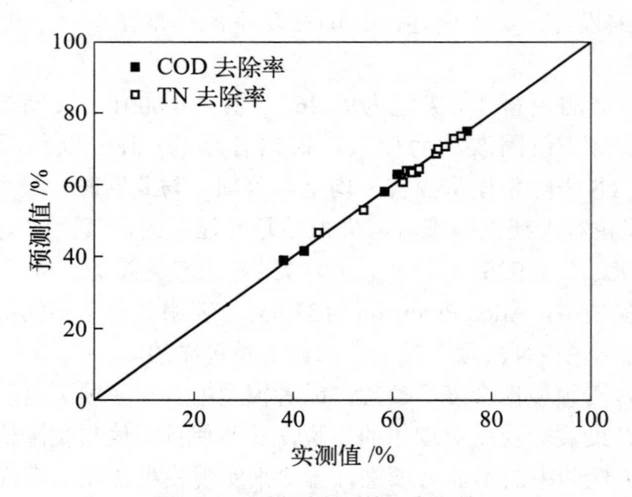


图5-20　模型预测值-实际值

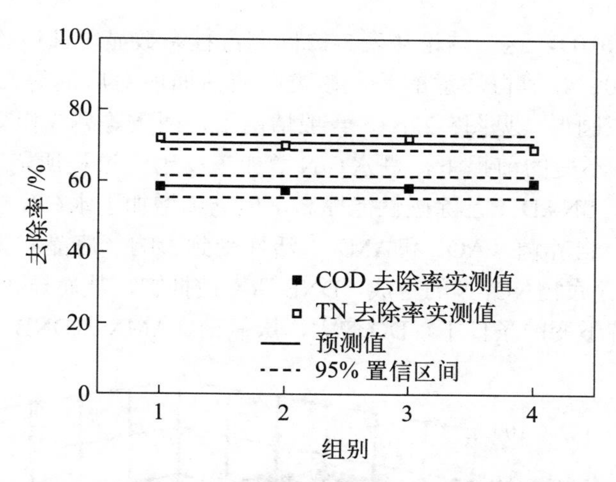


图5-21　在C/N=2，DO=2mg/L条件下COD及TN去除率的预测值和实际值

#### 5.4.3.3　模型响应面分析

本实验得出的二次模型描述了无纺布生物转盘反应器运行SNAD工艺处理城镇污水在整个实验空间内的变化规律，其脱氮除碳效率受进水C/N和DO两个因素共同影响，且二者间存在着一定的交互作用。通过Design Expert利用拟合的模型来绘制三维响应面图和对应的等高线图可以有效地实现函数关系图形化，从而直观地进行响应面分析，包括预测实验结果、影响因素分析以及确定最优条件（Wu et al.，2009）。等高线图亦称为等值线图，是三维响应面图在二维平面上的投影，是用响应值相等的点所连成的曲线来表示响应值连续分布且逐渐变化的特征。一般而言，等高线的形状可以反映出交互作用的强弱，椭圆形表示两因素交互作用显著，而圆形则与之相反。此外，等高线中最小椭圆的中心点通常代表响应曲面的最高点（刘代新等，2008）。通过Design Expert绘制的彩色三维响应面图也可以从颜色的变化来初步判断响应值的大小，响应值越大，颜色越深。响应面图和等高线图均采用具有交互作用的变量作为$x$轴和$y$轴，由表5-12方差分析的结果表明，进水C/N和DO之间的交互作用显著，因此，实验中以进水C/N和DO两个变量来绘制COD去除率和TN去除率模型的响应面图及等高线图。

COD去除率模型的响应面图和等高线图如图5-22所示。从响应面图（图5-22a）可以看出，总体而言，当DO一定时，随着进水$C/N$的提高，COD去除率先升高后降低；当C/N一定时，随着DO的增大，COD去除率先降低后升高。由此，在COD去除率模型的响应面中出现了鞍点。所谓鞍点，是由于曲面在某些方向上曲而在另一些方向下曲所形成的一个临界点，它既不是最大值点也不是最小值点。鞍点的出现表明实验中考察的两个因素之间有非常显著的交互作用

（Wang et al.，2010），这一结论从表5-12回归方程系数显著性检验中也可以得到证实（$p < 0.0001$）。值得注意的是，该类响应曲面所对应的等高线图不是呈规律性的椭圆形或圆形（见图5-22b），一般情况下，两条等高线相交叉的点即为鞍点。在DO保持不变的前提下，进水C/N增加，反硝化过程所需有机碳源增多，DNB活性增强，SNAD工艺除碳性能提高，但继续增加进水C/N超过菌群之间所达到的平衡后，自养菌（AOB和AMX）活性受到影响（康晶和王建龙，2005），限制了DNB生存底物$NO_3^-$-N的生成，DNB活性被抑制，从而导致除碳效率降低；在进水C/N保持不变的条件下，DO增大，厌氧菌（AMX和DNB）活性受到影响

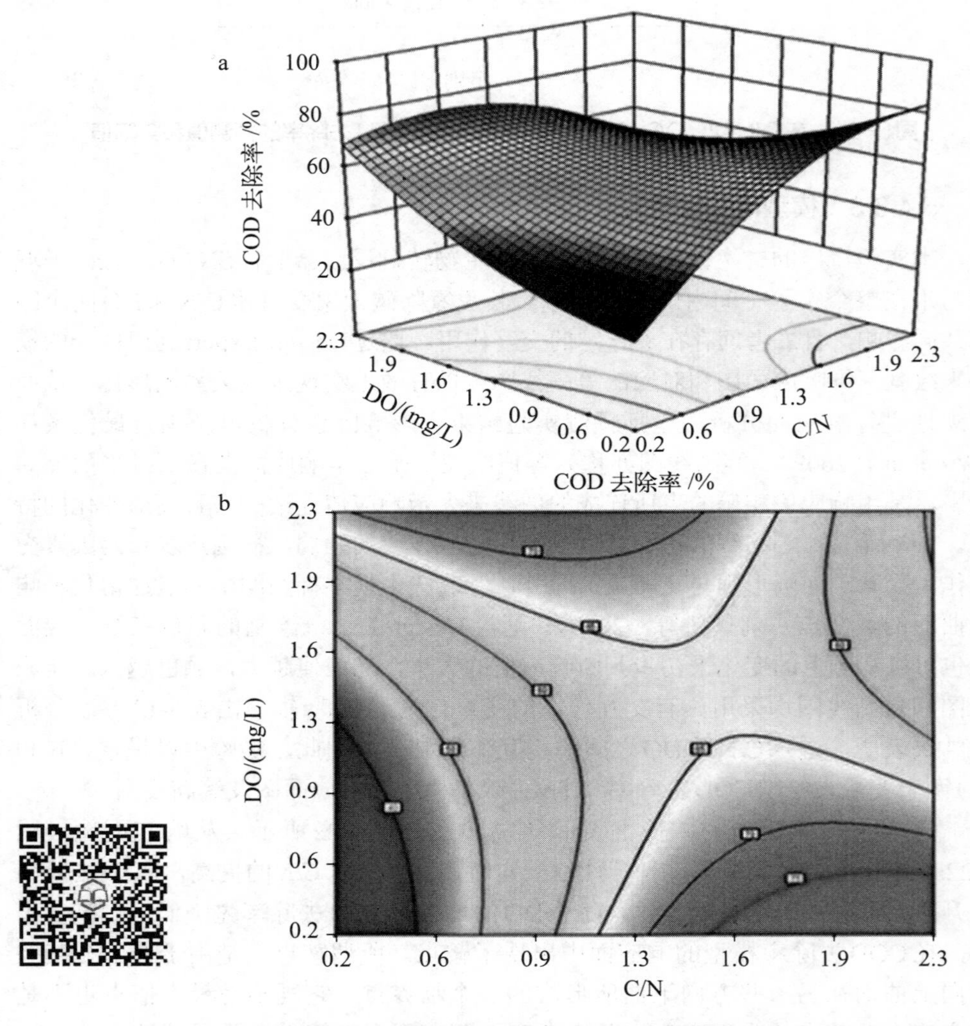


图5-22　COD去除率的响应面图（a）及其对应的等高线图（b）（扫码见彩图）

（Liu et al.，2008b），除碳过程效率降低，继续增大DO，反应器中潜在的少量其他种类的细菌（如好氧异养菌）可能快速增殖，从而进一步消耗有机碳源，使得工艺除碳效率又逐渐提升。

图5-23为TN去除率模型的响应面图和等高线图。从图5-23a可以看出，在实验所选取的因素水平范围内，当DO一定时，随着进水C/N的增加，TN去除率不断升高，在C/N比接近上限时才略有下降的趋势；当进水C/N一定时，随着DO的增大，TN去除率先下降后升高。因此，TN去除率模型的等高线图中亦出现了鞍点（见图5-23b），与COD去除率模型的鞍点相比，其出现得比较晚，由

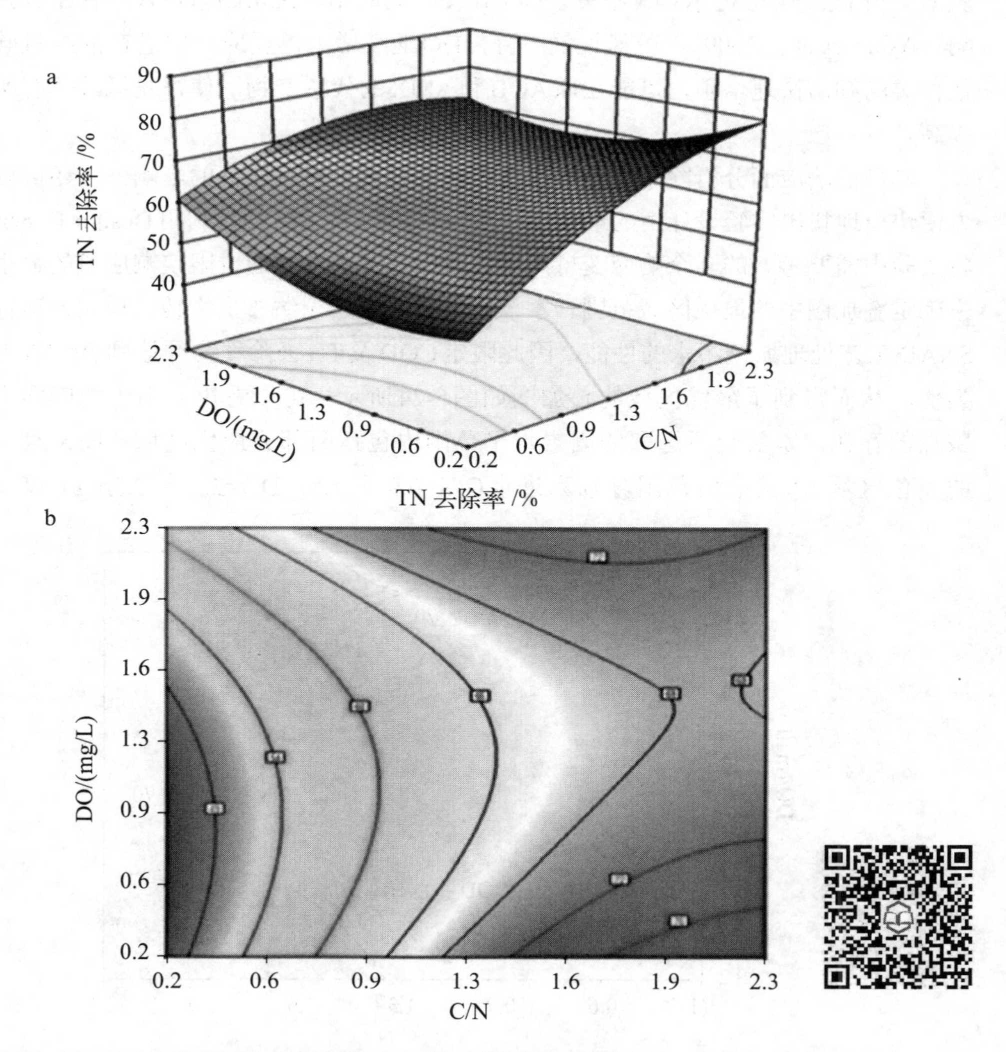


**图5-23　TN去除率的响应面图（a）及其对应的等高线图（b）**（扫码见彩图）

此可以认为，进水C/N与DO两个因素的交互作用对SNAD工艺COD去除率的影响更为显著。这一结论也可以通过对比二次模型中$x_1x_2$项的回归系数或表5-12方差分析中$x_1x_2$项所对应的$p$值大小来得到证实，同样地，直观比较两个模型所对应的响应曲面倾斜度也可以得出该结论，倾斜度越高，坡度越陡，说明影响因素间的交互作用越显著（闫晓淼等，2012）。保持DO不变，进水C/N增加，反硝化过程有机碳源增多，反应器脱氮效果增强，当C/N比接近取值上限时，SNAD工艺中三种菌群间的平衡受到影响，自养菌（AOB和AMX）活性被干扰，脱氮效率降低；保持进水C/N不变，DO增大，厌氧菌（AMX和DNB）活性被影响（Aslan et al.，2009），脱氮性能下降，DO继续增大，反应器中潜在的少量其他种类的细菌快速增殖，可能还原AOB和AMX的代谢产物，使得脱氮效率有所提高。

模型的响应面分析除了可以直观地反映出各因素对响应值的影响外，还可以方便快捷地找出实验设计中的最优条件（Asadi et al.，2012）。利用Design Expert将实验中需要考察的多个响应变量的等高线图进行叠加，通过限定响应值的大小来确定叠加图中的最优区域范围。本节研究旨在考察无纺布生物转盘反应器运行SNAD工艺处理城镇污水的性能，因此限定COD及TN去除率均须达到70%以上为优，从而得到了最优区域的叠加图如图5-24所示。可以看出，由于响应面中鞍点的存在，本实验所选取的因素水平范围内包括两部分最优区域（图5-24中的黄色区域），其取值范围分别为进水C/N=0.9～1.5，DO=2.1～2.3mg/L以及

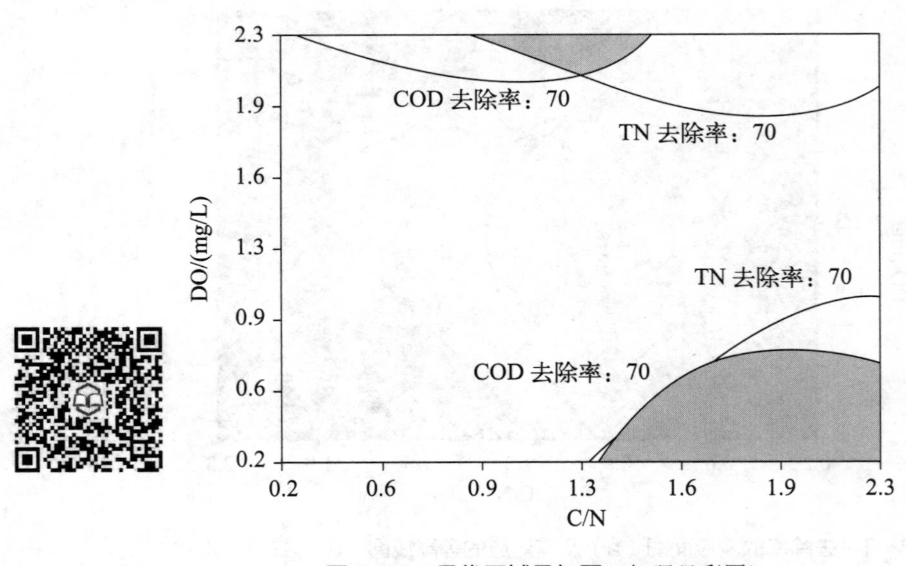


**图5-24　最优区域叠加图**（扫码见彩图）

进水C/N=1.4 ～ 2.3，DO=0.2 ～ 0.8mg/L。参考前面部分的影响因素分析及实践工程经验，C/N=0.9 ～ 1.5和DO=2.1 ～ 2.3mg/L所构成的区域并不是最优条件的合理取值范围，该区域内SNAD工艺的脱氮除碳效率可能会受反应器中潜在的少量其他种类的细菌影响，因此，本实验确定的最优区域为进水C/N=1.4 ～ 2.3，DO=0.2 ～ 0.8mg/L。通过SNAD工艺模型预测，得出本研究最佳工艺条件为进水C/N=2.3，DO=0.2mg/L，在此条件下，COD及TN去除率的预测值最大，分别为84%和80%。将反应器在预测的最优条件下运行一段时间后，重复测定COD及TN去除率，其平均值分别为83.37%和79.25%，实验结果与模型预测结果基本一致，从而肯定了最优条件的选取。

#### 5.4.3.4 无纺布生物转盘反应器处理实际污水的性能

为了考察无纺布生物转盘反应器处理实际污水的脱氮除碳性能，实验将反应器进水由人工模拟废水更换为经AnHA工艺预处理后的实际污水，其C/N为2.5左右。按照SNAD工艺模型响应面分析的结果，调整生物转盘DO控制孔及盘片浸没比使DO保持0.2mg/L，同时，为保证反应器进水C/N为2.3，实验采用乙酸、$(NH_4)_2SO_4$等对AnHA预处理工艺出水进行适当调节。反应器运行结果如图5-25所示。第一阶段（0 ～ 20d）为无纺布生物转盘反应器的适应期，从图中可以看出，虽然进水C/N和DO设置为最佳条件，但反应器的COD去除率和TN

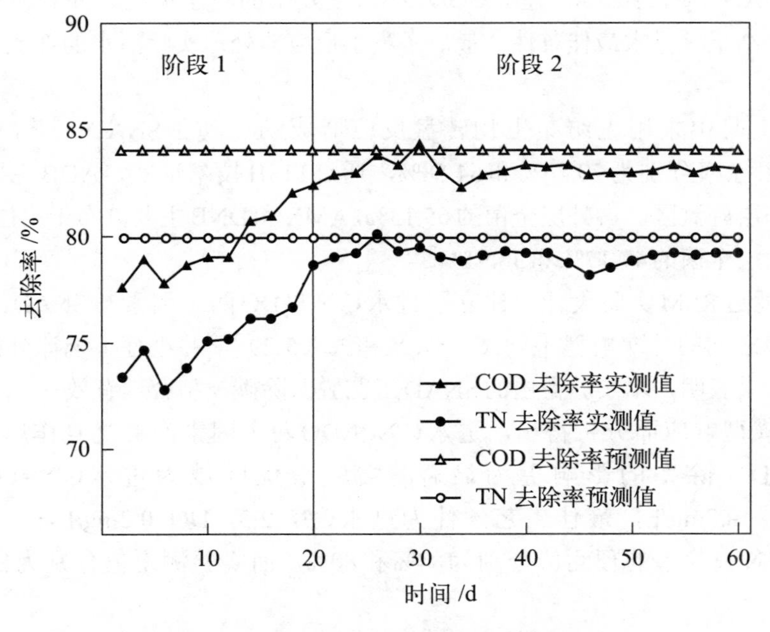


图5-25 无纺布生物转盘反应器的处理性能

去除率在运行初期波动明显且远达不到SNAD工艺模型的预测值（84%和80%），这是因为反应器进水由人工配水变为实际污水后，微生物需要适应新的环境，故反应初期的脱氮除碳效率较低且不稳定。然而，第10d开始，COD和TN的去除率逐渐提升并呈现出稳定增长的趋势，到第20d时，COD和TN去除率分别达到82.37%和78.69%，其与人工配水时期的COD去除率（83.37%）及TN去除率（79.25%）非常接近，证明反应器内的微生物群体在适应了新的进水水质后已经恢复了原有的活性。第二阶段（21 ～ 60d）为无纺布生物转盘反应器的稳定期，此阶段的COD去除率和TN去除率相比第一阶段有了明显的提高，其平均值为83.12%和79.13%，与人工配水时期的脱氮除碳效率以及SNAD工艺模型预测的结果基本一致，由此可以说明，经AnHA工艺预处理的实际污水，其水质得到改善，有利于无纺布生物转盘反应器稳定运行SNAD工艺，在本研究得出的最优条件下，反应器拥有良好的处理实际污水的性能，其脱氮除碳效率基本与模型预测值一致，从而再次肯定了SNAD工艺模型的有效性。

### 5.4.4 结论

本节实验采用无纺布生物转盘反应器运行SNAD工艺处理城镇污水，通过FISH技术对反应器内微生物组成进行表征，采用RSM设计实验考察进水C/N和DO对SNAD工艺的影响，建立COD及TN去除率的数学模型，并利用响应曲面预测实验结果、寻求最佳条件，最后考察了反应器处理实际污水的性能。主要结论如下：

① 实验中采用无纺布生物转盘反应器成功启动了SNAD工艺，其TN及COD的去除率分别为70.26%和64.58%，通过FISH技术证实，AOB主要分布于生物膜外层好氧区，占外层全菌的65.13%，AMX和DNB主要分布于内层厌氧区，分别占内层全菌的47.17%和38.91%。

② 通过RSM实验设计，建立了进水C/N和DO两个因素与SNAD工艺脱氮除碳效率之间的二次模型［见式（5-1）和式（5-2）］，并进行了统计分析及模型验证，结果表明，本实验得出的SNAD工艺脱氮除碳模型合理有效。

③ 模型响应面分析得出，进水C/N和DO两个因素间的交互作用对SNAD工艺COD去除率的影响更为显著，实验最优区域为进水C/N=1.4 ～ 2.3，DO=0.2 ～ 0.8mg/L，最佳工艺条件为进水C/N=2.3，DO=0.2mg/L，此条件下，COD及TN去除率的预测值分别为84%和80%，而实验测定值分别为83.37%和79.25%。

## 5.5 AnHA-SNAD耦合工艺能耗及运行成本分析

近年来，能源短缺和环境污染问题日益突出，制约着社会经济的发展和人类生存条件的改善，针对这些问题，需要从科学发展的角度出发，在坚持环境和经济效益双赢的原则下，把“节能减排、降污增效”作为行业发展的根本目标。为了改善水体环境和实现城镇污水的综合治理，我国在“十五”至“十四五”期间，通过总量控制和重点治理等方法，有效遏制了水污染持续加重的趋势，整体水环境质量明显改善。在此期间，城市污水处理厂大量兴建，使得目前我国城镇污水基本上得到了有效处理。然而，我国运行的城市污水处理厂普遍具有高能耗的行业特点，随着城市污水处理厂的大量兴建，这一类高能耗行业的问题日渐突出。当前，城市污水处理厂采用的主流工艺主要包括A/O、$A^2/O$、氧化沟和SBR等，该类工艺普遍存在能耗大、污水处理成本高等问题，若想达到节能降耗、降低运行成本的总体目标，则需要通过水处理技术的革新和清洁生产的推广，最大限度地提高资源利用率、减少能源消耗，从而促进人类社会和自然环境的可持续健康发展。

城市污水处理厂的能耗主要以电耗为主，电耗约占整体能耗的60%～90%，其主要发生在污水提升系统、二级生化处理的供氧系统以及污泥处理系统三个部分，其中，曝气电耗是全厂最大的耗能处理单元。目前，国内在能耗方面的总体调查研究相对较少，部分资料报道称（原培胜，2008），我国二级污水处理单元平均吨水电耗为0.14～0.28$kW \cdot h/m^3$，若包括污泥处理部分，则吨水电耗约为0.19～0.36$kW \cdot h/m^3$，与欧美及日本等发达国家和地区相比，我国城市污水处理厂的能耗较高。目前，主流工艺多数是以能消能，有机碳源消耗大且剩余污泥产量多，同时会排放较多的温室气体，不利于人类的健康和环境的可持续健康发展。城市污水处理厂实现节能的重要措施之一就是寻找低投资、低能耗的新技术和新工艺。目前来看，污水处理工艺仍以生物处理为核心，相对好氧工艺来说，厌氧工艺可以在很大程度上节约曝气部分的电耗，若能保证良好的处理效果，则可以真正实现节能减排的目标。

本节提出的AnHA-SNAD耦合工艺是将厌氧生物处理技术与新型生物脱氮除碳技术相结合，同时拥有二者的优点。一方面，该工艺耗氧量低、动力消耗少且污泥产率低，从而可以达到节能的目的；另一方面，该工艺利用污水自身所含物质转化为VFAs作为有机碳源，改变了碳源的存在形式，提高了碳源的利用效率，同时以VFAs为有机碳源还可以解决有机物对AMX活性抑制的瓶颈问题，从而利用多菌群的协同共存实现COD和TN的同时去除，保证了良好的处理效果。采用AnHA-SNAD耦合工艺处理城镇污水，可以真正达到节能减排、降污增效的目的，具有很好的环境经济效益。

因此，本节研究在小试实验的基础上提出了针对城镇污水进行高效低耗同时脱氮除碳处理的工艺设计方案，针对AnHA-SNAD耦合工艺的能耗和运行成本进行了计算和比较，以保证该工艺能够本着低投资、低运行费用、高处理效率等原则，实现环境与经济效益的双赢，力求使城市污水处理厂改扩建工程的工艺流程和路线先进合理、经济实用。主要研究内容包括城镇污水处理的工艺流程设计、能耗分析以及运行成本估算，从而为城市污水处理厂改扩建实际工程提供相关数据参考。

### 5.5.1 工艺流程设计

本节研究采用AnHA-SNAD耦合工艺进行城镇污水的脱氮除碳处理，其工艺流程设计如图5-26所示。城镇污水经排水管网流入污水处理站，首先在预处理阶段经过一系列的前期处理，包括经过粗格栅去除大体积的悬浮物，然后进入污水泵房进行水质和水量调节，再通过细格栅进一步去除悬浮物，经沉砂池去除砂粒，再进入初沉池进行悬浮物的进一步去除。随后，污水进入到生物处理阶段，该阶段分AnHA和SNAD两个单元。AnHA阶段主要进行COD的部分降解和C/N的降低，一方面为SNAD工艺提供合适的进水C/N，另一方面利用自身所含物质产生对AMX抑制作用较小的VFAs作为反硝化过程的有机碳源。SNAD阶段主要进行污水的脱氮除碳，利用AOB、AMX和DNB三种菌群的协同作用，实现COD和TN的同时去除。在生物处理阶段，如有需求，则可以设计部分污泥回流以补充流失的功能性菌群，剩余污泥则排入污泥处理系统中进行脱水等处理。与目前我国城市污水处理厂常常采用的如A/O、$A^2/O$以及SBR等主体工艺相比，AnHA-SNAD耦合工艺具有明显的优势：①生物处理阶段全程厌氧（AnHA）或低氧（SNAD），无须曝气，节省了动力消耗，可以降低很大一部分电耗，从而节约运行成本；②相比完全厌氧生物处理，AnHA可以避免溶解性$CH_4$的产生，也避免了比$CO_2$的温室效应强很多倍的$CH_4$气体的污染，同时，AnHA对温度、pH值等参数的要求更加宽泛，易于操作管理；③利用AnHA工艺预处理污水，一方面可以降解部分COD减轻后续生物脱氮工艺的有机负荷，降低C/N以满足SNAD工艺的要求，另一方面改变了水中碳源的存在形式，利用污水自身所含物质产生VFAs作为后续SNAD工艺的有机碳源，而VFAs可以解决有机物对AMX活性抑制的问题，为SNAD工艺创造了良好的进水水质条件；④与好氧生物处理工艺相比，厌氧生物处理工艺污泥产率低且剩余污泥脱水性好，浓缩时甚至可以不使用脱水剂，易于处理，处理同量的污水，剩余污泥产量仅为好氧生物处理的1/10 ～ 1/6，一方面可以大大降低后续处置污泥的费用，另一方面可以有效减少碳源随剩余污泥排出的损失，从而提高了碳源的利用率；⑤SNAD工艺可以实现单级自养与异养的结合，以简洁的流程达到同时脱氮除碳的目的，一体化设计节能减排，一定程度上扩大了以ANAMMOX技术为核心的新型生物处理技术的应用范围。综上所述，采用AnHA-SNAD耦合工艺处理城镇污水，既可以保证良好的出水水质，又可以降低城市污水处理厂的能耗及运行成本，真正达到节能减排、降污增效的目的。

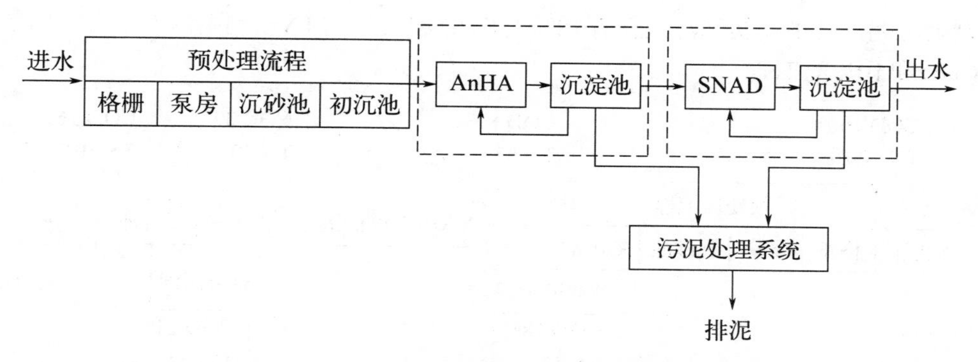


图5-26 AnHA-SNAD耦合工艺处理城镇污水流程图

## 5.5.2 工艺能耗分析

目前，国内有关以ANAMMOX技术为核心的新型生物脱氮除碳工艺处理城镇污水的能耗分析研究较少，因此，本节内容以小试研究结果为基础，结合实际水厂的运行情况，对比分析了目前城市污水处理厂采用的主流$A^2/O$工艺和本节提出的AnHA-SNAD耦合工艺的能耗。分析数据来源分别为本地某污水处理厂（$A^2/O$工艺）以及本节实验研究结果（AnHA-SNAD耦合工艺）。

对污水处理系统中的C和N进行物质平衡分析可以有效评价城市污水处理厂的运行状况，并且有助于了解反应系统中的能量流向，对提高低C/N城镇生活污水的处理效率有重要意义。通常，C的平衡用COD平衡表示，进水COD主要以随出水排放的COD、随剩余污泥带走的COD以及生物氧化和反硝化等作用去除的COD三种形式离开系统，如式（5-7）所示；N的平衡用TN平衡表示，进水TN主要以出水排放的TN、剩余污泥带走的TN以及反硝化作用去除的TN三种形式离开系统，如式（5-8）所示。在本节中，为方便比较，将原水COD和TN归一化为100%，且流入和流出各节点的污染物总量相等。

$$COD_{进水}=COD_{出水}+COD_{污泥}+COD_{生物氧化、反硝化} \tag{5-7}$$

$$TN_{进水}=TN_{出水}+TN_{污泥}+TN_{反硝化} \tag{5-8}$$

基于$A^2/O$工艺的城市污水处理厂的物质平衡分析如图5-27所示。首先，污水经格栅、沉砂池以及初沉池等预处理单元后，COD和TN分别下降18%和13%，然后进入$A^2/O$生物处理单元，由于异养菌的作用，原水中45%的COD转化为$CO_2$，且在硝化-反硝化作用下，原水中47%的TN转化为$N_2$排出，经二沉池后，出水COD和TN分别为原水的16%和30%。污泥处理单元包括初沉污泥和剩余污泥，其中，初沉污泥含有18%的COD和13%的TN，剩余污泥含有21%的COD和10%的TN。

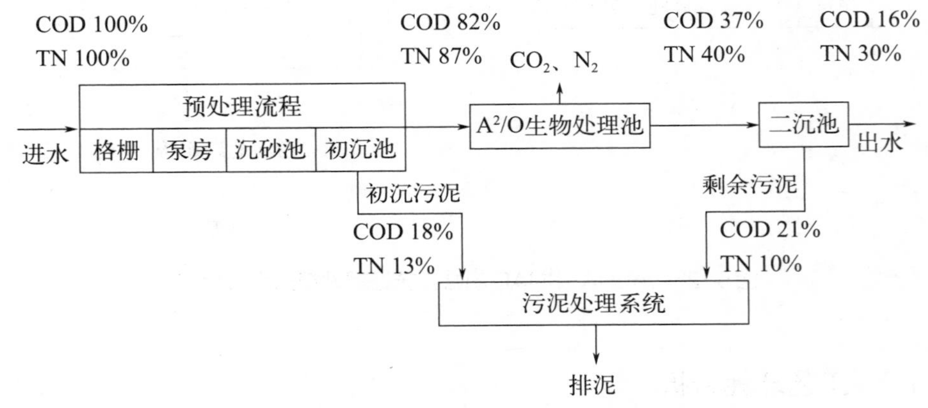


图5-27　基于$A^2/O$工艺的物质平衡图

基于AnHA-SNAD耦合工艺的城市污水处理厂的能耗则以前文中的物质平衡分析为基础并结合$A^2/O$工艺的能耗分布（图5-28）进行计算。

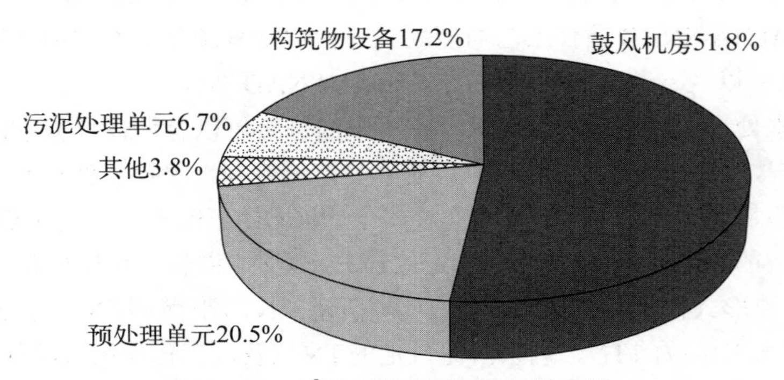


图5-28　$A^2/O$工艺各单元能耗分布图

（1）生物处理单元能耗

由物质平衡分析计算可得，$A^2/O$工艺曝气总需氧量为206.4mg/L，其中，硝化过程的需氧量为174.6mg/L，占总需氧量的84.6%，而异养菌氧化的有机物约占进水COD的12.7%，需氧量为31.8mg/L，占总需氧量的15.4%。与传统$A^2/O$生物脱氮相比，AnHA-SNAD耦合工艺曝气能耗可大幅度降低，脱氮过程理论上可以节约57.5%的需氧量，同时，在$A^2/O$工艺中，为了保证良好的硝化效果，通常DO要求不宜小于2mg/L（彭永臻等，2015），而本节实验得出SNAD工艺适宜的DO为0.2mg/L，由式（5-7）计算可得，脱氮过程可进一步节约18.4%的曝气量。因此，AnHA-SNAD耦合工艺中硝化过程的能耗占$A^2/O$工艺的比值为0.846×（1–0.575）×（1–0.184）×100%=29.3%。根据物质平衡计算可知，相比$A^2/O$工艺中的有机物氧化曝气量，AnHA-SNAD工艺此部分可完全节省，因此，综合硝化和有机物氧化两个部分节省的曝气量，AnHA-SNAD耦合工艺的曝气能耗占$A^2/O$工艺曝气能耗的29.3%，即基于AnHA-SNAD耦合工艺的城市污水处理厂的生物处理单元能耗为$A^2/O$工艺鼓风机房能耗的51.8%×29.3%=15.2%。

（2）污泥处理单元能耗

$A^2/O$工艺中39%的进水COD以污泥形式排出，而AnHA-SNAD耦合工艺中仅有23%的进水COD随污泥排出，因此，AnHA-SNAD耦合工艺的污泥处理量为$A^2/O$工艺的59%，则其污泥处理单元的能耗为$A^2/O$工艺污泥处理单元的6.7%×59%=4.0%。

（3）污水处理构筑物设备能耗

AnHA-SNAD耦合工艺包括AnHA反应池和SNAD生物转盘两部分，其中AnHA反应池HRT为1.5h，SNAD生物转盘HRT为5h，而传统$A^2/O$工艺反应池的HRT为12h，则主要设备能耗如表5-13所示。

表5-13 $A^2/O$工艺与AnHA-SNAD耦合工艺污水处理构筑物设备能耗

| 耗能设备 | $A^2/O$工艺/% | AnHA-SNAD耦合工艺/% | |
|---|---|---|---|
| | | AnHA | SNAD |
| 搅拌器 | 9.4 | 1.2 | — |
| 内回流泵 | 1.9 | — | — |
| 加药泵 | 0.1 | — | — |
| 回流污泥泵 | 5.1 | 0.6 | 2.1 |
| 二沉刮泥机 | 0.4 | 0.4 | 0.4 |
| 剩余污泥泵 | 0.3 | 0.04 | 0.1 |
| 总计① | 17.2 | 4.8 | |

① 表中数据代表各个设备能耗占$A^2/O$工艺能耗的百分比。

综上所述，与传统$A^2/O$工艺相比，采用AnHA-SNAD耦合工艺处理城镇生活污水时，工艺能耗可以大幅度减少，如表5-14所示，AnHA-SNAD耦合工艺的能耗大约仅为传统$A^2/O$工艺能耗的48.3%，吨水能耗约为0.16kW·h/$m^3$，采用该工艺处理城镇污水有利于城市污水处理厂降低污水处理的运行成本，通过能耗分析充分肯定了AnHA-SNAD耦合工艺处理城镇污水的优势。

**表5-14　基于$A^2/O$工艺和AnHA-SNAD耦合工艺的能耗对比**

| 污水处理单元 | $A^2/O$工艺 | AnHA-SNAD耦合工艺 |
| --- | --- | --- |
| 预处理单元 | 20.5 | 20.5 |
| 生物处理单元 | 51.8 | 15.2 |
| 污水处理构筑物设备 | 17.2 | 4.8 |
| 污泥处理单元 | 6.7 | 4.0 |
| 其他 | 3.8 | 3.8 |
| 运行总能耗 | 100 | 48.3 |

## 5.5.3　工艺运行成本估算

### 5.5.3.1　运行成本的组成

城市污水处理厂的运行成本主要包括人员工资及附加、电费、药剂费、管道设备维修费等，其中，电费是城市污水处理厂的主要成本之一，通常以泵站和曝气池的电费为主，而粗细格栅、沉砂池以及脱水机房等功率较小且非24h运行，由它们产生的电费占泵站和曝气池的电费比例很小，不会超过5%（Guo et al.，2009）。由于本节研究采用的主体生物处理单元为AnHA-SNAD耦合工艺，全程厌氧（AnHA）或低氧（SNAD），大大降低了电费，从而节约了运行成本。在此，不考虑折旧的情况下，将运行成本划分为五大类，分别为人员费、动力费、维修费、药剂费和其他，如式（5-9）所示：

$$C=W+P+M+R+Q \tag{5-9}$$

式中，$C$为城市污水处理厂每月的运行成本，元；$W$为人员费，元；$P$为动力费，元；$M$为维修费，元；$R$为药剂费用，元；$Q$为其他费用，$Q$通常按照前四项费用总和的5%估计，元。

### 5.5.3.2　运行成本分析

**（1）人员费**

人员费主要为城市污水处理厂工作人员的工资、福利以及补助等，该项费用比较固定，在分析运行成本时通常可将其看成一项常数。以本地某污水处理厂为例，对于日处理6万t的城市污水处理厂来说，定员为25人，以本地的工资水平和消费水平为参考，平均每人每月各项费用为3000元，则每月人员费用$W$=25×3000=75000（元）。

**（2）动力费**

动力费主要包括运输费和电费，其中电费是主要成本之一，含泵站和曝气池两个主要项目。由前面的能耗分析得出，AnHA-SNAD耦合工艺吨水能耗约为0.16kW·h/$m^3$，对日处理6万t的城市污水处理厂来说，一个月按30d计，每千瓦时电费计0.6元，则一个月的动力费$P$=0.16×6×$10^4$×30×0.6=172800（元）。

**（3）维修费**

维修费主要包括城市污水处理厂日常维护保养、仪表校正、设备大修和管道维护的费用，其中，维护保养和仪表校正费用一般每年按设备投资额的5%计，设备大修以及管道维护费用则每年按设备投资额的1%计，对于日处理6万t的城市污水处理厂来说，设备投资一般在1200万元左右，则每月的维修费$M$=1200×10000×（5%+1%）/12=60000（元）。

**（4）药剂费**

药剂费以化学试剂、絮凝剂和消毒费用为主，其中，消毒费用占比例较大，城镇污水消毒的方法包括氯、二氧化氯、臭氧和紫外消毒法等，这些方法都可行，但处理成本差别很大，臭氧和紫外消毒的方法运行成本高，从经济的角度考虑，液氯消毒是我国目前较普遍采用的方法，它工艺成熟、效能稳定、综合费用最低，每吨污水的消毒成本为0.025元，此外，化学试剂和絮凝剂也是城市污水处理厂经常使用的药剂，通常按每吨污水0.005元计，则每月的药剂费$R$=6×$10^4$×30×（0.025+0.005）=54000（元）。

根据以上各项费用的计算可得，以日处理6万t的本地某污水处理厂为例，每月的运行成本$C$=（$W$+$P$+$M$+$R$+$Q$）×（%）=（75000+172800+60000+54000）×（1+5%）=379890（元），则吨水运行成本为379890/（30×60000）=0.21（元/$m^3$）。

参考已有的文献资料，与目前运行的部分城市污水处理厂的污水处理成本进行比较可以看出，如表5-15所示，大部分城镇污水处理是采用以好氧生物处理为主的工艺，其运行成本基本在0.34～0.74元/$m^3$之间（周斌，2001），而本章设计开发的以厌氧生物处理为主的AnHA-SNAD耦合工艺，其在处理城镇污水时可以大大降低运行成本，仅为0.21元/$m^3$，由此可见，AnHA-SNAD耦合工艺具有很高的经济效益和市场应用价值。

表5-15 城市污水处理厂不同工艺的运行成本

| 厂名 | 规模/（$\times 10^4 m^3/d$） | 工艺 | 运行成本/（元/$m^3$） |
| --- | --- | --- | --- |
| 上海龙华 | 4.5 | 传统活性污泥法 | 0.49 |
| 常州城北 | 5.0 | 传统活性污泥法 | 0.64 |
| 苏州新区 | 8.0 | 氧化沟 | 0.65 |
| 合肥王小郢 | 15.0 | 氧化沟 | 0.34 |
| 厦门杏林 | 3.0 | $A^2/O$ | 0.74 |
| 大连西海 | 6.0 | $A^2/O$ | 0.51 |
| 上海闵行 | 5.0 | A/O | 0.45 |
| 福州祥坂 | 5.0 | A/O | 0.49 |

## 5.5.4 小结

本研究以小试实验为基础，对AnHA-SNAD耦合工艺的放大实际投产进行了简单的工艺流程设计、能耗分析以及运行成本估算，为需要提标改造的城市污水处理厂提供一定的参考。以本地某污水处理厂的水质水量为设计参数，以$A^2/O$工艺为对比，得出AnHA-SNAD耦合工艺吨水能耗约为0.16kW·h/$m^3$，在设计处理水量为$6.0\times 10^4 m^3/d$的条件下，估算吨水运行费用约为0.21元/$m^3$，其经济效益与环境效益非常显著。

## 5.5.5 结论与展望

### 5.5.5.1 结论

本实验针对城镇污水设计以AnHA-SNAD耦合工艺进行同时脱氮除碳处理，分别利用正交试验和RSM考察影响因素、确定最优条件以及拟合模型等，同时，分析对比了工艺的能耗和运行成本，从而为新型生物脱氮除碳技术的应用提供一定的理论与技术支持。主要的研究结论包括：

① AnHA工艺可以作为城镇污水的预处理工艺，既可以去除部分COD减轻后续生物脱氮工艺的有机负荷，降低C/N，又可以产生VFAs，从而为后续SNAD工艺提供适宜的C/N和有机碳源。

实验中采用上流式无纺布生物膜反应器快速成功地启动了AnHA工艺，表征得出拟杆菌和梭杆菌是反应器内的主体菌种（90%以上）。正交试验分析得出，出水VFAs主要成分为乙酸、丙酸和正丁酸，异丁酸、正戊酸和异戊酸也有少量生成，其中，pH值主要影响乙酸和丙酸的组分含量，HRT是正丁酸、异戊酸和正戊酸产量最大的影响因素，而异丁酸的组分含量则与进水$NH_4^+$-N浓度最为相关。影响COD去除率的因素作用大小顺序为进水COD＞HRT＞进水$NH_4^+$-N＞pH值，而对VFAs总产量而言，其影响因素作用大小顺序为进水$NH_4^+$-N＞pH值＞进水COD＞HRT。该工艺最适宜的参数条件为HRT=1.5h，pH值=8.5，进水COD浓度=100mg/L和进水$NH_4^+$-N浓度=30mg/L。实验证实，上流式无纺布生物膜反应器在最佳工艺条件下可以稳定处理实际污水，其COD去除率为27.15%，VFAs占出水COD比例达89.21%，实际污水的C/N由进水3.5降低到出水2.5。

② SNAD工艺可以稳定实现城镇污水的同时脱氮除碳处理，采用RSM可以对该工艺进行良好的因素分析、数学建模、寻求最优条件以及预测结果等。

实验采用无纺布生物转盘反应器成功启动了SNAD工艺，FISH表征得出，AOB主要存在于生物膜外层好氧区（65.13%），而AMX和DNB主要存在于生物膜内层厌氧区（47.17%和38.91%）。RSM实验建立了进水C/N和DO与工艺脱氮除碳效率之间的二次模型，经统计分析及模型验证表明COD和TN去除率数学模型合理有效。响应面分析得出，进水C/N和DO之间的交互作用对COD去除率的影响更为显著，工艺最佳条件为进水C/N=2.3和DO=0.2mg/L，此条件下COD及TN去除率的预测值分别为84%和80%。实验证实，经AnHA工艺预处理后的实际污水在SNAD工艺最优条件下可有效实现COD和TN的同时去除，其COD去除率为83.12%，TN去除率为79.13%。

③ 以本地某污水处理厂为例，针对AnHA-SNAD耦合工艺进行能耗分析与运行成本估算得出，工艺吨水能耗约为0.16kW·h/$m^3$，在设计处理水量为$6.0\times10^4 m^3/d$的条件下，吨水运行费用约为0.21元/$m^3$，与目前常用的好氧生物处理工艺相比，AnHA-SNAD耦合工艺处理城镇污水的环境和经济效益非常显著。

#### 5.5.5.2 创新点

本实验设计开发了高效低耗的AnHA-SNAD耦合工艺，AnHA工艺的预处理为后续SNAD工艺的生物脱氮除碳提供适宜的C/N和有机碳源（VFAs）。实验研究表明，利用AOB、AMX和DNB耦合协同作用的SNAD工艺可以实现污水中COD和TN的同时去除，VFAs对AMX活性抑制作用较小且易被DNB利用，进水C/N可达2.3，比文献资料报道的C/N=0.5～1.0高1倍以上，扩大了SNAD工艺对城镇污水C/N的应用范围，同时，其吨水能耗约为0.16kW·h/$m^3$，比常规活性污泥法平均能耗0.3kW·h/$m^3$降低近50%，吨水处理成本也降低约60%以上，显示了AnHA-SNAD耦合工艺的优势。

#### 5.5.5.3 展望

本实验研究结果表明，当进水C/N达2.3时仍可实现SNAD工艺的运行，但在碳源充足的条件下，异养DNB生长速率大于自养菌，一定程度上会产生抑制作用。

# 第6章 微生物固定化技术在水产养殖废水中的应用

## 6.1 脱氮菌的分离、鉴定

近年来，人们对海产品营养价值的认可和需求量的增加使得海水养殖以高于淡水养殖的速度增长，在养殖总产量中的比重不断上升。世界各国尤其是沿海的发展中国家，都在大力发展工厂化海水养殖（Islam，2014）。然而，工厂化养殖模式和高密度的养殖现状导致水体的污染程度远远超过了其自身的净化能力，残存饵料、排泄物及死体组织在水体中沉积分解，造成水体环境中不溶性污染物剧增，COD、氨氮、亚硝态氮、硫化氢等的含量增加，DO下降，水体酸化和臭底（Conley et al.，2009）。养殖水体快速恶化极易引起各种病害频发，尤其对底栖类养殖动物（如盘纹鲍、海参、大菱鲆和红鳍东方鲀等）影响尤为严重，轻者影响其生长、发育和繁殖，重者导致养殖动物直接死亡，给海水养殖业造成了巨大的经济损失（Van Bussel et al.，2012；Xia et al.，2012；Naylor et al.，2014）。同时，长期过度使用和滥用抗生素和化学药物不仅使病原菌产生了耐药性，同时还破坏水体环境中的益生菌群以及养殖动物消化道内正常菌群，造成正常菌群微生态失衡（Kümmerer，2009）。此外，抗生素在养殖动物体内积累导致药残超标带来的食品安全问题对人类健康也是一种潜在威胁（耿毅和汪开毓，2004）。

水体是海水养殖动物赖以生存的环境，水质的好坏直接影响到它们的生长状况和养殖者的经济效益。目前国内外应用于水产养殖的益生菌种主要有光合细菌、芽孢杆菌、乳杆菌、双歧杆菌、硝化细菌等（Luis Balcázar et al.，2006）。其中，具有净水功能的益生菌是光合细菌、硝化细菌和芽孢杆菌，与光合细菌、硝化细菌相比，芽孢杆菌以产芽孢对环境耐受能力强被广泛应用，其益生作用可以提高养殖动物的成活率、生长速度、抗病能力和成体品质（Zhao et al.，2012）。市场上的芽孢杆菌主要是淡水养殖用菌株，海水养殖专用净化水质的芽孢杆菌相对较少。海水养殖用芽孢杆菌除了适应海水的盐度环境，还能够降解养殖环境中的氮源、碳源等污染物，对海水养殖中的病原弧菌具有很强的拮抗作用，由于其本身可形成稳定的芽孢，方便长时间运输和保存（Ziaei-Nejad et al.，2006；Avella et al.，2010）。寻求既能有效净化海水养殖水体，又能抑制致病菌繁殖，还能对养殖动物具有益生作用的海水用芽孢杆菌，已成为当前益生菌研究的热点和难点。

鉴于芽孢杆菌在海水养殖产业中具有净化水质和益生作用的显著优点，本节研究趋向从海水养殖环境中分离筛选具有净水能力（高效降解氨氮和亚硝态氮）的海水专用的芽孢杆菌功能菌株。为进一步开发海水养殖专用载体固定化微生态制剂，在海水养殖生产过程中达到高效净化水质、拮抗致病菌生长和提高养殖仿刺参的存活率和免疫力提供理论依据和技术支持。

### 6.1.1 实验材料

#### 6.1.1.1 实验试剂

实验所用试剂见表6-1。

表6-1 试剂信息表

| 试剂名称 | 生产厂家 | 规格 |
|---|---|---|
| 磷酸二氢钠 | 天津市科密欧化学试剂有限公司 | 分析纯 |
| 硫酸锰 | 天津市瑞金特化学品有限公司 | 分析纯 |
| 磷酸铁 | 天津市科密欧化学试剂有限公司 | 分析纯 |
| 碳酸钙 | 天津市瑞金特化学品有限公司 | 分析纯 |
| 碳酸氢钠 | 天津市科密欧化学试剂有限公司 | 分析纯 |
| 硫酸亚铁 | 天津市博迪化工股份有限公司 | 分析纯 |
| 硫酸镁 | 天津市福晨化学试剂厂 | 分析纯 |
| 氯化铵 | 天津市凯信化学工业有限公司 | 分析纯 |
| 硫酸铵 | 天津市博迪化工股份有限公司 | 分析纯 |

续表

| 试剂名称 | 生产厂家 | 规格 |
| --- | --- | --- |
| 亚硝酸钠 | 天津市凯信化学工业有限公司 | 分析纯 |
| 柠檬酸钠 | 天津市科密欧化学试剂有限公司 | 分析纯 |
| 苯酚 | 天津市天河化学试剂厂 | 分析纯 |
| 亚硝基铁氰化钠 | 天津市福晨化学试剂厂 | 分析纯 |
| 次氯酸钠 | 辽阳禄林化工有限公司 | 分析纯 |
| 对氨基苯磺酸 | 天津市福晨化学试剂厂 | 分析纯 |
| 浓盐酸 | 沈阳安瑞祥化工五金有限公司 | 分析纯 |
| *N*-(1-萘基)-乙二胺盐酸盐 | 天津市瑞金特化学品有限公司 | 分析纯 |
| 三氯甲烷 | 天津市科密欧化学试剂有限公司 | 分析纯 |
| 无水乙醇 | 天津市科密欧化学试剂有限公司 | 分析纯 |
| 甘油 | 天津市瑞金特化学品有限公司 | 分析纯 |
| 甲醇 | 天津市瑞金特化学品有限公司 | 分析纯 |
| 葡萄糖 | 天津市博迪化工股份有限公司 | |
| 蛋白胨 | 英国Oxoid公司 | |
| 酵母提取物 | 英国Oxoid公司 | |
| 细菌药敏纸片 | 英国Oxoid公司 | CT0998B |
| Goldview核酸染料 | 上海赛百盛基因技术有限公司 | |
| PCR引物 | 宝生物工程（大连）有限公司 | |
| DNA提取试剂盒 | 宝生物工程（大连）有限公司 | |
| DNA回收纯化试剂盒 | 宝生物工程（大连）有限公司 | |

**（1）使用溶液的配制方法**

无菌海水：陈海水经滤纸过滤后，121℃高压灭菌20min，室温保存。

无氨海水：采集氨氮低于0.8μg/L的海水，用0.22μm滤膜过滤后贮存于聚乙烯桶中，每升海水加入1mL三氯甲烷，混合均匀后室温保存。

铵标准贮备液（100mg/L）：称取105℃干燥2h以上的$NH_4Cl$ 3.819g溶于$ddH_2O$，定容至1000mL，此溶液氨氮浓度为1mg/mL。

铵标准使用液（10mg/L）：移取10.0mL铵标准贮备液置于100mL容量瓶中，加水至标线，混匀，现用现配。

柠檬酸钠溶液（480g/L）：称取240g柠檬酸钠溶于500mL的dd$H_2O$中，加入20mL 0.5mol/L的NaOH溶液，加入防暴沸石，加热煮沸到400mL。冷却后用dd$H_2O$稀释至500mL，盛于聚乙烯瓶中，常温保存。

苯酚溶液：称取19g苯酚和200mg亚硝基铁氰化钠，溶于dd$H_2O$中，稀释至500mL，混匀后盛于棕色试剂瓶中，4℃保存，稳定期在2～3个月内。

PBS缓冲液：NaCl 8g，KCl 0.2g，$KH_2PO_4$ 0.24g，$Na_2HPO_4$ 1.44g，dd$H_2O$ 800mL，HCl调pH至7.4，加dd$H_2O$定容至1000mL，室温保存。

氨态氮降解测试液：$(NH_4)_2SO_4$ 0.24g，葡萄糖0.065g，陈海水1000mL，pH7.5～8.0，氨氮含量约为50mg/L，C/N为1∶2（根据不同的C/N添加葡萄糖）。亚硝态氮降解测试液：$NaNO_2$ 0.03g，葡萄糖0.026g，陈海水1000mL，pH7.5～8.0，亚硝态氮含量约为20mg/L，C/N为1∶2（根据不同的C/N比添加葡萄糖）。

$NO_2^-$-N检测试剂A：热水溶解5g对氨基苯磺酸，待冷却后加入42mL浓HCl，用dd$H_2O$定容至500mL，放入棕色试剂瓶中，室温保存。

$NO_2^-$-N检测试剂B：称取0.5g *N*-（1-萘基）-乙二胺盐酸盐，用dd$H_2O$定容至500mL，常温保存。

**（2）培养基的配制**

氨氮降解菌富集筛选培养基：$(NH_4)_2SO_4$ 0.48g，$NaH_2PO_4$ 0.25g，$MnSO_4\cdot4H_2O$ 0.01g，$K_2HPO_4$ 0.75g，$MgSO_4\cdot7H_2O$ 0.03g，$CaCO_3$ 3g，陈海水1000mL，pH7.5～8.0，氨氮含量约为100mg/L。

氨氮降解菌分离纯化固体培养基：$(NH_4)_2SO_4$ 0.24g，$NaH_2PO_4$ 0.25g，$MnSO_4\cdot4H_2O$ 0.01g，$K_2HPO_4$ 0.75g，$MgSO_4\cdot7H_2O$ 0.03g，$CaCO_3$ 2g，陈海水1000mL，琼脂粉12g，pH7.5～8.0，氨氮含量约为50mg/L。

亚硝态氮降解菌富集筛选液体培养基：$NaNO_2$ 0.75g，$Na_2CO_3$ 1g，$K_2HPO_4$ 0.5g，$MgSO_4\cdot7H_2O$ 0.03g，$FeSO_4\cdot7H_2O$ 0.4g，陈海水1000mL，pH7.2～7.5，亚硝态氮含量约为50mg/L。

亚硝态氮降解菌分离纯化固体培养基：$NaNO_2$ 0.375g，$Na_2CO_3$ 1g，$K_2HPO_4$ 0.5g，$MgSO_4\cdot7H_2O$ 0.03g，$FeSO_4\cdot7H_2O$ 0.4g，陈海水1000mL，琼脂粉12g，pH7.2～7.5，亚硝态氮含量约为25mg/L。

2216E液体培养基：蛋白胨5g，酵母膏1g，$FePO_4$ 0.1g，陈海水1000mL，pH7.2；固体培养基为液体培养基中加入15g/L琼脂粉。

加盐LB培养基：蛋白胨10g，酵母提取物5g，NaCl 30g，$H_2O$ 1000mL，pH7.2；固体培养基为液体培养基中加入15g/L琼脂粉。

以上培养基均经过121℃高压灭菌20min后使用。

#### 6.1.1.2　仪器设备

实验所用仪器见表6-2。

表6-2　实验仪器信息表

| 仪器名称 | 型号、品牌和产地 |
| --- | --- |
| pH计 | PB-10，Sartorius，德国 |
| 盐度计 | WZ-211，万成，北京 |
| 温度-溶解氧分析仪 | JPB-608，雷磁，上海 |
| 可见分光光度计 | SP-722E，光谱，上海 |
| 紫外分光光度计 | UV-1800，美谱达，上海 |
| 光学显微镜 | CX21，OLYMPUS，日本 |
| 电子天平 | FA1004N，精密，上海 |
| 微波炉 | PJ17F-F（Q），美的，广东 |
| MILI-Q纯水仪 | Synthesis A10，Millipore，美国 |
| 高压蒸汽灭菌锅 | SS-325，TOMY，日本 |
| 低温冷冻离心机 | 5418R，Eppendorf，德国 |
| 电热恒温鼓风干燥箱 | 101-2A，阳光仪器，上海 |
| 超净工作台 | SW-CJ-2F-D，安泰，江苏 |
| 恒温摇床 | SHZ-82，国华仪器，常州 |
| PCR仪 | TP600，TaKaRa，日本 |
| 电泳系统 | HM-I，竞迈仪器，大连 |
| 紫外成像系统 | WD-9403C，六一仪器，北京 |
| 场发射扫描电镜 | Nova NanoSEM-450，FEI，美国 |
| 立式冷藏冰柜 | SC-329，海尔电器，青岛 |
| 立式超低温冰箱 | MDF-U73V，SANYO，日本 |

#### 6.1.1.3　实验样品

养殖水体样品：采样时间2014年3月，水样来源于大连湾鹤圣丰海产品养殖场仿刺参、红鳍东方鲀和大菱鲆池塘（无微生态制剂和抗生素），为采集于不同深度的混合水样，无菌瓶保存，水温平均为16℃，盐度平均为3.1%。

养殖底泥样品：采样时间为2014年3月，底泥来源于大连湾鹤圣丰海产品养殖场仿刺参、红鳍东方鲀和大菱鲆池塘（无微生态制剂和抗生素），为采集池底环沟区和中央区沉积物混合底泥样品，无菌瓶保存，盐度平均为3.1%，水温平均为16℃。

#### 6.1.1.4 实验病原菌

仿刺参主要病原菌：黄海希瓦氏菌（*Shewanella smarflavi*）、灿烂弧菌（*Vibrio splendidus*）、哈维氏弧菌（*Vibrio harveyi*）、溶藻弧菌（*Vibrio alginolyticus*）、迟缓爱德华氏弧菌（*Edwardsiella tarda*）和副溶血弧菌（*Vibrio parahemolyticus*）等六种海参致病菌，大连理工大学动物技术与营养实验室提供。

### 6.1.2 实验方法

#### 6.1.2.1 水质分析项目及检测方法

本部分实验分析项目主要包括$NH_4^+$-N、$NO_2^-$-N，各项水质指标的测定方法均根据《中国环境保护标准汇编 水质分析方法》和《海洋监测规范　第4部分：海水分析》国家标准水质检测方法（中国标准出版社第二编辑室，2001；中国国家标准化管理委员会，2007）。盐度与pH测定分别采用北京万成WZ-211盐度计和德国Sartorius PB-10 pH计，温度和DO采用上海雷磁JPB-607溶解氧仪检测。具体分析方法和检测仪器见表6-3。

表6-3　水质分析项目及方法

| 检测项目 | 分析方法或测定仪器 |
|---|---|
| $NH_4^+$-N | 靛酚蓝分光光度法 |
| $NO_2^-$-N | *N*-（1-萘基）-乙二胺光度法 |
| 温度、DO | 上海雷磁JPB-607溶解氧仪 |
| 盐度 | 万成WZ-211盐度计 |
| pH | 德国Sartorius PB-10酸度计 |

#### 6.1.2.2 菌株的筛选、分离与纯化

**（1）氨氮降解菌的分离与纯化方法**

取仿刺参养殖池采集的底泥样品的内层样品2g，加入50mL的PBS缓冲溶液，振荡5min，使样品混合均匀。1000r/min离心5min，收集底泥样品上清液，备用。

分别取10mL海参养殖池水样和底泥样品上清液，加入装有200mL氨氮降解菌富集筛选培养液的锥形瓶中，在28℃、150r/min恒温摇床中培养2～3d，富集3次。

取培养的菌悬液梯度稀释，取100μL涂布于氨氮降解菌分离纯化固体培养基

上，置于28℃培养箱培养。在24 ～ 72h之间，挑取不同形态单菌落在2216E固体培养基上划线培养，重复分离纯化3次，最后得到的单菌落测定氨氧化能力，同时进行16S rDNA测序，选择氨氮降解能力较强的菌株进一步进行研究。

**（2）亚硝态氮降解菌的分离与纯化方法**

分别取10mL海参养殖池水样和底泥样品上清液，加入装有200mL亚硝态氮降解菌富集筛选培养液的锥形瓶中，28℃、150r/min恒温摇床培养2 ～ 3d，富集3次。取培养的菌悬液梯度稀释后取100μL涂布于亚硝态氮分离纯化固体培养基上，置于28℃培养箱培养。在48 ～ 72h之后，挑取不同形态单菌落在2216E固体培养基上划线培养，重复分离纯化3次，最后得到的单菌落测定硝化能力，同时进行16SrDNA测序，并选择亚硝态氮降解能力较强的菌株进行下一步研究。

#### 6.1.2.3　氨氮降解能力和亚硝态氮降解能力的检测

**（1）筛选菌株氨氮降解能力的测定**

设定C/N为0.5和2，分别测试筛选菌对50mg/L氨氮的降解效率，作为补充富集筛选的一种复筛手段来评价所筛菌株的氨氮降解能力，从而通过比较筛选出降解氨氮效果最佳的菌株。

将各分离纯化得到的菌株接种于2216E液体培养基培养至对数生长期（16 ～ 24h），使其在500nm波长下的吸光值在0.7 ～ 0.8之间（如浓度过大，可适度稀释），取10mL菌液离心去上清液，用氨氮降解测试液轻微重悬菌体的方法将其接种到100mL氨氮降解测试液培养基中，在12h和24h分别检测氨氮的浓度，并计算每个菌株的氨氮去除率。

**（2）筛选菌株亚硝态氮降解能力的测定**

设定C/N为0.5和2，测试筛选菌对20mg/L亚硝态氮的降解效率，作为补充富集筛选的一种复筛手段来评价所筛菌株降解亚硝态氮的能力，通过比较筛选出降解亚硝态氮效果最佳的菌株。

将各分离纯化得到菌株接种于2216E液体培养基培养至对数生长期（16 ～ 24h），使其在500nm波长下的吸光值在0.7 ～ 0.8之间（如浓度过大，可适度稀释），取10mL菌液离心去上清液，用亚硝态氮降解测试液轻微重悬菌体的方法将其接种到100mL亚硝态氮降解测试液培养基中，在12h和24h分别检测亚硝酸盐的浓度，并计算每个菌株的亚硝态氮去除率。

#### 6.1.2.4　菌株的分类鉴定

**（1）细菌总DNA提取及纯化**

采用16S rDNA序列分析进行鉴定。首先，经过测定氨氮降解率和亚硝态氮降解率，选出降解能力较强的菌株，从纯培养平板挑出单菌落接种于盛有50mL 2216E培养基的锥形瓶中，在28℃，150r/min恒温摇床培养24 ～ 72h。然后取4mL培养菌液，10000r/min离心2min，弃上清液后按照DNA提取试剂盒（TaKaRa Mini BEST Bacterial Genomic DNA Extraction Kit）说明书中的提取流程进行细菌DNA提取，–20℃保存。

（2）16S rDNA PCR扩增

以得到的DNA产物为模板，采用细菌通用引物27F-1492R进行PCR扩增。引物序列如表6-4所示。PCR扩增使用TaKaRa试剂盒：*ExTaq*预混酶（5U/μL），PCR扩增产物置于4℃保存。

表6-4 细菌通用引物27F−1492R序列

| 引物名称 | 引物序列 |
|---|---|
| 27F | 5'-AGAGTTTGATCCTGGCTCAG-3' |
| 1492R | 5'-TACGGCTACCTTGTTACGACTT-3' |

① PCR反应混合物体系：

| | |
|---|---|
| 引物-27F（10pmol/μL） | 1μL |
| 引物-21492R（10pmol/μL） | 1μL |
| DNA模版 | 2μL |
| *ExTaq*酶 | 25μL |
| ddH$_2$O | 21μL |
| 总体积 | 50μL |

② PCR扩增反应：

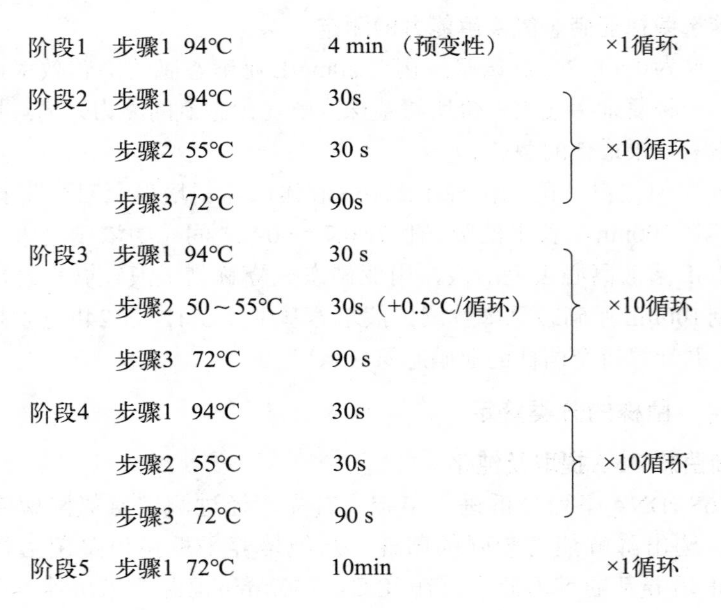

|  |  |  |  |  |
|---|---|---|---|---|
| 阶段1 | 步骤1 | 94℃ | 4 min（预变性） | ×1循环 |
| 阶段2 | 步骤1 | 94℃ | 30s | ×10循环 |
| | 步骤2 | 55℃ | 30 s | |
| | 步骤3 | 72℃ | 90s | |
| 阶段3 | 步骤1 | 94℃ | 30 s | ×10循环 |
| | 步骤2 | 50～55℃ | 30s（+0.5℃/循环） | |
| | 步骤3 | 72℃ | 90 s | |
| 阶段4 | 步骤1 | 94℃ | 30s | ×10循环 |
| | 步骤2 | 55℃ | 30s | |
| | 步骤3 | 72℃ | 90 s | |
| 阶段5 | 步骤1 | 72℃ | 10min | ×1循环 |

（3）电泳检测

PCR扩增产物均经0.8%的琼脂糖凝胶电泳检测，电泳条件为电压100V，时间40min，电泳缓冲液为0.5×TAE缓冲溶液。

① 称取0.2g琼脂糖至50mL锥形瓶中，加入25mL 1×TAE后加热溶解，待冷却至50℃左右加入2μL Goldview核酸染料；

② 将胶倒入制胶槽后插入梳子，待凝固后取出胶板放入电泳槽；

③ 以5μL DL2000 DNA为标记，1μL 6×上样缓冲液与5μL PCR产物混匀上样；

④ 接通电源，调节电压为100V，电泳时间为40min；

⑤ 将凝胶置于紫外灯下观察。

（4）割胶回收

参考凝胶回收试剂盒（TaKaRa Agarose Gel DNA Purification Kit）的方法割胶回收目的DNA。

（5）16S rDNA基因序列分析

通过检测回收PCR产物，送大连宝生物工程有限公司进行双向测序，测序结果通过NCBI的Blast与GenBank DNA序列数据库中已知种类微生物的16S rDNA序列进行细菌同源性检索，确定相似性高于98%的DNA序列（Altschul et al.，1990）。应用MEGA 5.0软件，设定1000次bootstrap自举验证进化树拓扑结构的可靠性，采用NJ法建树对所筛选菌株的DNA序列与GenBank DNA序列数据库的已知种类微生物16S rDNA序列进行细菌的同源性分析（Kumar et al.，2004；Thompson et al.，1997）。

#### 6.1.2.5 筛选菌株的生理生化特征分析

根据《伯杰细菌鉴定手册》（第八版）的菌株生理生化检测方法对筛选菌株进行检测。

#### 6.1.2.6 筛选菌株的生物学特性分析

（1）温度对筛选菌株生长的影响

将培养24h的液态菌接种10%到加盐LB培养基中培养，调整温度分别为10℃、20℃、25℃、30℃、35℃和40℃，观察所筛选菌的生长状况。

（2）盐度对筛选菌株生长的影响

将培养24h的液态菌接种10%到加盐LB培养基中培养，调整盐度分别为0%、1%、2%、3%和4%，28℃条件下培养，观察所筛选菌的生长状况。

（3）初始pH对筛选菌株生长的影响

将培养24h的液态菌接种10%到加盐LB培养基中培养，调整pH值分别为6、7、8、9和10，28℃条件下培养，观察所筛选菌的生长状况。

**（4）DO对筛选菌株生长的影响**

将培养24h的液态菌接种10%到加盐LB培养基中培养，设定通气量保证DO值分别为2mg/L、3mg/L、4mg/L、5mg/L、6mg/L和7mg/L，28℃条件下培养，观察所筛选菌的生长状况。

**（5）胰蛋白酶对筛选菌株生长的影响**

将培养24h的液态菌接种10%到加盐LB培养基中培养，用质量浓度分别为0g/L、1g/L、2g/L、4g/L和5g/L的胰蛋白酶处理1h，观察所筛选菌的生长状况。

**（6）胆盐对筛选菌株生长的影响**

将培养24h的液态菌接种10%到加盐LB培养基中培养，添加胆盐质量浓度分别为0g/L、1g/L、2g/L、4g/L和5g/L，处理1h，观察所筛选菌的生长状况。

**（7）筛选菌株生长特性的考察**

以2%接种量将筛选菌株菌悬液接种到加盐LB培养基中培养，在最适pH和温度条件下，150r/min摇床培养，每隔2h取样平板计数，以时间为横坐标，以菌浓度为纵坐标，绘制筛选菌株的生长曲线图。

### 6.1.2.7 筛选菌株的拮抗实验

**（1）筛选菌株间的拮抗实验**

滤纸片琼脂平板扩散法（Herrmann et al.，1960）：分别取$1.0\times10^{8}$ CFU/mL的待检测菌的菌悬液50μL涂布于加盐LB琼脂平板，然后取6mm无菌滤纸片浸润细菌培养液，放入平板中央，26～28℃培养24h后测定菌株间的拮抗作用。

**（2）筛选菌株对仿刺参病原菌的拮抗实验**

取6mm无菌滤纸片浸入浓度均为$1.0\times10^{8}$CFU/mL的待检测菌培养液中。将培养至对数生长期的病原弧菌稀释至$1.0\times10^{8}$CFU/mL，取50μL均匀涂布于加盐LB琼脂平板，并放入含待检测菌的滤纸片进行拮抗性测试。于28℃培养48h后观察细菌生长情况，通过电子卡尺测量抑菌圈直径，每个平皿设3组重复。抑菌圈直径≥20mm为高敏，抑菌圈直径10～19mm为中敏，抑菌圈直径＜10mm为钝敏。

### 6.1.2.8 考察筛选菌株对仿刺参安全性的实验

**（1）菌种制备**

将筛选所得菌种接种于2216E液体培养基中，150r/min，26℃培养24h，稀释菌液浓度到$3\times10^{9}$ CFU/mL和$1\times10^{8}$ CFU/mL备用。

**（2）养殖环境**

取体重5～6g左右的健康仿刺参10只，置白色水槽（40cm×30cm×25cm）中养殖7d以适应环境。养殖条件为DO≥5mg/L，温度（17±1）℃，盐度3.1%，pH8.0。每天中午吸底排污后投喂仿刺参体重5%的饲料量。

（3）攻毒试验

参照Zhang等人（2010a）的方法，采用腹腔注射的方式处理仿刺参。设计3组分别为空白对照组、实验Ⅰ组和Ⅱ组（添加筛选菌株），设置三个平行组。空白对照组为每天对仿刺参注射100μL海水，实验Ⅰ组为每天注射100μL $3\times10^9$CFU/mL菌液，实验Ⅱ组为每天注射100μL $1\times10^8$CFU/mL菌液，连续注射3d，15d后观察仿刺参中毒情况和存活状况。

#### 6.1.2.9 数据统计分析

使用SPSS 18.0软件对所有实验数据进行单因素方差分析（one-way ANOVA），不同处理组之间采用Ducan's多重比较，各实验组数据均以均值±标准误差（mean±SE.）表示。当$P<0.05$认为差异显著。

### 6.1.3 结果与讨论

#### 6.1.3.1 氨氮降解菌和亚硝态氮降解菌的筛选

通过用以$(NH_4)_2SO_4$和$NaNO_2$为唯一氮源的培养基进行择性培养，经平板分离得到15株优势菌，编号分别为x1～x15，其中x1～x9菌株具有降解氨氮的能力，x10～x15菌株具有降解亚硝态氮的能力。

结果如图6-1所示，筛选所得的9个株菌对氨氮的降解都有良好的效果，其中菌株x1和菌株x6能力比较强。在C/N为0.5的情况下，24h时菌株x1和菌株x6的氨氮降解率分别达66.82%和78.89%；在C/N为2的情况下，24h时菌株x1和菌

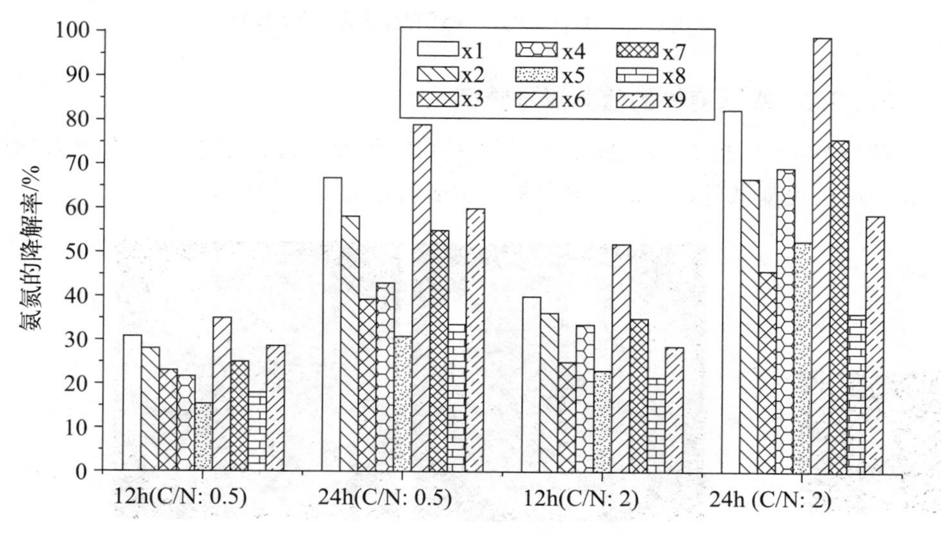


图6-1 菌株x1～x9的氨氮降解率

株x6的氨氮降解率分别达82.36%和98.68%，均优于其他的7株菌株，但在C/N为2、12h时，菌株x6的氨氮降解率为52.6%，而菌株x1仅39.52%，因此选择菌株x6作为筛选的最优氨氮降解菌菌株，编号为JS-01。

筛选所得的x11 ～ x15这6个菌株都具有一定的降解亚硝态氮的能力。如图6-2所示，在24h时，C/N为0.5的情况下，菌株x11和菌株x13的亚硝态氮降解率分别为56.57%为58.74%；但在C/N为2时，菌株x11的亚硝态氮降解率为95.52%，远高于菌株x13的82.5%，因此选择菌株x11作为筛选的最优亚硝态氮降解菌株，编号为JS-02。

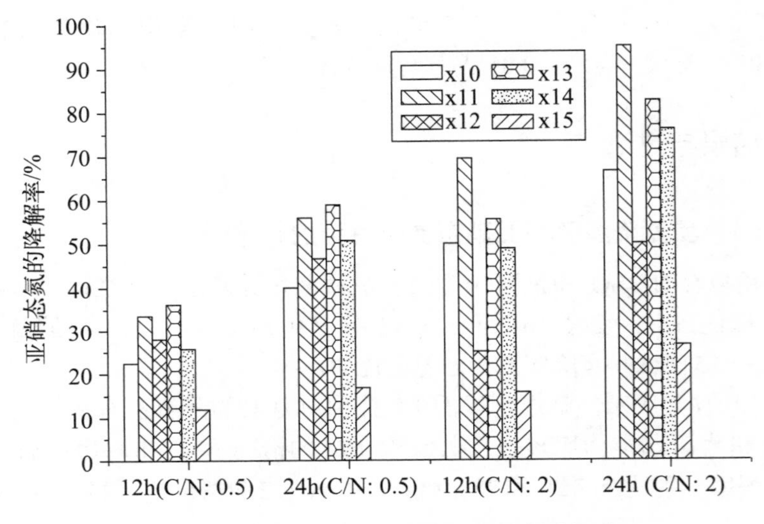


图6-2 菌株x10 ～ x15的亚硝态氮降解率

### 6.1.3.2 筛选菌株的菌落形态特征

菌株JS-01和JS-02在2216E液体培养基中呈均匀浑浊状态并伴有微量沉淀，轻轻摇动沉淀即散开，在2216E平板上菌落特征如图6-3所示。

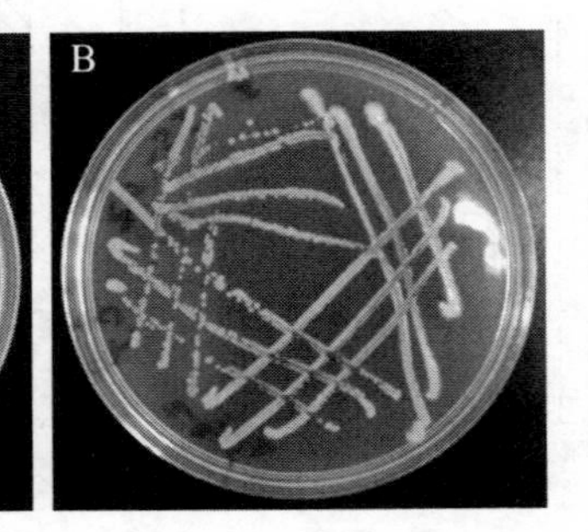


图6-3 JS-01（A）和JS-02（B）菌株在2216E培养基上的菌落形态特征（扫码见彩图）

通过表6-5归纳表明，JS-01为圆形菌落，浅黄色，表面粗糙，中间略微突起，不透明，边缘整齐，有晕环；JS-02为圆形菌落，土黄色，表面光滑有光泽，中间略微突起，不透明，边缘整齐，无晕环。

**表6-5　JS-01和JS-02菌株在2216E培养基上的菌落特征**

| 菌株 | 形状 | 颜色 | 直径/mm | 边缘 | 质地 | 表面 | 高度 | 透明度 |
|---|---|---|---|---|---|---|---|---|
| JS-01 | 圆形 | 浅黄 | 1～2 | 整齐 | 奶油状 | 粗糙 | 低凸 | 不透明 |
| JS-02 | 圆形 | 土黄 | 1～2 | 整齐 | 奶油状 | 光滑 | 低凸 | 不透明 |

### 6.1.3.3　筛选菌株的16S rDNA基因序列鉴定结果及生理生化特征

如图6-4所示，根据筛选菌株JS-01和JS-02的16S rDNA基因序列建立的系统发育进化树，菌株JS-01与美国模式培养物保藏所（ATCC）提供的标准菌株枯草芽孢杆菌*Bacillus subtilis* ATCC 11774同源关系最近；菌株JS-02与美国模式培养物保藏所提供的标准菌株侧孢短芽孢杆菌*Brevibacillus laterosporus* ATCC 64同源关系最近。

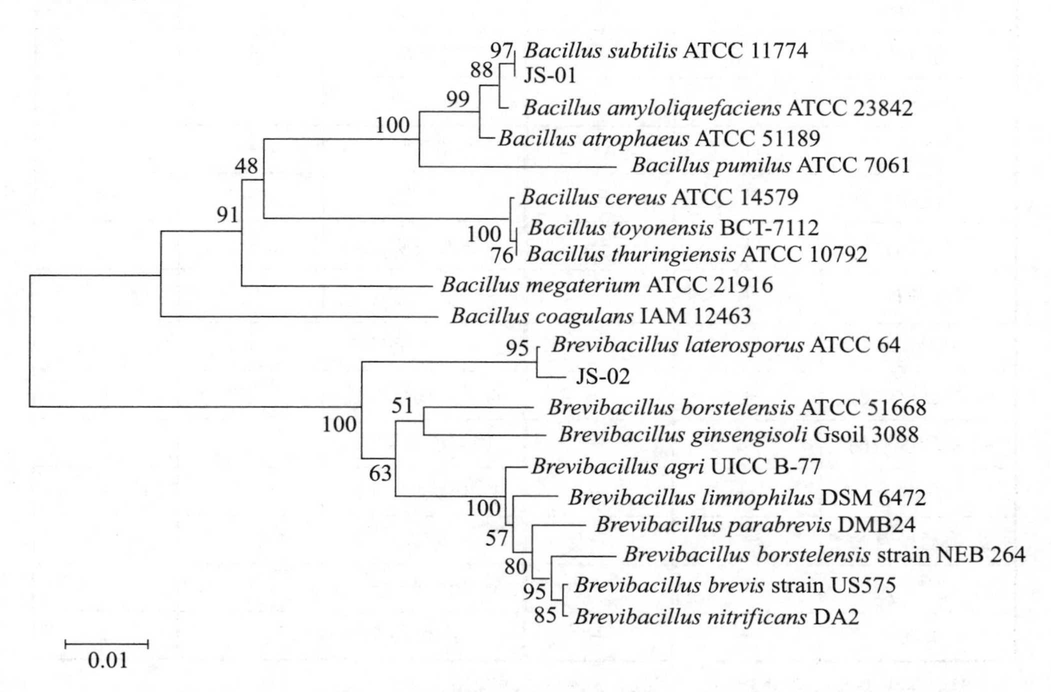


**图6-4　基于16S rDNA序列的芽孢杆菌JS-01和JS-02的系统发育进化树**

筛选菌株JS-01和JS-02的生理生化特征见表6-6。细菌细胞经革兰氏染色实验表明，菌株JS-01和JS-02均是革兰氏阳性菌，杆状形态。JS-01菌株具备多种糖苷酶和蛋白酶活性，说明菌株JS-01能够利用多种碳水化合物作为能源和物质基础；菌株JS-02可以利用一部分碳源和氮源作为能源和物质基础。基于JS-01和JS-02两株菌株的16S rDNA基因序列建立的系统发育进化树（见图6-4）和《伯杰细菌鉴定手册》（第八版）对菌落形态特征和生理生化鉴定比对（见表6-6），认为筛选得到的JS-01菌株是一种海洋类枯草芽孢杆菌，并将其命名为*Bacillus subtilis* JS-01；筛选得到的JS-02是一种海洋类侧孢短芽孢杆菌，将其命名为*Brevibacillus laterosporus* JS-02。两株芽孢杆菌现保藏于中国微生物菌种保藏管理委员会普通微生物中心（中国科学院微生物研究所），保藏编号分别为CGMCC No.9756和CGMCC No.9757。

表6-6　JS-01和JS-02菌株的生理生化特征

| 检测项目 | JS-01 | JS-02 | 检测项目 | JS-01 | JS-02 |
|---|---|---|---|---|---|
| 革兰氏染色 | $G^+$ | $G^+$ | 细胞形态 | — | — |
| 细胞大小 | 1μm×3μm | 1μm×2μm | 荚膜情况 | + | + |
| 芽孢情况 | + | + | 运动性 | + | + |
| 葡萄糖 | + | + | 甘露醇 | + | — |
| 葡萄糖胺 | + | — | 棉子糖 | + | + |
| 明胶 | + | — | 蔗糖 | + | — |
| 淀粉 | + | + | 酪蛋白 | + | — |
| 黏液酸 | + | — | 黏液酸质控 | + | — |
| 水杨苷 | + | — | 七叶苷 | + | — |
| VP实验 | + | — | 动力-硝酸盐 | + | + |
| 西蒙氏柠檬酸盐 | + | — | 西蒙氏枸橼酸盐 | — | + |
| 鸟氨酸脱羧酶 | + | — | 赖氨酸脱羧酶 | — | — |
| 尿素酶 | — | + | *β*-半乳糖苷酶 | + | + |
| *β*-葡萄糖苷酶 | + | + | 酚红 | — | — |
| 3%过氧化氢酶 | + | — | 吲哚产生 | + | — |
| 甘油 | + | + | 半固体琼脂 | + | + |

注：+代表有或者能利用，—代表无或者不能利用。

#### 6.1.3.4　芽孢杆菌JS-01和JS-02的生物学特性

因为枯草芽孢杆菌*Bacillus subtilis* JS-01和侧孢短芽孢杆菌*Brevibacillus*

*laterosporus* JS-02是从海水养殖环境中筛选分离得到，两个菌株都具有广盐的特性，均能在2% ～ 4%的盐度范围内生长，最适的生长盐度在2.8% ～ 3.2%；芽孢杆菌JS-01和JS-02菌株都能在10 ～ 40℃温度范围正常生长，最适的生长温度为25 ～ 30℃（表6-7）。

表6-7　温度对JS-01和JS-02菌株生长的影响

| 温度/℃ | 10 | 20 | 25 | 30 | 35 | 40 |
|---|---|---|---|---|---|---|
| JS-01/（CFU/mL） | $5.5\times10^6$ | $6.7\times10^7$ | $8.6\times10^7$ | $9.8\times10^7$ | $7.8\times10^7$ | $4.3\times10^4$ |
| JS-02/（CFU/mL） | $5.6\times10^6$ | $7.8\times10^7$ | $8.5\times10^7$ | $1.2\times10^8$ | $7.2\times10^7$ | $5.1\times10^4$ |

芽孢杆菌JS-01和JS-02菌株均能在6.0 ～ 9.0的pH值范围内生长。如表6-8所示，最适的生长的pH值为7.5 ～ 8.0，说明芽孢杆菌JS-01和JS-02生长pH范围稍偏碱性，对弱酸性环境有一定的耐受性。

表6-8　初始pH对JS-01和JS-02菌株生长的影响

| pH | 6.0 | 7.0 | 7.5 | 8.0 | 8.5 | 9.0 |
|---|---|---|---|---|---|---|
| JS-01/（CFU/mL） | $3.2\times10^7$ | $7.5\times10^7$ | $7.8\times10^7$ | $7.7\times10^7$ | $6.9\times10^7$ | $4.3\times10^4$ |
| JS-02/（CFU/mL） | $5.1\times10^7$ | $8.1\times10^7$ | $8.6\times10^7$ | $8.4\times10^7$ | $7.2\times10^7$ | $1.4\times10^5$ |

如表6-9所示，芽孢杆菌JS-01和JS-02菌株在DO含量2 ～ 7mg/L的范围内都能正常生长，最适的DO浓度在5 ～ 7mg/L，其中枯草芽孢杆菌JS-01属于好氧菌，在低氧条件下能够存活，侧孢短芽孢杆菌JS-02属于兼性厌氧菌。

表6-9　DO对JS-01和JS-02菌株生长的影响

| DO/（mg/L） | 2 | 3 | 4 | 5 | 6 | 7 |
|---|---|---|---|---|---|---|
| JS-01/（CFU/mL） | $5.6\times10^3$ | $5.2\times10^4$ | $4.5\times10^7$ | $8.9\times10^7$ | $9.8\times10^7$ | $1.5\times10^8$ |
| JS-02/（CFU/mL） | $3.3\times10^5$ | $6.1\times10^5$ | $5.6\times10^7$ | $9.5\times10^7$ | $1.0\times10^8$ | $1.3\times10^8$ |

表6-10表明，经过5g/L胰蛋白酶处理1h后，芽孢杆菌JS-01和JS-02菌株存活数分别在$7.4\times10^6$ CFU/mL和$5.1\times10^6$ CFU/mL，表明胰蛋白酶对两株菌的生长影响较小。

表6-10　胰蛋白酶对JS-01和JS-02菌株生长的影响

| 胰蛋白酶/（g/L） | 0 | 1 | 2 | 3 | 4 | 5 |
|---|---|---|---|---|---|---|
| JS-01/（CFU/mL） | $2.1\times10^7$ | $6.6\times10^7$ | $6.6\times10^7$ | $5.9\times10^7$ | $6.6\times10^7$ | $7.4\times10^6$ |
| JS-02/（CFU/mL） | $2.3\times10^7$ | $5.4\times10^7$ | $7.5\times10^7$ | $7.6\times10^7$ | $7.0\times10^7$ | $5.1\times10^6$ |

结果如表6-11所示，芽孢杆菌JS-01和JS-02菌株在胆盐质量浓度为5g/L时，分离株存活数最低，分别为$7.8\times10^{6}$ CFU/mL和$5.6\times10^{5}$ CFU/mL，说明JS-01和JS-02菌株均能够耐受一定浓度的胆盐。

**表6-11 胆盐对JS-01和JS-02菌株生长的影响**

| 胆盐/（g/L） | 0 | 1 | 2 | 3 | 4 | 5 |
|---|---|---|---|---|---|---|
| JS-01/（CFU/mL） | $6.8\times10^{7}$ | $6.2\times10^{7}$ | $5.6\times10^{7}$ | $3.3\times10^{7}$ | $5.4\times10^{6}$ | $7.8\times10^{6}$ |
| JS-02/（CFU/mL） | $6.4\times10^{7}$ | $4.8\times10^{7}$ | $2.5\times10^{7}$ | $7.6\times10^{6}$ | $8.5\times10^{5}$ | $5.6\times10^{5}$ |

### 6.1.3.5 芽孢杆菌JS-01和JS-02菌株的生长曲线

通过MPN计数法测定不同培养时间的活菌数，绘制芽孢杆菌JS-01和JS-02菌株的生长曲线（见图6-5和6-6）。如图6-5所示，芽孢杆菌JS-01在LB培养基中培养时，生长延迟期为0～6h，6～8h后开始进入对数生长期，大约16h后进入稳定生长期。说明芽孢杆菌JS-01的接种种龄约为16h，菌体的发酵周期为22～24h。

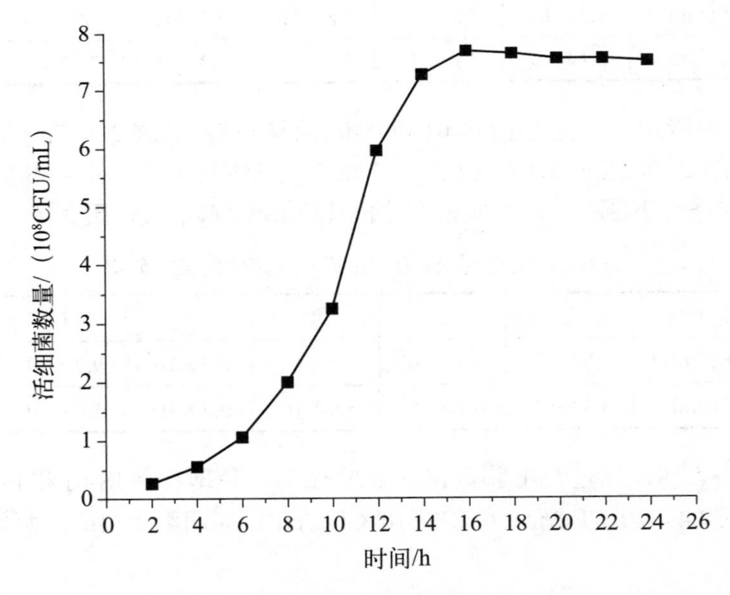


图6-5 芽孢杆菌JS-01的生长曲线

如图6-6所示，芽孢杆菌JS-02在LB培养基中培养时，生长延迟期为0～8h，8～9h后开始进入对数生长期，大约18h后进入稳定生长期。说明芽孢杆菌JS-02的接种种龄约为18h，菌体的发酵周期为22～24h。

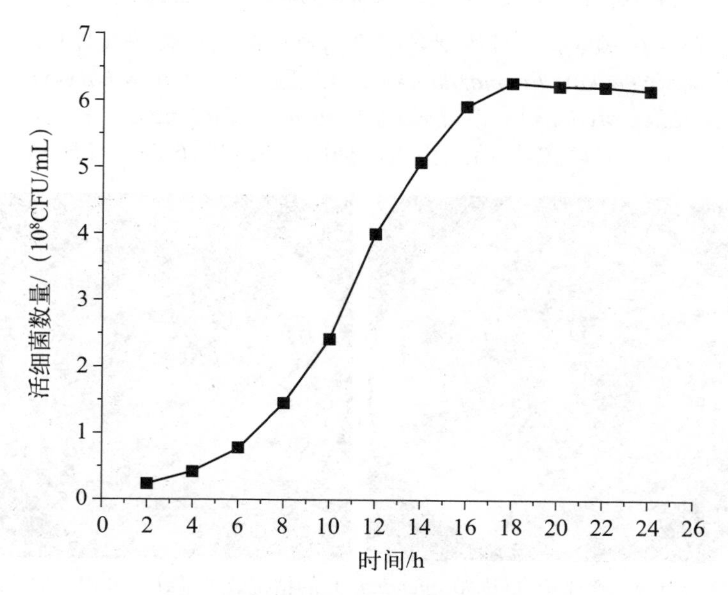


图6-6　芽孢杆菌JS-02的生长曲线

根据图6-5和6-6生长曲线可以看出，芽孢杆菌JS-01和JS-02菌株以相同接种量开始培养，24h的生长速率不同，芽孢杆菌JS-01比JS-02生长稍快。

#### 6.1.3.6　芽孢杆菌JS-01和JS-02菌株之间的拮抗作用

在培养48h后考察JS-02与JS-01两种菌之间的拮抗作用。结果如图6-7a和图b，JS-01和JS-02两株芽孢杆菌之间无明显拮抗作用，可以混合搭配使用。

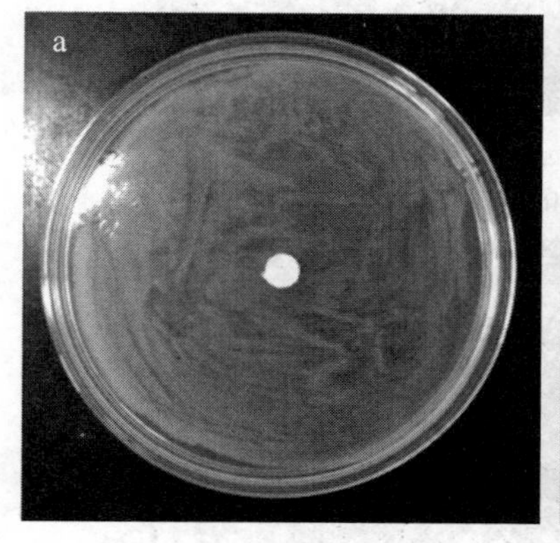

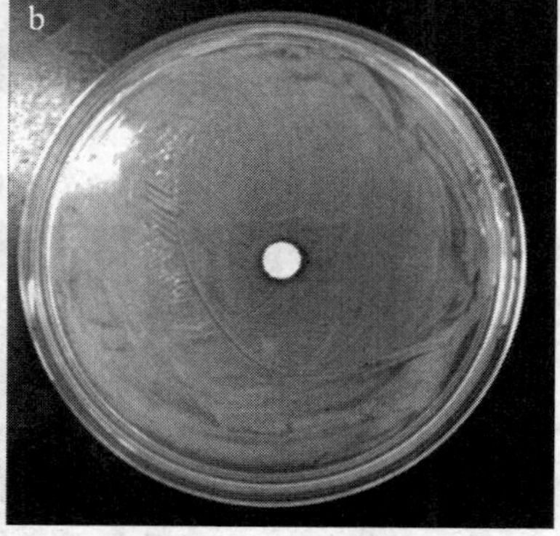

图6-7　芽孢杆菌JS-01与JS-02之间的拮抗效果（扫码见彩图）

a—含浸有JS-01的滤纸片的JS-02平板；

b—含浸有JS-02的滤纸片的JS-01平板

### 6.1.3.7 芽孢杆菌JS-01和JS-02对病原菌的拮抗效果

芽孢杆菌JS-01和JS-02对仿刺参主要的致病菌灿烂弧菌（*Vibrio splendidus*）、黄海希瓦氏菌（*Shewanella smarflavi*）、哈维氏弧菌（*Vibrio harveyi*）、副溶血弧菌（*Vibrio parahemolyticus*）、溶藻弧菌（*Vibrio alginolyticus*）和迟缓爱德华氏弧菌（*Edwardsiella tarda*）体外拮抗实验，抑菌效果如图6-8a ～ f所示。

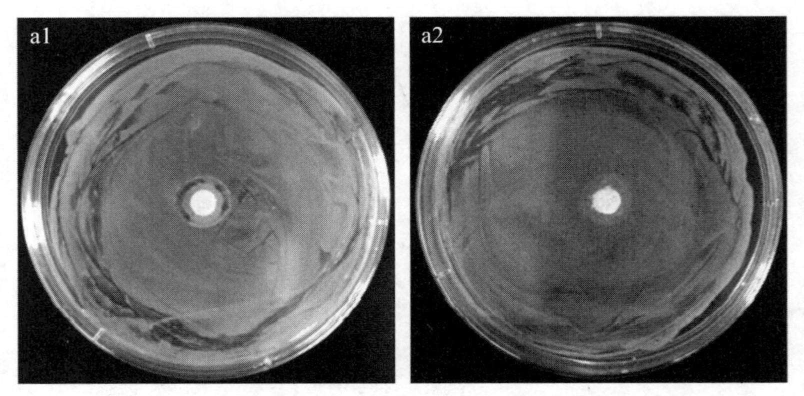


a.芽孢杆菌对菌灿烂弧菌（*Vibrio splendidus*）的拮抗效果（a1为JS-01，a2为JS-02）

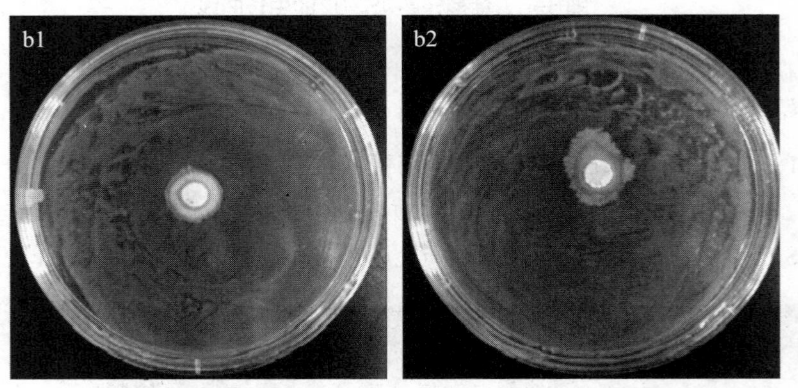


b.芽孢杆菌对黄海希瓦氏菌（*Shewanella smarflavi*）的拮抗效果
（b1为JS-01，b2为JS-02）

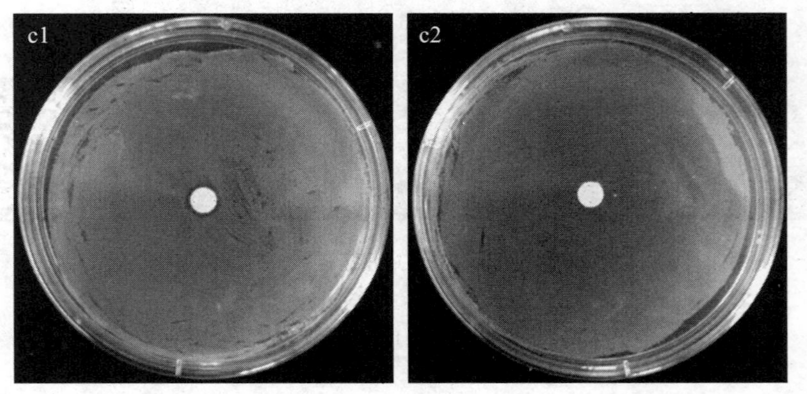


c.芽孢杆菌对哈维氏弧菌（*Vibrio harveyi*）的拮抗效果（c1为JS-01，c2为JS-02）

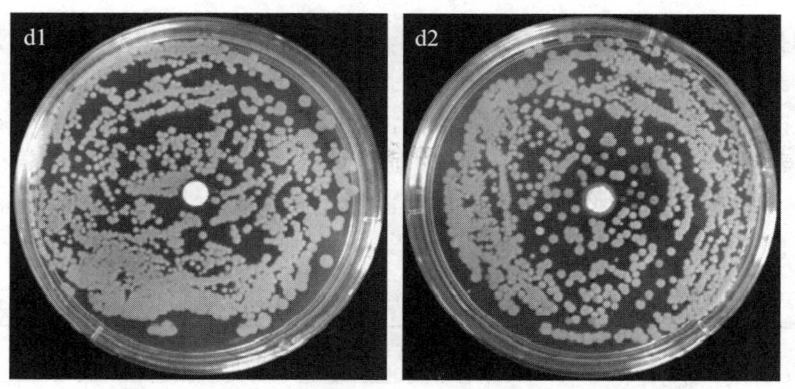


d.芽孢杆菌对副溶血弧菌（*Vibrio parahemolyticus*）的拮抗效果
（d1为JS-01，d2为JS-02）

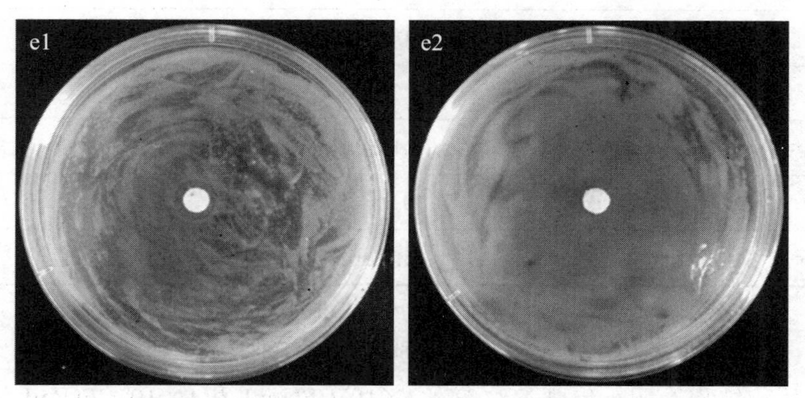


e.芽孢杆菌对溶藻弧菌（*Vibrio alginolyticus*）的拮抗效果
（e1为JS-01，e2为JS-02）

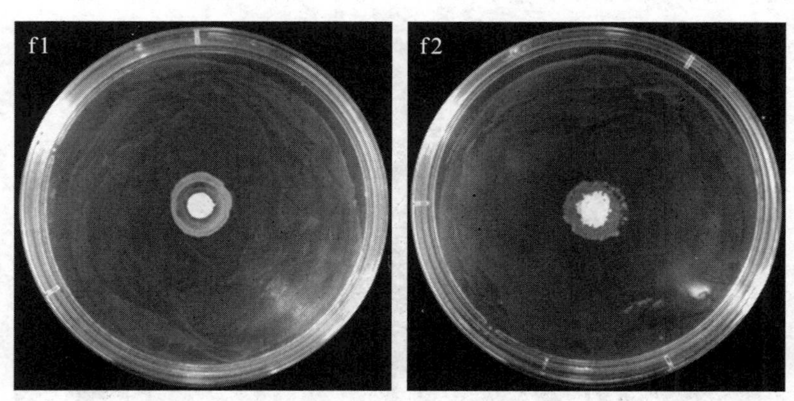

f.芽孢杆菌对迟缓爱德华氏弧菌（*Edwardsiella tarda*）的拮抗效果
（f1为JS-01，f2为JS-02）

**图6-8　芽孢杆菌JS-01和JS-02对致病弧菌的体外拮抗效果**（扫码见彩图）

表6-12的抑菌圈结果表明，枯草芽孢杆菌（*Bacillus subtilis*）JS-01对灿烂弧菌、黄海希瓦氏菌、溶藻弧菌和迟缓爱德华氏弧菌这四种致病弧菌都表现出了中等非特异性的拮抗作用，而对哈维氏弧菌和副溶血弧菌的拮抗作用不明显；侧孢短芽孢杆菌*Brevibacillus laterosporus* JS-02对灿烂弧菌、黄海希瓦氏菌、溶藻弧菌和迟缓爱德华氏弧菌这四种致病弧菌都表现出了中等非特异性的拮抗作用，而对哈维氏弧菌和副溶血弧菌的拮抗作用不明显。

**表6-12　芽孢杆菌JS-01和JS-02对主要致病弧菌的抑制效果**

| 仿刺参致病菌 | 抑菌圈直径/mm | |
|---|---|---|
| | 芽孢杆菌JS-01 | 芽孢杆菌JS-02 |
| 灿烂弧菌（*Vibrio splendidus*） | 13.6±0.2 | 12.9±0.2 |
| 黄海希瓦氏菌（*Shewanella smarflavi*） | 14.5±0.2 | 13.6±0.3 |
| 哈维氏弧菌（*Vibrio harveyi*） | 8.5±0.1 | 6.2±0.1 |
| 副溶血弧菌（*Vibrio parahemolyticus*） | 7.1±0.2 | 8.9±0.2 |
| 溶藻弧菌（*Vibrio alginolyticusv*） | 10.2±0.2 | 6.0±0.2 |
| 迟缓爱德华氏弧菌（*Edwardsiella tarda*） | 15.8±0.3 | 15.4±0.4 |

### 6.1.3.8　芽孢杆菌JS-01和JS-02对仿刺参的安全性实验

攻毒15d后的结果表明，仿刺参幼参在$3\times10^9$ CFU/mL和$1\times10^8$ CFU/mL浓度的芽孢杆菌JS-01和JS-02混合液的实验组中均生长良好，背刺硬挺，未出现任何中毒体征和死亡现象（图6-9b和图6-9c），说明芽孢杆菌JS-01和JS-02为水产养殖用的安全菌株，对仿刺参无潜在的致病性。

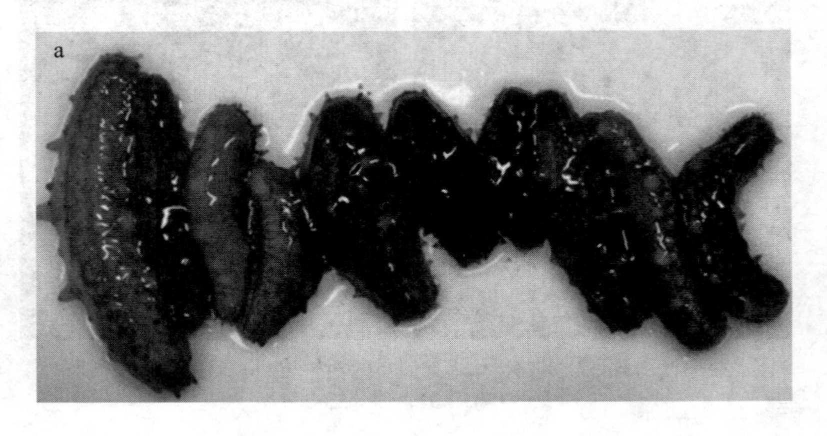

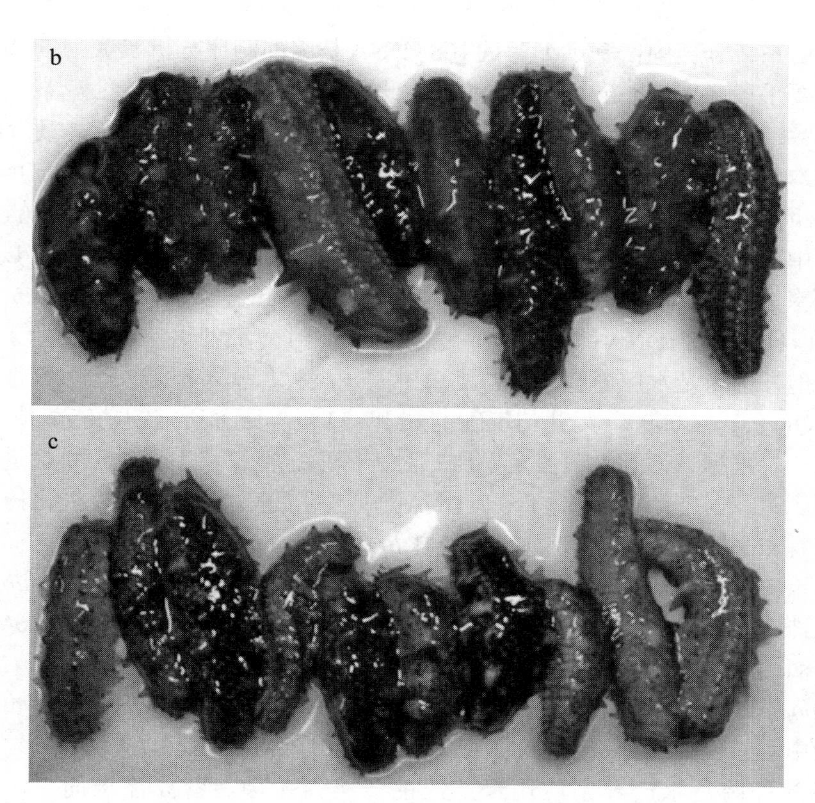


**图6-9　腹腔注射芽孢杆菌JS-01、JS-02混合菌液15d后仿刺参的生长情况**（扫码见彩图）

a—空白对照组；b—实验Ⅰ组；c—实验Ⅱ组

#### 6.1.3.9　讨论

中国是海水养殖大国，迅速发展的工厂化养殖不仅提供了大量海水产品，缓解了对天然渔业资源的捕捞压力，也创造了可观的经济效益（中华人民共和国农业部渔业局，2014）。海水养殖的最重要因素是养殖的水体环境，水体环境是海水养殖动物赖以生存的基础，水质的好坏直接影响到它们的生长发育和健康状况（Boyd and Tucker，2012）。所以养殖过程中的水质恶化问题，是整个海水养殖产业亟须解决的第一道难题。海洋环境中天然存在可以净化水体污染物的微生物，比如光合细菌、硝化细菌和芽孢杆菌等（Zhu et al.，2008）。鉴于海洋细菌的生理生化特征的多样性，以及对环境的适应性，海水养殖用的净水菌必须要适应海水养殖的环境特点。本研究从海参、红鳍东方鲀和大菱鲆养殖池塘的底泥和水体采集样本，利用唯一氮源（$NH_4^+$-N或$NO_2^-$-N）选择性培养基，经过多次分离纯化筛选得到15株具有净水功能的菌株，并检测它们降解氨氮和亚硝态氮的能力，进而优选高效净水菌株进行菌种鉴定。

细菌系统分类中，基于细菌的16S rDNA基因的测序分析已成为细菌鉴定的一种重要手段（Weisburg et al.，1991）。此外，通过细菌形态特征观察、生理生化特征鉴定对细菌进行鉴定也是一种常用方法（Gauthier，1976）。本研究对不同来源样本中筛选到的具有降解氨氮和亚硝态氮能力的菌株进行了16S rDNA基因测序分析。考查筛选得到的15株菌株对氨氮的降解能力和对亚硝态氮的降解能力，其中两个菌株净水效果优异，编号x6的菌株在24h对浓度为50mg/L的氨氮降解效率达98.68%，编号x11的菌株对20mg/L亚硝酸盐降解效率达95.52%。菌株x6和x11的16S rDNA基因的测序通过Blast比对初步表明它们都属于芽孢杆菌属，芽孢杆菌属是水产养殖中的益生菌中的一大类，基本都是安全无毒性的有益菌株（Qi et al.，2009），因此初步确定x6和x11是本研究所需的功能菌种。

进一步根据《伯杰细菌鉴定手册》对菌落形态特征和生理生化特性进行的鉴定和基于x6和x11两株菌株的16S rDNA基因序列建立的系统发育进化树结果表明，菌株x6与ATCC中保存的标准菌株*Bacillus subtilis* ATTC 11774具有最高的同源性，确定x6菌株为一种海水枯草芽孢杆菌，将其命名为*Bacillus subtilis* JS-01；菌株x11与ATCC中保存的标准菌株*Brevibacillus laterosporus* ATTC64具有最高的同源性，确定x11菌株是一种海水侧孢短芽孢杆菌，将其命名为*Brevibacillus laterosporus* JS-02。两株芽孢杆菌现保藏于中国微生物菌种保藏管理委员会普通微生物中心，保藏号分别为CGMCC No.9756和CGMCC No.9757。

芽孢杆菌是水产养殖应用最广泛的一类益生菌，营养需求简单，生长速度和繁殖速度快，可休眠形成芽孢，具有耐酸、耐高温、环境抗逆性强等优点（Balcázar et al.，2006）。本研究筛选得到的枯草芽孢杆菌JS-01和侧孢短芽孢杆菌JS-02具有广盐的特性，最适生长温度为25 ～ 30℃，最适pH为7.5 ～ 8.0，对胆盐以及蛋白酶具有良好的耐受性，可以适用于海水养殖环境。

海水养殖用的益生菌的第一要求是无致病性和毒害作用。为了确保枯草芽孢杆菌JS-01和侧孢短芽孢杆菌JS-02的安全无毒性，本研究通过腹腔注射攻毒试验，对枯草芽孢杆菌JS-01和侧孢短芽孢杆菌JS-02的安全性进行了考察。结果表明$3\times10^9$ CFU/mL和$1\times10^8$ CFU/mL浓度的枯草芽孢杆菌JS-01和侧孢短芽孢杆菌JS-02混合菌液经腹腔注射攻毒仿刺参幼参，海参都未出现任何中毒体征和死亡现象，这为枯草芽孢杆菌JS-01和侧孢短芽孢杆菌JS-02作为活菌制剂在海水养殖用微生态制剂的应用方面提供了安全性保障。芽孢杆菌通过吸收利用养殖水体中的可溶性污染物（氨氮和亚硝酸盐）实现净化水质的目的。此外，芽孢杆菌代谢产生的消化酶、生长因子和抑菌物质等，可以促进动物的生长发育，维持肠道的菌群平衡，抑制或杀灭某些致病弧菌，增强养殖动物的免疫力和抗病能力（杨世平和邱德全，2004）。伏传永等从仿刺参养殖池中分离得到一株枯草芽孢杆菌，发现枯草芽孢杆菌对仿刺参腐皮综合征致病菌有明显的拮抗作用（伏传永，

2008)。Tseng等（2009）的研究表明，在凡纳滨对虾养殖过程中，投喂$10^6$～$10^8$ CFU/kg的枯草芽孢杆菌，能够使凡纳滨对虾血细胞的吞噬活性提高60%～63%，对溶藻弧菌的抵抗力提高13%～20%。本研究中，考察了枯草芽孢杆菌JS-01和侧孢短芽孢杆菌JS-02对仿刺参几种主要病原菌的拮抗作用，体外抑菌结果表明枯草芽孢杆菌JS-01对灿烂弧菌、黄海希瓦氏菌、溶藻弧菌和迟缓爱德华氏弧菌表现出了中等非特异性的拮抗效果，但对哈维氏弧菌和副溶血弧菌的拮抗作用不明显；侧孢短芽孢杆菌JS-02对灿烂弧菌、黄海希瓦氏菌、溶藻弧菌和迟缓爱德华氏弧菌都表现出了中等非特异性的拮抗效果，而对哈维氏弧菌和副溶血弧菌的拮抗作用不明显。此外，枯草芽孢杆菌JS-01和侧孢短芽孢杆菌JS-02菌株之间无明显拮抗作用，这是用于开发微生态净水剂混搭使用的基础。

虽然枯草芽孢杆菌JS-01和侧孢短芽孢杆菌JS-02具有良好的去除氨氮和亚硝态氮的能力，且对仿刺参无潜在致病性，又能够抑制多种仿刺参主要的致病弧菌，但是其作为微生态净水剂在仿刺参养殖中净化水质的能力、促进生长的效果，以及在仿刺参肠道发挥益生作用的实际效果如何，需要进一步进行活体试验验证。

### 6.1.4 结论

① 利用唯一氮源（$NH_4^+$或$NO_2^-$）选择性培养基，从海水养殖池塘底泥和水体中筛选到两株具有净水能力的菌株。通过16S rRNA基因测序、系统发育树同源性鉴定、菌落形态及常规生理生化鉴定，确定JS-01菌株为枯草芽孢杆菌，JS-02菌株为侧孢短芽孢杆菌。

② 在DO≥4.5mg/L的条件下，枯草芽孢杆菌JS-01在24h对浓度为50mg/L的氨氮的降解效率达98.68%，侧孢短芽孢杆菌JS-02对20mg/L的亚硝酸盐（$NO_2^-$-N）的降解效率达95.52%。

③ 枯草芽孢杆菌JS-01和侧孢短芽孢杆菌JS-02最适生长盐度为2.8%～3.2%、最适生长温度为25～30℃，对弱酸、胆盐以及胰蛋白酶具有良好的耐受性。

④ 毒性试验结果表明枯草芽孢杆菌JS-01和侧孢短芽孢杆菌JS-02对仿刺参无致病能力，并且JS-01与JS-02菌株之间无明显拮抗作用。

⑤ 枯草芽孢杆菌JS-01对灿烂弧菌、黄海希瓦氏菌、溶藻弧菌和迟缓爱德华氏弧菌都表现出了中等非特异性的拮抗作用，而对哈维氏弧菌和副溶血弧菌的拮抗作用不明显；侧孢短芽孢杆菌JS-02对灿烂弧菌、黄海希瓦氏菌和迟缓爱德华氏弧菌都表现出了中等非特异性的拮抗作用，而对溶藻弧菌、哈维氏弧菌和副溶血弧菌的拮抗作用不明显。

## 6.2 脱氮菌的固定化

优秀益生菌种的选育仅仅是微生态制剂生产的第一步，通过采用高效的发酵方式和优化发酵的过程，得到较高纯度和较高浓度的发酵产物才能使益生菌的保存、运输和使用等发挥出最大的优势（胡东兴和潘康成，2001；Gupta and Abu-Ghannam，2012）。发酵技术是上游技术和下游技术的连接点，也是微生态制剂产业链的关键点（代杰和宝泉，1995）。芽孢是芽孢杆菌的休眠体，是微生态制剂的理想形式。目前，发酵工艺主要分为固体发酵和液体发酵，两者各有自己的优缺点（陈坚等，2009）。液体发酵工艺的发展，对芽孢杆菌的生产来说是一大进步，在提高芽孢杆菌的菌量和稳定芽孢质量的同时，使得企业的生产成本降低，客户的运输成本也降低（陈娟等，2006）。

芽孢杆菌的发酵受很多环境条件的制约，除了发酵培养基的碳源、氮源、微量元素和生长因子等影响因素外，如温度、pH值、通氧量、泡沫等均是发酵过程的重要控制参数（胡永红，2015；Lee et al.，1997）。芽孢杆菌的发酵工艺正在快速发展中，其不仅表现在追求提升发酵的效率和芽孢产率及控制发酵的成本，也表现在对不同菌种发酵工艺的优化与调控，还有对陆生环境与水生环境应用的剂型改良及对包被制剂、载体制剂等后处理工艺的研究和发展。

近年来，固定化微生物技术作为生物工程领域的新兴技术为微生物的应用扩大了新的发展空间。常用的固定化方法包括包埋法、吸附法、共价结合法和交联法等，这些固定化方法在食品、发酵、制药、水处理和医学诊断等领域已被广泛应用（朱启忠，2009；Diviès et al.，1994）。在废水和养殖水体水处理中的载体固定化技术和传统的漂浮微生物处理法相比有生物浓度高、菌种活性稳定、上中下层水体处理面广等优点（王建龙，2002；Kariminiaae-Hamedaani et al.，2003）。

水产养殖用微生态制剂应用环境不同于陆生养殖动物的应用环境，益生菌常因换水造成流失率高，而且水产养殖水体的污染物绝大部分存在于中下层水体和底部，因此需要选用合适的固定化载体，满足漂浮、悬浮、底沉和易分散的实际应用要求，并能保证益生菌依靠载体的稳定环境发挥作用的同时能够生长和繁殖，从而通过菌群数量的稳定和广泛的分布达到高效净化水体环境的目的。

载体固定化技术的关键是所用载体材料的性能，作为固定益生菌的吸附载体材料应具有安全性高，负载能力强，生物、化学及热力学稳定性好，保质期长和成本低廉等特点（陈娜丽等，2009）。菌体可通过物理吸附和离子吸附方式吸附载体。物理吸附一般采用具有高吸附能力的纤维素、多孔玻璃、活性炭和非金属矿物等吸附材质，将菌体细胞吸附到载体表面和孔洞内部使之固定化，优点是操作简单，反应条件温和，载体重复利用率高。但与离子吸附相比，物理吸附载体存在结合牢固性差，菌体易脱落等缺点（王新等，2001）。但这个缺点在水产养殖中正是一个应用的优势，通过载体吸附的不牢固性释放一定数量的益生菌，可以提高水体环境中益生菌的浓度和增加益生菌的分布范围。

本研究选用非金属矿物硅藻土作为起沉底作用的无机载体，此外添加玉米芯粉作为起漂浮和悬浮作用的有机载体。同时优化芽孢杆菌的液体发酵条件和增强载体固定化效果。首先对枯草芽孢杆菌*Bacillus subtilis* JS-01和侧孢短芽孢杆菌*Brevibacillus laterosporus* JS-02的混合发酵培养进行条件优化，确定发酵培养基碳源、氮源成分以及碳氮比等条件和液体发酵最佳温度、初始pH值、溶氧量、接种量等条件，最后通过优化载体添加量、搅拌速率和吸附时间，提高硅藻土和玉米芯载体单位质量的菌体吸附率，为复合芽孢杆菌的活菌数量、芽孢产率以及载体固定化后制剂的稳定性、易活化性还有延长优质期等提供技术支持和应用保障。

## 6.2.1 实验材料

### 6.2.1.1 实验试剂

实验所用试剂见表6-13。

**表6-13 实验所用试剂**

| 名称 | 规格 | 生产厂家 |
|---|---|---|
| 硅藻土粉（100～150目） | 食品级 | 吉林省青山源硅藻土有限公司 |
| 玉米芯粉（80～100目） | 饲料级 | 山东高唐华特威科技有限公司 |
| 玉米粉 | 食品级 | 大连星驰经贸有限公司 |
| 玉米淀粉 | 食品级 | 大连星驰经贸有限公司 |
| 可溶性淀粉 | 食品级 | 天津市鼎盛鑫化工有限公司 |
| 豆饼粉 | 食品级 | 山东万得福实业集团有限公司 |
| 葡萄糖 | 食品级 | 山东西王糖业有限公司 |
| 蔗糖 | 分析纯 | 天津市凯通化学试剂有限公司 |
| 玉米浆 | 食品级 | 山东康源生物科技有限公司 |
| 中温淀粉酶 | 食品级 | 山东隆科特酶制剂有限公司 |
| 中性蛋白酶 | 食品级 | 山东隆科特酶制剂有限公司 |
| 蛋白胨 | | 英国Oxoid公司 |

续表

| 名称 | 规格 | 生产厂家 |
|---|---|---|
| 酵母提取物 | | 英国Oxoid公司 |
| 牛肉膏 | | 北京奥博星生物技术有限责任公司 |
| 干酪素 | | 北京奥博星生物技术有限责任公司 |
| 磷酸铁 | 分析纯 | 天津市科密欧化学试剂有限公司 |
| 硫酸镁 | 分析纯 | 天津市科密欧化学试剂有限公司 |
| 苯酚品红 | | 杭州百思生物技术有限公司 |
| 黑色素 | | 杭州百思生物技术有限公司 |

#### 6.2.1.2 种子培养基和发酵培养基

加盐LB培养基：蛋白胨10g，酵母提取物5g，NaCl 30g，$H_2O$ 1000mL，pH7.2；固体培养基为液体培养基中加入15g/L琼脂粉。

种子培养基：蛋白胨5g，酵母膏1g，$FePO_4$ 0.1g，陈海水1000mL，pH7.2。

液体发酵培养基：玉米粉150g，豆饼粉250g，中温淀粉酶3.5g，中性蛋白酶2.5g，葡萄糖25g，玉米浆40g，$MgSO_4$ 5g，陈海水5000mL，pH7.2～7.5。

以上培养基均经过121℃高压灭菌20min后使用。

#### 6.2.1.3 益生菌菌株来源

选用本研究第6.1节筛选分离得到的枯草芽孢杆菌*Bacillus subtilis* JS-01和侧孢短芽孢杆菌*Brevibacillus laterosporus* JS-02，保藏于中国微生物菌种保藏管理委员会普通微生物中心，保藏号为CGMCC-No.9756和CGMCC-No.9757，由大连理工大学动物技术与营养实验室提供。

#### 6.2.1.4 仪器设备

实验所用仪器见表6-14。

表6-14 实验所用仪器设备

| 仪器名称 | 型号、品牌和产地 |
|---|---|
| pH计 | PB-10，Sartorius，德国 |
| 盐度计 | WZ-211，万成，北京 |
| 可见分光光度计 | SP-722E，光谱，上海 |
| 酶标仪 | Infinite F50，Tecan Sunrise，瑞士 |

续表

| 仪器名称 | 型号、品牌和产地 |
| --- | --- |
| 标准筛 | *Φ*20-800，康达新，新乡 |
| 电子天平 | FA1004N，精密，上海 |
| 光学显微镜 | CKX41，奥林巴斯株式会社，日本 |
| 超净工作台 | VS-840K-U，安泰，苏州 |
| 恒温摇床 | SHZ-82，国华仪器，常州 |
| 高压蒸汽灭菌锅 | SS-325，TOMY，日本 |
| 低温离心机 | 5418R，Eppendorf，德国 |
| 低速大容量冷冻离心机 | Sorvall RC12BP，Thermo Scientific，美国 |
| 电热恒温水浴锅 | HWS12，一恒，上海 |
| 全自动发酵系统 | Biotech-2002，宝兴，上海 |
| 场发射扫描电镜 | Nova NanoSEM-450，FEI，美国 |
| 立式冷藏冰柜 | SC-329，海尔电器，青岛 |
| 立式超低温冰箱 | MDF-U73V，SANYO，日本 |
| 饲料研磨机 | HL-DF 75，正立机械，济宁 |

## 6.2.2 实验方法

### 6.2.2.1 芽孢杆菌液体发酵条件的影响

**（1）温度对发酵条件的影响**

用250mL挡板三角瓶分别装50mL的芽孢杆菌JS-01和JS-02的液体发酵培养基，各瓶接种5mL相应菌悬液，设定温度分别为20℃、25℃、30℃、35℃、40℃，接种JS复合芽孢杆菌，150r/min混合培养24h后取样测定菌液的浓度，确定最适的发酵温度。

**（2）初始pH对发酵条件的影响**

用250mL挡板三角瓶分别装50mL的芽孢杆菌JS-01和JS-02的液体发酵培养基，各瓶接种5mL相应菌悬液，设定初始pH值分别为6.0、6.5、7.0、7.5、8.0、8.5，接种JS复合芽孢杆菌，150r/min混合培养24h后取样测定菌液的浓度，确定最适的发酵pH值。

（3）通气量对发酵条件的影响

用5L小型发酵罐分别装1000mL的芽孢杆菌JS-01和JS-02的液体发酵培养基，各瓶接种100mL相应菌悬液，设定初始转速分别为150r/min、200r/min、250r/min、300r/min、350r/min和400r/min，接种JS复合芽孢杆菌，混合培养24h后取样测定菌液的浓度。

（4）接种量对发酵条件的影响

用250mL挡板三角瓶分别装50mL的芽孢杆菌JS-01和JS-02的液体发酵培养基，各瓶接种5mL相应菌悬液，调整接种量分别为2%、5%、8%、10%和15%，接种JS复合芽孢杆菌，150r/min混合培养24h后取样测定菌液的浓度。

#### 6.2.2.2 液体发酵培养基的优化

（1）液体培养基氮源的优化

微生物生长和产物合成都需要氮源，主要用于菌体细胞物质和含氮代谢物的合成。通常根据氮素的来源不同，可分为有机氮源和无机氮源两大类。常用的无机氮源包括各种铵盐、亚硝酸盐、硝酸盐和氨水等。常用的有机氮源有蛋白胨、豆饼粉、酵母粉和鱼粉等（陈华癸和樊庆笙，1997）。

在维持基础发酵培养基其他成分不变的基础之上，将培养基中的蛋白胨用1%的其他氮源代替（酵母提取物、牛肉膏、豆饼粉和干酪素），以2%接种量接种JS复合芽孢杆菌，150r/min混合培养24h后测定菌液浓度，确定最优的氮源。

（2）液体培养基碳源的优化

碳源为微生物细胞的正常生长增殖提供物质基础和能量。通常根据碳素的来源不同，可将碳源物质分为无机碳源和有机碳源。糖类是较好的碳源，尤其是单糖（葡萄糖、果糖）、双糖（蔗糖、麦芽糖、乳糖），绝大多数微生物都能利用。此外，简单的有机酸、氨基酸、醇类、醛、酚等含碳化合物也能被许多微生物利用（陈华癸和樊庆笙，1997）。

在维持基础发酵培养基其他成分不变的基础之上，将培养基中的碳源用1%的其他碳源代替（蔗糖、葡萄糖、牛肉膏、可溶性淀粉、玉米粉、玉米淀粉和玉米芯粉），接种JS复合芽孢杆菌，混合培养24h后测定菌液浓度，确定最优的碳源。

（3）液体培养基C/N的优化

碳氮比，是指有机物中碳的总含量与氮的总含量的比值。一般用“C/N”表示。在维持基础发酵培养基其他成分不变的基础之上，添加1%、3%、5%、8%、10%和15%的玉米浆，接种JS复合芽孢杆菌，150r/min混合培养24h，取样测定菌液浓度，确定最佳玉米浆的添加量。

#### 6.2.2.3 发酵、载体固定化、菌粉制备工艺

整个发酵、载体固定化、菌粉制备工艺流程如图6-10所示。

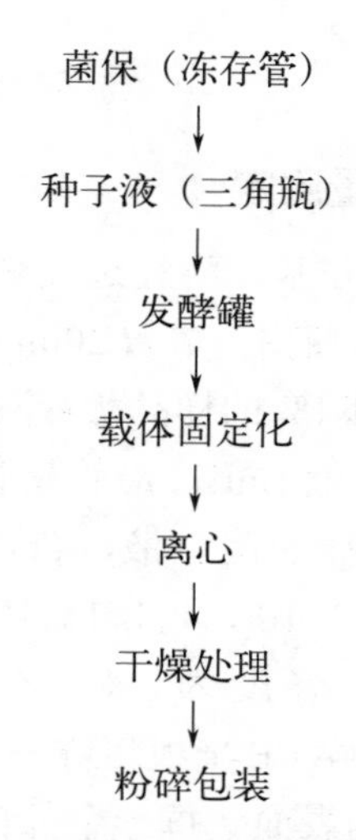


**图6-10　载体复合菌剂制备工艺流程示意图**

**（1）种子液和发酵罐准备**

种子液制备：取–70℃保存的细菌冻存管（枯草芽孢杆菌JS-01和侧孢短芽孢杆菌JS-02），分别接种至种子培养基的500mL挡板三角瓶中，在26～28℃恒温摇床培养16～24h，得枯草芽孢杆菌JS-01益生菌种子液和侧孢短芽孢杆菌JS-02益生菌种子液，调整其浓度分别为$1\times10^{10}$ CFU/mL左右。按体积比1∶（1～1.2）混合，得混合JS芽孢杆菌种子液。

发酵罐准备：发酵罐预先进行清洗和空消，121℃高压灭菌30min。加3L陈海水和玉米粉、豆饼粉等到发酵罐中，均匀搅拌后，同时加入蛋白酶和淀粉酶，依次在50℃、65℃条件下水解40～60min。将已加入$MgSO_4$和葡萄糖的陈海水转入发酵罐中，最后将玉米浆转入罐中，陈海水定容至5L。调pH7.2～7.5，121℃再次高压灭菌30min。

**（2）发酵培养**

设置最适发酵温度和溶氧量，罐压为0.1MPa。以最佳接种量将混合JS芽孢杆菌种子液接种至发酵培养基中，设置初始搅拌速度开始发酵。如果发酵过程中产生大量泡沫，可以适量加入消泡剂进行消泡处理，发酵后期要通过芽孢染色镜检芽孢形成情况，当芽孢形成率大于90%的时候，中止发酵培养过程。

**（3）载体固定化处理**

根据复合JS芽孢杆菌的发酵产量，往发酵罐中加入适量的固定化载体（灭菌硅藻土和玉米芯粉），调整搅拌速率充分混匀搅拌，通过物理吸附法对复合JS芽孢杆菌进行固定化处理，4500r/min离心30min收集载体菌体复合物，40～50℃干燥处理至半干后，室温晾干，粉碎后即为载体固定化抑菌型净水微生态制剂（干粉剂型）。

#### 6.2.2.4 芽孢杆菌样品菌量测定

在超净台里，取LB平板培养基，将经过充分混匀的试样5g放入带玻璃珠、装有495mL无菌海水的灭菌三角瓶内，静置20min后，置于旋转式摇床上，设置200r/min，时间60min，混悬液即1%的样品稀释液。

用灭菌的吸管吸取1%稀释液1mL，沿管壁徐徐注入含有9mL无菌海水的试管内，混匀成为1 ∶ 1000稀释的菌悬液，依次稀释，分别得到$1:1\times10^4$，$1:1\times10^5$，$1:1\times10^6$，$1:1\times10^7$，$1:1\times10^8$，$1:1\times10^9$等梯度浓度。

取1mL移液器分别吸取稀释度为$1:1\times10^6$，$1:1\times10^7$，$1:1\times10^8$，$1:1\times10^9$的稀释液100μL，加至LB平板培养基表面，用灭菌后的平板玻璃刮棒，将菌悬液均匀涂布于培养基表面。每一个稀释度做3组重复，同时加无菌海水的空白对照，26 ～ 28℃培养24 ～ 48h，每个稀释度取5 ～ 10个菌落的菌体，涂片染色，显微镜观察识别后，进行菌落计数。计算公式为：

$$X_1 = 10AB \tag{6-1}$$

式中，$X_1$为每克样品中杂菌数，CFU/g；$A$为最终计数的菌落总数；$B$是稀释倍数。

$$Y = \frac{X_1}{X_1 + X_0} \times 100\% \tag{6-2}$$

式中，$Y$为产品中的杂菌率，%；$X_1$为每克样品中杂菌数，CFU/g；$X_0$为每克样品中的芽孢杆菌数，CFU/g。

#### 6.2.2.5 载体吸附率的检测

硅藻土的显著特性是轻质、多孔、比表面积大、高吸附能力，被广泛用于制备助滤剂、物理吸附剂、催化剂载体、促絮凝填料以及多功能固定化载体（黄成颜，1993）。硅藻土除具有吸附载体能力外，还可以直接用于水体净化和废水处理，能够吸附水环境中的重金属离子（$Zn^{2+}$、$Pb^{2+}$、$Cd^{2+}$和$Cu^{2+}$等）、氨氮等有害物质，是安全无毒、环境友好的净水添加剂（黄成颜，1993；张凤君，2006）。

取适量的硅藻土和的玉米芯粉，121℃高压灭菌20min后烘干备用。制备浓度为$5\times10^9$ CFU/mL的JS复合芽孢杆菌菌悬液500mL。取适量灭菌烘干的硅藻土与100mL菌悬液混合，150r/min充分搅拌吸附10min、30min、60min、90min，静置10 ～ 20min待硅藻土颗粒沉降后，倒掉上层菌悬液，过滤收集硅藻土载体颗粒。再用PBS溶液洗脱未牢固吸附的菌体，再将硅藻土载体吸附的菌体振荡重悬后，通过平板计数法测定菌数，计算硅藻土载体的吸附率。

玉米芯粉是选用优质玉米芯干燥后粉碎加工而成，具有成本低、来源广、均匀度好、松散性好、吸附性强和优质期长等特点，主要被用作养殖用饲料预混料的载体和兽药的载体（修昆和何建国，2006）。取适量灭菌烘干的玉米芯粉与100mL菌悬液混合，150r/min充分搅拌吸附10min、30min、60min、90min，静置10～20min后，收集漂浮、悬浮和小部分沉底的玉米芯载体颗粒。使用PBS溶液洗脱未牢固吸附的菌体，再将玉米芯载体吸附的菌体振荡重悬后，通过平板计数法测定菌数，计算玉米芯载体的吸附率。

此外，同时考察载体的添加量、搅拌速率、吸附时间对载体吸附率的影响。

#### 6.2.2.6 芽孢杆菌形态和载体固定化样品形态观察

利用苯酚品红-黑色素溶液，对JS复合芽孢杆菌进行芽孢染色，并对发酵产物的形态特征进行观察；然后通过扫描电镜观察载体固定化后的JS复合芽孢杆菌样品、硅藻土和玉米芯载体的表面特征。

#### 6.2.2.7 数据统计分析

使用SPSS 18.0软件对所有实验数据进行单因素方差分析（one-way ANOVA），不同处理组之间采用Ducan's多重比较，各实验组数据均以均值±标准误差（mean±SE）表示。当$P<0.05$时认为差异显著。

### 6.2.3 结果与讨论

#### 6.2.3.1 液体发酵条件的优化

温度对JS复合芽孢杆菌生长的影响如图6-11所示。JS复合芽孢杆菌在20～40℃条件下的生物量变化较大，温度过高或过低时活菌数量都较少，30℃时生物量达到最大，为$82.5\times10^{8}$ CFU/mL，再继续升高发酵温度后，JS复合芽孢杆菌活菌量开始降低。

初始pH对JS复合芽孢杆菌生长的影响如图6-12所示。随着pH的升高菌体数量逐渐增大，在pH为8.0时活菌量开始下降。JS复合芽孢杆菌的最佳起始生长pH为7.5。在偏酸或偏碱性条件下都会影响活菌生长，但pH低于6.5的偏酸环境会大大影响活菌生长，由此可见JS复合芽孢杆菌具有耐碱和耐弱酸的优良性质，对pH的耐受性为实际液体发酵生产创造了便利条件。

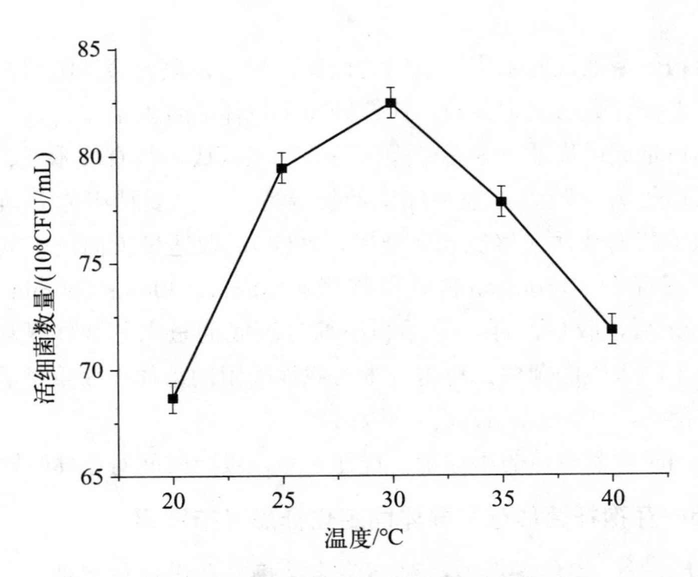


图6-11 温度对JS复合芽孢杆菌生长的影响

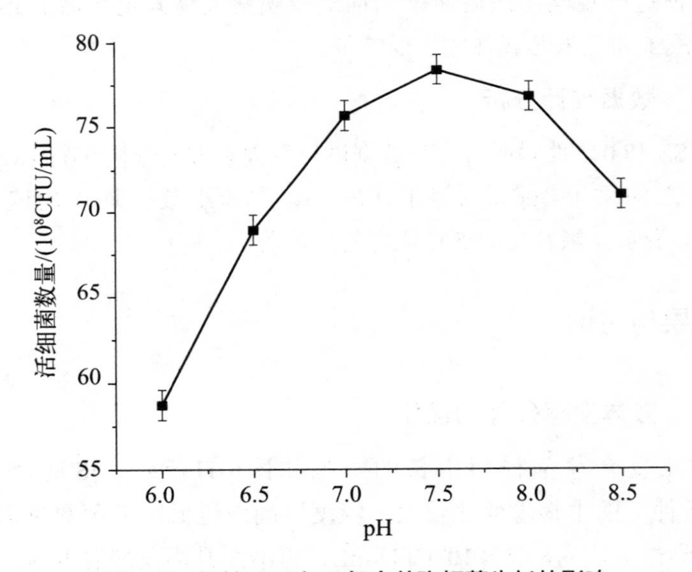


图6-12 初始pH对JS复合芽孢杆菌生长的影响

枯草芽孢杆菌JS-01和侧孢短芽孢杆菌JS-02都为好氧菌，发酵液中溶氧量高低直接影响JS复合芽孢杆菌的生长及代谢情况。发酵罐转数对JS复合芽孢杆菌生长的影响如图6-13所示。发酵罐转数在200～400r/min范围内，JS复合芽孢杆菌都能快速生长。在一定范围内转速越大或装液量越小，发酵产物的浓度就越高，在一定装液量的前提下提高转速可以增加发酵液中DO的浓度。结果说明，发酵罐转速过大，JS复合芽孢杆菌菌量开始有下降趋势，最佳发酵转速为300r/min。

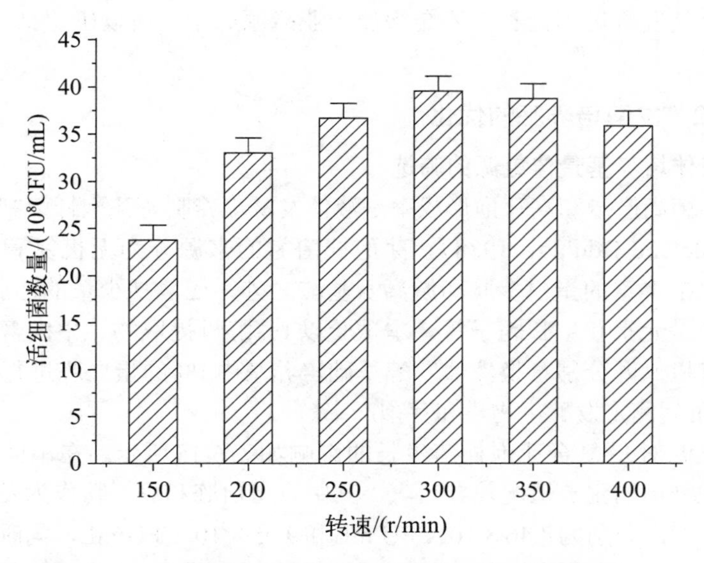


图6-13 发酵罐转速对JS复合芽孢杆菌生长的影响

在不同的接种量条件下进行发酵培养发现，接种量在3%～10%时，JS复合芽孢杆菌生长量相当，然而进一步加大接种量会使其产量大幅下降（图6-14）。

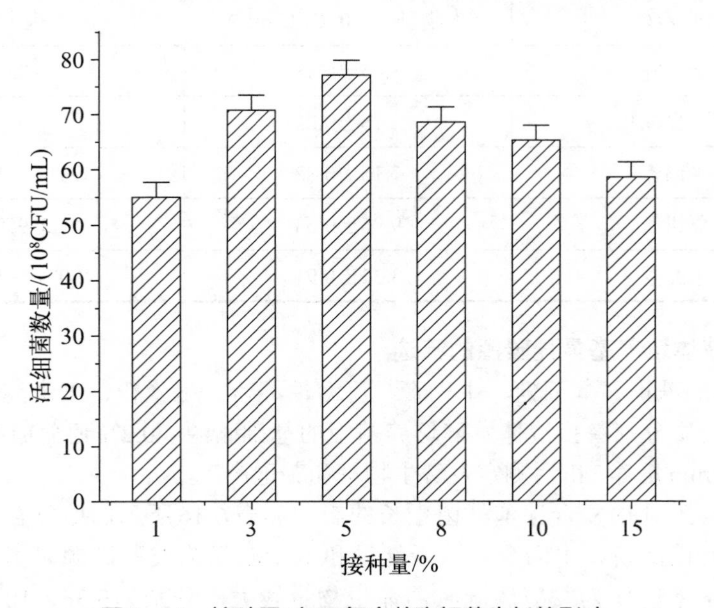


图6-14 接种量对JS复合芽孢杆菌生长的影响

这是因为高接种量会加快发酵进程，前期生物量过高，营养物浓度迅速降低，导致后期发酵产物的终浓度反而不高（胡永红，2015）。在实际发酵生产中接种量少会使发酵过程延长，还会增加企业能源成本，所以确定5%的接种量为最适接种量。

#### 6.2.3.2 发酵培养基的优化

**（1）液体培养基最佳氮源的筛选**

芽孢杆菌高产量和高芽孢形成率是液体发酵培养制备芽孢杆菌制剂的主要目标（Oyewole and Odunfa，1988）。芽孢杆菌氮的来源分为无机氮和有机氮，有机氮源除包括丰富的蛋白多肽和游离氨基酸之外，还包括少量的脂肪酸、糖类、维生素、微量元素和生长因子等。本试验以1%酵母提取物、牛肉膏、豆饼粉和干酪素等有机氮源分别替换液体发酵基础培养基中1%的蛋白胨进行试验，150r/min培养24h后测定发酵生物量和芽孢产率。

不同氮源对JS复合芽孢杆菌生长的影响如表6-15所示。在不同氮源条件下JS复合芽孢杆菌的生长情况差异较大，其中以蛋白胨和豆饼粉作为发酵氮源时菌体生物量较多，分别为$8.46\times10^8$ CFU/mL和$9.95\times10^8$ CFU/mL，同时芽孢产率都高于95%。但从最高的生物量产量和后期产业化的发酵成本考虑，优选豆饼粉作为最佳的发酵氮源。

**表6-15　不同氮源对JS复合芽孢杆菌生长的影响**

| 氮源/% | 生物量/（$10^8$ CFU/mL） | 芽孢率/% |
| --- | --- | --- |
| 蛋白胨 | 8.46±0.48 | ≥95% |
| 酵母提取物 | 7.15±0.82 | ≥95% |
| 牛肉膏 | 7.15±0.82 | 90%～95% |
| 豆饼粉 | 9.95±0.64 | ≥95% |
| 干酪素 | 3.32±0.91 | 90%～95% |

**（2）液体培养基最佳碳源的筛选**

以1%的蔗糖、葡萄糖、牛肉膏、可溶性淀粉、玉米粉、玉米淀粉和玉米芯粉等碳源物质分别替换液体发酵培养基中的基础碳源（0.2%葡萄糖和0.3%牛肉膏），150r/min培养24h后测定发酵生物量和芽孢产率。

不同碳源对JS复合芽孢杆菌生长的影响如表6-16所示，JS复合芽孢杆菌以蔗糖、可溶性淀粉、牛肉膏、玉米淀粉和玉米芯粉为发酵碳源时菌量较小，以葡萄糖和玉米粉作为发酵碳源时菌体生物量较大，分别为$9.36\times10^8$ CFU/mL和$10.42\times10^8$ CFU/mL，并且二者的芽孢产率都在95%以上，所以优选葡萄糖和玉米粉作为最佳的发酵碳源。

表6-16　不同碳源对JS复合芽孢杆菌生长的影响

| 碳源/% | 生物量/（$10^8$ CFU/mL） | 芽孢率/% |
| --- | --- | --- |
| 蔗糖 | 7.36±0.28 | ≥95% |
| 葡萄糖 | 9.36±0.55 | ≥95% |
| 牛肉膏 | 6.98±1.12 | 90%～95% |
| 可溶性淀粉 | 4.88±0.74 | 90%～95% |
| 玉米粉 | 10.42±1.18 | ≥95% |
| 玉米淀粉 | 4.86±0.92 | 90%～95% |
| 玉米芯粉 | 1.45±0.56 | ≥95% |

玉米芯粉作为发酵碳源使用效果表明，其可以保证一定量的JS复合芽孢杆菌生长，这说明玉米芯在作为载体固定菌体的同时，还可以作为糖类等营养物质提供芽孢杆菌生长所需的碳源。

**（3）液体培养基C/N的优化**

碳源和氮源在生物生长过程中有着十分重要的影响，C/N过高和过低都不利于细胞生长和外源蛋白质表达和积累（胡永红，2015）。利用不同浓度的豆饼粉作为培养基的氮源，玉米粉作为碳源，以不同的C/N进行发酵培养，150r/min培养24h后测定发酵生物量和芽孢产率。

不同C/N对JS复合芽孢杆菌生长的影响如表6-17所示。在不同C/N条件下JS复合芽孢杆菌的生长情况差异明显，其中培养基的C/N为1 ∶ 2和1 ∶ 4时菌体生物量相对较多，分别为52.86×$10^8$ CFU/mL和56.45×$10^8$ CFU/mL，但只有C/N为1 ∶ 4时芽孢产率高于95%。从最高的生物量产量和芽孢产率来看，最后优选1 ∶ 4作为最佳的发酵碳氮比。

表6-17　不同C/N对JS复合芽孢杆菌生长的影响

| C/N | 生物量/（$10^8$ CFU/mL） | 芽孢率/% |
| --- | --- | --- |
| 1 ∶ 1 | 23.46±5.28 | ≥95% |
| 1 ∶ 2 | 52.86±3.27 | 90%～95% |
| 1 ∶ 4 | 56.45±3.32 | ≥95% |
| 2 ∶ 1 | 34.88±2.78 | 90%～95% |
| 4 ∶ 1 | 26.56±4.84 | ≥95% |

#### 6.2.3.3 载体的吸附率

**（1）载体添加量的优化**

硅藻土添加量对载体吸附量的影响如表6-18所示。

**表6-18 硅藻土添加量对载体吸附量的影响**

| 硅藻土/（g/L） | 生物量/（$10^6$ CFU/mL） | 吸附量/（$10^8$ CFU/g） |
|---|---|---|
| 1 | 0.75±0.03 | 7.5 |
| 5 | 4.56±0.25 | 9.12 |
| 10 | 10.75±0.44 | 10.75 |
| 20 | 14.68±0.83 | 7.33 |
| 50 | 25.97±1.26 | 5.19 |

在不同硅藻土添加量下，载体吸附的生物量差异明显，其中硅藻土添加量为5g/L和10g/L时载体单位吸附量最大，分别为$9.12\times10^8$ CFU/g和$10.75\times10^8$ CFU/g，所以优选10g/L作为最佳的硅藻土添加量。

玉米芯添加量对载体吸附率的影响如表6-19所示。添加不同质量浓度的玉米芯，对载体吸附能力的影响明显，其中玉米芯添加量为5g/L时载体单位质量吸附量最大，为$10.1\times10^{10}$ CFU/g，所以优选5g/L作为最佳的玉米芯添加量。

**表6-19 玉米芯添加量对载体吸附量的影响**

| 玉米芯/（g/L） | 生物量/（$10^8$ CFU/mL） | 吸附量/（$10^{10}$ CFU/g） |
|---|---|---|
| 0.5 | 0.42±0.05 | 8.4 |
| 1 | 0.87±0.04 | 8.7 |
| 5 | 5.05±0.35 | 10.1 |
| 10 | 8.94±0.32 | 8.94 |
| 20 | 14.85±0.86 | 7.43 |

**（2）载体搅拌速率的优化**

搅拌速率对硅藻土载体吸附量的影响如表6-20所示。在不同搅拌速率条件下，载体吸附的生物量无明显差异，其中搅拌速率为150r/min和200r/min时，硅藻土载体单位质量吸附量最多，分别为$1.03\times10^9$ CFU/g和$1.01\times10^9$ CFU/g，所以最佳的硅藻土载体搅拌速率在150～200r/min。

表6-20　搅拌速率对硅藻土载体吸附量的影响

| 搅拌速率/（r/min） | 生物量/（$10^6$ CFU/mL） | 吸附量/（$10^8$ CFU/g） |
| --- | --- | --- |
| 100 | 8.83±0.25 | 8.83 |
| 150 | 10.26±0.37 | 10.26 |
| 200 | 10.05±0.46 | 10.05 |
| 250 | 9.58±0.47 | 9.58 |
| 300 | 9.05±0.94 | 9.05 |

搅拌速率对玉米芯载体吸附量的影响如表6-21所示。不同搅拌速率下，载体吸附的生物量无明显差异，其中搅拌速率为150r/min和200r/min时，玉米芯载体单位质量吸附量最多，分别为5.52×$10^{10}$ CFU/g和5.69×$10^{10}$ CFU/g，所以最佳的玉米芯载体搅拌速率为200r/min。

表6-21　搅拌速率对玉米芯载体吸附量的影响

| 搅拌速率/（r/min） | 生物量/（$10^8$ CFU/mL） | 吸附量/（$10^{10}$ CFU/g） |
| --- | --- | --- |
| 100 | 4.66±0.48 | 4.66 |
| 150 | 5.52±0.5 | 5.52 |
| 200 | 5.69±0.32 | 5.69 |
| 250 | 5.38±0.36 | 5.38 |
| 300 | 5.22±0.64 | 5.22 |

**（3）载体吸附时间的优化**

吸附时间对硅藻土载体吸附量的影响如表6-22所示。不同的吸附时间，硅藻土载体吸附的生物量无明显差异，其中吸附时间在60min和90min时，硅藻土载体单位质量吸附量最多，都为约1.07×$10^9$ CFU/g，所以最佳的硅藻土载体吸附时间为60～90min。

表6-22　吸附时间对硅藻土载体吸附量的影响

| 吸附时间/min | 生物量/（$10^6$ CFU/mL） | 吸附量/（$10^8$ CFU/g） |
| --- | --- | --- |
| 10 | 6.43±0.36 | 6.43 |
| 30 | 9.25±0.45 | 9.25 |
| 60 | 10.68±0.29 | 10.68 |
| 90 | 10.72±0.42 | 10.72 |

吸附时间对玉米芯载体吸附量的影响如表6-23所示。不同搅拌速率下，载体吸附的生物量没有太大差异，其中吸附时间在30min、60min和90min时，玉米芯载体单位质量吸附量最多，分别为$5.58 \times 10^{10}$ CFU/g、$5.61 \times 10^{10}$ CFU/g和$5.62 \times 10^{10}$ CFU/g，所以最佳的玉米芯载体吸附时间为30～60min。

表6-23 吸附时间对玉米芯载体吸附量的影响

| 吸附时间/min | 生物量/（$10^8$ CFU/mL） | 吸附量/（$10^{10}$ CFU/g） |
|---|---|---|
| 10 | 5.16±0.54 | 5.16 |
| 30 | 5.58±0.39 | 5.58 |
| 60 | 5.61±0.42 | 5.61 |
| 90 | 5.62±0.66 | 5.62 |

### 6.2.3.4 芽孢杆菌和载体固定化样品形态特征

**（1）芽孢染色结果**

将菌体按5%的体积比接种至发酵培养基中，设置条件为0.1MPa，温度28～30℃，溶氧≥30%进行发酵，初始搅拌速度150r/min，2h后为200r/min，3h后为250r/min，4h后为300r/min，22h制得混合发酵菌液；将发酵液4500r/min离心30min，收集菌体复合物。

芽孢又叫内生孢子，是芽孢杆菌生长到一定阶段在菌体内形成的休眠体，通常呈圆形或椭圆形。细菌能否形成芽孢及芽孢的形状、着生位置以及芽孢囊是否膨大等特征是鉴定细菌的重要指标。结果如图6-15所示，在浅灰紫色的底色下，芽孢杆菌菌体呈白色，芽孢呈红紫色。

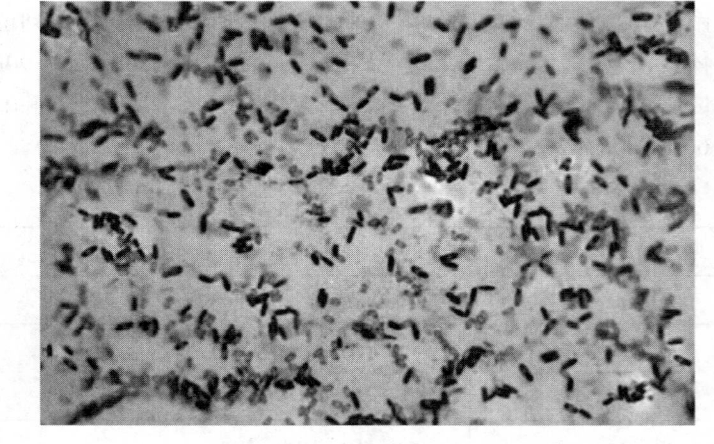

图6-15 JS复合芽孢杆菌的芽孢染色图（×100）（扫码见彩图）

### （2）载体固定化芽孢杆菌干粉产品

菌体发酵过程同JS复合芽孢杆菌制备，发酵22h后向发酵菌液中加入复合载体（1%玉米芯粉和2%硅藻土），在搅拌下进行固定化处理1h，4500r/min离心30min，收集固定化载体菌体复合物，50～55℃干燥处理至半干后，自然晾干，粉碎，得终产品，活菌菌体终浓度≥$5\times10^9$CFU/g。

干粉产品实物见图6-16，载体JS复合芽孢杆菌整体为淡土黄色，略微带有玉米的香气，完全晾干粉碎后，呈干燥的粉末状成品。

**图6-16　载体固定化JS复合芽孢杆菌实物图**（扫码见彩图）

### （3）描电镜结果

硅藻土的显著特性是轻质、多孔、比表面积大、吸附能力高，被广泛用作物理吸附剂、催化剂载体、促絮凝填料以及多功能固定化载体（黄成颜，1993；张凤君，2006）。玉米芯粉是优质玉米芯干燥后粉碎加工而成，具有成本低、来源广、均匀度好、松散性好、吸附性强和优质期长等特点，已经被广泛用作动物养殖饲料预混料的载体和兽药的最佳载体（修昆和何建国，2006）。

载体固定化JS复合芽孢杆菌经超声波破碎后，扫描电镜照片见图6-17a和b。在扫描电子显微镜下，在硅藻土载体上可以清楚看到芽孢杆菌菌体和芽孢。因为玉米芯是有机载体，可以为微生物提供碳源等营养物质，所以玉米芯载体的载菌数量远大于无机载体硅藻土。

近些年，海水专用微生态制剂在改善养殖水体的水质、增强养殖动物的免疫水平和提高养殖动物质量增加产量等方面的作用显著，在海水养殖产业中受到高度重视（陈秋红等，2004；陈谦等，2012）。然而作为功能性添加剂，微生态制剂的实际应用效果却差强人意，主要的瓶颈在于选用的菌种基本是益生作用，强化净水功能的菌种较少；发酵阶段的活菌产量和芽孢得率低；液体制剂和干粉制剂的活菌量不高；流水养殖使活菌流失率高；下层水体和池底环境的菌体浓度较低等。

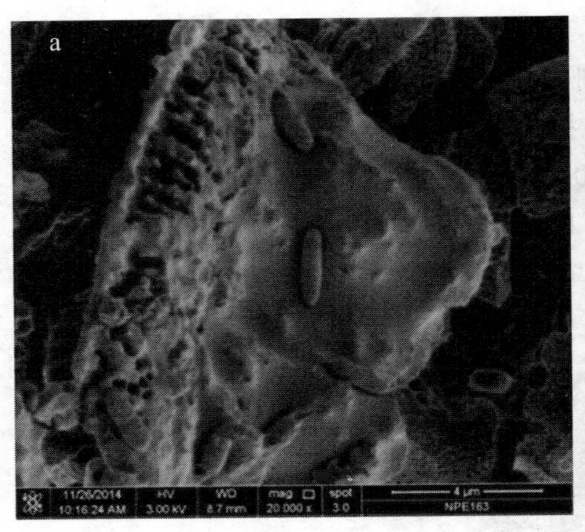

**图6-17　载体固定化JS复合芽孢杆菌扫描电镜图（×10k～20k）**

a—硅藻土载体表面（20000倍）；b—玉米芯载体表面（10000倍）

解决上述问题的方法首先是在自然养殖环境中筛选能高效净化水质的功能性益生菌。本研究第一节成功筛选得到高效降解氨氮的枯草芽孢杆菌*Bacillus subtilis* JS-01和高效降解亚硝态氮的侧孢短芽孢杆菌*Brevibacillus laterosporus* JS-02，为开发高效海水专用微生态净水剂做好技术基础。其次是靠工程化手段优化发酵工艺，确定最佳的发酵培养基成分和C/N，提高发酵效率、缩短发酵周期并降低生产的成本。本研究采用液体发酵工艺，与固体发酵相比，液体发酵的菌量更高，杂菌含量更低，而且在芽孢或孢子的数量和质量方面的稳定性更好，后期剂型加工等也更加便利（Carnevali et al.，2007；邢燕等，2007）。本研究在发酵条件上，主要是对发酵温度、初始pH值、接种量、通氧量和发酵周期等几个方面进行优化，而对发酵培养基的优化主要是从氮源、碳源和C/N等三个方面进行考量。

发酵温度的高低不仅会影响到发酵菌种的生长和繁殖速度，还会直接影响到发酵过程中抗菌肽、抗生素、氨基酸和酶类等次级代谢产物的产量（罗大珍和林稚兰，2006）。徐长安等人（2009）在优化海洋芽孢杆菌B09的发酵条件时发现，这株海洋细菌的发酵温度较低，在32℃时的发酵生物产量最高；郝林华等人（2006）研究一株具有生防拮抗性的枯草芽孢杆菌时发现，30℃是其最佳的发酵温度。本研究结果与之相似，两株海洋类芽孢杆菌枯草芽孢杆菌*Bacillus subtilis* JS-01和侧孢短芽孢杆菌*Brevibacillus laterosporus* JS-02的最佳发酵温度都在30℃左右。

发酵pH值与芽孢杆菌的生长繁殖和代谢周期密切相关，pH值大于8.0会使芽孢的形成推迟。为了提高芽孢产率，芽孢杆菌的发酵初始pH值最好在7.0～7.5

（胡永红，2015）。郝林华等人（郝林华等，2006）在优化枯草芽孢杆菌的发酵条件时，发现在初始pH值为7.2时芽孢产量最大。本研究中初始pH值与之相近，枯草芽孢杆菌*Bacillus subtilis* JS-01和侧孢短芽孢杆菌*Brevibacillus laterosporus* JS-02在初始pH7.0～8.0范围内生长迅速，并在初始pH值为7.5时生物量最大，所以JS复合芽孢杆菌的最佳发酵初始pH值为7.5。

接种量的多少会直接影响发酵菌种在发酵罐中生长繁殖的速度（姚汝华，1996）。胡秀芳等人（胡秀芳等，2007）的研究结果表明，发酵胶质芽孢杆菌时接种量达到6%以后，接种量对芽孢杆菌菌量和芽孢产量的影响已不明显。本研究中JS复合芽孢杆菌受接种量影响的趋势一致，在接种量达到5%时，菌体终浓度最大，芽孢产率最高，故确定最佳发酵接种量为5%。

液体发酵体系中的转速调控会影响发酵过程的DO，合适的通氧量是保证好氧菌株成功发酵的重要因素（储炬和李友荣，2002）。本研究发现JS复合芽孢杆菌在发酵罐转速300r/min时，生物量和芽孢率最高，故确定300r/min为最佳的发酵转速，同时确定了最佳的发酵周期在22～24h。

高的菌体产量和高的芽孢形成率是液体发酵制备芽孢菌类微生态制剂的主要目标，发酵培养基中的碳源氮源是芽孢杆菌和芽孢生长的物质基础（胡永红，2015；陈华癸和樊庆笙，1997）。此外芽孢作为芽孢杆菌的休眠体，是微生态制剂的理想形式，而培养基的C/N也会对芽孢得率有较大的影响（胡永红，2015；罗大珍和林稚兰，2006）。本研究通过单因素条件分析，最终确定JS复合芽孢杆菌发酵的最佳氮源和碳源分别是豆饼粉、葡萄糖和玉米粉，最佳C/N为1∶4。

水产养殖用微生态制剂在实际应用时，常因换水造成益生菌流失，而且水产养殖水体的污染物绝大部分存在于中下层水体和底部，因此需要选用合适的固定化载体，满足漂浮、悬浮、底沉和易分散的实际应用要求，并能保证益生菌依靠载体的稳定环境发挥作用的同时能够生长和繁殖，从而通过菌群数量的稳定和广泛的分布达到高效净化水体环境的目的。载体固定化技术的关键是所用载体材料的性能，作为吸附益生菌的载体材料应具有安全性高，负载能力强，生物、化学及热力学稳定性好，保质期长和成本低廉等特点（Kourkoutas et al.，2004）。吸附法是依靠带电的微生物细胞和载体之间的静电作用固定微生物细胞的方法，主要分为物理吸附和离子吸附（王玉建和李红玉，2006）。物理吸附一般采用具有高度吸附能力的多孔玻璃、蜂窝PVC、活性炭和非金属矿物等无机载体，将微生物固定到载体表面和孔洞内部，优点是操作简单、反应条件温和、载体重复利用率高。但与离子吸附相比，物理吸附载体存在结合牢固性差菌体易脱落等缺点（陈娜丽等，2009；Bai，1999）。但这个缺点在水产养殖中正是一个应用的优势，通过载体吸附的不牢固性释放一定数量的益生菌，可以提高水体环境中益生菌的浓度和扩大益生菌的分布范围。

本节研究选用非金属矿物硅藻土作为起沉底作用的无机载体，此外添加玉米芯粉作为起漂浮和悬浮作用的有机载体。通过优化载体吸附条件，确定最佳硅藻土添加量10g/L，玉米芯添加量5g/L，吸附搅拌速率200r/min，载体吸附时间60min。

通过对液体发酵工艺和培养基组分的优化，载体固定化JS复合芽孢杆菌干粉产品的活菌终浓度可以达到$5\times10^9$ CFU/g，芽孢产率高于90%，通过扫描电镜观察，玉米芯载体的载菌量远多于硅藻土载体，猜测是因为玉米芯是质地柔软的有机载体，芽孢杆菌更容易被吸附和固定，并且玉米芯作为营养物质可以提供一定量的碳源。

本研究通过优化枯草芽孢杆菌*Bacillus subtilis* JS-01和侧孢短芽孢杆菌*Brevibacillus laterosporus* JS-02的发酵条件和培养基，以及联合应用载体固定化技术，为以后规模化生产提供技术基础。同时，载体固定化JS复合芽孢杆菌微生态制剂在仿刺参养殖中净化水质的能力、促进生长的效果，以及在仿刺参肠道发挥益生作用的实际效果如何，需要在仿刺参养殖场进行进一步的实际效果验证。

### 6.2.4 结论

① 通过单因素条件分析，确定枯草芽孢杆菌*Bacillus subtilis* JS-01和侧孢短芽孢杆菌*Brevibacillus laterosporus* JS-02最佳的液体发酵条件是温度30℃，初始pH值7.5，接种量5%，发酵转速300r/min，发酵周期22 ～ 24h。

② 枯草芽孢杆菌*Bacillus subtilis* JS-01和侧孢短芽孢杆菌*Brevibacillus laterosporus* JS-02最佳的混合液体发酵氮源和碳源分别是豆饼粉、葡萄糖和玉米粉，最佳C/N为1 ∶ 4。

③ 枯草芽孢杆菌*Bacillus subtilis* JS-01和侧孢短芽孢杆菌*Brevibacillus laterosporus* JS-02最佳的载体吸附条件是硅藻土添加量10g/L，玉米芯添加量5g/L，搅拌速率200r/min，吸附时间60min。

④ 载体固定化JS复合芽孢杆菌干粉产品的活菌终浓度可以达到$5\times10^9$ CFU/g，芽孢产率高于90%，复合载体的综合吸附效果优秀。

## 6.3 固定化脱氮菌对养殖水体的净化

仿刺参（*Apostichopus japonicus* Selenka）是海参的一种，是中国北方最大

海产品养殖品种，因具有极高的营养价值，每年国际和国内的消费需求增速巨大（中华人民共和国农业部渔业局，2014）。目前仿刺参品质最好、营养价值和经济价值最高的是北方沿海产的辽参，辽参是我国辽东半岛和山东半岛沿海的特有参种，仿刺参作为一种珍贵的海味被列为我国“海产八珍”之首（常亚青等，2006）。

现阶段的仿刺参养殖主要以近海底播养殖、潮间带围堰养殖和陆基工厂化池塘养殖等养殖方式为主（常亚青等，2009）。为满足近年来对仿刺参的高需求和高消费，迅速发展的仿刺参工厂化养殖成为海参产业产量和质量的重要保证（于东祥等，2010）。在仿刺参工厂化养殖中，为了提高仿刺参的单位产量和生长速度，从养殖密度、日均饵料量以及饵料粒径方面考量，高密度养殖、超量投喂和使用超微粉碎饵料等原因更容易比过去传统养殖管理造成水体污染，而残饵、仿刺参粪便等排泄物及死体组织的分解作用等，也更容易造成养殖水体中COD、氨氮和亚硝态氮水平的累积和超标（边陆军和代国庆，2013）。水质恶化又会导致仿刺参饵料系数增高、生长速率降低、机体免疫力下降、极易暴发疾病甚至死亡减产，这些问题已经成为阻碍仿刺参养殖业发展的瓶颈。在仿刺参的养殖过程中，为了防病治病，大量滥用化药和抗生素直接导致了对养殖环境的破坏和耐药性病菌的出现，而且，对水产食品的安全构成了很大的隐患（Zhang et al.，2010b；张春云等，2006）。因此，从源头出发解决水体恶化问题，增强仿刺参自身的免疫力，提高对仿刺参疾病的防控能力，成为仿刺参养殖产业绿色发展急需解决的问题。

近年来，随着人们对海洋环境保护意识的增强，我国提倡采用益生菌的自然生物法来解决仿刺参养殖产业可持续发展的问题（中华人民共和国环境保护部，2014）。微生态制剂（microbial ecological agent）作为一种功能制剂是由大量的活性益生菌发挥作用（陈谦等，2012）。水产养殖用微生态制剂具有净化养殖水体水质、抑制病原菌的生长、调节水产动物肠道菌群平衡、提高饵料利用率和增强动物机体免疫力等益生作用（王亚敏和王印庚，2008；巩玉辉等，2012）。随着废水处理的载体固定化技术的发展，在微生态制剂的制备中应用载体固定化技术，可以提高益生菌的活菌量和存活率、延长使用保质期和加强实际的益生效果（Cassidy et al.，1996）。

本节研究结合前期工作基础，选用从海水养殖环境中筛选分离得到的枯草芽孢杆菌 *Bacillus subtilis* JS-01 和侧孢短芽孢杆菌 *Brevibacillus laterosporus* JS-02，在优化条件下发酵后通过载体固定化技术，制备出载体式微生态制剂，考察其对养殖水体环境水质和对仿刺参幼参生长性能、存活率、饵料系数的影响，检测仿刺参幼参体内消化酶和免疫相关酶的活力，为开发新型载体固定化复合微生态净水剂提供应用基础。

## 6.3.1 实验材料

### 6.3.1.1 实验动物和益生菌来源

实验所用仿刺参来源于大连湾圣鹤丰海产品养殖基地，养殖过程中无抗生素和微生态制剂产品的使用，幼参平均体重（6.0±0.5）g。枯草芽孢杆菌*Bacillus subtilis* JS-01和侧孢短芽孢杆菌*Brevibacillus laterosporus* JS-02从海水养殖环境中分离，现保藏于中国微生物菌种保藏管理委员会普通微生物中心，保藏号为CGMCC-No.9756和CGMCC-No.9757，由大连理工大学动物技术与营养实验室提供。

### 6.3.1.2 实验试剂

实验所用试剂见表6-24。

表6-24 实验所用试剂

| 试剂名称 | 规格 | 生产厂家 |
|---|---|---|
| 硅藻土粉（100～150目） | 食品级 | 吉林省青山源硅藻土有限公司 |
| 玉米芯粉（80～100目） | 饲料级 | 山东高唐华特威科技有限公司 |
| 玉米粉 | 食品级 | 大连星驰经贸有限公司 |
| 豆饼粉 | 食品级 | 山东万得福实业集团有限公司 |
| 葡萄糖 | 食品级 | 山东西王糖业有限公司 |
| 玉米浆 | 食品级 | 山东康源生物科技有限公司 |
| 中温淀粉酶 | 食品级 | 山东隆科特酶制剂有限公司 |
| 中性蛋白酶 | 食品级 | 山东隆科特酶制剂有限公司 |
| 蛋白胨 | | 英国Oxoid公司 |
| 酵母提取物 | | 英国Oxoid公司 |
| 胎牛血清 | | 杭州四季青公司 |
| 苯酚 | 分析纯 | 天津市天河化学试剂厂 |
| 磷酸铁 | 分析纯 | 天津市科密欧化学试剂有限公司 |
| 亚硝基铁氰化钠 | 分析纯 | 天津市福晨化学试剂厂 |
| 甲苯胺蓝 | 分析纯 | 上海圻明生物科技有限公司 |
| 乙二胺四乙酸二钠 | 分析纯 | 天津市科密欧化学试剂有限公司 |

续表

| 试剂名称 | 规格 | 生产厂家 |
| --- | --- | --- |
| 商品复合芽孢杆菌 | 海水专用 | 青岛微生态制剂公司 |
| LZS检测试剂盒 | | 南京建成生物科技有限公司 |
| AKP、ACP检测试剂盒 | | 南京建成生物科技有限公司 |
| SOD检测试剂盒 | | 南京建成生物科技有限公司 |
| CAT检测试剂盒 | | 北京雷根生物技术有限公司 |
| MDA检测试剂盒 | | 南京建成生物科技有限公司 |
| PO检测试剂盒 | | 北京绿源博德生物科技有限公司 |

**（1）溶液的配制**

无菌海水：陈海水经滤纸过滤后，121℃高压灭菌20min，室温保存。

细胞培养液：5mL胎牛血清，0.5mL青霉素（5000IU/mL），无菌水定容至100mL。

EDTA-$Na_2$抗凝剂：NaCl 2g，KCl 0.14g，EDTA-$Na_2$ 0.25g，1mol/L Tris-HCl，pH7.4，加入细胞培养液定容到100mL。

PBS缓冲液：NaCl 8g，KCl 0.2g，$KH_2PO_4$ 0.24g，$Na_2HPO_4$ 1.44g，dd$H_2O$ 800mL，HCl调pH至7.4，加dd$H_2O$定容至1000mL，室温保存。

苯酚溶液：称取19g苯酚和200mg亚硝基铁氰化钠，溶于dd$H_2O$中，稀释至500mL，混匀后盛于棕色试剂瓶中，4℃保存，稳定期在2～3个月内。

**（2）培养基的配制**

种子培养基：蛋白胨5g，酵母膏1g，$FePO_4$ 0.1g，陈海水1000mL，pH7.2。发酵培养基：玉米粉150g，豆饼粉250g，中温淀粉酶3.5g，中性蛋白酶2.5g，葡萄糖25g，玉米浆40g，$MgSO_4$ 5g，陈海水5000mL，pH7.2～7.5。

以上培养基均经过121℃高压灭菌20min后使用。

#### 6.3.1.3 仪器设备

实验所用仪器设备见表6-25。

**表6-25 实验所用仪器设备**

| 仪器名称 | 型号、品牌和产地 |
| --- | --- |
| pH计 | PB-10，Sartorius，德国 |
| 盐度计 | WZ-211，万成，北京 |

续表

| 仪器名称 | 型号、品牌和产地 |
| --- | --- |
| 溶解氧分析仪 | JPB-608，雷磁，上海 |
| 可见分光光度计 | SP-722E，光谱，上海 |
| 酶标仪 | Infinite F50，Tecan Sunrise，瑞士 |
| 标准筛 | *Φ*20 ～ 800，康达新，新乡 |
| 电子天平 | FA1004N，精密，上海 |
| 光学显微镜 | CKX41，奥林巴斯株式会社，日本 |
| 超净工作台 | VS-840K-U，安泰，苏州 |
| 恒温摇床 | SHZ-82，国华仪器，常州 |
| 高压蒸汽灭菌锅 | SS-325，TOMY，日本 |
| 低温离心机 | 5418R，Eppendorf，德国 |
| 低速大容量冷冻离心机 | Sorvall RC12BP，Thermo Scientific，美国 |
| 电热恒温水浴锅 | HWS12，一恒，上海 |
| 全自动发酵系统 | Biotech-2002，宝兴，上海 |
| 饲料研磨机 | HL-DF 75，正立机械，济宁 |

#### 6.3.1.4 微生态净水剂和饲料制备

**（1）JS芽孢杆菌种子液**

将–70℃低温保藏的枯草芽孢杆菌JS-01和侧孢短芽孢杆菌JS-02，分别接种至含有种子培养基的挡板三角瓶中，在26 ～ 28℃，150r/min条件下培养24h，调整JS芽孢杆菌种子液浓度在$1\times10^{10}$ CFU/mL。

**（2）复合JS芽孢杆菌制备**

取JS-01和JS-02混合种子液（1 ∶ 1）按5%的体积比接种至发酵培养基中，设置条件为0.1MPa，温度28 ～ 30℃，溶氧≥30%进行发酵，初始搅拌速度150r/min，2h后为200r/min，3h后为250r/min，4h后为300r/min，22h制得混合发酵菌液；将发酵液4500r/min离心30min，收集菌体复合物（芽孢率≥90%），在50 ～ 55℃下干燥处理至半干后，自然晾干，粉碎，得终产品，活菌菌体终浓度≥$2\times10^{10}$ CFU/g。

**（3）载体固定化复合JS芽孢杆菌**

菌体发酵过程同JS芽孢杆菌制备，发酵22h后向发酵菌液中加入适量硅藻土和玉米芯粉复合载体，在搅拌下进行吸附固定化处理1h，4500r/min离心30min，收集固定化载体菌体复合物（芽孢率≥90%），50～55℃干燥处理至半干后，自然晾干，粉碎，得终产品，活菌菌体终浓度≥$5\times10^9$CFU/g。

**（4）幼参自配基础饵料**

饵料组分为55%天然海藻粉（20%鼠尾藻/马尾藻混合粉和30%大叶菜粉）、10%海虹干、35%海泥、1%富硒酵母粉、1%腐植酸钠、2%复合维生素和1%复合矿物质（表6-26）。按比例混合前几种成分后用研磨机粉碎处理2次，饵料粒径在80～100目，最后料温低于50℃后加入酵母粉、腐植酸钠、复合维生素和矿物质，混匀后备用。幼参基础饲料的主要营养成分见表6-27。

**表6-26　刺参幼参饵料的组成成分**

| 饵料配方 | 干重含量/% |
|---|---|
| 鼠尾藻和马尾藻 | 20 |
| 大叶菜粉 | 30 |
| 海泥 | 35 |
| 海虹干 | 10 |
| 酵母粉① | 1 |
| 腐植酸钠 | 1 |
| 复合维生素② | 2 |
| 复合矿物质③ | 1 |

① 富硒酵母粉：每1g饵料中含100μg Se。

② 复合维生素：每1g饵料中含1000IU维生素A，5mg维生素C，200IU维生素D，10IU维生素E，1mg维生素$K_3$，1mg维生素$B_1$，1mg维生素$B_2$，1mg维生素$B_6$，0.05mg维生素$B_{12}$，5mg D-泛酸钙，5mg烟酸，0.5mg叶酸，8mg肌醇。

③ 复合矿物质：每1g饵料中含0.2mg Cu，1mg Mn，5mg Mg，2mg Zn，1mg Co，1mg Fe。

**表6-27　刺参幼参饵料的营养成分**

| 营养成分 | 营养含量/% |
|---|---|
| 粗蛋白 | 30.37±0.10 |
| 粗脂肪 | 3.75±0.15 |
| 灰分 | 29.86±0.13 |
| 湿度 | 12.33±0.08 |

#### 6.3.1.5 实验分组及养殖管理

选取在临近黄海的海产品养殖场车间约30$m^3$的水泥池中进行实验，并放置15个深蓝色水槽（96cm×60cm×52cm），每个水槽分别放置2片网片附着基。选取平均体重为（6.0±0.5）g的仿刺参幼参，随机分为5组，其中第1组为对照组（control），仅投喂自配饵料；2～5组为水质处理组，分别是第2组为载体组（T1），添加玉米芯和硅藻土复合载体，第3组为复合JS芽孢杆菌组（T2），添加JS-01和JS-02芽孢杆菌，第4组为商品复合芽孢杆菌组（T3），添加商品复合芽孢杆菌，第5组为载体固定化复合JS芽孢杆菌组（T4），添加玉米芯和硅藻土载体固定化的JS-01和JS-02。

每组设定3个平行组，每组避光养殖40头仿刺参幼参。由于仿刺参食量相当大，3、4月份摄食量最高，8、9月份摄食量最低（Ji et al.，2008），每天中午投喂饵料一次，投喂量为仿刺参体重的10%，并每5d在投喂饵料后1h，向T1～T4水质处理组分别加入相对应的净水剂（10g/$m^3$），T1组添加玉米芯和硅藻土复合载体，T2组添加5.0×$10^9$CFU/g复合JS芽孢杆菌，T3组添加5×$10^9$CFU/g商品复合芽孢杆菌，T4组添加5×$10^9$CFU/g载体固定化复合JS芽孢杆菌。每10d倒池清底一次，清除残饵和粪便，更换新鲜养殖海水和仿刺参网片附着基。

幼参养殖用水经过两次砂滤除杂，水体盐度在3%～3.2%，pH为8.0～8.2，实际DO高于6.5mg/L，非离子氨$NH_3$-N浓度低于0.02mg/L，COD浓度低于2mg/L。养殖水温控制在（15.2±2.5）℃，全天24h微泡曝气通氧，初始养殖水体的DO≥6.5mg/L，养殖周期为40d，养殖时间在3～5月份。

#### 6.3.1.6 水质监测

实验期间，每隔1d在上午10点对中下层水样进行水质监测。水质分析项目主要包括养殖水体的COD、$NH_4^+$-N和$NO_2^-$-N，各项水质指标的测定方法均根据《中国环境保护标准汇编》和《海洋监测规范　第4部分：海水分析》（GB 17378.4—2007）国家标准方法（国家环境保护总局，2005；中国标准出版社第二编辑室，2001）。水体盐度、温度、pH和DO等的测定分别采用北京万成WZ-211盐度计、德国Sartorius PB-10 pH计和上海雷磁JPB-607A溶解氧分析仪。

### 6.3.2 实验方法

#### 6.3.2.1 生理代谢特性测定

**（1）仿刺参生长性能的测定**

仿刺参生长性能的测定参考Dong等人（2005）的方法。在养殖实验的第0

天、第10天、第20天、第30天和第40天，每个平行组随机选取8 ～ 10头仿刺参，测定存活率（survival rate，SR）、增重量（weight gain，WG）、特定生长率（specific growth rate，SGR）、饵料系数（feed conversion ratio，FCR）和仿刺参的脏壁比（viscera body wall ratio，VBWR），计算公式如下：

存活率（survival rate，SR）：

$$\mathrm{SR}(\%)=\frac{N_{\mathrm{t}}}{N_{\mathrm{o}}}\times 100\% \tag{6-3}$$

式中，$N_o$为初始头数，$N_t$为终末头数。

增重（WG）：

$$\mathrm{WG(g)}=W_2-W_1 \tag{6-4}$$

式中，$W_2$为幼参的终湿重，$W_1$为幼参的初湿重。

特定生长率（SGR）：

$$\mathrm{SGR}(\%/\mathrm{d})=\frac{W_2-W_1}{T}\times 100\% \tag{6-5}$$

式中，$T$为养殖天数。

饵料系数（FCR）：

$$\mathrm{FCR}(\%/\mathrm{d})=\frac{\mathrm{FI}}{\mathrm{WG}T}\times 100\% \tag{6-6}$$

式中，FI为消耗的饵料质量。

脏壁比（VBWR）：

$$\mathrm{VBWR}(\%/\mathrm{d})=\frac{W_3}{W_4 T}\times 100\% \tag{6-7}$$

式中，$W_3$为幼参的内脏重，$W_4$为幼参的体壁重。

**（2）仿刺参体腔细胞数的测定**

仿刺参体腔细胞数（total coelomocytes counts，TCC）的检测，参考Hamoutene等人（2004）的方法，稍作改进。将仿刺参幼参腹部朝上固定在冰盒上，剪开腹部收集体腔液，立即测定相关的免疫指标。取500μL EDTA-$Na_2$抗凝剂加入500μL体腔液，混匀取10μL进行血细胞计数板计数。

**（3）仿刺参体腔吞噬细胞活性的测定**

仿刺参体腔吞噬细胞的吞噬作用（phagocytosis，PC）活性的测定方法参照Zhang等人（2006）的方法，稍作改进。取用重铬酸盐清洗过的载玻片，滴加

50μL的EDTA-$Na_2$抗凝剂和50μL的仿刺参体腔液，混合均匀后室温孵化30min。添加50μL的酵母细胞到混合液中，混匀孵化30min，PBS清洗载玻片3次后再用90%甲醇固定5min，室温干燥，甲苯胺蓝染色5min，PBS脱色。显微镜下观察100个细胞，计数吞噬细胞的细胞数。体腔细胞的吞噬活性（%）=（吞噬酵母的细胞数/观察的总细胞数）×100%。

**（4）溶菌酶活性的测定**

仿刺参体腔液的溶菌酶（lysozyme，LSZ）活性的测定方法参考Guo等人（2000）的方法，稍作改进。LSZ能水解细胞壁上肽聚糖增强菌悬液的透光度，根据透光度变化来计算LSZ的活性。采用南京建成LSZ检测试剂盒进行检测。藤黄微球菌用0.05mol/L PBS（pH6.2）进行研磨，取2mL仿刺参体腔液加入2mL微球菌悬浮液中，37℃孵育15min，在540nm处测定OD值。每单位LSZ活性的定义：每分钟$OD_{540}$降低0.001为一个酶活力单位。

**（5）碱性磷酸酶活性的测定**

采用磷酸苯二钠比色法测定仿刺参体腔液的碱性磷酸酶（alkaline phosphatase，AKP）活性，参考Liu等人（2012）的方法，稍作改进。在碱性条件下，AKP分解磷酸苯二钠产生的酚与4-氨基安替吡啉作用，经铁氰化钾氧化生成红色醌衍生物，红色深浅反映AKP酶的活性。采用南京建成AKP检测试剂盒进行检测。每单位AKP活性的定义：37℃ 100mL血清30min内产生1mg对硝基苯酚时的酶活力。

**（6）酸性磷酸酶活性的测定**

仿刺参体腔液的酸性磷酸酶（acid phosphatase，ACP）活性的测定采用磷酸苯二钠比色法，参考Zhu等人（2009）的方法，稍作改进。在碱性条件下，ACP分解磷酸苯二钠产生的酚与4-氨基安替吡啉作用，经铁氰化钾氧化生成红色醌衍生物，红色深浅反映ACP的活力。采用南京建成ACP检测试剂盒进行检测。每单位ACP活性定义为37℃ 100mL血清30min内产生1mg对硝基苯酚时定义为一个酶活力单位。

**（7）超氧化物歧化酶活性的测定**

幼参体腔液的超氧化物歧化酶（superoxide dismutase，SOD）活性的测定采用羟胺法，参考Jiang等人（Jiang et al.，2007）的方法，稍作改进。通过黄嘌呤和其氧化酶产生超氧阴离子（$O_2^-$）氧化羟胺形成亚硝酸盐，在显色剂的作用下呈现紫红色，测定OD值反映SOD的活力。采用南京建成SOD检测试剂盒进行检测。每单位SOD酶活力的定义为每分钟抑制邻苯三酚自氧化速率达50%的SOD酶量。

（8）**过氧化氢酶活性的测定**

幼参体腔液的过氧化氢酶（catalase，CAT）活性测定采用钼酸铵比色法，参考Wang等人（2008）的方法，稍作改进。利用过氧化氢酶分解$H_2O_2$的反应，反应后剩余的$H_2O_2$与钼酸铵形成稳定的黄色复合物，在405nm处测吸光度，其黄色深浅与酶活性成反比。采用北京雷根CAT检测试剂盒进行检测。每单位CAT活性定义：在37℃每分钟催化每1μmol $H_2O_2$的量为一个CAT酶活力单位。

（9）**脂质过氧化酶活性的测定**

幼参体腔液的丙二醛（malon dialdehyde，MDA）含量测定采用硫代巴比妥酸法，参考Jiang等人（2009）的方法，稍作改进。不饱和的脂肪酸过氧化物分解产生的丙二醛乙醛与硫代巴比妥酸反应，生成红色化合物，在532nm处测定OD值，其红色深浅与酶活性成正比。采用南京建成MDA检测试剂盒进行测定。

（10）**酚氧化酶活性的测定**

幼参体腔液的酚氧化酶（phenoloxidase，PO）活性测定参考Smith和Davidson等人（1992）的方法，稍作改进。取幼参50μL体腔液与等体积的0.1%胰蛋白酶二甲基胂酸盐缓冲液混合，室温反应10min，再加入100μL L-3,4-二羟苯丙氨酸，在490nm处测定OD值。采用北京绿源博德PO检测试剂盒进行测定。每单位PO活性定义为每分钟每毫升OD的变化值。

#### 6.3.2.2 数据统计分析

使用SPSS 18.0软件对所有实验数据进行单因素方差分析（one-way ANOVA），不同处理组之间采用Ducan's多重比较，各实验组数据均以均值±标准误差（mean±SE.）表示。当$P<0.05$认为差异显著。

### 6.3.3 结果与讨论

#### 6.3.3.1 净水剂对仿刺参池塘养殖水质和环境的影响

（1）**仿刺参养殖水体的盐度和温度变化**

在40d养殖过程中，养殖水体的盐度和温度变化见图6-18。从图中可以看出，40d内养殖场的水体盐度在3.13%～3.2%的范围内轻微波动，在第30d出现降水情况，换水后水体盐度为3.13%。

如图6-18中显示，在40d内养殖场的水体温度在13.7～23.2℃的范围内波动，2d内最大温差出现在30～32d这个时间段内，温差约为3.3℃。温差出现的主要原因是天气降温和降水后进行换水操作，这可能会对幼参生长产生一定的负面影响。

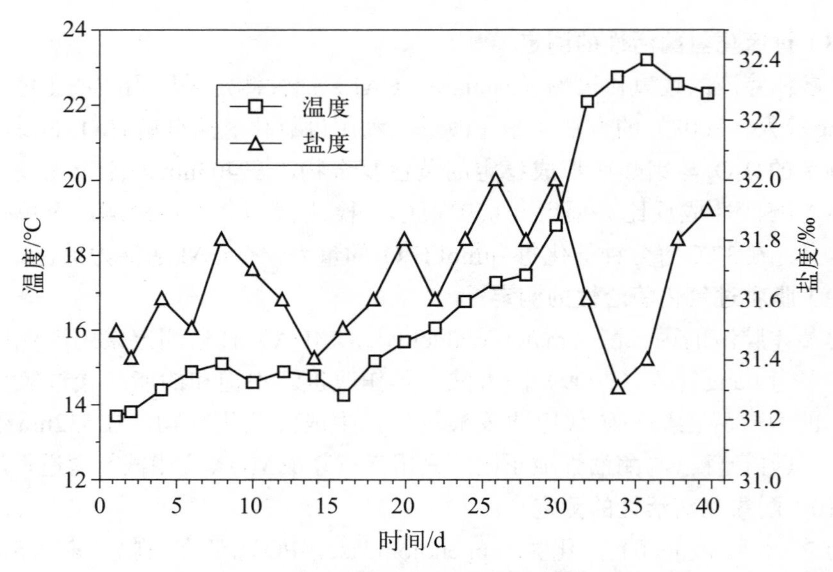


图6-18　40d内养殖水体中盐度和温度的变化

**（2）净水剂对仿刺参养殖水体pH和DO的影响**

在40d实验过程中，复合芽孢杆菌对养殖水体的pH和DO的影响如图6-19和图6-20所示。每次换水前的时间段，各组的pH呈下降趋势，其中添加复合

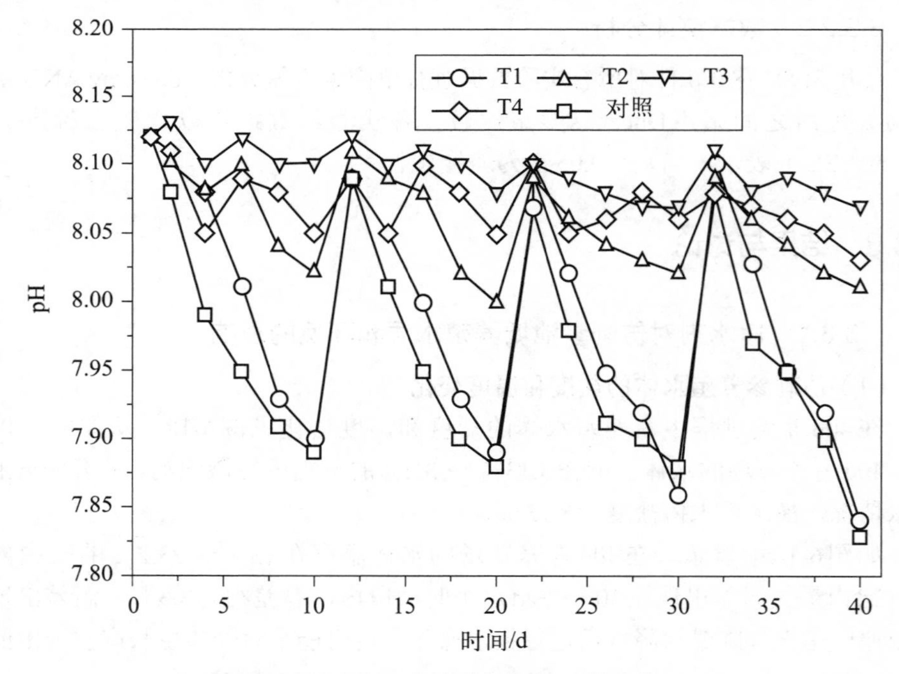


图6-19　40d内养殖水体中pH的变化

芽孢杆菌组（T2 ～ T4组）的pH变化不大，基本维持在8 ～ 8.12，但与对照组和T1组相比较，对照组和载体T1组的pH变化明显更大（$P<0.05$），最低pH分别为7.83和7.84，说明通过添加芽孢杆菌能够维持仿刺参养殖水体的pH稳定。

图6-20所示为40d养殖过程水体环境DO的阶段变化。在40d养殖过程中，24h全天曝气供氧，最高DO值为6.5mg/L。在前30d里，对照组和载体组（T1组）的DO基本维持不变。在第31 ～ 40d时间段里，对照组和载体组（T1组）的DO出现一定程度的降低，但最低DO值在5.6mg/L以上。每10d的换水循环中，添加复合芽孢杆菌的净水剂组（T2 ～ T4组）的DO下降明显（$P<0.05$），最大溶氧差出现在30 ～ 40d期间，最低DO值为5.19 ～ 5.23mg/L，说明芽孢杆菌在自身增殖和净化水质的同时需要消耗一定量的氧气，会缓慢地降低仿刺参养殖水体中的溶氧量。

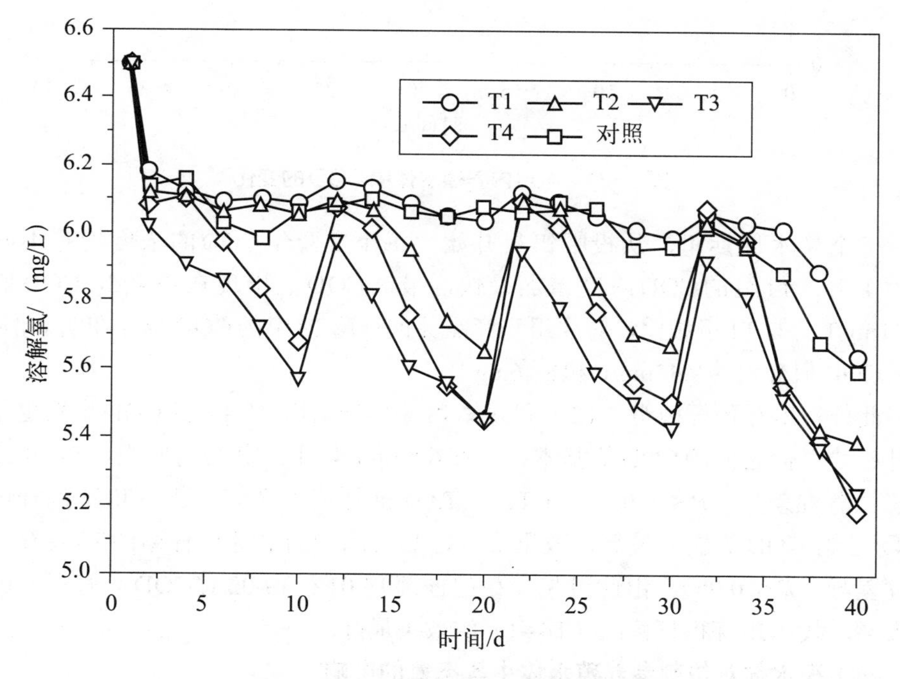


图6-20 40d内养殖水体中DO的变化

**（3）净水剂对仿刺参养殖水体中COD的影响**

COD作为衡量水环境中有机物质含量多少的指标，COD数值越大，说明水体中有机物的污染越严重。水产养殖环境的COD往往与投喂饵料的配方和形态有着密切关系。图6-21所示为在添加净水剂后，40d养殖每个换水周期里COD的变化情况。

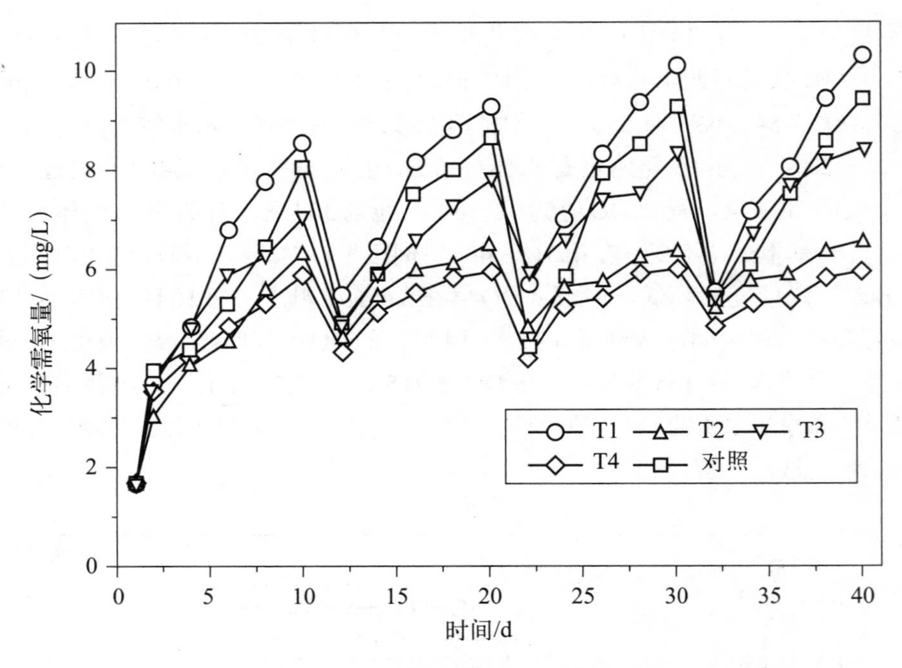


图6-21　40d内养殖水体中COD的变化

每个换水周期里，从投喂饵料开始，每个实验组COD的浓度均有不同程度的上升。T1组的COD浓度增加最快，最高COD值出现在第40d，COD值为10.31mg/L。与T1组相比，对照组和商品芽孢杆菌T3组的COD也存在明显增加，最高COD值分别为9.45mg/L和8.46mg/L。

此外，JS芽孢杆菌组（T2）和载体JS芽孢杆菌组（T4）的COD虽然也是呈上升趋势，但它们的COD值基本维持在6.5mg/L以下，其与对照组、T1和T3组存在显著性差异（$P<0.05$）。在T2～T3芽孢杆菌组之间，载体JS芽孢杆菌组（T4）去除COD的能力最高，效果最好，其与添加商品芽孢杆菌的T3组存在显著性差异（$P<0.05$）。由此可见，芽孢杆菌JS-01和JS-02对COD具有很好的去除效果，载体JS芽孢杆菌组（T4组）的效果最好。

**（4）净水剂对仿刺参养殖水体中氨态氮的影响**

在仿刺参工厂化养殖中，残饵、粪便以及机体组织等的分解和氨化会严重污染养殖水体，显著增加水体中氨氮和亚硝态氮的水平（边陆军和代国庆，2013）。

不同净水剂在幼参养殖过程中对水体中氨氮的影响如图6-22所示。在40d的养殖过程的四个换水周期里，每个实验组的$NH_4^+$-N浓度均呈上升趋势，各组的$NH_4^+$-N浓度在每次换水时最高，对照组和T1组的$NH_4^+$-N浓度上升最快，最高$NH_4^+$-N浓度分别为2.866mg/L和2.833mg/L。芽孢杆菌组（T2～T4组），对水体$NH_4^+$-N都有一定的降解能力。其中载体JS芽孢杆菌组（T4）最高$NH_4^+$-N浓度为0.492mg/L，平均$NH_4^+$-N去除率为82.85%。其次是JS芽孢杆菌组（T2），最高$NH_4^+$-N浓度为0.72mg/L，平均$NH_4^+$-N去除率为74.88%。最后为商品芽孢杆菌组（T3），其最高$NH_4^+$-N浓度为0.931mg/L，平均$NH_4^+$-N去除率为67.52%。

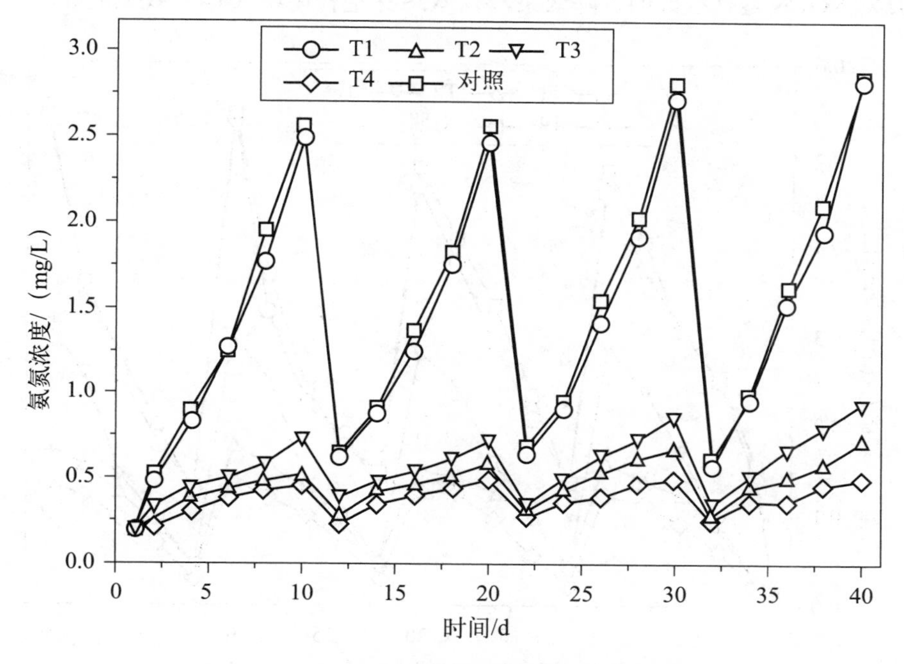


图6-22　40d内养殖水体中氨态氮浓度的变化

因此，载体JS芽孢杆菌组（T4）的$NH_4^+$-N去除率为最高，与JS芽孢杆菌组（T2）无显著性差异，但其与商品芽孢杆菌组（T3）相比存在显著性差异（$P<0.05$）。由此可见，芽孢杆菌JS-01和JS-02对$NH_4^+$-N具有很好的去除效果，载体JS芽孢杆菌组（T4）效果最好。

**（5）净水剂对仿刺参养殖水体中亚硝态氮的影响**

图6-23所示为净水剂对幼参养殖水体中亚硝态氮浓度的影响。在40d的养殖过程的四个换水周期里，每个实验组的$NO_2^-$-N浓度均呈上升趋势，各组的$NO_2^-$-N浓度变化趋势与$NH_4^+$-N的浓度变化基本相同。对照组和T1组的$NO_2^-$-N浓度上升最快，最高$NO_2^-$-N浓度分别在0.545mg/L和0.551mg/L。加入芽孢杆菌以后，T2、T3和T4组的$NO_2^-$-N浓度增加缓慢，说明不同的芽孢杆菌都有一定的降解$NO_2^-$-N的能力。其中载体JS芽孢杆菌组（T4）最高$NO_2^-$-N浓度为0.135mg/L，平均$NO_2^-$-N去除率为75.78%。其次是JS芽孢杆菌组（T2），最高$NO_2^-$-N浓度为0.172mg/L，

平均$NO_2^-$-N去除率为68.44%。最后为商品芽孢杆菌组（T3），其最高$NO_2^-$-N浓度为0.312mg/L，平均$NO_2^-$-N去除率为42.75%。因此，载体JS芽孢杆菌组（T4）的$NO_2^-$-N去除率为最高，与JS芽孢杆菌组（T2）无显著性差异，但与商品芽孢杆菌组（T3）相比存在显著性差异（$P<0.05$）。由此可见，芽孢杆菌JS-01和JS-02对$NO_2^-$-N具有很好的去除效果，载体JS芽孢杆菌组（T4）效果最好。

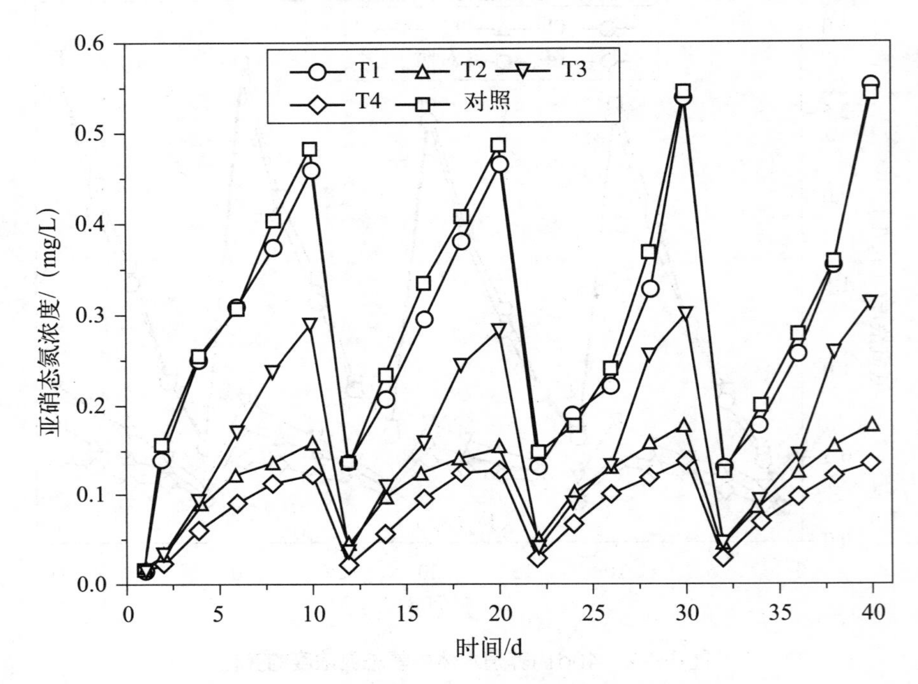


图6-23　40d内养殖水体中亚硝态氮浓度的变化

### 6.3.3.2　净水剂对仿刺参生长性能的影响

#### （1）净水剂对仿刺参特定生长率和存活率的影响

净水剂对幼参的特定生长率（SGR）的影响结果见表6-28。经过40d的养殖实验，投放含有芽孢杆菌的净水剂组的仿刺参，其SGR显著高于没有添加芽孢杆菌的实验组（$P<0.05$），特定生长率从高到低依次为T4组、T2组、T3组、T1组及对照组。其中T4组的仿刺参SGR也显著高于其他实验组（$P<0.05$），T2组也显著高于T3组（$P<0.05$）。实验结果表明，添加芽孢杆菌净水剂（T1～T4组）对仿刺参幼参的生长具有促进作用，同时添加载体JS复合芽孢杆菌的T4组增重效果最佳。

从养殖第11d开始，添加芽孢杆菌的（T2～T4组）的饵料系数（FCR）开始逐渐降低，并与对照组和T1组相比，添加芽孢杆菌的净水组（T2～T4组）

的FCR显著低于对照组和T1组（$P<0.05$）。在第21～40d养殖时间段中，T4组的FCR最低，说明添加载体复合JS芽孢杆菌的净水剂后，幼参对饵料的利用效率更高且饵料转化效率更高。

饵料系数和幼参的特定生长率出现了明显的差异性，饵料系数与特定生长率变化趋势相反。在实验第20～40d时间段中，投放含有芽孢杆菌净水剂的仿刺参各组幼参的存活率显著高于不含微生态制剂的实验组（$P<0.05$），添加芽孢杆菌的实验组（T2～T4组）的幼参的存活率均为100%。

**表6-28 净水剂对幼参特定生长率、饵料系数和存活率的影响**

| 时间/d | 生长率、饵料系数和存活率/% | | | | | |
|---|---|---|---|---|---|---|
| | 参数 | 对照 | T1 | T2 | T3 | T4 |
| 1～10 | SGR | $0.353\pm0.016^{a}$ | $0.366\pm0.018^{a}$ | $0.528\pm0.019^{b}$ | $0.442\pm0.015^{c}$ | $0.567\pm0.013^{d}$ |
| | FCR | $1.93\pm0.12$ | $1.91\pm0.13$ | $1.95\pm0.15$ | $1.96\pm0.12$ | $1.96\pm0.16$ |
| | 存活率 | $100\pm0.0^{a}$ | $100\pm0.0^{a}$ | $100\pm0.0^{a}$ | $100\pm0.0^{a}$ | $100\pm0.0^{a}$ |
| 11～20 | SGR | $0.397\pm0.015^{a}$ | $0.426\pm0.017^{a}$ | $0.631\pm0.012^{b}$ | $0.574\pm0.022^{c}$ | $0.765\pm0.017^{bd}$ |
| | FCR | $2.19\pm0.08^{a}$ | $2.21\pm0.11^{a}$ | $2.04\pm0.21^{b}$ | $2.01\pm0.15^{b}$ | $1.99\pm0.12^{b}$ |
| | 存活率 | $98.6\pm0.0^{a}$ | $100\pm0.0^{a}$ | $100\pm0.0^{a}$ | $100\pm0.0^{a}$ | $100\pm0.0^{a}$ |
| 21～30 | SGR | $0.512\pm0.013^{a}$ | $0.528\pm0.014^{a}$ | $0.735\pm0.017^{b}$ | $0.621\pm0.012^{c}$ | $0.843\pm0.016^{d}$ |
| | FCR | $2.23\pm0.09^{a}$ | $2.22\pm0.16^{a}$ | $1.99\pm0.15^{b}$ | $1.98\pm0.21^{b}$ | $1.92\pm0.13^{b}$ |
| | 存活率 | $96.4\pm0.05^{a}$ | $98.5\pm0.07^{a}$ | $100\pm0.0^{b}$ | $100\pm0.0^{b}$ | $100\pm0.0^{b}$ |
| 31～40 | SGR | $0.429\pm0.021^{a}$ | $0.445\pm0.019^{a}$ | $0.636\pm0.018^{b}$ | $0.548\pm0.014^{c}$ | $0.764\pm0.015^{d}$ |
| | FCR | $2.54\pm0.18^{a}$ | $2.47\pm0.21^{a}$ | $2.05\pm0.12^{b}$ | $2.09\pm0.09^{b}$ | $1.98\pm0.14^{c}$ |
| | 存活率 | $91.5\pm0.07^{a}$ | $94.4\pm0.03^{b}$ | $100\pm0.0^{c}$ | $100\pm0.0^{c}$ | $100\pm0.0^{c}$ |

注：在相同时间点同一行中不同处理组间标明字母a～d上标的数值之间差异性显著（$P<0.05$）。

**（2）净水剂对幼参脏壁比的影响**

幼参40d内不同时间点测定的脏壁比如表6-29所示。

表6-29　净水剂对幼参脏壁比的影响

| 时间/d | 脏壁比/% | | | | |
|---|---|---|---|---|---|
| | 对照 | T1 | T2 | T3 | T4 |
| 10 | 0.54±0.01 | 0.53±0.02 | 0.51±0.02 | 0.51±0.02 | 0.52±0.03 |
| 20 | 0.51±0.03 | 0.52±0.03 | 0.48±0.03 | 0.50±0.01 | 0.49±0.02 |
| 30 | 0.52±0.04$^{a}$ | 0.53±0.03$^{a}$ | 0.46±0.03$^{b}$ | 0.45±0.03$^{b}$ | 0.43±0.03$^{b}$ |
| 40 | 0.47±0.06$^{a}$ | 0.46±0.03$^{a}$ | 0.35±0.03$^{b}$ | 0.40±0.03$^{c}$ | 0.32±0.05$^{b}$ |

注：在相同时间点同一行中不同处理组间标明字母a～c上标的数值之间差异性显著（$P$＜0.05）。

前20d时各实验组幼参脏壁比值基本在0.5左右，无显著差异。从第30d开始，T2～T3组的脏壁比显著高于对照组和T1组（$P$＜0.05），在第40d时脏壁比变化趋势基本一样，T2组和T4组的脏壁比最小，分别为0.35和0.32，其次为商品芽孢杆菌组，脏壁比约为0.4，差异性显著（$P$＜0.05），而对照组和T1组的脏壁比较大，分别为0.47和0.46，这与后面加入芽孢杆菌的T2～T4实验组存在显著性差异（$P$＜0.05）。

#### 6.3.3.3　净水剂对仿刺参免疫活性的影响

**（1）净水剂对幼参体腔细胞数及吞噬活性的影响**

结果如表6-30所示，在40d的养殖过程中，从第10d开始，未投放芽孢杆菌实验组（对照组和T1组）的幼参的体腔细胞数（total coelomocytes counts，TCC）显著高于添加了芽孢杆菌的实验组（$P$＜0.05），T2～T4实验组之间并未观察到具有显著性的差异（$P$＞0.05）。在第40d的时候，幼参的TCC最多的两组是对照组和T1组，分别是18.6×$10^{6}$个/mL和13.5×$10^{6}$个/mL，大约是T2、T3和T4组这三组每一组的2倍（$P$＜0.05）。虽然对照组和载体T1组的TCC数目较多，但在显微镜下发现对照组和T1组的体腔单细胞体积均小于其他组的体腔细胞的体积。实验结果说明，投放芽孢杆菌的净水组（T2～T4组）幼参的TCC基本无变化，未投放菌体实验组（对照组和T1组）仿刺参幼参的TCC显著增加（$P$＜0.05）。

表6-30　净水剂对幼参体腔细胞数的影响

| 时间/d | 体腔细胞数/（×$10^{6}$个/mL） | | | | |
|---|---|---|---|---|---|
| | 对照 | T1 | T2 | T3 | T4 |
| 10 | 11.5±0.4$^{a}$ | 11.2±0.4$^{a}$ | 9.5±0.7$^{b}$ | 9.8±0.6$^{b}$ | 9.1±0.5$^{b}$ |
| 20 | 12.6±0.1$^{a}$ | 13.1±0.6$^{a}$ | 10.2±0.1$^{b}$ | 10.3±0.7$^{b}$ | 9.6±0.5$^{b}$ |

续表

| 时间/d | 体腔细胞数/（×10^6个/mL） | | | | |
| --- | --- | --- | --- | --- | --- |
| | 对照 | T1 | T2 | T3 | T4 |
| 30 | 13.4±0.2$^{a}$ | 13.5±0.4$^{a}$ | 9.6±0.8$^{b}$ | 9.9±0.5$^{b}$ | 10.1±0.3$^{b}$ |
| 40 | 18.6±0.8$^{a}$ | 13.5±0.4$^{a}$ | 9.8±0.4$^{b}$ | 9.6±0.7$^{b}$ | 9.5±0.5$^{b}$ |

注：在相同时间点同一行中不同处理组间标明字母a、b上标的数值之间差异性显著（$P<0.05$）。

不同净水剂对幼参体腔细胞吞噬（PC）活性的影响见表6-31。在第10d和20d时，与对照组和载体T1组相比，所有复合芽孢杆菌组（T2～T4）幼参的PC活性都显著增强（$P<0.05$），T2、T3和T4净水处理组之间却并未观察到具有显著性的差异（$P>0.05$）。在第30d和40d时，与对照组和载体T1组相比，添加了复合芽孢杆菌的实验组（T2～T4）都表现出了对幼参PC活性的促进效果（$P<0.05$），其中与T2、T4组相比，商品复合芽孢杆菌组（T3）显著增强了仿刺参幼参的PC活性（$P<0.05$）。

**表6-31　净水剂对幼参体腔细胞吞噬活性的影响**

| 时间/d | 细胞吞噬活性/% | | | | |
| --- | --- | --- | --- | --- | --- |
| | 对照 | T1 | T2 | T3 | T4 |
| 10 | 20.5±0.4$^{a}$ | 19.8±0.4$^{a}$ | 25.5±0.7$^{b}$ | 26.8±0.6$^{b}$ | 26.1±0.5$^{b}$ |
| 20 | 22.6±0.1$^{a}$ | 23.1±0.6$^{a}$ | 28.4±0.1$^{b}$ | 30.3±0.7$^{b}$ | 29.5±0.5$^{b}$ |
| 30 | 23.4±0.2$^{a}$ | 23.6±0.4$^{a}$ | 30.1±0.8$^{b}$ | 35.0±0.5$^{c}$ | 34.8±0.3$^{c}$ |
| 40 | 24.5±0.8$^{a}$ | 23.9±0.6$^{a}$ | 32.3±0.4$^{b}$ | 36.9±0.7$^{c}$ | 35.8±0.5$^{c}$ |

注：在相同时间点同一行中不同处理组间标明字母a～c上标的数值之间差异显著（$P<0.05$）。

**（2）净水剂对仿刺参溶菌酶活性的影响**

表6-32为不同净水剂对幼参溶菌酶（LSZ）活性的影响。第10d、20d、30d和40d的实验结果说明，随着养殖时间的增加，对照组和T1组幼参的LSZ活性呈现下降趋势，而投放芽孢杆菌的T2～T4净水组幼参的LSZ活性呈现上升趋势，复合芽孢杆菌净水组（T2～T4）与无芽孢杆菌组有显著性差异（$P<0.05$），载体JS芽孢杆菌组（T4组）与对照组相比有显著性差异。

表6-32　净水剂对幼参溶菌酶活性的影响

| 时间/d | 溶菌酶活性/（U/mL） | | | | |
|---|---|---|---|---|---|
| | 对照 | T1 | T2 | T3 | T4 |
| 10 | $22.8\pm0.8^{a}$ | $22.3\pm0.2^{a}$ | $25.4\pm0.4^{b}$ | $25.8\pm0.6^{b}$ | $24.9\pm0.7^{b}$ |
| 20 | $21.6\pm0.5^{a}$ | $21.1\pm0.7^{a}$ | $26.2\pm0.4^{b}$ | $26.8\pm0.4^{b}$ | $25.6\pm0.8^{b}$ |
| 30 | $20.4\pm0.2^{a}$ | $19.8\pm0.6^{a}$ | $28.5\pm0.4^{b}$ | $28.8\pm0.2^{b}$ | $30.2\pm0.3^{b}$ |
| 40 | $18.7\pm0.4^{a}$ | $18.2\pm0.2^{a}$ | $32.5\pm0.6^{b}$ | $31.8\pm0.6^{b}$ | $36.4\pm0.9^{c}$ |

注：在相同时间点同一行中不同处理组间标明字母a～c上标的数值之间差异性显著（$P<0.05$）。

T4组在经过40d养殖实验后幼参的LSZ水平达到36.4U/mL，溶菌酶的活力显著高于其他实验组（$P<0.05$）。芽孢杆菌T2组和T3组在第20d和40d时幼参LZS的活力显著高于对照组和载体T1组（$P<0.05$）。

**（3）净水剂对仿刺参碱性磷酸酶活性的影响**

表6-33所示为不同净水剂对幼参碱性磷酸酶（AKP）活性的影响。

表6-33　净水剂对幼参碱性磷酸酶活性的影响

| 时间/d | 碱性磷酸酶活性/（U/mL） | | | | |
|---|---|---|---|---|---|
| | 对照 | T1 | T2 | T3 | T4 |
| 10 | $1.52\pm0.03^{a}$ | $1.59\pm0.05^{a}$ | $1.81\pm0.03^{b}$ | $1.88\pm0.04^{b}$ | $1.79\pm0.09^{b}$ |
| 20 | $1.66\pm0.02^{a}$ | $1.71\pm0.05^{a}$ | $1.98\pm0.03^{b}$ | $2.14\pm0.06^{c}$ | $2.03\pm0.03^{b}$ |
| 30 | $1.49\pm0.04^{a}$ | $1.51\pm0.02^{a}$ | $2.08\pm0.06^{b}$ | $2.16\pm0.07^{b}$ | $2.11\pm0.05^{b}$ |
| 40 | $1.42\pm0.05^{a}$ | $1.41\pm0.03^{a}$ | $2.15\pm0.04^{b}$ | $2.20\pm0.03^{b}$ | $2.16\pm0.08^{b}$ |

注：在相同时间点同一行中不同处理组间标明字母a～c上标的数值之间差异性显著（$P<0.05$）。

在实验第10d，投放芽孢杆菌净水组的幼参AKP的活性均显著高于对照组和T1组（$P<0.05$），复合芽孢杆菌组间（T2～T4）没有显著性差异。在实验第20d，各组幼参的AKP活性均有升高，芽孢杆菌组中的T3组幼参的AKP活性最高，并显著高于对照和T1组幼参的AKP活性（$P<0.05$）。在实验第30d，对照组和T1组的幼参AKP活性开始降低，芽孢杆菌组（T2～T4）幼参AKP的活性持续升高，与对照组和T1组相比有显著性差异（$P<0.05$）。在实验第40d，芽孢杆菌组中的T3组幼参的AKP活性最高，其他依次是T4组和T2组，这三组幼参的AKP活性均显著高于对照和T1组幼参AKP活性（$P<0.05$），而T2、T3与T4三组之间仿刺参幼参的AKP活性没有显著性差异（$P>0.05$）。

（4）净水剂对幼参酸性磷酸酶活性的影响

不同净水剂对幼参酸性磷酸酶（ACP）活力的影响见表6-34。整个40d养殖周期中，未添加芽孢杆菌的对照组和T1组幼参ACP活力持续降低，而添加芽孢杆菌组（T2 ～ T4）幼参ACP活力是呈先降低后升高的趋势。在第10d和20d时，各个实验组幼参的ACP活性无显著性差异。在第30d和40d时，添加了芽孢杆菌的T2、T3和T4组幼参的ACP活性均显著高于对照和T1组幼参ACP的活性（$P<0.05$），而T3 ～ T4三组之间仿刺参幼参ACP的活性无显著性差异（$P>0.05$）。

表6-34　净水剂对幼参酸性磷酸酶活性的影响

| 时间/d | 参酸性磷酸酶活性/（U/mL） | | | | |
|---|---|---|---|---|---|
| | 对照 | T1 | T2 | T3 | T4 |
| 10 | $0.82\pm0.02^{a}$ | $0.79\pm0.01^{a}$ | $0.80\pm0.05^{a}$ | $0.83\pm0.02^{a}$ | $0.79\pm0.01^{a}$ |
| 20 | $0.68\pm0.06^{a}$ | $0.71\pm0.04^{a}$ | $0.73\pm0.01^{a}$ | $0.77\pm0.01^{a}$ | $0.75\pm0.04^{a}$ |
| 30 | $0.58\pm0.02^{a}$ | $0.60\pm0.02^{a}$ | $0.78\pm0.05^{b}$ | $0.75\pm0.01^{b}$ | $0.76\pm0.02^{b}$ |
| 40 | $0.59\pm0.03^{a}$ | $0.58\pm0.02^{a}$ | $0.75\pm0.04^{b}$ | $0.76\pm0.05^{b}$ | $0.78\pm0.04^{b}$ |

注：在相同时间点同一行中不同处理组间标明字母a、b上标的数值之间差异性显著（$P<0.05$）。

（5）净水剂对幼参超氧化物歧化酶活性的影响

不同净水剂对幼参超氧化物歧化酶（SOD）活性的影响结果见表6-35。从整个40d养殖周期结果看到，没有芽孢杆菌的对照组和T1组的SOD活性是呈下降趋势，而投放芽孢杆菌组幼参的SOD活性是先降低再升高。在实验的第10d，T3组幼参的SOD的活性最高，并略高于T2和T4组，与对照组和T1组相比，投放芽孢杆菌组幼参参的SOD活性均显著高于对照组和T1组的SOD活性（$P<0.05$）。

表6-35　净水剂对幼参超氧化物歧化酶活性的影响

| 时间/d | 超氧化物歧化酶活性/（U/mL） | | | | |
|---|---|---|---|---|---|
| | 对照 | T1 | T2 | T3 | T4 |
| 10 | $31.6\pm0.8^{a}$ | $30.9\pm0.2^{a}$ | $35.5\pm0.2^{b}$ | $35.9\pm0.6^{b}$ | $35.8\pm0.3^{b}$ |
| 20 | $29.7\pm0.5^{a}$ | $29.1\pm0.4^{a}$ | $35.4\pm0.1^{b}$ | $35.8\pm0.4^{b}$ | $35.4\pm0.5^{b}$ |
| 30 | $28.4\pm0.1^{a}$ | $28.5\pm0.5^{a}$ | $35.8\pm0.4^{b}$ | $36.5\pm0.6^{b}$ | $35.7\pm0.3^{b}$ |
| 40 | $27.7\pm0.4^{a}$ | $27.2\pm0.3^{a}$ | $36.0\pm0.3^{b}$ | $36.9\pm0.4^{b}$ | $35.9\pm0.6^{b}$ |

注：在相同时间点同一行中不同处理组间标明字母a、b上标的数值之间差异性显著（$P<0.05$）。

在实验的第20d，与对照组和T1组相比，投放芽孢杆菌组（T2～T4组）幼参的SOD活性也有所降低，但仍然均显著高于对照组和T1组的SOD活性（$P<0.05$）。第30d时，投放芽孢杆菌组（T2～T4组）的SOD活性略微升高，组间无显著性差异，与对照组和T1组的差异性显著。实验第40d的结果与第30d的相似，投放芽孢杆菌组（T2～T4组）幼参的SOD的活性略微升高，但均显著高于对照组和T1组的SOD活性（$P<0.05$）。

**（6）净水剂对幼参过氧化氢酶活性的影响**

表6-36所示为不同净水剂对幼参过氧化氢酶（CAT）活性的影响。随着40d实验的进行，投放芽孢杆菌净水剂的实验组（T2～T4）幼参的CAT活性呈持续升高的趋势，而不含有芽孢杆菌的实验组（对照组和T1组）CAT活性持续降低。在实验的第10d和第20d，以商品芽孢杆菌T3组的幼参的CAT活性最高，其次为T4组和T2组，添加芽孢杆菌的各实验组中幼参的CAT活性均显著高于无芽孢杆菌组（对照组和T1组）幼参的CAT的活性（$P<0.05$）。在第30d时和第40d时，载体复合JS芽孢杆菌T4组幼参的CAT活性最高，与T2组和T3组幼参的CAT活性相比呈显著性差异（$P<0.05$），与对照组和T1组仿刺参幼参的CAT活性相比呈极显著性差异（$P<0.01$）。

**表6-36　净水剂对仿刺参过氧化氢酶活性的影响**

| 时间/d | 过氧化氢酶活性/（U/mL） | | | | |
|---|---|---|---|---|---|
| | 对照 | T1 | T2 | T3 | T4 |
| 10 | 25.8±0.1[a] | 26.1±0.5[a] | 35.4±0.2[b] | 36.6±0.6[b] | 36.2±0.3[b] |
| 20 | 23.6±0.3[a] | 24.2±0.8[a] | 35.7±0.5[b] | 38.8±0.5[b] | 36.6±0.7[b] |
| 30 | 22.4±0.2[a] | 22.5±0.5[a] | 39.3±0.4[b] | 40.7±0.5[b] | 45.3±0.2[c] |
| 40 | 18.7±0.4[a] | 19.6±0.7[a] | 43.6±0.3[b] | 43.0±0.3[b] | 50.9±0.8[c] |

注：在相同时间点同一行中不同处理组间标明字母a～c上标的数值之间差异性显著（$P<0.05$）。

**（7）净水剂对幼参脂质过氧化水平的影响**

表6-37结果表明，在实验的第20d，对照组和T1组幼参的脂质过氧化（MDA）活性显著提高（$P<0.05$），而投放芽孢杆菌的T2、T3和T4组与前10d相比，变化不大。在实验的第30d，T2、T3和T4组的幼参的MDA水平持续降低，而未投放芽孢杆菌的对照组和T1组MDA水平继续升高，差异性显著（$P<0.05$）。在养殖第40d时，对照组和T1组MDA水平达到最高，MDA水平大约在75nmol/g，与投放芽孢杆菌的T2、T3和T4组相比存在显著性差异

（$P<0.05$）。商品复合芽孢杆菌T3组仿刺参幼参的MDA水平略高于T2和T4组，但无显著差异性。

表6-37 净水剂对幼参脂质过氧化水平的影响

| 时间/d | 脂质过氧化水平/（nmol/g） | | | | |
|---|---|---|---|---|---|
| | 对照 | T1 | T2 | T3 | T4 |
| 10 | $55.3\pm1.8^{a}$ | $56.4\pm1.5^{a}$ | $58.4\pm1.2^{a}$ | $54.6\pm2.6^{a}$ | $59.2\pm3.1^{a}$ |
| 20 | $63.5\pm1.3^{a}$ | $64.1\pm2.4^{a}$ | $55.7\pm1.2^{b}$ | $59.8\pm1.5^{b}$ | $56.6\pm1.7^{b}$ |
| 30 | $69.6\pm1.6^{a}$ | $70.2\pm2.5^{a}$ | $46.8\pm1.4^{b}$ | $49.3\pm1.6^{b}$ | $52.7\pm2.5^{c}$ |
| 40 | $75.8\pm2.8^{a}$ | $74.6\pm1.6^{a}$ | $53.6\pm2.3^{b}$ | $56.3\pm1.8^{b}$ | $52.4\pm2.3^{c}$ |

注：在相同时间点同一行中不同处理组间标明字母a～c上标的数值之间差异性显著（$P<0.05$）。

**（8）净水剂对幼参酚氧化酶水平的影响**

表6-38所示为不同净水剂对幼参酚氧化酶（PO）活性的影响。在整个40d实验期内，养殖水体中投放不同净水剂对幼参PO酶活力的影响效果不明显，只有在实验第30d时，对照组和T1组的PO酶活力略高于投放芽孢杆菌的T2、T3和T4组；在实验的第40d，T2、T3和T4组幼参的PO酶活力略高于对照组和T1组，但都没有达到统计学意义上的显著性差异。

表6-38 净水剂对幼参酚氧化酶活性的影响

| 时间/d | 酚氧化酶活性/（U/mL） | | | | |
|---|---|---|---|---|---|
| | 对照 | T1 | T2 | T3 | T4 |
| 10 | $0.32\pm0.02$ | $0.39\pm0.01$ | $0.35\pm0.05$ | $0.33\pm0.02$ | $0.39\pm0.01$ |
| 20 | $0.48\pm0.06$ | $0.43\pm0.04$ | $0.43\pm0.01$ | $0.45\pm0.01$ | $0.42\pm0.04$ |
| 30 | $0.52\pm0.02$ | $0.53\pm0.02$ | $0.48\pm0.05$ | $0.49\pm0.01$ | $0.42\pm0.04$ |
| 40 | $0.54\pm0.03$ | $0.53\pm0.07$ | $0.59\pm0.04$ | $0.58\pm0.03$ | $0.55\pm0.04$ |

注：在相同时间点同一行中不同处理组间标明字母a～c上标的数值之间差异性显著（$P<0.05$）。

#### 6.3.3.4 讨论

我国不仅是世界第一的水产养殖大国，同时也是水产养殖量超过捕捞量的国家。渔业产量中水产品总量为6461.5万吨，其中海水产品总量为3296.2万吨，淡水产品总量为3165.3万吨。海水产品天然生产产量为1483.6万吨，人工养殖产量为1812.6万吨，我国成为世界第一的海水养殖生产大国（中华人民共和国国家统计局，2015）。被称为“海鲜八珍”之首的仿刺参是附加值最大的海产品养殖品种，因具有极高营养价值每年国际和国内的消费需求量巨大（中华人民共和国农业部渔业局，2014；常亚青等，2006）。为了解决仿刺参因过度捕捞导致的自然资源的匮乏，20世纪90年代后我国仿刺参养殖业蓬勃发展，养殖方法也逐渐多样化。经过近15年的仿刺参养殖业的发展，仿刺参养殖的现在的模式主要是近海底播养殖、潮间带围堰养殖、陆基工厂化池塘养殖等（常亚青等，2009；黄华伟和王印庚，2007）。与其他海水养殖模式相比较，工厂化仿刺参养殖具有节约资源、养殖效率高、单位产量大、管理可控性强和近海污染较轻等优势（胡海燕等，2004）。

工厂化仿刺参养殖面对的最大难题是池塘养殖的小水体水质容易恶化，主要养殖水体中的污染物和毒性物质有氨氮（$NH_4^+$-N和$NH_3$-N）、亚硝态氮、硫化氢（$H_2S$）、COD、含磷化合物（P）、重金属离子、致病细菌和病毒以及各种有害寄生虫等（Cao et al.，2007）。其中评价养殖环境水质的指标中，氨氮和亚硝态氮超标的问题尤为严重。氨氮是水产养殖水体中最主要的可溶性污染物，其主要来源于动物的残饵、排泄代谢产物和生物尸体组织及老化池塘底泥沉积物等氨化分解。氨氮是离子态氨（$NH_4^+$-N）和游离态氨（$NH_3$-N）的总称，在水体pH值低于8.0时，主要以$NH_4^+$-N的形式存在；当水体pH值高于11时，主要以$NH_3$-N的形式存在（Zhu et al.，2008）。仿刺参养殖的水体pH一般在8.0左右，所以考察仿刺参养殖污染物的氨氮主要是指离子态氨形式的$NH_4^+$-N。由于仿刺参养殖是高密度养殖和单一品种养殖模式，一部分饵料没有得到充分利用，仿刺参残饵、粪便及各种生物尸体等含蛋白质的物质分解，造成$NH_4^+$-N大量积累在下中层水体和池底底泥中，导致水体$NH_4^+$-N积累和超标，严重影响仿刺参体内酶的催化作用和细胞膜的稳定性，并破坏排泄系统和渗透平衡。亚硝态氮是养殖水体中的$NH_4^+$-N过量积累后，再通过氨氧化菌体内催化酶的氨氧化作用以及光合细菌的光合作用迅速将$NH_4^+$-NN转化为$NO_2^-$-N。$NO_2^-$-N浓度过高对仿刺参具有很大的毒害作用，毒性主要表现在影响仿刺参体液中的亚铁（$Fe^{2+}$）血红蛋白的载氧能力、重要化合物的氧化作用及对需氧组织器官的损伤等（黄华伟和王印庚，2007；Wang et al.，2014）。仿刺参养殖环境中的COD值为15mg/L以下，通常低于海水鱼类养殖水体的COD值，但长时间也会对仿刺参产生一定的负面影响。综上所述，通过降低养殖环境的水体中主要污染物COD、$NH_4^+$-N和$NO_2^-$-N等的浓度水平，以及保持DO量和调节水体的pH值，防止仿刺参因应激反应和免疫力降低导致的发育迟缓、生长缓慢、病疫频发以及直接死亡，来实现海水养殖产业的绿色环保和可持续的发展。

近年来的研究发现，低浓度的$NH_4^+$-N和$NO_2^-$-N胁迫，会抑制仿刺参幼参的生长发育。Liu等人（2012）以不同浓度的$NH_4^+$-N处理仿刺参发现，低浓度的$NH_4^+$-N胁迫能够引起仿刺参超氧化物歧化酶（SOD）、碱性磷酸酶（ALP）、谷胱甘肽过氧化物酶（GPX）及溶菌酶（LSZ）活性的上升，增加对仿刺参病原菌假交替单胞菌（*Pseudoalteromonas*）的易感性，仿刺参生长速度减缓等结果。汪将（2014）的研究结果表明，在0.2mg/L $NO_2^-$-N胁迫下，和对照组相比仿刺参的SGR降低17%；当$NO_2^-$-N浓度为1mg/L时，仿刺参SGR降低45%以及仿刺参死亡率升高。基于以上原因，已有多种净水功能的益生菌作为微生态净水剂被成功应用在水产养殖中，这些益生菌对仿刺参养殖都具有较好的水体净化效果和仿刺参非特异免疫促进效果。本研究采用载体固定化复合JS芽孢杆菌能将COD控制在6.5mg/L以下，相比对照组9.45mg/L的COD浓度，其COD去除能力明显。在仿刺参工厂化养殖中，养殖密度、日均饵料量以及饵料形态和粒径对养殖水体的水质产生严重影响，会显著增加养殖水体中氨氮和亚硝态氮的水平，采用具有净水功能的微生态制剂的生物水处理方法是解决水质污染的最佳途径。本研究通过添加JS复合芽孢杆菌，最高的$NH_4^+$-N浓度为0.72mg/L，平均$NH_4^+$-N去除率为74.88%；在净化水质的菌株选择方面，枯草芽孢杆菌JS-01和侧孢短芽孢杆菌JS-02较市场上已有的商品菌株的氨氮去除能力更强。同时，通过采用天然非金属矿物硅藻土和饲料级玉米芯粉作为净化水质的菌株的物理吸附载体，与无载体复合菌株比较，实验结果表明，载体固定化的枯草芽孢杆菌JS-01和侧孢短芽孢杆菌JS-02复合菌净水组（载体复合芽孢杆菌）可以将$NH_4^+$-N浓度控制在0.5mg/L以下，平均$NH_4^+$-N去除率为82.85%。在正常10d倒池条件下，载体JS复合芽孢杆菌可以将仿刺参养殖中下层水体的$NH_4^+$-N浓度控制在安全范围（0.5mg/L以下），满足仿刺参健康养殖的水体环境要求。

仿刺参生长发育与养殖的水体环境密切相关，水质保障得越好，仿刺参增重就越快。在人工仿刺参养殖过程中，通过添加微生态制剂，来达到调节水质、促进生长和避免疾病暴发的目的（王亚敏和王印庚，2008）。Zhang等人（2010b）的研究发现，投喂$4.95\times10^7$ CFU/g的枯草芽孢杆菌后，能够显著提高仿刺参的特定生长率。Zhao等人（2012b）通过添加枯草芽孢杆菌T13到饵料中，30d的实验结果发现，枯草芽孢杆菌可以加速仿刺参的生长。与单一菌株相比，两种或多种益生菌的联合使用可以使微生态制剂的功能效率倍增，显著增强水产动物的成活率、生长率以及非特异性免疫能力（陈谦等，2012；王亚敏和王印庚，2008；巩玉辉等，2012）。本研究为期40d的养殖实验表明，与对照组和载体组相比，投喂复合芽孢杆菌组（T2 ～ T4）的SGR和摄食率显著性增强。此外仿刺参的FCR和脏壁比都有显著性下降，尤其载体JS复合芽孢杆菌组的效果最好，说明载体固定化的应用，在增加菌群数量并维持数量稳定和提高菌株的存活率的同时，使得微生态制剂的功能效率倍增。

仿刺参属于较高等的无脊椎动物，免疫系统和其他无脊椎动物类似，由仿刺参体腔细胞产生的非特异免疫是其抵御外界不利环境和有害物质等的主要应答方式（孟繁伊等，2009；Gu et al.，2010）。仿刺参的TCC可以反映仿刺参的初级免疫状态，与环境条件和病疫情况等因素相关。本研究发现，JS复合芽孢杆菌能够在稳定仿刺参的TCC的同时增强PC活性。在每个换水循环中，随着水体中$NH_4^+$-N和$NO_2^-$-N浓度越高，对照组和载体组仿刺参的TCC显著下降，这与汪将（2014）的研究结果一致，在$NH_4^+$-N和$NO_2^-$-N胁迫下，仿刺参的体细胞数会降低，随着$NH_4^+$-N和$NO_2^-$-N浓度越高，仿刺参的TCC下降越多，这也与在九孔鲍（*Haliotis diversicolor supertexta*）（Cheng et al.，2004）和凡纳滨对虾（*Litopenaeus vannamei*）（Jiang et al.，2003）中的报道一致。本研究从第10d发现，JS复合芽孢杆菌可以明显增强仿刺参的细胞的吞噬活性，在第30d后，商品芽孢杆菌和载体JS复合芽孢杆菌效果最强。相似的研究也在金头鲷（*Sparus aurata*）、凡纳滨对虾和九孔鲍中被证实（Cheng et al.，2004；Díaz-Rosales et al.，2006；Jiang et al.，2003）。

近年来研究表明，当仿刺参饵料中添加一定量的芽孢杆菌时，能够增强仿刺参体内与某些非特异免疫应答相关酶类的活性（Zhao et al.，2012；Zhang et al.，2010a；Zhao et al.，2011；Zhang et al.，2009）。本研究发现，仿刺参养殖水体中添加复合芽孢杆菌后，芽孢杆菌T2～T4组仿刺参体腔液中的溶菌酶（LZS）、碱性磷酸酶（AKP）、酸性磷酸酶（ACP）、超氧化物歧化酶（SOD）和过氧化氢酶（CAT）等非特异免疫相关酶的活性都比对照组和载体组有显著性提高。

LZS是一种不耐热的碱性蛋白酶，具有有效的杀灭或抑制寄生虫和病原微生物的作用（Chipman and Sharon，1969）。在本研究中发现，JS复合芽孢杆菌能够明显地提高仿刺参体腔液中LSZ的活性。Aly等人（2008）研究也发现投喂芽孢杆菌可以增强罗非鱼（*Oreochromis niloticus*）血液中的LSZ的活性。Shen等（2010）在饲喂凡纳滨对虾芽孢杆菌后，其LZS的活力明显增强。在本研究第40d时检测发现，载体JS复合芽孢杆菌比JS复合芽孢杆菌和商品芽孢杆菌对仿刺参LSZ的活性的增强作用更加明显，这说明添加载体能够提高芽孢杆菌的作用效率。

AKP和ACP是无脊椎动物溶酶体的重要组成部分，在通过免疫系统预防外界感染的过程中具有重要的作用（Mccomb et al.，2013；Singh and Singh，2005）。Cheng等人（1992）认为，软体动物的AKP和ACP能够通过溶酶体酶的水解作用破坏表面带有磷酸酯的异物，加快吞噬细胞对异物的吞噬和降解速度，从而达到预防感染的目的。本研究表明，与对照组和载体组相比较，添加复合芽孢杆菌组都能够提高仿刺参体腔液中AKP和ACP的活性，这说明仿刺参识别外源物质的速度更快，预防感染的能力更高。

SOD能够催化超氧化物通过歧化反应转化为$H_2O_2$和$O_2$，参与清除体内$O_2^-$和自由基，在延缓机体衰老、对抗环境应激及减少分子损伤等方面具有重大作用（Mccord et al.，2013）。芽孢杆菌能够提高机体SOD的活性在其他水生动物中已有相关研究（Cheng et al.，2004；Díaz-Rosales et al.，2006；Jiang et al.，2003）。本研究表明，与对照组和载体组相比，添加芽孢杆菌组的仿刺参SOD的活性都有明显提高。相似的研究也在九孔鲍（Cheng et al.，2004）、凡纳滨对虾（Jiang et al.，2003）和金头鲷（Díaz-Rosales et al.，2006）中被证实。推测是当仿刺参体内产生过量的$O_2^-$和自由基时，抗氧化酶系统中的SOD被激活，SOD能高效地清除$O_2^-$和自由基，这一结果也证明了仿刺参体内存在相似的抗氧化调节机制。

CAT与SOD类似，也是一种重要的抗氧化酶，主要存在于细胞的过氧化物酶体内，是过氧化物酶体的标志酶，约占过氧化物酶体酶系统总量的40%。当生物体内存在过量的$H_2O_2$时，CAT通过催化$H_2O_2$分解成$O_2$和$H_2O$，防止其在铁螯合物作用下与$O_2$反应生成具有毒性的羟基自由基（Aebi，1984）。在本研究中发现，与对照组和载体组相比较，复合芽孢杆菌组（T2 ～ T4）都能够增强仿刺参体腔液中CAT的活性。这一结果说明，芽孢杆菌组的仿刺参机体抗氧化能力更高，不利因素引起的应激反应给芽孢杆菌组仿刺参造成的伤害更小。

MDA作为细胞膜脂质过氧化反应的主要产物，通常作为细胞和组织中氧化应激的一种指标，用来衡量脂质过氧化的水平，反映生物体内细胞损伤的程度（Puangkaew et al.，2004）。本研究发现，没有添加芽孢杆菌的对照组和载体组的MDA是逐渐升高的，对于芽孢杆菌组（T2 ～ T4），除了在第30d时仿刺参的MDA下降明显外，基本变化不大。这说明芽孢杆菌可以通过控制细胞膜脂质过氧化反应的发生，降低脂质过氧化的水平，减少仿刺参体壁的细胞损伤。

PO是在氧分子存在的条件下，能把酚类氧化成邻苯醌或对一苯醌的酶（庞秋香等，2008）。在软体动物和甲壳动物体内作为一种免疫防御酶，能够识别外源有害微生物，通过产生黑色素等物质可以增强机体的包囊和吞噬作用、介导凝集反应以及合成抑菌因子参与宿主免疫防御反应（吴曙等，2009；Haug et al.，2002）。本研究发现，在仿刺参体腔液中检测出PO活性，虽然各组仿刺参的PO的活性都呈上升趋势，但芽孢杆菌组（T1 ～ T4）与对照组的仿刺参PO活力差异不显著。因此，PO在仿刺参的先天性免疫系统中起到一定的作用，但养殖过程中添加的芽孢杆菌没有被仿刺参识别为外来病原或致病菌而诱发PO更多的免疫，可能是造成PO活力未表现出显著差异的原因。

微生态制剂能够通过微生物菌群间的竞争或拮抗来调控养殖水体环境微生态的平衡（陈谦等，2012；王亚敏和王印庚，2008）。相关研究报道，在水产养殖中芽孢杆菌能够抑制某些病原弧菌的生长和繁殖。Vaseeharan等（2003）研究表明，芽孢杆菌BT23在体内和体外可以拮抗斑节对虾（*Penaeus monodon*）的致病菌哈维氏弧菌（*Vibrio harveyi*）。Zhao等人（2012b）的研究发现，通过添加枯草芽孢杆菌T13能够降低灿烂弧菌（*Vibrio splendidus*）对幼参的致病能力。本章6.1节的研究也发现，本研究选用的枯草芽孢杆菌JS-01和侧孢短芽孢杆菌JS-02在一定浓度下，对多种仿刺参致病菌灿烂弧菌（*Vibrio splendidus*）、哈维氏弧菌（*Vibrio harveyi*）、黄海希瓦氏菌（*Shewanella smarflavi*）、溶藻弧菌（*Vibrio alginolyticus*）和迟缓爱德华氏菌（*Edwardsiella tarda*）都具有一定的体外抑菌效果。

### 6.3.4 结论

① 在正常10d倒池条件下，枯草芽孢杆菌JS-01和侧孢短芽孢杆菌JS-02复合菌剂可以净化仿刺参养殖水体，通过添加载体固定化复合JS芽孢杆菌制剂能够将水体中的COD控制在6.5mg/L以下；$NH_4^+$-N浓度控制在0.5mg/L以下，$NH_4^+$-N的平均去除率为82.85%；$NO_2^-$-N控制在0.135mg/L以下，$NO_2^-$-N的平均去除率为75.78%。

② 正常10d倒池条件下，枯草芽孢杆菌JS-01和侧孢短芽孢杆菌JS-02复合菌剂能够显著提高仿刺参幼参生长性能（SGR），降低饵料系数（FCR）和脏壁比（VBWR），提高仿刺参的存活率，并能够稳定仿刺参的体腔细胞数（TCC）和增强其吞噬活性（PC）。

③ 正常10d倒池条件下，枯草芽孢杆菌JS-01和侧孢短芽孢杆菌JS-02复合菌剂能够显著提高仿刺参幼参的LZS、AKP、ACP、CAT和SOD等非特异免疫相关酶的活性。

# 参考文献


边陆军，代国庆，2013. 我国海参养殖业可持续发展的制约因素及对策探讨[J]. 中国水产，（1）：60-62.

布坎南R E，吉本斯N E，1984. 伯杰细菌鉴定手册[M]. 北京：科学出版社.

蔡曼莎，吴苇杰，莫少庆，等，2021. 两种碳源对聚磷菌种群结构及除磷脱氮性能的影响[J]. 环境监测管理与技术，33（04）：65-67，71.

曹凯琳，2021. 污水处理厂中MBR膜处理技术的实施[J]. 化工管理，31：53-54.

常江，杨岸明，甘一萍，等，2011. 城市污水处理厂能耗分析及节能途径[J]. 中国给水排水，27（4）：33-36.

常亚青，隋锡林，李俊，2006. 刺参增养殖业现状，存在问题与展望[J]. 水产科学，25（4）：198-201.

常亚青，于金海，马悦欣，2009. 刺参健康增养殖实用新技术[M]. 北京：海洋出版社：6-10.

陈宏儒，2009. 城市污水处理厂能耗评价及节能途径研究[D]. 西安：西安建筑科技大学：20-16.

陈华癸，樊庆笙，1997. 微生物学[M]. 北京：中国农业出版社：50-54.

陈坚，刘立明，堵国成，2009. 发酵过程优化原理与技术[M]. 北京：化学工业出版社：24-26.

陈娟，朱忠贵，李萍萍，2006. 食用菌液体发酵技术的研究进展与发展前景[J]. 食用菌，S1：4-5.

陈敏，2009. 化学海洋学[M]. 北京：海洋出版社，13-21.

陈娜丽，冯辉霞，王冰，等，2009. 固定化细胞载体材料的研究进展[J]. 化学与生物工程，26（10）：13-17.

陈谦，张新雄，赵海，等，2012. 用于水产养殖的微生态制剂的研究和应用进展[J]. 应用与环境生物学报，18（3）：524-530.

陈秋红，施大林，吕惠敏，等，2004. 复合微生态制剂对水产养殖水体净化作用的研究[J]. 生物技术，14（4）：63-64.

陈旭良，郑平，金仁村，等，2007. 味精废水厌氧氨氧化生物脱氮的研究[J]. 环境科学学报，27（5）：747-752.
陈颖，郭进，刘伟，等，2017. 高浓度氨气去除机理及微生物增长动力学[J]. 化学工程，45（12）：1-5.
陈永会，2019. 污水处理厂技术工艺的现状及发展趋势[J]. 化工设计通讯，45（07）：255，257.
程丽妹，2017. 养殖固体废弃物发酵液为碳源处理养殖水氮素的研究[D]. 上海：上海海洋大学：11-38.
储炬，李友荣，2002. 现代工业发酵调控学[M]. 北京：化学工业出版社：45-50.
代杰，宝泉，1995. 工业微生物菌种选育与发酵控制技术[M]. 上海：上海科学技术文献出版社.
戴树桂，王晓蓉，邓南圣，等，2006. 环境化学[M]. 北京：高等教育出版社：192.
董凌霄，吕永涛，韩勤有，等，2006. 硫酸盐还原对氨氧化的影响及其抑制特性研究[J]. 西安建筑科技大学学报（自然科学版），38（3）：425-428.
方圣琼，胡雪峰，巫和昕，2004. 水产养殖废水处理技术及应用[J]. 环境污染治理技术与设备，5（9）：51-55.
伏传永，2008. 枯草芽孢杆菌（*Bacillus subtilis*）对刺参腐皮综合病致病菌的拮抗作用以及对水质的影响[D]. 青岛：中国海洋大学：33-35.
高斌雄，2020. 某污水处理厂CASS工艺脱氮除磷效果分析[J]. 广东化工，47（06）：180-181+176.
高超龙，隋倩雯，陈彦霖，等，2021. 进水浓度对厌氧氨氧化脱氮与微生物特性的影响[J]. 环境科学学报：42（04）：1-9.
高春娣，张娜，韩徽，等，2021. 碳源对膨胀污泥微生物多样性的影响研究[J]. 北京工业大学学报，47（02）：169-178.
高大文，李昕芯，安瑞，等，2010. 不同DO下MBR内微生物群落结构与运行效果关系[J]. 中国环境科学，30（02）：209-215.
高锦芳，2016. 以PCL为固体碳源处理循环水养殖用水效果的研究[D]. 上海：上海海洋大学：7-38.
高廷耀，夏四清，周增炎，1999. 城市污水生物脱氮除磷工艺评述[J]. 环境科学，20（1）：110-112.
葛光环，寇坤，赵剑强，等，2019. 厌氧/好氧/缺氧SBBR工艺脱氮效果及$N_2O$的释放特征[J]. 安全与环境学报，19（06）：2144-2149.
耿毅，汪开毓，2004. 抗生素在水产养殖中应用的负面效应及对策[J]. 齐鲁渔业，21（4）：35-37.
巩玉辉，陈翠翠，马玉堃，等，2012. 微生态制剂在海参养殖中的应用[J]. 中国饲料，

8：37-39.
国家环境保护总局，2005. 水和废水监测分析方法[M]. 北京：中国环境科学出版社：102，210，266，271，276.
郝林华，孙丕喜，姜振波，等，2006. 枯草芽孢杆菌（*Bacillus subtilis*）液体发酵条件[J]. 上海交通大学学报，24（4）：380-385.
何志琴，陈盛，李云，2022. MBR技术在农村生活污水处理中的研究进展[J/OL]. 环境工程技术学报：12（1）：137-144.
贺延龄，1998. 废水的厌氧生物处理[M]. 北京：中国轻工业出版社：341-345.
胡东兴，潘康成，2001. 微生态制剂及其作用机理[J]. 中国饲料，（3）：14-16.
胡海燕，单宝田，王修林，等，2004. 工厂化海水养殖水处理常用制剂[J]. 海洋科学，28（12）：59-62.
胡纪萃，2003. 废水厌氧生物处理理论与技术[M]. 北京：中国建筑工业出版社：123-124.
胡秀芳，应飞祥，陈集双，2007. 胶质芽孢杆菌突变株021120的培养条件及发酵工艺优化[J]. 中国生物工程杂志，27（9）：58-62.
胡永红，2015. 益生芽孢杆菌生产与应用[M]. 北京：化学工业出版社：215-216.
华光辉，张波，2000. 城市污水生物除磷脱氮工艺中的矛盾关系及对策[J]. 给水排水，26（12）：1-4.
黄成颜，1993. 中国硅藻土及其应用[M]. 北京：科学出版社：88-90.
黄海峰，杨开，王晖，2005. 厌氧生物处理技术及其在城市污水处理中的应用[J]. 中国资源综合利用，23（6）：37-40.
黄华伟，王印庚，2007. 海参养殖的现状、存在问题与前景展望[J]. 中国水产，（10）：50-53.
黄做华，黄伟庆，陈继红，等，2019. 功能化纤维对氨气的吸附性能研究[J]. 河南科学，37（10）：1579-1583.
贾丽，郭劲松，方芳,等，2013. 有机碳源对单级自养脱氮系统脱氮性能及微生物群落结构的影响[J]. 重庆大学学报，36（3）：96-103.
贾淑媛，王淑莹，赵骥，等，2017. 驯化后的聚糖菌对$NO_2^-$-N和$NO_3^-$-N内源反硝化速率的影响[J]. 化工学报，68（12）：4731-4738.
金仁村，马春，郑平，等，2013. 盐度对Anammox的短期影响研究[J]. 高校化学工程学报，27：322-329.
金仁村，郑平，胡宝兰，2006. 好氧污泥颗粒化机理及其影响因素[J]. 浙江大学学报（农业与生命科学版），32（2）：200-205.
康晶，王建龙，2005. EGSB 反应器中厌氧颗粒污泥的脱氮特性研究[J]. 环境科学学报，25（2）：208-213.

李方舟，张琼，彭永臻，2019. 低DO硝化耦合内碳源反硝化脱氮处理生活污水[J]. 中国环境科学，39（04）：1525-1532.

李绍衡，2009. 厌氧生物处理技术的原理及其在城市污水处理中的应用[J]. 湖南大学学报：自然科学版，28（3）：16-22.

李勇智，彭永臻，张艳萍，等，2003. 硝酸盐浓度及投加方式对反硝化除磷的影响[J]. 环境污染与防治，06：323-325.

刘长青，张峰，毕学军，等，2005. 海水对污泥沉降性能及脱氮除磷影响的试验[J]. 工业用水与废水，36（6）：24-26.

刘代新，宁喜斌，张继伦，2008. 响应面分析法优化副溶血性弧菌生长条件[J]. 微生物学通报，35（2）：306-310.

刘康，薛念涛，李建民，等，2018. CASS反应器内反硝化聚磷菌处理生活污水的性能[J]. 环境工程学报，12（09）：2483-2489.

刘旭东，张跃瀚，王海曼，等，2021. 低温下微膨胀活性污泥法处理生活污水的研究[J]. 沈阳建筑大学学报（自然科学版），37（05）：955-960.

刘宇航，司亚楠，2015. 生物脱氮外加碳源发展趋势研究[J]. 广东化工，10（42）：113-114.

林兴，王凡，袁砚，等，2017. 基于厌氧氨氧化的含氨废气原位处理[J]. 环境科学，38（7）：2947-2951.

罗大珍，林稚兰，2006. 现代微生物发酵及技术教程[M]. 北京：北京大学出版社，125-127.

吕利平，李航，庞飞，等，2020. 交替好氧/缺氧短程硝化反硝化工艺处理低C/N城市污水[J]. 环境工程学报，14（06）：1529-1536.

吕永涛，董凌霄，叶向德，等，2007. 厌氧氨氧化在生物转盘系统中的实现[J]. 环境科学学报，27（5）：753-757.

马溪平，2005. 厌氧微生物学与污水处理[M]. 北京：化学工业出版社：2-6.

孟繁伊，麦康森，马洪明，等，2009. 棘皮动物免疫学研究进展[J]. 生物化学与生物物理进展，36（7）：803-809.

闵航，陈美慈，赵宇华，等，1993. 厌氧微生物学[M]. 杭州：浙江大学出版社，22-23.

庞秋香，庞书香，赵博生，2008. 酚氧化酶及其酶原的研究进展——免疫学特性、细胞定位及其功能[J]. 现代生物医学进展，8（7）：1385-1388.

彭永臻，2011. SBR法硝化反硝化反应动力学[M]. 北京：科学出版社：11-12.

彭永臻，邵和东，杨延栋，等，2015. 基于厌氧氨氧化的城市污水处理厂能耗分析[J]. 北京工业大学学报，41（4）：621-627.

Petrucci R H，Harwood W S，Herring F G. 普通化学原理与应用（第八版，影印版）[M].

北京：高等教育出版社，2004.
曲红，石雪颖，聂泽兵，等，2022. 不同C/P下A/O/A-SBR工艺磷形态转化规律及污泥特性[J]. 中国环境科学，42（01）：1-12.
乔宏儒，孙力平，吴振华，等，2015. 倒置$A^2/O$工艺和UCT工艺脱氮除磷效能比较[J]. 水处理技术，41（12）：118-121.
邵留，徐祖信，金伟，等，2011. 农业废物反硝化固体碳源的优选[J]. 中国环境科学，31（5）：748-754.
邵宇婷，章改，王悦，等，2022. 碳源类型对超短泥龄活性污泥系统运行影响研究[J]. 环境科学学报，42（04）：1-9.
沈平，左建恶，杨洋，2004. 接种不同污泥的厌氧氨氧化反应器的启动与运行[J]. 中国沼气，22（3）：3-7.
沈耀良，王宝贞，2006. 废水生物处理新技术——理论与应用[M]. 第2版. 北京：中国环境科学出版社：120-126.
宋宏宾，蒋进元，周岳溪，等，2010. 低C/N比水产养殖废水生物脱氮实验研究[J]. 8（5）：998-1002.
孙佳晶，张蕾，张超，等，2012. 有机物作用的厌氧氨氧化菌代谢特性研究进展[J]. 化工进展，31（8）：1834-1837
孙锦宜，2003. 含氮废水处理技术与应用[M]. 北京：化学工业出版社：1-8.
孙美琴，彭超英，2003. 水解酸化—好氧生物法处理工业废水[J]. 工业水处理，23（5）：16-18.
孙伟毅，2015. 污水处理$A^2O$工艺的原理及发展现状探析[J]. 能源与环境，6：61-62.
孙晓杰，徐迪民，于德爽，2007. 海水冲厕污水的短程硝化试验研究[J]. 中国给水排水，23（3）：40-43
唐崇俭，郑平，张蕾，2009. 厌氧氨氧化菌富集培养技术的研究与应用[J]. 化工进展，8：1421-1426.
唐嘉陵，2017. 餐厨垃圾发酵碳源制备及其生物脱氮利用性能研究[D]. 西安：西安建筑科技大学：45-82，84-116.
田凯勋，戴友芝，唐受印，2003. 有机废水厌氧水解酸化工艺研究与工业应用现状[J]. 工业水处理，23（3）：20-22.
田卫东，2009. 三种方法提取活性污泥胞外聚合物的比较[J]. 节能技术，27（2）：184-186.
王博，2016. 高氨氮废水亚硝化控制策略及运行特性[D]. 西安：西安建筑科技大学，34-40.
王家玲，李顺鹏，黄正，2003. 环境微生物学[M]. 北京：高等教育出版社：35-41.
王建龙，2002. 生物固定化技术与水污染控制[M]. 北京：科学出版社：121-123.

王建龙，彭永臻，高永青，等，2008. 强化内源反硝化脱氮及污泥减量化研究[J]. 环境科学，01：134-138.
王建龙，张子健，吴伟伟，2009. 好氧颗粒污泥研究进展. 环境科学学报，29（3）：449-473.
王琳，罗启芳，2006. 硅藻土吸附固定化微生物对邻苯二甲酸二丁酯的降解特性研究[J]. 卫生研究，35（1）：23-25.
王硕，李长波，赵国峥，等，2022. 活性污泥丝状菌膨胀生物群落及调控研究进展[J]. 应用与环境生物学报，28（02）：1-13.
王晓丹，2012. EUB338 探针对真细菌细胞的检测灵敏性分析[J]. 安徽农业科学，39（33）：20310-20311.
王晓霞，王淑莹，赵骥，等，2016. 厌氧/好氧SNEDPR系统处理低C/N污水的优化运行[J]. 中国环境科学，36（09）：2672-2680.
王新，李培军，巩宗强，2001. 固定化细胞技术的研究与进展[J]. 农业环境保护，20（2）：120-122.
王亚敏，王印庚，2008. 微生态制剂在水产养殖中的作用机理及应用研究进展[J]. 动物医学进展，29（6）：72-75.
王玉建，李红玉，2006. 固定化微生物在废水处理中的研究及进展[J]. 生物技术，16（1）：94-96.
汪将，2014. 维生素E对环境胁迫下刺参生长和免疫的影响[D]. 大连：大连理工大学，33-34.
韦琦，罗方周，徐相龙，等，2021. $A^2/O$工艺处理低温低碳氮比生活污水的脱氮效率及反应动力学[J]. 环境工程学报，15（04）：1367-1376.
吴曙，王淑红，王艺磊，等，2009. 软体动物和甲壳动物酚氧化酶的研究进展[J]. 动物学杂志，44（5）：137-146.
武江津，王凯军，丁庭华，2000. 三废处理工程技术手册（废水卷）[M]. 北京：化学工业出版社.
谢新立，张晓宁，2021. 对某A/A/O+微絮凝过滤工艺污水处理厂提标改造工程实践[J]. 供水技术，15（05）：22-27.
邢燕，杨晓彤，杨庆尧，2007. 灵芝液体深层发酵研究进展[J]. 工业微生物，37（3）：63-67.
修昆，何建国，2006. 玉米芯颗粒粉替代稻壳粉作为饲料预混料载体，兽药载体优势的分析[J]. 现代畜牧兽医，（12）：3-6.
徐长安，罗秀针，张怡评，等，2009. 一株海洋芽孢杆菌B09的筛选及其发酵条件优化研究[J]. 海洋通报，28（5）：74-78.
许文峰，张杰，李桂荣，等，2013. UCT工艺处理高浓度氨氮生活污水的试验研究[J].

给水排水，49（09）：132-136.
严群芳，张世其，蔡秀萍，等，2016. 农作物副产品用作废水处理固体碳源[J]. 江苏农业科学，9（44）：462-464.
闫晓淼，李先如，卫皇曌，2012. 响应面法在催化湿式氧化降解异佛尔酮中的应用[J]. 环境化学，31（12）：1865-1872.
严煦世，1992. 水和废水技术研究[M]. 北京：中国建筑工业出版社：35-45.
颜仲达，2013. 国内污水处理工艺选择探讨[J]. 科技信息，124（24）：109-112.
杨世平，邱德全，2004. 水产养殖水体水质污染及水质处理微生物制剂的研究和应用现状[J]. 中国水产，（7）：81-82.
姚汝华，1996. 微生物工程工艺原理[M]. 广州：华南理工大学出版社：38-40.
于德爽，彭永臻，张相忠，等，2003. 海水盐度对短程硝化反硝化的影响[J]. 工业水处理，23（1）：50-54.
于东祥，孙慧玲，陈四清，2010. 海参健康养殖技术[M]. 北京：海洋出版社：222-224.
袁宏林，王俊文，王耀龙，2020. 厌氧/缺氧并联的A/A/O工艺生物脱氮除磷试验研究[J]. 西安建筑科技大学学报（自然科学版），52（01）：144-149.
袁林江，彭党聪，王志盈，2000. 短程硝化-反硝化生物脱氮[J]. 中国给水排水，16(2)：29-31.
原培胜，2008. 城镇污水处理厂运行成本分析[J]. 环境科学与管理，33（1）：107-109.
赵建夫，钱易，顾夏声，1990. 用厌氧酸化预处理焦化废水的研究[J]. 环境科学，11（3）：30-34.
赵梦轲，2020. 分段进水改良A/A/O工艺处理低C/N比生活污水的效果及优化控制[D]. 安徽工业大学，18，32，42，56.
张春云，王印庚，荣小军，等，2006. 国内外海参自然资源、养殖状况及存在问题[J]. 海洋水产研究，25（3）：89-97.
张凤君，2006. 硅藻土加工与应用[M]. 北京：化学工业出版社：98-102.
张蕾，2009. 厌氧氨氧化性能的研究[M]. 浙江：浙江大学：34-37.
张少辉，郑平，华玉妹，2004. 反硝化生物膜启动厌氧氨氧化反应器的研究[J]. 环境科学学报，24（2）：220-224.
张诗颖，吴鹏，宋吟玲，等，2015. 厌氧氨氧化与反硝化协同脱氮处理城市污水[J]. 环境科学，36（11）：4174-4179.
张雯，张亚平，尹琳，等，2017. 以10种农业废弃物为基料的地下水反硝化碳源属性的实验研究[J]. 环境科学学报，5（37）：1787-1797.
张昕，2021. 游离氨（FA）对EBPR系统中聚磷菌除磷性能及微生物种群结构影响研究[D]. 兰州：兰州交通大学：21-39.

张雪宁，2020. 可溶性微生物产物作为电子供体强化SBR脱氮的效能与机制[D]. 哈尔滨工业大学：1-19.

张忠智，鲁莽，魏小芳，等，2005. 脱氮硫杆菌的生态特性及其应用[J]. 化学与生物工程，22（2）：52-54.

甄建园，2019. 低C/N城市污水同步硝化内源反硝化脱氮除磷性能及优化研究[D]. 青岛：青岛大学：1-8.

郑平，冯孝善，Jetten M M M，等，1998. ANAMMOX流化床反应器性能的研究[J]. 环境科学学报，18（4）：367-372.

郑平，徐向阳，胡宝兰，2004. 新型生物脱氮理论与技术[M]. 北京：科学出版社：1-80.

郑平，2010. 环境微生物学教程[M]. 北京：高等教育出版社：32-44.

郑兴灿，李亚新，1998. 污水脱氮除磷技术[M]. 北京：中国建筑工业出版社：55-57.

郑琬琳，史彦伟，高放，等，2021. 改良A/A/O工艺间歇曝气对微生物群落特征及运行效果影响[J]. 给水排水，57（05）：34-39，44.

中国标准出版社第二编辑室，2001. 中国环境保护标准汇编水质分析方法[M]. 北京：中国标准出版社：35-60.

中国国家标准化管理委员会，2007. 中华人民共和国国家标准：海洋监测规范　第4部分：海水分析（GB 17378. 4—2007）[S]. 北京：中国标准出版社：

中华人民共和国国家统计局，2015. 中国统计年鉴[M]. 北京：中国统计出版社：123-125.

中华人民共和国生态环境部，2021. 2019年中国生态环境统计年报[R]. 北京：中华人民共和国环境保护部.

中华人民共和国环境保护部，2017. 2016中国环境状况公报[R].

中华人民共和国生态环境部，2018—2020. 中国生态环境状况公报[R].

中华人民共和国农业部，2007. 中华人民共和国水产行业标准：海水养殖水排放要求（SC/T 9103—2007）[S]. 北京：中国标准出版社.

中华人民共和国农业部，2014. 饲料添加剂品种目录（2013）[M]. 北京：中国农业出版社：13-14.

中华人民共和国农业部渔业局，2014. 中国渔业统计年鉴[M]. 北京：中国农业出版社：78-79.

周斌，2001. 华东地区城市污水处理厂运行成本分析[J]. 中国给水排水，17（8）：29-30.

周丽颖，边靖，凌薇，等，2015. 污泥内碳源反硝化工艺强化脱氮除磷的应用研究[J]. 中国给水排水，31（17）：12-15，20.

周倩，张林，唐溪，等，2021. 基于DGAOs富集的内碳源短程硝化反硝化工艺特性[J]. 中国环境科学，41（12）：1-7.

朱启忠，2009. 生物固定化技术及应用[M]. 北京：化学工业出版社：35-37.

左玉辉，2010. 环境学[M]. 第2版. 北京：高等教育出版社：57-59.

Aebi H, 1984. Catalase in vitro[J]. Methods in Enzymology, 105: 121-126.

Aeckersberg F, Rainey F A, Widdel F., 1998. Growth, natural relationships, cellular fatty acids and metabolic adaptation of sulfate-reducing bacteria that utilize long-chain alkanes under anoxic conditions[J]. Archives of Microbiology, 170(5): 361-369.

Ahn Y H, 2006. Sustainable nitrogen elimination biotechnologies: a review[J]. Process Biochemistry, 41(8): 1709-1721.

Ahn Y H, Choi H C, 2006. Autotrophic nitrogen removal from sludge liquids in upflow sludge bed reactor with external aeration[J]. Process Biochemistry, 41(9): 1945-1950.

Ahn Y H, Kim H C, 2004. Nutrient removal and microbial granulation in an anaerobic process treating inorganic and organic nitrogenous wastewater[J]. Water Science and Technology, 50(6): 207-215.

Aleem M I H, Sewell D L, 1981. Mechanism of nitrite oxidation and oxidoreductase systems in *Nitrobacter agilis* [J]. Current Microbiology, 5(5): 267-272.

Altschul S F, Gish W, Miller W, et al, 1990. Basic local alignment search tool[J]. Journal of Molecular Biology, 215(3): 403-410.

Aly S M, Ahmed Y A, Ghareeb A A, et al, 2008. Studies on Bacillus subtilis and Lactobacillus acidophilus, as potential probiotics, on the immune response and resistance of Tilapia nilotica (*Oreochromis niloticus*) to challenge infections[J]. Fish & Shellfish Immunology, 25(1): 128-136.

Amann R I, Krumholz L, Stahl D A, 1990. Fluorescent-oligonucleotide probing of whole cells for determinative, phylogenetic, and environmental studies in microbiology[J]. Journal of Bacteriology, 172(2): 762-770.

Amano T, Yoshinaga I, Okada K, et al, 2007. Detection of anammox activity and diversity of anammox bacteria-related 16S rRNA genes in coastal marine sediment in Japan[J]. Microbes and Environments, 22(3): 232-242.

Andrews S C, 1998. Iron storage in bacteria[J]. Advances in Microbial Physiology, 40: 281-351.

Andrews S C, Robinson A K, Rodríguez-Quiñones F, 2003. Bacterial iron homeostasis[J]. FEMS Microbiology Reviews, 27(2-3): 215-237.

An P, Xu X C, Yang F L, et al, 2013. A pilot-scale study on nitrogen removal from dry-spun acrylic fiber wastewater using anammox process[J]. Chemical Engineering Journal, 222(1): 32-40.

Anthonisen A C, Loehr R C, Prakasam T B S, et al., 1976. Inhibition of nitrification by ammonia and nitrous acid[J]. Water Pollution Control, 48(5): 835-852.

APHA, 1998. Standard methods for the examination of water and wastewater[M]. Washington D C, USA: American Public Health Association.

Asadi A, Zinatizadeh A A L, Isa M H, 2012. Performance of intermittently aerated up-flow sludge bed reactor and sequencing batch reactor treating industrial estate wastewater: a comparative study[J]. Bioresource Technology, 123(1): 495-506.

Aslan S, Miller L, Dahab M, 2009. Ammonium oxidation via nitrite accumulation under limited oxygen concentration in sequencing batch reactors[J]. Bioresource Technology, 100(2): 659-664.

Avella M A, Gioacchini G, Decamp O, et al, 2010. Application of multi-species of *Bacillus* in sea bream larviculture[J]. Aquaculture, 305(1): 12-19.

Bai F, 1999. Application of self-immobilization cell technology for biochemical engineering[J]. Progress in Biotechnology, 20(2): 32-36.

Baquerizo G, Maestre J P, Machado V C, et al, 2009. Long-term ammonia removal in a coconut fiber-packed biofilter: Analysis of N fractionation and reactor performance under steady-state and transient conditions[J]. Water Research, 43: 2293-2301.

Benson D A, Karsch-Mizrachi I, Lipman D J, et al, 2008. GenBank[J]. Nucleic Acids Research, 36(1): 25-30.

Berry E A, Trumpower B L, 1987. Simultaneous determination of hemes *a*, *b*, and *c* from pyridine hemochrome spectra[J]. Analytical Biochemistry, 161(1): 1-15.

Bertin L, Lampis S, Todaro D, et al, 2010. Anaerobic acidogenic digestion of olive mill wastewaters in biofilm reactors packed with ceramic filters or granular activated carbon[J]. Water Research, 44(15): 4537-4549.

Bian S, Cowan J A, 1999. Protein-bound iron-sulfur centers. Form, function and assembly[J]. Coordination Chemistry Reviews, 190-192: 1049-1066.

Boran K, Mariana K, Roumen A, et al, 2006. Adaptation of a freshwater anammox population to high salinity wastewater[J]. Journal of Biotechnology, 126(4): 546-553.

Boyd C E, Tucker C S, 2012. Pond aquaculture water quality management[M]. Springer Science & Business Media.

Bryant M P, 1979. Microbial methane production—theoretical aspects [J]. Journal of Animal Science, 48(1): 193-201.

Burgess J E, Quarmby J, Stephenson T, 1999. Role of micronutrients in activated sludge-based biotreatment of industrial effluents[J]. Biotechnology Advances, 17(1): 49-70.

Cai F R, Lei L R, Li Y M, et al, 2020. Rapid start-up of single-stage nitrogen removal using anammox and partial nitritation(SNAP) process in a sequencing batch biofilm reactor(SBBR) inoculated with conventional activated sludge[J]. International Biodeterioration & Biodegradation, 147: 104877.

Cai J, Zheng P, Qaisar M, 2008. Effect of sulfide to nitrate ratios on the simultaneous anaerobic sulfide and nitrate removal[J]. Bioresource Technology, 99(13): 5520-5527.

Calli B, Mertoglu B, Inanc B, et al, 2005. Effects of high free ammonia concentrations on the performances of anaerobic bioreactors[J]. Process Biochemistry, 40(3): 1285-1292.

Cao L, Wang W, Yang Y, et al, 2007. Environmental impact of aquaculture and countermeasures to aquaculture pollution in China[J]. Environmental Science and Pollution Research-International, 14(7): 452-462.

Carnevali P, Ciati R, Leporati A, et al, 2007. Liquid sourdough fermentation: industrial application perspectives[J]. Food Microbiology, 24(2): 150-154.

Cassidy M, Lee H, Trevors J, 1996. Environmental applications of immobilized microbial cells: a review[J]. Journal of Industrial Microbiology, 16(2): 79-101.

Chamchoi N, Nitisoravut S, 2007. Anammox enrichment from different conventional sludges[J]. Chemosphere, 66(11): 2225-2232.

Chamchoi N, Nitisoravut S, Schmidt J E, 2008. Inactivation of ANAMMOX communities under concurrent operation of anaerobic ammonium oxidation(ANAMMOX) and denitrification[J]. Bioresource Technology, 99(9): 3331-3336.

Chen B, Bao J G, Du J K, et al, 2021. Application of electric fields to mitigate inhibition on anammox consortia under long-term tetracycline stress[J]. Bioresource Technology, 341: 125730.

Chen C, Wang A, Ren N, et al, 2009a. High-rate denitrifying sulfide removal process in expanded granular sludge bed reactor[J]. Bioresource Technology, 100(7): 2316-2319.

Chen H, Liu S, Yang F, et al, 2009b. The development of simultaneous partial nitrification, ANAMMOX and denitrification(SNAD) process in a single reactor for nitrogen removal[J]. Bioresource Technology, 100(3): 1548-1554.

Chen H, Ma C, Ji Y X, et al, 2014. Evaluation of the efficacy and regulation measures of the anammox process under salty conditions. Separation and Purification Technology, 132(20): 584-592.

Chen J W, Zheng P, Tang C J, et al, 2010. Effect of low pHon the performance of high-loaded ANAMMOX reactor. Journal Chemical Engineering China, 24(2): 320-324.

Chen X M, Guo J H, Shi Y, et al, 2014. Modeling of simultaneous anaerobic methane and ammonium oxidation in a membrane biofilm reactor[J]. Environmental Science & Technology, 48(16): 9540-9547.

Chen Y, Jiang S, Yuan H, et al, 2007. Hydrolysis and acidification of waste activated sludge at different pHs[J]. Water Research, 41(3): 683-689.

Cheng T C, 1992. Selective induction of release of hydrolases from *Crassostrea virginica* hemocytes by certain bacteria[J]. Journal of Invertebrate Pathology, 59(2): 197-200.

Cheng W, Hsiao I-S, Chen J-C, 2004. Effect of ammonia on the immune response of Taiwan abalone *Haliotis diversicolor* supertexta and its susceptibility to *Vibrio parahaemolyticus*[J]. Fish & Shellfish Immunology, 17(3): 193-202.

Chipman D M, Sharon N, 1969. Mechanism of lysozyme action[J]. Science, 165(3892): 454-465.

Chowdhury P, Viraraghavan T, Srinivasan A., 2010. Biological treatment processes for fish processing wastewater- a review. Bioresource Technology, 101(2): 439-449.

Cirpus I E Y, de Been M, op den Camp H J M, et al, 2005. A new soluble 10 kDa monoheme cytochrome c-552 from the anammox bacterium Candidatus "*Kuenenia stuttgartiensis*" [J]. FEMS Microbiology Letters, 252(2): 273-278.

Cirpus I E Y, Geerts W, Hermans J H M, et al, 2006. Challenging protein purification from anammox bacteria[J]. International Journal of Biological Macromolecules, 39(1-3): 88-94.

Ciudad G, Rubilar O, Muñoz P, et al, 2005. Partial nitrification of high ammonia concentration wastewater as a part of a shortcut biological nitrogen removal process [J]. Process Biochemistry, 40(5): 1715-1719.

Cohen A, Breure A M, van Andel J G, et al, 1980. Influence of phase separation on the anaerobic digestion of glucose—I maximum COD-turnover rate during continuous operation[J]. Water Research, 14(10): 1439-1448.

Comeau Y, Hall K J, Hancock R E W, et al, 1986. Biochemical model enhanced biological phosphorus removal[J]. Water Research, 12(20): 1511-1521.

Conley D J, Paerl H W, Howarth R W, et al, 2009. Controlling eutrophication: nitrogen and phosphorus[J]. Science, 323(5917): 1014-1015.

Cottrell M T, Kirchman D L, 2000. Community composition of marine bacterioplankton determined by 16S rRNA gene clone libraries and fluorescence in situ hybridization[J]. Applied and environmental microbiology, 66(12): 5116-5122.

Cottyn B G, Boucque C V, 1968. Rapid method for the gas-chromatographic determination of volatile fatty acids in rumen fluid[J]. Journal of Agricultural and Food Chemistry, 16(1): 105-107.

Daims H, Brühl A, Amann R, et al, 1999. The domain-specific probe EUB338 is Insufficient for the detection of all bacteria: development and evaluation of a more comprehensive probe set[J]. Systematic and Applied Microbiology, 22(3): 434-444.

Daims H, Nielsen P H, Nielsen J L, et al, 2000. Novel *Nitrospira*-like bacteria as dominant nitrite-oxidizers in biofilms from wastewater treatment plants: diversity and *in situ* physiology[J]. Water Science and Technology, 41(5): 85-90.

Dalsgaard T, Canfield D E, Petersen J, et al, 2003. $N_2$ production by the anammox reaction in the anoxic water column of Golfo Dulce, Costa Rica[J]. Nature, 422(6932): 606-608.

Dapena-Mora A, Fernández I, Campos J L, et al, 2007. Evaluation of activity and inhibition effects on Anammox process by batch tests based on the nitrogen gas production [J]. Enzyme and Microbial Technology, 40(4): 859-865.

Daverey A, Hung N T, Dutta K, et al, 2013. Ambient temperature SNAD process treating anaerobic digester liquor of swine wastewater[J]. Bioresource Technology, 141(4): 191-198.

Daverey A, Su S H, Huang Y T, et al, 2011. Nitrogen removal from opto-electronic wastewater using the simultaneous partial nitrification, anaerobic ammonium oxidation and denitrification(SNAD) process in sequencing batch reactor[J]. Bioresource Technology, 113(5): 225-231.

Demirer G N, Chen S, 2004. Effect of retention time and organic loading rate on anaerobic acidification and biogasification of dairy manure [J]. Journal of Chemical Technology and Biotechnology, 79(12): 1381-1387.

Desloover J, de Clippeleir H, Boeckx P, et al, 2011. Floc-based sequential partial nitritation and anammox at full scale with contrasting $N_2O$ emissions[J]. Water Research, 45(9): 2811-2821.

Díaz-Rosales P, Salinas I, Rodríguez A, et al, 2006. Gilthead seabream(*Sparus aurata* L.) innate immune response after dietary administration of heat-inactivated potential probiotics[J]. Fish & Rhellfish Immunology, 20(4): 482-492.

Dinopoulou G, Rudd T, Lester J N, 2004. Anaerobic acidogenesis of a complex wastewater: I. the influence of operational parameters on reactor performance[J]. Biotechnology and Bioengineering, 31(9): 958-968.

Diviès C, Cachon R, Cavin J-F, et al, 1994. Theme 4: Immobilized cell technology in wine production[J]. Critical Reviews in Biotechnology, 14(2): 135-153.

Dobbek H, Svetlitchnyi V, Gremer L, et al, 2001. Crystal structure of a carbon monoxide dehydrogenase reveals a[Ni-4Fe-5S] cluster[J]. Science, 293(5533): 1281-1285.

Dong X, Tollner E W, 2003. Evaluation of Anammox and denitrification during anaerobic digestion of poultry manure[J]. Bioresource Technology, 86(2): 139-145.

Dong Y, Deng H, Sui X, et al, 2005. Ulcer disease of farmed sea cucumber(*Apostichopus japonicus*)[J]. Fisheries Science, 24: 4-6.

Doukov T I, Iverson T M, Seravalli J, et al, 2002. A Ni-Fe-Cu center in a bifunctional carbon monoxide dehydrogenase/acetyl-CoA synthase[J]. Science, 298(5593): 567-572.

Drake H L, Hu S I, Wood H G, 1980. Purification of carbon monoxide dehydrogenase, a nickel enzyme from *Clostridium thermoaceticum* [J]. The Journal of Biological Chemistry, 255(15): 7174-7180.

Drake H L, 1982. Occurrence of nickel in carbon monoxide dehydrogenase from *Clostridium pasteurianum* and *Clostridium thermoaceticum* [J]. Journal of Bacteriology, 149(2): 561-566.

Drancourt M, Bollet C, Carlioz A, et al, 2000. 16S ribosomal DNA sequence analysis of a large collection of environmental and clinical unidentifiable bacterial isolates[J]. Journal of Clinical Microbiology, 38(10): 3623-3630.

Drennan C L, Heo J, Sintchak M D, et al, 2001. Life on carbon monoxide: X-ray structure of *Rhodospirillum rubrum* Ni-Fe-S carbon monoxide dehydrogenase[J]. PNAS, 98(21): 11973-11978.

Duan H R, Wang Q L, Erler D V, et al, 2018. Effects of free nitrous acid treatment conditions on the nitrite pathway performance in mainstream wastewater treatment[J]. Science of the Total Environment, 644(10): 360-370.

Dyreborg S, Arvin E, 1995. Inhibition of nitrification by creosote-contaminated water[J]. Water Research, 29(6): 1603-1606.

Egli K, Fanger U, Alvarez P J J, et al, 2001. Enrichment and characterization of an anammox bacterium from a rotating biological contactor treating ammonium-rich leachate [J]. Archives of Microbiology, 175(3): 198-207.

Eighmy T, Maratea D, Bishop P, 1983. Electron microscopic examination of wastewater biofilm formation and structural components[J]. Applied and Environmental Microbiology, 45(6): 1921-1931.

Elmitwalli T A, Sklyar V, Zeeman G, et al, 2002. Low temperature pre-treatment of domestic sewage in an anaerobic hybrid or an anaerobic filter reactor[J]. Bioresource Technology, 82(8): 233-239.

Erdner D L, Anderson D M, 1999. Ferredoxin and flavodoxin as biochemical indicators of iron limitation during open-ocean iron enrichment[J]. Limnology and Oceanography, 44(7): 1609-1615.

Fang F, Ni B-J, Li X-Y, et al, 2009. Kinetic analysis on the two-step processes of AOB and NOB in aerobic nitrifying granules[J]. Applied Microbiology and Biotechnology, 83(6): 1159-1169.

Fdz-Polanco F, Fdz-Polanco M, Fernandez N, et al, 2001. New process for simultaneous removal of nitrogen and sulphur under anaerobic conditions[J]. Water Research, 35(4): 1111-1114.

Feng L, Chen Y, Zheng X, 2009. Enhancement of waste activated sludge protein conversion and volatile fatty acids accumulation during waste activated sludge anaerobic fermentation by carbohydrate substrate addition: the effect of pH[J]. Environmental Science & Technology, 43(12): 4373-4380.

Fernandez J, Dosta C, Fajardo C, et al, 2012. Short- and long-term effects of ammonium and nitrite on the Anammox process[J]. Journal of Environment Management, 95: 170-174.

Fontenot Q, Bonvillain C, Kilgen M, et al, 2007. Effects of temperature, salinity, and carbon: nitrogen ratio on sequencing batch reactor treating shrimp aquaculture wastewater[J]. Bioresource Technology, 98(9): 1700-1703.

Francesca P, Caitlin S, Miriam P, et al, 2021. "Candidatus *Dechloromonas phosphoritropha*" and "*Ca. D. phosphorivorans*", novel polyphosphate accumulating organisms abundant in wastewater treatment systems[J]. The ISME Journal, 15: 3605-3614.

Frølund B, Palmgren R, Keiding K, et al, 1996. Extraction of extracellular polymers from activated sludge using a cation exchange resin[J]. Water Research, 30(8): 1749-1758.

Fromm J, Rockel B, Lautner S, et al, 2003. Lignin distribution in wood cell walls determined by TEM and backscattered SEM techniques[J]. Journal of Structural Biology, 143(1): 77-84.

Fu H, Zhang S, Xu T, et al, 2008. Photocatalytic degradation of RhB by fluorinated $Bi_2WO_6$ and distributions of the intermediate products[J]. Environmental Science & Technology, 42(6): 2085-2091.

Fuchs B M, Zubkov M V, Sahm K, et al, 2000. Changes in community composition during dilution cultures of marine bacterioplankton as assessed by flow cytometric and molecular biological techniques[J]. Environmental Microbiology, 2(2): 191-201.

Fujii T, Sugino H, Rouse J D, et al, 2002. Characterization of the microbial community in an anaerobic ammonium-oxidizing biofilm cultured on a nonwoven biomass carrier[J]. Journal of Bioscience and Bioengineering, 94(5): 412-418.

Furukawa K, Inatomi Y, Qiao S, et al, 2009. Innovative treatment system for digester liquor using anammox process[J]. Bioresource Technology, 100(22): 5437-5443.

Fux C, Boehler M, Huber P, et al, 2002. Biological treatment of ammonium-rich wastewater by partial nitritation and subsequent anaerobic ammonium oxidation(anammox) in a pilot plant[J]. Journal of Biotechnology, 99(3): 295-306.

Galí A, Dosta J, van Loosdrecht M C M, Mata-Alvarez J, 2006. Two ways to achieve an anammox influent from real reject water treatment at lab-scale: partial SBR nitrification and SHARON process[J]. Process Biochemistry, 42(4): 715-720.

Galushko A, Minz D, Schink B, et al, 1999. Anaerobic degradation of naphthalene by a pure culture of a novel type of marine sulphate-reducing bacterium[J]. Environmental Microbiology, 1(5): 415-420.

Gao D W, Huang X L, Tao Y, et al, 2015. Sewage treatment by an UAFB–EGSB biosystem with energy recovery and autotrophic nitrogen removal under different temperatures[J]. Bioresource Technology, 181(1): 26-31.

Gao X J, Zhang T, Wang B, et al, 2020. Advanced nitrogen removal of low C/N ratio sewage in an anaerobic/aerobic/anoxic process through enhanced post-endogenous denitrification[J]. Chemosphere, 252: 126624.

Gauthier M, 1976. Morphological, physiological, and biochemical characteristics of some violet-pigmented bacteria isolated from seawater[J]. Canadian Journal of Microbiology, 22(2): 138-149.

Gong Z, Liu S, Yang F, et al, 2008. Characterization of functional microbial community in a membrane-aerated biofilm reactor operated for completely autotrophic nitrogen removal[J]. Bioresource Technology, 99(8): 2749-2756.

Gregory S P, Dyson P J, Fletcher D, et al, 2012. Nitrogen removal and changes to microbial communities in model flood/drain and submerged biofilters treating aquaculture wastewater[J]. Aquacultural Engineering, 50: 37-45.

Grunditz C, Dlhammar G, 2001. Development of nitrification inhibition assays using pure cultures of *Nitrosomonas* and *Nitrobacter[*J]. Water Research, 35(2): 433-440.

Gu M, Ma H, Mai K, et al, 2010. Immune response of sea cucumber *Apostichopus japonicus* coelomocytes to several immunostimulants in vitro[J]. Aquaculture, 306(1): 49-56.

Guo J, Peng Y, Wang S, et al, 2009. Long-term effect of dissolved oxygen on partial nitrification performance and microbial community structure[J]. Bioresource Technology, 100(9): 2796-2802.

Guo Y, Matsumoto T, Kikuchi Y, et al, 2000. Effects of a pectic polysaccharide from a medicinal herb, the roots of *Bupleurum falcatum* L. on interleukin-6 production of murine B cells and B cell lines[J]. Immunopharmacology, 49(3): 307-316.

Gupta S, Abu-Ghannam N, 2012. Probiotic fermentation of plant based products: possibilities and opportunities[J]. Critical Reviews in Food Science and Nutrition, 52(2): 183-199.

Gurtner C, Heyrman J, Piñar G, et al, 2000. Comparative analyses of the bacterial diversity on two different biodeteriorated wall paintings by DGGE and 16S rDNA sequence analysis[J]. International Biodeterioration & Biodegradation, 46(3): 229-239.

Güven D, Dapena A, Kartal B, et al, 2005. Propionate oxidation by and methanol inhibition of anaerobic ammonium-oxidizing bacteria[J]. Applied and Environmental Microbiology, 71(2): 1066-1071.

Hamoutene D, Payne J, Rahimtula A, et al, 2004. Effect of water soluble fractions of diesel and an oil spill dispersant(Corexit 9527) on immune responses in mussels[J]. Bulletin of Environmental Contamination and Toxicology, 72(6): 1260-1267.

Hao X, Heijnen J J, van Loosdrecht M C M, 2002. Sensitivity analysis of a biofilm model describing a one-stage completely autotrophic nitrogen removal(CANON) process[J]. Biotechnology & Bioengineering, 77(3): 266-277.

Haug T, Kjuul A K, Styrvold O B, et al, 2002. Antibacterial activity in *Strongylocentrotus droebachiensis*(*Echinoidea*), *Cucumaria frondosa*(*Holothuroidea*), and *Asterias rubens*(*Asteroidea*)[J]. Journal of Invertebrate Pathology, 81(2): 94-102.

Hellinga C, Schellen A A J C, Mulder J W, et al, 1998. The Sharon process: an innovative method for nitrogen removal from ammonium-rich wastewater[J]. Water Science and Technology, 37(9): 183-187.

Herrmann E C, Gabliks J, Engle C, et al, 1960. Agar diffusion method for detection and bioassay of antiviral antibiotics[J]. Experimental Biology and Medicine, 103(3): 625-628.

Hippen A, Rosenwinkel K H, Baumgarten G, et al, 1997. Aerobic deammonification: a new experience in the treatment of wastewaters[J]. Water Science and Technology, 35(10): 111-120.

Hu C Y, Guo Y D, Guo L, et al, 2019a. Comparation of thermophilic bacteria(TB) pretreated primary and secondary waste sludge carbon sources on denitrification performance at different HRTs[J]. Bioresource Technology, 297: 122438.

Hu R T, Zheng X L, Zheng T Y, et al, 2019b. Effects of carbon availability in a woody carbon source on its nitrate removal behavior in solid-phase denitrification[J]. Journal of Environmental Management, 246: 832-839.

Hu S I, Pezacka E, Wood H G, 1984. Acetate synthesis from carbon monoxide by *Clostridium thermoaceticum*[J]. The Journal of Biological Chemistry, 1984, 259(14): 8892-8897.

Hu Z Y, Lotti T, van Loosdrech M, et al, 2013. Nitrogen removal with the anaerobic ammonium oxidation process[J]. Biotechnology Letters, 35(8): 1145-1154.

Huang X L, Gao D W, Tao Y, et al, 2014. C2/C3 fatty acid stress on anammox consortia dominated by Candidatus *Jettenia asiatica*[J]. Chemical Engineering Journal, 253: 402-407.

Hwang I S, Min K S, Choi E, et al, 2005. Nitrogen removal from piggery waste using the combined SHARON and ANAMMOX process[J]. Water Science and Technology, 52(10-11): 487-494.

Intrasungkha N, Keller J, Blackall L L, 1999. Biological nutrient removal efficiency in treatment of saline wastewater[J]. Water Science and Technology, 39(6): 183-190.

Islam M S, 2014. Confronting the blue revolution: industrial aquaculture and sustainability in the global south[M]. University of Toronto Press.

Ito T, Nielsen J L, Okabe S, et al, 2002. Phylogenetic identification and substrate uptake patterns of sulfate-reducing bacteria inhabiting an oxic-anoxic sewer biofilm determined by combining microautoradiography and fluorescent in situ hybridization[J]. Applied and Environmental Microbiology, 68(1): 356-364.

Jenni S, Vlaeminck S E, Morgenroth E, et al, 2014. Successful application of nitritation/anammox to wastewater with elevated organic carbon to ammonia ratios[J]. Water Research, 49(1): 316-326.

Jetten M S M, Horn S J, van Loosdrecht M C M, 1997. Towards a more sustainable municipal wastewater treatment system[J]. Water Science and Technology, 35(9): 171-180.

Jetten M S M, op den Camp H J M, Kuenen J G, et al, in press. Taxonomic description of the family Anammoxaceae[M]// Hedlund B., Krieg N. R., Paster B. J., et al. Bergey's Manual of Systematic Bacteriology. 2nd edition. New York: Springer.

Ji T, Dong Y, Dong S, 2008. Growth and physiological responses in the sea cucumber, *Apostichopus japonicus* Selenka: aestivation and temperature[J]. Aquaculture, 283(1): 180-187.

Jia L, Guo J S, Fang F, et al, 2012. Effect of organic carbon on nitrogen conversion and microbial communities in the completely autotrophic nitrogen removal process[J]. Environmental Technology, 33(10): 1141-1149.

Jiang L, Pan L, Xiao G, 2003. Effects of ammonia-N on immune parameters of white shrimp *Litopenaeus vannamei*[J]. Journal of Fishery Sciences of China, 11(6): 537-541.

Jiang X F, Shao W F, Hou Y, 2009. Study on the function of preventing the hyperlipidemia lipid level and the anti-oxidant of the Puer tea[J]. Journal of Yunnan Agricultural University, 5: 016.

Jiang Y, Wu X, Zhang Y, 2007. Magnetocapture of abalone transcription factor NF-κB: A new strategy for isolation and detection of NF-κB both in vitro and in vivo[J]. Journal of

Biotechnology, 127(3): 385-391.

Jin R C, Yang G F, Yu J J, et al, 2012. The inhibition of the Anammox process: A review[J]. Chemical Engineering Journal, 197: 67-79.

Jones D T, Woods D R, 1986. Acetone-butanol fermentation revisited[J]. Microbiological Reviews, 50(4): 484.

Kampas P, Parsons S A, Pearce P, et al, 2007. Mechanical sludge disintegration for the production of carbon source for biological nutrient removal[J]. Water Research, 41(8): 1734-1742.

Kariminiaae-Hamedaani H R, Kanda K, Kato F, 2003. Wastewater treatment with bacteria immobilized onto a ceramic carrier in an aerated system[J]. Journal of Bioscience and Bioengineering, 95(2): 128-132.

Kartal B, Koleva M, Arsov R, et al, 2006. Adaptation of a freshwater anammox population to high salinity wastewater[J]. Journal of Biotechnology, 126(4): 546-553.

Kartal B, Rattray J, van Niftrik L A, et al, 2007. Candidatus "*Anammoxoglobus propionicus*" a new propionate oxidizing species of anaerobic ammonium oxidizing bacteria[J]. Systematic and Applied Microbiology, 30(1): 39-49.

Kartal B, van Niftrik L, Sliekers O, et al, 2004. Application, eco-physiology and biodiversity of anaerobic ammonium-oxidizing bacteria[J]. Reviews in Environmental Science and Biotechnology, 3(3): 255-264.

Kartal B, van Niftrik L, Rattray J, et al, 2008. Candidatus "*Brocadia fulgida*" : an autofluorescent anaerobic ammonium oxidizing bacterium[J]. FEMS Microbiological Ecology, 63(1): 46-55.

Keesing J K, Liu D, Fearns P, et al, 2011. Inter-and intra-annual patterns of Ulva prolifera green tides in the Yellow Sea during 2007—2009, their origin and relationship to the expansion of coastal seaweed aquaculture in China[J]. Marine Pollution Bulletin, 62(6): 1169-1182.

Komorowska-Kaufman M, Majcherek H, Klaczyński E, 2006. Factors affecting the biological nitrogen removal from wastewater[J]. Process Biochemistry, 41(5): 1015-1021.

Kourkoutas Y, Bekatorou A, Banat I M, et al, 2004. Immobilization technologies and support materials suitable in alcohol beverages production: a review[J]. Food Microbiology, 21(4): 377-397.

Kowalchuk G A, Bruijn F J D, Head I M, et al, 2004. Molecular microbial ecology manual[M]. Dordrecht, Netherlands: Kluwer Academic Publisher.

Kowalski M S, Devlin T R, Di Biase A, et al, 2019. Effective nitrogen removal in a two-stage partial nitritation-anammox reactor treating municipal wastewater-piloting PN-MBBR/AMX-IFAS configuration[J]. Bioresource Technology, 289: 121742.

Kuenen J G, Jetten M S M, 2001. Extraordinary anaerobic ammonium-oxidizing bacteria[J]. ASM News, 67(9): 456-463.

Kumaraswamy R, Sjollema K, Kuenen G, et al, 2006. Nitrate-dependent[Fe(Ⅱ)EDTA]$^{2-}$ oxidation by *Paracoccus ferrooxidans* sp. nov., isolated from a denitrifying bioreactor[J]. Systematic and Applied Microbiology, 29(4): 276-286.

Kumar S, Tamura K, Nei M, 2004. MEGA3: integrated software for molecular evolutionary genetics analysis and sequence alignment[J]. Briefings in Bioinformatics, 5(2): 150-163.

Kümmerer K, 2009. Antibiotics in the aquatic environment—a review—part Ⅰ[J]. Chemosphere, 75(4): 417-434.

Kuypers M M M, Sliekers A O, Lavik G, et al, 2003. Anaerobic ammonium oxidation by anammox bacteria in the Black Sea[J]. Nature, 422(6932): 608-611.

Lackner S, Horn H, 2013. Comparing the performance and operation stability of an SBR and MBBR for single-stage nitritation-anammox treating wastewater with high organic load[J]. Environmental Technology, 34(10): 1319-1328.

Langone M, Yan J, Haaijer S C M, et al, 2014. Coexistence of nitrifying, anammox and denitrifying bacteria in a sequencing batch reactor[J]. Frontiers in Microbiology, 5(28): 1-12.

Lay J J, Li Y Y, Noike T, 1997. Influences of pHand moisture content on the methane production in high-solids sludge digestion[J]. Water Research, 31(6): 1518-1524.

Lee I, Seo W, Kim G, et al, 1997. Optimization of fermentation conditions for production of exopolysaccharide by Bacillus polymyxa[J]. Bioprocess Engineering, 16(2): 71-75.

Li J, Elliott D, Nielsen M, et al, 2011. Long-term partial nitrification in an intermittently aerated sequencing batch reactor(SBR) treating ammonium-rich wastewater under controlled oxygen-limited conditions[J]. Biochemical Engineering Journal, 55(3): 215-222.

Li T, Mazéas L, Sghir A, et al, 2009. Insights into networks of functional microbes catalysing methanization of cellulose under mesophilic conditions[J]. Environmental Microbiology, 11(4): 889-904.

Li X, Yuan Y, Wang F, et al, 2018. Highly efficient of nitrogen removal from mature landfill leachate using a combined DN-PN-Anammox process with a dual recycling system[J]. Bioresource Technology, 265: 357-364.

Liamleam W, Annachhatre A P, 2007. Electron donors for biological sulfate reduction[J]. Biotechnology Advances, 25(5): 452-463.

Ligero P, Vega A, Soto M, 2004. Pretreatment of urban wastewaters in a hydrolytic upflow digester[J]. Water SA, 27(3): 399-404.

Lindsay M R, Webb R I, Strous M, et al, 2001. Cell compartmentalisation in planctomycetes: novel types of structural organisation for the bacterial cell[J]. Archives of Microbiology, 175(6): 413-429.

Liu H, Zheng F R, Sun X Q, et al, 2012. Effects of exposure to ammonia nitrogen stress on immune enzyme of holothurian *Apostichopus japonicus*[J]. Marine Sciences, 8: 007.

Liu W T, Chan O C, Fang H H P, 2002. Microbial community dynamics during start-up of acidogenic anaerobic reactors[J]. Water Research, 36(13): 3203-3210.

Liu S, Yang F, Gong Z, et al, 2008a. Application of anaerobic ammonium-oxidizing consortium to achieve completely autotrophic ammonium and sulfate removal[J]. Bioresource Technology, 99(15): 6817-6825.

Liu S, Yang F, Xue Y, et al, 2008b. Evaluation of oxygen adaptation and identification of functional bacteria composition for anammox consortium in non-woven biological rotating contactor[J]. Bioresource Technology, 99(11): 8273-8279.

Liu S L, Daigger G T, Liu B T, et al, 2020. Enhanced performance of simultaneous carbon, nitrogen and phosphorus removal from municipal wastewater in an anaerobic-aerobic-anoxic sequencing batch reactor(A/O/A-SBR) system by alternating the cycle times[J]. Bioresource Technology, 301: 122750.

Liu X, Liu H, Chen Y, et al, 2008c. Effects of organic matter and initial carbon-nitrogen ratio on the bioconversion of volatile fatty acids from sewage sludge[J]. Journal of Chemical Technology and Biotechnology, 83(7): 1049-1055.

Liu Y W, Ngo H H, Guo W S, et al, 2019. The roles of free ammonia(FA) in biological wastewater treatment processes: A review[J]. Environment International, 123: 10-19.

Liu Z M, Ma Y X, Yang Z P, et al, 2012. Immune responses and disease resistance of the juvenile sea cucumber *Apostichopus japonicus* induced by *Metschnikowia* sp. C14[J]. Aquaculture, 368: 10-18.

Lotti T, van der Star W R L, Kleerebezem R, et al., 2012. The effect of nitrite inhibition on the anammox process[J]. Water Research, 46: 2559-2569.

Lu G, Zheng P, Jin R, Qaisar M, 2006. Control strategy of shortcut nitrification[J]. Journal of Environmental Science-China, 18(1): 58-61.

Lu H J, Chandran K, Stensel D, 2014. Microbial ecology of denitrification in biological wastewater treatment[J]. Water Research, 64: 237-254.

Lu W P, Jablonski P E, Rasche M, et al, 1994. Characterization of the metal centers of the Ni/Fe-S component of the carbon-monoxide dehydrogenase enzyme complex from *methanosarcina thermophila*[J]. The Journal of Biological Chemistry, 269(13): 9736-9742.

Ludzack F J, Ettinger M B, 1962. Controlling operation tominimize activated sludge effluent nitrogen[J]. Water Pollution Control Federation, 34(9): 920-931.

Luo G Z, Xu G M, Tan H X, et al, 2016. Effect of dissolved oxygen on denitrification using polycaprolactone as both the organic carbon source and the biofilm carrier[J]. International Biodeterioration & Biodegradation, 110: 155-162.

Luis Balcázar J, Decamp O, Vendrell D, et al, 2006. Health and nutritional properties of probiotics in fish and shellfish[J]. Microbial Ecology in Health and Disease, 18(2): 65-70.

Lundstedt T, Seifert E, Abramo L, et al, 1998. Experimental design and optimization[J]. Chemometrics and Intelligent Laboratory Systems, 42(2): 3-40.

Lü F, Chen M, He P J, et al, 2008. Effects of ammonia on acidogenesis of protein-rich organic wastes[J]. Environmental Engineering Science, 25(1): 114-122.

Lyautey E, Lacoste B, Ten-Hage L, et al, 2005. Analysis of bacterial diversity in river biofilms using 16S rDNA PCR-DGGE: methodological settings and fingerprints interpretation[J]. Water Research, 39(2): 380-388.

Ma B, Yang L, Wang Q L, et al, 2017. Inactivation and adaptation of ammonia-oxidizing bacteria and nitrite-oxidizing bacteria when exposed to free nitrous acid[J]. Bioresource Technology, 245: 1266-1270.

Ma C, Jin R C, Yang G F, et al, 2012. Impacts of transient salinity shock loads on Anammox process performance. Bioresource Technology, 112: 124-130.

Mahmood Q, 2007. Process performance, optimization and microbiology of anoxic sulfide biooxidation using nitrite as electron acceptor[M]. Hangzhou: Zhejiang University.

Manz W, Amann R, Ludwig W, et al, 1992. Phylogenetic oligodeoxynucleotide probes for the major subclasses of proteobacteria: problems and solutions[J]. Systematic and applied microbiology, 15(4): 593-600.

Marais G R, 1980. A general model for the activated sludge process[J]. Water Pollution Research and Development, 47-77.

Martens-Habbena W, Berube P M, Urakawa H, et al, 2009. Ammonia oxidation kinetics determine niche separation of nitrifying Archaea and Bacteria[J]. Nature, 461(7266): 976-979.

Mccomb R B, Bowers Jr G N, Posen S, 2013. Alkaline phosphatase[M]. Springer Science & Business Media.

Mccord J M, Keele B B, Fridovich I, 1971. An enzyme-based theory of obligate anaerobiosis: the physiological function of superoxide dismutase[J]. Proceedings of the National Academy of Sciences, 68(5): 1024-1027.

Meske C P B, Frederick V, 1985. Fish aquaculture: technology and experiments [M]. Oxford: Pergamon Press.

Mizuta K, Matsumoto T, Hatate Y, et al, 2004. Removal of nitrate-nitrogen from drinking water using bamboo powder charcoal[J]. Bioresource Technology, 95(3): 255-257.

Mobarry B K, Wagner M, Urbain V, et al, 1996. Phylogenetic probes for analyzing abundance and spatial organization of nitrifying bacteria[J]. Applied and Environmental Microbiology, 62(6): 2156-2162.

Molinuevo B, García M C, Karakashev D, et al, 2009. Anammox for ammonia removal from pig manure effluents: effect of organic matter content on process performance[J]. Bioresource Technology, 100(7): 2171-2175.

Mousavi S, Ibrahim S, Aroua M K, 2012. Sequential nitrification and denitrification in a novel palm shell granular activated carbon twin-chamber upflow bio-electrochemical reactor for treating ammonium-rich wastewater[J]. Bioresource Technology, 125(12): 256-266.

Muga H E, Mihelcic J R, 2008. Sustainability of wastewater treatment technologies[J]. Journal of Environmental Management, 88(3): 437-447.

Mulder J W, van Kempen R, 1997. N-removal by SHARON[J]. Water Quality International, 3(4): 30-31.

Mulder A, van de Graaf A A, Robertson A, et al, 1995. Anaerobic ammonium oxidation discovered in a denitrifying fluidized bed reactor[J]. Federation of European Microbiological Societies Microbiology Ecology, 16(2): 177-184.

Münch E V, Lant P, Keller J, 1996. Simultaneous nitrification and denitrification in bench-scale sequencing batch reactors[J]. Water Research, 30(2): 277-284.

Muyzer G, De Waal E C, Uitterlinden A G, 1993. Profiling of complex microbial populations by denaturing gradient gel electrophoresis analysis of polymerase chain reaction-amplified genes coding for 16S rRNA[J]. Applied and Environmental Microbiology, 59(3): 695-700.

Nauhaus K, Albrecht M, Elvert M, et al, 2007. *In vitro* cell growth of marine archaeal-bacterial consortia during anaerobic oxidation of methane with sulfate[J]. Environmental Microbiology, 9(1): 187-196.

Nauhaus K, Boetius A, Krüger M, et al, 2002. *In vitro* demonstration of anaerobic oxidation of methane coupled to sulphate reduction in sediments from a marine gas hydrate area[J]. Environmental Microbiology, 4(5): 296-305.

Naylor M A, Kaiser H, Jones C L W, 2014. The effect of free ammonia nitrogen, pH and supplementation with oxygen on the growth of South African abalone, *Haliotis midae* L. in an abalone serial - use raceway with three passes[J]. Aquaculture Research, 45(2): 213-224.

Neef A, Amann R, Schlesner H., et al., 1998. Monitoring a widespread bacterial group: in situ detection of planctomycetes with 16S rRNA-targeted probes[J]. Microbiology, 144(12): 3257-3266.

Neef A, Zaglauer A, Meier H, et al, 1996. Population analysis in a denitrifying sand filter: conventional and *in situ* identification of *Paracoccus* spp. in methanol-fed biofilms[J]. Applied and Environmental Microbiology, 62(12): 4329-4339.

Nielsen M, Bollmann A, Sliekers O, et al, 2005. Kinetics, diffusional limitation and microscale distribution of chemistry and organisms in a CANON reactor[J]. FEMS Microbiology Ecology, 51(2): 247-256.

Oehmen Adrian, Lemos Paulo C, Carvalho Gilda, et al, 2007. Advances in enhanced biological phosphorus removal: From micro to macro scale[J]. Water Research, 41: 2271-2300.

Oehmen A, Keller-Lehmann B, ZENG R J, et al, 2005b. Optimisation of poly-beta-hydoxyalkanoate analysis using gas chromatography for enhanced biological phosphorus removal systems[J]. Journal of Chromatography A, 1070(1/2): 131-136.

Oehmen A, Zeng R J, Yuan Z G, et al, 2005a. Anaerobic metabolism of propionate by polyphosphate-accumulating organisms in enhanced biological phosphorus removal systems[J]. Biotechnology and Bioengineering, 1(91): 43-53.

Oyewole O, Odunfa S, 1988. Microbiological studies on cassava fermentation for ‘lafun’ production[J]. Food Microbiology, 5(3): 125-133.

Pathak B K, Kazama F, Saiki Y, et al, 2007. Presence and activity of anammox and denitrification process in low ammonium-fed bioreactors[J]. Bioresource Technology, 98(11): 2201-2206.

Peng X X, Guo F, Ju F, et al, 2014. Shifts in the microbial community, nitrifiers and denitrifiers in the biofilm in a full-scale rotating biological contactor[J]. Environmental Science & Technology, 48: 8044-8052.

Pezacka E, Wood H, 1988. Acetyl-CoA pathway of autotrophic growth [J]. The journal of Biological Chemistry, 263(31): 16000-16006.

Podmirseg S M, Gómez-Brandón M, Muik M, et al, 2022. Microbial response on the first full-scale DEMON® biomass transfer for mainstream deammonification[J]. Water Research, 216: 118517.

Pollice A, Tandoi V, Lestingi C, 2002. Influence of aeration and sludge retention time on ammonium oxidation to nitrite and nitrate[J]. Water Research, 36(10): 2541-2546.

Prakash O, Green S J, Jasrotia P, et al, 2012. *Rhodanobacter denitrificans* sp. nov., isolated from nitrate-rich zones of a contaminated aquifer[J]. International Journal of Systematic and Evolutionary Microbiology, 62(10): 2457-2462.

Price C, 1993. Fluorescence in situ hybridization[J]. Blood Reviews, 7(2): 127-134.

Puangkaew J, Kiron V, Somamoto T, et al, 2004. Nonspecific immune response of rainbow trout(*Oncorhynchus mykiss* Walbaum) in relation to different status of vitamin E and highly unsaturated fatty acids[J]. Fish & shellfish immunology, 16(1): 25-39.

Pynaert K, Smets B F, Wyffels S, et al, 2003. Characterization of an autotrophic nitrogen-removing biofilm from a highly loaded lab-scale rotating biological contactor[J]. Applied and Environmental Microbiology, 69(6): 3626-3635.

Pynaert K, Wyffels S, Sprengers R, et al, 2002. Oxygen-limited ni-trogen removal in a lab-scale rotating biological contactor treating an ammonium-rich wastewater. Water Science &. Technology, 45(10): 357-363.

Qi Z, Zhang X-H, Boon N, et al, 2009. Probiotics in aquaculture of China—current state, problems and prospect[J]. Aquaculture, 290(1): 15-21.

Qiu Y L, Kuang X Z, Shi X S, et al, 2014. *Terrimicrobium saccharіphilum* gen. nov., sp. nov., an anaerobic bacterium of the class *'Spartobacteria'* in the phylum *Verrucomicrobia*, isolated from a rice paddy field[J]. International Journal of Systematic and Evolutionary Microbiology, 64(5): 1718-1723.

Quan Z X, Rhee S K, Zuo J E, et al, 2008. Diversity of ammonium-oxidizing bacteria in a granular sludge anaerobic ammonium-oxidizing(anammox) reactor[J]. Environmental Microbiology, 10(11): 3130-3139.

Rabinowitz B, Marais G V R, 1980. Chemical and biological phosphorus removal in the activated sludge process [J]. Research Report, No. W32.

Raboni M, Torretta V, 2016. A modified biotrickling filter for nitrification-denitrification in the treatment of an ammonia-contaminated air stream[J]. Environmental Science & Pollution Research, 23: 24256-24264.

Ragsdale S W, 1991. Enzymology of the acetyl-CoA pathway of $CO_2$ fixation[J]. Critical Reviews in Biochemistry and Molecular Biology, 26(3/4): 261-300.

Raskin L, Stromley J M, Rittmann B E, et al, 1994. Group-specific 16S rRNA hybridization probes to describe natural communities of methanogens[J]. Applied and Environmental Microbiology, 60(4): 1232-1240.

Rattray J E, van de Vossenberg J, Hopmans E C, et al, 2008. Ladderane lipid distribution in four genera of anammox bacteria[J]. Archives of Microbiology, 190(1): 51-66.

Rinaldo S, Brunori M, Cutruzzolà F, et al, 2007. Nitrite controls the release of nitric oxide in *Pseudomonas aeruginosa* cd1 nitrite reductase [J]. Biochemical and Biophysical Research Communications, 363(3): 662-666.

Rittmann B E, McCarty P L, 2000. Environmental biotechnology: principles and applications[M]. New York: McGraw-Hill Book Co., 241.

Robertson L A, Kuenen J, 1990. Combined heterotrophic nitrification and aerobic denitrification in *Thiosphaera pantotropha* and other bacteria[J]. Antonie van Leeuwenhoek, 57(3): 139-152.

Robertson L A, van Niel E W J, Torremans R A M, et al, 1988. Simultaneous nitrification and denitrification in aerobic chemostat cultures of *Thiosphaera pantotropha*[J]. Applied and Environmental Microbiology, 54(11): 2812-2818.

Rodríguez J, Kleerebezem R, Lema J M, et al, 2006. Modeling product formation in anaerobic mixed culture fermentations[J]. Biotechnology and Bioengineering, 93(3): 592-606.

Rodrigue-Sanchez A, Leyva-Diaz J C, Gonzalez-Martinez A, et al, 2017. Linkage of microbial kinetics and bacterial community structure of MBR and hybrid MBBR-MBR systems to treat salinity-amended urban wastewater[J]. Biotechnology Progress, 33(6): 1483-1495.

Ruiz G, Jeison D, Rubilar O, et al, 2006 Nitrification-denitrification via nitrite accumulation for nitrogen removal from wastewaters[J]. Bioresource Technology, 97(2): 330-335.

Ruiz O N, Fernando K A S, Wang B, et al, 2011. Graphene oxide: a non-specific enhancer of cellular growth[J]. ACS Nano, 2(2): 1-29.

Rybarczyk P, Szulczyñski B, Gebicki J, 2019. Treatment of malodorous air in biotrickling filters: A review[J]. Biochemical Engineering Journal, 141(15): 146-162.

Sabumon P C, 2008. Development of a novel process for anoxic ammonia removal with sulphidogenesis[J]. Process Biochemistry, 43(9): 984-991.

Sakuma T, Jinsiriwanit S, Hattori T, et al, 2008. Removal of ammonia from contaminated air in a biotrickling filter - denitrifying bioreactor combination system[J]. Water Research, 42(17): 4507-4513.

Salehizadeh H, Shojaosadati S, 2001. Extracellular biopolymeric flocculants: recent trends and biotechnological importance[J]. Biotechnology Advances, 19(5): 371-385.

Sarparastzadeh H, Saeedi M, Naeimpoor F, et al, 2007. Pretreatment of municipal wastewater by enhanced chemical coagulation[J]. International Journal of Environmental Research, 1(2): 104-113.

Sawayama S, 2006. Possibility of anoxic ferric ammonium oxidation[J]. Journal of Bioscience and Bioengineering, 101(1): 70-72.

Schaubroeck T, de Clippeleir H, Weissenbacher N, et al, 2015. Environmental sustainability of an energy self-sufficient sewage treatment plant: Improvements through DEMON and co-digestion[J]. Water Research, 74(1): 166-179.

Schalk J, de Vries S, Kuenen J G, et al, 2000. Involvement of a novel hydroxylamine oxidoreductase in anaerobic ammonium oxidation[J]. Biochemistry, 39(18): 5405-5412.

Schmid M, Twachtmann U, Klein M, et al, 2000. Molecular evidence for genus level diversity of bacteria capable of catalyzing anaerobic ammonium oxidation[J]. Systematic and Applied Microbiology, 23(1): 93-106.

Schmid M, Walsh K, Webb R, et al, 2003. Candidatus "*Scalindua brodae*", sp. Nov., Candidatus "*Scalindua wagneri*", sp. Nov., two new species of anaerobic ammonium oxidizing bacteria[J]. Systematic and Applied Microbiology, 26(4): 529-538.

Schmid M C, Maas B, Dapena A, et al, 2005. Biomarkers for in situ detection of anaerobic ammonium-oxidizing(anammox) bacteria[J]. Applied and Environmental Microbiology, 71(4): 1677-1684.

Schouten S, Strous M, Kuypers M M M, et al, 2004. Stable carbon isotopic fractionations associated with inorganic carbon fixation by anaerobic ammonium-oxidizing bacteria [J]. Applied and Environmental Microbiology, 70(6): 3785-3788.

Schubert D J, Durisch-Kaiser E, Wehrli B, et al, 2006. Anaerobic ammonium oxidation in a tropical freshwater system(Lake Tanganyika)[J]. Environmental Microbiology, 8(10): 1857-1863.

Seca I, Torres R, Val Del Río A, et al, 2011. Application of biofilm reactors to improve ammonia oxidation in low nitrogen loaded wastewater[J]. Water Science and Technology, 63(9): 1880-1886.

Seo J K, Jung I H, Kim M R, et al, 2001. Nitrification performance of nitrifiers immobilized in PVA(polyvinyl alcohol) for a marine recirculating aquarium system[J]. Aquacultural Engineering, 24(3): 181-194.

Shen W Y, Fu L L, Li W F, et al, 2010. Effect of dietary supplementation with *Bacillus subtilis* on the growth, performance, immune response and antioxidant activities of the shrimp(*Litopenaeus vannamei*)[J]. Aquaculture Research, 41(11): 1691-1698.

Shimamura M, Nishiyama T, Shigetomo H, et al, 2007. Isolation of a multiheme protein with features of a hydrazine-oxidizing enzyme from an anaerobic ammonium-oxidizing enrichment culture[J]. Applied and Environmental Microbiology, 73(4): 1065-1072.

Shimamura M, Nishiyama T, Shinya K, et al, 2008. Another multiheme protein, hydroxylamine oxidoreductase abundantly produced in an anammox bacterium besides the hydrazine-oxidizing enzyme[J]. Journal of Bioscience and Bioengineering, 105(3): 243-248.

Siles J A, Martin M A, Chica A, et al, 2008. Kinetic modelling of the anaerobic digestion of wastewater derived from the pressing of orange rind produced in orange juice manufacturing[J]. Chemical Engineering Journal, 140(3): 145-156.

Sims A, Gajaraj S, Hu Z, 2012. Seasonal population changes of ammonia-oxidizing organisms and their relationship to water quality in a constructed wetland[J]. Ecological Engineering, 40: 100-107.

Singh D, Singh A, 2005. The toxicity of four native Indian plants: Effect on AChE and acid/alkaline phosphatase level in fish *Channa marulius*[J]. Chemosphere, 60(1): 135-140.

Sinninghe Damsté J S, Strous M, Rijpstra W I C, et al, 2002. Linearly concatenated cyclobutane lipids form a dense bacterial membrane [J]. Nature, 419(6908): 708-712.

Sinninghe Damsté J S, Rijpstra W I C, Schouten S, et al, 2004. The occurrence of hopanoids in planctomycetes: implications for the sedimentary biomarker record [J]. Organic Geochemistry, 35(5): 561-566.

Sliekers A O, Derwort N, Gomez J L C, et al, 2002. Completely autotrophic nitrogen removal over nitrite in one single reactor[J]. Water Research, 36(10): 2475-2482.

Smith A L, Skerlos S J, Raskin L, 2013. Psychrophilic anaerobic membrane bioreactor treatment of domestic wastewater[J]. Water Research, 47(4): 1655-1665.

Smith L C, Davidson E H, 1992. The echinoid immune system and the phylogenetic occurrence of immune mechanisms in deuterostomes[J]. Immunology Today, 13(9): 356-362.

Starr M P, Schmidt J M, 1995. Genus planctomyces gimesi[M]. Bergey's Manual of Systematic Bacteriology. New York: Springer.

Stickland H L, 1951. The determination of small quantities of bacteria by means of the biuret reaction[J]. Journal of General Microbiology, 5(4): 698-703.

Strous M, 2000. Microbiology of anaerobic ammonium oxidation. [D]. Delft, TU Technical University.

Strous M, Fuerst J A, Kramer E H M, et al, 1999a. Missing lithotroph identified as new planctomycete[J]. Nature, 400(6743): 446-449.

Strous M, Heijnen J J, Kuenen J G, et al, 1998. The sequencing batch reactor as a powerful tool for the study of slowly growing anaerobic ammonium-oxidizing microorganisms[J]. Applied Microbiology and Biotechnology, 50(5): 589-596.

Strous M, Jetten M S M, 2004. Anaerobic oxidation of methane and ammonium[J]. Annual

Review of Microbiology, 58: 99-117.

Strous M, Kuenen J G, Jetten M S M, 1999b. Key physiology of anaerobic ammonium oxidation[J]. Applied and Environmental Microbiology, 65(7): 3248-3250.

Strous M, Pelletier E, Mangenot S, et al, 2006. Deciphering the evolution and metabolism of an anammox bacterium from a community genome[J]. Nature, 440(7085): 790-794.

Strous M, van Gerven E, Kuenen J G, et al, 1997a. Effects of aerobic and microaerobic conditions on anaerobic ammonium-oxidizing(Anammox) sludge[J]. Applied and Environmental Microbiology, 63(6): 2446-2448.

Strous M, van Gerven E, Zheng P, et al, 1997b. Ammonium removal from concentrated waste streams with the anaerobic ammonium oxidation(anammox) process in different reactor configurations[J]. Water Research, 31(8): 1955-1962.

Sundermeyer-Klinger H, Meyer W, Warninghoff B, et al, 1984. Membrane-bound nitrite oxidoreductase of *Nitrobacter*: evidence for a nitrate reductase system [J]. Archives of Microbiology, 140(2-3): 153-158.

Tang C J, Zheng P, Wang C H, 2011. Performance of high-loaded ANAMMOX UASB reactors containing granular sludge[J]. Water Research, 45(1): 135-144.

Thamdrup B, Dalsgaard T, 2002. Production of $N_2$ through anaerobic ammonium oxidation coupled to nitrate reduction in marine sediments[J]. Applied and Environmental Microbiology, 68(3): 1312-1318.

Third K A, Sliekers A O, Kuenen J G, et al, 2001. The CANON system(completely autotrophic nitrogen-removal over nitrite) under ammonium limitation: interaction and competition between three groups of bacteria[J]. Systematic and Applied Microbiology, 4(4): 588-596.

Thompson J D, Gibson T J, Plewniak F, et al, 1997. The CLUSTAL_X windows interface: flexible strategies for multiple sequence alignment aided by quality analysis tool[J]. Nucleic Acids Research, 25(24): 4876-4882.

Thore A, Lundin A, Ånséhn S, et al, 1983. Firefly luciferase ATP assay as a screening method for bacteriuria[J]. Journal of Clinical Microbiology, 17(2): 218-224.

Tseng D Y, Ho P L, Huang S Y, et al, 2009. Enhancement of immunity and disease resistance in the white shrimp, *Litopenaeus vannamei*, by the probiotic, *Bacillus subtilis* E20[J]. Fish & shellfish immunology, 26(2): 339-344.

Tsushima I, Ogasawara Y, Kindaichi T, et al, 2007. Development of high-rate anaerobic ammonium-oxidizing(anammox) biofilm reactors[J]. Water Research, 41(8): 1623-1634.

Ucisik A S, Henze M, 2008. Biological hydrolysis and acidification of sludge under anaerobic conditions: the effect of sludge type and origin on the production and composition of volatile fatty acids[J]. Water Research, 42(14): 3729-3738.

Udert K, Kind E, Teunissen M, et al, 2008. Effect of heterotrophic growth on nitritation/anammox in a single sequencing batch reactor[J]. Water Science and Technology, 58(2): 277-284.

van Bussel C G, Schroeder J P, Wuertz S, et al, 2012. The chronic effect of nitrate on production performance and health status of Juvenile turbot(*Psetta maxima*)[J]. Aquaculture, 326(12): 163-167.

van de Graaf A A, de Bruijn P, Robertson L A, et al, 1996. Autotrophic growth of anaerobic ammonium-oxidizing micro-organisms in a fluidized bed reactor[J]. Microbiology(UK), 142(8): 2187-2196.

van de Graaf A A, de Bruijn P, Robertson L A, et al, 1997. Metabolic pathway of anaerobic ammonium oxidation on the basis of $^{15}N$ studies in a fluidized bed reactor[J]. Microbiology(UK), 143(7): 2415-2421.

van de Graaf A A, Mulder A, Bruijn P, et al, 1995. Anaerobic oxidation of ammonia is a biologically mediated process[J]. Applied and Environmental Microbiology, 61(4): 1246-1251.

van de Star W R L, Miclea A I, van Dongen U G J M, et al, 2008. The membrane bioreactor: A novel tool to grow Anammox Bacteria as free cells[J]. Biotechnology Bioengineering, 101(2): 286-294.

van Dongen U, Jetten M S M, van Loosdrecht M C M, 2001. The SHARON-Anammox process for treatment of ammonium rich wastewater[J]. Water Science and Technology, 44(1): 153-160.

van Kempen R, Mulder J W, Uijterlinde C A, Loosdrecht, M C M, 2001. Overview: full scale experience of the SHARON process for treatment of rejection water of digested sludge dewatering[J]. Water Science Technology, 44(1): 145-152.

van Niftrik L A, Fuerst J A, Sinninghe Damsté J S, et al, 2004. The anammoxosome: an intracytoplasmic compartment in anammox bacteria[J]. FEMS Microbiology Letters, 233(1): 7-13.

van Niftrik L A, Geerts W J C, van Donselaar E G, et al, 2008a. Linking ultrastructure and function in four genera of anaerobic ammonium-oxidizing bacteria: cell plan, glycogen storage, and localization of cytochrome c proteins[J]. Journal of bacteriology, 190(2): 708-717.

van Niftrik L A, Geerts W J C, van Donselaar E G, et al, 2008b. Combined structural and chemical analysis of the anammoxosome: a membrane-bounded intracytoplasmic compartment in anammox bacteria[J]. Journal of Structural Biology, 161(3): 401-410.

Vaseeharan B, Ramasamy P, 2003. Control of pathogenic *Vibrio* spp. by *Bacillus subtilis* BT23, a possible probiotic treatment for black tiger shrimp *Penaeus monodon*[J]. Letters in Applied Microbiology, 36(2): 83-87.

Vavilin V A, Rytow S V, Lokshina L Y, 1995. Modelling hydrogen partial pressure change as a result of competition between the butyric and propionic groups of acidogenic bacteria[J]. Bioresource Technology, 54(16): 171-177.

Vlyssides A G, Karlis P K, 2004. Thermal-alkaline solubilization of waste activated sludge as a pre-treatment stage for anaerobic digestion[J]. Bioresource Technology, 91(17): 201-206.

Voets J P, Vanstaen H, Verstraete W, 1975. Removal of nitrogen from highly nitrogenous wastewaters[J]. Water Pollution Control Federation, 47(2): 394-398.

Volcke E I P, van Loosdrecht M C M, Vanrolleghem P A, et al, 2006. Controlling the nitrite: ammonium ratio in a SHARON reactor in view of its coupling with an Anammox process [J]. Water Science and Technology, 53(4-5): 45-54.

Wagner M, Rath G, Koops H P, et al, 1996. *In situ* analysis of nitrifying bacteria in sewage treatment plants[J]. Water Science and Technology, 34(1): 237-244.

Wang C C, Kumar M, Lan C J, et al, 2011a. Landfill-leachate treatment by simultaneous partial nitrification, anammox and denitrification(SNAD) process[J]. Desalination and Water Treatment, 32(3): 4-9.

Wang C C, Lee P H, Kumar M, et al, 2010. Simultaneous partial nitrification, anaerobic ammonium oxidation and denitrification(SNAD) in a full-scale landfill-leachate treatment plant[J]. Journal of Hazardous Materials, 175(3): 622-628.

Wang F, Yang H, Gao F, et al, 2008. Effects of acute temperature or salinity stress on the immune response in sea cucumber, *Apostichopus japonicus*[J]. Comparative Biochemistry and Physiology Part A: Molecular & Integrative Physiology, 151(4): 491-498.

Wang G, Pan L, Ding Y, 2014. Defensive strategies in response to environmental ammonia exposure of the sea cucumber *Apostichopus japonicus*: Glutamine and urea formation[J]. Aquaculture, 432: 278-285.

Wang H F, Zhu W Y, Yao W, et al, 2007a. DGGE and 16S rDNA sequencing analysis of bacterial communities in colon content and feces of pigs fed whole crop rice[J]. Anaerobe, 13(3): 127-133.

Wang J L, Yang N, 2004. Partial nitrification under limited dissolved oxygen conditions[J]. Process Biochemistry, 39(10): 1223-1229.

Wang K, Ruan J, Song H, et al, 2011b. Biocompatibility of graphene oxide[J]. Nanoscale

Research Letter, 6(8): 1-8.
Wang L K, Shammas N K, Hung Y T, 2010. Advanced biological treatment processes[M]. Springer Science & Business Media.
Wang W G, Wang Y Y, Wang X D, et al, 2019a. Dissolved oxygen microelectrode measurements to develop a more sophisticated intermittent aeration regime control strategy for biofilm-based CANON systems[J]. Chemical Engineering Journal, 365: 165-174.
Wang X X, Wang S Y, Xue T L, et al, 2015. Treating low carbon/nitrogen(C/N) wastewater in simultaneous nitrification-endogenous denitrification and phosphorous removal(SNDPR) systems by strengthening anaerobic intracellular carbon storage[J]. Water Research, 77: 191-200.
Wang X X, Wang S Y, Zhao J, et al, 2016 Combining simultaneous nitrification-endogenous denitrification and phosphorus removal with post-denitrification for low carbon/nitrogen wastewater treatment[J]. Bioresource Technology, 220: 17-25.
Wang Y M, Lin Z Y, He L, et al, 2019b. Simultaneous partial nitrification, anammox and denitrification(SNAD) process for nitrogen and refractory organic compounds removal from mature landfill leachate: Performance and metagenome-based microbial ecology[J], Bioresource Technology, 294, 122166.
Weisburg W G, Barns S M, Pelletier D A, et al, 1991. 16S ribosomal DNA amplification for phylogenetic study[J]. Journal of Bacteriology, 173(2): 697-703.
Wei X, Vajrala N, Hauser L, et al, 2006. Iron nutrition and physiological responses to iron stress in *Nitrosomonas europaea*[J]. Archives of Microbiology, 186(2): 107-118.
Wett B, Buchauer K, Fimml C, 2007. Energy self-sufficiency as a feasible concept for wastewater treatment systems;proceedings of the IWA Leading Edge Technology Conference, F[C]. Singa-pore: Asian Water.
Wilderer P A, Irvine R L, Goronszy M C, 2000. Sequencing batch reactor technology[M]. UK: IWA Publishing.
Windey K, de Bo I, Verstraete W, 2005. Oxygen-limited autotrophic nitrification-denitrification(OLAND) in a rotating biological contactor treating high-salinity wastewater[J]. Water Research, 39: 4512-4520.
Woebken D, Lam P, Kuypers M M M, et al, 2008. A microdiversity study of anammox bacteria reveals a novel Candidatus *Scalindua* phylotype in marine oxygenminimum zones[J]. Environmental Microbiology, 10(11): 3106-3119.
Woolard C, Irvine R, 1995. Treatment of hypersaline wastewater in the sequencing batch reactor[J]. Water Research, 29(4): 1159-1168.

Wu H, Gao J, Yang D, et al, 2010. Alkaline fermentation of primary sludge for short-chain fatty acids accumulation and mechanism[J]. Chemical Engineering Journal, 160(4): 1-7.

Wu H, Guo C Y, Yin Z H, et al, 2018. Performance and bacterial diversity of biotrickling filters filled with conductive packing material for the treatment of toluene[J]. Bioresource Technology, 257: 201-209.

Wu D F, Li Y D, Shi Y H, et al, 2002. Effects of the calcination conditions on the mechanical properties of a PCoMo/$Al_2O_3$ hydrotreating catalyst[J]. Chemical Engineering Science, 57(17): 3495-3504.

Wu D F, Zhou J C, Li Y D, 2009. Effect of the sulfidation process on the mechanical properties of a CoMoP/$Al_2O_3$ hydrotreating catalyst[J]. Chemical Engineering Science, 64(2): 198-206.

Xi H, Zhou X, Arslan M, et al, 2022. Heterotrophic nitrification and aerobic denitrification process: Promising but a long way to go in the wastewater treatment[J]. Science of the Total Environment, 805: 150212.

Xia S, Yang H, Li Y, et al, 2012. Effects of different seaweed diets on growth, digestibility, and ammonia-nitrogen production of the sea cucumber *Apostichopus japonicus*(Selenka) [J]. Aquaculture, 338: 304-308.

Xing W, Li D D, Li J L, et al, 2016. Nitrate removal and microbial analysis by combined micro-electrolysis and autotrophic denitrification[J]. Bioresource Technology, 211: 240-247.

Xing W, Zhang Z X, Zhang X M, et al, 2022. Mainstream partial anammox for improving nitrogen removal from municipal wastewater after organic recovery via magnetic separation[J]. Bioresource Technology, 361: 127726.

Xiong R, Yu X X, Yu L J, et al, 2019. Biological denitrification using polycaprolactone-peanut shell as slow release carbon source treating drainage of municipal WWTP[J]. Chemosphere, 235: 434-439.

Xu B, Zhou S Q, Hang G T, et al, 2013. Effect of pHon performance of anammox UASB reactor at high nitrogen load[J]. China Water & Wastewater, 29(7): 10-14.

Xu D D, Kang D, Yu T, et al, 2019. A secret of high-rate mass transfer in anammox granular sludge: “Lung-like breathing” [J]. Water Research, 154(1): 189-198.

Xu X Y, Liu G, Zhu L, 2011. Enhanced denitrifying phosphorous removal in a novel anaerobic/aerobic/anoxic(AOA) process with the diversion of internal carbon source[J]. Bioresource Technology, 102(22): 10340-10345.

Xu Y T, 1996. Volatile fatty acids carbon source for biological denitrification[J]. Journal of Environmental Sciences, 8(3): 257-269.

Yamamoto T, Takaki K, Koyama T, et al, 2006. Novel partial nitritation treatment for anaerobic digestion liquor of swine wastewater using swim-bed technology[J]. Journal of Bioscience and Bioengineering, 102(6): 497-503.

Yan Y, Feng L, Zhang C, et al, 2010. Ultrasonic enhancement of waste activated sludge hydrolysis and volatile fatty acids accumulation at pH10. 0[J]. Water Research, 44(11): 3329-3336.

Yang J X, Zhang X N, Sun Y L, et al, 2017. Formation of soluble microbial products and their contribution as electron donors for denitrification[J]. Chemical Engineering Journal, 326: 1159-1165.

Yang L C, Wang X L, Funk T L, 2014. Strong influence of medium pHcondition on gas-phase biofilter ammonia removal, nitrous oxide generation and microbial communities[J]. Bioresource Technology, 152: 74-79.

Ye L, Maite P, Yuan Z G, et al, 2010. The effect of free nitrous acid on the anabolic and catabolic processes of glycogen accumulating organisms[J]. Water Research, 44: 2901-2909.

Yu H, Zhu Z, Hu W, et al, 2002. Hydrogen production from rice winery wastewater in an upflow anaerobic reactor by using mixed anaerobic cultures[J]. International Journal of Hydrogen Energy, 27(11): 1359-1365.

Yu H Q, Fang H H P, 2002. Acidogenesis of dairy wastewater at various pHlevels[J]. Water Science and Technology, 45(10): 201-206.

Yu J J, Jin R C, 2012. The ANAMMOX reactor under transient-state conditions: Process stability with fluctuations of the nitrogen concentration, inflow rate, pHand sodium chloride addition[J]. Bioresource Technology, 119: 166-173.

Yuan H, Chen Y, Zhang H, et al, 2006. Improved bioproduction of short-chain fatty acids(SCFAs) from excess sludge under alkaline conditions[J]. Environmental Science & Technology, 40(6): 2025-2029.

Zeng R J, Loosdrecht M C M, Yuan Z G, et al, 2003. Metabolic model for glycogen-accumulating organisms in anaerobic/aerobic activated sludge systems[J]. Biotechnology and Bioengineering, 1(81): 92-105.

Zhang C, Wang Y, Rong X, 2006. Isolation and identification of causative pathogen for skin ulcerative syndrome in *Apostichopus japonicus*[J]. Journal of Fisheries of China, 30(1): 118-123.

Zhang C, Wang Y, Rong X, et al, 2010a. Natural resources, culture and problems of sea cucumber worldwide[J]. Progress in Fishery Sciences, 31(4): 126-133.

Zhang T, Bai L, Li L, et al, 2009. Effect of different combinations of probiotics on digestibility and immunity index in sea cucumber *Apostichopus japonicus*[J]. Journal of Dalian Fisheries University, 24(5): 64-68.

Zhang Q, Ma H, Mai K, et al, 2010b. Interaction of dietary *Bacillus subtilis* and fructooligosaccharide on the growth performance, non-specific immunity of sea cucumber, *Apostichopus japonicus*[J]. Fish & Shellfish Immunology, 29(2): 204-211.

Zhang X N, Sun Y L, Ma F, et al, 2019. *In-situ* utilization of soluble microbial product(SMP) cooperated with enhancing SMP-dependent denitrification in aerobic-anoxic sequencing batch reactor[J]. Science of the Total Environment, 693: 133558.

Zhang Y, Ruan X H, op den Camp H J M, et al, 2007. Diversity and abundance of aerobic and anaerobic ammonium-oxidizing bacteria in freshwater sediments of the Xinyi River(China)[J]. Environmental Microbiology, 9(9): 2375-2382.

Zhao J, Wang X X, Li X Y, et al, 2018a. Combining partial nitrification and post endogenous denitrification in an EBPR system for deep-level nutrient removal from low carbon/nitrogen(C/N) domestic wastewater[J]. Chemosphere, 210: 19-28.

Zhao J, Wang X X, Li X Y, et al, 2019. Improvement of partial nitrification endogenous denitrification and phosphorus removal system: Balancing competition between phosphorus and glycogen accumulating organisms to enhance nitrogen removal without initiating phosphorus removal deterioration[J]. Bioresource Technology, 281: 382-391.

Zhao P, Huang J, Wang X H, et al, 2012. The application of bioflocs technology in high-intensive, zero exchange farming systems of *Marsupenaeus japonicas* [J]. Aquaculture, 354: 97-106.

Zhao Q L, Li W, You S J, 2006. Simultaneous removal of ammonium-nitrogen and sulphate from wastewaters with an anaerobic attached-growth bioreactor[J]. Water Science and Technology, 54(8): 27-35.

Zhao Q Y, Wang Y S, 2011. Application of sequencing batch reactors(SBR) in domestic sewage treatment[J]. Water Purification Technology, 30(6): 36-38.

Zhao W H, Huang Y, Wang M X, et al, 2018b. Post-endogenous denitrification and phosphorus removal in an alternating anaerobic/oxic/anoxic(A/O/A) system treating low carbon/ nitrogen(C/N) domestic wastewater[J]. Chemical Engineering Journal, 339: 450-458.

Zhao Y, Mai K, Xu W, et al, 2011. Influence of dietary probiotic *Bacillus* TC22 and Prebiotic fructooligosaccharide on growth, immune responses and disease resistance against *Vibrio splendidus* infection in sea cucumber *Apostichopus japonicus*[J]. Journal of Ocean University of China, 10(3): 293-300.

Zhao Y, Zhang W, Xu W, et al, 2012. Effects of potential probiotic *Bacillus subtilis* T13 on growth, immunity and disease resistance against *Vibrio splendidus* infection in juvenile sea cucumber *Apostichopus japonicas*[J]. Fish & Shellfish Immunology, 32(5): 750-755.

Zhu B W, Yu J W, Zhang Z, et al, 2009. Purification and partial characterization of an acid phosphatase from the body wall of sea cucumber *Stichopus japonicus*[J]. Process Biochemistry, 44(8): 875-879.

Zhu G, Peng Y, Li B, et al, 2008. Reviews of environmental contamination and toxicology[M]. Springer: 159-195.

Zhu H, Fang H H P, Zhang T, et al, 2007. Effect of ferrous ion on photo heterotrophic hydrogen production by *Rhodobacter sphaeroids*[J]. International Journal of Hydrogen Energy, 32(17): 4112-4118.

Zhu S, Chen S, 2001. Effects of organic carbon on nitrification rate in fixed film biofilters[J]. Aquacultural Engineering, 25(1): 1-11.

Ziaei-Nejad S, Rezaei M H, Takami G A, et al, 2006. The effect of *Bacillus* spp. bacteria used as probiotics on digestive enzyme activity, survival and growth in the Indian white shrimp *Fenneropenaeus indicus*[J]. Aquaculture, 252(2): 516-524.